F. VON RAESFELD · F. VORREYER

DAS ROTWILD

FERDINAND VON RAESFELD · FRIEDRICH VORREYER

DAS ROTWILD

Naturgeschichte, Hege und Jagd

Achte Auflage
völlig neubearbeitet von

FRIEDRICH VORREYER
Oberlandforstmeister a. D.

Mit 189 Abbildungen und 5 farbigen Tafeln
nach Gemälden und Zeichnungen von Fritz Laube,
Wilhelm Buddenberg und Gerhard Löbenberg

VERLAG PAUL PAREY · HAMBURG UND BERLIN

Die Jagdklassiker

Ferdinand von Raesfeld

DAS ROTWILD

1. Auflage · 1899
2. Auflage · 1911
3. Auflage · 1920
4. Auflage · 1957
5. Auflage · 1964
6. Auflage · 1971
7. Auflage · 1974
8. Auflage · 1978

Die 4. bis 8. Auflage wurde bearbeitet von Olfm. a. d. F. Vorreyer

Ferdinand von Raesfeld

DAS DEUTSCHE WAIDWERK

14. Auflage in Vorbereitung · Neubearbeitet von Dr. R. Schwarz

Ferdinand von Raesfeld

DAS REHWILD

8. Auflage · 1977 · Neubearbeitet von A. H. Neuhaus und Dr. K. Schaich

Ferdinand von Raesfeld

DIE HEGE

4. Auflage · 1978 · Neubearbeitet von Hans Behnke

DIEZELS NIEDERJAGD

22. Auflage · 1978 · Neubearbeitet von Prof. Dr. D. Müller-Using

CIP-Kurztitelaufnahme der Deutschen Bibliothek

Raesfeld, Ferdinand von:
Das Rotwild : Naturgeschichte, Hege u. Jagd / Ferdinand von Raesfeld ; Friedrich Vorreyer. – 8. Aufl. / völlig neubearb. von Friedrich Vorreyer. – Hamburg, Berlin : Parey, 1978.
ISBN 3-490-14912-2
NE: Vorreyer, Friedrich:

 Anschriften: Spitaler Straße 12, 2000 Hamburg 1; Lindenstraße 44–47, 1000 Berlin 61. Printed in Germany by Westholsteinische Verlagsdruckerei Boyens & Co., Heide/Holstein. Umschlag- und Einbandgestaltung unter Verwendung eines Photos von Julius Behnke: Jan Buchholz und Reni Hinsch, Hamburg.

ISBN 3-490-14912-2

VORWORT ZUR 4.–7. AUFLAGE

„... Die vorliegende Arbeit verdankt ihre Entstehung einer Aufforderung des Verlegers der illustrierten jagdlichen Wochenschrift „Wild und Hund", Herrn Dr. PAREY. Wenn ich ihr nachgekommen bin, so habe ich das einerseits mit großer Freude, andererseits mit einem gewissen Zagen getan. Mit Freude, weil mir Gelegenheit geboten wurde, mich längere Zeit eingehend mit einem Stoff zu beschäftigen, der mir seit vielen Jahren lieb und vertraut geworden ist; mit Zagen, weil ich mir der Unzulänglichkeit der eigenen Kraft nur zu bewußt bin.

Während der Arbeit hat die Liebe zur Sache mir über das zagende Gefühl hinweggeholfen – aber jetzt, wo ich meine Gedanken, Beobachtungen und Erfahrungen aus der Stille des Waldes hinaus in die Welt sende und sie der Prüfung so vieler besserer Waidmänner unterbreite, will es sich wieder vordrängen. Indes, einmal im Anschlag, mag ich nicht absetzen – und so bitte ich für das Buch um eine nachsichtige Aufnahme."

Diese Worte stellte im Jahre 1898 F. v. RAESFELD seiner Arbeit voran, einem Werk, das ihn in die Reihen der jagdlichen Klassiker stellte, und für das ihm auch an dieser Stelle gedankt sei. Erweiterte Auflagen folgten 1910 und 1920.

Als 35 Jahre nach Erscheinen der letzten Auflage an mich, wieder vom Verlag PAUL PAREY, die Frage gestellt wurde, ob ich eine Neubearbeitung vornehmen wolle, stand ich vor einer nicht leichten Entscheidung. Zu ihrer Begründung übernehme ich zunächst uneingeschränkt die Worte, die v. RAESFELD eingangs zu sagen sich verpflichtet fühlte, um mit ihnen auch meine Leser anzusprechen. Ich füge ferner hinzu: Ursprünglich hatte ich daran gedacht, einmal ein eigenes Buch über das Rotwild zu schreiben. Als die Aufforderung an mich erging, das „Rotwild" von RAESFELD zu bearbeiten, empfand ich jedoch sehr bald, daß dies beinahe eine „Annahme an Kindes Statt" bedeutete und durchaus nicht einen Verzicht auf die ursprüngliche Absicht. Denn die Bearbeitung des klassischen Werkes war, wenn man ihm seinen Rang auch für die heutige Zeit erhalten wollte, in einem Umfang notwendig, als wenn man ein eigenes Vorhaben zur Erfüllung bringen wollte. So sagte ich zu. Dabei leitete mich vor allem der Gedanke, daß in der Herausgabe dieses Standard-Werkes beim Standard-Jagdverlag die größere Aufgabe zu sehen sei, die allein schon in ihrer Bindung an die Tradition ihre Rechtfertigung finden mußte. Auch auf diese Tradition aber kam es mir an. Denn genauso wie F. v. RAESFELD geht es auch mir bei der Arbeit an diesem Buch in erster Linie um die Erhaltung des Rotwildes.

Daß für mich die Arbeit F. v. RAESFELDs nur in Aufbau und Ductus als Grundlage gelten konnte, ist einleuchtend, wenn man sich den Fortschritt der biologischen Erkenntnisse der vergangenen Jahrzehnte vergegenwärtigt, und wenn man weiter daran denkt, in welchem Umfange die von RAESFELD hinsichtlich der Behandlung der Rotwildbestände erhobenen Forderungen erfüllt worden sind und ihr Gewicht unter Beweis gestellt haben.

F. v. RAESFELD stellte vor 60 Jahren den Jägern eine umfassende Aufgabe, die er „Hege mit der Büchse" nannte. Für ihre Durchführung das zeitgemäße Rüstzeug aus neuerer Forschung und Erfahrung zur Verfügung zu stellen und dessen Geltungsbereich auf den mitteleuropäischen Raum zu erweitern, war ein besonderes Ziel meiner Arbeit.

Ich danke Herrn W. BUDDENBERG, der es unternahm, meinen Worten durch seine Bebilderung Anschaulichkeit und Nachdruck zu verleihen. Auch Herrn D. HARTMANN sei für die oft nicht leichte Arbeit an den technischen Zeichnungen Dank gesagt.

Bereits 1964 war diese vollständig neu bearbeitete 4. Auflage vergriffen. Die neue, 5. Auflage erfuhr wiederum eine zeitgemäße Überarbeitung, so daß sie in allen ihren Angaben auf dem laufenden ist. Neue Abbildungen, angefertigt von Herrn Jürgen Schmidt, über den inneren Aufbau und das Skelett des Rotwildes nach eingehenden neuen Untersuchungen dürften ebenfalls willkommen sein.

Auch die 6. und 7. Auflage wurden eingehend überarbeitet. Inhaltlich handelt es sich seit der 4. Auflage um eine neue Konzeption. Bestimmte aktuelle Bezüge aus Populationsbiologie und Verhaltensforschung machten einige deutliche Formulierungen erforderlich. Wie schon vorher habe ich mich aber bemüht, bei Beachtung der Forschungsergebnisse Dinge und Zusammenhänge für den Praktiker, den Rotwildjäger, verständlich darzustellen. So übergebe ich dieses Werk den Rotwildjägern mit dem Wunsch F. v. Raesfelds aus dem Vorwort seiner letzten Auflage:

„Möge ein glücklicher Stern über unserem Edelwild walten; mögen die Waidmänner ihr Bestes an ihr Bestes setzen! Damit der Brunftschrei des Hirsches noch in fernen Zeiten durch die heimischen Wälder dröhnt!"

Bad Harzburg, Hirschbrunft 1957 – Oderhaus, Frühjahr 1964
Bad Harzburg, Sommer 1970 – Bad Harzburg, Sommer 1974

VORWORT ZUR 8. AUFLAGE

Schon vor und während der Durchsicht der 7. Auflage waren die Dinge um die „Hege mit der Büchse" in Bewegung geraten, und ein Kernstück dieses Werkes war unter dem Schlagwort „Klassische Hege – Klassischer Irrtum" in Frage gestellt worden. Die Auslese nach Geweihmerkmalen wurde zu einer „geweihorientierten Hirschzucht" herabgewürdigt. Hierzu mußte Stellung bezogen und auch eine vergleichende Betrachtung der Sozial- und Altersstrukturen vorgenommen werden.

Es entspricht den mir gegebenen Möglichkeiten, daß im Harz gemachte Beobachtungen ausgewertet wurden, und so konnten auch erste, vorläufige Ergbnisse meiner hier seit 1965 eingeleiteten Rotwildmarkierung Berücksichtigung finden.

Es sei an dieser Stelle Herrn Dir. Lutz Heck, Hellabrunn, gedankt, der mir seinerzeit die von ihm bei der Narkotisierung von Rotwild gemachten Erfahrungen zur Verfügung stellte. Gleichfalls danke ich Herrn Forstamtmann Harald Drechsler, Oderhaus, für die intensive Fortführung der Rotwildmarkierung nach meinem Ausscheiden aus dem aktiven Dienst. Herrn Fritz Laube, Vienenburg, gebührt Dank für die stimmungssichere, orientierende Ergänzung der Bebilderung, wie auch Herrn Forstamtmann Karl Bergien, Dassel-Lauenberg, für die Bereitstellung der Schweißtafel.

Es blieb die betonte Aufgabe auch dieser 8. Auflage, bei der notwendigen wildbiologischen Präsenz den Praktiker, den Rotwildjäger anzusprechen. So sei vor allem auch ihm gedankt, daß er aus der Freude an der Jagd und nicht zuletzt auch an der Trophäe die Kraft schöpfte, das bedrängte Rotwild bis in unsere Tage zu erhalten!

Bad Harzburg, Herbst 1978

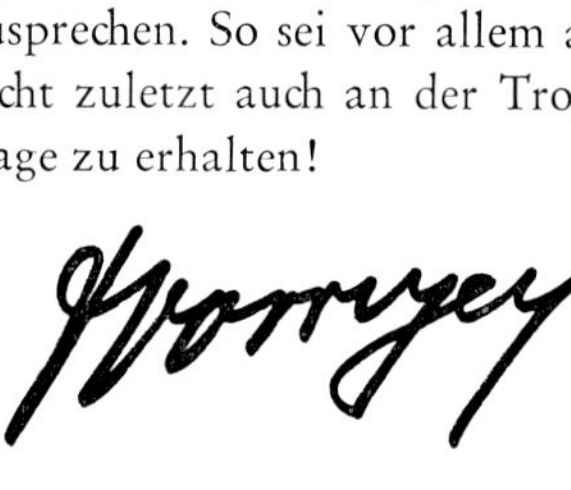

INHALT

ERSTER TEIL

NATURGESCHICHTE

ZWEITER TEIL

HEGE

DRITTER TEIL

JAGDAUSÜBUNG

ANHANG

ERSTER TEIL

NATURGESCHICHTE

Stammesgeschichte, erstes Auftreten Arten und Verbreitung

Der Jäger, der sich dem Studium des vorliegenden Buches unterzieht, wird in erster Linie wohl von dem Gedanken geleitet, seine Kenntnisse über das Rotwild erweitern und auf einen Stand bringen zu wollen, der bei praktischer Ausübung der Jagd Nutzen erwarten läßt. So mag es ihm vielleicht müßig erscheinen, sich zunächst Dingen zuzuwenden, die uns aus ferner, weit zurückliegender Zeit ansprechen und deren Betrachtung eine naturgeschichtliche Rückschau erforderlich macht. Und doch wäre ein solches Empfinden und ein sich etwa daraus ergebendes geringes Interesse für diese einleitenden Darstellungen nicht richtig. Der verantwortungsbewußte Jäger, und das sollte jeder Rotwildjäger sein, steht heute vor weit schwereren Aufgaben als sein Vorgänger, der hirschgerechte Jäger von einst. Vor Aufgaben, die Kenntnisse zu ihrer Lösung verlangen, deren Erwerb nur möglich ist, wenn sorgfältig alle Steine zum Bau zusammengetragen werden. Und so ist es unerläßlich, der Entwicklungsgeschichte, der Systematik und all den Dingen Beachtung zu schenken, die auf den ersten Blick mit dem heutigen Bild des Rothirsches wie mit seiner Hege und Bejagung wenig oder gar nichts zu tun zu haben scheinen, deren Kenntnis tatsächlich aber Voraussetzung für das Verstehen so vieler biologischer Vorgänge und Zusammenhänge ist, für die es sonst oft an eindeutigen Erklärungen fehlt.

Ein solches Vorgehen erscheint um so erfolgreicher, als uns die letzten Jahrzehnte eine Fülle von biologischen und ökologischen Erkenntnissen gebracht haben. Nach wie vor ergibt sich der Fortschritt in der Kenntnis der körperlichen Eigenschaften, der Lebensweise und Lebensbedingungen der Jagdtiere, wie auch der Umwelteinflüsse aus den zusammengetragenen Erfahrungen des Jägers und den mit diesen in Beziehung gebrachten Forschungen der Wissenschaftler und umgekehrt. Was der eine in unmittelbarer Berührung mit der Natur gesehen und erlauscht hat, wird durch die Arbeit des anderen nicht nur vertieft, sondern auch in allen Zusammenhängen erklärt und dadurch zum Teil erst verständlich gemacht. Bilden die Erscheinungen des Tierlebens, wie sie uns draußen sichtbar werden, den Gegenstand der Beobachtung des Jägers und damit das Fundament seiner Erfahrung, so bleibt das Ergründen des Woher und Warum, der Wechselbeziehungen und Wechselwirkungen aller Erscheinungen und ihr Zurückführen auf allgemeine Naturgesetze die Aufgabe des Wissenschaftlers. Es mag in der Natur der Sache liegen, bedeutet aber für uns eine sehr glückliche und fruchttragende Verbindung, daß Jagdzoologen und Wildbiologen häufig auch ausübende Jäger sind, so daß wir ihnen in der Regel aufnahmebereit und aufgeschlossen folgen können, wenn wir auch deren Forschungsergebnisse hier zur Darstellung bringen, soweit sie im Rahmen einer Monographie des Rotwildes für den mitteleuropäischen Raum von Interesse sind.

Zunächst bewegt uns die Frage nach der *Stammesgeschichte* der Hirsche, die Frage nach dem Woher. Von vornherein können wir feststellen, daß wir durchaus in der Lage sind, wenigstens in großen Zügen das aufzuhellen, was sich im Dunkel vergangener Jahrmillionen ohne den Menschen als Augenzeugen abgespielt hat. Jahrmillionen? Ja, ist es denn wohl überhaupt möglich, solche Zeitabläufe noch in ihrer tatsächlichen Größenordnung, wie auch in ihrer abschnittsweisen Aufeinanderfolge und Dauer mit einiger Sicherheit zu identifizieren? Gewiß konnten wir seit langer Zeit in den Gesteinsschichten an Hand eingeschlossener Versteinerungen lesen, vermochten an „Leitfossilien" zu erkennen, ob eine Erdschicht älter oder jünger war als die andere. Die Frage jedoch, welches Alter eine Schicht, wie lange ihre Bildung gedauert hatte, war zunächst nur in groben Schätzungen zu beantworten. Erst seit einigen Jahrzehnten sind wir in der Lage, hierüber genauere Angaben machen zu können. Seit dem Augenblick nämlich, der uns mit der Deutung der Strahlung radioaktiver Elemente als einer Zerfallserscheinung mit ganz bestimmter, völlig unabhängiger Umwandlungsgeschwindigkeit gestattet, den relativen Zeitspannen der Erdgeschichte eine absolute Zeitrechnung gegenüberzustellen. Es muß an dieser Stelle ein solcher Hinweis genügen, von dem wir festhalten wollen, daß wir Alter und Dauer der Erdformation nicht mehr schätzen müssen, sondern bestimmen können.

Es bedeutet danach also schon etwas, wenn wir sagen, daß die ersten Hirsche vor etwa 20 Jahrmillionen aufgetreten sind. In einer Entwicklungsstufe natürlich, von der zum heutigen, rezenten Hirsch zu gelangen, nicht nur zeitlich ein langer Weg war. Und dennoch sollten wir ihn etwa kennen, ermöglicht uns doch oft erst diese Rückschau das Verständnis für manchen biologischen Vorgang und ökologischen Zusammenhang, deren Erklärung uns sonst kaum gelingen möchte.

Beginnen wir also, die Stammesgeschichte der Hirsche zu verfolgen, d. h. jener Säuger, die das Geweih, eine Kopfwaffe oder ein Hauptschmuck aus Knochen, das im jährlichen Turnus abgeworfen und erneuert wird, als zu einer Familie gehörig, zoologisch-systematisch verstanden, kennzeichnet. Sie ist uns, wenn auch nicht in allen Einzelheiten bekannt, so doch in groben Zügen durch die mühevolle Arbeit der Wissenschaftler verfolgbar gemacht worden. Wir nennen hier nur O. ABEL und W. BÖLSCHE. Ferner den im zweiten Weltkrieg gefallenen Forstmeister Dr. J. BENINDE und Dr. H. B. OLOFF, deren Forschungen wir bei dieser Darstellung im wesentlichen folgen.

Gehen wir nur soweit zurück, wie es uns für die vorliegende Monographie als notwendig und von Interesse erscheint. Im frühen *Tertiär* (Eozän), also vor 60 Millionen Jahren, zu Beginn der Erdneuzeit, wird die Herrschaft der Saurier durch die der Säuger abgelöst. Das bedeutet eine ökologische Entwicklung größten Stils, die nur zu verstehen ist, wenn man sich daran erinnert, daß zu dieser Zeit in weiten Räumen die Landanhebungen und Großauffaltungen etwa zur heutigen Gestaltung der Erdlandschaft führten. Gerade im eurasischen Raum, der für die Stammesgeschichte der Hirsche besonders zu beachten ist, hört die Vorherrschaft des Meeres auf, und Land entfaltet sich zu größerer Ausdehnung. Zahlreiche Tierarten gehen infolge völlig veränderter Lebensbedingungen unter, andere wieder können sich aus gleichem Grunde stürmisch vorwärts entwickeln. So z. B. die Säuger, die bis dahin nur in winzigen Formen ein heimliches Dasein gefristet zu haben scheinen.

Die aufsteigende Säugetierklasse erscheint u. a. mit den uns besonders angehenden *Urpaarhufern* (Traguloidae) in kleinen Formen, ähnlich den rezenten, also heute lebenden Zwerg-Moschustieren Javas und Indiens (Tragulus). Auch die zu gleicher Zeit lebende Ahnform des Pferdes, der Eohippus, hatte nur Katzengröße. Diese kleinen Urpaarhufer, die noch kein Geweih, wohl aber hauerartige Eckzähne im Oberkiefer trugen, waren in den beiden ersten Perioden des Tertiär (Eozän und Oligozän) vertreten. Als ihre ursprüngliche Heimat können wir Zentralasien ansehen.

Die weitere Entwicklung der uns interessierenden Formen wird verständlich, wenn wir sie rückschauend zum damaligen Klima und der ihm zugehörigen Landschaft in Beziehung bringen. Wissen wir doch, daß in der Mitte des Tertiär im für unsere Stammesgeschichte zuständigen Erdteil ein subtropisches Klima herrschte. Dem entsprach eine mit Sumpfwald bestandene Landschaft (Braunkohlebildung), die den Entwicklungsprozeß der Säugetiere ohne nennenswerte Störungen ablaufen ließ. Erst gegen Ende dieses erdgeschichtlichen Zeitabschnittes beginnt klimatisch die Überleitung zu den Eiszeiten des Diluvium, die in der Umgestaltung des Lebensraumes zur waldärmeren Landschaft ihren Ausdruck findet. Diese Veränderung des Biotops hat naturgemäß auch auf die Entwicklung unserer kleinen Säuger wieder ihren Einfluß ausgeübt. Zwangsläufig folgte die Weiterentwicklung der Tierformen den von Klima und Landschaft vorgeschriebenen Notwendigkeiten, den von ihnen gegebenen Möglichkeiten und gebotenen Gesetzen. Wir wissen nicht ganz genau zu sagen, welche Art unserer Hirschvorfahren in dieser Epoche unmittelbar in die nächste Entwicklungsstufe überleitet. Viele Formen standen nebeneinander, entwikkelten sich weiter, verschwanden zum Teil wieder. Die Lebensverhältnisse und Lebensbedingungen in der Buschrandzone des subtropischen Waldes waren völlig andere als in der offeneren Waldlandschaft, und dementsprechend entwickelten sich Körperbau, Verdauungsmechanismus und Bezahnung in bestimmter Richtung. Es wäre gewiß reizvoll, diesen Spuren bis in die letzten bekannten Einzelheiten nachzuhängen, doch verbietet sich das schon aus der Notwendigkeit einer in diesem Rahmen noch übersehbaren Darstellung, die lediglich eine einführende Aufgabe zu erfüllen hat.

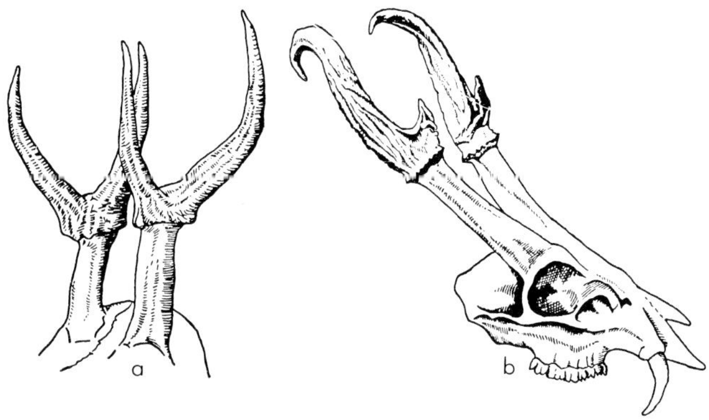

Geweihbildung vom Dicrocerus (a) und Muntjak (b)

Der erste geweihtragende Hirschvorfahr erscheint im mittleren Tertiär (mittleres Miozän), äußerlich dem indischen *Muntjak* wahrscheinlich sehr ähnlich, als Gattung *Dicrocerus.* Es ist nicht bekannt, ob sie die Weiterentwicklung von geweihtragenden Formen unserer Hirschvorfahren einleitet, oder ob sich diese aus einem anderen Stamm entwickeln. Über die Gablerstufe reicht die Geweihbildung nicht hinaus, die Gabel steht auf auffallend hohen Rosenstöcken, wie wir es heute noch vom Muntjak kennen.

Bei Gelegenheit der Auseinandersetzung mit diesem ersten Auftreten einer Geweihbildung drängt sich als selbstverständlich die Frage nach deren Entstehung auf. Soweit ihre Beantwortung überhaupt vorgenommen werden kann, sind wir allein auf Vermutungen angewiesen. Wenn man die mannigfaltigen Deutungsversuche studiert, so möchte man es fast mit der sicher am ehesten zutreffenden Antwort bewenden lassen: Wir wissen es nicht, denn all unsere Annahmen können wir nicht beweisen. So fragen wir besser nach den wahrscheinlichen Möglichkeiten, die den Anstoß zu einer so auffälligen Bildung gegeben haben mögen, wie sie das Geweih darstellt. Dabei ist es durchaus wahrscheinlich, mehr aber auch nicht, daß der Geweihbildung verschiedene Ursachen im Zusammenwirken zugrunde liegen. So kann einmal eine Wechselbeziehung zum sich veränderten Charakter der Landschaft bestehen. Die primitiven Urpaarhufer, die wir letztlich als Vorfahren unserer Hirsche ansehen müssen, trugen noch kein Geweih. Dafür waren sie mit – ebenfalls auf das männliche Geschlecht beschränkten – stark ausgebildeten, hauerartigen Eckzähnen im Oberkiefer ausgerüstet. Die hier schon auftretende Bevorzugung des männlichen Geschlechts ist nicht ohne weiteres verständlich, da das weibliche Stück, insbesondere wenn es ein Junges führt, wohl ebenso einer Waffe gegen tierische Feinde bedurft hätte. Sie wurde ihm in dieser Form von der Natur nicht gegeben, und wir dürfen vielleicht daraus schließen, daß die dem Männchen eigentümliche Waffe im Kampf um das Weibchen und damit auch im Kampf um die Erhaltung der Art ihre spezielle Aufgabe erfüllen sollte. Im dichten, dunklen tropischen Urwald mochte der verlängerte Eckzahn bei der „schlüpfenden" Lebensweise seiner hirschartigen Bewohner nicht nur ein geringes Hindernis bei der Fortbewegung sein, er war gewiß auch für den schnellen, überraschenden Nahangriff aus der Deckung heraus ebenso eine äußerst geeignete Waffe beim Kampf um das Weibchen. Die Auflösung dieses dichten Busches zur offeneren Waldlandschaft und schließlich zur baumlosen Steppe mag einen Weg der Entwicklung angestoßen haben, die, nicht nur auf die Körperform beschränkt, auch der Kopfwaffe eine für die veränderte Landschaft geeignetere Form gab. So kann ihr im Geweih durch stärkeres Sichtbarwerden eine der offeneren Landschaft eher entsprechende Fernwirkung gegeben worden sein. Dazu paßt auch die sich im Verlauf der Entwicklungsgeschichte immer stärker auszeichnende Aufrichtung des Geweihes der Stirnebene gegenüber sowie seine auffällige Vergrößerung. Während heute noch der Muntjak im dichten Buschwald außer dem verlängerten Eckzahn ein nach hinten zurückgeneigtes, kleines Geweih trägt, das beim Durchschlüpfen der Deckung nicht hinderlich ist (Abb. S. 13), richtet sich das Geweih stärkerer Hirschformen nicht nur mehr und mehr auf, sondern nimmt auch größere Ausmaße an. Es kann dies tun, da es in der freien Landschaft die Bewegung nicht behindert. Infolge seiner Größe ist es in der Lage, von weither als Imponierorgan eine drohende, abschreckende Wirkung auszuüben. Dabei darf nicht übersehen werden, daß andererseits wieder das mächtige Geweih des Riesenhirsches an seinem Aussterben wahrscheinlich nicht ganz unbeteiligt gewesen ist.

Weiter dürfte es keinem Zweifel unterliegen, daß, wie W. BÖLSCHE es darstellt, das Hirschgeweih „einen ornamentalen Zug in sich hat". Diese zusätzliche Bedeutung gewinnt um so mehr an Wahrscheinlichkeit, je mehr sich das Geweih im Verlaufe der Entwicklungsgeschichte der Form nach davon entfernt, als Waffe geeignet zu erscheinen. Der einfache Spieß, darüber hinaus noch das mit der als Parierstange zu wertenden Augsprosse versehene Gablergeweih dürften als Waffe im Kampf um das Weibchen und zur Abwehr tierischer Feinde weit zweckmäßigere Formen darstellen, als das beim vielendigen, stark differenzierten Geweih, z. B. unseres rezenten Rothirsches, der Fall ist. Und doch wurde bei der Weiterentwicklung Verzicht auf eine ausschließliche Ausbildung des Geweihes als Waffe geleistet. Die Gründe hierfür lassen sich nicht einmal vermuten.

Wenn sich das Geweih unserer rezenten Hirsche (mit Ausnahme des Ren) heute auch in erster Linie als ein geschlechtsgebundenes und vom Stoffwechsel stark abhängiges Merkmal darstellt, das je nach Größe des Stoffwechselüberschusses bis zu hypotrophischer Ausbildung gelangen kann, so dürfen wir wohl doch nicht rückschließen, daß die Verwertung dieses Überschusses eine bestimmende Rolle bei Entstehung und Differenzierung des Geweihes gespielt hat. Ich möchte jedenfalls annehmen, daß in dieser Richtung keine ganz große Wahrscheinlichkeit für die Erklärung der Entstehung des Geweihes liegt. Wissen wir doch auch, daß die den Stoffwechselumsatz stark in Anspruch nehmende jährliche Neubildung des Geweihes bei vielen Cerviden gerade zu einer Zeit vorgenommen wird, die nicht die günstigsten Lebensbedingungen bietet. Der mit den Jahreszeiten in Verbindung gebrachte und so beobachtete Zyklus scheint auch auf die Bedeutung des Geweihes als Waffe im Brunftkampf hinzudeuten.

Daß das Geweih als soziales Symbol im Sinne eines rangordnenden Merkmales auch eine Rolle spielt, ist wahrscheinlich, aber aus Beobachtungen in freier Wildbahn noch nicht eindeutig genug erkennbar und bewertbar gemacht. Die in Gehegen und mit Attrappen in dieser Richtung angestellten Untersuchungen sind wegen ihrer erheblichen Fehlerquellen nicht recht überzeugend.

So sehen wir, daß die funktionelle Bedeutung des Geweihes, selbst noch nicht völlig geklärt, uns auch keine restlos befriedigende Antwort auf die Frage nach der Entstehung des Geweihes geben kann.

Die weitere Entwicklung führt gegen Ende des Tertiär zu den ersten Großformen der Hirsche, zu einer Zeit also, in der wahrscheinlich auch die ersten Vorfahren des Menschengeschlechts sich zu entwickeln beginnen. Die offene Waldlandschaft läßt nun eine weitgehende Veränderung von Körperform und Organen zu, die mit dem Übergang ins Quartär fortschreitet.

Während die kleineren Hirschformen der Buschrandzone eine ausgesprochene „Schlüpferform" besaßen, die ihrer Lebensweise in der Deckung auf kleinem Raum entsprach, entwickelt sich nun das der Bewegung dienende Skelett mehr zu einer Form des ausgesprochenen „Läufers", der über weite Strecken zu flüchten vermag. Die hierbei sich neben allen anderen notwendig werdenden Skelettveränderungen ergebende Reduktion der Zehenstrahlen ist für uns insofern bedeutungsvoll, als sie nach der Art ihres Vorganges die Entwicklung zweier getrennter Hirschgruppen bewirkt, die noch heute systematisch hiernach unterschieden werden als *Echte Hirsche* oder Altwelthirsche (Plesiometacarpalia) und *Trughirsche* oder Neuwelthirsche (Telemetacarpalia). Bei ersteren bleiben nach völligem Schwund des Mittelfußknochens I (Daumen) die Mittelfußknochen II und V an dem bei fortschreitender Reduktion aus Mittelfußknochen III und IV entstehenden Kanonenbein rudimentär als obere Stümpfe erhalten, während dies bei den Neuwelthirschen unten geschieht.

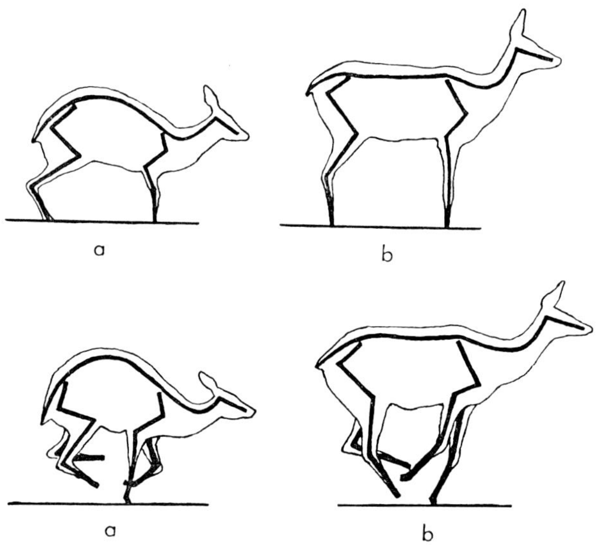

Gliedmaßen und Körperbau beim Schlüpfer (a) und Läufer (b)
(Nach Beninde)

Zu den Neuwelthirschen gehören u. a. Elch, Reh, Virginier, Sumpfhirsch, Maultierhirsch, zu den Altwelthirschen: Damhirsch, Rothirsch, Axis, Schomburghirsch und andere mehr. Schon aus dieser seit langer Zeit getrennt verlaufenden, selbstverständlich noch weitere Merkmale zeigenden Entwicklung sollte man schließen können, daß z. B. Rothirsch und Rch auch biologisch sehr verschieden zu beurteilen sind. Das hat sich in der Tat auch als notwendig erwiesen, nachdem die aus uniformer biologischer Schau zur Anwendung gebrachten gleichen Hegemaßnahmen sich keineswegs gleichgerichtet ausgewirkt haben. Hierzu sei auch auf die unterschiedliche biologische Wertung des Geweihes als fernwirkendes Imponierorgan hingewiesen.

Als weitere Skelettveränderung wird mit dem Übergang zur freieren Landschaft, die eine bevorzugte Ausbildung des Geruchssinns als geeignetem Orientierungsorgan verlangte, eine Streckung des Kopfskelettes erfolgt sein. Hierdurch wurde eine Vergrößerung der Nasenschleimhautfläche als Sitz des Geruchssinns ermöglicht.

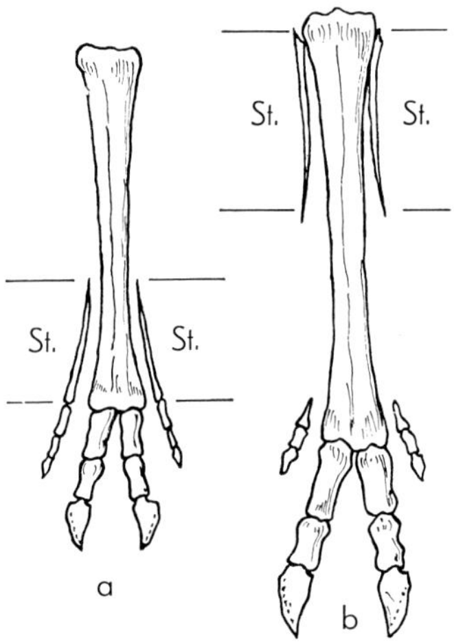

Telemetacarpaler (a) und plesiometacarpaler (b) Hirsch
St.: rudimentäre Stümpfe

Den rückgebildeten hauerartigen Eckzahn findet man heute beim Rothirsch nur noch rudimentär in den „Haken" oder „Grandeln" erhalten.

Auch die Fortentwicklung des Verdauungsmechanismus findet ihren Ausdruck in der Ausbildung des Wiederkäuermagens, der in der Lage ist, die härtere, nährstoffärmere Äsung der Freifläche besonders gut zu verwerten. Über diesen Entwicklungsgang und seine Ursachen wissen wir verhältnismäßig wenig. Wenn in diesem Zusammenhang darauf hingewiesen wird, daß der Wiederkäuermagen entstanden sei, um schnell den Pansen füllen zu können, dann in Deckung zu ziehen, um dort ungestört wiederzukauen, so vermag mich das nicht unbedingt zu überzeugen. Heute allerdings erfüllt der Wiederkäuermagen diese Aufgabe in hervorragender Weise. Ob man daraus allerdings so weitgehende Schlüsse ziehen kann, möchte ich bezweifeln.

So sehen die Ende Tertiär erschienenen Hirschformen also schon wesentlich anders aus als ihre kleinen, „schlüpfenden" Vorfahren. Markante Vertreter, ohne allerdings direkte Vorfahren unseres Rothirsches zu sein, sind der Breitstirnelch (Alces latifrons) sowie der bekannte Riesenhirsch (Megaceros) mit seinem bis zu vier Metern ausladenden Geweih. Auch der *Procervus variabilis* muß hier genannt werden, der in seiner Jugendform noch sehr an den Dicrocerus des Miozän erinnert, in der Altersform aber bereits ein stark differenziertes Geweih trägt.

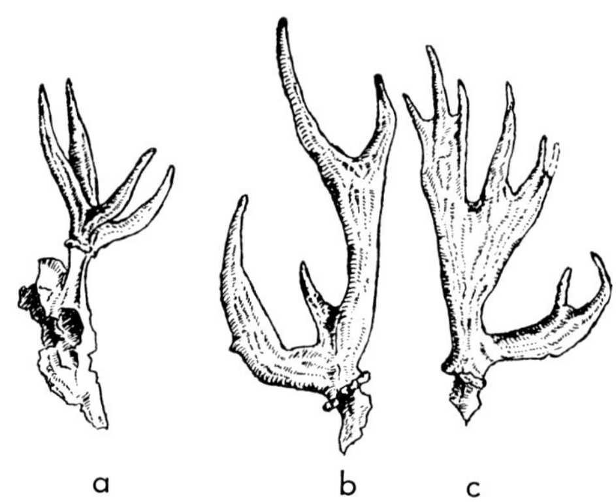

Geweih des Procervus variabilis
a: Jugendform; b und c: Altersformen
(Nach O. Abel)

Die ersten mit Sicherheit als direkte Vorfahren unseres Rothirsches anzusehenden Hirsche treten in der Wende des Tertiär zum Quartär (Pliozän/Diluvium) auf, vor rd. 1 Million Jahren, also wohl gleichzeitig mit den ersten Vormenschen, wie etwa dem Vorneandertaler. Als ihr Entwicklungsgebiet müssen wir Zentralasien ansehen, von wo sie sich in zwei Gruppen nach Westen und Osten ihren weiteren Siedlungsraum eroberten. Sie unterscheiden sich im wesentlichen dadurch, daß sich bei der westlichen Gruppe im Verlauf der weiteren Entwicklung eine immer deutlicher werdende Neigung zur Bildung einer „Krone" findet, während die Geweihbildung der östlichen Gruppe mehr zur Ausbildung eines fächerförmig gegabelten Stangenendes tendiert (Wapiti).

Die Vorfahren unseres Rothirsches entwickeln sich im Diluvium stürmisch vorwärts, und von ihnen können wir uns anhand zahlreicher Funde bereits ein recht genaues Bild machen. Dieses Zeitalter, eigentlich ein Katastrophenzeitalter der Erdgeschichte, ist durch den mehrfachen Wechsel von Eiszeiten und Zwischeneiszeiten, in denen sich kalte und wärmere Perioden ablösten, gekennzeichnet. Während der Eisvorstöße in unseren Raum von Norden und Süden blieb nur ein Gürtel von etwa 300 km Breite eisfrei, doch war dessen Landschaft eine Kaltsteppe mit alpiner, wenn nicht arktischer Flora. Nur nach Osten und Südosten gab es Ausweichmöglichkeiten. Die warmen Zwischeneiszeiten ließen wieder eine offene Waldlandschaft entstehen, in der die Gattung Cervus lebte. Mit ihr vergesellschaftet waren insbesondere Mammut und Altelefant, Nashorn, Wildpferd, Rentier, Höhlenbär und Brauner Bär, Höhlenlöwe und Urrind, ja auch der Riesenhirsch, der aus dem letzten Interglacial noch festgestellt werden konnte. Auch die verschiedenen Formen der Vormenschen lebten mit ihm zusammen, doch war der diluviale Hirsch nicht deren begehrtetes Beutetier. Mammut, Wildpferd, Rentier und Urrind waren die beherrschenden Jagdtiere dieses erdgeschichtlich so hochinteressanten Zeitabschnittes. Doch finden wir aus der Späteiszeit in der Höhle von Altamira (Spanien) bereits überraschend realistische Darstellungen des Rothirsches, die zeigen, daß dem Homo sapiens diluvialis, unserem Menschenvorfahr, diese Wildart durchaus bekannt war.

Den wohl frühesten Beweis des Hirschvorkommens der damaligen Zeit besitzen wir in einem Stangenfragment aus Hundsheim (Österreich), das der Wende des Pliozän/Diluvium entstammt. Es ist ein Einzelstück und daher zur Festlegung eines Types ungeeignet. Nur wenig vermag es uns zu sagen, doch fällt an diesem Stangenstück, dessen Oberteil wir nicht kennen, bereits ein gewaltiger Eissproß auf, der sich bei den nachfolgenden Hirschen zunächst noch wiederfindet (Abb. S. 18, a).

Erstmalig einen bestimmten Typ im Geweihaufbau lassen die zahlreichen Funde von *Mosbach* aus dem 1. Interglacial, also aus der Zeit vor etwa 500 000 Jahren, erkennen. Es handelt sich um einen Hirsch, der über den Zehner nicht hinauskommt, wobei die Kronenbildung fehlt. Das Stangenende zeigt eine zur Körperlängsebene quergestellte, abgeplattete Gabel, die besonders typisch ist, und Beninde, der den Hirsch zunächst als eine besondere Species beschrieb, veranlaßte, ihn *Cervus acoronatus*, den „kronenlosen" Hirsch zu benennen. Eine mächtige Eissprosse ist ebenfalls typisch. Oloff konnte gelegentlich der Internationalen Jagdausstellung 1954 wahrscheinlich machen, daß *C. acoronatus* in einem engen Verwandtschaftsverhältnis zum Rothirsch steht, indem er das Geweih eines rezenten Rothirsches brachte, der, abgesehen von den Ausmaßen, in der Gabelbildung der typischen Gabel dieses diluvialen Vorfahren entspricht. Er bezeichnet ihn daher als *C. elaphus acoronatus Ben.*, womit, wie wir später noch sehen werden, dieser Hirsch als Unterart gekennzeichnet wird (Abb. S. 18, b).

Als nur wenig später erscheinende Unterart, in ihrer Geweihbildung unserem Rothirsch noch näherkommend, tritt ebenfalls im 1. Interglacial der *Cervus elaphus priscus Soergel* als erster bekannter „Kronenhirsch" auf. Auch für ihn ist eine starke Eissprosse typisch, doch steht die Gabel nicht mehr quer zur Körperlängsebene. Ein drittes Ende bildet die erste Krone (Abb. S. 18, c).

Aus dem mittleren Diluvium (2. Interglacial) stammt eine große Anzahl von Funden

(Steinheim an der Murr), die ebenfalls einem Kronenhirsch zugehören. Nach seiner typischen Kronenbildung nannte ihn BENINDE *Cervus elaphus angulatus.* Ein stark nach hinten/innen abwinkelndes Kronenende sowie die mächtige Eissprosse sind besonders kennzeichnend für diesen diluvialen Hirsch (Abb. S. 18, d).

Von der 3. Zwischeneiszeit an, wir befinden uns nun schon in der Altsteinzeit, zeigen die Funde von Geweihen diese bereits in einem Typ, der vom heutigen Rothirsch nicht mehr unterschieden werden kann, wenn auch die Geweihausmaße wesentlich über den heutigen liegen. Auffällig ist, daß die sich bei der Weiterentwicklung in die Längsrichtung drehende Gabel (mit Kronenenden) von einer Rückbildung der Eissprosse begleitet zu sein scheint.

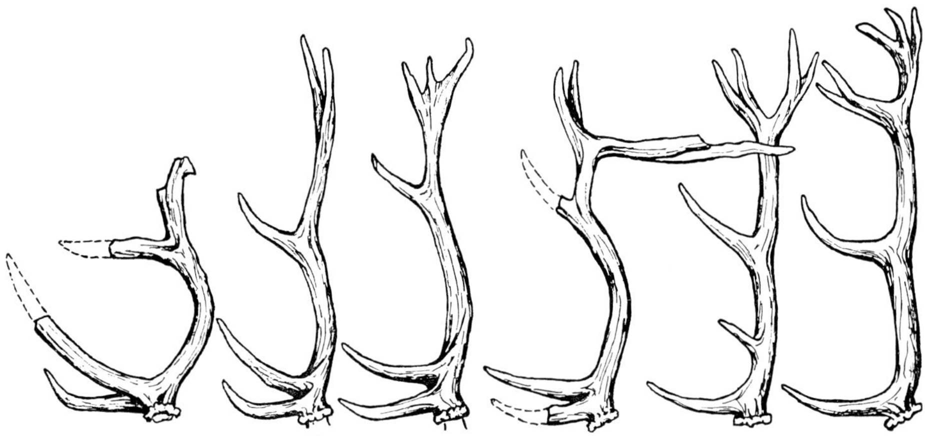

Edelhirschgeweihe aus dem Diluvium Deutschlands (Nach Beninde und Oloff)

a: Fragment aus Hundsheim (Nach Freudenberg), Wende Pliozän/Diluvium. Beachte die Stärke der Eissprosse.

b: Typ des Cervus acoronatus Ben. *aus den Funden von Mosbach, unteres Diluvium. (Älteres Günz/Mindel-Interglacial). Beachte die fehlende Krone und die flache, quergestellte Endgabel.*

c: Typ des Cervus elaphus priscus *(Kaup, Soergel), aus den Funden von Mauer bei Heidelberg, unteres Diluvium (Günz/Mindel-Interglacial). Beachte die erste Krone.*

d: Typ des Cervus elaphus angulatus Ben. *aus den Funden von Steinheim/Murr, mittleres Diluvium (Mindel-Elster/Riß-Saale-Interglacial). Beachte den im rechten Winkel nach hinten abstehenden „Sporn" der Krone.*

e: Typ der Übergangsform zum rezenten Rothirsch, aus den Funden von Steinheim/Murr. Mittleres Diluvium. Beachte die verschwindende Eissprosse und die Annäherung an die rezente Kronenform.

f: Typ der Geweihe aus dem oberen Diluvium und Alluvium. Typ des rezenten Rothirsches.

Wir müssen uns darüber klar sein, daß die am Maßstab erdgeschichtlicher und damit entwicklungsgeschichtlicher Zeitabschnitte gemessene sehr kurze Entwicklung der Hirschformen des Diluviums zum rezenten Rothirsch die Möglichkeit einschließt, daß die Entwicklungsrichtung noch nicht endgültig festliegt. Das bedeutet für die Praxis dies: Es werden immer wieder Rückschläge auf alte Formen vorkommen können und immer wieder Typen auftreten, die uns zunächst nicht recht verständlich sind. Nur die Kenntnis der Entwicklungsgeschichte wird uns, wenn auch nicht immer, vor Trugschlüssen bewahren können.

Lassen wir diese in kurzen Zügen geschilderte Entwicklungsgeschichte noch einmal in einer paläontologischen Übersicht (nach Beninde) zu uns sprechen.

Erdformation	Klima und Landschaft in Europa	Entwicklungstufe der Hirsche
Kreide	tropisch-warm	
Tertiär		
Eozän	heiße Steppenlandschaft	Urpaarhufer
Oligozän Miozän	tropisch-warme Wald-Sumpf-Grasflurlandschaft	Kleinhirsche der Buschrandstufe
Pliozän	langsame Abkühlung, Übergang zu freier Steppenlandschaft	Großhirsche der deckungsarmen Freifläche
Diluvium		
Günzeiszeit	schwacher Kältevorstoß	
1. Interglacial	warme Zwischeneiszeit	erster Vertreter der Gattung Cervus (Edelhirsche) kronenlos
Mindeleiszeit	starker Eisvorstoß, Kältesteppe	
2. Interglacial	warme Zwischeneiszeit offene Waldlandschaft	Edelhirschformen mit spezialisiertem Geweih
Rißeiszeit	starker Eisvorstoß, Kältesteppe	
3. Interglacial	warme Zwischeneiszeit offene Waldlandschaft	der rezente Rothirsch erscheint
Würmeiszeit	starker Eisvorstoß, Kältesteppe	
Alluvium	kräftige, aber unregelmäßige Erwärmung bis zur Erreichung des heutigen Zustandes	rezenter Rothirsch

Hiermit stehen wir in unserer Betrachtung beim rezenten Rothirsch, unserem Edelhirsch, dem wir diese Monographie widmen.

Wir können dieses der Einführung in die Materie dienende Gebiet nicht verlassen, ohne uns noch kurz der Systematik zuzuwenden. Dies ist um so mehr erforderlich, als schon die zoologisch-systematischen Benennungen der Hirsche angewandt wurden.

In der Gesamtgliederung der zoologischen Systematik ergibt sich die Stellung des Rothirsches folgendermaßen:

Stamm:	Wirbeltiere	– Vertebrata
Klasse:	Säugetiere	– Mammalia
Überordnung:	Huftiere	– Ungulata
Ordnung:	Paarhufer	– Artiodactyla
Unterordnung:	Wiederkäuer	– Ruminantiae
Teilordnung:	Stirnwaffenträger	– Pecora
Familie:	Hirsche	– Cervidae
Gruppe:	Altwelthirsche	– Plesiometacarpalia
Unterfamilie:	Echthirsche	– Cervinae
Art:	Rothirsch	– Cervus elaphus L.

Als *Cervus elaphus L.*, der *Rothirsch* oder *Edelhirsch*, wird unsere Wildart im zoologischen System eingeordnet. Dabei weist das *L* auf den Namengeber *Linné*, den Begründer der Systematik im Tier- und Pflanzenreich, hin. Die Bezeichnung *elaphus* nennt die

Art, als kleinste biologische Einheit der Nomenklatur, während der Name *Cervus* die über der Art stehende Unterfamilie bezeichnet; wird ein dritter lateinischer Name gebraucht, so bezeichnet dieser eine Unterart, die entweder geographisch oder auch entwicklungsgeschichtlich begründet ist. Die im gesamten Verbreitungsgebiet von Westeuropa

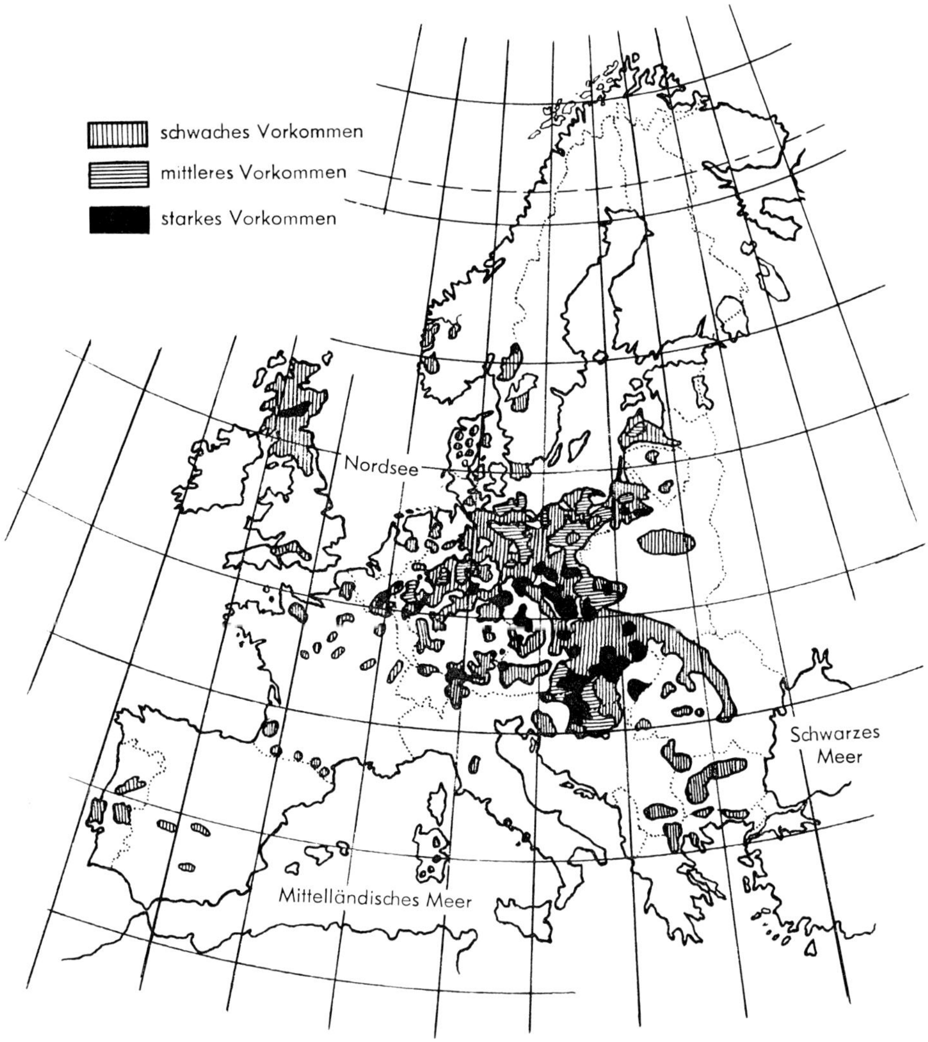

Verbreitung des Rotwildes in Europa

(England) über Osteuropa, Asien bis nach Nordamerika vorkommenden Rothirsche werden nach heutiger taxonomischer Auffassung als zu einem Formenkreis gehörig betrachtet, der im Westen mit unserem Rothirsch, in Nordamerika mit dem Wapiti seine markantesten Vertreter stellt, die sich in Körperbau, Geweihform und auch Lebensweise sehr wesentlich unterscheiden. Die Tatsache, daß sich auch der in Europa lebende Rothirsch in unterschiedlichen geographischen Formen zeigt, kann nicht zur Berechtigung führen, hier besondere Unterarten in systematischer Beziehung auszuscheiden, wie das früher geschah

Die Rotwildverbreitung in der Bundesrepublik Deutschland, Stand 1974

Rotwildbestände in den einzelnen Verbreitungsgebieten der Bundesrepublik Deutschland 1974

Land	Größe/ha
Schleswig-Holstein	
1 Lauenburg Ost/West	65 000
2 Hahnheide	18 200
3 Sachsenwald	10 000
4 Duv. Brook/Stormarn	9 500
5 Segeberger Heide	28 500
6 Hasselbusch	6 500
7 Barlohe	18 000
8 Forst Iloo	14 000
9 Schierenwald	17 500
Niedersachsen	
10 Munster Nord/Süd	14 200
11 Bergen-Hohne	19 000
12 Harz	105 000
13 Solling	26 000
14 Kaufunger Wald	26 000
15 Vogler	3 400
16 Ith/Hils	4 000
17 Hainberg	3 000
18 Schaumb. Wald	3 500
19 Großer Deister	10 000
20 Deister/Osterw.	2 600
21 Luzie	3 000
22 Östl. Lüneburger Heide	44 900
23 Elm	9000
Hessen	
24 Werra-Fulda:	
Seulingswald	44 653
Knüll	56 582
Meißner-Kaufunger Wald	43 379
Riedforst	56 949
25 Burgwald-Kellerwald	61 601
26 Rothaargebirge	51 176
27 Upland	3 079
28 Wattenberg-Weidelsburg	31 564
29 Reinhardswald	30 244
30 Gieseler Forst	32 093
31 Dill-Bergland	9 210
32 Hinterlandswald	25 074
33 Hoher Vogelsberg	31 465
34 Nördl. Vogelsberg	11 703
35 Krofdorfer Forst	17 958
36 Lahn-Bergland	7 621
37 Odenwald	24 818
38 Spessart	47 434
39 Taunus	106 728
Nordrhein-Westfalen	
40 Arnsberger Wald	36 038
41 Brilon Ost	6 171
42 Olpe/Siegerland	31 461
43 Rothaargeb. Nord	43 882
44 Wittgenstein/Meschede	49 000
45 Detmold (einschl. Senne)	56 200
46 Düren	26 759
47 Bad Münstereifel	21 075
48 Blankenheim-Hellenthal/Nordeifel	43 000
49 Königsforst (einschl. Wahn)	11 723
50 Aachen Monschau	25 990
51 Kleve	4 100
52 Dämmerwald	22 303
Rheinland-Pfalz	
53 Ahrweiler Mayen	43 028
54 Cochem Kondel	23 138
55 Montabaurer Höhe	16 932
56 Neuwied	13 878
57 Vord. Hunsrück	76 009
58 Zell	22 645
59 Daun Wittlich	49 579
60 Hochwald Saar	50 525
61 Maulenwald	9 774
62 Osburg Saar	27 597
63 Prüm Bitburg	41 707
64 Pfälzer Wald	62 899
65 Kaub/Taunus	5 199
Baden-Württemberg	
66 Nördl. Schwarzwald	108 196
67 Südl. Schwarzwald:	
Säckingen	135
Neustadt	17 673
Schluchsee	16 000
68 Odenwald	18 200
Bayern	
69 Isarauen	4 574
70 Oberbayern/Hochgebirge und Vorberge	315 246
71 Bayer. Wald	67 200
72 Hohenfels	43 000
73 Grafenwöhr Pressath	110 900
74 Fichtelgebirge	48 140
75 Spessart-Röhn	129 529
76 Haßberge	7 800
77 Odenwald	5 120
78 Schwaben	175 594
79 Forstenrieder Park	2 040
80 Ebersberger Forst	4 806

und in der älteren Literatur sehr eingehend behandelt worden ist. Für den europäischen Raum lassen sich zwei Typen unterscheiden, der *maraloide* des südöstlichen und der hipelaphide des südwestlichen Europa. Sie sind geographisch nicht streng getrennt, kommen auch nebeneinander und in Mischpopulationen vor. *Cervus elaphus maral* zeichnet sich im reinen Typ durch besondere Körpergröße aus, ist fast mähnenlos und grau. Sein Geweih hat eine stufige Krone, meist starke Eissprosse und lange Stangen mit weiter Auslage, die etwa der Geweihhöhe entspricht, *Cervus elaphus hipelaphus* ist im Wildpret schwächer, hat starke Mähne und ist im Sommer rot gefärbt. Sein Geweih zeigt die echte Krone und eine Auslage, die meist geringer als die Geweihhöhe ist.

Gewiß bilden sich sogar in den einzelnen Rotwildgebieten oft typische Geweihformen aus, die in ihnen besonders häufig, in anderen Rotwildgebieten aber auch zu finden sind. Wer Gelegenheit hat, die heute üblichen Trophäenschauen vieler Rotwildgebiete zu betrachten, kann sich hiervon leicht überzeugen.

Betrachten wir nun noch das *Verbreitungsgebiet* des Rotwildes.

Nachdem fortschreitende Bodenkultur und zunehmende Besiedlung das Rotwild zu einem Wild des geschlossenen Waldes gemacht haben, sind Vorkommen und Verbreitung mehr oder weniger an die bewaldete Landschaft gebunden. Ist diese Voraussetzung erfüllt, vermag es sich mit sehr unterschiedlichen Biotopen abzufinden, und so begegnet uns das Rotwild in Europa überall dort, wo große Waldungen die Landschaft beherrschen, in denen, das muß allerdings einschränkend gesagt werden, der Mensch ihm eine Heimstatt bewahrt hat. Von den Wäldern an der Küste, über Aue- und Mittelgebirgswälder bis an die Baumgrenze im Hochgebirge findet das Rotwild im europäischen Raum geeignete Siedlungsräume. Von den schottischen Hochmooren und von Norwegen bis herunter ans Schwarze Meer im Süden erstreckt sich sein Verbreitungsgebiet.

Die kartenmäßige Darstellung der Verbreitung des Rotwildes in Deutschland und in den Nachbarländern (S. 24/25) basiert auf eigenen Ermittlungen (1940 u. 1957). Es ist nicht exakt überprüfbar, ob die Angaben für die Deutsche Demokratische Republik noch voll zutreffen.

Die Rotwildverbreitung in der Bundesrepublik Deutschland bearbeitete und kartierte M. Kleymann (Z. Jagdwiss. Band 22, S. 25 u. 131). Danach gibt es mit Stand vom Jahre 1974 die nachstehenden Rotwildvorkommen, die hier nach Ländern getrennt, z. T. geschlossene Rotwildvorkommen bilden (Karte Seite 21).

Jagdliche Fachausdrücke

Bevor wir auf die Beschreibung des Rotwildes eingehen, erscheint es notwendig, zunächst die gebräuchlichen Ausdrücke der Jägersprache zusammengestellt vorauszuschicken, die wir in den nachstehenden Abschnitten immer wieder verwenden werden.

Die Wildart, mit der wir uns hier ausschließlich beschäftigen und die in der zoologischen Systematik als „Rothirsch" bezeichnet wird, heißt im jagdlichen Gebrauch *Rotwild, Edelwild* oder *Hochwild.*

Das männliche Stück heißt *Rothirsch, Edelhirsch, Hirsch,* wohl auch *Geweihter,* das weibliche Wild einschließlich der Kälber beiderlei Geschlechts *Kahlwild,* oder *Wild* schlechthin, das einzelne weibliche Tier *Rottier, Tier, Stück Kahlwild, Stück* oder *Stuck.*

Ein Tier, das bereits ein Kalb gesetzt hat, wird *Alttier* genannt. Führt es das Kalb, d. h. steht es mit ihm zusammen, so heißt es *führendes Stück, führendes Altier, Kälberstück.*

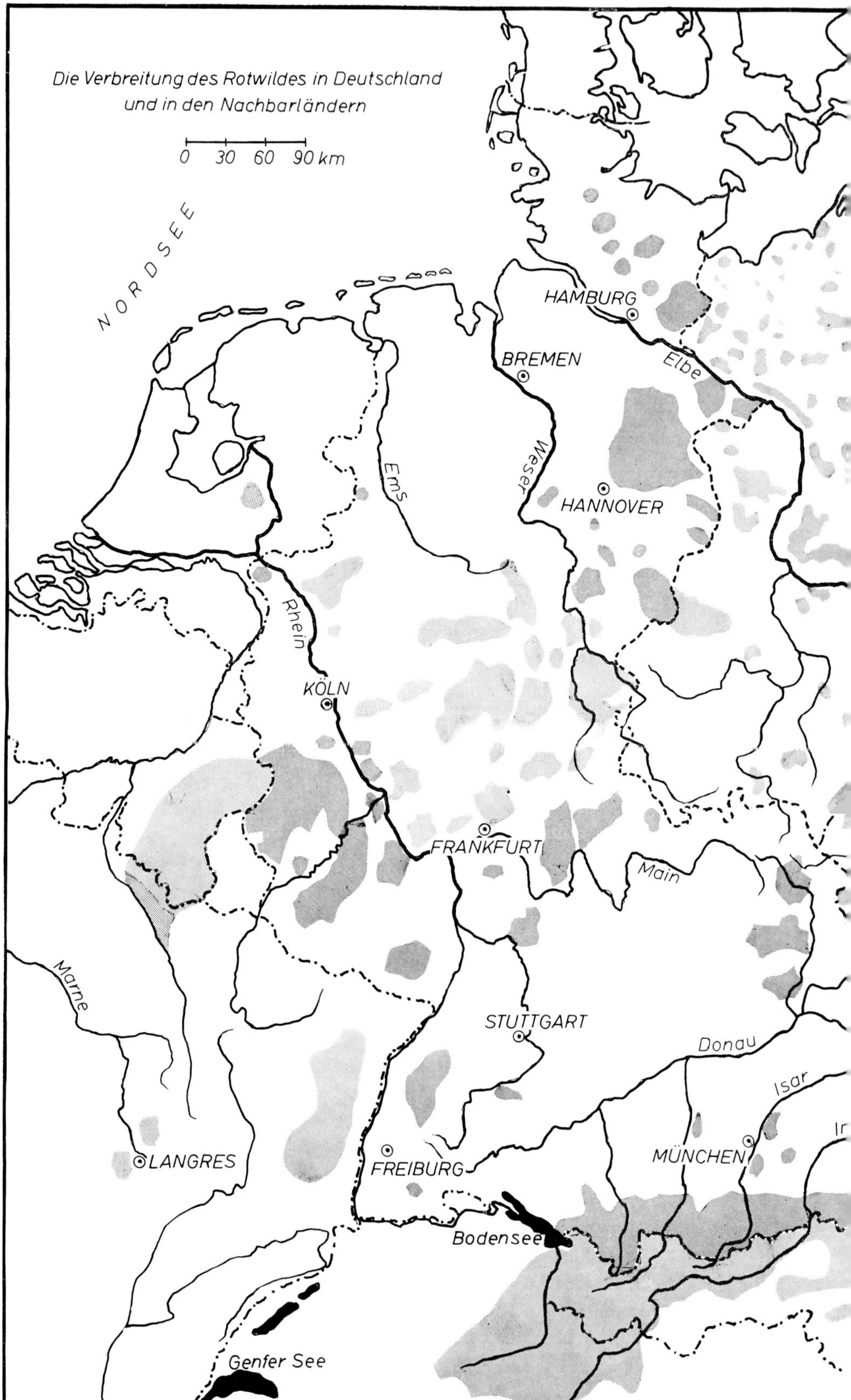

Die Verbreitung des Rotwildes in Deutschland
und in den Nachbarländern
0 30 60 90 km
NORDSEE
HAMBURG
BREMEN
Elbe
Weser
Ems
HANNOVER
Rhein
KÖLN
FRANKFURT
Main
Marne
STUTTGART
Donau
Isar
LANGRES
FREIBURG
MÜNCHEN
Bodensee
Genfer See

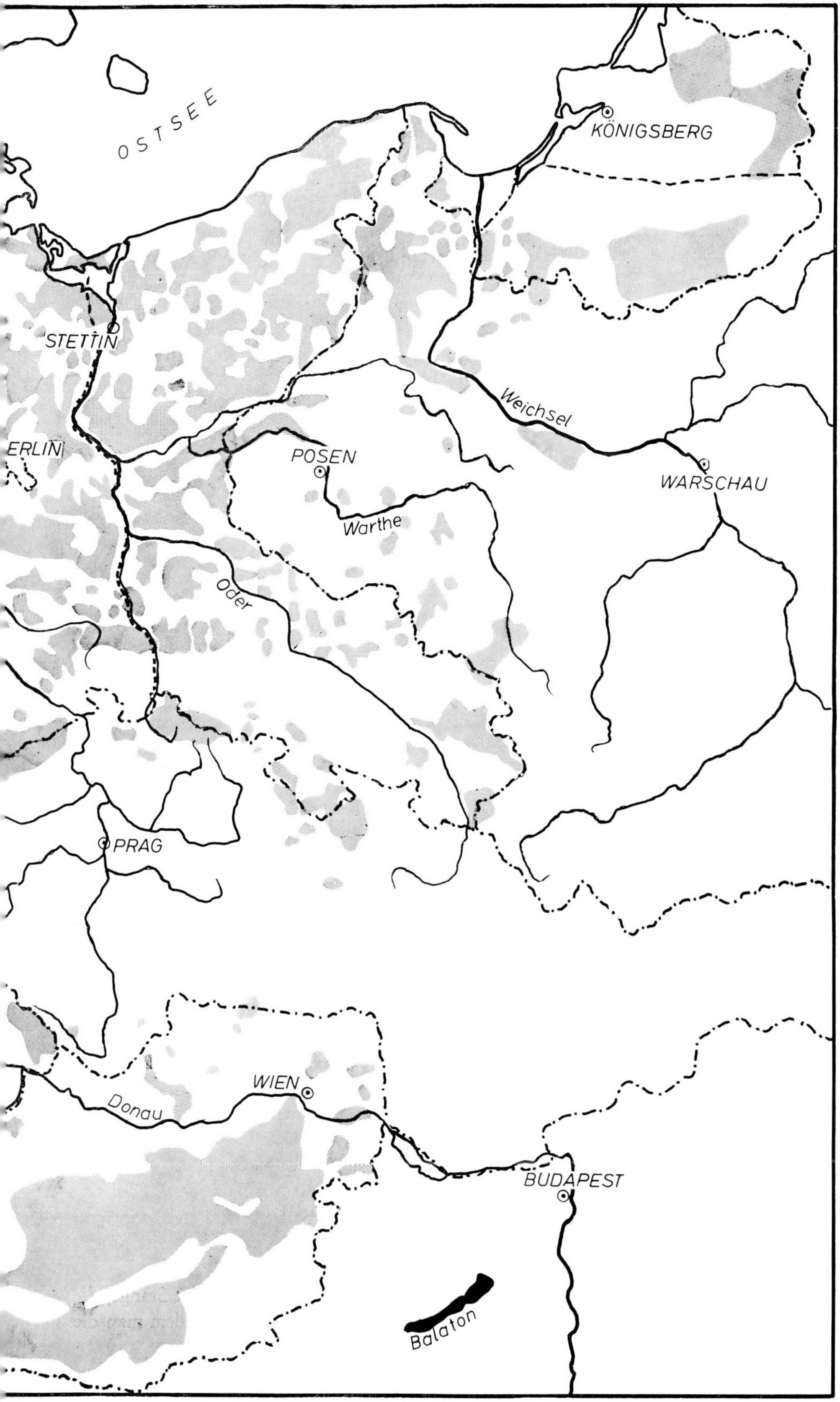

OSTSEE
KÖNIGSBERG
STETTIN
Weichsel
ERLIN
POSEN
WARSCHAU
Warthe
Oder
PRAG
WIEN
Donau
BUDAPEST
Balaton

Das männliche Kalb heißt *Hirschkalb,* das weibliche *Wildkalb.* Letzteres führt nach Ablauf des ersten Lebensjahres bis zum 1. Setzen, normal also bis zum Ablauf des zweiten Lebensjahres, die Bezeichnung *Schmaltier.* Erfolgt das 1. Setzen nicht im Alter von zwei Jahren, sondern erst ein Jahr später, so heißt das weibliche Stück ohne Kalb im dritten Lebensjahr *übergehendes Schmaltier, übergangenes Schmaltier oder Übergehendtier.*

Setzt das Alttier in einem Jahr kein Kalb oder hat es das Kalb verloren, so heißt es *nicht führendes Alttier* oder *nicht führendes Stück.* Setzt es für die Dauer wegen Alters oder Unfruchtbarkeit nicht, so ist es *gelt* und heißt *geltes Stück* oder *Gelttier.*

Stehen mehrere Stücke im Verband zusammen, so spricht man von einem *Rudel* oder auch *Trupp,* von einem *Kahlwildrudel* oder *Rudel Kahlwild,* auch *Rudel Mutterwild,* wenn es sich um weibliches Wild handelt. Ein solches Rudel wird in der Regel von einem Stück angeführt, dem *Leittier* oder *Kopftier.* Steht männliches Wild zusammen, so spricht man von einem *Hirschrudel, Hirschtrupp, Rudel Hirsche* oder auch *Rudel Geweihte.*

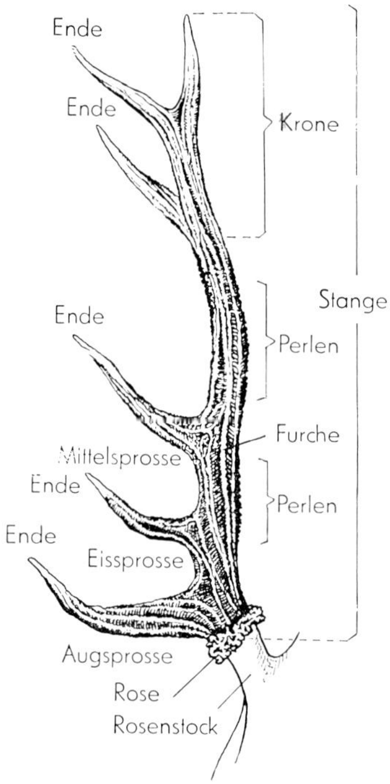

Benennung der Geweihteile

Das Hirschkalb wird zum *Spießer, Spießhirsch,* auch *Schmalspießer* oder *Spießer vom ersten Kopf,* wenn er das erste Geweih (in der Regel Spieße) trägt. Dementsprechend folgt der *Hirsch vom zweiten Kopf* usw.

Der Hirsch vom 1. Kopf trägt sein Geweih im zweiten Lebensjahr, der vom 2. Kopf im dritten usw. Das führt oft zu uneinheitlichen und verwirrenden Bezeichnungen nach Alter und Geweihstufe. Man sollte daher den Hirsch vom 2. Kopf z. B. auch als zweijährig bezeichnen, denn er hat zu Beginn der Jagdzeit erst zwei volle Lebensjahre hinter sich gebracht.

Wächst das Geweih, so wird es *geschoben,* ist dann *aufgesetzt* und wird später *abgeworfen.* Es ist *schwach, gering, gut, brav, stark,* im Falle einer seltenen, ungewöhnlichen Stärke *kapital.* Es sitzt auf bleibenden Stirnzapfen, den *Rosenstöcken,* und besteht aus zwei *Stangen,* rechter und linker je nach der Körperseite des Hirsches genannt. Die Stangen sind an ihrem unteren Ansatz von einem mehr oder weniger stark ausgebildeten wulstigen Ring, der *Rose,* umgeben und tragen als Abzweigungen die *Enden.* Die rundlichen Erhabenheiten an der Oberfläche des Geweihes heißen *Perlen.* Das Geweih ist schlecht oder gut *geperlt.* Die langen, rillenförmigen Vertiefungen auf der Stange heißen *Furchen,* auch *Riefen, Rillen.* Während des Wachstum ist das Geweih mit behaarter Haut überzogen, dem *Bast;* es heißt in dieser Zeit *Kolben, Bastgeweih,* der Hirsch ist *im Bast.* Wird der Bast vom Hirsch durch Reiben des Geweihes an Stämmen und Sträuchern entfernt, so *fegt* der Hirsch, ist der Bast entfernt, so hat der Hirsch *gefegt.* Bearbeitet der Hirsch später Bäume und Sträucher mit dem Geweih, so *schlägt* er. Wenn die Enden in der Bastzeit ihre spitze Form völlig ausgebildet haben, ist das Geweih *vereckt.*

Nach den Enden wird ein Geweih benannt, in dem man die Endenzahl der Stange, die die meisten trägt, verdoppelt. Als Ende gilt nach alter Regel ein solches, an dem man die

Hornfessel anhängen kann. Sind auf beiden Stangen gleichviel Enden, so spricht man von einem Hirsch etwa *von geraden acht Enden,* von einem *geraden Achter, Zehner* usw., im anderen Falle von *ungeraden acht Enden,* vom *ungeraden Achter, Zehner* usw.

Der Spießer wird durch die hinzukommende *Augsprosse,* das unterste Ende, zum *Gabler* oder *Gabelhirsch,* dieser durch die hinzukommende *Mittelsprosse zum Sechsender* oder *Sechser,* dieser wieder durch Teilung der Stangenspitze zur *Gabel* zum *Achtender* oder *Achter* bzw. ohne diese durch Bildung der *Eissprosse* zum *Eissprossenachter.* Aus ihm wird durch Bildung der Gabel der *Eissprossenzehner,* der aus dem Achter durch Hinzutreten der Eissprosse entstehen kann. Teilt sich die Gabel weiter, stehen also drei Enden über der Mittelsprosse, so nennt man das die *Krone.* Es entsteht der *Kronenzehner* (ohne Eissprosse), dann der *Zwölfer* (mit Eissprosse oder ohne diese mit vierendiger Krone). Weiter hinzutretende Enden, meist Kronenenden, lassen den *Vierzehnender* usw. entstehen. Der Hirsch heißt ein *Kronenhirsch, doppelseitiger* oder *einseitiger,* je nachdem er die Krone auf beiden oder nur auf einer Stange trägt.

Die hinsichtlich der Stärke eines Hirsches – heute in erster Linie nach dem Geweih bemessen – gebräuchlichen Bezeichnungen haben sich im Laufe der Zeit stark verändert. Ein *jagdbarer* oder *guter* Hirsch ist nach Dietrich aus dem Winckell „bei der deutschen Jagd der, der wenigstens zwölf Enden hat und 300 Pfund wiegt, mit zehn Enden ist er nur *schlecht jagdbar*". Heute stellen wir dem *jagdbaren Hirsch* den *geringen Hirsch* gegenüber, eine noch zu besprechende Einteilung für die Abschußplanung, wobei es üblich geworden ist, in erster Linie das Geweihgewicht zur Trennung beider Klassen heranzuziehen.

Der Kopf des Rotwildes heißt *Kopf, Haupt,* im Süden auch *Grind,* die Nase *Windfang,* das Maul *Geäse,* die Zunge *Lecker* oder *Graser,* die Eckzähne im Oberkiefer *Haken, Graneln, Grandeln,* auch *Kusen.* Die Augen heißen *Lichter,* die am vorderen Augenwinkel ansetzenden Voraugendrüsen *Tränenhöhlen, Tränengruben;* die Ohren *Lauscher, Luser* auch *Loser.* Der Hals heißt *Hals* oder *Träger,* das lange Haar am Hals des Hirsches *Kragen* oder *Mähne.* Der Rücken heißt *Rücken,* das Schulterblatt *Blatt,* die Keule *Keule.* Der vordere Körperteil von den ersten drei Rippen über die Blätter zum Halsansatz heißt *Vorschlag.* Der untere Brustteil vorn unter dem Hals heißt *Stich,* zwischen den Vorderläufen *Brustkern.* Die Beine werden *Läufe* genannt, die Klauen *Schalen,* etwa ein Drittel ihrer Sohlenlänge bilden die *Ballen.* Die hornigen *Zehen* hinten oberhalb der Schalen, die in langsamer Gangart den Boden nicht berühren, sind die *Geäfter* oder *Oberrücken,* auch *Aftern.* Die Seiten des Bauches werden als *Flanken* oder *Flämen* bezeichnet. Der Schwanz heißt *Wedel,* der After *Waidloch,* das weibliche Glied *Feuchtblatt* auch *Feigenblatt.* Der heller behaarte Teil der hinteren Keulen ist der *Spiegel,* das Euter das *Gesäuge* oder die *Spinne.* Das männliche Glied ist die *Brunftrute,* der Hodensack das *Kurzwildpret,* die Hoden *Brunftkugeln.* Der schwarze Fleck am Bauch des Hirsches in und nach der Brunftzeit ist der *Brunftfleck* oder *Brunftbrand.* Die Haut wird *Haut* oder *Decke* genannt, das Haar *Haar.* Der Haarwechsel heißt *Färben,* das Wild *färbt sich,* es hat *verfärbt,* wenn der Haarwechsel beendet ist. Die Zeit des Haarwechsels ist die *Färbezeit.*

Die Luftröhre heißt *Drossel,* der Kehlkopf *Drosselkopf,* die Speiseröhre *Schlund.* Herz, Lunge, Leber und Nieren bilden das *Geräusch.* Magen und Därme zusammen sind das *Gescheide.* Der Magen heißt *Pansen, Waidsack, Wanst,* er bildet mit der Milz das große *Gescheide.* Die Därme heißen *kleines Gescheide.* Geräusch und Gescheide zusammen sind der *Aufbruch.*

Das Fleisch heißt *Wildbret* oder *Wildpret,* das Blut ist der *Schweiß,* im Süden auch *Fasch* und *Farbe,* das Fett *Feist.*

Sehen heißt *äugen,* riechen *winden* oder *wittern,* hören *vernehmen, das Wild hat vernommen.* Unter *sichern* versteht man die Orientierung unter besonders auffallender körperlicher Anspannung, das Stück *wirft auf,* das heißt, es hebt plötzlich das Haupt, um zu äugen oder zu vernehmen. *Verhoffen* nennt man die Orientierung aus der Bewegung heraus, das Stück *verhofft,* d. h. es bleibt plötzlich stehen und sichert.

Wenn das Wild mit dem Lauf Moos, Laub usw. wegschlägt, so *plätzt* es; die Stelle, wo es sich *niedergetan,* gesetzt hat, heißt das *Bett.* Hat es sich niedergetan, so *sitzt* es. Das Wild *steht* in einem Revier, hat seinen *Einstand,* seinen *Stand* darin. Es ist *Standwild,* wenn es dauernd im Revier ist. Es *wechselt aus,* wenn es den Einstand oder das Revier verläßt. Es ist *Wechselwild,* wenn es sich nur vorübergehend im Revier aufhält. Es *wechselt* oder *zieht,* wenn es sich von einem Ort zum anderen bewegt; den Pfad, den es dazu regelmäßig benutzt, nennt man *Wechsel.* Das Wild *tritt aus* auf die Felder oder auf die Waldblöße. Es ist *vertraut, zieht vertraut,* wenn es sich in vollkommener Ruhe befindet oder bewegt. Es *trollt,* wenn es trabt, *wird flüchtig,* wenn es in Galopp fällt, es *überflieht* oder *überfällt* den Graben, den Weg, das Gatter, wenn es darüber hinwegspringt. Der Eindruck, den die Schalen eines Laufes im Boden zurücklassen, ist der *Tritt,* mehrere hintereinander stehende Tritte bilden die *Fährte.* Das Wild *durchrinnt* einen See, einen Fluß, wenn es hindurchschwimmt. Wenn es im Schlamm badet, so *suhlt* es.

Fressen heißt *sich äsen* oder *äsen.* Die Nahrung *Äsung.* Das Wild *tränkt sich, schöpft,* wenn es trinkt. Der Kot ist die *Losung,* das Wild *löst sich, lost; es näßt,* wenn es Wasser läßt.

Ist das Wild fett, so ist es *feist, gut bei Leibe, gut von* oder *bei Wildpret.* Bei schlechter Äsung *kommt es ab,* wird mager, wird *schlecht bei Wildpret.* Kommt es weiter herunter, *so kümmert es,* wird *krank.* Wird das Wild durch einen Schuß verwundet, so ist es *krank* oder *angeschweißt.* Es *stürzt* oder *bricht zusammen,* wenn es fällt, *endet* oder *verendet;* es *geht ein,* wenn es infolge eines alten Schusses, Krankheit, Hunger oder wegen Alters stirbt, es ist dann ein Stück *Fallwild.* Es ist *verludert,* wenn es nicht mehr verwertbar ist. Das Stück wird, wenn es zusammengebrochen, aber noch nicht verendet ist, oder krank im *Wundbett* sitzt, entweder mit dem Waidblatt (Hirschfänger) hinter dem Blatt *abgefangen* oder erhält besser den *Fangschuß* auf den Hals, den *Träger.*

Das Stück wird *aufgebrochen,* d. h. das Gescheide wird herausgenommen. Das Geweih wird *abgeschlagen,* d. h. mit einem Teil des Schädels vom Haupt getrennt. Das aufgebrochene Stück wird *aus der Decke geschlagen,* d. h. *zerwirkt.* Das aus der Decke geschlagene Stück wird *zerlegt,* d. h. in verwendungsfähige Stücke zerteilt.

Die Zeit des Hochsommers ist die *Feistzeit,* das Wild ist feist. Die Paarungszeit heißt *Brunftzeit,* das Wild *brunftet,* das Tier ist *brunftig,* wenn es sich begatten läßt. Der Hirsch *beschlägt* das Tier; wenn es empfangen hat, so ist es *tragend* oder *beschlagen; hochbeschlagen,* wenn es hochträchtig ist, sich also dem Ende der Tragzeit nähert.

Hirsch und Tier *schrecken,* wenn sie einen kurzen Laut der Unruhe oder des Mißtrauens ausstoßen; das Tier *mahnt,* wenn es dem Kalb mit der Stimme ein Zeichen gibt; das Wild *klagt,* wenn es aus Schmerz oder Angst Laute von sich gibt.

In der Brunftzeit *schreit* der Hirsch, *röhrt, orgelt, trenzt, knört* oder *meldet.* Er *treibt* das Tier, wenn er es begatten will.

In der Brunftzeit *kämpft* der Hirsch mit seinem Nebenbuhler; er *schlägt ihn ab,* wenn er ihn verjagt, er *forkelt* ihn, wenn er ihn mit dem Geweih verwundet.

Gebären heißt *setzen;* die Zeit, in der die Kälber in der Regel gesetzt werden, heißt *Setzzeit,* auch *Hegezeit.*

Allgemeine Beschreibung

Äußerer und innerer Bau

Nach dieser auf das Notwendigste beschränkten Zusammenstellung der jagdlichen Fachausdrücke für die allgemeine Beschreibung des Rotwildes wenden wir uns nun der speziellen Körperbeschreibung zu. Wir wollen dabei so verfahren, daß wir von der Gestalt ausgehend über die äußere Körperentwicklung zum inneren Aufbau kommen. Das Geweih und die seine Bildung und Entwicklung beeinflussenden Faktoren werden wir gesondert im anschließenden Abschnitt behandeln.

Bei der speziellen Körperbeschreibung ist es nicht möglich, ganz auf die Fachausdrücke der zoologischen Anatomie und Physiologie zu verzichten.

Äußere Erscheinung

In seiner äußeren Erscheinung bietet das Rotwild das Bild einer mit Anmut gepaarten Kraft. Dieser Eindruck wird beim Hirsch durch Geweih und Mähne noch verstärkt, so daß man den Rothirsch mit Recht als den „König der Wälder" bezeichnet.

Der Körperbau zeigt volle Harmonie, alles an ihm ist ausgeglichen gestaltet. Am auffallendsten tritt der Adel der Erscheinung in angespannter Körperhaltung hervor, besonders dann, wenn das Wild sichert.

Auf schlanken, sehnigen Läufen mit starkem Oberlauf ruht ein kräftiger Körper mit je nach Alter mehr oder weniger hervortretendem Widerrist, starker, gerader Rückenpartie und gut angesetztem, nach vorn leicht durchgebogenem Träger. Dem trokkenen Kopf verleihen die großen braunen Lichter mit länglicher, schwarzer Pupille und brauner Re-

genbogenhaut einen lebhaften Ausdruck, wie auch das Spiel der beweglichen, großen, eiförmigen Lauscher Lebhaftigkeit verrät.

Auch in der satten, braunroten Färbung im Sommer, wie auch im grauen Winterhaar zeigt sich das Rotwild als ein sich harmonisch in die es beherbergende Landschaft einpassendes Tier.

Körpermaße und Körpergewichte

Die Körpermaße und damit auch das Körpergewicht sind innerhalb des Gesamtverbreitungsgebietes ganz außerordentlich unterschiedlich. Wir finden die Erklärung hierfür in verschiedenem Klima, in Unterschieden der erblichen Konstitution wie auch der umweltbedingten Kondition. Über Körpermaße liegen wohl eine Anzahl von Angaben vor, doch erscheinen sie meist kaum verwertbar, da sie nicht nach völlig übereinstimmenden Meßregeln gewonnen worden sind. Für den Harz stellte mir W. Holldorf, Hohegeiß, folgende Bandmaße als einfache Durchschnittswerte einer Reihenuntersuchung zur Verfügung:

Bandmaß	Hirsche			Kahlwild			
	Spießer	jung	mittelalt	Kalb männl.	Kalb weibl.	Schmaltier	Alttier
1. Länge cm	191	198	207	171	163	181	197
2. Höhe cm	118	121	127	104	99	110	112

1. Gemessen von der Vorderkante Windfang bis zur Wedelspitze (ohne Haar).
2. Von der Mitte der Rückenlinie am Widerrist am Vorderlauf abwärts bis zur Schalenspitze, rechts und links sowie von der linken Schalenspitze über den Rücken hinweg bis zur rechten Schalenspitze. Aus den 3 Messungen der Durchschnitt.

Bemerkung: Es sind nur Stücke berücksichtigt, die etwa innerhalb zweier Monate erlegt wurden.

Raesfeld führt zu den Körpermaßen folgendes aus: „Der jagdbare Hirsch hat je nach Örtlichkeit und Abstammung vom Geäse bis zum Wedel eine Länge von 1,90 bis 2,45. Die Höhe am Widerrist schwankt zwischen 1,20 m und 1,50 m."

Gewichtsangaben finden sich in alten Schußbüchern, Jagdabrechnungen und sonstigen Mitteilungen aus früherer Zeit in großer Menge, doch ist bei ihnen meist nicht angegeben, ob es sich um aufgebrochene oder nicht aufgebrochene Stücke handelt. Auch die so wichtigen Altersangaben fehlen in der Regel.

Herkunft	Gewichte in Kilogramm (aufgebrochen)				
	Hirsche jagdbare	Hirsche geringe	Alttiere	Schmaltiere	Kälber
Ostpreußen	149,8	106,7	84,9	63,3	41,0
Pommern	125,2	97,2	74,3	61,9	39,9
Mecklenburg	120,6	83,0	69,1	49,9	38,8
Schlesien	118,2	84,9	71,6	52,3	35,9
Staat Sachsen	115,3	75,5	70,1	54,3	29,3
Brandenburg	113,4	91,9	69,3	56,7	39,4
Provinz Sachsen	104,5	81,5	62,6	53,1	34,1
Bayern	104,8	76,4	60,8	42,6	33,6
Rheinland	111,4	70,1	60,0	47,3	32,5
Westfalen	100,6	81,1	59,2	44,7	32,2

Ganz allgemein können wir feststellen, daß die Körpergewichte innerhalb des Verbreitungsgebietes in der geographischen Richtung WNW nach OSO zunehmen. Sie bewegen sich hier für ausgewachsene Hirsche zwischen dem Geringstwert mit etwa 70 kg bis zum Höchstwert mit etwa 250 kg (aufgebrochen). Diese Gefällrichtung spiegelt sich auch etwa innerhalb Deutschlands wider, wie die vorstehende Übersicht von BIEGER zeigt.

Für das Gebiet des nordwestdeutschen Raumes, nämlich die Rotwildvorkommen des Harzes, Reinhardswaldes und Westfalens hat K.-H. DAUSTER eine vergleichende Untersuchung geliefert, die insgesamt 2611 nach dem Alter bestimmte Hirsche und 226 Tiere umfaßt. Sie gibt u. a. für die genannten Rotwildpopulationen Aufschluß über die Durchschnittsgewichte, die Beziehungen zwischen Lebensalter und Körperentwicklung, die vom Jahresablauf periodisch bedingten Gewichtsveränderungen sowie die Variationsbreite des Gewichtes innerhalb gleicher Stämme.

Die für uns wichtigen Untersuchungsergebnisse seien nachstehend im Auszug mitgeteilt. Zunächst eine Übersicht über die Beziehungen zwischen Lebensalter und Durchschnittsgewicht:

	Hirsche		Kahlwild	
Alter	Stückzahl	Durchschnittsgewicht kg	Stückzahl	Durchschnittsgewicht kg
1	222	52,5	66	41,2
2	426	68,5	39	49,5
3	321	79,1	28	53,3
4	352	87,8	25	60,9
5	375	96,7	20	60,6
6	299	99,3	10	63,5
7	299	102,8	8	64,6
8	158	102,3	10	67,8
9	89	105,2	5	59,0
10 und mehr Jahre.	140	102,4	16	60,5

K. H. DAUSTER interpretiert Graphik und Tabellen so, „daß der Hirsch des Untersuchungsgebietes Nordwestdeutschland etwa vom 7. Kopf ab als körperlich ausgewachsen betrachtet werden kann. Von diesem Lebensalter an nimmt er praktisch nicht mehr zu. Das Durchschnittsgewicht der höheren Jahrgänge schwankt in geringen Grenzen entsprechend

Die Durchschnittsgewichte innerhalb der drei untersuchten Populationen

	Harz				Reinhardswald				Westfalen	
Alter	Hirsche		Kahlwild		Hirsche		Kahlwild		Hirsche	
Jahre	Stückzahl	Durchschnittsgewicht kg	Stückzahl	Durchschnittsgewicht kg	Stückzahl	Durchschnittsgewicht kg	Stückzahl	Durchschnittsgewicht kg	Stückzahl	Durchschnittsgewicht kg
1	125	49,9	38	42,8	9	42,7	28	39,6	88	56,9
2	272	63,4	12	55,9	11	56,8	27	43,2	143	72,9
3	190	78,4	11	50,5	12	68,6	17	56,4	119	82,5
4	242	85,8	4	65,8	26	78,7	21	56,1	84	94,9
5	202	94,2	5	60,8	30	85,8	15	60,5	143	102,3
6	208	97,9	3	67,0	21	90,4	7	60,1	70	106,0
7	136	100,0	3	60,8	28	96,9	5	68,5	65	110,9
8	97	100,1	4	71,3	21	98,8	6	64,3	40	109,6
9	47	102,0	2	54,0	18	102,2	3	64,0	24	115,4
10 und mehr.	46	100,8	4	56,7	64	100,4	12	58,4	30	112,9

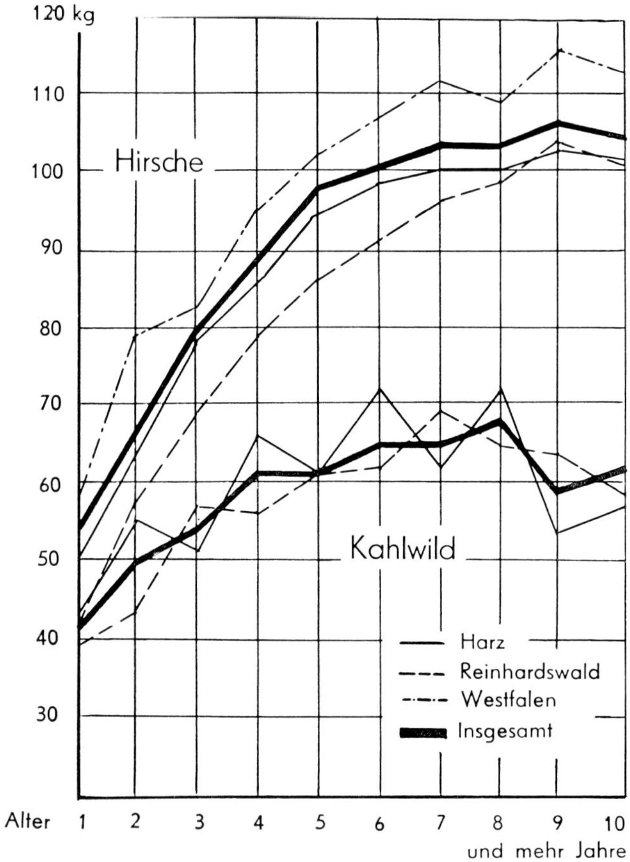

Durchschnittsgewichte in norddeutschen Revieren (Nach Dauster, 1939)

den Äsungs- und sonstigen Verhältnissen des Jahres. Bereits im Alter von $1\,^1/_4$ bis $1\,^1/_2$ Jahren, also zur Zeit der Entwicklung des ersten Geweihes, ist etwa die Hälfte des Höchstgewichtes erreicht. In diesem Alter, also mit nur der Hälfte des Endgewichtes, wird der Hirsch bereits fortpflanzungsfähig. In den folgenden Jahren beträgt die Gewichtszunahme etwa je ein Zehntel des Höchstgewichtes, dann nur noch wenig und wird ab Alter 7 praktisch gleich Null.

Beim Kahlwild schreitet die Entwicklung wesentlich rascher fort. Im Alter von $1\,^1/_4$ bis $1\,^1/_2$ Jahren sind bereits zwei Drittel des Endgewichtes aufgebaut, im 3. bis 5. Jahr kommt noch etwa je ein Zehntel des Gewichtes hinzu. Vom 5. Jahre ab kann das Alttier als ausgewachsen gelten.

Die prozentuale Zunahme der Durchschnittsgewichte innerhalb der untersuchten drei Populationen

Jahre	Harz				Reinhardswald				Westfalen	
	Hirsche		Kahlwild		Hirsche		Kahlwild		Hirsche	
Alter	Insgesamt %	Zunahme %	Insgesamt %	Zunahme %	Insgesamt %	Zunahme %	Insgesamt %	Zunahme %	Insgesamt %	Zunahme %
1	48,9	48,9	68,3	68,3	41,7	41,7	64,0	64,0	49,3	49,3
2	62,2	13,3	89,2	20,9	55,6	13,9	69,8	5,8	68,6	19,3
3	76,8	14,6	—	—	67,1	11,5	91,1	21,3	71,5	2,9
4	84,1	7,3	—	—	77,0	9,9	—	—	82,2	10,7
5	92,4	8,3	97,0	7,8	84,0	7,0	97,7	6,6	88,6	6,4
6	96,0	3,6	100,0	3,0	88,5	4,5	100,0	2,3	91,9	3,3
7	98,0	2,0			94,8	6,3			96,1	4,2
8	98,1	0,1			96,7	1,9			—	—
9	100,0	1,9			100,0	3,3			100,0	3,9

Die drei Einzelgebiete zeigten nun vor allem hinsichtlich der Entwicklungsgeschwindigkeit Unterschiede. Das ausgewachsene Rotwild des Harzgebietes und des Reinhardswaldes ist etwa gleich schwer. Der Hirsch in Westfalen liegt mit seinem Gewicht durchschnittlich 10 % höher. Es scheint also so zu sein, daß sich die Eingatterung des Reinhardswaldes ähnlich auswirkte wie die härteren Lebensbedingungen im Harz. Das höhere Gewicht des westfälischen Rotwildes überrascht nicht, da dieses unter ungleich besseren Verhältnissen und in freier Wildbahn lebt. Der Unterschied der Entwicklungsdauer wird besonders verdeutlicht, wenn man das bei den Hirschen im Alter von 9 und mehr Jahren, entsprechend das beim Kahlwild im Alter von 6 und mehr Jahren erreichte Gewicht gleich 100 setzt und die Zunahme der einzelnen Jahrgänge errechnet. Danach kann der Hirsch im Harz mit dem 6. Jahr, in Westfalen mit dem 7. Jahr und im Reinhardswald erst mit dem 8. Jahr als körperlich ausgewachsen gelten. Mit anderen Worten: Unter dem an sich als spätreif anzusprechenden Rotwild Nordwestdeutschlands ist die Entwicklung im Reinhardswald am langsamsten".

Ich möchte aus der prozentualen jährlichen Zunahme der Durchschnittsgewichte die Tatsache hervorheben, daß im Alter von 5–6 Jahren das Körperendgewicht fast erreicht ist und man daher den Hirsch in diesem Alter als etwa körperlich ausgewachsen ansehen kann. Für die Auswertung dieser Ergebnisse muß darauf hingewiesen werden, daß wegen des beim Kahlwild nur geringen Untersuchungsmaterials einige „Ausreißer" in den Zahlenwerten sind, die aber den Blick nicht von der Allgemeinrichtung ablenken können. Auf die Variationsbreite des Körpergewichts innerhalb der einzelnen Rotwildpopulation kommen wir später noch zurück, wie auch auf die Beziehung, die im ganzen gesehen zwischen Körper- und Geweihgewicht besteht. Es soll aber schon hier erwähnt werden, daß wie beim Körpergewicht auch beim Geweihgewicht eine gleiche Gefällrichtung von OSO nach WNW besteht.

Haut

Setzen wir nun die Körperbeschreibung fort und wenden uns zunächst der *Haut* zu. Es hieße ihre Aufgabe völlig verkennen, wenn wir in ihr den äußeren Abschluß des Tierkörpers gegen die Außenwelt allein sehen wollten. Als die ihr am nächsten liegende und mit ihr in erste und ständige Berührung tretende Körperoberfläche hat sie vielmehr vielseitige, für den Lebensablauf des Tieres sehr wichtige Funktionen übernommen, vornehmlich natürlich solche, die die Berührung des Körpers mit der Außenwelt vermitteln. Sie dient nicht nur Vorgängen des Kreislaufes und der Atmung, sondern in der Haut oder in ihrem unmittelbaren Bereich eingebettet liegt ein Teil der Sinnesorgane. Auch ist sie Träger der verschiedensten Drüsen, die je nach Aufgabe sowohl für den Abschluß von, als aber ebenso für den Anschluß an die Außenwelt von bestimmter Bedeutung sind. Naturgemäß ergibt sich aus diesen verschiedensten Aufgaben ein verhältnismäßig differenzierter Aufbau der Haut, den wir wenigstens in ganz groben Zügen darstellen wollen. Oberhaut (Epidermis), Lederhaut (Corium) und Unterhaut (Subcutis) werden die drei Schichten genannt, aus denen die Haut als solche sich zusammensetzt.

Die Lederhaut bildet den eigentlichen umspannenden Abschluß und Zusammenhalt des Körpers. Sie ist es auch, die, wie ihr Name schon sagt, uns beim Gerben erhalten bleibt und als Wildleder in seiner vielseitigen Verwendung bekannt ist. Ihre Stärke ist sehr unterschiedlich nach Alter und Geschlecht des Stückes, selbstverständlich auch nach den verschiedenen Körperstellen, besonders aber auch zu den verschiedenen Jahreszeiten. Bei dichter Behaarung im Winter ist sie wesentlich dünner als im Sommer, woraus sich auch die bessere Verarbeitungsmöglichkeit und damit der höhere Wert der Sommerdecke erklärt.

Die Verbindung der Lederhaut zum Körper vermittelt die Unterhaut, die dort, wo sie sich besonders umfangreich ausgebildet hat, für eine ausreichende Beweglichkeit und Verschiebbarkeit der Haut Sorge trägt. Sie nimmt darüber hinaus Fettpolster auf und kann geradezu als Vorratsspeicher für Fett in Funktion treten, eine Möglichkeit, die uns aus der Feistzeit des Wildes durchaus bekannt ist.

Haar

Am meisten interessiert uns die äußerste Schicht der Haut, die Oberhaut, ist sie doch der Sitz der Behaarung, deren Farbe ja letztlich unsere Wildart ihren Namen verdankt. Auch sie besteht wieder aus verschiedenen Lagen, deren äußerste Zellen enthält, die verhornen, fortwährend abgestoßen und erneuert werden. Das *Haar,* eine ebenfalls verhornte, elastische Bildung, müssen wir als ein Produkt dieser Oberhaut ansehen. Es besteht im wesentlichen aus dem Haarschaft, der mit der Haarwurzel in der Haartasche steckt. Drei Schichten sind an seinem Aufbau beteiligt, das Oberhäutchen, die Rindenschicht und die in der Mitte liegende Markschicht. Letztere ist beim Rotwild besonders lufthaltig und in ihr finden sich voluminöse, trockene und blasige Zellen, die die Elastizität stark herabsetzen, so daß das Haar des Rotwildes verhältnismäßig leicht bricht. Andererseits aber wird die Hauptaufgabe der Behaarung, der Wärmeschutz, besonders gut erfüllt. Der hohe Luftgehalt des Haares erklärt weiter die Tatsache, daß Rotwild besonders gut und ausdauernd zu schwimmen vermag.

Die Haarwurzel ist kolbenförmig und steht mit der Lederhaut durch die Haarpapille in Verbindung, die für die Ernährung des Haares Sorge trägt. Löst sich diese Verbindung, wie etwa beim Haarwechsel, so stirbt das Haar ab. In jeder Haartasche befindet sich eine sogenannte Talgdrüse, die mit ihrem Sekret das Haar geschmeidig erhält und durch dessen Fettgehalt das gesamte Fell wasserabstoßend macht. Weiter enthält jede Haartasche einen kleinen Muskel, den Aufrichtemuskel, der das Haar mehr oder weniger aufrichten kann. Besonders erhalten geblieben ist diese Fähigkeit am Spiegel, doch sehen wir auch das Sträuben des Haares am ganzen Rumpf, wenn sich das Wild Wasser aus der Decke schüttelt. Beim Menschen kennen wir die Arbeit dieser trotz verlorengegangener Körperbehaarung noch vorhandenen Aufrichtungsmuskeln in der sich bei Furcht, Schrecken oder Kälte bildenden „Gänsehaut“.

Wir unterscheiden bei den Haaren drei Hauptformen, die *Leithaare,* die *Grannenhaare* und die *Wollhaare.* Die Leithaare sind die längsten, sie stehen meist einzeln und vermitteln dem Tier bei Berührung entsprechende Empfindungen. Die Grannenhaare, bei weitem überwiegend vorhanden, sind kürzer, stehen dicht und bilden mit den Leithaaren zusammen das Deckhaar. Das Unterhaar oder Wollhaar ist beim Rotwild nur spärlich vertreten. Einzelne Haare sind als sogenannte *Tasthaare* (Vibrissen) ausgebildet, sie stehen beim Rotwild besonders auf der Oberlippe und am Kinn.

Haarwechsel

Der *Haarwechsel* erfolgt zweimal im Jahr, im Frühjahr und im Herbst. Während der Frühjahrshaarwechsel verhältnismäßig lange Zeit in Anspruch nimmt, auch für den Jäger recht auffallend sich vollzieht, geht der Herbsthaarwechsel schneller und wesentlich unauffälliger vor sich. Im Frühjahr wächst an fast allen Körperstellen gleichzeitig in den

Haarbälgen das Sommerhaar nach, das Winterhaar fällt dann, wenn jenes hervorgewachsen ist, oft flächenweise aus, so daß das Wild einen struppigen „ungepflegten" Anblick bietet. Um diese Zeit, die auch Färbezeit heißt, findet man ausgefallenes Winterhaar überall dort, wo sich das Wild aufhält, während beim Herbsthaarwechsel dies nicht der Fall ist. Dieser beginnt im September und dauert bis gegen Ende Oktober. Bereits Ende August bildet sich beim älteren Hirsch als erstes Anzeichen des Winterkleides die Mähne, die ihre volle Länge jedoch erst im Winter erreicht hat. Alte Tiere, die Kälber führen, werden im Frühjahr etwa zwei Wochen später mit dem Haarwechsel fertig als Schmaltiere, Übergehendtiere und Gelttiere, ein Merkmal, das für das Ansprechen des Wildes von Bedeutung sein kann. Im allgemeinen kann man sagen, daß älteres Wild (beiderlei Geschlechts) später mit dem Frühjahrshaarwechsel fertig wird, als jüngeres.

Das Sommerhaar ist bei Hirsch und Tier etwa von der halben Länge des Winterhaares und platt, im Querschnitt linsenförmig so, daß etwa die breitere Seite das Doppelte der schmalen beträgt. Das Winterhaar ist im Querschnitt mehr rund, dabei an den meisten Körperstellen stark gerippt, während das Sommerhaar weit weniger gerippt ist.

Die Tasthaare unterliegen nicht dem gleichen Rhythmus des Haarwechsels, sie haben eine mehrjährige Lebensdauer.

Färbung

Die *Färbung* des Rotwildes wird im wesentlichen durch die dem Haar eingelagerten Farbstoffe (Pigmente) bewirkt. Die Haarfarbe ist an den einzelnen Körperstellen verschieden, wie auch das Sommerhaar vom Winterhaar abweichend gefärbt ist. Im *Sommer* erscheint das Wild rot/rotbraun, im Winter grau/graubraun. Abgesehen von besonders auffallenden Farbabweichungen, die anschließend besprochen werden, zeigt das Sommerhaar an den einzelnen Körperstellen folgende Farben: Kopf grau, oben dunkler, an den Seiten heller, an den Unterlefzen beiderseits ein schwarzer Fleck. Lauscher außen grau, nach den Rändern dunkler, innen schmutzigweiß mit dunkelgrauem Rand. Hinterkopf rot, Nackenstreif dunkler, Hals rötlichgrau, unten dunkelgrau. Rumpf oben rot (hirschrot), unten fahlrot bis gelblich weiß. Läufe an der Vorder- und Außenseite grau, an der Innenseite hellgrau. Spiegel fahlrot bis gelblichgrau-weiß, von einem Kranz dunkler Haare eingefaßt. Wedel rot. Schalen schwarz. Die Kälber zeigen im Sommerhaar eine Jugendfleckung, weiße Flecke auf dunkel-rötlichem Grund. Diese *Kälberflecken* werden schon bald durch nachwachsendes Haar überdeckt und verschwinden in der Regel mit dem ersten Haarwechsel ganz. Doch findet sich eine dieser Kälberfleckung ähnliche Zeichnung nicht selten auch bei älteren Stücken. Sie ist dann meist auf die Rücken- und Lendengegend beschränkt. Ob es sich hierbei um eine Anomalie oder um eine Art Indikator für Fremdblutanteile oder für einen entwicklungsgeschichtlichen Zusammenhang unserer Rotwildstämme mit denen ihres asiatischen Ursprungsraumes handelt, ist noch nicht geklärt (H. Wiens, Ztschr. f. Jagdwissensch. 1962).

Das *Winterhaar* zeigt nach dem Geschlecht nicht unerhebliche Verschiedenheiten. Beim *Hirsch* ist die Stirn braungrau, das Haar hier oft mehr oder weniger stark gewellt. Vorderkopf und Seiten grau, an den helleren Unterlefzen beiderseits ein halbkreisförmiger, schwarzer Fleck. Lauscher außen grau mit dunklen Rändern, innen schmutzig-weiß, nach außen in dunkelgrau übergehend. Hinterkopf rotbraun. Das längere Halshaar oben dunkelbraun bis schwarz, in der Mitte der Halsseite rötlich-grauschwarz, an der Halsunterseite wieder schwärzlich werdend mit helleren Spitzen. Oberseite des Rumpfes grau, Unterseite mit deutlich abgesetzter Grenze schwarz. Vorderläufe an den Außenseiten glänzend braungrau, in der Nähe des Blattes ins schwärzliche übergehend, an der Innenseite heller. Hinterläufe an den Außenseiten schwärzlich-braungrau, glänzend, Innenseite der Keulen schmutzigweiß. Spiegel grauweiß, nach dem Rande zu in fahlrot übergehend, an den Seiten schwarz umrandet. Wedel rostrot.

Das *Tier* zeigt ähnliche Kopfzeichnung wie der Hirsch, trägt auf der Stirn aber nur sehr selten welliges Haar. Der Hals hat oft dunklen bis schwarzen Nackenstreif, der sich auf dem Rücken (Aalstrich) fortsetzt. Vom Nacken zur Halsunterseite geht das Haar allmählich in helleres Grau über, von einzelnen längeren, schwarzen Grannen durchsetzt. Der Rumpf ist rotgrau bis grau, die Unterseite zeigt zwischen den Vorderläufen hellgraues Haar, das nach hinten zu in fast reines Weiß übergeht. Der Spiegel hat bedeutend längeres Haar als der des Hirsches. Es ist von weißer bis fahlrötlicher Farbe und zeichnet sich durch auffallende Dicke und Spröde aus.

Die *Kälber* lassen im Winterhaar den Unterschied der Geschlechter nicht sehr auffallend erkennen. Das Hirschkalb hat in der Regel eine stärkere Behaarung des Halses und ist häufig dunkler gefärbt als das Wildkalb. Doch sind danach die Geschlechter nicht immer sicher zu unterscheiden.

Bei Hirsch und Tier zeigt die eben geschilderte Färbung vielfache Abweichungen. So sieht man häufig in einem Rudel ganz helle und ganz dunkle, auffallend rot und ebenso auffallend grau gefärbte Stücke, nicht etwa nur zur Zeit des Haarwechsels, sondern auch dann, wenn dieser beendet ist. Alle Übergänge von fahlgelb über grau bis rot sind vertreten. Besonders bei Hirschen findet man vereinzelt eine im Sommer besonders ins Auge fallende Neigung zu grauen und fahlgelben Tönen, die in irgendeiner Weise mit erhöhter Körperstärke verbunden zu sein scheint. Den „grauen, langen Typ“ kenne ich aus allen deutschen Rotwildgebieten, und es will mir notwendig erscheinen, daß man ihn doch einmal genau untersuchen sollte. Ich komme noch darauf zurück.

Farbanomalien

Außer diesen gewöhnlichen, in allen Rotwildstämmen vorkommenden Farbschlägen treten natürlich wie bei fast allen Wildarten auch beim Rotwild *Farbanomalien* auf. Sie sind aber verhältnismäßig selten, und so erklärt es sich, daß der Jäger ihnen fast immer eine besondere Aufmerksamkeit schenkt, die sich dahin auswirkt, ein solches Stück möglichst schnell zur Strecke zu bringen. Man sollte dabei aber bedenken, wie sehr ein solches Vorgehen den Verzicht auf eine außergewöhnliche Möglichkeit zur Beobachtung bestimmter Verhaltensweisen bedeutet.

Am bekanntesten ist wohl beim Rotwild das Vorkommen stark aufgehellter Farbtöne bis zum extremen Fall des *Weißlings* und *Albinos.*

Bei letztgenanntem fehlen im Haar, und zwar wegen Ausfalls des entsprechenden Erbfaktors, die Pigmente, ebenso die Farbstoffe auch in der Regenbogenhaut, so daß das Licht infolge der durchscheinenden Blutgefäße rötlich bis rot aussieht. Auch die Schalen können rötlichen Schein haben. Weißlinge, möglicherweise auch gescheckte, sind beim Rotwild nur selten beobachtet worden. Ich hatte Gelegenheit, nach dem ersten Weltkrieg im Ostharz (Forstamt Stiege) ein völlig weißes Alttier viele Jahre lang zu beobachten, das regelmäßig ein normal gefärbtes Kalb setzte. Das ist nicht überraschend, wenn man weiß, daß die weiße Farbe rezessiv, unterdrückt vererbt. Erst in der zweiten und folgenden Generation können beim Vorhandensein des entsprechenden Erbfaktors bei beiden Partnern wieder Weißlinge auftreten. Solange ich daß weiße Alttier kannte, war es Leittier eines starken Kahlwildrudels, und es war sehr interessant, beobachten zu können, wo dieses Rudel zu den verschiedenen Jahreszeiten seinen Einstand nahm. Das Stück war also kein Einzelgänger, und ich habe es zur Zeit der Rudelbildung nie allein gesehen. Als es schließlich wegen Überalterung zum Abschuß freigegeben wurde, gab es insofern eine Überraschung, als innerhalb kurzer Frist zwei weiße Stücke, das bekannte Alttier und ein völlig albinotisches Übergehendtier zur Strecke kamen. Ich sagte schon, daß der Albinismus als Auswirkung einer Verlustmutation anzusehen ist und damit den Gesetzen der Vererbung unterliegt. So ist es auch erklärlich, daß früher, als man diesen Farbabweichungen wohl wegen ihrer Seltenheit größeren Wert beimaß, besonders in Gatterrevieren weißes Wild gehegt und zu bedeutenden Beständen gebracht wurde. In der älteren Jagdliteratur wird hierüber häufig berichtet. So schreibt DÖBEL in „Neueröffnete Jäger-Practica, Leipzig 1784“: „So giebt es auch weiße Hirsche und Thiere, welche aber gar rar sind, dergleichen Ihro Königl. Maj. in Polen und Churfürstliche Durchlaucht zu Sachsen bey Kolbitz im Thiergarten haben; desgleichen auch ein weißes Tier in der Merseburgischen Aue sich schon einige Jahre aufhält. Auch ist mir bekannt, daß vor dreyßig Jahren ein weißer Hirsch und ein Thier bey Dobriluck in der Niederlausitz ist gefangen worden. Vor nunmehr 36 Jahren habe ich ganz weiße Hirsche und Thiere im Württemberger Land, in dem bey Ludwigsburg und Asperg seyenden Thiergarten gesehen, deren damals 15 Stück beisammen waren, welche theils gantz Schnee-weiß und einige Silberfarbigt waren, ingleichen waren bey Eisenach im Thiergarten auch von Silber-Farbe einige zu sehen.“

Recht häufig ist das weiße Rotwild früher im Taunus vorgekommen, wo auch im Jahre 1903 noch einige Stücke vorhanden waren. In einer Schußliste des Jahres 1836 bis 1866 der damaligen Oberförstereien Chausseehaus, Idstein, Naurod und Platte werden als vom Herzog von Nassau erlegte weiße Hirsche angegeben: Zwei 18 Ender, ein 16 Ender, vier 14 Ender, zwölf 12 Ender, elf 10 Ender, ein Achter und ein Sechser. Es muß sich hier also um ein beträchtliches Vorkommen gehandelt haben, das allerdings um 1900 bereits auf wenige Stücke zusammengeschmolzen war. Das Wild soll keine roten Lichter und Schalen gehabt haben.

Mir selbst ist noch das Vorkommen weißer Hirsche im Wildpark bei Potsdam aus den Jahren nach dem ersten Weltkrieg bekannt. Im Jahre 1910 betrug der Bestand an weißem Rotwild dort 31 Stück, und zwar 9 Hirsche und 22 Tiere und Kälber. Im Jahre 1939 war nach meiner Feststellung nur noch normal gefärbtes Rotwild dort im Gatter.

Auch silbergraues Wild wird beschrieben, und zwar u. a. ein Vorkommen im Tiergarten von Wernigerode/Harz (DOMBROWSKI, Das Edelwild, 1878), wie auch Rotwild mit Blesse, das seinerzeit eigens als Bleßedelwild bezeichnet wurde. DÖBEL berichtet hierüber a. a. O.:

„Es hatte auch der Durchl. Hertzog Ludwig Rudolph zu Braunschweig in dem Thiergarten bey Blankenburg ethliche rothe Hirsche und Thiere, welche eine weiße, lange Bläße vom Kopfe auf die Nase herunter hatten und deren alle vier Läufe weiß von der Schale herauf bis an den halben Lauft waren.“

Doch auch aus neuer Zeit liest man ab und zu von der Beobachtung bzw. Erlegung albinotischen und weißpigmentierten Rotwildes, so z. B. aus dem Solling und dem Reinhardswald.

Besonders selten dagegen scheint das Auftreten von *Melanismus*, also einer ausgesprochenen Schwarzfärbung beim Rotwild zu sein, die wir beim Rehwild in verschiedenen Gegenden, so z. B. in Niedersachsen, recht häufig antreffen.

Häufiger wird über das Auftreten einer spezifischen *Fleckung* berichtet, einer Zeichnung des Haarkleides älteren Wildes, die an die „Kälberflecken“ erinnert. In mehr oder weniger auffallender Reihung stehend, finden sich weißlichgelbe Flecken in der Regel auf die hintere Rückenpartie beschränkt. Ein solches Abweichen von der normalen Färbung hat nichts mit dem Entwicklungszustand des betreffenden Stückes zu tun. Wahrscheinlich besteht Grund zu der Annahme, im Auftreten solcher Fleckung stammesgeschichtliche Zusammenhänge oder auch Anzeichen für Fremdblutanteile zu sehen.

Hautdrüsen

Wir dürfen die Beschreibung der Haut nicht abschließen, ohne uns noch mit den *Hautdrüsen* beschäftigt zu haben. Wie alle Säuger hat auch das Rotwild in der Haut gelagerte Drüsen, die ihre Produktion (Sekrete) nach außen entleeren. Die *Talgdrüsen* am Haar haben wir schon erwähnt und ihre Funktion für dieses und die Förderung des Körperabschlusses von der Außenwelt geschildert.

Wesentlich andere Aufgaben erfüllt eine andere Art von Hautdrüsen, die als Duftdrüsen ausgebildet sind und als solche in Funktion treten. Sie geben dem olfaktorisch, d. h. vorwiegend mit dem Geruchssinn sich orientierenden Rotwild den Artgeruch, darüber hinaus wahrscheinlich auch den Individualgeruch, der im soziologischen Verhalten des Wildes sicher keine unbedeutende Rolle spielt.

Die auffälligste, jedem Rotwildjäger bekannte Hautdrüse ist die *Voraugendrüse* (Antorbitalorgan) des Rotwildes, die wir als Tränengrube zu bezeichnen gewohnt sind. Sie stellt sich äußerlich als eine tiefe vor dem vorderen Augenwinkel liegende Hautfalte dar, die mit einem bräunlichen Sekret gefüllt ist. Diesem wurde übrigens in früherer Zeit als „Hirschbezoar" Heilkraft zugeschrieben. Besonders stark in Aktion tritt sie beim Hirsch zur Zeit der Brunft, und es liegt daher nahe, ihre Beziehungen zum Geschlechtsleben zuzusprechen. Während des Brunftschreies öffnet sich die Hautfalte oft sehr weit und verändert dadurch das „Gesicht" des Hirsches in ganz auffallender Weise. Soweit wir über die Bedeutung dieser Drüse orientiert sind, können wir annehmen, daß sie beim Hirsch eine ausgesprochene Markierungsdrüse ist, zumal er ihren zähen Inhalt an Stämmen und stärkeren Zweigen abzustreifen pflegt. Es ist daher durchaus wahrscheinlich, daß der Hirsch auf diese Weise seine Anwesenheit den Art- und insbesondere Geschlechtsgenossen anzuzeigen in der Lage ist. Doch wissen wir hierüber nichts Endgültiges. H. Wölfel berichtet (Nieders. Jäger Nr. 11/1976), daß sich gelegentlich der Aufzucht von Rotwildkälbern die Voraugendrüse als olfaktorisches Merkmal zum Erkennen des Kalbes durch das Alttier gezeigt habe. Auch H. H. Hatlapa beschreibt (Berl. Münch. Tierärztl. Wschr. 90, 108–104) die Voraugendrüse auf Grund von Beobachtungen an handzahmen Alttieren als Identifizierungsdrüse.

Die Tränengrube

Weiter trägt der Hirsch außen an den Hinterläufen je eine als *Laufbürste* bezeichnete Drüse (Metatarsalorgan), die vermutlich ebenfalls Aufgaben der Markierung erfüllt. Sie tritt als dunkler, länger behaarter Deckenfleck auffällig sichtbar in Erscheinung und hat etwa Abmaße von 3 × 6 cm. Ein starkes Drüsenpaket liegt unter diesem Fleck, in erster Linie Duftdrüsen enthaltend. Beim Ziehen des Hirsches durch niedrigen Bodenbewuchs hinterläßt das abgestreifte Drüsensekret, wie wir annehmen, eine Duftfährte.

Eine Hautdrüse, über deren Funktion ebenfalls wenig Klarheit herrscht, ist das an der Wurzel des Wedels sitzende *Wedelorgan* des Hirsches. Es handelt sich hierbei um eine großflächige Duftdrüse, die während der Brunftzeit besonders stark anschwillt. Durchaus möglich ist es, daß der Hirsch mit dieser Duftdrüse ebenfalls eine Markierungsmöglichkeit hat und vielleicht sogar eine „Luftfährte" mit ihr legt.

Die beim Rehwild so sehr stark ausgebildeten Duftdrüsen zwischen den Schalen, die Zwischenzehensäckchen, finden wir beim Rotwild verhältnismäßig wenig entwickelt. Wenn der Schweißhundführer von der „süßen Rehfährte" spricht, womit er zum Ausdruck bringen will, daß der Schweißhund im Anfang seiner Ausbildung gern Rehfährten anfällt, so dürfte vielleicht in dieser unterschiedlichen Ausstattung beider Wildarten mit Zehendrüsen ein Grund für eine solche Vorliebe des Hundes liegen können.

Wie gesagt, wir wissen noch wenig über die Funktionen der Hautdrüsen. Da aber das Rotwild sich in erster Linie mit dem Geruchssinn orientiert, gewinnt die Wahrscheinlichkeit, daß es sich bei den Duftdrüsen um Markierungsorgane handelt, an Bedeutung.

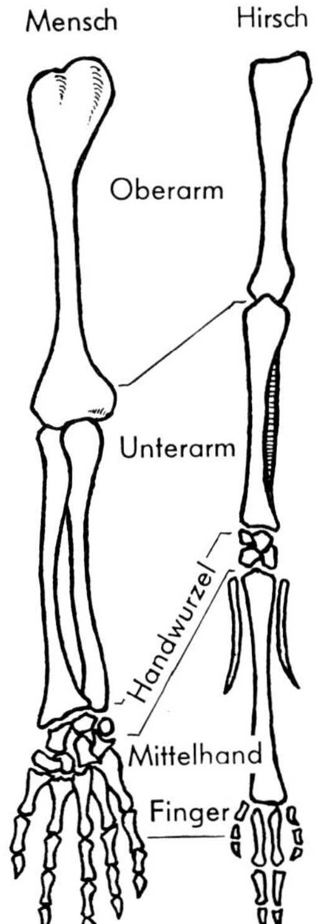

Armskelett des Menschen und Vorderlaufskelett des Hirsches (Nach Linke)

Innerer Bau

Muskeln und Sehnen

Betrachten wir nun bei unserem Blick in den inneren Aufbau des Körpers zunächst das *Muskelgewebe* und die *Sehnen*. Das, was wir gemeinhin als Wildpret bezeichnen, sind Muskeln, die den verschiedensten Aufgaben dienen. Dort, wo sie besondere Arbeit zu leisten haben, sind es kompakte Bündel, die mit dem Knochengerüst durch Sehnen verbunden sind. An Hals, Rücken, Keulen und Blättern liegen die stärksten Muskeln, die vornehmlich die Fortbewegung und sonstige Stellungsänderungen des Wildes ermöglichen und daher vom Willen des Tieres abhängig sind. Das Herz ist von den inneren Organen dasjenige, welches praktisch eigentlich nur aus einem Muskel besteht. Auch an anderen Organen finden wir Muskeln, die aber größtenteils unabhängig vom Willen arbeiten. Ein in seiner Bedeutung oft verkannter Muskel ist das Zwerchfell, auf das wir bei den Atmungsorganen zurückkommen.

Skelett

Auch über das *Knochengerüst*, das *Skelett*, müssen wir etwas wissen, gibt es doch dem Körper in Verbindung mit Haut und Muskulatur nicht nur den Zusammenhalt, sondern ist auch von ihm die Körperform, die Figur und die Bewegung des Stückes abhängig.

Ähnlich wie das Haar als Schnitthaar uns gewisse Aufschlüsse über den Sitz der Kugel geben kann, vermittelt uns auch unter Umständen ein Teil des Skelettes, der Knochensplitter, eine noch zuverlässigere Auskunft. Wenn man das Knochengerüst kennt! Auch aus diesem Grunde empfiehlt es sich, dem Skelett einige Zeit der Betrachtung zu widmen, es in

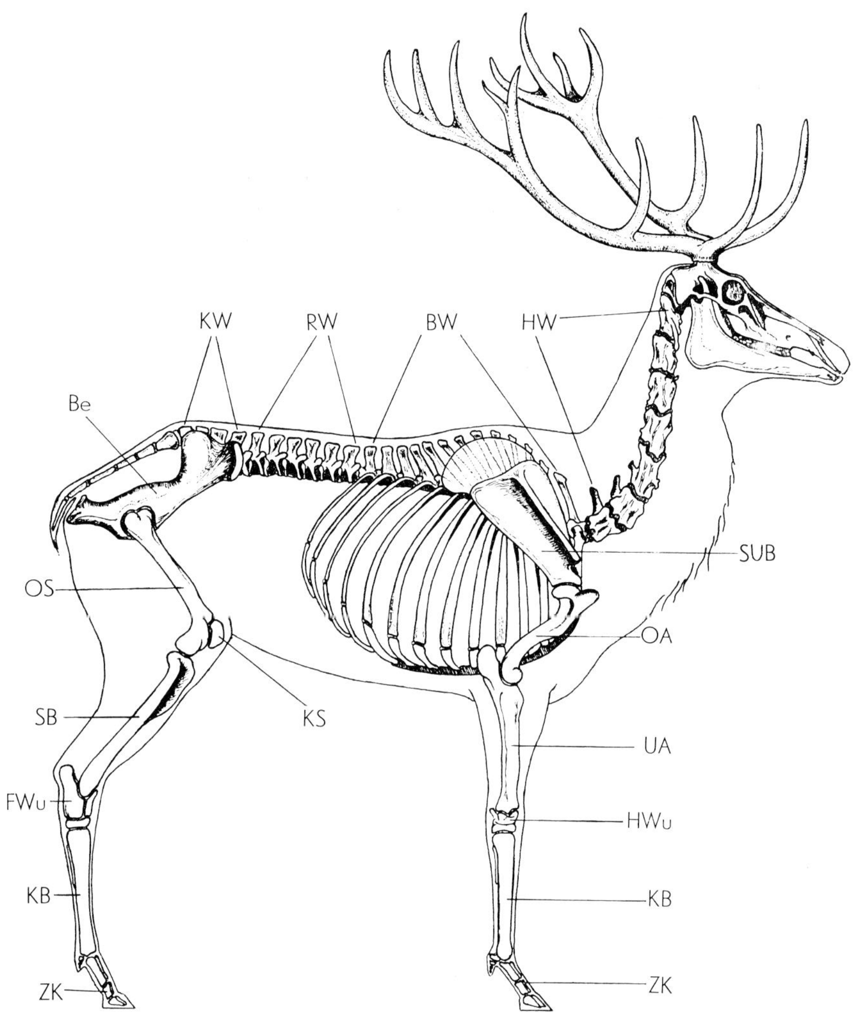

Skelett des Hirsches

der Abbildung zu zeigen und die wichtigsten Knochen zu bezeichnen. Es klingt unwahrscheinlich, aber immer wieder kann man es erleben, daß Jäger nicht einmal anzugeben wissen, wo sich beim Hirsch das Ellenbogengelenk oder das Knie befindet, welche Knochen des Gliedmaßenskeletts hohl sind und anderes mehr. Solche Unkenntnis kann bei Untersuchung des Anschusses nicht nur zu „Fehldiagnosen“, sondern auch zu peinlichen Verlegenheiten führen.

Knochen und Knorpel bilden das Skelett. Die Knochen sind teils starr miteinander verbunden, wie Schädel- und Beckenknochen, teils vermitteln Gelenke, Knorpel, Gewebe oder Sehnen eine bewegliche Verbindung.

In ganz grober Gliederung unterscheiden wir außer dem Schädelskelett noch das Rumpf- und das Gliedmaßenskelett.

Zum *Rumpfskelett* gehören im wesentlichen Wirbel und Rippen. Sieben Halswirbel (HW), 13 Brustwirbel (BW) und sechs Rückenwirbel (RW) sind diejenigen, die den kräftigsten Bau aufweisen, wobei sich insbesondere die Brustwirbel durch lange Dornfortsätze auszeichnen, die über die Rückenwirbel zu den zu einem verwachsenen Kreuzwirbel (KW) mehr und mehr an Länge abnehmen, um durch Querfortsätze ersetzt zu werden. Die Wirbellöcher schließen sich aneinander und bilden den Wirbelkanal, in dem das Rückenmark liegt.

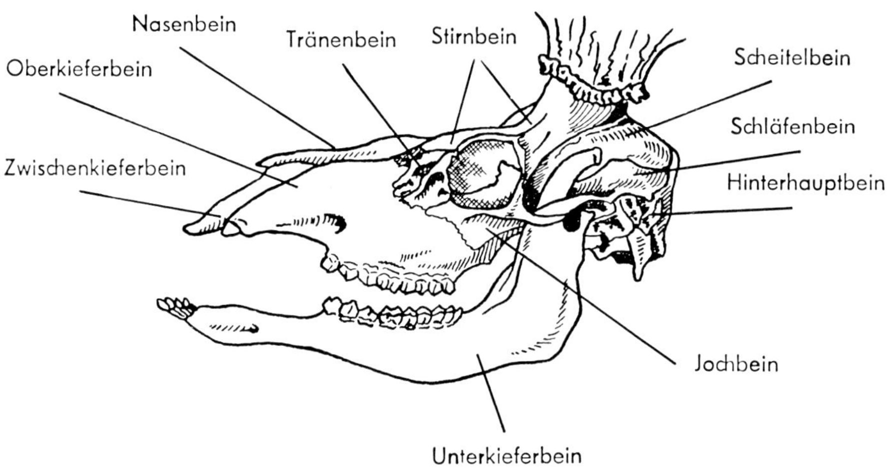

Schädelskelett

Den 13 Brustwirbeln entsprechen 13 Rippenpaare, von denen nur acht das Brustbein direkt erreichen und als echte Rippen bezeichnet werden. Die übrigen Rippen (falsche) sind an ihren Enden knorpelig verbunden, sind daher beweglicher und wirken besonders bei der Atmung mit, während die echten Rippen trotz gelenkiger Anlage an die Wirbel fast unbeweglich sind.

Das *Gliedmaßenskelett* erhält über die Muskulatur durch Schulter und Beckengürtel seine Verbindung zur Wirbelsäule. Der Oberarm (OA) ist einerseits durch das Schultergelenk mit dem Schulterblatt (SUB), andererseits durch das Ellenbogengelenk mit dem Unterarm (UA) verbunden, der aus Elle und Speiche besteht. Dabei ist die Elle so eng mit der Speiche verwachsen, daß sie sich nicht mehr, wie beim Menschen, selbständig zu bewegen vermag. An den Unterarm schließt sich die Handwurzel (HWu), daran die zum Kanonenbein (KB) zusammengewachsene Mittelhand an (vgl. auch Abb. S. 39).

Die Zehenknochen bilden den Abschluß des Vorderlaufs (ZK). Der Oberschenkel (OS) ist durch das Hüftgelenk mit dem Becken (Be) verbunden, einem auch auf der Bauchseite völlig geschlossenen Knochengürtel. Die Verbindung zum Schienbein (SB) schafft das Kniegelenk, dem die Kniescheibe (KS) vorgelagert ist. Stark zurückgebildet ist das Wadenbein, so daß praktisch nur noch das Schienbein in Funktion tritt. Diesem schließt sich die Fußwurzel (FWu) an, dem wie bei der Vorderextremität der Mittelfuß (MF) als Kanonenbein und zuletzt die Zehen folgen (ZK).

Oberarm, Unterarm, Oberschenkel und Unterschenkel sowie die Kanonenbeine werden durch Röhrenknochen gebildet.

Das *Schädelskelett* zeigt zwei nach Bau und Funktion verschiedene Teile.

Der Hirnschädel dient vor allem der Aufnahme und dem Schutz des Gehirns, während der Kieferschädel entsprechend seiner primären Aufgabe zur Nahrungsaufnahme gestaltet ist.

Bezahnung und Zahnwechsel

Im Körperinnern, geschützt von Haut, Muskulatur und Rumpfskelett, liegen die verschiedenen *Organe*, von denen uns zunächst der *Verdauungsapparat* interessiert. Wir beginnen seine Beschreibung zweckmäßig mit der Bezahnung, die, funktionell dem Verdauungsorganismus vorgeschaltet, ja eigentlich ein Teil von diesem ist.

Die *Bezahnung* des Rotwildes entspricht der, die wir bei den Wiederkäuern im allgemeinen finden.

Für eine Ober- bzw. Unterkieferseite hat das vollendete Rotwildgebiß die Zahnformel:

$$\frac{0\ 1\ 3\ 3}{3\ 1\ 3\ 3}$$

In ihr stehen über der Linie Anzahl und Art der Zähne des Oberkiefers, darunter die des Unterkiefers, und zwar in der Reihenfolge: Schneidezähne (Incisiven), Eckzähne (Caninen, Vormahlzähne (Prämolaren) und Mahlzähne (Molaren).

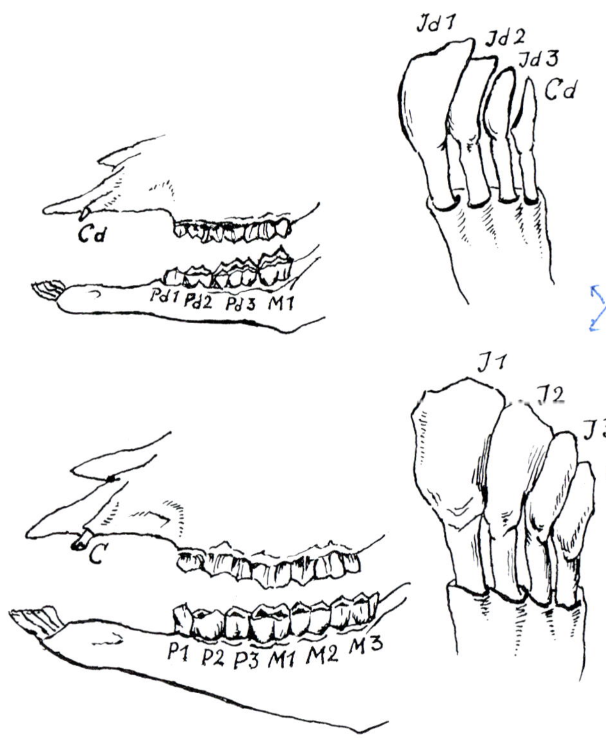

Gebiß des Rotwildes
Oben: Gebiß des Kalbes im Alter von 5–10 Monaten, rechts Milchschneidezähne. Pd3 ist dreiteilig
Unten: Vollständiges Dauergebiß vom 25. Monat an, rechts Dauerschneidezähne. P3 ist zweiteilig

Dem Oberkiefer fehlen also die Schneidezähne, an deren Stelle eine schwielige, verhornte Gaumenplatte getreten ist. Gegen sie drücken die meißelartigen Schneidezähne des Unterkiefers die Äsung, die so unter ruckartiger Bewegung des Hauptes angestrafft und abgeschnitten bzw. abgerissen wird.

Nachdem Zahnbildung, Zahnwechsel (Dentition) und Zahnabnutzung (Zahnabschliff) sich als wesentliche Kriterien der Bestimmung bzw. Schätzung des Alters darstellen, müssen wir uns mit diesen Dingen etwas näher beschäftigen. Zunächst einiges über den Aufbau des Zahnes.

Den Hauptanteil nimmt das *Zahnbein* (Dentin) ein, das an der Zahnkrone von der härtesten Substanz des Körpers, dem *Zahnschmelz*, umlagert ist. Er bildet auf den Backenzähnen durch faltige Einstülpungen Vertiefungen, die Kunden genannt werden. Der Zahnzement überzieht den Zahnsockel der Schneidezähne sowie größere Teile der Backenzähne, wo er auch die Schmelzfalten einebnet. Das Innere des Zahnes ist ausgefüllt vom Zahnmark, das in der Zahnkrone in der Pulpahöhle liegt, die sich in den Wurzelkanal fortsetzt.

Zahnentwicklung des Rotwildes

Kalendermonat	Lebensmonat	Schneidezähne			Eckzähne	Praemolaren			Molaren			Bezeichnung
Juni	1				Cd	Pd1	Pd2	Pd3				
		Id1	Id2	Id3	Cd	Pd1	Pd2	Pd3				
Juli	2											
August	3											
September	4				Cd	Pd1	Pd2	Pd3	M1			
		Id1	Id2	Id3	Cd	Pd1	Pd2	Pd3	M1			
Oktober	5											Kalb
November	6											
Dezember	7											
Januar	8											
Februar	9											
März	10											
April	11											
Mai	12				Cd	Pd1	Pd2	Pd3	M1	M2		Hirsch vom 1. Kopf (Spießer) Schmaltier
		Id1	Id2	Id3	Cd	Pd1	Pd2	Pd3	M1	M2		
Juni	13											
Juli	14	I1										
August	15		I2									
September	16			I3								
Oktober	17											
November	18											
Dezember	19				C							
Januar	20											
Februar	21				C	Pd1	Pd2	Pd3	M1	M2	M3	
		I1	I2	I3	C	Pd1	Pd2	Pd3	M1	M2	M3	
März	22											
April	23											
Mai	24											
Juni	25				C	P1	P2	P3	M1	M2	M3	Hirsch vom 2. Kopf Alttier
		I1	I2	I3	C	P1	P2	P3	M1	M2	M3	
Juli	26											
August	27											
September	28											

Beachte: Pd3 dreiteilig, P3 zweiteilig, M3 dreiteilig

Die Zähne, die das Kalb bei der Geburt trägt und innerhalb von vier Monaten noch bekommt, sind *Milchzähne,* die im Laufe des Zahnwechsels in bestimmten Fristen durch *Dauerzähne* ersetzt werden. Zu diesen treten dann ebenfalls in bestimmten Zeitspannen weitere Dauerzähne, die keine Milchzähne ersetzen.

Innerhalb der Zahngruppen werden die Zähne von vorn nach hinten arabisch genummert. Die international übliche abgekürzte Bezeichnung der einzelnen Zahnarten lautet: Milchschneidezahn = Id; Dauerschneidezahn = I; Milcheckzahn = Cd; Dauereckzahn = C; Milchprämolar = Pd; Prämolar = P und Dauermolar = M. Ihrem Sitz im Kiefer entsprechend werden von vorn nach hinten außerdem mit Ziffern gekennzeichnet. Der Zusatz d bei den Milchzähnen leitet sich von deriduus = hinfällig ab.

Das volle *Milchgebiß* des Kalbes enthält:

Im Oberkiefer (eine Seite) keinen Schneidezahn, einen Eckzahn Cd und drei Backenzähne (Prämolaren = Pd 1, Pd 2, Pd 3). Im Unterkiefer vier Schneidezähne, von denen der äußere der zu den Schneidezähnen getretene Eckzahn ist (Jd 1, Jd 2, Jd 3, Cd), und drei Backenzähne (wie oben).

Das volle *Dauergebiß* enthält:

Im Oberkiefer (eine Seite) keinen Schneidezahn, einen Eckzahn (C) und sechs Backenzähne (3 Prämolaren P 1, P 2, P 3 und drei Molaren M 1, M 2, M 3). Im Unterkiefer Schneidezähne (J 1, J 2, J 3, C) und sechs Backenzähne (wie oben).

Insgesamt hat also das Rotwild im bleibenden Gebiß 34 Zähne.

Der Verlauf des Zahnwechsels ist in der Übersicht auf S. 43 zur Darstellung gebracht, die zwar noch auf den grundlegenden Untersuchungen von NITSCHE und EIDMANN basiert, von UECKERMANN aber 1976 auf den neuesten Stand der Erkenntnisse gebracht worden ist (Rotwildalter-Merkblatt, herausgegeben vom Schalenwildausschuß des Deutschen Jagdschutz-Verbandes).

Die Festlegungen der Tabelle geben mittlere Werte, d. h. z. B., daß der M 3, der letzte Dauerbackenzahn, in der Zeitspanne von 18 bis 23 Monaten erscheinen kann, wobei nach meinen Beobachtungen die späteren Termine als die häufiger vorkommenden gelten können.

Altersschätzung nach dem Gebiß

Nachdem aus dieser Darstellung bereits eine Altersbestimmung für die ersten Lebensjahre gefunden werden kann, ist es zweckmäßig, hier den gesamten Komplex der weiteren Möglichkeiten für eine Altersschätzung zu behandeln. Ich unterscheide ausdrücklich zwischen Altersbestimmung und Altersschätzung.

Der Zahnwechsel gibt uns für das erste und zweite Lebensjahr, für letzteres soweit es noch in die zweite Jagdzeit fällt, die Möglichkeit, innerhalb dieser Zeitspanne das Alter eines Stückes zu bestimmen, d. h. mit Sicherheit festzustellen. Das gilt nur für diese Spanne, und darüber hinaus kann man das Alter nach dem Grad der Zahnabnutzung in der Regel nur schätzen, wenn auch für die erforderlichen Zwecke mit hinreichender Genauigkeit. Selbstverständlich übt die Variabilität der Individuen einen mehr oder weniger großen Einfluß auf das Maß der Genauigkeit aus. Wir müssen das solange in Kauf nehmen, bis einmal vielleicht eine stichhaltige Messung des Abnutzungsvorganges und deren statistische Auswertung uns die Wahrscheinlichkeit angeben könnte, mit der ein untersuchter Kiefer einer bestimmten Altersstufe zugewiesen werden kann. Immerhin haben doch Wildmarkenstücke und deren vergleichende Einbeziehung in solche Untersuchungen sowie meine eigenen Vergleichsbestimmungen nach Abschliff der Zahnreihe und Ersatzdentinbildung, ein Vorgang, auf den ich noch zu sprechen komme, die sich auf über 300 Stück erstreckten, ergeben, daß die Altersschätzung nach dem Backenzahnabschliff zumindest jeweils für eine Rotwildpopulation, d. h. ein örtlich begrenztes Rotwildvorkommen, ganz brauchbare Werte liefert. Man muß sich nur davon frei machen, das Alter auf ein Jahr genau angeben zu wollen.

Die Tabelle der Zahndurchbruchszeiten zeigt, daß ein Stück mit nur vier Backenzähnen sich im ersten Lebensjahr befindet. Bei fünf vorhandenen Backenzähnen befindet es sich im zweiten, bei sechs vorhandenen im dritten Lebensjahr. Hierbei ist in den ersten Monaten der Jagdzeit (August/Oktober) zu beachten, daß ein gerade durchbrechender sechster Backenzahn als vorhandener gewertet werden muß. Der in der Jagdzeit erlegte Hirsch vom ersten Kopf hat also im unabgekochten Unterkiefer (eine Seite) fünf, der vom zweiten Kopf bei gleicher Voraussetzung sechs Backenzähne, wobei er zusätzlich noch an den vorhandenen Rosen anzusprechen wäre. Außerdem ist die Identifizierung des Schmaltieres und des Schmalspießers für die ersten Monate der Jagdzeit noch dadurch möglich, daß der vierte Schneidezahn noch ein stiftartiger Milchzahn ist (Cd, vgl. Tabelle über die Zahnentwicklung S. 43). Die Bezeichnung eines Hirsches als soundsovielter „Kopf" deckt sich mit der Altersangabe, ein Hirsch vom zweiten Kopf ist also zu Beginn der Jagdzeit zwei Jahre und die entsprechenden Monate alt.

Die Dauerzähne unterliegen nun einer fortschreitenden Veränderung, nämlich Abnutzung durch den Vorgang des Kauens. Dieser stellt sich als eine kreisendmahlende Bewegung dar, ganz gleich, ob vor- oder wiedergekaut wird. Da nun der Unterkiefer schmaler als der Oberkiefer gebaut ist, kann das Rotwild nicht gleichzeitig auf beiden Seiten, sondern jeweils nur auf einer Seite kauen. Offensichtlich werden beide Seiten wechselweise gleich stark in Anspruch genommen, was aus dem in der Regel übereinstimmenden Grad der Abnutzung beider Kieferseiten geschlossen werden kann. Es erklärt sich aber aus diesem Bau der Kiefer leicht auch ein ungleicher Abschliff beider Kiefernseiten, wie man ihn, wenn auch selten, findet.

An Hand des Abnutzungsfortschritts verschiedener Altersstufen läßt sich, das ist ja allgemein auch bei anderen Wildarten bekannt, nun eine *Altersschätzung* des erlegten Stückes vornehmen. Bei einiger Übung wird man hierbei zu durchaus brauchbaren Ergebnissen kommen können, die selbstverständlich nicht immer auf ein Jahr genau zutreffen werden. Dabei ist nicht nur ein Zahn, sondern die ganze Zahnreihe einschließlich der Schneidezähne, hinsichtlich des Abschliffes zu beobachten. Am besten eignet sich der Unterkiefer, dessen weniger differenziert gebaute Zähne die besten Vergleichsmöglichkeiten bieten.

Für die wichtigsten Altersstufen bringe ich auf Seite 46/47 eine Zusammenstellung von Unterkiefern, die von mir nach allen zur Verfügung stehenden Merkmalen auf ihr Alter bestimmt bzw. geschätzt worden sind. Wer sie sorgfältig studiert und die zu bestimmenden Unterkiefer mit ihr vergleicht, findet mit ziemlicher Wahrscheinlichkeit ein etwa zutreffendes Alter. Man wird sich kaum veranlaßt sehen, das Alter auf ein Jahr genau bestimmen zu wollen. Im allgemeinen dürfte uns schon die Möglichkeit einer Altersschätzung nach etwa zweijährigen Jahresstaffeln, also etwa 4–5jährig, 8–9jährig usw., wenn auch nicht unbedingt befriedigen, so uns doch genügen, zumal eine Bestimmung für die ersten drei Lebensjahre, eine für die Abschußdurchführung wie wir später sehen werden wichtige Altersspanne, möglich ist.

Ein Vergleich meiner Zusammenstellung mit den aus der Rotwildmarkierung im Harz (s. S. 133) stammenden etwa 40 Unterkiefern bringt eine gute Übereinstimmung und erhärtet die Tatsache, daß bis zum 6. Lebensjahr die Altersschätzung nach der Gebißabnutzung als verhältnismäßig exakt gelten kann. Es ergab sich dann aber die vorläufige Wahrscheinlichkeit, daß für die höheren Altersstufen das Alter eher über- als unterschätzt wird. Sollte sich das beim Vorliegen ausreichenden Vergleichsmaterials bestätigen, so könnte das u. a. zu einer Überprüfung des zur Kulmination der Geweihentwicklung gehörenden Alters führen.

Es soll an dieser Stelle nicht vergessen werden zu erwähnen, daß die grundlegenden ersten Arbeiten über die Altersschätzung des Rotwildes nach der Zahnabnutzung insbesondere der Backenzähne aus den Jahren 1875–86 vom Hess. Forstinspektor C. A. JOSEPH stammen, und daß nach ihm der Braunschw. Oberforstmeister NEHRING im Jahre 1903 Untersuchungen veröffentlichte, die an 450 Schädeln aus dem Harz vorgenommen hatte.

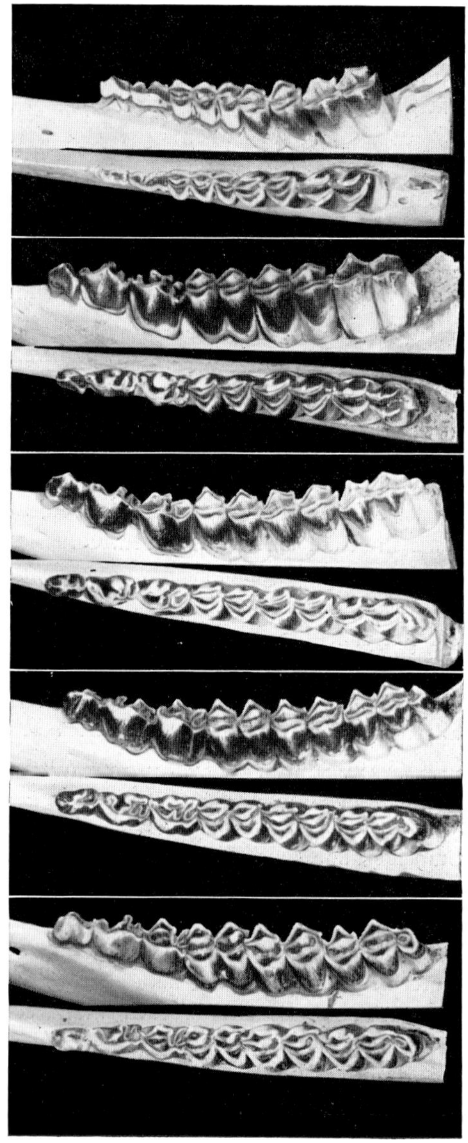

Auch die Schneidezähne bieten nicht nur nach dem Grad ihres Abschliffes und nach ihrer Stellung im Unterkiefer, sondern auch nach ihrer im Innern im Verlauf des Lebensalters sich verändernden Struktur weitere Handhaben für eine Altersuntersuchung.

Um die Verkürzung durch Abschliff wettzumachen, werden die Schneidezähne immer mehr aus dem Zahnfleisch des Unterkiefers herausgeschoben und verändern dadurch ihren Neigungswinkel. Nach EIDMANN vergrößert sich dieser vom zweijährigen Hirsch mit etwa 40° bis auf 65° beim zehnjährigen und älteren Hirsch. Auch dieses Merkmal, das selbstverständlich nur bei genauer Messung einigermaßen brauchbare Werte liefert, kann und muß im Zweifelsfalle herangezogen werden. Schon bei vergleichender Betrachtung aber läßt es doch den Habitus des Unterkiefers vom jungen, mittelalten und alten Hirsch erkennen.

Eine weitere Methode der Altersbestimmung nach dem Schneidezahnabschliff entwickelte EIDMANN 1932 in einer Arbeitsweise, welche die *Ersatzdentinbildung* im Hohlraumsystem besonders der mittleren Schneidezähne (J 1) beobachtet.

Im Verlauf der Abnutzung des Schneidezahnes wird die harte Schmelzschicht bis auf das darunter liegende Dentin abgeschliffen, so daß ein fortschreitender Abschliff die Öffnung der Pulpahöhle und damit die Zerstörung des Zahnes zur Folge haben würde.

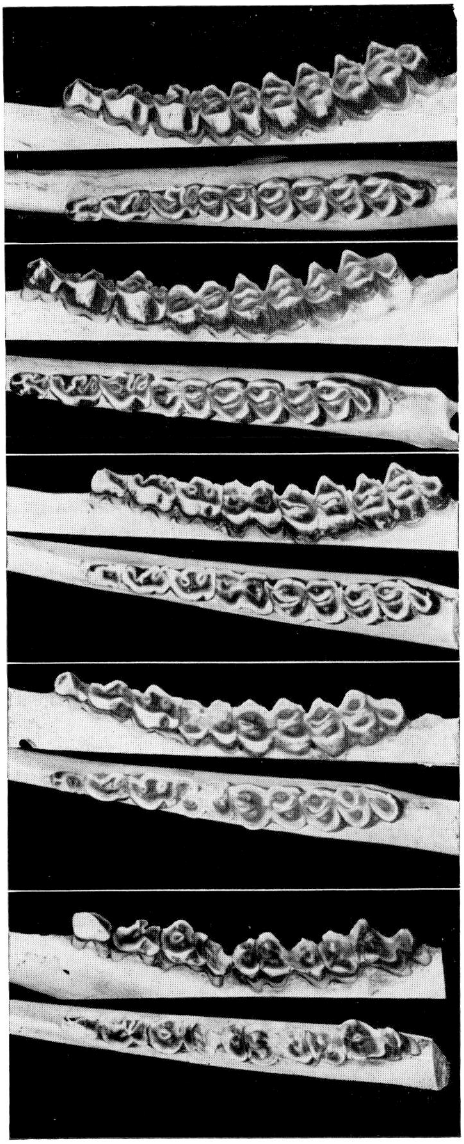

8–9jährig

10–11jährig

12–13jährig

14–15jährig

16–18jährig

Ehe es jedoch so weit kommt, wird der Zahn durch die Bildung des Ersatzdentins vor einer Freilegung der Pulpahöhle geschützt. EIDMANN fand nun heraus, daß diese Ersatzdentinbildung erst dann einsetzt, wenn die Inangriffnahme des Dentins durch Abnutzung kurz bevorsteht und weiter, daß sie in Zonen erfolgt, die einen wertvollen Schlüssel zur Altersschätzung bieten. Um diese Zonen sichtbar und ihre Auszählung möglich zu machen, wird der Schneidezahn bis zur Mitte aufgeschliffen. Eine möglichst glatt zu haltende Schleiffläche zeigt dann den Ersatzdentinpfropfen mit den Bildungszonen, die man, wie EIDMANN es wahrscheinlich gemacht hat, als Jahresringe bezeichnen und entsprechend bewerten kann (Abb. S. 48). Da in den ersten Lebensjahren noch kein Ersatzdentin gebildet wird, bestimmte EIDMANN einen Additionswert von 3, während neue Untersuchungen ergeben haben, daß die Zahl der gefundenen dunklen Zonen um den Wert 2 vermehrt das geschätzte Alter ergibt. Derartige Untersuchungen führen die Jagdkunde-Institute bei Vorlage des Schneidezahns aus, doch wird man für den Hausgebrauch bei einiger Übung das selbst an einem Schleifband vornehmen können. Nicht immer sind die Zonen deutlich sichtbar, doch gibt diese Methode, wie ich selbst an mehreren hundert Schliffen festgestellt habe, in der weitaus größten Zahl der Fälle einen wirklich guten Aufschluß über das Alter bis etwa zu 6 Jahren. Dann wird der Ersatzdentinpfropfen von der Abnutzung erfaßt, so daß wieder mehr oder weniger grobe Schätzungen erforderlich werden.

Der Vollkommenheit wegen sei noch erwähnt, daß eine weitere Methode der Altersbestimmung an den Zähnen von BRIAN MITCHELL (1963) an schottischem Rotwild überprüft wurde. Sie beruht auf der Tatsache, daß der Grad der Abnutzung der Zahnkrone mit einem Wachstum des die Zahnwurzel umhüllenden Zahnzementes ausgeglichen wird.

Hierbei bildet sich in diesen Schichten eine unterschiedliche Struktur, die mit jahreszeitlichem Wachstum zusammenhängend, eine Auszählung nach „Jahresschichten“ ermöglicht. Auch hierzu ist ein Schnitt oder Schliff eines Zahnes einschließlich Wurzel notwendig, für den sich der erste Molar besonders geeignet gezeigt hat. Bei ihm zeigen sich die Schichten zwischen beiden Wurzelhälsen unter der Zahnenkrone. Zu den Jahresschichten ist bei der Altersermittlung ein Jahr hinzuzuzählen.

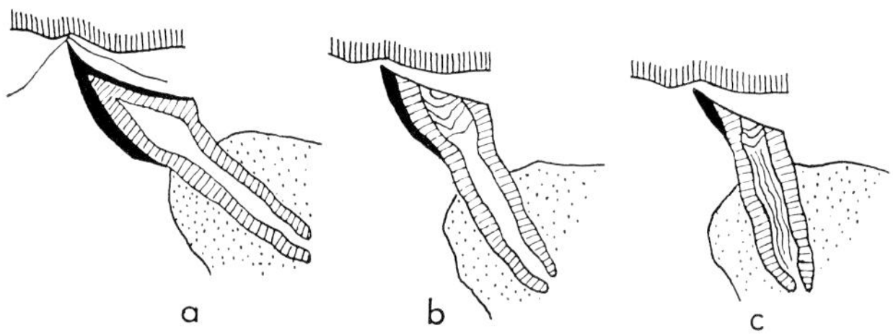

Veränderungen der Schneidezähne. Aufrichtung, Abschliff und Ersatzdentinbildung. a: 2jährig, b: etwa 10jährig, c: etwa 14jährig (Nach Eidmann)

E. Ueckermann und H. Scholz haben 1976 das Ergebnis einer vergleichenden Untersuchung der Altersschätzung nach der Ersatzdentinmethode und dem Zahnzementverfahren an 1200 Unterkiefern veröffentlicht, aus deren Zusammenfassung ich zitiere: „Eine undeutliche oder nicht erkennbare Alterszonenbildung war im Bereich des Ersatzdentins am 1. Schneidezahn häufiger (rd. 15 %) als im angelagerten Dentin des Wurzelbogens des 1. Molars (rd. 2 %) gegeben. Beschädigungen an den 1. Schneidezähnen, ihr Fehlen oder zu starke Abnutzung lagen etwa bei einem Viertel der eingesandten Unterkiefer vor. Auch durch diesen Umstand erwies sich das Zementzonenverfahren der Ersatzdentinmethode überlegen. Das Verschwinden der zuerst gebildeten Ersatzdentinschicht im 1. Schneidezahn durch Abkauen konnte zunehmend von der Altersspanne 5–6 Jahre festgestellt werden.

Die bisher benutzten Werte (Additionswerte), die zu der Zahl der Alterszonen hinzugerechnet werden müssen, wurden überprüft. Der Additionswert 2 für die Ersatzdentinmethode hat danach den Fehlerbereich von etwa ± 2, während der Additionswert von 1 für das Zementzonenverfahren überwiegend den vertretbaren Höchstwert wiedergeben dürfte.“

Es ist noch darauf zu achten, daß bei der Bestimmung oder Schätzung des Alters nach den Merkmalen des Unterkiefers auch das Abschußdatum des Stückes Berücksichtigung findet. Gegen Ende der Jagdzeit erlegte Stücke zeigen naturgemäß einen stärkeren Abschliff als solche aus dem gleichen Lebensjahr, die etwa im August gestreckt wurden. Dies trifft natürlich nur für die jüngsten Altersklassen zu und ist besonders beim zweiten und dritten Kopf zu beachten.

Zum Schluß sei noch darauf hingewiesen, daß die Haken, wenn sie natürlich auch einer Altersveränderung unterliegen, sich wenig oder gar nicht zur Altersschätzung heranziehen lassen.

Verdauungsapparat

Funktionell schließt sich an die Bezahnung der *Verdauungsapparat* an.

Wir wissen, daß unser Rotwild zu der großen Ordnung der Huftiere und hier wieder zur Unterordnung der Wiederkäuer gehört und haben auch gesehen, daß die Ursachen, aus welchen heraus es einmal zur Ausbildung dieses so differenzierten Verdauungsmechanismus, wie ihn der Wiederkäuermagen darstellt, gekommen sein mag, nicht sicher bekannt sind. Über den Verdauungsvorgang beim Rotwild orientiert zu sein, halte ich nicht für unwichtig, da diese Kenntnis uns in die Lage versetzt, manche biologische

Eigenart unseres Wildes erklären und verstehen zu können. Immer wieder aber habe ich gefunden, daß gerade auf diesem Gebiet in weiten Jägerkreisen eine überraschend große Unkenntnis herrscht.

Überlegen wir uns zuvor noch einmal, welche speziellen Aufgaben dem Verdauungsapparat gestellt sind. Das Rotwild ist kein Dauerfresser, sondern nimmt die Äsung in bestimmtem Rhythmus schnell und in verhältnismäßig großen Mengen auf, und zwar Äsung, die meist nicht sehr nährstoffreich und zudem besonders schwer aufschließbar, d. h. verdaulich ist. Danach muß also der Verdauungsapparat eingestellt sein.

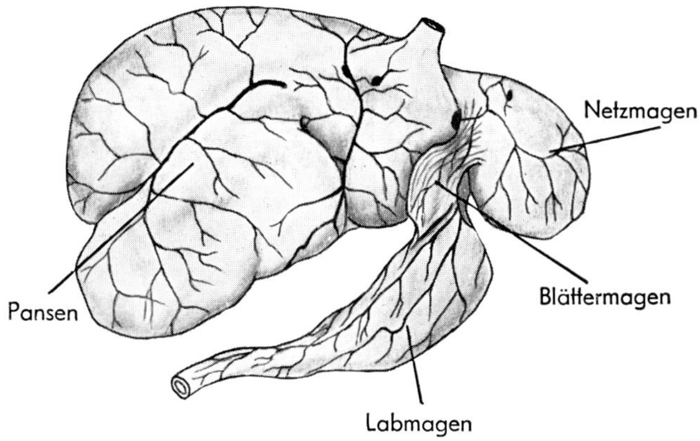

Wiederkäuermagen. (Nach Nusshag)

Die eben aufgenommene, grobzerkleinerte und dabei zu einem Ballen geformte Äsung gelangt durch die Schluckbewegung in den Schlund, der sie, hinter der Drossel im Hals abwärts und durch das Zwerchfell führend, in den zwischen Schlund und Darm eingeschalteten Magen befördert. Entsprechend den ihm gestellten Aufgaben ist der Wiederkäuermagen nun nicht der einfache, sackartige, nur nach Drüsenarten differenzierte Magen, wie wir ihn z. B. beim Schwein kennen, sondern ein Magensystem, das sich aus *Pansen, Netzmagen* und *Blättermagen* in den *Labmagen* fortsetzt.

Die Schluckbewegung befördert die eingespeichelte Nahrung zunächst in den Pansen und Netzmagen, zwei Vormägen, die eigentlich nur eine Erweiterung und Fortsetzung des Schlundes sind. Hier wird die Aufschließung der schwer verdaulichen Pflanzenfasern mit Hilfe von Symbionten, d. h. Bakterien und Infusorien begonnen, und über die Pansenzotten wurden bereits Aufschlußprodukte als Nährstoffe aufgenommen. Zum *Wiederkauakt* wird die aufgeweichte, breiig gewordene Nahrung wieder in Ballen zur Mundhöhle befördert, ein Vorgang, der im Zusammenhang mit dem Atmungsrhythmus steht, und wird hier in wesentlich intensiverer Form zum zweitenmal gekaut. Etwa $^1/_2$–1 Stunde nach Füllung des Pansen beginnt das Wiederkauen, wobei jedesmal zwischen 60–80 Kauschläge ausgeführt werden. Es handelt sich nicht nur um eine mechanische Zerkleinerung der grobfaserigen, voluminösen Nahrung, sondern diese wird dabei mit alkalisch reagierendem Speichel versetzt und so entsäuert.

Der nun noch einmal zermahlene Nahrungsbrei wird geschluckt und gelangt auf dem Wege durch die Schlundrinne direkt in den Blättermagen. Hier erfolgt eine wenn auch nicht ausschließlich mechanische Bearbeitung der Nahrung in Form einer Auspressung und Zerreibung. Aufgenommene Flüssigkeit (Milch, Wasser) geht unmittelbar durch die Schlundrinne in den Blättermagen. Zuletzt gelangt der vorverdaute Nahrungsbrei in den Labmagen, der etwa dem Drüsenmagen der Säugetiere entspricht. Es würde zu weit führen, den außerordentlich komplizierten Vorgang der Kohlehydrat- und Eiweißverdauung hier näher zu beschreiben. Die weitere Verdauung zur letzten Resorption der Nährstoffe übernimmt dann der Darm, der schließlich die unverdaulichen Reste aus dem Körper entläßt.

Zunächst ist es der *Dünndarm,* der in einer Fermentverdauung unter Einwirkung von Sekreten, das sind Drüsenausscheidungen ins Körperinnere (z. B. Bauchspeicheldrüse und Galle), die weitere, vorwiegend chemische Umwandlung der vorverdauten Nahrung besorgt und in den Darmzotten die Resorptionsorgane trägt. Diese bringen die nun zu Aufbaustoffen umgewandelte Nahrung entweder durch die Blutgefäße oder durch die Lymphbahn in den Körper. Der sich anschließende *Dickdarm* bestätigt sich wieder in bakterieller Verdauung, hat aber im wesentlichen die Aufgabe, dem unverdaulichen Nahrungsrest das Wasser zu entziehen.

Blutkreislauf

Die Blutgefäße haben aber noch weitere Aufgaben, die im Vorgang des *Blutkreislaufes,* der wieder eng mit dem der Atmung gekoppelt ist, ihre Erfüllung finden. Ganz allgemein kann die Bedeutung des Blutes für die Lebensvorgänge so charakterisiert werden, daß es dem Stoffaustausch dient und im Verein mit der Lymphe für die Ernährung der gesamten Körperzellen sorgt, die ihrerseits die Bereitstellung der für den Körperaufbau und den Ablauf der Körperleistung erforderlichen Energien vermitteln. In der Lunge nimmt das Blut den Sauerstoff auf, der für die energieschaffende Verbrennung der Nährstoffe in den Zellen benötigt wird. Das Blut führt Nährstoffe zu, nimmt aber auch Rückstände ab. Ein stark verzweigtes System von Blutgefäßen, vom Herzen als Schlagadern (Arterien) abgehend und dorthin als Blutadern (Venen) zurückführend, bringt es in die feinsten Verästelungen, die Kapillaren, und wieder zurück. Hier, in den Kapillaren, leistet das Blut seine eigentliche Arbeit, während es in den Adern lediglich transportiert wird. Hierfür liefert das *Herz* die nötigen Impulse. Seine Schlagzahl ist veränderlich und hängt stark von der zu bewältigenden Körperleistung ab. Etwa in $^{1}/_{4}$ bis $^{1}/_{2}$ Minute ist ein Kreislauf beendet. Er beginnt im Vorhof der rechten Herzkammer, die das venöse, also mit Sauerstoff wieder anzureichernde Blut über die rechte Herzkammer in die Lungenkapillaren pumpt, von wo es die Lungenvenen als arterielles, also sauerstoffreiches Blut in die linke Herzkammer führen. Von hier aus bringt der Herzschlag es durch die großen Schlagadern zu den einzelnen Körperteilen. Die Hauptschlagader (Aorta) führt vom Herzen zur Wirbelsäule und unter ihr durch das Zwerchfell in die Beckengegend. Die Halsschlagadern zweigen von der Aorta ab und führen seitlich über der Luftröhre bis zum Kehlkopf. Die Venen führen das Blut wieder zur rechten Herzkammer, womit der Kreislauf (großer Blutkreislauf) beendet ist. Nur zwischen Herz und Lunge führen also die Arterien venöses, die Venen arterielles Blut. Die linke Herzkammer bewegt stets arterielles, die rechte venöses Blut. Durch den Herzschlag steht das Blutgefäßsystem unter einem bestimmten Druck, dem Blutdruck, der in den Arterien höher ist als in den Venen.

Leber, Nieren, Lunge, Milz

Es muß noch erwähnt werden, daß das die Eingeweide versorgende und Nährstoffe aufnehmende Blut nicht direkt durch die Hauptvenen dem Herzen wieder zugeführt, sondern durch die Pfortader zur Leber geleitet wird. Wir erinnern uns, daß im Darm die Resorption der Nährstoffe erfolgt. Hierbei leistet die Leber, die an der rechten Körperseite dem Zwerchfell anliegt, eine bedeutungsvolle Arbeit. Sie entgiftet die resorbierten Nährstoffe, d. h. wandelt sie in körpereigene Stoffe um. Außerdem erzeugt sie *Galle,* wenn auch dem Rotwild eine eigentliche Gallenblase fehlt. Die Galle, eine flüssige Absonderung, wird dem Darm zugeführt und dient hier insofern der Verdauung, als sie besonders Fettsäuren wasserlöslich macht.

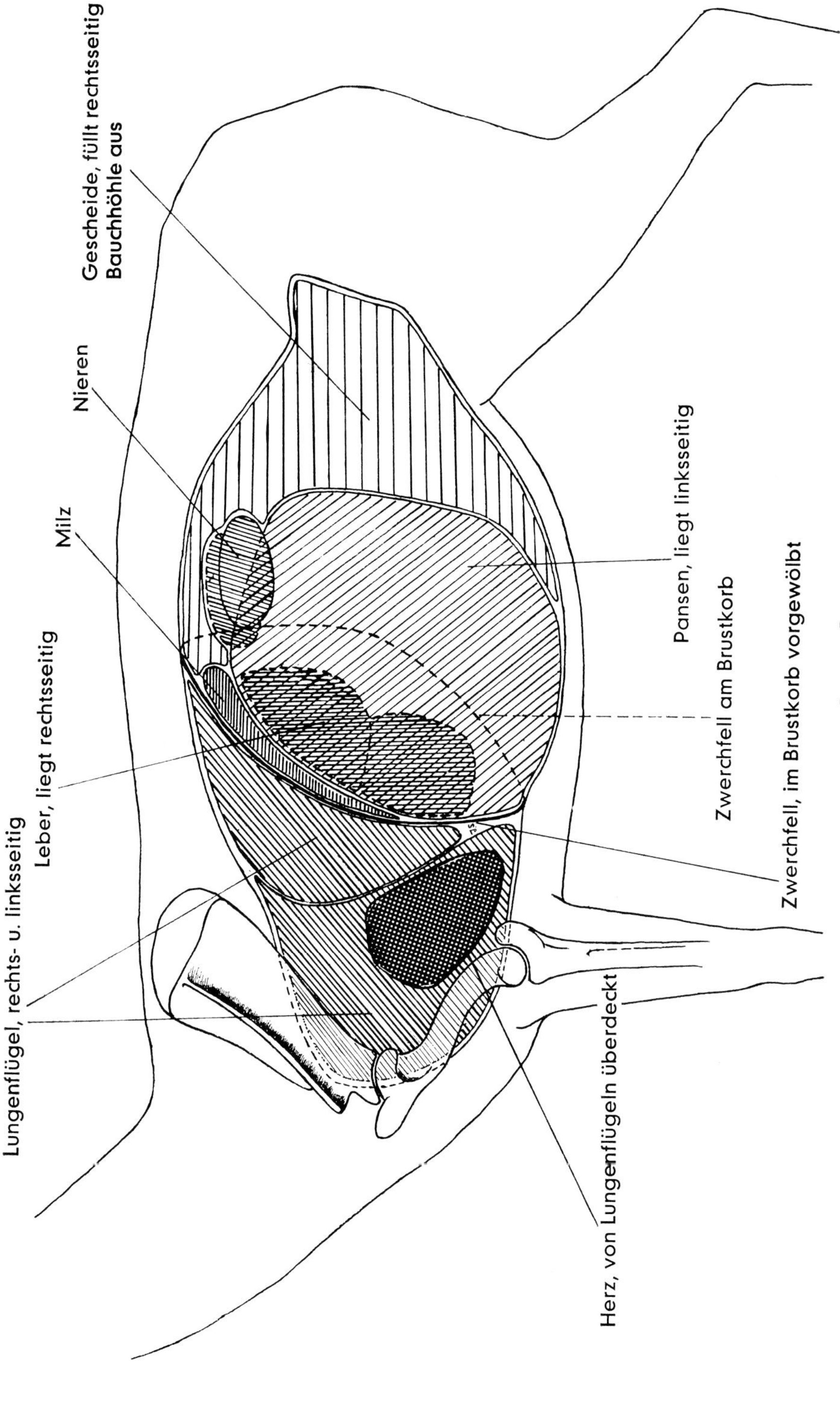
Gescheide, füllt rechtsseitig
Bauchhöhle aus
Nieren
Milz
Leber, liegt rechtsseitig
Lungenflügel, rechts- u. linksseitig
Herz, von Lungenflügeln überdeckt
Pansen, liegt linksseitig
Zwerchfell am Brustkorb
Zwerchfell, im Brustkorb vorgewölbt
Zwerchfell

Innerer Bau

In der Leber werden weiter die Endprodukte des Eiweißstoffwechsels in Harnstoff umgewandelt, der später ein wesentlicher Bestandteil des Harnes ausmacht. Dieser wird über die *Nieren* durch die *Harnblase* ausgeschieden und enthält alle wasserlöslichen, nicht mehr abbaufähigen Produkte des Stoffwechsels.

Wir sahen schon den Zusammenhang zwischen Blutkreislauf und Atmung und wissen, daß der zur Verbrennung der Nährstoffe erforderliche Sauerstoff durch den *Atmungsvorgang* gewonnen wird. Die Luftröhre führt mit ihren letzten Verzweigungen in die Flügel der *Lunge.* Nur an der Lungenwurzel fest angewachsen, ist die Lunge im Brustraum freibeweglich aufgehängt und vollkommen luftdicht abgeschlossen. Der Atmungsvorgang beginnt mit dem Zusammenziehen des Zwerchfells, der Brusthohlraum wird dadurch größer, da die Bauchorgane zurückgedrückt werden. In dem vergrößerten Hohlraum, d. h. damit in die Lungenflügel, fließt nun die Außenluft ein. Das Zwerchfell ist also der wichtigste Atemmuskel. Erschlafft er wieder, so drängen die Bauchorgane nach vorn, die elastischen Lungenflügel ziehen sich wieder zusammen, die Luft wird ausgestoßen. Zusätzlich, d. h. besonders bei größerer Körperleistung, wirkt auch das Rumpfskelett durch Heben und Senken der falschen Rippen mit. Die Anreicherung des Blutes mit Sauerstoff geschieht physikalisch und chemisch, wobei der chemische Vorgang die weit größere Menge Sauerstoff an das Blut bindet.

Als ebenfalls in der Leibeshöhle liegendes Organ sei noch die *Milz,* an der Magenausgangsseite liegend, genannt, in der wir ein in die Blutbahn eingeschaltetes Filterorgan sehen müssen.

Als letztes Organ des inneren Körperbaues nennen wir noch die *Geschlechtsorgane.*

Geschlechtsorgane

Die wichtigsten Teile des *männlichen Geschlechtsapparates* sind *Brunftkugeln* (Keimdrüsen, Hoden) und *Brunftrute.* Die beim Jungtier zunächst in der Leibeshöhle liegenden Keimdrüsen wandern durch den Leistenkanal in den Hodensack und bilden hier zwei eiförmige Gebilde, die über die Nebenhoden durch den Samenleiter mit der Brunftrute in Verbindung stehen. In ihnen werden die Samenzellen sowie Geschlechtshormone erzeugt. Die Nebenhoden dienen der Speicherung reifer Samenzellen. Eine nicht selten bei Hirschen zu beobachtende Anomalie der Geschlechtsorgane ist der *Kryptorchismus,* bei dem der Hodenabstieg ein- oder beidseitig unterbleibt. Geht die Anomalie so weit, daß keine Geschlechtshormone gebildet werden, so zeigen sich Geweihmißbildungen.

Der *weibliche Geschlechtsapparat* besteht im wesentlichen aus den *Eierstöcken,* dem *Tragsack* und der *Scheide.* Aus den frei in der Leibeshöhle hinter den Nieren liegenden, paarigen Eierstöcken gelangt das reife Ei in die Eileiter, wo es befruchtet wird, um im Tragsack seine Entwicklung zur Frucht durchzumachen. Der Ernährung und dem Stoffwechsel des Embryo dient u. a. der Mutterkuchen (Placenta), ein aus enger Verbindung von Fruchthülle und Tragsack entstehendes Organ, das mit der Nachgeburt ausgestoßen wird und deren wesentlichsten Teil ausmacht.

Echte *Zwitter* sind wie bei allen Wildarten, so auch beim Rotwild wohl selten, jedenfalls werden sie nicht oft festgestellt. Beim echten Zwitter besteht die Anomalie als Halbseitenzwittrigkeit, d. h. eine Körperseite bildet männliche, die andere weibliche Keimdrüsen, wobei dann auch die sekundären Geschlechtsmerkmale sich entsprechend entwickeln können. So lassen sich z. B. geweihtragende weibliche Stücke erklären, die, wenn auch selten, beobachtet worden sind. Die Angaben hierüber sind aber in der Regel so wenig mit wirklich sachkundigen, anatomischen Untersuchungen belegt, daß man kein klares Bild vom tatsächlichen Befund zu gewinnen vermag. *Scheinzwittrigkeit* kommt dagegen häufiger vor, bei der die äußeren Geschlechtsorgane des männlichen Tieres unvollkommen ausgebildet und jenen des weiblichen Tieres ähnlich sind oder umgekehrt. Dies kann besonders bei Zwillingsgeburten vorkommen, bei denen der männliche Embryo mit seinen Geschlechtshormonen die Ausbildung des weiblichen Geschlechtsorganes seines Zwillingspartners hemmt. Man bezeichnet solche Stücke als *Zwicken.* Da das Rotwild selten Zwillingskälber setzt, ist diese Erscheinung nicht häufig, beim Rehwild wegen der öfteren Zwillingsgeburten wohl eher zu beobachten.

Sinnesorgane

Die bisher beschriebenen Organe dienten im wesentlichen dem Ablauf der für die Lebensvorgänge wichtigen Geschehnisse im Körper des Tieres. Zur Steuerung und Überwachung all ihrer Funktionen bedarf es jedoch noch eines Regulators und Vermittlers, den wir im *Nervensystem* in Verbindung mit den *Sinnesorganen* finden.

Besondere Aufnahmeorgane, freie Nervenendigungen oder Sinnesorgane als solche, vermitteln die Weitergabe der empfundenen Zustandsveränderungen an die Organe, die Muskeln, Drüsen usw.

Während uns das Nervensystem nur am Rande und zur Vervollständigung der allgemeinen Körperbeschreibung interessiert, ist die Kenntnis der Sinnesorgane doch von größerer, auch mehr praktischer Bedeutung.

Betrachten wir zunächst kurz das *Nervensystem.* Wir unterscheiden das zentrale und das periphere Nervensystem. Zum ersteren gehören die Teile, die durch besondere Anhäufung von Ganglienzellen, d. s. durch Reize erregbare Zellen, ausgezeichnet sind; das Gehirn und das Rückenmark. Es ist dem peripheren Teil untergeordnet und steuert mit diesem das gesamte Körpergetriebe. Zu dem untergeordneten Teil gehören die sensiblen Nerven, die vornehmlich Sinneseindrücke vermitteln, und die motorischen bzw. sekretorischen Nerven, die in erster Linie Organe, Muskeln, Drüsen usw. in Funktion bringen. Entweder im Wege eines Reflexes oder im Wege einer gewollten Handlung. Die vom Zentralnervensystem abgehenden Nerven ziehen sich häufig mit den Blutgefäßen zusammen zu ihren Funktionsstellen.

Über Teile des Nervensystems vermitteln nun die *Sinnesorgane* dem Tier all das, was es mit diesen aufnehmen kann, d. h. insbesondere das, was in der Umwelt geschieht. Von den möglichen Wahrnehmungen kennen wir nach der Natur des Reizes mechanische und chemische Sinne, Lichtsinn und Temperatursinn. Zu den mechanischen Sinnen rechnen wir den Tastsinn, den Gehörsinn und den Gleichgewichtssinn, zu den chemischen den Geschmackssinn und den Gruchssinn. Ihnen entsprechen jeweils eigene Sinnesorgane.

Beginnen wir mit dem Sinnesorgan, das für uns am auffälligsten Umwelteindrücke vermittelt, dem Gesicht, womit wir nicht sagen wollen, daß für das Rotwild eine gleiche Einstufung gilt.

Wir können beobachten, daß der bevorzugte Einsatz eines oder mehrerer Sinnesorgane und damit deren Vollkommenheitsgrad anderen Sinnesorganen gegenüber bei den einzelnen Säugetierarten recht unterschiedlich geregelt ist. Beim Rotwild sind zwei Sinne besonders aufnahmefähig, der Gesichts- und der Geruchssinn. Beide sind sehr vollkommen ausgebildet, so daß es schwerfällt zu entscheiden, ob einem oder welchem von beiden Sinnen eine so ausgesprochene Vorrangstellung gebührt, um das Rotwild entweder als Augen- oder als Nasentier bezeichnen zu können. Im allgemeinen müssen wir wohl doch feststellen, daß der Geruchssinn die größere Rolle spielt, doch sind die jeweiligen Einsatzbedingungen so unterschiedlich, daß oft einmal der eine, dann wieder der andere im Gebrauch und dem Erfolge nach als vorrangig angesehen werden kann. So wird z. B. der Gesichtssinn empfindlich durch starken Sturm, der alles Gebüsch und Gezweig bewegt, oder auch durch Nebel und Dunkelheit stark gestört, während unter diesen Umständen der Geruchssinn nicht versagt. Dieser rückt wieder hinter den Gesichtssinn, wenn der Wind in die Richtung weht, nach der hin sich das Wild aus bestimmten Gründen orientieren will oder muß.

Doch zurück zum *Gesichtssinn.* Wir überlassen es der Jagdtierkunde, die Anatomie des Auges sowie der anderen Sinnesorgane im einzelnen darzustellen. Das *Auge* ist bei den Säugetieren einigermaßen einheitlich gebaut. Der Augapfel liegt mit starken Fettpolstern in die Augenhöhle eingebettet und kann von der Augenmuskulatur nur verhältnismäßig beschränkt bewegt werden. Den Schutz des Augapfels nach vorn übernimmt die nur hier über der Hornhaut, die das ganze Organ umhüllt, liegende Bindehaut. Vor der Linse, also im Innern des Augapfels, liegt die als Blende wirkende Regenbogenhaut, deren Öffnung als Pupille sichtbar ist. Sie ist beim Rotwild nicht rund, wie etwa bei den Eulen, sondern bildet ein längliches Viereck, eine horizontal liegende Spalte. Besonders bemerkenswert ist die Darstellung von J. Krumbiegel, nach der beim Rotwild die horizontale Lage dieser Pupillenspalte auch dann erhalten bleibt, wenn das Stück das Haupt zum Äsen auf den Boden nimmt. Das Gesichtsfeld wird sich dabei also nur unwesentlich gegenüber der Stellung mit erhobenem Haupte verändern. Vielleicht erklärt sich hieraus manches unerwartete Eräugen des Jägers, während das Rotwild äst.

Von besonderer Bedeutung für die Sehleistung ist die Stellung der Augen im Kopfe. Wir kennen aus der Säugetierwelt die verschiedensten Stellungen, in denen die Augenachsen zueinander stehen. Je größer der Winkel ist, desto größer ist zwar das Gesichtsfeld, um so kleiner aber dessen Teil, den beide Augen gleichzeitig übersehen. Das Sehen mit beiden Augen ist aber wesentlich für das räumliche Erfassen der Dinge innerhalb des Gesichtsfeldes und damit fur das Abschätzen der Entfernung. Tiere, die nicht selbst ausgesprochene Beutetiere sind, also etwa die Raubtiere, haben aus naheliegenden Gründen daher im allgemeinen ein verhältnismäßig großes beidäugiges Gesichtsfeld, dagegen ein ebenso verhältnismäßig kleines allgemeines Gesichtsfeld. Bei ausgesprochenen Beutetieren, den Nagern also, ist das umgekehrt, sie erfassen in einem sehr weiten allgemeinen Gesichtsfeld ohne Kopf- oder Halsdrehung jede Bewegung, können aber Entfernungen nicht so gut einschätzen, wenn sie nicht im beidäugigen Gesichtsfeld liegen. Ein großer Augenabstand, wie wir ihn beim Rotwild haben, vermittelt allerdings innerhalb dieses Gesichtsfeldes ein gutes Erfassen der Entfernungen. Tiere mit kleinem beidäugigen Gesichtsfeld sind z. B. der Fuchs und die Katze, eine extreme Stellung nach der anderen Seite nimmt z. B. der Hase ein. Das Rotwild hält eine Mittelstellung ein, seine Augen stehen im Augenwinkel von 100° (Fuchs 30°), so daß es in der Lage ist, ohne besonders auffällige Kopf- oder Halsbewegungen auch seitwärts zumindest einäugig ein ziemliches Geländestück zu kontrollieren.

Über die absolute Sehleistung wissen wir wenig, aber doch soviel, daß das Rotwild anderen Wildarten gegenüber, z. B. Schwarzwild, wesentlich mehr leistet. Wer Gelegenheit hat, die verschiedensten Wildarten zu bejagen, kann sich leicht hiervon überzeugen. Auch über den Farbensinn des Rotwildes wissen wir nicht allzuviel. Die innere Ausstattung des Auges läßt, wenn wir vom menschlichen Auge, seinem Bau und seiner Leistung vergleichsweise ausgehen, zumindest auf einen gewissen Farbensinn schließen. So gab D. Backhaus 1955 ein Untersuchungsergebnis bekannt, nach dem ein weibliches Stück

Rotwild 6 Farbbereiche von Graustufen unterschied und untereinander: ein schwach rötliches Violett, Rot, Orange, Gelb, Gelbgrün bis Grün und Blau.

Auch in der Dunkelheit vermag das Rotwild noch gut zu äugen, da sein großes Auge mit großer Pupille einen hohen Lichteinfall gewährleistet.

Wenden wir uns dem *Geruchssinn* zu, von dem wir vorhin sagten, daß er wohl für die Aufnahme von Umwelteindrücken die größte Bedeutung für das Rotwild hat. Die Streckung des Gesichtsschädels im Verlauf der stammesgeschichtlichen Entwicklung wurde ja sicherlich auch zur weiteren Ausbildung des Riechorgans angestoßen, dessen Leistungsfähigkeit von der Größe der Riechschleimhautfläche abhängig ist. Wir können in der Tierwelt ganz allgemein beobachten, wie diese Leistungsfähigkeit mit der Länge des Gesichtsschädels steigt. Denken wir nur an Katze und Fuchs. Die Katze mit äußerlich und wertungsmäßig „kurzer" Nase, der Fuchs mit langem Riechraum im Schädel und ausgezeichnetem Riechvermögen über weite Entfernungen. So gehört das Rotwild auch zu den Säugern, die sich auf große Distanz mit dem Geruchssinn zu orientieren vermögen. Auf welche höchste Entfernung das möglich ist, darüber liegen wohl exakte Untersuchungen nicht vor, wahrscheinlich spielen auch atmosphärische Bedingungen eine Rolle. Aus der Praxis aber kann ich sagen, daß Rotwild bei nicht einmal starker Luftbewegung auf eine Entfernung von bis zu 400 m mit erstaunlicher Sicherheit Wind erhält. Eine gewisse Luftfeuchtigkeit fördert das Aufnahmevermögen für Duftstoffe, besonders trockene Luft läßt dagegen die Riechleistung absinken. Das können wir auch beim Hunde beobachten. Auf die bedeutende Rolle, die der Geruchssinn bei der Nahrungssuche, beim Verhalten innerhalb des Artverbandes und beim Geschlechtsleben spielt, sei noch hingewiesen.

Enge Beziehungen bestehen zwischen Geruchs- und *Geschmackssinn.* Beides sind chemische Sinne, die sich in gewisser Weise ergänzen. Schlecht riechende Stoffe werden nicht gern aufgenommen, auch wenn sonst ihre Genießbarkeit nicht beeinträchtigt ist. Die Skala der Geschmacksempfindungen wird beim Rotwild nicht sehr breit sein, denn auch der Mensch vermag ja nur vier Hauptgeschmacksrichtungen zu unterscheiden. Genaueres wissen wir darüber aber nicht. Die Geschmacksorgane befinden sich an verschiedenen Stellen der Mundhöhle, besonders konzentriert auf dem hinteren Teil der Zunge, als sogenannte Geschmackspapillen, d. s. kleine, sichtbare Vorwölbungen, in denen die Geschmacksknospen in großer Anzahl stehen.

Von den mechanischen Sinnen ist der *Gehörsinn* derjenige, dem die größte Bedeutung zukommt. Schon äußerlich fallen die recht großen, sehr beweglichen Lauscher auf, und lassen das Gehör neben dem Gesicht und Geruch als ein wichtiges Orientierungsmittel erkennen. Der anatomische Bau dieses Sinnesorganes ist im Grundsatz der gleiche, wie wir ihn bei anderen Säugetieren, insbesondere auch beim Menschen, vorfinden. Die in den großen Ohrmuscheln stehenden Haare schützen das innere Ohr vor Eindringen von Schmutz und Wasser. Durchaus möglich ist aber auch, daß sie gleichzeitig Aufgaben des Tastsinnes erfüllen, indem sie die Richtung der Luftbewegung zu empfinden in der Lage sein können. Das sehr intensive Spiel der Lauscher wird also vermutlich nicht nur dem Aufnehmen von Geräuschen, sondern auch dem Prüfen der Windrichtung dienen. Erwähnt soll hier noch werden, daß die Stellung der Lauscher einen gewissen Rückschluß auf den Gemütszustand des Tieres gestattet. Das „Anlegen der Ohren", wie wir es auch vom Pferd her als Ausdruck des Unwillens kennen, sieht man im Rudelverband, besonders an der Fütterung, recht häufig.

Als Sitz des *Tastsinnes* erwähnten wir schon die sogenannten Vibrissen, Haare, die entsprechende Empfindungen des Kontaktes zu übermitteln vermögen. Sie stehen besonders auffällig auf den Lippen des Rotwildes, doch sind auch die Haare überhaupt bei der

Weiterleitung von Berührungsreizen beteiligt. Über den ganzen Körper verteilt stehen Tastkörperchen als freie Endigungen von Hautnerven als Tastsinnesorgane in Funktion.

Über den *Temperatursinn* wissen wir recht wenig, können aber annehmen, daß, ähnlich wie beim Menschen, freie Nervenendigungen als Vermittler von Kälte- und Wärmeunterschieden tätig sind. Wo diese stehen, ist nicht bekannt.

Damit wollen wir die Körperbeschreibung des Rotwildes, die uns von der Haut ausgehend, über das Knochengerüst zu den inneren Organen und zu den Sinnesorganen und ihrer Tätigkeit geführt hat, abschließen, um uns der Geweihbildung zuzuwenden.

Geweihbildung

Schon bei der Darstellung der Stammesgeschichte haben wir einiges über das Geweih erfahren können. Doch müssen wir diese in der Welt der Säugetiere einmalige und eigenartige Erscheinung, die uns Jäger besonders fesselt, nach Wesen und Form noch eingehend betrachten. Wir widmen dem Geweih daher diesen besonderen Abschnitt. Einige Wiederholungen werden sich nicht ganz vermeiden lassen.

So erinnern wir uns zunächst daran, wie der Ablauf der Stammesgeschichte die Bildung des Geweihes und die Möglichkeit seiner Deutung als Waffe, Schmuck- und Imponierorgan wahrscheinlich machte, deren Wuchsgesetze uns aus ihrer engen Beziehung zu Stoffwechsel- und Sexualbiologie verständlich werden. Beide beherrschen jede Entwicklungsstufe der Geweihbildung, und nur in einer an sie gebundenen Betrachtungsweise läßt sich ein Bild entwerfen, das uns Jäger dem Verstehen dieser Dinge nahebringt. Selbstverständlich können in diesem Rahmen nur die wichtigsten Zusammenhänge zur Darstellung kommen und diese so weit, wie die anatomisch-morphologischen Einzelheiten wenigstens mit einer gewissen Wahrscheinlichkeit wissenschaftlich geklärt sind, und es erscheint mir richtig, gelegentlich einzugestehen, daß man etwas noch nicht weiß.

Für die Erforschung der Gesetzmäßigkeiten von Geweihbildung und Geweihwechsel hat Blasius in seiner „Naturgeschichte der Säugetiere Deutschlands“ 1857, also vor mehr als 100 Jahren, den Anstoß gegeben. Es folgten Jahrzehnte ehrlichen Strebens, das nicht nur aus Mangel an geeignetem Untersuchungsmaterial, sondern auch wegen des Fehlens einer klaren Fragestellung nicht recht von der Stelle kam. Es würde zu weit führen, den Verlauf dieser wissenschaftlichen Bemühungen im einzelnen zu schildern. Doch können wir uns ihrer Ergebnisse nicht bemächtigen, ohne wenigstens der wichtigsten Arbeiten zu gedenken. Dabei ist interessant festzustellen, daß sich bereits Plinius und Aristoteles mit den Problemen der Geweihbildung beschäftigten.

1898 erscheint eine grundlegende Arbeit von H. Nitsche: „Studien über Hirsche“, die manches aufhellen konnte. Sie löste auch bestimmte Fragen aus, deren Bearbeitung durch andere Wissenschaftler uns schließlich das Bild des Geweihes vermittelte, auf dem neuere Forschungen aufbauen konnten. Altum, Röhrig, Rhumbler, C. Hoffmann, Olt, um die Jahrhundertwende und in den folgenden Jahrzehnten forschend, wie auch aus neuerer Zeit Gruber, Steinwedel, Krieg, Beninde und Rérabek, müssen genannt werden. In einer komplexen, betont wissenschaftlichen Darstellung hat A. B. Bubenik das derzeitige Wissen über die Geweihbildung zusammengetragen (Das Geweih, Verlag Paul Parey, 1966). Damit sind große Lücken ausgefüllt, die zwar nicht unbedingt alle vom praktischen Jäger als solche empfunden werden mußten. Jedoch lassen die umfassenden morphologischen, trophischen und pathologischen Erkenntnisse eine Vielzahl der Erscheinungen und Zusammenhänge deuten, wobei der aufgestellten Theorie einer neurohumoralen Steuerung der Geweihtrophik große Wahrscheinlichkeit zukommen dürfte.

Bei Beachtung der bisher gesicherten wissenschaftlichen Erkenntnisse sollen die nachstehenden Darstellungen über die Vorgänge bei der Geweihbildung in erster Linie dem Jäger Auskunft geben. Dabei müssen, um verständlich bleiben zu können, vielleicht kleinere Vereinfachungen und Ungenauigkeiten in Kauf genommen werden.

Hormone und Vitamine

Es erscheint aber zweckmäßig, vorher ergänzend noch bestimmte Wirkstoffe zu behandeln, die sehr enge Wechselbeziehungen zu den Lebensvorgängen im tierischen Körper unterhalten.

Sie werden teils im Körperinnern selbst gebildet, teils mit der Nahrung aufgenommen und haben auf die Funktionen des Nervensystems und der Organe einen entscheidenden Einfluß, nicht zuletzt auf die Vorgänge bei der Geweihbildung und beim Geweihwechsel. Es handelt sich um die *Hormone* und *Vitamine.*

Die biologische, biochemische und medizinische Forschung hat uns in den letzten Jahrzehnten über diese Wirkstoffe sehr aufschlußreiche Erkenntnisse gebracht, die uns in die Lage versetzen, die meisten Funktionen des Körpers als durch Hormone gesteuert und durch Vitamine gefördert erkennen zu können.

Besonders stehen die *Hormone,* d. s. Wirkstoffe, die im Körperinnern gebildet (Inkrete) und den Geweben und Organen zugeführt werden, in sehr engen Wechselbeziehungen zum Gesamtorganismus, ja man kann sagen, daß es kaum einen Lebensvorgang gibt, der nicht von ihnen gesteuert wird. Dabei können ebenso fördernde wie hemmende Einflüsse beteiligt sein. Das gilt nicht nur rein körperlich gesehen, sondern auch psychische Funktionen unterliegen einer hormonalen Einwirkung und Steuerung. Daher ist die Kenntnis dieser Wirkstoffe und ihrer regulierenden Tätigkeit für denjenigen wichtig, der sich bemüht, die Lebensvorgänge zu verstehen.

Hormone sind nicht artspezifisch, d. h. die bei den Säugern bekannten und identifizierten Inkrete haben gleiche Aufgaben und bewirken beim Fehlen bei allen Tieren gleiche Erscheinungen. Sie sind, wie wir heute aus der Humanmedizin wissen, innerhalb des Tierreiches so gleichartig, daß Übertragungen vom Tier auf Mensch durchaus möglich sind und klar voraussehbare Auswirkungen haben. Dabei sind die Hormone ausgesprochen wirkungsspezifisch, d. h. ein bestimmtes Hormon steuert einen bestimmten Lebensvorgang. Die Inkrete werden entweder dauernd oder in Intervallen an die Blutbahn abgegeben. In der Regel sind besondere Drüsen für ihre Bildung vorgesehen. Als bedeutsamste kennen wir den Hirnanhang (Hypophyse), der als oberster Regler des gesamten Hormonsystems angesehen werden muß. Die in ihm gebildeten Hormone wirken auf alle übrigen innersekretorischen Drüsen ein und stehen mit ihnen in Wechselbeziehung. Es sind u. a. Wachstumshormone, die die Bildung des Knorpels und dessen Verknöcherung fördern, übergeordnete Geschlechtshormone und Hormone, die mit Schilddrüse und Nebennierenrinde zusammenwirken. Weitere bekannte Hormondrüsen sind die Zirbeldrüse, die Schilddrüse und die Bauspeicheldrüse. Wenn ihre Funktionen auch außerordentlich wichtig sind, so interessiert uns an dieser Stelle jedoch in erster Linie diejenigen Drüsen, deren Hormone mit der Geweihbildung in Zusammenhang stehen. Nachdem sich das Geweih als sekundäres Geschlechtsmerkmal darstellt, ist es nicht überraschend, daß Sexualhormone hier eine besondere Rolle spielen. Ehe wir auf diese Hormone der Keimdrüsen

ansatz. Aus einem Untersuchungsmaterial von 60 Geweihen wurde eine komplexe Tabelle erstellt, die zur Bestimmung des Alters aus beiden Messungen geeignet ist. Sie erfolgt so, daß für die Maße (Rosenstockdurchmesser und -länge) aus der Tabelle die Alter abgelesen, addiert und halbiert werden.

Altersbestimmungstabelle nach W. Harke

Rosenstock-durchm. mm	Alter Jahre	Äußere Rosenstock-länge mm	Rosenstock-durchm. mm	Alter Jahre	Äußere Rosenstock-länge mm
		60			38
18	2	58	37	10	37
20		56	38	11	36
22	3	54	39	12	35
24	3	52		12	34
25		50	40	13	33
26	4	49	41	13	32
27		48	42	14	31
28		47	43	14	30
29	5	46			29
30		45	44	15	28
31	6	44	45		27
32		43	46		26
33	7	42	47	16	25
34		41	48		24
35	8	40	49	17	23
36	9	39	50	18	22
	9	38	50	u. älter	20

Beispiel: Rosenstockdurchmesser. 33 mm, Rosenstocklänge: 36 mm
Alter: 7 Jahre 11 Jahre
7 + 11 — 18 Jahre . 2 = 9 Jahre

Meine eigenen, allerdings nicht ausreichenden Nachprüfungen an etwa 100 Geweihen verschiedener Herkünfte (Eifel und Harz) brachten im Vergleich zur Altersschätzung nach dem Unterkiefer zunächst durchaus brauchbare Werte. Zu etwa gleichen Ergebnissen kamen H. Caesar (Die Pirsch, 1963) und A. Ulrich (Wild und Hund, 1961 und 1962). Aber auch bei diesen Nachprüfungen scheint das Untersuchungsmaterial nicht ausreichend gewesen zu sein. Denn die an 1000 Geweihen aus dem Harz von H. Drechsler durchgeführte Untersuchung (Wild und Hund, 1962) ergab zumindest für dieses Rotwildgebiet die Unbrauchbarkeit der Methode von Harke.

Auch das vom Schalenwildausschuß des Deutschen Jagdschutz-Verbandes herausgegebene Rotwildalter-Merkblatt stellt mit Allgemeingültigkeit fest, daß diese Methode mit einem erheblichen Fehlerbereich behaftet ist.

H. H. Hattemer und H. Drechsler untersuchten acht Geweih- und Rosenstockmerkmale und deren Zusammenhang mit dem Alter. Sie kamen u. a. zu dem Ergebnis, daß, obwohl der Rosenstockdurchmesser die straffste Korrelation zum Alter besitzt, eine brauchbare Altersbestimmung danach in der Praxis nicht erreicht werden kann (Z. Jagdwiss. Band 22, Heft 1, 1976). Da das Dickenwachstum des Rosenstockes periodisch, d. h. im Zyklus des Geweihwechsels erfolgt, wäre es nicht überraschend, wenn man im Rosenstock jahrringähnliche Bildungen finden würde. Ich habe daher vom Geweih eines selbst erlegten Hirsches die Stangen abgesägt und fand auf der Schnittfläche eine wenn auch undeutliche, so doch durchaus als solche ansprechbare Jahrringbildung, die von dem geschätzten Alter des Hirsches nicht abzuweichen scheint.

Bast, Kolben- und Geweihsubstanz

Während des Wachstums ist die Geweihstange vom *Bast* überzogen. Es ist dies ein behaarter Hautüberzug, der sich von der Körperhaut dadurch unterscheidet, daß er fast ausschließlich Wollhaare trägt. Wie in jeder Haut finden sich auch im Bast Fett- und Duftdrüsen. Letztere stehen vermehrt in der oberen Kolbenzone und sondern ein zähes Sekret ab, das wahrscheinlich Aufgaben der Markierung erfüllt. Im Bast sowie von ihm geschützt am und im wachsenden Kolben liegen Blutgefäße, die für den Transport der Aufbaustoffe sorgen. Lage und Kapazität dieser Gefäße stehen besonders bei den späteren Geweihstufen in Zusammenhang mit Ausmaß und Formgebung des Geweihes und zeichnen sich am fertigen Geweih noch als Rillen und Furchen ab. Der auf dem Rosenstock sich bildende Kolben zeigt ein ausschließliches Spitzenwachstum, d. h. sein Umfang wird von vornherein am Wuchsscheitel festgelegt. Ein nachträgliches Dickenwachstum findet nicht statt. Die wachsende Stange wird zunächst aus knorpeligem Bindegewebe angelegt, dessen Aufbaustoffe von den zwischen Bast und Geweih liegenden Gefäßen, anfangs auch von solchen des Rosenstockes, zugeführt werden.

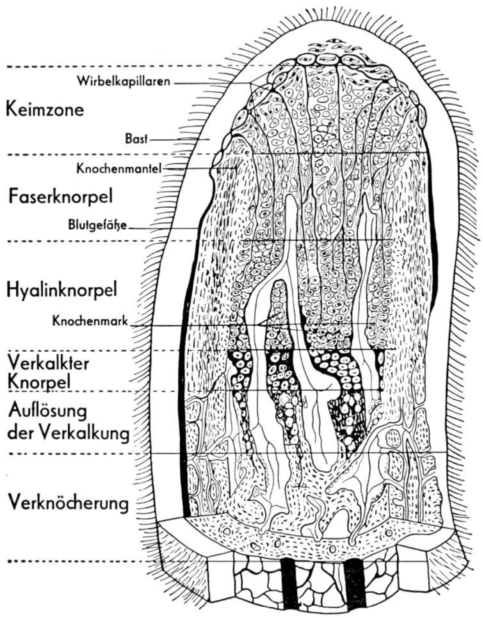

Schema des Aufbaues einer Kolbenstange
(Nach Rhumbler)

Mit fortschreitendem Wachstum wird den Knorpelzellen Kalk eingelagert, und zwar beginnt diese Verhärtung in dem fertig gebildeten Stangenabschnitt in der Weise, daß nur der Wuchsscheitel auf etwa 5–7 cm noch knorpelig und daher weich bleibt. Später werden die mit Kalk inkrustierten Knorpelzellen in Knochenzellen umgebildet, wobei der äußere Stangenmantel wesentlich kompakter angelegt wird als der innere Stangenteil. Schematisch ist der Wachtsumsvorgang oben dargestellt.

Das fertig verknöcherte Geweih setzt sich aus anorganischen und organischen Substanzen in nachstehendem Verhältnis zusammen:

	Anorganische Substanz		Organische Substanz
	56 %		44 %
überwiegend:	phosphorsaurer Kalk	(48 %)	überwiegend Eiweißverbindungen,
	kohlensaurer Kalk	(5 %)	in denen die Mineralsalze eingelagert sind.
	kohlensaures Magnesium	(2 %)	

Fegen und Geweihfärbung

Ist das Geweih fertig gebildet und verknöchert, so entfällt die Funktion der ernährenden Gefäße, und der Bast wird vom Hirsch gefegt, d. h. entfernt. Wodurch das Fegen ausgelöst wird, wissen wir nicht. Da aber sowohl die Beendigung des Kolbenwachstums wie auch der Verkalkungsvorgang im Zusammenhang mit der Zunahme des Geschlechtshormons steht, könnte man sich vorstellen, daß ein entsprechend hoher Blutspiegel des Geschlechtshormons den Anreiz zum Gebrauch des Geweihes und damit auch zum Fegen gibt. Der Bast trocknet vor dem Fegen nicht etwa am Geweih an, sondern zeigt sich als frische, elastische und mit Schweiß durchtränkte Haut, die in Fetzen abgestreift bzw. abgefegt wird. Es kommt vor, daß besonders an den Enden Bastreste sitzenbleiben; diese trocknen ein und können so fest haften, daß sie lange am Geweih verbleiben. Der abgefegte Bast wird nicht selten vom Hirsch aufgenommen, doch ist das keineswegs die Regel, jedenfalls in freier Wildbahn nicht.

Beim Fegen

Nachdem der Bast entfernt ist, zeigt das Geweih zunächst für kurze Zeit eine ausgesprochene Knochenfarbe, weißlichgelb, soweit nicht Schweißreste vom Bast her und aus den in die Knochenmasse führenden Kapillaren gleich eine gewisse Färbung verursachen. Wie aber entsteht nun die endgültige *Färbung* des Geweihes? Wir wissen, daß sie keineswegs einheitlich bei den verschiedenen Individuen ist. Diese Frage hat die Jäger immer wieder bewegt. Man weiß schon lange, daß Hirsche und Rehböcke in engen Gehegen meist ganz helle, wenig gebräunte Geweihe und Gehörne tragen, und fand darin die Erklärung, daß der Mangel an Gelegenheit zu häufigem Fegen und Schlagen hierfür verantwortlich zu machen sei. Ein s. Z. durch Seitz durchgeführter Versuch brachte erstmalig Licht in diese Angelegenheit. Er hielt einen Rehbock am Ende der Bastzeit auf einer Wiese eingegattert und gab ihm nur Gelegenheit, an trockenen, entrindeten Kie-

Lohn der Hege

fernstangen zu fegen. „Der Bock fegte ganz normal, aber das Gehörn blieb weiß, sowohl an den erhabenen Perlen als auch in den Vertiefungen. Der in den geplatzten Gefäßen haftende Schweiß hinterließ keine Färbung, auch Luft und Sonne übten keinen bräunenden Einfluß aus. Im Gegenteil schien mir die Farbe im Laufe von zwei Monaten eher heller als dunkler geworden zu sein. Zur Blattzeit wurden dem Bock alle möglichen *grünen* Stämmchen eingegraben, und da er sie sofort kahl schlug, wurden alle zwei Tage neue Erlen, Birken, Kiefern, Eichen vorgesetzt. *Aber vergebens* – der Baumsaft konnte das Gehörn nicht mehr bräunen; es wurde schmutzig, aber der Regen wusch es wieder weiß."

Danach scheint also die Färbung des Geweihes in erster Linie von den Säften frischer Baumrinden *unmittelbar beim ersten Fegen* abhängig zu sein. Das würde bedeuten, daß in irgendeiner Form die Geweihsubstanz selbst bzw. in ihr befindliche körpereigene Stoffe nur sofort beim Fegen am Zustandekommen der Färbung beteiligt sind. In welcher Weise das geschieht, wissen wir noch nicht, obwohl hierzu die verschiedensten Theorien aufgestellt worden sind. Wenn aber das Geweih, wie es die herrschende Lehrmeinung beschreibt, nach Entfernen des Bastes ein völlig totes Knochengebilde ist, so dürfte es wohl unwahrscheinlich sein, daß körpereigene Stoffe noch für längere Zeit einen wesentlichen Anteil an der Färbung haben. Dem entspricht auch die von SEITZ gemachte Beobachtung. Ihr können wir aber entnehmen, daß zumindest unmittelbar nach Befreiung des Geweihes vom Bast körpereigene Stoffe an der Farbbildung beteiligt sind. Ob sie dem Blut oder Serum entstammen, ob sie in den äußeren Zellschichten der Stangenoberfläche wirken, ist noch unbekannt.

Wir wissen aber auch, daß verschiedene Hirsche der gleichen Population auf gleichem Standort oft sehr unterschiedlich gefärbte Geweihe tragen können. Von Hirschen verschiedener Population ganz abgesehen. Dabei sind leichte, poröse Geweihe in der Regel wesentlich dunkler gefärbt als schwere und besonders harte. Das kann am besseren Aufnehmen und Eindringen des färbenden Pflanzensaftes beim porösen Geweih liegen und spräche dann bis zu einem gewissen Grade ebenfalls für eine aus körperfremden Stoffen kommende Färbung. So können wir auch einen starken Einfluß der Holzart, an der bevorzugt gefegt wird, beobachten. In reinen Nadelholzrevieren pflegen die Geweihe dunkler zu sein als dort, wo ausschließlich am Laubholz gefegt wird.

Vorerst müssen wir uns also mit der Erklärung begnügen, daß Pflanzensäfte in überwiegendem Maße, aber nicht allein an der Färbung des Geweihes beteiligt sind.

Abwerfen

Jeder ungeschützt freiliegende tote Knochen wird nun nach einem für alle Säugetiere geltenden Gesetz entweder von Haut überwallt oder abgestoßen. Das Geweih des Hirsches müßte nun also sehr bald abgeworfen werden, wenn es diesem Gesetz folgen würde. Warum geschieht nun das *Abwerfen* erst nach verhältnismäßig langer Zeit? Erinnern wir uns hierzu an das, was wir über die Hormone und ihre Fähigkeiten, Lebensvorgänge zu steuern, gesagt haben und daran, daß wir das Geweih nicht nur, aber doch auch als sekundäres Geschlechtsmerkmal, als Schmuckwaffe ansehen müssen, die hinsichtlich seines Wachstumsrhythmus in enger Beziehung zum Geschlechtszyklus steht. Die sofortige Abstoßung des Geweihes wäre natürlich völlig widersinnig, denn es soll ja für geraume Zeit als Waffe zur Verfügung stehen. Auf irgendeine Weise muß also der tote Knochen auf dem Rosenstock erhalten bleiben, um seine Funktionen erfüllen zu können. Wir wissen, daß alle Phasen des Geweihwachstums, wozu wir auch den Zustand des fertigen Geweihes rechnen müssen, von Hormonen in auffälliger Weise gesteuert werden. Die beschriebenen Folgen der Kastration gewährten uns einen guten Einblick in diese Zusammenhänge. Wenn der Verlust der Keimdrüsen bei fertigem Geweih den baldigen Abwurf desselben zur Folge hat, so ist es wahrscheinlich, daß ein Inkret dieser Drüsen den Abwurf so lange sistiert, wie das Geweih als Waffe gebraucht wird. Hört diese hemmende Wirkung auf, so bereitet sich der Geweihabwurf vor. Mit dem Rückgang der Geschlechtshormone im Blutkreislauf, nach der Brunft also, können die sistierten Wachstumshormone wieder auf den Rosenstock einwirken.

Der tote Geweihknochen hatte sich vom lebenden Rosenstock durch eine Zellschicht mit herabgesetztem Stoffwechsel getrennt. Nun aber, als Einleitung des Abwurfes, wird diese Zellschicht plötzlich wieder stark durchblutet; es bilden sich Riesenzellen mit großem Innenraum und dünnen Wandungen. Durch diese wird die Verbindung der Stange mit dem Rosenstock so gelockert, daß ein geringer äußerer Anstoß oder auch bei stärkeren Geweihen das Gewicht allein genügen, um das Abfallen der Stangen zu veranlassen. Die Bildung der Riesenzellen erfolgt in radialer Richtung von außen nach innen so, daß der äußere Ring am Rosenstock sich als *Demarkationslinie* schon bildet, während der innere Stangenteil noch feste Verbindung hat. Jetzt bedarf der ganze Vorgang nur kurzer Zeit bis zum Abwurf. Ist dieser erfolgt, hat sich damit der Ring des jährlichen Geweihwachstums geschlossen.

Es ist durchaus möglich, für den Zeitpunkt des Abwerfens gewisse Regeln aufzustellen, auch wenn immer wieder einmal Abweichungen beobachtet werden können. So wirft der junge Hirsch, der ja auch erst später mit der Geweihbildung fertig wird, in der Regel später ab als der ältere. Dieser wirft etwa Anfang März (wohl auch schon Mitte Februar) ab, jener oft Wochen später, so daß man im April z. B. Hirsche zusammen sehen kann, von denen ein Teil bereits beachtlich geschoben hat, ein Teil aber noch das alte Geweih trägt. Verschiedene Rotwildvorkommen unterscheiden sich hinsichtlich des Abwurfzeitpunktes nicht wesentlich. Bei älteren, stärkeren Hirschen werden beide Stangen häufig unmittelbar hintereinander, auch mit einer Pause von mehreren Stunden geworfen, doch kommt es auch vor, insbesondere bei jüngeren Hirschen, daß eine Stange noch tagelang getragen wird. Das Sitzenbleiben einer Stange zwingt bessere Hirsche oft für kurze Zeit zu schiefer Kopfhaltung, ja, sie tun sich auch nieder und legen das Haupt mit der verbliebenen Stange an den Erdboden. Doch gewöhnen sie sich meist schnell an einen Ausgleich und tragen manchmal das Haupt so, daß die Stange genau senkrecht steht. Durch Schütteln des Hauptes oder durch Anstoßen, Einbohren in den Boden oder Schnee suchen sie dann wohl die Stange zu entfernen. Es sind auch Fälle bekannt, in denen sich der Hirsch bei dieser Gelegenheit unter starker Verletzung des Rosenstockes die Stange ausgebrochen hat.

Welche Stange zuerst geworfen wird, ist nicht an eine Regel gebunden, jedenfalls ist es nicht immer die schwerere, wie oft behauptet wird. Ältere, ausgereifte Hirsche werfen – auch nur als Regel – in jedem Jahr fast zum Termin des Vorjahres ab, während sich bei jüngeren Hirschen der Zeitpunkt des Abwerfens immer mehr verfrüht. Auch die Witterung hat einen Einfluß auf den Zeitpunkt des Abwerfens, und zwar insofern, als bei besonders milden Wintern der Termin oft wesentlich früher liegt, während strenge Winter den normalen gegenüber keine großen zeitlichen Abweichungen zu bringen scheinen. Man kann diese Dinge nur klären. wenn jährlich genaue Aufzeichnungen gemacht werden können, die Erinnerungsfehler und Verwechslungen ausschließen. Nicht immer ist dazu Gelegenheit, aber man sollte sie suchen, denn solche stichhaltigen Beobachtungen sind oft recht aufschlußreich. Ich möchte daher einige meiner Aufzeichnungen bringen, die ich mit Hilfe von R. AUGUSTIN an der Marienteichbaude bei Bad Harzburg machen konnte.

Hirsch	Hans				Richard				Krail			
Jahr	1954	1955	1956	1957	1954	1955	1956	1957	1954	1955	1956	1957
Gesch. Alter	9	10	11	12	6	7	8	9	6	7	8	9
Rechts Abwurf	19. 3.	19. 3. 21.00 Uhr	21. 3. 23.45 Uhr	6. 3.	14. 3.	16. 3.	16. 3. 16.00 Uhr	13. 3.	26. 3.	26. 3.	24. 3.	19. 3.
Links Abwurf	19. 3.	19. 3. 21.10 Uhr	22. 3. 16.00 Uhr	6. 3.	16. 3.	14. 3.	17. 3. 0.25 Uhr	13. 3.	26. 3.	28. 3.	25. 3.	20. 3.
Rechts Gewicht g		1400	1450	1300			1960	1950		1150	1500	1730
Links Gewicht g		1450	1600	1450		1750	1980	2000		1250	1450	1760

Hirsch	Fritz				Lader				Der Feige			
Jahr	1954	1955	1956	1957	1954	1955	1956	1957	1954	1955	1956	1957
Gesch. Alter	4	5	6	7		7	8	9			5	6
Rechts Abwurf		23. 3.	10. 3.	5. 3.		3. 3.	3. 3.	15. 2.			29. 3.	20. 3.
Links Abwurf		24. 3.	9. 3.	5. 3.		3. 3.	2. 3.	15. 2.			29. 3.	19. 3.
Rechts Gewicht g		870	1130	1630				1750			1090	
Links Gewicht g		870	1190	1680				1760			1120	1110

Man sieht aus dieser Zusammenstellung u. a., daß es durchaus zweckmäßig ist, zu bestimmtem Termin in „Alarmbereitschaft“ zu gehen, was außer uns leider auch mehr passionierte als konzessionierte Stangensucher taten, die um diese Termine genau wußten. Nur der sehr milde Winter 1956/57 brachte eine starke Verschiebung der Abwurftermine, während der recht strenge Winter 1955/56 dem normalen Winter 1954/55 gegenüber keine wesentliche Änderung zur Folge hatte.

Außergewöhnlich frühe Abwurftermine konnten an der erwähnten Fütterung beobachtet werden: Am 28. Jan. 1974 warf ein starker, alter Hirsch ab, um im folgenden Jahr am 3. Jan. 1975 abzuwerfen. Leider wurde der Hirsch im Sommer 1975 Verursacher und Opfer eines Verkehrsunfalles. Ein nur wenige Tage noch weiter nach vorn verschobener Abwurftermin hätte für 1975 bedeutet, daß der Hirsch innerhalb eines Kalenderjahres zweimal abgeworfen hätte. Die anomalen Termine im Januar können für diesen Fall wahrscheinlich z. T. auf eine außergewöhnliche starke Gabe hochwertigen Futtermittels zurückgeführt werden.

Hat man Gelegenheit, den Hirsch aus nächster Nähe, z. B. an der Fütterung, zu beobachten, so sieht man spätestens am Tage vor dem Abwurf, wie sich die den Rosenstock umspannende Decke an der Rose löst. Ein schmaler, dunkler Spalt wird sichtbar, ein sicheres Zeichen, daß der Hirsch unmittelbar vor dem Abwerfen steht.

Das Benehmen der Hirsche ist beim Abwerfen sehr unterschiedlich. Ich sah solche, die sich recht wenig daraus machten und kaum reagierten. Ich sah aber auch Hirsche, die den Abwurf durch eine hohe Flucht quittierten, losstürmten oder sich beim Verlust einer Stange mehrmals im Kreise drehten. Häufig wird die abgeworfene Stange vom Verlierer selbst oder von anderen Hirschen interessiert bewindet. Auch konnte ich beobachten, daß hierbei, wenn die Abwurffläche an der Stange stark schweißig war, die Gebärde des Schreiens ausgelöst wurde. Daß die Abwurffläche der toten Stange schweißig sein kann, erklärt sich leicht aus der schon beschriebenen starken Durchblutung der Trennschicht. Ein Teil des durchbluteten Rosenstockes bleibt an der abgeworfenen Stange, und so verstehen sich auch Mitteilungen, daß eine Abwurfstange nach dem Aufnehmen „geschweißt" habe. Auch aus dem Rosenstock tritt nach dem Abwurf in der Regel mehr oder weniger Schweiß aus.

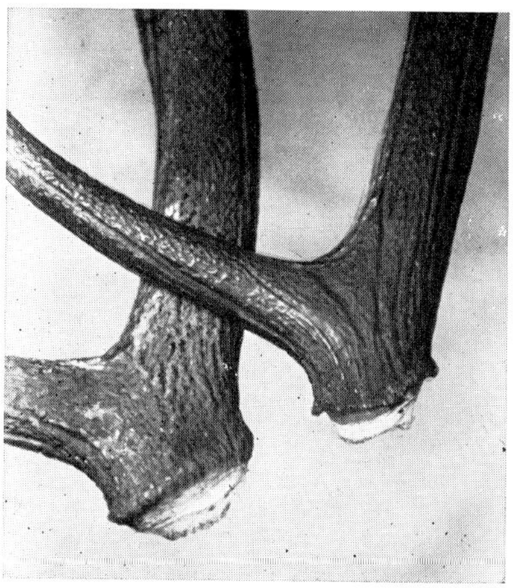

Abwurfwölbungen verschiedenalter Hirsche

Noch ein kurzes Wort zur Form der Abwurffläche, dem *Petschaft* des Hirsches. Es wird häufig berichtet, daß aus ihr Rückschlüsse auf das Alter des Hirsches, dann aber auch auf die Zusammengehörigkeit zweier „Paßstangen" zu ziehen wären. Das ist aber nicht mit Sicherheit der Fall. Im allgemeinen hat der alte Hirsch wohl eine flache, der jüngere eine mehr konvex gewölbte Abwurffläche. Ist das Petschaft ausgesprochen konkav, so spricht das in der Regel eher für einen alten als für einen mittelalten Hirsch. Doch gibt es hierbei Ausnahmen, so daß man sich nicht zu sehr darauf verlassen sollte. Das gleiche gilt von der Umfangsform des Petschaftes.

Die Abbildungen mögen das verdeutlichen. Wir zeigen links den Abwurf eines etwa 12jährigen, rechts den eines etwa fünfjährigen Hirsches. Beide Abwurfwölbungen unterscheiden sich nicht wesentlich voneinander. Interessant ist das Fehlen der Rose bei beiden Hirschen; ich möchte nach allen vorliegenden Umständen annehmen, daß es sich um nahe „Verwandte" handelt. Hierunter steht der „typisch" flache Abwurf des alten und der „typische" eines jungen Hirsches, der viel Material an der Rose herausbricht. Beide Hirsche sind aber gleich alt, etwa achtjährig, die

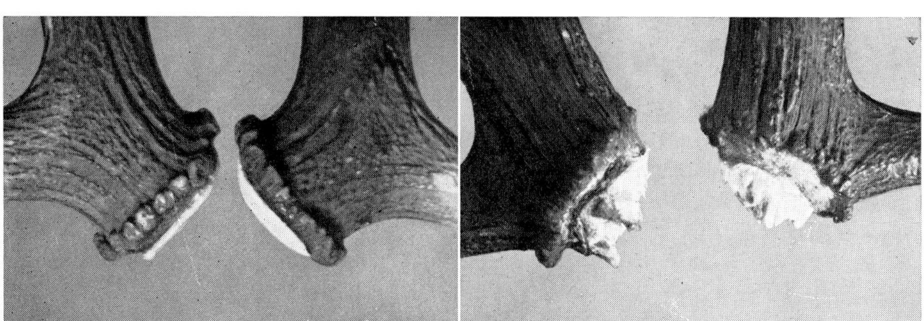

Abwurfwölbungen gleichalter Hirsche

Geweihe wurden normal geworfen. In der nachfolgenden Abbildung stehen vier Petschafte ein und desselben Hirsches nebeneinander. Links die Paßstangen des Jahres 1955, rechts die linken Stangen aus 1954 und 1955. Es zeigt sich, daß die Petschafte beider Stangen eines Jahrganges recht unterschiedliche, die der aufeinanderfolgenden Jahrgänge an gleicher Stange mehr übereinstimmende Form haben können. Das muß nicht immer so sein, doch habe ich bei vielen Vergleichsobjekten gefunden, daß die Herkunft zweier gleichseitiger Stangen verschiedener Jahrgänge vom gleichen Hirsch am Petschaft sicherer zu erkennen sein kann, als dies bei Paßstangen des gleichen Jahrganges der Fall ist. Markante Stellen in der Rose wiederholen sich meist recht auffällig.

Auch der *Furchenverlauf* kann zur Identifizierung der Zusammengehörigkeit zweier aufeinanderfolgender Jahrgänge herangezogen werden, insbesondere wenn es sich um einen älteren Hirsch handelt. Jüngere Hirsche pflegen die Furchenbildung von einem Jahr zum anderen oft stark zu verändern.

Die Regenerationsfähigkeit eines beschädigten Rosenstockes ist sehr erheblich. So sind Fälle bekannt, in denen bei völligem Verlust des Rosenstockes, der etwa beim Schädel an der abgebrochenen Stange verblieb, jener wieder regenerierte und seine ursprüngliche Stärke erreichte, um darauf eine in der Regel etwas schwächere Stange aufzusetzen. So

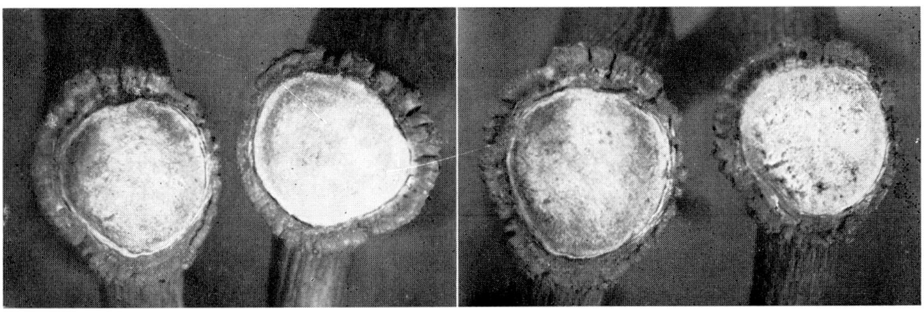

Das Petschaft

Paßstangen 1955 — *Linke Stangen 1955 und 1954*

erinnere ich mich eines im Ostharz um 1930 erlegten Hirsches, von dem im Frühjahr die mit ganzem Rosenstock und einem Teil des Schädelskeletts herausgebrochenen Stange gefunden wurde. Bei der späteren Erlegung trug der Hirsch dennoch an dieser Seite eine fast normale, zur anderen Stange passende Kronenzehnerstange, die nur um Rosenstocklänge kürzer war.

Auch O. Horn beschreibt im IX. Jahrgang von „Wild und Hund“ einen solchen Fall, den ich hier wiedergebe. Es handelte sich um einen starken Hirsch, dem beim Kampf in der Brunft eine Stange mit dem halben Rosenstock und einem Schädelstück herausgebrochen wurde. Das stehengebliebene Stück Rosenstock wurde im Frühjahr an der Fütterung regelrecht abgeworfen und durch einen glücklichen Zufall auch gefunden. „Es paßte Stelle für Stelle an die sorgsam aufbewahrte abgekämpfte Stange. Und nun setzte der Hirsch im folgenden Sommer einen neuen Rosenstock und auf demselben eine neue kräftige Stange auf, die nicht viel schwächer war als die an Stelle der seinerzeit unverletzt gebliebenen gewachsene. Der Hirsch kam im Herbst zur Strecke, und an dem abgekochten Schädel war gegen das Licht deutlich an dem neugebildeten Rosenstock eine dünnere Stelle zu sehen.“

Auch in Band 44 „Deutsche Jägerzeitung“ 1904/05, S. 234 wird von Wildmeister Fiebig ein ähnliches Vorkommnis beschrieben. Am 6. Oktober fand er beim Pürschen eine abgekämpfte, ganz eigenartig geformte Achterstange ohne Rosenstock. Am 14. Oktober wurde ganz in der Nähe ein Hirsch mit einer Stange zur Strecke gebracht, dessen fehlende Stange aus der Hirnschale herausgebrochen war. Die gefundene Achterstange paßte genau in die Bruchstelle. Da aus dem Vorjahr am gleichen Standort ein Einstangenhirsch bekannt war, nimmt der Berichterstatter an, daß damals die Stange mit dem gesamten Rosenstock abgebrochen und dann direkt aus der Hirnschale ohne nennenswerten Rosenstock neugebildet wurde. So erklärt sich die Achterstange ohne Rosenstock.

Diese Fälle aus freier Wildbahn entsprechen durchaus den neuesten Untersuchungen von Bubeník, Pavlansky und Rérabek (Prag), auf die wir noch zurückkommen werden.

Die nächstjährigen und weiteren Geweihbildungen des Hirsches verlaufen dem Grundsatz nach in der für das erste Geweih beschriebenen Weise, doch stellen sie uns insofern vor neue Probleme, als nun die Rose gebildet wird, wie auch die Formgebung und Endenbildung einsetzt und immer ausgeprägter wird.

Kolbenwachstum, Formgebung und Endenbildung

Beginnen wir bei unserer weiteren Betrachtung wieder mit dem Augenblick, in dem das erste Geweih abgeworfen wurde. Er ist insofern noch bemerkenswert, als jetzt der Rosenstock, von der aufsitzenden Stange befreit, Gelegenheit hat, sein Dickenwachstum vorzunehmen. Besonders bei jüngeren Hirschen ist dieser Zuwachs beträchtlich, während er im Alter nachläßt. Kurz vor dem Geweihabwurf beginnt der Rosenstock sich zu verdicken, und bald nach Überwallen der Abwurffläche ist der Zuwachs wieder beendet. Auf dem verstärkten Rosenstock kann nun eine dickere Stange geschoben werden. Auch in der Länge regeneriert sich der Rosenstock, wenn auch nicht um das volle Stück, das an der Stange bei dem konvexen Abbruch sitzenbleibt. So wird der Rosenstock, wie schon erwähnt, mit zunehmendem Alter des Hirsches ständig dicker, aber auch kürzer, besonders an den Außenseiten, da hier in der Regel etwas mehr vom Rosenstock herausbricht. Das hat eine von Jahr zu Jahr um ein geringes zunehmende Geweihauslage zur Folge.

Einige Tage nach dem Abwurf ist der Rosenstock bereits vernarbt, d. h. er hat sich mit Bast überzogen, die Geweihneubildung ist im Gange. Sie und die weiteren Geweihstufen unterscheiden sich nun vom ersten Geweih dadurch, daß jetzt eine *Rose,* der wulstförmige Kranz am unteren Stangenteil, gebildet wird. Diese Bildung ist so charakteristisch, daß an ihr mit ziemlicher Sicherheit der erste Kopf von späteren Geweihstufen unterschieden werden kann. Daran ändert auch die Tatsache nichts, daß es vereinzelt Hirsche gibt, die niemals eine ausgeprägte Rose bilden (vgl. Seite 68). Im übrigen kommt diesem Unterscheidungsmerkmal keine große Bedeutung zu, da die erste Geweihstufe als solche, am erlegten Hirsch wenigstens, nach dem Zahnwechsel eindeutig bestimmt werden kann. Die Frage nach Entstehung und morphologischer Bedeutung der Rose ist häufig gestellt worden, ohne daß eine befriedigende Antwort bisher gefunden wäre. Sie kann auch den Jäger nicht sonderlich interessieren, wenn die normale Ausbildung des Geweihes nicht von der Rosenbildung abhängig ist, was feststeht.

Das *Kolbenwachstum* setzt sofort ein, sobald die Wundfläche des Rosenstockes sich geschlossen hat. Wie wird es nun gesteuert und wie kommen Formgebung und Endenbildung zustande?

Nach der bisher herrschenden Lehrmeinung (Olt) wurde als Bildungszentrum des wachsenden Kolbengeweihes der sogenannte „Keimsaum“ angesehen, der Knochenhautbezirk des oberen Rosenstockes. In diesem ringförmigen Wulst sollten alle Kräfte des Geweihwachstums liegen. Die oben erwähnten Fälle von Rosenstockabbrüchen, die doch gewiß den *Keimsaum* wenigstens zum großen Teil mit in Verlust geraten ließen, zwingen allein schon zu großer Skepsis hinsichtlich der Stichhaltigkeit dieser Vorstellung. Schon Kröning sagt 1941 in seiner Jagdtierkunde (Handbuch der Deutschen Jagd, Parey): „Über die Entwicklungsphysiologie der Geweihe wissen wir praktisch nichts. Die Unterscheidung eines ‚Bildungswulstes‘ oder ‚Bildungsrandes‘ oder ‚Keimsaumes‘ und andere mehr oder minder phantasievolle Unterscheidungen sind bestenfalls als Fragestellungen für zukünftige Experimente zu werten.“ Den eben genannten tschechischen Forschern ist es nun auch gelungen, durch Amputation des Rosenstockes „die untergeordnete Rolle der Rosenstockhaut als des zur Regeneration des Geweihes Anlaß gebenden Gewebes“ zu beweisen. Trotz Entfernung des Rosenstockes einschließlich des Bildungssaumes kam es bei diesen Versuchen zur Regeneration des Stirnzapfens und Neubildung des Geweihes, das dann allerdings von der normalen Formgebung abwich. Wir müssen danach also annehmen, daß die *Diploe*, d. h. die schwammige Substanz zwischen beiden Tafeln des Stirnbeinknochens, die Fähigkeit besitzt, „Geweihbasen auch an Stellen zu schaffen, die ursprünglich für diese Tätigkeit nicht in Frage kamen.“

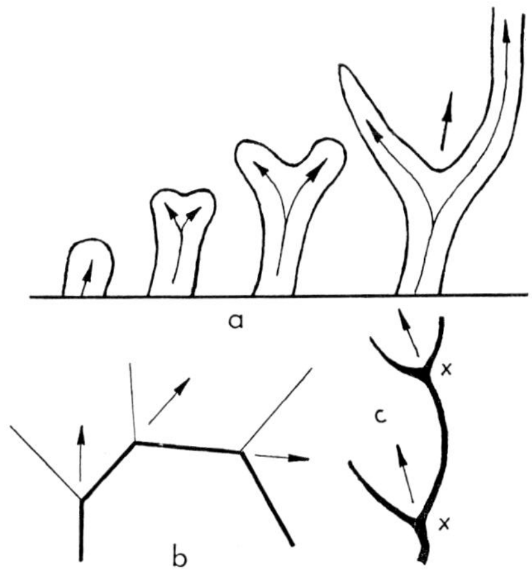

Bauplan des Rothirschgeweihes (Nach Beninde)

Etwas eingehender sind wir orientiert über den entwicklungsmechanischen Gang des Geweihwachstums. Hier erinnern wir uns daran, daß das Geweih in enger Beziehung zum Stoffwechselumsatz steht. Es erscheint fast als Stoffwechselventil und reagiert entsprechend auf ein schwankendes Stoffwechselgleichgewicht. Eine verhinderte Zufuhr von Aufbaunährstoffen findet ihren Ausgleich in einer Verringerung der anzulegenden Geweihmasse, d. h. in erster Linie in einer solchen des Stangenquerschnittes. Ein Überschuß dagegen verstärkt nur bis zu einem gewissen Grade diesen Querschnitt, da es sonst im Extrem zu einer keulenartigen Verdickung der Stange kommen müßte. Das wäre nicht nur aus statischen Gründen unzweckmäßig, sondern auch im Hinblick auf den Einsatz des Geweihes als Waffe. Hier wird also ein anderer Weg eingeschlagen, nämlich der der Vergrößerung der Stangenoberfläche durch Teilung, d. h. Bildung von Enden. Formgebung und Endenbildung des Geweihes sind also quantitativ von der Zufuhr an Aufbaustoffen und damit von der Lage und Kapazität der Blutgefäße abhängig. Der Verlauf dieser Arterien und Venen bleibt, wie schon erwähnt, in großen Zügen auf dem fertigen Geweih in Gestalt der bekannten Furchen und Rillen

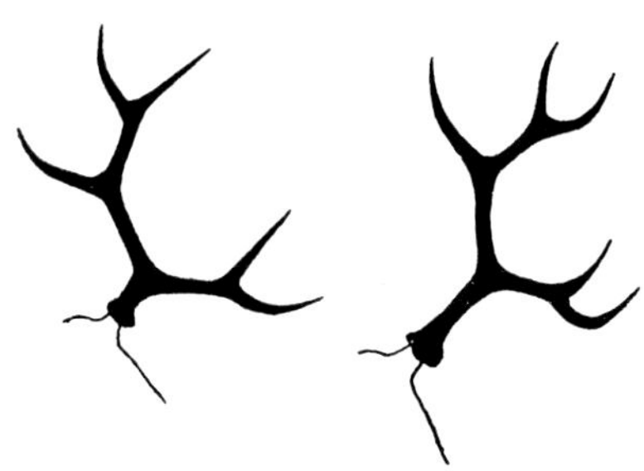

Bauplan des Geweihes beim Sumpf- (links) und Maultierhirsch (rechts)

zwischen den Perlen sichtbar und dokumentiert sehr eindrucksvoll die somatischen Kräfte der Formgebung und Endenbildung. Trotz der großen Variabilität des Geweihes läßt sich ein grundlegender artspezifischer Bauplan nicht verkennen, über dessen Erbgang wir wenig wissen, während sich die somatischen, d. h. die vom Körper ausgehenden Kräfte eher übersehen lassen.

Beim Rothirsch wird die Vergrößerung des Geweihvolumens teils in verstärktem Stangenquerschnitt, teils durch Teilung bewerkstelligt. Bei anderen Hirscharten wird das etwas abgewandelt, so bei Elch und Damhirsch z. B., die in erster Linie die Schaufelbildung zur Anlage vermehrter Masse einsetzen. Wir sehen also, daß es für die Hirscharten spezifische Baupläne des Geweihes gibt. Um den des Rothirsches voll zu verstehen, was für die Beurteilung eines Geweihes, wie wir später sehen werden, nicht unwichtig ist, müssen wir uns von der allgemein üblichen Betrachtungsweise lösen, die in dem Vorgang der Teilung eine Stange und die Enden sieht. Die Teilung ist bei allen Hirschen vielmehr eine Spaltung, die ursprünglich dichotom ist, d. h. auf dem Prinzip einer Gabelung beruht, bei der beide Gabeläste gleichweit von der Achse des Ausgangssprosses abweichen und damit vorerst gleich zu bewerten sind. Grundsätzlich stehen dabei die Gabeläste zunächst in der Körperlängsebene des Hirsches.

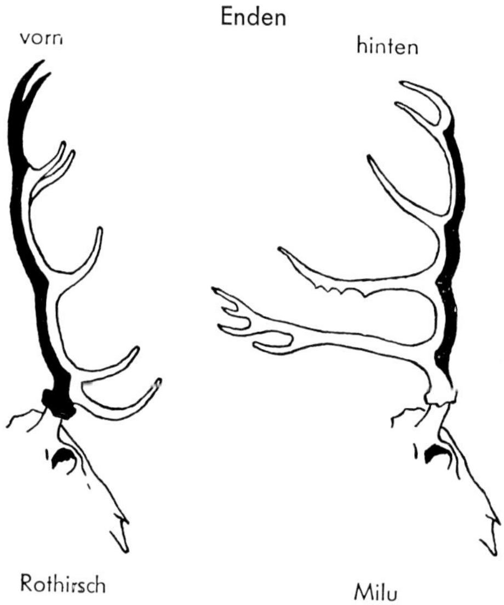

Endenbildung beim Rothirsch und Milu (Nach Beninde, verändert)

Als artspezifische Differenzierung erweist sich nun u. a. entweder die Beibehaltung dieses Leitprinzips oder seine Abwandlung in Richtung auf die Bevorzugung eines der beiden ursprunglich gleichwertigen Gabeläste, so daß die dichotome Spaltung zur monopoden wird, bei der ein Gabelast im Wuchs unterdrückt wird und dem andern gegenüber nur eine beschränkte Wachstumsenergie behält.

Cerviden, die wir entwicklungsgeschichtlich als alt ansehen müssen, sind ziemlich treu bei der ursprünglichen dichotomen Spaltung geblieben. Einen solchen Bauplan zeigen z. B. Sumpfhirsch und Maultierhirsch, bei denen die Gabeläste sich nicht in der beim Rothirsch gewohnten Weise deutlich in Stange und Enden teilen, sondern etwa gleiche Stärke und Abgangswinkel behalten. Entwicklungsgeschichtlich junge Hirscharten haben diesen Bauplan insofern differenziert bzw. aufgegeben, als entweder der vordere oder der hintere Gabelast eine bevorzugte Fähigkeit zur Weiterentwicklung und verstärktem Wuchs erhält. Auch kombinierte Lösungen kommen vor.

Beim Rothirsch dominieren die hinteren Teilungsäste und bilden die Stange, die vorderen werden vernachlässigt und damit zu Enden, die nach vorn stehen. Beim Milu (Davidshirsch) dagegen ist es umgekehrt, d. h. die Stange, d. h. die bevorzugten Teilungsäste stehen vorn, die Enden sind nach hinten gerichtet.

Die Beibehaltung und regelrechte Ausbildung völlig gleich*gerichteter* Abzweige würde aber trotz Unterdrückung des anderen Gabelastes noch kein Rothirschgeweih, sondern eine Bildung wie etwa auf Seite 71, b entstehen lassen. Nach welchen Regeln wird nun das Leitprinzip weiter so modifiziert, daß ein artspezifisches Rothirschgeweih sich formt, als Waffe zu Abwehr und Angriff geeignet, wie auch dem Aufenthalt in und der Flucht durch dichte Deckung möglichst wenig hinderlich? C. HOFFMANN hat wohl zuerst diese Regeln dargestellt.

Zunächst beugt jede Teilung infolge des gewinkelten Teilungsansatzes die Stange nach hinten, wodurch hinter jedem Ende ein Knick, der *Stangenknick,* entsteht, Seite 71, c. Danach wird die Stange durch Anlage einer jeweils zwischen den übereinander stehenden Teilungen liegenden, ausgleichenden Krümmung, der *kompensatorischen Krümmung,* wieder aufgerichtet (Seite 71, c). An der Teilungsstelle flacht sich der Kolben seitlich ab, und dadurch entsteht in der Teilungsbucht eine Art Bindelamelle, die besonders stark verknöchert und nicht nur ein Splittern der Stange erschwert, sondern auch jeden in das Geweih empfangenen Stoß in die tiefste Teilungsstelle und damit in die Stangenachse leitet.

Jedes Ende hat die Tendenz, sich mit seiner Spitze nach oben und gleichzeitig nach innen, d. h. nach der mittleren Körperebene hin, zu richten. Die Geweihstange, die mit einer von der Vertikalebene abweichenden Ausladung auf den Rosenstöcken aufsitzt, ist bestrebt, sich in ihrem oberen Teil ebenfalls zur Medianebene hinzubiegen. Hierdurch entsteht die durch Auslage und Krümmung frontal sich zeigende ovale Geweihform.

Nach diesen Grundregeln also formen sich die Stangen zum artspezifischen Rothirschgeweih, und insoweit ist der Entwicklungsmechanismus des Wachstums erblich verankert. Realisiert wird dieser genetisch festgelegte Bauplan durch den Gefäßverlauf am wachsenden Kolben, so daß auf die Darstellung dieser Beziehungen nicht verzichtet werden kann.

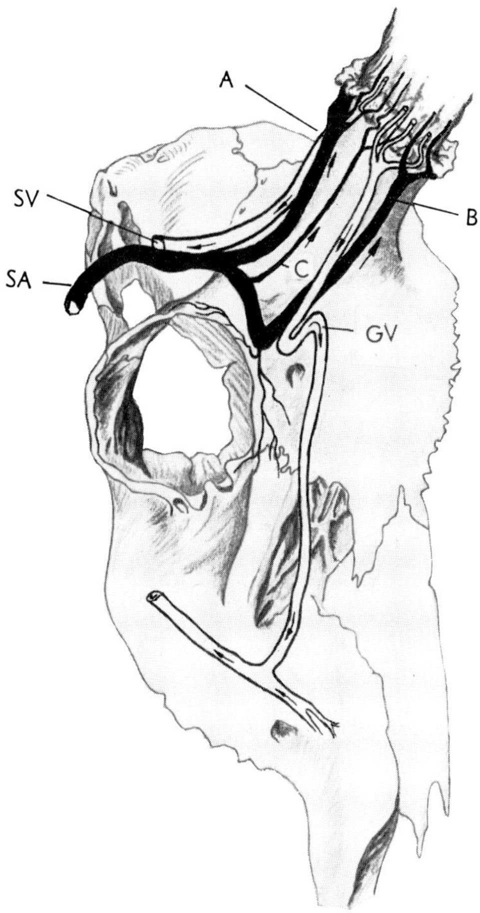

Gefäßverlauf am Rosenstock (Nach Olt)

Die Gefäße (Arterien) an der Stange nehmen ihren Ausgang vornehmlich von der Schläfenarterie SA (Abb. S. 73), die sich in drei besonders ausgeprägte, zur Rose hinaufführende Äste teilt. Der voluminöseste Stamm A führt seitlich, etwas nach hinten gelagert, zur Rose, ein etwas schwächerer B zur vorderen Rose, und zwischen beiden liegt ein kleiner Stamm. C. Diese Zweiggefäße der Schläfenarterien geben die an den Stangen aufsteigenden Blutgefäße ab, die sich den Teilungspunkten (Enden) entsprechend wieder teilen und auf ihrem Verlauf feinste Äderchen abgeben.

Die Venen ziehen parallel zu den Arterien und bringen das venöse Blut in die Schläfenvene SV sowie die Gesichtsvene GV.

Die Tatsache, daß die Hauptblutzufuhr aus der Schläfenarterie von der Außenseite erfolgt, trägt der Notwendigkeit eines verstärkten Außenwachstums der Stange Rechnung, das für die ovale, zur Medianebene sich krümmende Geweihform sorgt. So liegen die stärksten Gefäße an der Außenseite der Stange. Diese wird entsprechend mit Aufbaustoffen versorgt, wächst also mehr als die Innenseite. Man kann im allgemeinen sagen, je gradliniger und voluminöser der Gefäßverlauf ist, um so stärker muß das Wachstum an diesen Gefäßen sein. So überrascht es nicht, daß die Stange durch direkt aus den Stämmen der Schläfenarterie kommende Blutgefäße, die Enden aber nur auf ihren Unter- und Außenseiten, die zur Formgebung bevorzugt wachsen müssen, so versorgt werden. Ihre Ober- und Innenseiten werden von Zweiggefäßen ernährt, deren Kapazität wegen ihres geringen Volumens und der stark geknickten Abzweigung – sie verlaufen z. T. von oben nach unten – nur einen schwächeren Blutstrom führen können. Es sei dies nebenstehend noch in einer stark schematischen Darstellung veranschaulicht, auch wird auf die obere Abbildung auf Seite 68 verwiesen. Hier zeigt die rechts abgebildete Stange in der Furchenbildung sehr deutlich den Verlauf des geknickten, von oben kommenden Zweiggefäßes, das die Oberseite der Augsprosse ernährt.

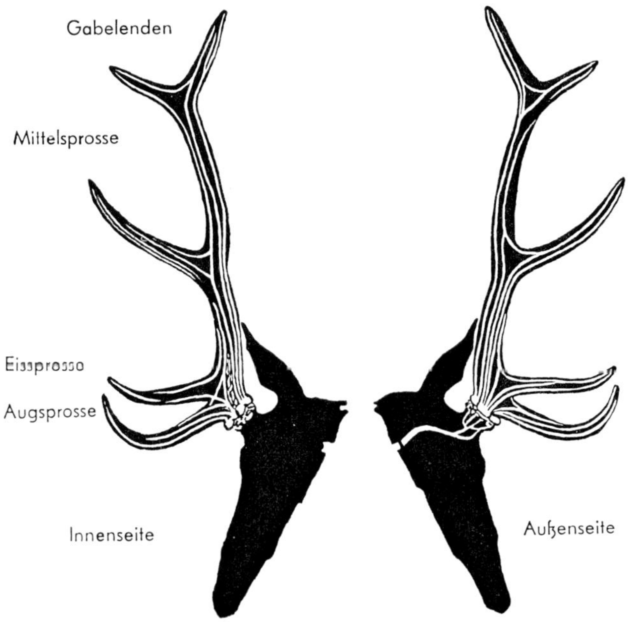

Schema des Gefäßverlaufes an den Stangen (Nach Rhumbler)

Es bedarf eigentlich keines erneuten Hinweises mehr auf die Möglichkeiten, die sich aus verstärkter Zufuhr von Aufbaustoffen in Hinblick auf die Notwendigkeit der Oberflächenvergrößerung ergeben. So bauen sich, mit zunehmendem Alter des Hirsches ebenfalls zunehmend, die einzelnen Etagen des Geweihes auf. Vom einfachen Spieß ausgehend, über die Bildung der Augsprosse am Spieß (Gabler), der Mittelsprosse am Gabler (Sechser), der Endgabel am Sechser (Achter) usw., führt diese Entwicklung bei weiterer Teilung der Endgabel zur Kronenbildung. Dabei erscheint das am Geweih höher sitzende Ende in der Regel an einer späteren Geweihstufe. Das heißt also bei Betrachtung der jährlichen Aufeinanderfolgen der Geweihstufen, daß vor der Mittelsprosse die Augsprosse, vor der Endgabel die Mittelsprosse gebildet wird. Nur die Eissprosse hält sich nicht an diese Regel; sie erscheint oft erst, nachdem an der vorangegangenen Geweihstufe die Endgabel bereits vorhanden war. Während Aug- und Mittelsprosse normal stets gebildet werden, hat die Eissprosse mehr den Charakter eines zusätzlichen Endes, das verhältnismäßig spät erscheint, häufig wieder fortgelassen wird, um unter Umständen an einer späteren Geweihstufe wieder gebildet zu werden. Viel ist über die Eissprosse und ihre Eigenarten schon geschrieben worden, aber wenig kann der Natur der Sache nach dabei bewiesen werden. Stammesgeschichtlich betrachtet scheint die Eissprosse, wie wir sahen, in der Rückbildung begriffen zu sein. In ihrer regelmäßigen Zugehörigkeit zum Geweih war sie ein Merkmal der kronenlosen Hirsche. Daraus Schlüsse für ihre heutige Beurteilung zu ziehen, scheint mir allerdings sehr gewagt zu sein. Es soll schon an dieser Stelle auf eine weitere Eigentümlichkeit dieses Endes hingewiesen werden, nämlich das häufige Fehlen des für ein „echtes" Ende charakteristischen Stangenknicks. Daran aber mit Sicherheit die Eissprosse als solche bestimmen zu wollen, erscheint nicht möglich, da, wie ich später zeigen werde, bei Geweihfolgen *eines* Hirsches die Eissprosse mit und ohne Stangenknick zu beobachten ist.

Eine weitere Eigentümlichkeit der Eissprosse muß hier erwähnt werden, nämlich die, daß wir nicht so recht wissen, woher sie diesen Namen hat. Aug- und Mittelsproß sind Enden, die nach ihrem Sitz an der Stange benannt sind. MÜLLER-USING nimmt in „Österreichs Weidwerk", Jahrgang 1955, Heft 11/12 hierzu wie folgt Stellung:

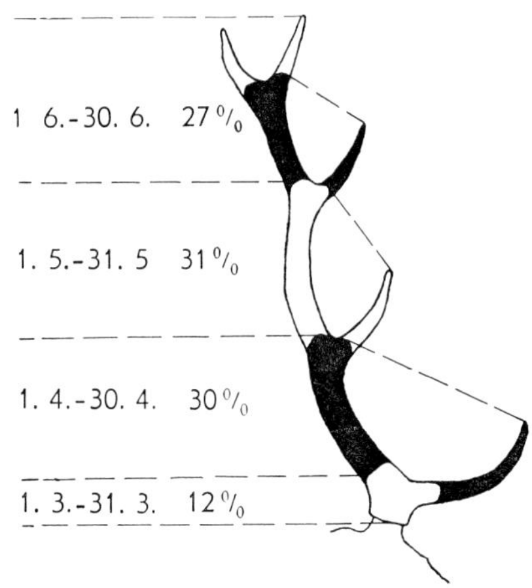

Schema des Kolbenwachstums (Nach Röhrig, verändert)

„Die Herkunft des Wortes ‚Eisspross(e)' war nicht leicht zu klären. Fest steht meiner Ansicht nach, daß mit Eissprosse (in der alten Schreibweise Eissprüsel, Eissprüßel, auch Eissprießel) ursprünglich die Augsprosse bezeichnet wurde, denn in der Wolffschen Übertragung der 1561 zu Poitiers erschienenen, berühmt gewordenen ‚Vénerie' des J. DE FOUILLOUX, die 1590 unter dem Titel ‚New Jägerbuch' zu Straßburg herauskam, wird das alte französische ‚andoillier – unser *Augsproß*' – mit Eissprüßel übersetzt. Da weiter ‚das aner Eissprüßel' (= sourandoillier) besonders genannt ist, dürfte klar sein, daß hier die Annahme einer engen Beziehung der beiden in Rede stehenden ‚Zinken', wie man damals sagte, zum Ausdruck kam. Im modernen Französisch heißt der Eissproß ‚surandouiller'.

Woher kommt nun aber das ‚Eis'? Die nächstliegende Vermutung, daß es mit dem Eise zu tun habe, wird vom Altmeister der deutschen Sprachengeschichte, JACOB GRIMM, in dem noch von ihm selbst bearbeiteten Bande seines Wörterbuches mit Recht abgelehnt, obwohl er die von mir aufgefundene, oben angeführte Buchstelle, die vorläufig als Erstbeleg des fraglichen Wortes wird gelten dürfen, nicht kannte. Der in der Regel ja schön geschwungene Augsproß für den, wie wir sahen, die Bezeichnung Eissproß ursprünglich angewandt wurde, hat ja auch mit einem Eiszapfen keine Ähnlichkeit, denn kennzeichnend für diesen ist die gerade Form. ‚Man muß lieber Entstellung aus augsprießel voraussetzen', schreibt GRIMM, und die zitierte Stelle aus WOLFF beweist wieder einmal das unheimlich treffsichere Sprachgefühl des großen Gelehrten.

Der Umlaut des ‚au' zu ‚ei' (ey) findet sich bekanntlich auch im Englischen. Hier heißt unser Ende bez-antler, auch, ähnlich der französischen Bezeichnung, sur-antler, der Augsproß brow-antler. Das Wort andouille bedeutet im heutigen Französisch bekanntlich Wurst, und so wäre die wörtliche Übersetzung recht unpoetisch – Wurstsproß."

Noch ein Blick auf den zeitlichen Ablauf des Kolbenwachstums, wobei wir selbstverständlich ein mehrstiegiges, d. h. reifes Geweih betrachten müssen. Bei einem solchen nimmt der Gesamtaufbau den Zeitraum von etwa 120 bis 130 Tagen in Anspruch, eine zusätzliche Wuchsleistung an Knochenmasse, Blutgefäßen usw., für die wir in der übrigen Tierwelt keinerlei Vergleichsmöglichkeiten haben. Unterteilt man, wie schematisch dargestellt, den Wuchszeitraum in vier monatliche Abschnitte, so zeigt sich eine recht unter-

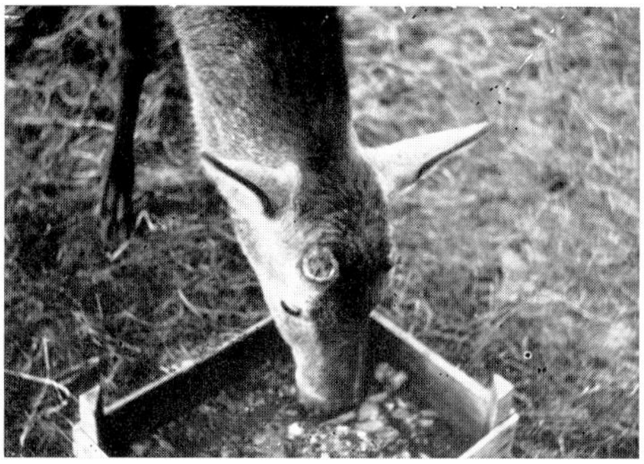

20. 3. 56

15. 4. 56

20. 5. 56

20. 6. 56

Kolbenwachstum des Hirsches
10. 7. 56

schiedliche Produktion an Geweihmasse in den einzelnen Perioden. Zunächst nimmt der Vorgang, der ohne auffälliges Längenwachstum zum Vernarben der Abwurffläche und zur Bildung von Rose und Kolbenansatz führt, eine verhältnismäßig lange Zeit in Anspruch. So bildet sich im ersten Monat nicht $^1/_4$ der Gesamtmasse, sondern nur etwa $^1/_8$, d. s. 12 %. Dann ergibt sich, daß, sobald ein Ende sich zur Spitze verjüngt und damit seinen Wuchs abzuschließen beginnt, der nun freiwerdende Blutstrom eine neue Teilung in der höher liegenden Geweihetage versorgen kann, soweit aus dem Stoffwechselüberschuß die Möglichkeiten hierfür gegeben sind. Auch hierin sehen wir wieder die engen Beziehungen zwischen Nährstoffzufuhr und Endenbildung.

Die nebenstehende Abbildung zeigt die einzelnen Stadien des Kolbenwachstums bei ein und demselben Hirsch.

Rückblickend stellen wir noch einmal fest, daß zum regelgerechten Geweihaufbau im Verlauf aufeinander folgender Geweihstufen gehören: die Augsprosse, die Mittelsprosse, die Endgabel und evtl. die Eissprosse. Damit ist die letzte kronenlose Stufe der Geweihbildung erreicht. Immer stehen normal die Enden in der Körperlängsebene.

Wie bildet sich nun die *Krone,* die das Geweih des Rothirsches so charakteristisch und in ihrer Variabilität so besonders interessant macht, und die wir als „Becherkrone" für den Idealfall zu halten uns angewöhnt haben?

Beninde sagt über die Entwicklung der Krone:

„Von der Endgabel des Achtergeweihes (1) teilt sich in den meisten Fällen (83 %) zuerst das hintere Ende (2 a und 2 b), seltener (17 %) das vordere (2 d und 2 e). Das Maß der Spaltung, d. h. die Tiefe der Teilung ist sehr verschieden. In manchen Fällen ist eine Spaltung nur andeutungsweise vorhanden, in manchen ist sie gut und kräftig durchgeführt und in manchen reicht sie bis auf den Grund der Endgabel herab. Das ist die sogen. ‚ideale Zwölferkrone' (2 c). Sie und ihre vielendige Fortbildung, die Becherkrone, sind von der Jägerei von je als die Edelkrone schlechthin angesehen worden. Die Vorstellung, daß bei der Urform des deutschen Rothirsches die Krone wie ein Strauß von Sprossen ‚aus einem Punkt' entspringen müsse, beherrscht auch heute noch die Vorstellungen. Diese überkommene Lehrmeinung ist indessen nicht mehr zu halten. Die dreifingerige Zwölferkrone stellt sich nun lediglich als ein Grenzfall der übrigen *zwei*teiligen Kronenformen heraus. Eine Gleichwertigkeit der drei Kronensprossen ist nur vorgetäuscht."

Ich bringe auf Seite 78 die geänderte schematische Darstellung nach Beninde und habe im zitierten Text die entsprechenden Bezeichnungen in Klammern eingefügt.

Damit hat Beninde eigentlich das Entscheidende gesagt. Wir müssen auch die Krone als aus der gleichgabligen Spaltung entspringend ansehen. Danach besteht sie aus zwei Teilen wie die Achtergabel, die den Grundstock für ihre Bildung abgibt, einem vorderen und einem hinteren Teil. Wenn wir nun vorhin sahen, daß beim Rothirsch dem hinteren Gabelast, von uns Stange genannt, die bevorzugte Möglichkeit zu weiterer Teilung und eine größere Wuchsenergie zukommt, so hört dies nicht etwa bei der Achtergabel auf, sondern auch ihr hinteres Ende ist mit der gleichen Fähigkeit ausgestattet. Es ist also in der Regel vorwüchsig, was Längenwachstum und Teilungsfreudigkeit anlangt. Dem entspricht auch die erwähnte Auszählung mit 83 % der Fälle für eine sich zuerst zeigende Spaltung des hinteren Gabelendes. Das bedeutet, daß wir uns an eine „auseinandergezogene Krone" gewöhnen müssen, die den Regelfall und nicht die Ausnahme darstellt. Ausgesprochene Becherkronen, entstanden aus einer besonders tiefen Spaltung einer oder beider Achtergabelenden, finden sich noch nicht zu 20 %. Im Idealfall entsprechen sie dem Schema 2 c–4 c. Im allgemeinen werden sich also die hinteren Kronenteile bevorzugt entwickeln, nur die sogen. *Doppelgabelkrone* (3 d) läßt beide Teile etwa gleich stark entstehen. Teilt sich also der vordere Teil der Achtergabel zuerst, so läßt uns das eigentlich schon auf eine geringere Teilungsfreudigkeit der hinteren Achtergabel schließen, d. h. auf eine regelwidrige Entwicklung. So zeigt sich auch in vielen Rotwildgebieten bei solchen Kronen, daß sie meist nicht mehr als drei Enden bekommen. Die stärkere Wuchsenergie des hinteren Kronenteils äußert sich häufig auch in einem entsprechenden Längenwuchs. Dann bleibt der Vorderteil der Krone tiefer an der Stange stehen, und wir erhalten eine Bildung, die als *Wolfssprosse* bezeichnet (4 a und e) und oft als nicht zur Krone gehörig angesehen wird. Handelt es sich dabei aber um diesen „sitzengebliebenen" vorderen

Kronenteil, d. h. das vordere Ende der ursprünglichen Achtergabel, so ist diese Bezeichnung natürlich ebenso falsch wie irreführend. Nachdem das Problem der Wolfssprosse nun aber in der jagdlichen Presse immer wieder diskutiert wird, möchte ich mich nicht so einfach von ihm lösen, auch wenn RAESFELD wie auch KIESSLING ihm gar keine Beachtung geschenkt haben. Aus den neueren Veröffentlichungen zitiere ich C. ABENSPERG UND TRAUN (Anblick Jg. 50/51 Nr. 5/7). Er schreibt u. a.: „Woher stammt die Bezeichnung Wolfssprosse? In der Literatur ist nicht viel darüber zu finden. Weder DIETRICH AUS DEM WINCKELL noch Forstmeister RAESFELD erwähnen sie in ihren Werken. In RIESENTHALS Lexikon finden wir folgende Definition: ‚Wolfssproß, eine zuweilen beim Wapiti gebrauchte Bezeichnung für den auf dem Mittelsproß nach oben hin folgenden Sproß, der, in der Regel ungeteilt, sich durch besondere Stärke auszeichnet. Hier und da wird der Ausdruck Wolfssproß auch wohl beim Rotwild angewendet, wo er jedoch keine Berechtigung hat. Eher würde er auf den Maral passen, wo der genannte Sproß auffallend stark entwickelt ist.‘ KAPHERR bringt in seiner Studie ‚Das Hirschgeweih‘ (Sonderdruck aus der ‚Deutschen Jägerzeitung‘ Bd. 79–81) Abbildungen über einfache und geteilte Wolfssprossen, sowohl des Rothirsches als auch des Wapitis, und meint, daß die Bildung eines langen und starken vierten Sprosses im oberen Drittel des Geweihes das Resultat natürlicher Zuchtwahl und der Auslese im Kampf ums Dasein sei. Diese Dolchsprosse sei die richtige Verteidigundgswaffe gegen wahrhaftes Raubwild, weshalb sie nach F. BLEY die Indianer ‚Wolfssproß‘ nennen.“

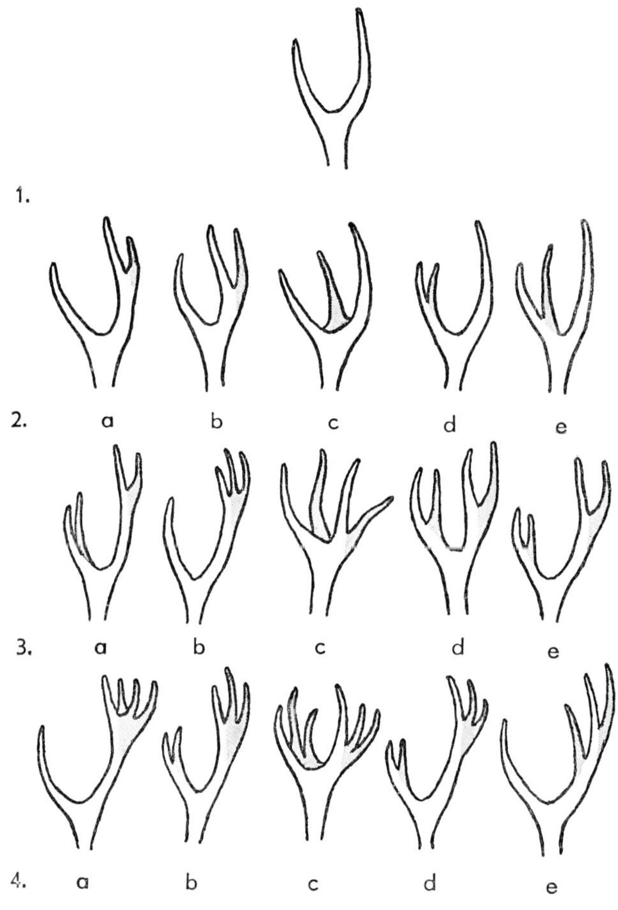

Schema der Kronenbildung (Nach Beninde, verändert)

Nun, wenn es sich bei der Wolfssprosse um eine Erfindung der Indianer handeln sollte, wäre eine Beschäftigung mit diesem Problem wohl nicht gerechtfertigt. Doch müssen wir uns damit abfinden und auseinandersetzen, daß dieser Ausdruck nun einmal Eingang in die jagdliche Ausdrucksweise gefunden hat. FREVERT sagt im „Wörterbuch der

Jägerei", Paul Parey, 4. Aufl. 1975: „Wolfssproß, ein über der Mittelsprosse, aber unter der Krone sitzendes Ende der Hirschstange. Beim Rothirsch verhältnismäßig selten, beim Wapiti und beim Maral dagegen typisch." Dankenswerterweise hat C. ABENSPERG UND TRAUN noch die Ansicht des verstorbenen H. NADLER einholen können, des Mannes, der die bekannte Bewertungsformel für Hirschgeweihe erdachte. Er sagt: „Es wäre klarzustellen, durch was unterscheidet sich die Wolfssprosse von dem untersten Kronenende, das von dem oberen Teil der Krone *abgesondert tief* sitzt und wohl den untersten Teil der Doppelkrone bilden würde, wenn es verzweigt (geteilt) wäre. Doch kann es überhaupt für die drei Begriffe zweites Mittelende, Wolfssprosse und unteres Kronenende unbestrittene, untrügliche Kennzeichen geben? Ich glaube kaum!"

Ich will im Grundsatz dieser Antwort zustimmen. Nur möchte ich nicht festgelegt wissen, daß ein Wolfssproß *immer* ungeteilt, d. h. ohne Ende sein soll. Wenn eine Endenbildung auch für die Zugehörigkeit zur Krone sprechen könnte und das auch in der Regel der Fall sein wird, so wissen wir doch, daß Mittelsprossen und gar Augsprossen noch

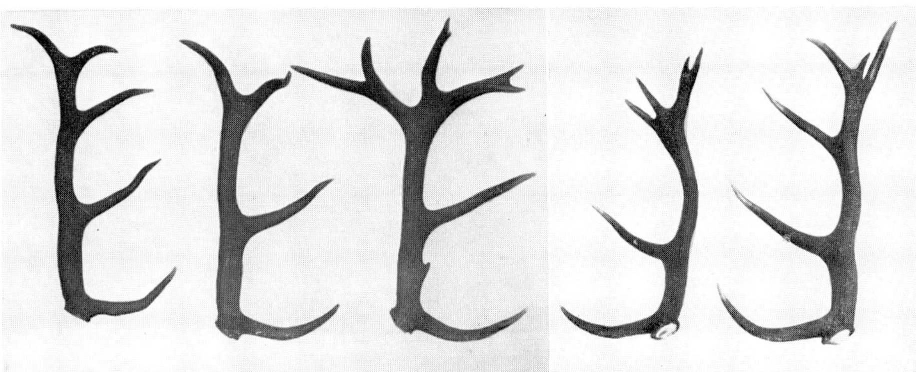

1953 54 55 1954 55
Linke Stangen Die Variabilität der Kronenform Rechte Stangen

Enden abzweigen können. Deswegen bleiben sie doch, was sie sind. Das gleiche müßte für die Wolfssprosse gelten, die als solche nur benannt werden sollte, wenn tatsächlich *zwischen* Mittelsproß und *Krone* ein zusätzliches Ende entstanden ist. Ob und inwieweit eine solche Bildung stammesgeschichtlich von Bedeutung ist, dürfte noch nicht geklärt sein.

Im übrigen dürfen wir nicht vergessen, wie außerordentlich variabel das Hirschgeweih ist. Gerade der Kronenteil zeigt das ganz besonders deutlich. Während die unteren Enden, insbesondere Aug- und Mittelsproß, bei aufeinanderfolgenden Geweihstufen desselben Hirsches in verhältnismäßig uniformer Ausbildung erscheinen, ist die Krone bei weitem variabler und wesentlich mehr ein luxurierendes Produkt des bei ihrer Anlage noch zur Verfügung stehenden Stoffwechselüberschusses, auf den sie ganz besonders ausdrucksvoll zu reagieren pflegt. So hat sich eine ganze Reihe von Bezeichnungen eingebürgert, die den Typ der Kronenform charakterisieren sollen. Von der *Becherkrone* hörten wir schon, sie ist schematisch unter 2 c–4 c dargestellt, ebenso von der Doppelgabelkrone (3 d). Weitere Bezeichnungen kennen wir in der *Handkrone* oder *Fingerkrone* (4 e). Sie können uns nicht viel sagen, insbesondere dann nicht, wenn wir wissen, daß häufig alle diese Formen von ein und demselben Hirsch im Wechsel seiner Geweihstufen getragen werden, wobei sie völlig ohne Regel von der rechten zur linken Stange und umgekehrt zu wechseln vermögen. Selbstverständlich gibt es auch Hirsche, deren Geweihe jedes Jahr wieder den gleichen Kronenaufbau zeigen. Beide Fälle können an ungezählten Abwurfreihen demonstriert werden. Ich möchte hier nur fünf Abwurfstangen ein und desselben Hirsches zeigen, die in diesem Zusammenhang besonders aufschlußreich sind. Es sind dies drei linke Stangen der Jahrgänge 1953, 54 und 55, zwei rechte Stangen der Jahrgänge 1954 und 1955. Rechte Stangen: 1954 geschlossene Krone, 1955 „vermeintliche Wolfssprosse“ mit Krone. Es ist wohl eindeutig, daß die Wolfssprosse hier als das untere Kronenende anzusprechen ist. Linke Stangen: 1953 „Kronen- oder Wolfssprossenzehner“, 1954 Achter, 1955 18-Ender mit breit ausladender Fächerkrone, 1953 trägt der Hirsch die auseinandergezogene Krone links, 1955 rechts.

Bemerkenswert ist noch, daß mit der Kronenbildung das Prinzip der Endenanordnung in der Medianebene aufgegeben wird. Die Kronenenden halten sich nicht mehr an diesen Bauplan, und schon das erste Ende der Zwölferkrone steht in der Regel quer zur Körperachse.

Auf alle diese Dinge kommen wir im Abschnitt „Hege mit der Büchse“ noch zurück, wenn es sich darum handelt darzustellen, welche Möglichkeiten sich aus dem unterschiedlichen Geweihaufbau im Hinblick auf eine vorzunehmende Auslese ergeben.

Geweihstufen

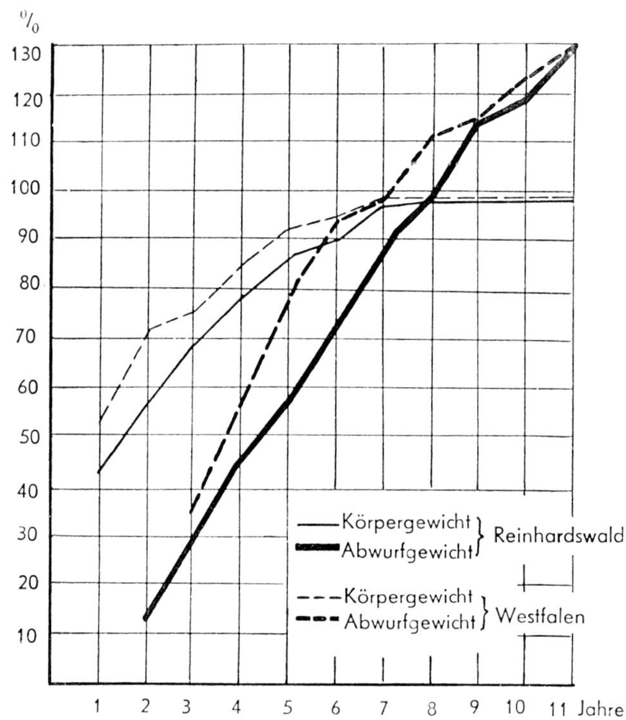

Das Verhältnis von Körper- und Geweihentwicklung von Rotwild in nordwestdeutschen Revieren (Nach Dauster, 1939)

Wir haben Formgebung und Endenbildung des Geweihes auf ihren Bauplan insoweit untersucht, wie es für den praktischen Jäger notwendig ist. Dabei wurde eine ausgereifte Geweihstufe betrachtet, um nun die Aufeinanderfolge der jährlichen Geweihstufen im Lebenszyklus zur Darstellung zu bringen. Dabei interessieren uns zunächst die grundsätzlichen Beziehungen, die zwischen Alter und Geweihbildung bestehen. Wenn wir das Geweih als in Abhängigkeit vom Stoffwechselüberschuß stehend kennengelernt haben, so kann die Tatsache der jährlichen Massenzunahme mit steigendem Alter nicht überraschen. In der Jugend baut der Hirsch seinen Körper, insbesondere aber sein Knochengerüst, bis zum Zeitpunkt des Ausgewachsenseins auf, benötigt daher die Aufbaustoffe größtenteils hierzu.

Je mehr der Körper noch verlangt, je weniger kann dem Geweih gegeben werden. Das ist auch ein Grund dafür, daß der unentwickelte Hirsch nur ein ebensolches Geweih zu schieben imstande ist.

Dauster hat über das Verhältnis von Körper- und Geweihentwicklung in zwei Rotwildvorkommen Untersuchungen angestellt, deren Ergebnisse hier graphisch gebracht werden sollen, zumal sie charakteristisch für den Rothirsch überhaupt sind.

Wir finden also die ständige Zunahme des Geweihgewichtes während des Altersfortschritts bestätigt. Sie hält auch über den Zeitpunkt hinaus an, in dem der Hirsch als ausgewachsen angesehen werden muß. Das ist eine auffällige Erscheinung, für die es bislang an eindeutigen Erklärungen fehlt. Der Rückgang der Geweihentwicklung setzt etwa mit dem 14. bis 16. Jahre ein, dann nämlich, wenn das Gebiß soweit abgenutzt ist, daß eine volle Verwertung der aufgenommenen Äsung nicht mehr gewährleistet ist. Der Hirsch hat damit auch einen veränderten Knochenstoffwechsel, der sich entsprechend auf die Geweihbildung auswirkt. Nicht nur die Geweihmasse geht zurück, sondern auch die Endenzahl. Bis zum Zurücksetzen nimmt das Geweih in der Regel an Länge, Stärke und Endenzahl zu, wobei sich gegenüber der Jugendform recht erhebliche Altersmerkmale ausprägen. Die Auslage wird größer, Furchen und Rillen treten mehr in Erscheinung, die Enden werden härter und spitzer, die Rose gewinnt an markanter Ausbildung.

Schematisch dargestellt verläuft die Entwicklungsreihe etwa so, wie wir sie hier zeigen. Doch kann sie je nach Konstitution und Kondition des Individuums wie nach Güte des Standortes ganz außerordentlich stark modifiziert werden. Das gilt auch für die nachstehende Schilderung der normalen, regelgerechten Geweihentwicklung.

Ich will aber an dieser Stelle wiederholen, daß u. U. an ausreichendem Unterkiefermaterial aus meiner Rotwildmarkierung im Harz eine Überprüfung des Kulminationsalters notwendig werden kann.

Entwicklung der Geweihes, schematisch

Erste Geweihstufe, erster Kopf

Im Alter von acht Monaten beginnt beim Hirschkalb die Weiterentwicklung der Rosenstockanlagen, indem auf dem Stirnbein eine sichtbare Schwellung entsteht. Das ist in der freien Wildbahn wohl der früheste Zeitpunkt, der sich individuell, wie auch für örtliche Verhältnisse, bis zum Ende des zehnten Monats ausdehnen kann. So werden sich bei Ende Januar im gleichen Revier erlegten Hirschkälbern durchaus noch glatte Schädel ohne erkennbaren Ansatz zum Rosenstock finden, wie auch schon Erhebungen auf dem Stirnbein festzustellen sind. Um die Wende Mai/Juni sind in der Regel beim Hirschkalb des Vorjahres die wachsenden Rosenstöcke äußerlich sichtbar zu erkennen, aus denen im Laufe des Sommers die ersten Spieße herauswachsen, die in den Monaten September/Oktober, aber auch erst im November, gefegt werden. Das ist die Zeit, in der man gelegentlich frische Fegestellen findet, zu hoch für den Rehbock – abgesehen von der Jahreszeit – und an zu schwachen Stämmchen, um ältere Hirsche hierfür verantwortlich machen zu können. Das Abwerfen erfolgt etwa 4 bis 6 Wochen später als bei den geringen Hirschen, erstreckt sich also bis in den Mai/Juni des nächsten Jahres.

Diese Zeiten des ersten Aufsetzens, Fegens und Abwerfens sind durchaus nicht feststehend. Gerade für die erste Geweihstufe ist das charakteristisch. So kann man nach harten Wintern Hirschkälber des Vorjahres beobachten, die Ende Juni äußerlich noch nicht die leiseste Andeutung eines Rosenstockes zeigen. Sie haben dann oft nicht einmal völlig verfärbt. Der schlechte Allgemeinzustand wirkt sich auf die Geweihbildung aus. Es ist nicht unwahrscheinlich, daß aus dieser Verschiedenheit im zeitlichen Auftreten der ersten Geweihstufe die frühere Annahme zweier Spießerstufen, des Knopfspießers und des Schmalspießers (Altum) herrührt.

Die erste Geweihstufe, die wir den „ersten Kopf" nennen, umfaßt Spieße von starker Entwicklung (40 cm und darüber) und bei allen Zwischenstufen solche, die nur ganz kurze Stummel darstellen. In seltenen Ausnahmefällen zeigt wohl auch der Hirsch vom ersten Kopf angedeutete, kurze Enden, die dann meist am Stangenende, also nur sehr selten als Augsprosse erscheinen, und als Zeichen eines besonders guten Allgemeinzustandes, vielleicht auch besonders guter Veranlagung zu deuten sind. Einige wenige Fälle von Kronenspießern, also erste Geweihstufe mit drei Enden an der Spitze, sind bekannt.

Gute Veranlagung, günstiger Winter mit guter Äsung wie ein guter Biotop überhaupt wirken naturgemäß fördernd, während das Gegenteil und Erkrankungen, Schmarotzer und dergl. die Entwicklung hemmen.

Die besonders schlechten Spießer mit nur Stummeln auf dem Haupte haben mancherorts die Bezeichnung *Knotenspießer*. Im übrigen führen derartige Benennungen leicht zu Unklarheiten. *Schmalspießer* oder *Spießer vom ersten Kopf* dürfte die klarste Bezeichnung sein.

Charakteristisch für längere Spieße ist es, daß sie in der Regel noch wenig Geweihform haben, also meist ohne Auslage gerade hochstehen und ebenso, daß die Spitzen häufig stumpf und unfertig, *faul*, sind. Solche faulen, brandigen Enden sind normal und keineswegs bei dieser Altersstufe als Fehler anzusehen. Ebenso typisch ist das Fehlen einer ausgesprochenen Rose.

Zweite Geweihstufe, zweiter Kopf

Wenn diese Geweihstufe oft auch als *Gablerstufe* bezeichnet wird, so ist damit keineswegs gesagt, es trüge der Hirsch vom zweiten Kopf nun regelmäßig nur ein Gablergeweih. Das ist nicht der Fall, doch ist in vielen Rotwildgebieten der Gabler eine nicht seltene Form für den zweiten Kopf, woraus diese Bezeichnung zu verstehen ist.

Dem Spießer der ersten Geweihstufe folgt selten ein wenig stärkerer *Spießer vom zweiten Kopf,* öfter finden wir den *Gabler,* in der Regel aber den *Sechser,* auch schon den Achter und in besonders günstig gelagerten Fällen den Zehner. Diese unterschiedliche Entwicklung hat die gleichen Ursachen, die schon beim ersten Kopf eine mehr oder weniger gute Geweihbildung bedingten.

In dieser zweiten Stufe tritt erstmalig die *Augsprosse* auf, in der Regel etwas hoch angesetzt, meist von geringer Länge, oft noch ohne jeden Schwung und im spitzen Winkel zur Stange stehend. Es ist aber nicht selten, daß bei fehlender Augsprosse am oberen Geweihteil ein Ende, wohl eine zu hoch angesetzte Mittelsprosse, sich bildet. Da es sich hierbei nicht um den normalen, durch Augsprosse und Stangenende gekennzeichneten

Gabler handelt, sollte man ihn auch nicht so nennen. In verschiedenen Gegenden finden wir ihn unter der Bezeichnung „Hochgabler", womit er recht charakteristisch definiert ist.

Auch die *Rose* erscheint erstmalig, noch in wenig markanter Form, aber doch deutlich als solche zu erkennen. Sie kann beim Spießer geradezu als Kriterium des zweiten Kopfes angesehen werden (bei Abwurfstangen z. B.), doch bestimmt sich diese Geweihstufe am erlegten Hirsch natürlich sicherer nach der Zahnentwicklung, zumindest während der Jagdzeit. Ist nämlich der sechste Backenzahn (M 3) schon in der Zahnreihe sichtbar, so gehört das Geweih der zweiten Stufe an (vgl. Tabelle auf Seite 43).

Auch eine in Andeutung beginnende *Stangenkrümmung* kennzeichnet das Geweih vom zweiten Kopf, das immer noch mit faulen Enden behaftet sein kann.

Tritt erstmalig die *Mittelsprosse* auf und läßt den Sechser entstehen, so ist sie häufig nur einseitig, kurz und an der Stange steil heraufstehend. Auch ihr fehlt in der Regel noch jeder Schwung.

Über diese Geweihstufe ist früher viel gestritten worden. Blasius bezeichnet sie als die Sechserstufe, auch Cogho wollte die Gablerform, die als Grundform dieser Stufe anzusehen ist, nicht als selbständige Geweihstufe anerkennen. Die Forscher wiesen auf die Seltenheit ihres Vorkommens (?) hin und wollten daraus für sie den Charakter einer zufälligen Erscheinung herleiten. Indes darf nicht übersehen werden, daß die Gablerform zum ersten Male das Erscheinen einer neuen Bildung, der Augsprosse, bringt, und daß damit etwas grundsätzlich Neues auftritt, das der vorhergehenden Stufe fremd war. Außerdem erscheint die größere oder geringere Häufigkeit des Vorkommens der Gablerbildung als kein hinreichender Grund, ihre Gesetzmäßigkeit anzuzweifeln. Auch möchte ich meinen, daß man seinerzeit dem Gabler wohl wenig Interesse entgegenbrachte, da seine Abschußwürdigkeit sicher nicht bekannt war. Zwar gibt es nicht wenig Wildbahnen, in denen die Gablerstufe selten ist, kaum eine aber wohl, in der sie ganz fehlt, es sei denn, es handelt sich um besonders raschwüchsige Rotwildschläge auf guten Standorten.

Im Harz befanden sich z. B. in einem vierjährigen Beobachtungszeitraum (je zwei aufeinanderfolgende Jahre unmittelbar vor und nach dem zweiten Weltkrieg) bei 375 erlegten Hirschen vom 2. Kopf:

21 % Spießer, 42 % Gabler, 32 % Sechser und 5 % Achter.

Wenn diese aus dem erfolgten Abschuß ermittelten Anteile wegen ihrer Abhängigkeit von der Art der Abschußdurchführung auch kaum die Beteiligung dieser Entwicklungsstufen im Gesamtvorkommen angeben können, so zeigen sie doch die damalige Häufigkeit der Spießer- und insbesondere der Gablerstufe in diesem Alter und in diesem Biotop.

In späteren, aus einem dreijährigen Beobachtungszeitraum (1970–1972) vorgenommenen gleichartigen Auszählungen fanden sich im Westharz bei 271 erlegten Hirschen vom 2. Kopf:

9 % Spießer, 24 % Gabler, 55 % Sechser und 11 % Achter.

Ich wiederhole die oben gemachte Einschränkung hinsichtlich der Repräsentanz dieser Zahlen, kann aber feststellen, daß Spießer und Gabler vom 2. Kopf noch durchaus vorkommen, wenn auch in wesentlich geringerer Zahl.

Die von Prof. Dr. Wagenknecht im „Nieders. Jäger" Nr. 18/1975 für die DDR aufgestellte Behauptung, „Spießer vom 2. Kopf gäbe es praktisch nicht, Gabler nur selten", halte ich daher zumindest für anzweifelbar.

Dritte Geweihstufe, dritter Kopf

Häufig kommt in ihr die Sechserform vor, nach der sie auch die *Sechserstufe* genannt wird. Wie bei der vorhergehenden Stufe ist damit nicht gesagt, daß nicht auch andere Formen, vom Spießer und Gabler über den *Sechser* zum *Achter,* Zehner, Zwölfer und mehr in ihr auftreten.

Wiederholen wir die bei der zweiten Geweihstufe für den Harz vorgenommenen Auszählungen mit der gleichen Einschränkung hinsichtlich der Bewertung, so nahmen bei der ersten Auszählung an 265 erlegten Hirschen des dritten Kopfes teil:

6 % Spießer, 19 % Gabler, 50 % Sechser, 23 % Achter und 2 % Zehner.

Die zweite Auszählung an 103 Hirschen des dritten Kopfes ergab:

2 % Spießer, 8 % Gabler, 63 % Sechser, 22 % Achter und 5 % Zehner.

Immer noch kommen hier also Spießer und Gabler vor.

Die Augsprosse hat sich nun nach der Rose zu verlagert, ohne sie jedoch immer ganz im Ansatz zu erreichen. Ihr spitzer Winkel zur Stange ist zwar größer geworden, aber noch erhalten geblieben. Sie ist länger und hat schon einen Schwung nach oben. Normalerweise wenig über der halben Stangenlänge zeigt sich an der Rück- und Innenseite der Stangenknick, dem gegenüber die Mittelsprosse entspringt, die meist noch etwas steil an der Stange steht.

Auch bei dieser Geweihstufe sind faule Enden keine Seltenheit und deuten wie bei den vorhergehenden Stufen auf besondere Wuchsenergie hin, die bis zum Zeitpunkt des Fegens nicht vollkommen realisiert werden konnte. Besonders wenn sich hier schon eine Achtergabel zeigt, findet man oft an ihr stumpfe, wenig blanke Endenspitzen.

Vierte Geweihstufe, vierter Kopf

In dieser Stufe gabelt sich in der Regel das Stangenende in der Weise, daß wie bei der Mittelsprosse ein weiteres Ende nach vorn abzweigt. So sollte es jedenfalls nach dem geschilderten artspezifischen Bauplan des Geweihes sein. Es finden sich aber alle Übergänge des Abweichens der Gabelstellung von der Medianebene, beginnend mit einer leichten Schrägstellung bis zur völligen Querlage, das heißt im rechten Winkel zur Körperlängsebene stehend. So entsteht als typische Form dieser Geweihstufe der gerade *Achter.*

Die Rose wird merklich stärker und tritt schärfer hervor. Die Augsprosse rückt zu ihr herunter und winkelt sich stärker von der Stange ab. Sie erhält mehr Schwung nach oben, was auch für die Mittelsprosse gilt. Die Stangen haben an Länge und Umfang zugenommen; in der Regel werden nun auch die Spitzen der Enden fertig ausgebildet, doch kommen immer noch stumpfe Enden vor. Das Schwergewicht der Geweihmasse soll möglichst über der Mittelsprosse liegen.

Selbstverständlich treten auch bei dieser Geweihstufe außer dem für sie typischen Achter vorhergehende oder spätere Formen auf. Die Vielfältigkeit der Entwicklungsmöglichkeit ist in diesem Alter bereits recht erheblich.

Es ist durchaus möglich, wenn auch nicht allzu häufig, daß bereits in dieser Altersstufe die *Eissprosse* erscheint, sei es zusätzlich zur Endgabel, sei es ohne diese (Eissprossenachter). Es wurde schon auf ihre Sonderstellung hingewiesen, die sie nicht an der normalen, von unten nach oben schreitenden Folge der Endenneubildung teilnehmen läßt.

Fünfte Geweihstufe, fünfter Kopf

Von hier an, der Hirsch hat nun sein fünftes Lebensjahr vollendet, lassen sich keine Regeln für eine typische Entwicklung dieser Geweihstufe mehr aufstellen; es sei denn, man fordert eine Mindestleistung an Masse und Enden. Das gehört aber nicht hierher, sondern sei späterer Behandlung vorbehalten.

Eissprosse und *Krone*, letztere oft noch mit stumpfen Enden, gehören bei guter Entwicklung sicher zum Geweih vom 5. Kopf. Dabei können beide nur einseitig auftreten. Der Hirsch ist in dem Alter, in dem er etwa ausgewachsen ist. Das zeigt sich oft in einer sprunghaften Weiterentwicklung zur 6. und den weiteren Geweihstufen.

Wir haben diese Altersstufe noch gesondert aufgeführt, weil man der Gruppe 2.–5. *Kopf* für den jagdlichen Sprachgebrauch eine einheitliche Bezeichnung geben sollte. Es handelt sich hierbei um *junge Hirsche,* die weder körperlich voll ausgewachsen sind, noch hinsichtlich der Veranlagung irgend etwas Endgültiges mit Bestimmtheit auszusagen vermögen. Immer noch stellen sich die Geweihe als Jugendformen dar, die meist ihre Veranlagung nicht voll zu realisieren vermochten, da der Körperaufbau noch erhebliche Anforderungen an den Stoffwechselumsatz stellte.

Sechste bis neunte Geweihstufe, sechster bis neunter Kopf

Wir fassen diese Gruppe als die der *mittelalten Hirsche* zusammen, womit auch zum Ausdruck kommen soll, daß alle Versuche, für die einzelnen Geweihstufen typische Entwicklungsformen zu bestimmen, vergebens und ergebnislos sein müssen. Der Hirsch ist nun ausgewachsen und *kann sich* gegen Ende dieser Altersspanne *seiner Reifeform nähern.* Leider nimmt die jagdliche Praxis diese biologische Gegebenheit oft nicht gern zur Kenntnis, und häufig wird von einem alten, reifen Hirsch gesprochen, wenn ein etwa achtjähriger auf der Decke liegt.

Je nach Veranlagung, Schnell- oder Langsamwüchsigkeit, je nach Standort und individueller körperlicher Verfassung entwickelt sich das Geweih. Alle Entwicklungsformen bis zum Achter einschließlich sollten in dieser Altersgruppe Ausnahmefälle, die selbstverständlich immer vorkommen werden, sein. Doppelseitige Kronenhirsche, möglichst mit Eissprossen, müssen das Hauptkontingent stellen. Die Geweihe zeigen äußerlich schon einen gewissen Grad der Reife, starke, bis oben hin ausgeglichene Stangen, lang geschwungene, im guten Ansatz zur Stange (Ansatzpunkt und Ansatzwinkel) stehende, gut vereckte Enden sowie gute Auslage kennzeichnen diese dem Höhepunkt zustrebenden Geweihe. Häufig sind Enden nur durch sogenannte „Markierleisten“ angedeutet, sei es, daß hier an der vorjährigen Stange ein Ende gebildet war, sei es aber auch, daß hier an der nächstjährigen Stange ein solches gebildet werden soll. Beides kann möglich sein, doch liegt darin keine sehr feste Regel.

Zehnte bis vierzehnte Geweihstufe, zehnter bis vierzehnter Kopf

Diese Altersgruppe umfaßt die *alten Hirsche,* die reifen Hirsche, die in Körper- und Geweihentwicklung den Höhepunkt etwa mit dem 12. Kopf erreichen. Die Vorwärtsentwicklung des Geweihgewichtes, oft auch schon die der Endenzahl wird merklich geringer, und die Geweihmasse verlagert sich mehr nach unten in die Stangenbasis.

Normale Entwicklung vorausgesetzt, wird das Geweihgewicht, Ausdruck der Gesamtmasse, beim alten, reifen Hirsch nicht unter 4 % des Körpergewichtes (aufgebrochen) ausmachen.

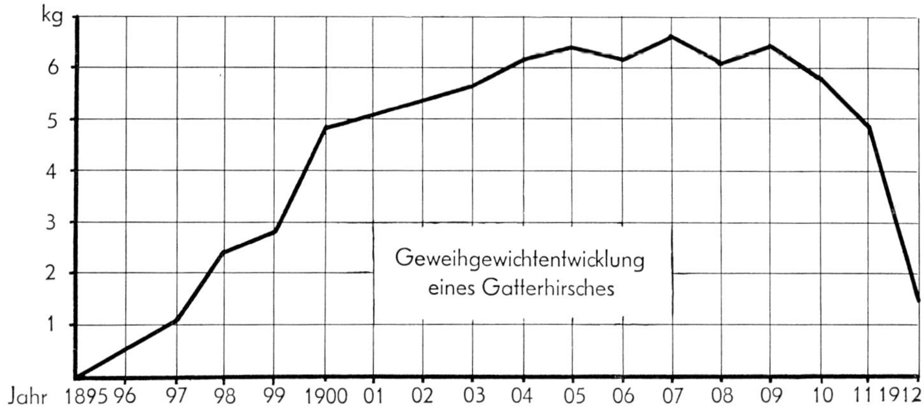

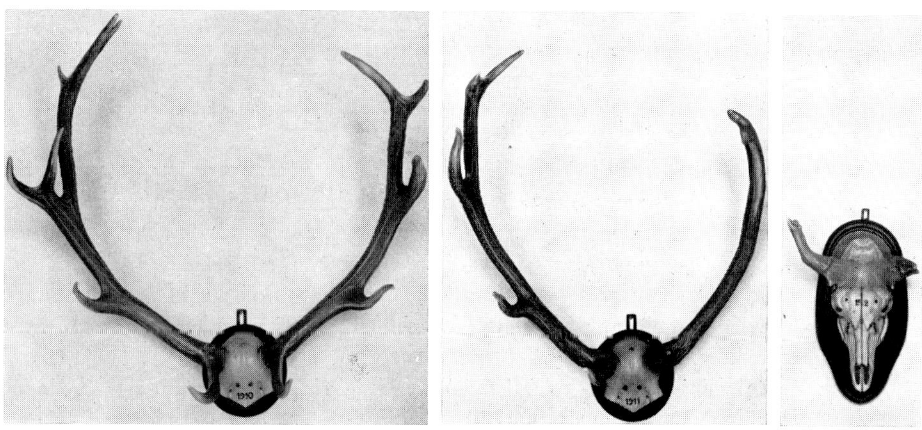

Das Zurücksetzen

Spätestens vom *fünfzehnten Kopf* an muß man mit den ersten Alterserscheinungen, die den Rückgang der Geweihentwicklung einleiten, rechnen. Auch hierbei gibt es selbstverständlich individuelle Unterschiede. Das *Zurücksetzen,* wie wir es nennen, tritt in der Regel recht plötzlich und markant ein, hat also dem vorhergehenden Kopf gegenüber von einem Jahr zum andern ein starkes Abfallen des Geweihgewichtes und der Endenzahl zur Folge, wobei sich die Enden meist stark verschieben. Bleibt einmal bei einem reifen Hirsch ein Ende gegenüber dem Vorjahr aus, so hat das meist noch gar nichts mit dem wirklichen Zurücksetzen zu tun, das ein bald bevorstehendes natürliches Ende des Hirsches ankündigt. So sind auch in der Regel die sogenannten „Schadhirsche oder Mörder“, deren Geweihe trotz höheren Alters nur die Gabler- oder Sechserform zeigen, keine wirklich zurückgesetzten Hirsche. Hat ein Geweih erst einmal eine solche Deformation aus Altersgründen angenommen, so ist sein Träger körperlich gewiß nur sehr selten in der Lage, die Rolle eines „Mörders“ zu spielen. Meist handelt es sich bei diesen Hirschen um solche, die trotz der Vollkraft der Jahre aus Gründen ihrer Veranlagung nicht über diese Geweihformen hinausgekommen sind.

Von einem Gatterhirsch (Molkenhaus/Harz) zeige ich die letzten drei Geweihe vom 16. bis 18. Kopf, die den Vorgang des Zurücksetzens gut demonstrieren. Die graphische

Darstellung umfaßt die Geweihentwicklung desselben Hirsches während des gesamten Lebenslaufes nach dem Geweihgewicht (Seite 86).

Soviel über die normale, regelrechte Entwicklung des Hirschgeweihes.

Geweihmißbildungen

Geweihabnormitäten der Cerviden, insbesondere vom Rothirsch und Reh, galten in früherer Zeit als besondere Raritäten, und ihre Erbeutung war für den Jäger gegenüber der normalen Trophäe von übergeordnetem Wert. So erklärt sich auch in allen bedeutenden Geweihsammlungen der hohe Anteil solcher widersinnigen Geweihe (z. B. Moritzburg, Erbach, Graf v. Arco-Zinnebergsche Sammlung). Dem damaligen Formempfinden entsprechend bewertete man das Bizarre, Außergewöhnliche wesentlich höher, als das heute der Fall ist. Dennoch ist der Jäger auch heute noch nicht frei von dieser Einstellung, doch dürfte sich das Interesse an einer solchen Abnormität jetzt mehr auf das Biologische erstrecken. So finden wir auch leider aus früherer Zeit selbst bei außergewöhnlichen Mißbildungen selten den Versuch einer Deutung der Ursachen. Noch heute gelingt die Aufklärung der Zusammenhänge, die zu einer Geweihmißbildung führten, nur verhältnismäßig selten, weil entsprechend sorgfältige Untersuchungen des erlegten Stückes meist nicht vorgenommen werden. Das ist bedauerlich, denn für manche physiologisch-morphologische Frage der Geweihbildung, die noch zu klären wäre, könnte eine Anomalie wichtige Hinweise geben.

Soweit wir die Ursachen kennen oder zu kennen glauben, lassen sich die Regelwidrigkeiten der Geweihbildung in folgende Gruppen unterteilen:

Mechanische Verletzungen der Stangen, Enden, Rosenstöcke oder des Schädels.

Verletzungen des Wildkörpers, insbesondere des Knochengerüstes.

Störungen des Stoffwechsels und Krankheit.

Hormonale Störungen.

Mechanische Verletzungen

Nachdem das Geweih infolge seiner exponierten, freien Stellung auf dem Haupte allerlei Einwirkungen von außen her besonders zugänglich ist, kann es nicht überraschen, wenn mechanische Verletzungen verhältnismäßig häufig vorkommen.

Erfolgen sie am wachsenden oder fertigen Geweih oberhalb des Rosenstocks, also an Stangen und Enden, so handelt es sich um einfache Deformationen, die mit dem Abwurf wieder beseitigt sind. Daran sollte man immer denken, wenn man die Mißbildung als Folge einer solchen Verletzung erkennen kann. Wenn der Bruch bzw. die Verletzung einer Kolbenstange oder eines Endes regelrecht verheilt, so zeigt die Bruchstelle, abgesehen vom Knick, meist keine weitere Unregelmäßigkeit. Reißen jedoch Bast und Knochenhaut so ein, daß es zu Entzündungs- und Eiterungsvorgängen kommt, können starke Auftreibungen und Deformationen die Folge sein. Diese behalten nach erfolgter Ausheilung ihre Form bei. Man spricht dann von *Blasen,* von *Blasengeweihen.* Die außerordentliche Vorsicht, die der Hirsch zur Kolbenzeit an den Tag legt, bringt es mit sich, daß Brüche und Verletzungen am Bastgeweih seltener sind als bei reifen Geweihen. Doch kommt es vor, und ich habe schon beobachtet, daß Kolbenhirsche sich bei Kämpfen mit den Vorderläufen Verletzungen am Geweih beibrachten.

Während der Brunftkämpfe entstehen häufig Stangen- und Endenbrüche und Brüche des Rosenstockes, die sich auf den Schädel erstrecken können. Letzteres hat dann in der Regel dauernde Mißbildungen des Geweihes zur Folge. Es hat den Anschein, als ob linksseitige Verletzungen häufiger sind als rechtsseitige.

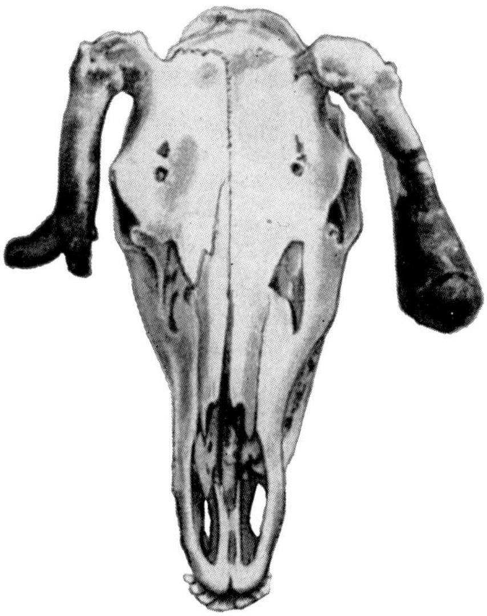

Pendelstange

Eine besonders auffallende Verletzung ist der *Rosenstockbruch*. Entweder wird der Stirnzapfen angebrochen und dabei aus der Richtung gebracht oder so durchgebrochen, daß der obere Teil vom unteren getrennt wird. Im ersten Fall bleibt der Rosenstock nach Ausheilen der Bruchstelle so stehen, wie ihn der Bruch gestellt hat. Es wachsen dann auf ihm Stangen, die hinsichtlich Form und Endenbildung mehr oder weniger regelwidrig sind. Meist bleibt die Stange des beschädigten Rosenstockes schwächer, richtet sich aber in der Regel doch noch nach oben, auch wenn der angebrochene Stirnzapfen eine ganz andere Richtung eingenommen hat. Die Stange wird selbstverständlich abgeworfen und durch eine wiederum abnorme ersetzt. Der Hirsch behält diese Mißbildung also dauernd.

Ist der Rosenstock völlig durchgebrochen, so kann die Stange mit dem abgebrochenen Rosenstockteil sofort verlorengehen, oder aber sie bleibt an der Decke hängen. Beim fertigen Geweih ist ersteres die Regel, da schon das Eigengewicht der Stange genügt, um sie völlig abzureißen. Beim wachsenden Geweih bleibt sie aber doch häufiger durch die Decke am Haupte hängen; es entsteht dann, wenn der Rosenstock nicht wieder aneinanderheilt, die *Pendelstange*. Dabei ist es durchaus möglich, daß noch erhaltene Blutgefäße eine weitere Ernährung des Kolbens vornehmen, der dann meist keulenförmig ausgebildet wird. Auch kommt es vor, daß sich am Drehpunkt unechte Gelenke bilden.

Meist werden diese Pendelstangen nicht gefegt und nur bis zum nächsten Abwurf getragen. Dann wächst sich der Bruch wieder aus, und es entstehen die Bildungen des oben beschriebenen Rosenstockbruches.

Völlig herausgebrochene Rosenstöcke werden oft wieder regeneriert, wie es auf Seite 69 schon beschrieben wurde, oder es bilden sich Stangen ohne nennenswerten Rosenstock direkt aus dem Stirnbeinknochen.

Verletzungen des oder der Rosenstöcke, die nicht zum Bruch führten, haben häufig die Bildung zusätzlicher Enden, ja ganzer, wenn auch schwächerer Stangen zur Folge. Die den Jäger so interessierenden *Mehrstangengeweihe* finden hierin oft ihre Erklärung. Die Knochenhaut zeigt an Stirnbein und Rosenstöcken die Neigung, auf Verletzungen mit Knochenwucherungen zu reagieren. Dieses können aus kleinen Anfängen geweihartige Stangen bilden. Steht die Nebenstange weit unter der Hauptstange, so bleibt sie meist selbständig, wird gefegt, abgeworfen und erneuert. Steht sie nahe dabei oder wächst sie in ihre Richtung, so bildet sich nicht selten eine Brücke, so daß die Wucherung an der Basis oder auch weiter oben mit der Hauptstange verwächst. Auch mehr oder weniger symmetrische akzessorische Sprossen oder Stangen an beiden Rosenstöcken lassen sich durch Verletzungen erklären. So zeige ich die Geweihe zweier Hirsche, die in meinem Beisein im Revier Trautenstein/Harz erlegt wurden. Der erste, 1940 gestreckte Hirsch (a) hat an beiden Rosenstöcken außen akzessorische Enden, von denen das linke mit Rosenstock und Stange verwachsen, das rechte freistehend geblieben ist. Beide Ansatzstellen haben länglich-ovale Form. Wir fanden für diese Bildung zunächst keinerlei Erklärung, vermuteten aber Verletzungen als Ursache, obwohl der beiderseitig ziemlich symmetrische Ansatz hierfür nicht sehr zu sprechen schien. Im nächsten Jahr wurde der zweite Hirsch (b) zur Strecke gebracht, der noch eine Schlinge um den Rosenstock trug, die sich stark in die Knochen eingeschnitten hatte. An beiden Einscheuerungen hatten sich mit ebenfalls länglich-ovalen Ansätzen die Anfänge akzessorischer Enden gebildet. Ich möchte annehmen, daß sich auf diese einfache Weise wenigstens ein Teil solcher mehr oder weniger symmetrischen, beiderseitigen Mehrstangengeweihe erklären läßt. Dabei muß nicht immer eine Schlinge die Ursache sein. Auch der Draht eines Kulturzaunes, in dem der Hirsch sich zu verstricken heute genügend Gelegenheit hat, und der an den Rosenstöcken unter der Stange eine besonders exponierte Haftstelle findet, hat die gleiche Wirkung. Ich habe in den letzten Jahren eine ganze Reihe solcher Geweihe in der Hand gehabt, bei denen der Ansatz der Wucherungen auffallend länglich, einem Drahteinschnitt entsprechend gewesen ist. Nicht selten findet man auch, daß solche Wucherungen auf völlig runden „Nebenrosenstöcken“ stehen und dann auch wohl einmal eine ausgebildete Rose haben. Beiderseits habe ich das allerdings noch nicht gefunden. Die gezeigte Bildung einer Nebenstange mit Rose (Odenwald 1956) scheint auf einer gewaltsamen Spaltung des Rosenstockes zu beruhen.

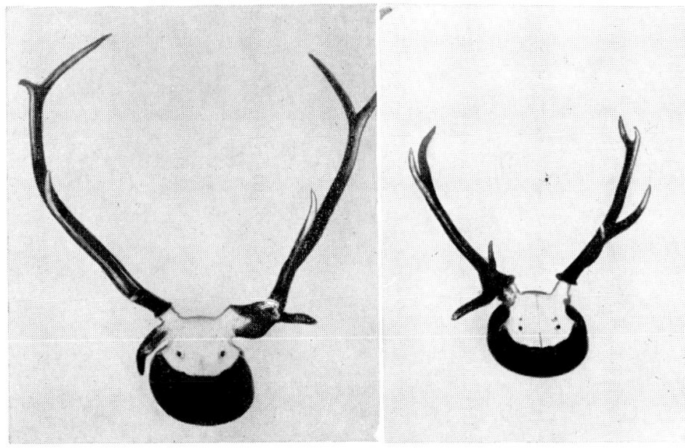

a *Mehrstangengeweihe* *b*

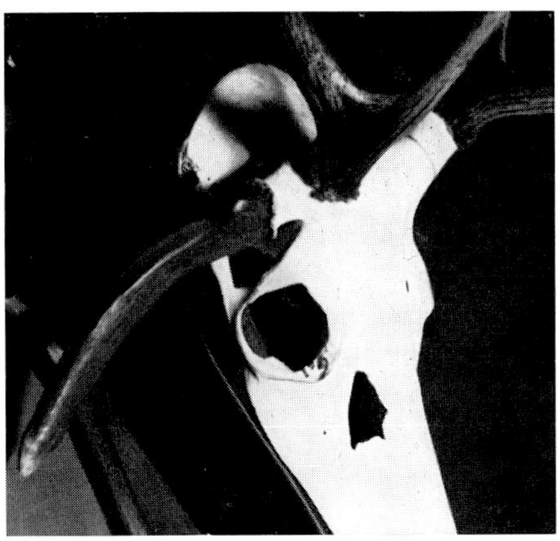

Mehrstangengeweih

Verletzungen des Körpers

Auch bei schweren *Verletzungen des Wildkörpers,* die während des Geweihwachstums entstanden sind oder sich dann noch auswirken, treten Geweihmißbildungen auf. Sie pflegen um so sicherer und stärker zu erscheinen, je mehr die Körperverletzung zeitlich mit dem Wachsen der neuen Kolben zusammentrifft. Das ist besonders bei schweren

Knochenverletzungen der Fall, die zu ihrer Heilung einen großen Teil des sonst für den Geweihaufbau zur Verfügung stehenden Stoffwechselumsatzes in Anspruch nehmen. Mit vollendeter Ausheilung pflegt die Mißbildung beim nächsten Geweihwechsel nicht wieder oder aber nur weniger markant aufzutreten. Ausnahmen bestätigen auch hier die Regel. Als ein Beispiel für viele bringe ich die Aufnahme von Abwurfstangen und Geweih eines vom Revierförster DEICHMANN bei Bad Harzburg erlegten Hirsches. Dieser erhielt vor der Kolbenzeit 1947 einen linksseitigen Vorderlaufschuß und bildete im gleichen Jahr rechtsseitig die monströse Stange. 1948 kam der Hirsch zur Strecke und trug ein völlig normales Geweih, obwohl er noch stark lahmte. Wenn also häufig bei Laufschüssen die Mißbildung auf die stark nickende Kopfbewegung des lahmen Hirsches zurückgeführt wird, kann das an diesem Fall schon in Zweifel gezogen werden. Auch würden dann wohl beide Stangen Mißbildungen aufweisen. Es ist auch viel darüber gestritten, ob eine wechselseitige Einwirkung der Verletzung auf das Geweih besteht, wie es im eben geschilderten Fall zu sein scheint. Danach soll einer linksseitigen Skelettverletzung eine rechtsseitige Geweihmißbildung entsprechen und umgekehrt. Statistisch gesichert ist diese Hypothese nicht. Auch scheint es so zu sein, daß bei Hinterlaufverletzungen eine diagonale Beeinflussung des Geweihwachstums regelmäßiger auftritt als bei Vorderlaufverletzungen. Vielleicht läßt sich die diagonale Auswirkung mit der Kreuzung der Nervenstränge in der Zentralbahn erklären.

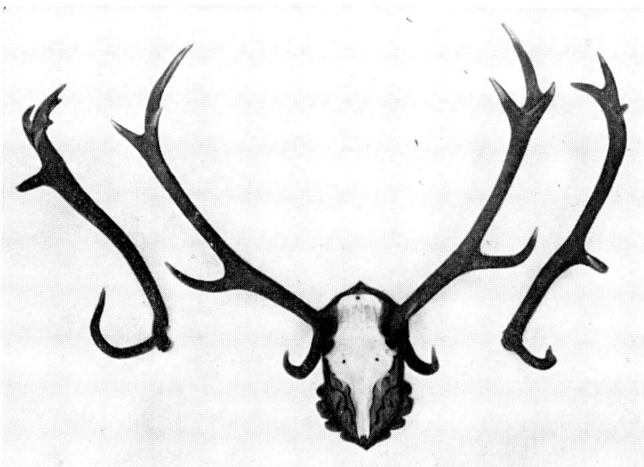

Geweihmißbildung bei Laufverletzung

Störung des Stoffwechsels und Krankheit

Nachdem wir wiederholt auf die Zusammhänge zwischen Nährstoffumsatz und Geweihbildung hingewiesen haben, überrascht es nicht, wenn bestimmte Geweihmißbildungen in einer *Störung des Stoffwechsels* ihre Ursache haben. Das normale Zurücksetzen infolge Äsungsmangels nach hartem Winter oder als Folgeerscheinung hohen Alters soll dabei nicht als Mißbildung bezeichnet werden. Schwere Erkrankungen wirken sich wie ebensolche Körperverletzungen aus und lassen widersinnige Geweihe entstehen, die, wenn der Hirsch wieder gesund ist, oft nicht erklärt werden können. Bei einem großen Teil solcher regelwidrigen Geweihbildungen müssen wir aber annehmen, daß Stoffwechselstörungen, insbesondere solche des Kalk-Phosphor-Haushaltes infolge von Krankheit oder auch starkem Befall mit Endoparasiten eine Rolle spielten.

In erster Linie interessieren in diesem Zusammenhang die sogenannten *Widdergeweihe,* womit wir alle Mißbildungen bezeichnen wollen, bei denen Auslage und Stangenform erheblich vom Normalen abweichen. Übermäßig weite Auslage und *gewachsene,* also

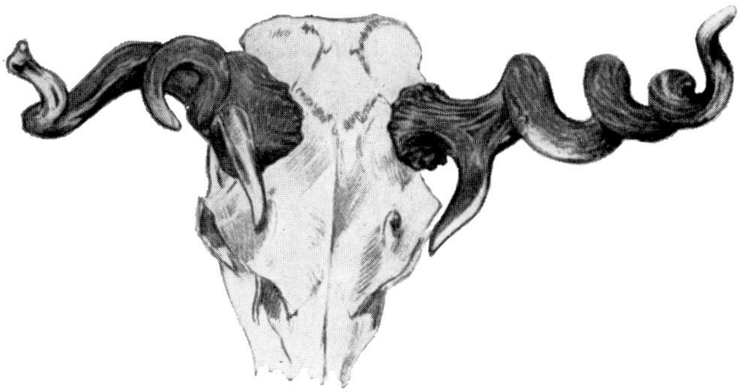

Widdergeweih

nicht aus Geweihverletzungen herrührende Stangenknickungen und -drehungen sind besonders typisch. Ihre Entstehung können wir uns so erklären, daß das Geweih während des Wachstums auf eine einmalige kurze bzw. dauernde oder auch nach Unterbrechungen wiederholte Störung des Stoffwechsels reagiert. Wenn wir uns noch einmal vergegenwärtigen, daß beim wachsenden Geweih nur der oberste Teil von Stange und Ende – etwa 7 cm – weich ist, während die unteren Teile bereits verknöchern, kann bei verzögertem Eintritt der Verknöcherung infolge gestörter Nährstoffzufuhr die Statik des Geweihes in Mitleidenschaft gezogen werden. Dadurch entstehen: abnorme Auslage, Stangenkrümmungen und Stangendrehungen. Erreicht der noch nicht verknöcherte Geweihteil eine zu große Länge, zieht ihn die eigene Schwere nach unten bzw. zur Seite, nach verspäteter Verknöcherung richtet sich der Wuchsscheitel wieder nach oben. Der Vorgang wiederholt sich, und so bildet sich wahrscheinlich die auffälligste Widderform, das *Korkziehergeweih.* Es liegt in der Natur der Sache, wenn bei Erlegung solcher monströser Hirsche nicht immer Krankheitsbefunde feststellbar sind. Die Stoffwechselstörung, insbesondere eine des Kalkhaushaltes, kann entweder schon wieder behoben oder überhaupt nicht erkennbar sein. Oft aber werden derartige Untersuchungen zuwenig sorgfältig vorgenommen. So fehlen auch bei den sehr typischen, von RAESFELD bereits dargestellten Fällen von Widdergeweihen meist wirklich stichhaltige Untersuchungsbefunde.

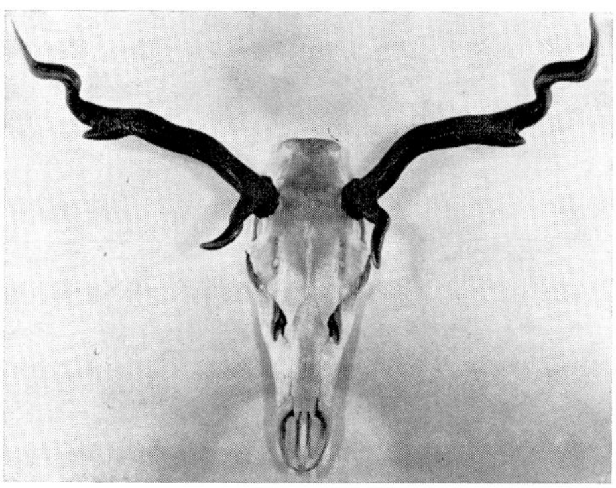

Widdergeweih v. 29. 9. 65

Wegen seiner „klassischen“ Form sei eines dieser Widdergeweihe hier noch gebracht. Der Hirsch wurde von Forstrat SCHMIDT am 29. 9. 1905 im Revier Solarnia, Oberschlesien, erlegt. Leider ist über sein Alter nichts bekannt und auch der erst nach vier Jahren rekonstruierte Untersuchungsbefund, nach dem der Hirsch nur einen Hoden gehabt haben soll, ist nicht gerade stichhaltig.

Das im Photo abgebildete Widdergeweih trug ein 4- bis 5jähriger Hirsch, der von F. J. VORREYER am 29. 9. 1965 im Staatl. Forstamt Oderhaus/Harz erlegt wurde. Der Hirsch war völlig normal bei Wildpret (105 kg, aufgebrochen, ohne Haupt) und zeigte weder Anomalien noch krankhafte Erscheinungen am oder im Körper. Er war nur im Erlegungsjahr bekannt gewesen.

Ein ganz besonders interessantes Geweih, das nur aus zwei Schaufeln besteht, trug ein Hirsch, der am 25. 8. 1964 bei St. Andreasberg/Harz von O. SCHMIDT erlegt wurde.

Schon das vorjährige Geweih zeigte die gleiche, völlig fremdartige Architektonik. Der etwa 14jährige Hirsch wog nur noch 84 kg, aufgebrochen, ohne Haupt, und hatte an der Leber eine sehr umfangreiche, krebsähnliche Geschwulst, womit sich die Stoffwechselstörung und Mißbildung des Geweihes erklären ließ.

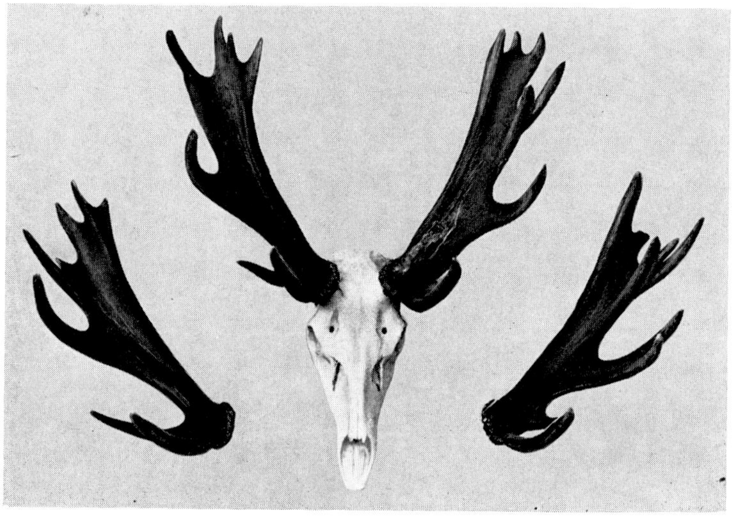

Schaufelgeweih v. 25. 8. 64

Über ein sogenanntes *Gummigeweih* berichtete 1910 Oberförster Graf v. WESTERHOLT-GYSENBERG aus Oderhaus/Harz: „Der Hirsch war schon vom Vorjahr bekannt, und seine Abwürfe wurden gefunden. Als der Hirsch im nächsten Jahr zur Strecke kam, waren, obgleich der Hirsch fertig gefegt hatte, Aug- und Eissprossen in ihren oberen Partien, die anderen kurzen Enden ganz elastisch und etwa von der Weiche mittelharten Radiergummis. Die Enden wurden jedoch, nachdem das Geweih ca. 48 Stunden in warmer Stube gelegen hatte, ganz hart. Der Hirsch war gut bei Leibe, aber von Körper auffallend gering, wog nur 74 kg (ohne Geweih und Aufbruch) ... die rechte Hode hatte etwa 1/2, die linke 1/3 der normalen Größe.“ (Abb. S. 93).

Hormonale Störungen

Wie einschneidend sich *hormonale Störungen* auf die Geweihbildung auswirken können, haben wir schon bei Besprechung der Hormone gesehen. Die auffälligste Wirkung ist die Bildung der *Perücke,* die bereits erwähnt wurde. Es bleibt hier noch nachzutragen, daß diese Mißbildung beim Rothirsch bei weitem nicht so häufig auftritt, wie wir das vom Rehbock her kennen. Vermutlich ist dieser infolge seiner geringen Körpergröße und der Eigenart, Hindernisse eher zu durchkriechen als zu überfallen, öfter Verletzungen des Kurzwildprets ausgesetzt. Die Perücke des Hirsches nimmt in der Regel auch nicht im Verhältnis zur normalen Geweihmasse so umfangreiche Formen wie beim Rehbock an. Meist bleibt die Stangenform doch noch erhalten, regelrechte „Bischofsmützen“, die bei seinem kleineren Vetter nicht selten sind und das ganze Haupt bedecken, kommen kaum vor. Je früher im Lebensablauf die hormonale Störung durch Verlust der Keimdrüsen erfolgt, um so kleiner bleibt die Perückenbildung. Auch wurde schon geschildert, in welcher Weise sich

Gummigeweih

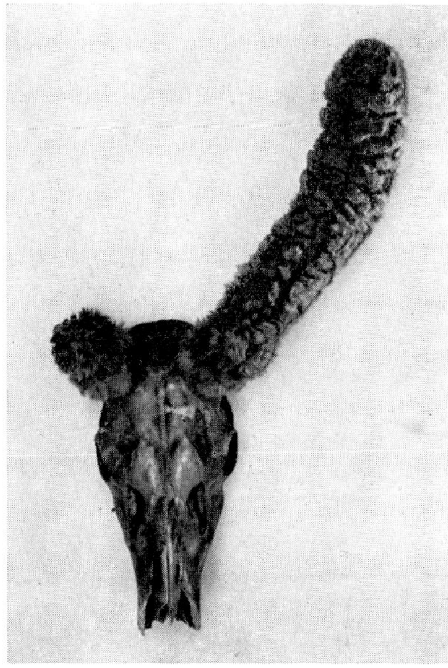

Perückengeweih

die Folgen der Kastration während der verschiedenen Stadien des Geweihwachstums zeigen.

Ein besonders typisches Perückengeweih, das bereits RAESFELD beschreibt und abbildet und das ich nach fast 50 Jahren beim Sohn des Erlegers noch ausfindig machen konnte, wurde von Revierförster WEISS in Wieda/Harz am 24. August 1909 erbeutet. „Es betrifft einen Hirsch mit Perücke, dessen Gewicht 220 Pfund betrug. Länge der linken Stange 51 cm, Umfang 36 cm, der rechten 9 und 27 cm. Das Kurzwildpret fehlte. Der Hirsch war seit etwa 6 Jahren bekannt. Das Geweih ist während dieser Zeit nie abgeworfen worden. Der Hirsch war sehr heimlich und wurde nur ganz selten gesehen. Sein Äußeres war in mancher Hinsicht den Alttierformen ähnlich, z. B. Hals und Kopf. Der Befund ist hier folgender: Die krankhafte Knochenmasse hat nach allen Seiten hin verknorpelte Auswüchse, die vollständig hart sind und nach außen mit etwa 1 cm langen Haaren bewachsen. Zwischen den einzelnen Auswüchsen befand sich eine eitrige, teilweise vertrocknete Masse, welche sich aber beim Konservieren löste. Die rechte kurze Stange war vollständig hart." Der Hirsch war etwa 12 bis 14 Jahre alt, das Geweih wiegt jetzt noch 3,5 kg.

Über ein weiteres Perückengeweih aus dem Harz berichtete ALTUM in der „Zeitschrift für Forst und Jagdwesen" 1881 auf Grund von Mitteilungen des Harzwildmeister ELTEN. „Der Hirsch wurde am 12. Februar 1878 zu Ahrendsberg/Harz erlegt. Er war seit 1873 bekannt; sein Alter wurde auf 18 bis 20 Jahre angesprochen. Er trug, solange er beobachtet

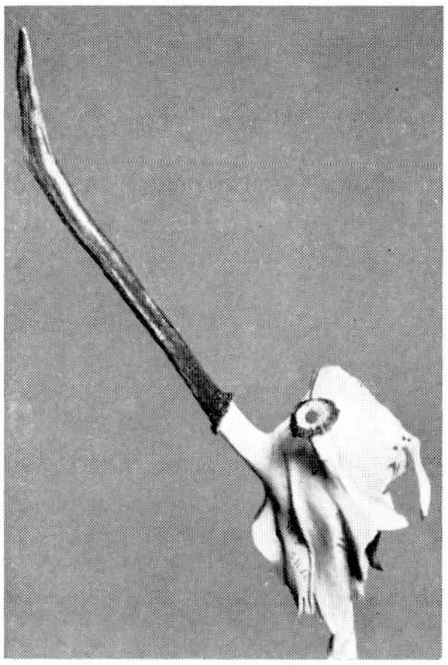

Doppelkopfbildung beim jungen Hirsch

Doppelkopfbildung mit drei Jahrgängen

wurde, immer ein Bastgeweih, von dem Stangen bzw. Enden wiederholt *abgebrochen,* nicht abgeworfen wurden. Das Geweih zeigte die Form eines ungeraden Achters. Später trug der Hirsch nur mehr rauhe, dicke, einer Krone ähnliche Wulste, die aus den 11 bis 12 cm hohen Stangenenden mit den 4 bis 5 cm langen Stümpfen der Augsprossen gebildet wurden. Der Hirsch hatte kein Kurzwildpret.“

Während beim Rehbock die Perückenbildung in der Regel nach wenigen Jahren zum Tode seines Trägers führt, scheint das beim Rothirsch nicht der Fall zu sein.

Ob auch die nicht seltene Bildung des sogenannten *Doppelkopfes* auf ausschließlich hormonale Störungen zurückgeführt werden kann, ist nicht sicher, aber doch bei der Mehrzahl der Fälle wahrscheinlich. Ein Doppelkopf entsteht, wenn die Stange nicht zeitgerecht abgeworfen wird und die Bildung der neuen Stange trotzdem einsetzt, so daß Stangenbildungen verschiedenen Alters auf- bzw. nebeneinander stehen. Verhältnismäßig häufig ist die Mißbildung beim Übergang vom ersten zum zweiten Kopf, doch findet sie sich, wenn auch weit seltener, gelegentlich bei älteren Hirschen. Das erwähnte Auftreten im Jugendstadium des Hirsches könnte dafür sprechen, daß wir es mit hormonalen Störungen zu tun haben und nicht mit solchen, die den Rosenstock allein betreffen. Die Doppelkopfbildung ist in der überwiegenden Zahl der Fälle einseitig. Wie auf noch nicht geklärte Weise der rechtzeitige Abwurf der alten Stange gehemmt wird, so scheint auch die Bildung der neuen Stange gehemmt zu sein, denn mehr als eine Rose oder ein rosenähnliches Gebilde pflegt sich als Neubildung nicht zu zeigen. Meist sind diese Störungen vorübergehend, der Doppelkopf wird abgeworfen und ein normales Geweih geschoben. Als wohl einmalig bekannt gewordener Fall einer Doppelkopfbildung erwähnte Raesfeld eine solche mit drei Jahrgängen. Es handelt sich dabei um einen Abwurf, der 1905 bei Elend/Harz gefunden und von Professor Schmaltz in „Wild und Hund“ 1909 beschrieben wurde: „Der kurze dicke Spieß, den der Hirsch im ersten Jahr getragen hat, ist nicht abgeworfen worden. An seinem Grunde hat dann die Geweihbildung des zweiten Jahres eingesetzt, deren Produkt eine Rose ist, welche den Spieß umgibt. Daß sie aber nicht etwa zu demselben gehört, kennzeichnet sich deutlich genug durch die tiefe, kreisförmige Rinne, welche den Spieß von der Rose trennt und die unzweifelhaft vom Hautüberzug der einen Rose ausgefüllt gewesen ist. Das Produkt des zweiten Jahres ist wiederum nicht abgeworfen und nunmehr emporgedrängt worden durch den Geweihansatz des dritten Jahrganges. Dieser bildet einen rosenähnlichen Ring von größerem Umfang als die obere Rose, und aus diesem Ring hat sich eine verkümmerte und gekrümmte Augsprosse entwickelt. Der untere Ring ist von der oberen Rose ebenfalls durch eine tiefe, unregelmäßige Rinne geschieden . . ."

Dieses drei Jahrgänge umfassende Gebilde wurde dann wohl abgeworfen. Es zeigt sehr deutlich auch ein verhindertes Dickenwachstum des Rosenstockes, denn dieser entspricht in seiner Stärke durchaus dem zuerst angelegten Spieß. Das unterstreicht, was wir über das Dickenwachstum des Rosenstocks vorher gesagt haben.

Wesentlich seltener tritt die Doppelkopfbildung bei älteren Geweihstufen auf. Einen der wenigen mir bekannten Fälle zeige ich. Der Hirsch wurde am 6. Oktober 1955 von Oberförster HINZE im Forstamt Seesen/Harz erlegt, der dazu berichtet, daß der Hirsch im Frühjahr und Anfang Sommer während der Kolbenzeit schon beobachtet wurde. Er trug hier die linke Stange des Vorjahres und rechts die 10er Baststange. Die alte Stange ist dann später entweder doch noch geworfen oder aber während der Brunft abgekämpft. Man sieht an der Aufnahme recht deutlich die Oberfläche auf dem Rosenstock mit der sie einschließenden wulstartigen Rose der neuen Stange.

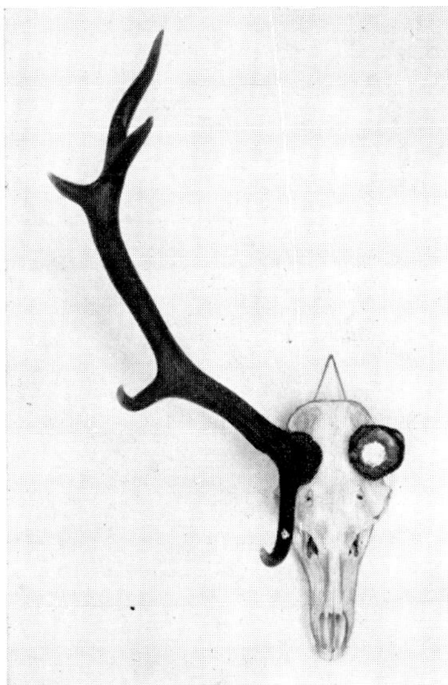

Doppelkopfbildung beim älteren Hirsch

Der 7- bis 8jährige Hirsch wurde auch als Platzhirsch beobachtet und zeigte keinerlei sichtbare krankhafte Veränderungen der Organe.

Soviel über die Bildung des Doppelkopfes, von der wir, wie gesagt, die Entstehungsursache nicht kennen. Wahrscheinlich aber spielen hormonale Störungen dabei eine Rolle.

Auch völlige *Geweihlosigkeit* kommt nicht selten vor. Man bezeichnet solche Hirsche als *Mönche*, *Plattköpfe* oder *Büffel*. Entweder fehlen bei ihnen die Rosenstöcke ganz bzw. sind sie nur rudimentär vorhanden oder aber, es werden auf vorhandenen Rosenstöcken nur kleine Geweihwulste getragen. Offensichtlich handelt es sich hierbei um eine angeborene Mißbildung, die auch vererbbar sein kann, wie denn auch Mönche in bestimmten Revieren häufiger angetroffen werden. Recht überraschend ist es, daß bei ihnen in der Regel die Geschlechtsorgane, insbesondere also die Hoden, vorhanden sind, die Hirsche sich also am Brunftbetriebe beteiligen. So sah ich z. B. im Jahre 1937 im Harz einen älteren Mönch ein brunftiges Stück recht anhaltend treiben.

Über einen vom Forstmeister HECHLER am 5. Oktober 1951 im Forstamt Hirschhorn/Neckar zur Strecke gebrachten Mönch berichtet mir 1956 der Erleger folgendes: „Alter mindestens 15 Jahre, Gewicht 108 kg aufgebrochen ohne Haupt und Träger (für die hiesige Gegend recht hoch, wenn man berücksichtigt, daß der Hirsch völlig abgebrunftet war). Zum erstenmal fiel mir der Hirsch in der Brunft 1947 auf, in der er ein Rudel führte. Zur Strecke kam er trotz eifriger Nachstellungen der gesamten Jägerei, wobei er verschiedene Male erfolglos beschossen wurde, allerdings erst in der Brunft 1951. Brunftorgane normal entwickelt. Die ganze Decke voller Schmisse und Hiebe. In Ermangelung eines Geweihes verwendete er bei den Brunftkämpfen vermutlich wohl Gebiß und Läufe als wirksame Waffe. Der Mönch war ein starker Überbeißer, die Lauscher wurden so herabhängend getragen, wie dies auf dem Bilde zu sehen ist. Ich spreche ihn als Vater der

Mönche meiner und der Nachbarreviere an, von denen mir etwa 4 bis 5 Stück bekannt waren. Hiervon wurde in den seither vergangenen fünf Jahren einer verludert gefunden, ein weiterer ergebnislos beschossen und ein dritter im Nachbarrevier erlegt; letzterer insofern eine Abnormität, als er von Geburt an nur drei Läufe hatte. Bei sämtlichen Stücken handelt es sich um jüngere Hirsche. In letzterer Zeit wurde nur noch ein ebenfalls jüngerer Mönch ein einziges Mal gesichtet, konnte aber nicht zur Strecke gebracht werden."

Mönch vom 5. 10. 1951

Auch RAESFELD berichtet von Plattköpfen, die jahrelang unbestrittene Platzhirsche waren und entweder ihre Nebenbuhler mit den Vorderläufen abschlugen oder auch nach Art der Schafböcke einfach mit der Stirn den Gegner bekämpften.

Wie alle Geweihmißbildungen ein- bzw. beiderseitig vorkommen, so gibt es natürlich auch einseitige Plattköpfe. Hierzu übernehmen wir aus KIESLING einen Bericht, der mir im Hinblick auf die Vererbung derartiger Mißbildungen interessant erscheint. In seinem „Taschenbuch für Forst- und Jagdfreunde", 1802, schreibt v. WILDUNGEN über eine „Merkwürdige Race von Einhorn-Hirschen in den Gräflich-Erbachischen Forsten" wir folgt: „Hirsche ganz ohne Geweihe, auch mit Einer Stange nur, sind zwar schon oft gesehen worden. Doch gewöhnlich ist bei solchen irgendeine am Kurzwildpret oder am Gehörne erlittene Beschädigung die sichtbare Ursache dieser Verstümmelung. Welcher Weidmann hat aber wohl je von einer ganzen Race von Hirschen gehört, die in den ersten Jahren ihres Alters ganz glattköpfig erscheint, hernach immer Eine Stange nur aufsetzt und von einem bekannten Stammvater mit Einer Stange höchstwahrscheinlich entsprossen, auch ebenso durch alle Generationen sich fortpflanzt? Im Jahre 1779 wurde zuerst nahe am Reichenberger Forst ein Hirsch, dem Leibe nach ein Gabler, ganz ohne Geweih geschossen. Im Jahre 1781 sah man im Reichenberger Forst, das inmittelst umzäunt worden war, einen Hirsch mit Einer Stange, woran drei Enden waren, der im Jahre 1790, als er, wie bis dahin immer, ebenfalls nur Eine Stange mit vier Enden trug, in der Brunft gespießt wurde. Schon im Jahre 1788 fanden sich bei der Körrung Zwei Hirsche, dem Leibe nach von 6 bis 8 Enden ein, an welchen gar keine Spur von Geweihen zu sehen war. Beide aber erschienen in den folgenden Jahren mit Einer Stange, und so wurden hernach beinahe jedes Jahr neue Hirsche, teils ganz ohne Gehörne, teils mit Einer Stange nur, bei den Winterfütterungen gesehen und im Jahre 1798 bei Anlegung eines größeren Parks fünf dieser merkwürdigen Waldbewohner eingefangen, wovon zwei, dem Leibe nach ein Sechser und ein Gabler, noch gar keine Gehörne, die übrigen aber dem Leibe nach von 10, 8 und 6 Enden, nur eine rechte Stange mit 3 Enden hatten." Schon damals ließ Graf ERBACH-ERBACH „den im Jahre 1790 gespießten Stammvater, als zwei seiner hernach geschossenen Enkel, ächt anatomisch untersuchen", ohne daß irgendwelche Anomalien des Körperbaues festgestellt werden konnten.

Erwähnen müssen wir in diesem Zusammenhang noch das allerdings recht seltene Auftreten von *Geweihen* oder *geweihähnlichen Bildungen* bei *Tieren,* das wohl ganz allgemein auf hormonale Störungen zurückzuführen ist. Beim Rehwild finden wir diese Erscheinung öfter, vielleicht als Folge der bei dieser Wildart häufiger auftretenden Zwillingsgeburten und der dabei vorkommenden Zwicken. Von echten Zwittern wissen wir bereits, daß sie männliche und weibliche Keimdrüsen bilden und dementsprechend sich auch die sekundären Geschlechtsmerkmale entwickeln können. Ebenso ist bekannt, daß unfruchtbare weibliche Tiere einen männlichen Habitus entwickeln können, so daß hierin die Ursache zur Anlage geweihähnlicher Gebilde gesehen werden kann. Die wenigen beschriebenen Fälle von weiblichen Stücken mit Geweih entbehren allerdings meist eines stichhaltigen Untersuchungsbefundes, so daß wir uns nur schwer ein Bild von den tatsächlichen Zusammenhängen zu verschaffen vermögen. RÖRIG berichtet 1899 über einen Fall folgendermaßen: „Yarrel konstatiert, daß man in dem Parke des Duke of Gordon ein Weibchen von C. elaphus beobachtet habe, das eine einzelne Geweihstange auf der einen Seite des Kopfes trug, und zwar eine solche, wie sie die Hirsche im dritten Jahre zu tragen pflegen. Es wurde erlegt. Und bei der von zwei kompetenten Personen vorgenommenen Untersuchung fand man, daß es eine Krebsgeschwulst am Eierstock an der entgegengesetzten Seite hatte, an der es die Geweihstange trug."

Im Januar 1914 wurde von Förster SCHÜTZE am Brocken/Harz ein etwa 14jähriges Alttier erlegt, das rosenstockartige Stirnzapfen trug. Ein Photo des Schädels befindet sich in der „Deutschen Jägerzeitung" Nr. 9/1914 und zeigt die Stirnzapfen sehr weit vorn, ziemlich direkt über dem Augenbogenrand sitzend. Bemerkenswert ist, daß das Tier beschlagen war.

Daß hormonale Störungen auch zu Anomalien beim zyklischen Wechsel des Geweihes führen können, ist nach dem, was wir über die Steuerung dieser Vorgänge durch Hormone wissen, nicht überraschend. So wird häufig über Hirsche berichtet, die völlig zur Unzeit abwerfen, schieben und fegen, ohne daß wir im Einzelfalle diese Erscheinungen immer zu klären vermögen.

Hiermit möchten wir die Beschreibung der Geweihbildung abschließen, werden später aber im Abschnitt „Hege mit der Büchse" noch auf manches zurückkommen, was wir an dieser Stelle dargestellt haben.

Verhalten und Lebensweise

Angeborene und erlernte Verhaltensweisen

Beobachtung und Beachtung des Verhaltens und der Lebensweise der Jagdtiere durch den Jäger sind so alt wie die Jagd selbst. Das hierbei erworbene Wissen war für unsere Jägervorfahren um so wertvoller, je primitiver ihre Jagdmethoden und insbesondere ihre Jagdtechniken in den Anfängen gewesen sind. Der Jäger ist also schlechthin der Begründer einer Verhaltensforschung, die sich im heutigen Stand zu einer naturwissenschaftlichen Disziplin entwickelt hat und damit nicht mehr ausschließliche Sache der Jäger geblieben ist. Namen wie die von HEINROTH, TINBERGEN und LORENZ etwa sowie deren Forschungsergebnisse sind heute in jagdlich interessierten wie in indifferenten Kreisen so bekannt, daß das Wissen um die Probleme insbesondere der „Vergleichenden Verhaltensforschung" als zur Allgemeinbildung gehörig angesehen werden kann.

Es kann nicht überraschen, daß der Teil der Jagdwissenschaft, der sich mit dem Wild selbst beschäftigt, der Verhaltensforschung nun auch besonderes Augenmerk widmet, wobei es wieder Jäger sind, die sich vorrangig betätigen und entsprechend davon profitieren. Nur darf man nicht übersehen, daß das überwiegende Maß an gezielten ethologischen Beobachtungen im Anwendungsbereich dort seine Begrenzung findet, wo unterschiedliche Biotope auch ebensolche Verhaltensweisen auszubilden in der Lage sind. Wer die Möglichkeit hat, z. B. die Verhaltensweise des Rotwildes in freier Wildbahn oder im Gatter, im schottischen Hochland oder im waldreichen Mittelgebirge, im Hochgebirge oder in der norddeutschen Tiefebene oder gar in den Donauauen vergleichend zu beobachten, wird zu sehr unterschiedlichen Aussagen kommen müssen.

Das darf uns aber nicht hindern, die bisher vorgenommene Beschreibung des Rotwildes durch die Darstellung seiner allgemein gültigen Verhaltensweisen zu ergänzen, soweit der Jäger aus den hierbei gewonnenen Kenntnissen Konsequenzen ziehen kann oder muß. Es soll noch darauf hingewiesen werden, daß die Psychologie des Tieres in enger Wechselbeziehung zur Morphologie und Ökologie, ja auch zur Stammesgeschichte steht und nicht losgelöst von ihnen betrachtet werden kann. Oft werden wir uns daher an das hierüber Gesagte erinnern müssen, um in Schilderung und Beurteilung der Verhaltensweise das finden und verstehen zu können, was wir als Jäger und Heger für den Umgang mit dem Rotwild uns zur Kenntnis bringen sollten.

Die Grundlage, nach der das gesamte tierische Leben abläuft und nach der die Verhaltensweise für uns in Erscheinung tritt, können wir in all dem sehen, was den „Kampf ums Dasein“ ausmacht. Je nach Alter und Geschlecht des Individuums verschieden bewertet, stehen hier an erster Stelle: Selbsterhaltungstrieb, Ernährung und Fortpflanzung. Dabei spielt der Instinkt, ein angeborenes Verhalten, das durch innere und äußere Faktoren bestimmt wird, im allgemeinen die Hauptrolle, doch kennen wir wie bei allen Tieren auch beim Rotwild Verhaltensweisen, die der Erfahrung entspringen können. Es ist einleuchtend, daß bei Jungtieren das angeborene Verhalten verstärkt und einheitlicher in Erscheinung tritt, als dies beim erwachsenen Tier wegen der individuell gesammelten und verwerteten Erfahrung der Fall sein kann. Angeborene und erlernte Verhaltensweisen sind nicht immer mit Sicherheit als die eine oder andere zu identifizieren. Es soll und kann auch nicht Aufgabe dieser Darstellung sein, die teilweise zumindest beim Wildtier noch nicht völlig geklärten Fragen der Verhaltensforschung, der Tierpsychologie, eingehend zu behandeln. Immerhin ist es für uns von Interesse zu wissen, daß Kräfte beider Verhaltensweisen nebeneinander wirken, ineinandergreifen, ja auch gegeneinander arbeiten. Wie wäre es, um nur ein Beispiel zu nennen, sonst zu erklären, wenn sich der alte Hirsch im Treiben um die Treiber herumdrückt, die Dickung nicht verläßt, während ihn das angeborene Verhalten, hier der Fluchtinstinkt, zu eiliger Flucht veranlassen müßte.

Doch wenden wir uns nun der Lebensweise und dem Verhalten des Rotwildes in zwangloser Schilderung zu, wie wir sie zum Teil vom Altmeister v. Raesfeld übernehmen.

Vor allem übrigen Wild ist das Rotwild mit ganz besonders feinen Sinnesorganen ausgestattet. Auf weite Entfernungen eräugt es jede einigermaßen auffällige Veränderung in seiner Umgebung, vernimmt nicht nur aus der Nähe das leiseste Knacken eines zertretenen Ästchens, sondern windet auch auf mehrere hundert Schritt bei entsprechender Windrichtung den Feind und weiß mit Gesicht, Gehör und Geruch die erhaltenen Eindrücke überraschend gut zu deuten. So zeigt es sich verhältnismäßig vertraut, wo es pfleglich und sorgsam behandelt wird, legt jedoch dort, wo es häufig gestört, unvorsichtig bejagt und rücksichtslos beschossen wird, eine Vorsicht an den Tag, die manchem Jäger schon ärgerliche Tage und Wochen bereitet hat.

Wenn BREHM seinerzeit das Rotwild als sehr ängstlich und scheu, nicht als klug und verständig geschildert hat, so kann man dem nicht zustimmen. Scheu und ängstlich ist es nur dort, wo scharfe Verfolgung es belehrt hat, daß jedes auffallende Geräusch, jeder fremde Ton die Vorboten einer Bedrohung und Gefahr sind. Es ist dabei in hohem Maße fähig, gemachte Erfahrungen für sein Verhalten auszuwerten. Wäre es nur scheu und ängstlich, so würde es beim ersten Verdacht stets sofort flüchtig werden und so schnell wie möglich eine weite Entfernung zwischen sich und seinen Feind zu legen versuchen. Das ist aber nicht immer der Fall. Nehmen wir an, daß wir uns an ein sich äsendes Rudel bis auf hundert Meter herangepürscht und uns auf den Erdboden niedergedrückt haben. Der Wind ist gut, aber leider sind die Mücken lästig. Eine unvorsichtige Bewegung wird vom Leittier eräugt. Nun verhalten wir uns bewegungslos still. Das Tier weiß nicht recht, was es aus uns machen soll; mit hocherhobenem Haupt und vorgestreckten Lauschern äugt es zu uns herüber, wechselt näher heran, stampft mit dem Vorderlauf, steht wieder, uns fest im Anblick behaltend. Nach und nach kommt es näher, bis es uns erkannt hat, dann erst wird es flüchtig, mit ihm das ganze Rudel; aber nach einiger Zeit verhofft es, äugt zurück, trollt schließlich in die Dickung. So ist das Verhalten doch recht häufig.

Ein weiteres Beispiel:

In einem Revier ist bisher die Jagd nur durch Pürsch und Ansitz ausgeübt. Nun sollen einige Drückjagden abgehalten, es soll geriegelt werden. Einige Schützen stellen sich vor, ein Jäger geht die Dickung durch. Kaum ist er beim ersten Mal angegangen, da trollt schon das Rotwild vor die Schützen und erhält Feuer. Beim nächsten Drücken wird es auch noch ziemlich leicht herausgebracht. Dann aber wird es schwieriger, das Wild ist nicht mehr vor die Schützen zu bringen. Es weicht dem einzelnen Jäger in der Dickung aus, zieht bis an den Dickungsrand, orientiert sich hier windholend, um wieder in die Dickung zurückzutreten. Das ist vielleicht auch ein Fall des erlernten Verhaltens.

Gefangenes Wild läßt sich nicht unschwer zähmen, besonders dann, wenn das Stück bereits als Kalb in Gefangenschaft geraten ist. Hirsche werden jedoch mit zunehmendem Alter in der Regel recht bösartig und selbst für ihren Pfleger außerordentlich gefährlich. Doch wird aus vergangener Zeit, wenn auch vereinzelt, über sehr eindrucksvolle Dressurleistungen an Hirschen berichtet. Am bekanntesten dürfte das Gespann von sechs Hirschen des Landgrafen LUDWIG VIII. von Hessen (Mitte 18. Jahrhundert) sein, sowie ein als Reittier abgerichteter Hirsch, den die Grafen VON STOLBERG Mitte des 16. Jahrhunderts dem Kaiser MAXIMILIAN schenkten.

Aber auch in freier Wildbahn verliert das Rotwild, besonders an der Fütterung, bei verständnisvoller Behandlung und Pflege mehr oder weniger die Scheu vor dem Menschen. Das ist nicht überraschend, denn wir haben gesehen, in welchem Maße unser Rotwild in der Lage ist, sein Verhalten nach den gemachten Erfahrungen auszurichten. So tritt das Wild in solchen Fällen am hellen Tage an die Fütterung, ja an den Pfleger heran, ohne sich im geringsten um die vom Menschen ausgehende Witterung zu kümmern. Daß dies nicht nur zur Notzeit unter dem Eindruck einer Schutzbedürftigkeit oder Hilflosigkeit geschieht, sondern auch zu jeder anderen Jahreszeit, ist bekannt, wenn auch selten. Mit Geduld und Geschick glückt aber dem Heger in Ausnahmefällen, das Vertrautsein des Rotwildes an der Fütterung auch in freier Wildbahn das ganze Jahr hindurch, mit Ausnahme der Brunftzeit, zu erhalten. An der Marienteichbaude bei Bad Harzburg gelang es im Harz wohl erstmalig, ein Hirschrudel der freien Wildbahn das ganze Jahr hindurch an der Fütterung zu halten. Nur während der Brunft verschwanden die Hirsche. Dem Laien vermittelt das natürlich ein völlig falsches Bild vom Rotwild, dem

Jäger gibt es aber Gelegenheit, außerordentlich interessante Beobachtungen über das Verhalten dieser sonst so vorsichtigen Wildart zu machen. An der beschriebenen Fütterung standen die Hirsche am hellen Tage zu bestimmter Zeit und ließen sich durch die Anwesenheit vieler Menschen auf 20 m Entfernung solange nicht stören, wie diese innerhalb des Gartenzaunes blieben. Erschien aber auf weite Entfernung irgendwo im Gelände ein Mensch, so flüchteten sie sofort. Keinesfalls wurden die Hirsche hier bösartig, im Gegenteil, sie wurden so „zahm", daß sie das Futter aus der Hand annahmen. Immerhin bleibt ein solches Verhalten eine Ausnahme, zeigt aber doch sehr eindringlich die Anpassungsfähigkeit des Rotwildes.

Die älteren Schriftsteller sprechen weit mehr von der *Wehrhaftigkeit* unseres Wildes, als dies in neuerer Zeit geschieht. Und doch sollte jeder, der mit einem angeschweißten Hirsch in nächste Berührung kommt, mit dieser Eigenschaft rechnen. Denn der Hirsch, wie auch das Kahlwild, sind in der Tat wehrhaft und gehen unter Umständen dem Angreifer zu Leibe. Wie gefährlich der Hirsch mit seinem Geweih werden kann, davon berichten gelegentlich die Jagdzeitschriften. Wiederholt sind Treiber von angeschweißten Hirschen schwer geforkelt; und Schläge von Alttieren mit dem Vorderlauf haben schon Arme zerbrochen. Daß stellende Hunde vom angeschweißten Rotwild wütend angegriffen werden, ist keine Seltenheit.

Gebrauch der Sinne

Der *Gesichtssinn* ist gut ausgebildet, und das Rotwild vermag gut zu *äugen.* Dabei erkennt es nicht nur verdächtige Bewegungen, sondern auch im Gelände fremdartige und ungewohnte Gegenstände, die sich nicht bewegen. So auch den stillstehenden Jäger besonders in Gegenden, in denen es dem Menschen regelmäßig begegnet. Die optische Orientierung spielt auch im sozialen Verkehr der Artgenossen untereinander eine bedeutende Rolle.

Sicherndes Rotwild

Der *Geruchssinn* ist wohl am vollkommensten ausgebildet, und ihn setzt das Rotwild in erster Linie zur Wahrung seiner Sicherheit ein. Möglichst zieht es daher gegen den Wind, „holt" sich auch Wind durch entsprechende Umwege, so daß die Beobachtung der Windrichtung für den Jäger geradezu Vorbedingung bei Ansitz und Pürsche ist. Ausgesprochen „guter" Wind, vom Jäger aus gesehen, ist für diesen daher nicht immer besonders günstig, weil das Wild „halben" Wind zumindest bei Aus- und Einwechsel oft bevorzugt, wenn sich nicht die Gelegenheit bietet, direkt gegen den Wind zu ziehen. Die vorherrschende Windrichtung kann daher zu Standortsänderungen des Wildes Veranlassung geben.

Auch frische Menschenspuren werden mit dem Geruchssinn selbstverständlich aufgenommen und in besonderen Fällen auch identifiziert. Mehrfach habe ich derartige Beobachtungen machen und dabei erfahren können, wie genau u. U. das Wild die Spur eines das Revier ständig begehenden Jägers von etwa einer solchen eines harmlosen Spaziergängers zu unterscheiden vermag. So pürschte ich einmal morgens in einem Harzrevier mit einem Bekannten und überquerte dabei mit ihm eine breite Wiese, die mit einem Winkel in die Dickung einsprang. Diesen Winkel gingen wir der Länge nach über die Wiese, um uns gegenüber anzusetzen. Es war in der Feistzeit und bereits heller Tag, doch wußte ich, daß die Feisthirsche gern noch spät diesen Wiesenwinkel überqueren, um eine Suhle anzunehmen. Während mein Gast zunächst hinter mir in meiner Spur ging, trennten wir uns dann auf einer Strecke von etwa 100 m, weil ich an der Suhle abfährten wollte. So lagen hier unsere Spuren, die im Tau vom Ansitz aus genau zu sehen waren, etwa 30 m nebeneinander. Nach etwa einer Stunde zogen zwei Hirsche auf den Wiesenwinkel in Richtung auf die Suhle. Die Spur des Gastes, die sie dabei zunächst überqueren mußten, nahm zwar ihre Aufmerksamkeit in Anspruch, wurde genau bewindet, dann aber überschritten. Meine Spur dagegen veranlaßte beide Hirsche sofort zu eiliger Flucht in die Dickung zurück. Da ich diesen Revierteil ständig bejagte, besteht durchaus die Wahrscheinlichkeit, daß die beiden Hirsche häufig in der Dämmerstunde auf meine frische Spur gekommen waren und diese als verdächtig erkannten. Einen ähnlichen Fall erlebte ich fast an der gleichen Stelle mit zwei Feisthirschrudeln. Während ein Rudel mir völlig unbekannter Feisthirsche meine frische Spur absolut ignorierte, wurde ein etwa eine Stunde später einwechselndes Rudel von Standhirschen an meiner Spur sofort flüchtig. Beide Beispiele zeigen, wie umsichtig aus Erfahrung sich Rotwild zu verhalten vermag, und sollten zu denken geben. Ich kenne jedenfalls Jäger, die beim Pürschen grundsätzlich Gummischuhe tragen, um ihrer Spur die Individualwitterung zu nehmen. Ob mit oder ohne Erfolg bleibt auszuprobieren. Welche Geruchsleistung vollbracht wird, zeigt folgender Fall: In der Feistzeit 1958 an einem Freitag, nachmittags, schoß ich einen Schmalspießer, den ich sofort etwa 200 m weit über eine freie Fläche zu einem Graben zog, um ihn dort aufzubrechen. Am folgenden Montag, gegen Mittag, saß ich an derselben Stelle an und beobachtete auf dem Wechsel des Schmalspießers einen geringen Hirsch. Dieser markierte sofort den Anschuß und „arbeitete" die Schleppspur mit tiefem Windfang sehr vorsichtig bis zum Graben. Nach 64 Stunden!

Noch mehr als der Gesichtssinn dient die olfaktorische Orientierung des Rotwildes den Anforderungen, die das soziale Zusammenleben mit sich bringen. Es wird hierzu nur an die Funktionen verschiedener Hautdrüsen erinnert.

Auch der *Gehörsinn* ist gut, und das Rotwild *vernimmt* sehr scharf und auf weite Entfernungen, wobei genau lokalisiert und identifiziert wird. So bewirkt ein knackender Ast beim Pürschen wohl sofortiges Aufwerfen und Sichern. Ein metallisches Geräusch dagegen, etwa von Büchse oder Fernglas herrührend, löst in der Regel unmittelbare Flucht aus.

Lautäußerungen

Die *Lautäußerungen* des Rotwildes sind sehr verschiedenartig, je nach Geschlecht und Anlaß, die Stimme zu gebrauchen.

Der Brunfthirsch schreit, röhrt, orgelt, trenzt, knört; das Tier schreckt, mahnt; das Kalb klagt. Das Schreien des Hirsches beschränkt sich auf die Brunftzeit; vereinzelt ist es außer dieser Zeit beobachtet. Es hat dann aber gewöhnlich denselben Grund wie in der Brunftzeit, weil der Geschlechtstrieb des Hirsches durch ein außer der Zeit brunftiges Tier erregt wird. Näheres über diese Lautäußerungen wird im Zusammenhang mit der Brunft behandelt.

Das *Schrecken* ist ein kurz hervorgestoßener Laut, der sich in Schriftzeichen schlecht wiedergeben läßt. Er liegt in der Klangfarbe zwischen o und a und wird durch heftiges, kurzes Ausstoßen der Luft hervorgebracht. Das Rotwild schreckt, wenn es über einen beunruhigenden Vorgang in Unsicherheit ist; ist es sich darüber klargeworden, so hört es in der Regel auf zu schrecken. Es schrecken auch zuweilen Hirsche, jedoch seltener, meist nur in der Brunft, und mit tieferem Ton; meistens geben diesen Laut die alten Tiere von sich. Dabei scheint das Beispiel von Bedeutung zu sein, denn es gibt Reviere, in denen das Wild leicht und bei jeder Gelegenheit, andere wieder, in denen es fast niemals schreckt. Auch angeschweißte Stücke sind wiederholt schreckend beobachtet worden.

Das *Mahnen* der Tiere ist ein Warnruf für die Kälber, ein Angstruf, auch ein Lockton. Er läßt sich schriftlich nicht wiedergeben; wird aber leicht dadurch nachgeahmt, daß man bei geöffnetem Mund und mit von der Hand zugehaltener Nase Luft in die letztere zu stoßen versucht und dadurch einen kurzen, nasalen Laut hervorbringt. Mit diesem Laut warnt das Tier das Kalb, lockt es zu sich: ihn stößt es zuweilen aus, wenn es in der Brunft vom Hirsch stark getrieben wird. Auch die Kälber und Schmaltiere geben ihn von sich, erstere, wenn sie die Mutter suchen, letztere gleichfalls in der Brunft. In jedem

Vertraut ziehend

Fall hat jedoch das Mahnen, je nach der Veranlassung, eine leichte, dem geübten Ohr aber sehr wohl erkennbare Verschiedenheit in der Klangfarbe.

Hirsche mahnen auch, jedoch seltener als Tiere. Beim Scherzen allerdings geben sie diese Lautäußerung recht häufig und anhaltend von sich.

Das *Klagen* ist ein hauptsächlich den Kälbern eigener Ton, den diese von sich geben, wenn sie vom Menschen oder Hund ergriffen werden. Ältere Stücke klagen nur selten, und zwar dann, wenn sie, infolge sehr schwerer Knochenverletzung in den Zustand völliger Hilflosigkeit geraten, den Jäger oder Hund nahen sehen. Das Klagen ist ein verhältnismäßig lautes Stöhnen.

Bewegungen

Die *Bewegungen* des Rotwildes sind in jeder Gangart voll Kraft und Anmut. Über die Bewegung im *Schritt* ist nicht viel mehr zu sagen. Dagegen fordert schon das *Trollen* (Traben) die Bewunderung des Beobachters heraus. Es gibt wohl kaum ein Tier, dessen Glieder in dieser Gangart auch nur annähernd das leichte, unnachahmliche Federn der sehnigen, schlanken Läufe zeigen, wie diejenigen des Rotwildes. Wird das Wild *flüchtig*, so nimmt es spielend die größten Hindernisse. Es überfällt Gräben und Zäune von bedeutender Breite und Höhe, anscheinend ohne besondere Kraftanstrengung. So hat v. Raesfeld bei Gelegenheit einer Hofjagd einen mit vielem Wild in engen Kammern eingestellten Hirsch von zehn Enden ohne nennenswerten Anlauf dreimal hintereinander das über drei Meter hohe Tuch überfallen sehen.

Auch über erstaunliche Weitsprungleistungen wird berichtet, so in „Wild und Hund" (Nr. 10, 1956) von Revierförster a. D. O. Hoffmann, der bei flüchtendem Wild an einem Graben Sprungweiten von 12 und 14 m als gemessen angibt.

Im Trollen

hirsch auch in den ersten Tagen der Brunft nicht in den Einstand seines Rudels, sondern kehrt in seinen Feistzeiteinstand zurück. So kann man häufig beobachten, daß er sein Rudel bis vor die Dickung begleitet, sich plötzlich abwendet und oft in entgegengesetzter Richtung abzieht. Erst, wenn die Brunft sich dem Höhepunkt nähert, läßt der Platzhirsch sein Rudel nicht mehr allein und steht mit ihm im gleichen Einstande. Er duldet dann auch den oder die Beihirsche nicht mehr in der unmittelbaren Nähe des Rudels.

Wer den Brunftbetrieb richtig kennenlernen will, bleibe einmal eine ganze Nacht am Brunftplatz, er wird dann auch erleben, daß nicht nur der Hirsch das Wild zusammentreibt, sondern daß auch einzelne Stücke Kahlwild den Brunftplatz aufsuchen. Das brunftige Stück wird nun vom Hirsch getrieben, der zum *Beschlag* kommen will. Auf seine Lautäußerungen, das Schreien, kommen wir noch zu sprechen. In der Vorbrunft, die ein bis zwei Tage dauert, steht das Stück noch nicht. Immer wieder sieht man den Hirsch treiben, wobei er sich in kurzen Abständen mit dem Lecker über den Windfang fährt. Das Tier gibt in der Regel dabei nur selten einen Laut (Mahnen) von sich. Ist es in Hochbrunft, also beschlagbereit, so steht es dem Hirsch, der sich erhebt, kurz aufsitzt, wobei er sein Haupt auf den Widerrist des Tieres drückt, und in wenigen Sekunden den Beschlag vollzieht, um dann vom Tier abzufallen. Meist steht er dann eine Weile teilnahmslos, tut sich wohl auch nieder, doch wird auch der Beschlag häufig sehr bald wiederholt.

Ich habe beobachtet, wie ein Hirsch das brunftige Tier innerhalb einer Stunde fünfmal beschlug, und RAESFELD berichtet sogar von einem Hirsch, der dasselbe Tier in zehn Minuten sechsmal beschlug, dann sofort einen Beihirsch etwa 1½ km verfolgte, trollend zurückkam und sofort nochmals den Beschlag vollzog. Derartige Beobachtungen wurden von W. BÜTZLER so gedeutet, daß es sich dabei nicht jedesmal um einen vollzogenen Beschlag, sondern vielmehr „mit Sicherheit" um wiederholtes Aufreiten des Hirsches handele, wobei es nicht zur Ejakulation kommt. Diese sei dadurch gekennzeichnet, daß der Hirsch bei der Begattung beide Hinterläufe vom Boden abhebe. Ich habe das noch nicht beobachtet, kann natürlich auch nicht „mit Sicherheit" behaupten, daß bei dem geschilderten wiederholten „Beschlag" eine Ejakulation erfolgte!

Es ist nicht überraschend, daß nach den wochenlangen geschlechtlichen Erregungen und Anstrengungen, dem fortwährenden Umherziehen, Kämpfen und Schreien die Hirsche nach Beendigung der Brunftzeit völlig abgekommen sind, zumal sie kaum Äsung zu sich nehmen. Gegen Ende der Brunft muß man also immer beim Anpürschen eines Brunftrudels darauf gefaßt sein, daß der Platzhirsch völlig abgebrunftet abseits sitzt, auch sah ich schon, wie er sich hierbei völlig „legte", d. h. Haupt und Geweih auf die Erde streckte.

Wenn auch der Hirsch sich mit dem brunftigen Stück mehrere Tage beschäftigen kann, so steht es zum Beschlag doch nur verhältnismäßig kurze Zeit, wahrscheinlich nur Stunden. Wird das Tier nicht befruchtet, so wiederholt sich unter Umständen seine Brunft etwa nach drei Wochen, doch ist dies nicht die Regel. So findet man überraschend, obwohl der Brunftbetrieb schon fast vorbei ist, gelegentlich einen voll schreienden Hirsch mit einem brunftigen Stück, manchmal bis Ende Oktober (Nachbrunft). Auch völlig zur Unzeit brunftende Tiere kommen vor, so erlebte ich zwei Jahre hintereinander ein im Januar brunftiges Stück, bei dem ein schreiender Hirsch stand. Offensichtlich handelte es sich in beiden Jahren um das gleiche Tier. Im ersten Jahr schoß ich morgens den Hirsch, worauf sich am Abend ein anderer einfand, um einige Tage lang regelrechten Brunftbetrieb vorzuführen. Im zweiten Jahr brachte ich, wieder im Januar, das Tier unter gleichen Umständen zur Strecke. Ein entsprechend spät gesetztes Kalb vom Vorjahr habe ich in dem Rudel nicht beobachtet, auch hatte das etwa 4- bis 5jährige Stück vielleicht überhaupt noch nicht geführt. Auf jeden Fall versuche man, solche spätbrunftenden Tiere zur Strecke zu bringen. Das Vorkommnis zeigt, daß die Brunft vom Kahlwild ausgeht, der Hirsch ist das ganze Jahr über beschlagfähig und lebt, das braucht wohl kaum betont zu werden, in Mehrehe.

Folgen wir nun einmal Altmeister v. Raesfeld in der Morgenfrühe bei der Pürsch zu einem guten Brunftplatz seines Reviers:

„Schon während der Nacht haben wir hin und wieder in der Jagdhütte Hirsche schreien gehört. Plötzlich erdröhnte die Hütte von dem ehernen Ton aus dem Hals eines starken Hirsches, der uns sozusagen in die Fenster hineinschreit. Wir erheben uns vom Lager – es ist sowieso Zeit aufzustehen –, treten heraus und hören den alten Herrn noch einmal aus nächster Nähe aus vollem Hals röhren; dann wird es wieder still. Nach eiligem

Treibender Hirsch

Frühstück brechen wir auf. Sternhell wölbt sich der Nachthimmel über den Kronen des weiten Waldes, kalt fährt uns der leichte Morgenwind durch die Glieder, und lebhaft schreiten wir auf dem dunklen Pfad, um das erste Frösteln zu überwinden. Bald biegen wir von dem besseren Weg seitwärts in einen finsteren Erlengrund ab. Gespenstisch taucht von Zeit zu Zeit der weiße Stamm einer Birke auf, geisterhaft kommen und verschwinden die dunklen Schatten mächtiger Wacholdersträucher. In der Ferne vor uns ertönt bereits, zwar noch verworren und unklar, das Orgeln von mehreren Hirschen. Je mehr wir uns aber der großen Wiesenblöße nähern, die für heute unser Ziel ist, um so deutlicher unterscheiden wir verschiedene Stimmen. Unter ihnen fällt uns ein ganz besonders tiefer Baß auf, so tief, daß er für die menschliche Stimme unerreichbar ist. Es ist der Brunftschrei eines alten Platzhirsches, dem unser Gang gilt. Nun lichtet sich das Waldesdunkel: an einem schwarz gähnenden Moorgraben entlang pürschen wir vorsichtig vorwärts. Wir sind am Rand der Blöße, durch ein dichtes Röhricht, über das wir gerade hinwegsehen können, gegen diese gedeckt. Hinter einem breiten Wacholderbusch machen wir halt und warten nun die weitere Entwicklung ab. Noch herrscht tiefe Dunkelheit, doch ein fahler Schimmer am östlichen Himmel und ein leichtes Verblassen der Sterne künden den anbrechenden Morgen an. Vor uns liegt im dichten Morgennebel die Blöße, in der Ferne begrenzt vom dunklen Saum alter Kiefern. Von allen Seiten ertönt Schrei auf Schrei, bald in hohen, quarrenden Tönen, der kümmerliche Versuch eines Sechsers oder Achters, bald von tiefer eherner Gewalt, bald langgezogen, dann wieder kurz und trotzig mehrmals hintereinander hervorgestoßen, bald herausfordernd, bald klagend.

Plötzlich hören wir das Aneinanderschlagen von Geweihen. Es kämpfen zwei Hirsche in unserer Nähe. Aber es sind nur ein paar Schneider, denn klanglos und stumpf tönt das klappernde Geräusch zu uns herüber, während beim Kampf starker Hirsche die aufeinandertreffenden Geweihe einen hellen, klingenden Ton von sich geben, als ob Schwerter gegen Panzer schlagen. Der Grund dieser Verschiedenheit liegt in der größeren Höhe und der inneren Festigkeit stärkerer Geweihe.

Allmählich wird es heller, der Wind frischt auf und reißt lange Fetzen aus dem Nebelschleier heraus, die in Schwaden noch im Waldesrand hängenbleiben. Noch eine Viertelstunde kämpfen Wind und Nebel um die Herrschaft, dann siegt der erstere. Und nun offenbart sich, freilich noch in starker Dämmerung, unseren Augen ein Bild von zauberhafter Schönheit, dessen Einzelheiten unsere guten Gläser weiter aufklären. Etwa 200 Schritt von uns entfernt steht ein starker Platzhirsch bei einem aus acht Stück Kahlwild bestehenden Rudel. Trotzig und kühn erhebt sich aus mächtigem Kragen das mit einem dunklen Kronengeweih gezierte Haupt; weiß leuchten die Enden des Geweihes in den dämmernden Morgen hinein. Weiterhin erblicken wir auf der großen Blöße noch mehrere Rudel und zwischen ihnen, aber in sicherer Entfernung, überall einzeln stehende Hirsche, die *Beihirsche*. Von dem zunächst stehenden Rudel haben sich einige Tiere niedergetan, eins steht ein wenig abseits. Diesem nähert sich der Hirsch, aber das Stück zieht weiter hin. Der Hirsch zieht nach und fängt an zu trollen, das Tier trollt gleichfalls. Und nun treibt der Hirsch es um das ganze Rudel herum, dann bleibt er stehen. In demselben Augenblick steht auch das getriebene Tier. Mit nickendem Haupt schreitet der Hirsch einige Schritt darauf zu, legt dann das Geweih zurück, öffnet das Geäse, und ‚ooah ooah' ertönt der nicht besonders laute, allmählich anschwellende und ebenso langsam an Stärke abnehmende Brunftschrei. Nun steht er eine Zeitlang ganz regungslos, bis er das Treiben wieder aufnimmt und sich derselbe Vorgang wiederholt.

Plötzlich ertönt vom jenseitigen Waldrand laut und herausfordernd, markerschütternd, ein lang verhallender, eherner Schrei, den unser Hirsch ebenso beantwortet. Es sind zwar dieselben zwischen o und a liegenden Töne, aber sie sind an Stärke und Trotzigkeit des Ausdrucks so viel machtvoller, daß wir sofort den Eindruck haben, das kann nur eine Herausforderung sein. Und richtig, vom Waldessaum her wird ein dunkler Körper sichtbar, in dem wir bald einen starken Hirsch erkennen. Er wechselt gerade auf unser Rudel los. Der Platzhirsch zieht ihm majestätischen Schrittes entgegen, nun verhoffen beide und wiederholen denselben Schrei wie vorhin. Dann aber trollt der Platzhirsch dem Nebenbuhler entgegen. Bis auf Büchsenschußweite ist er ihm nahegekommen, da verhofft er und ‚o o o o o ōäh' schreit er dem verhaßten Gegner den Kampfruf entgegen. Nun ziehen beide in kurzem Schritten aufeinander zu, stapfen im Stechschritt mit schiefgehaltenen Köpfen nebeneinander her. Plötzlich senkt der eine sein Geweih, blitzschnell auch der andere. Der erstere zieht einige Schritt seitwärts und wühlt mit dem Geweih im Boden, daß Schmutz und Fetzen umherfliegen. Der andere zieht zurück, sofort folgt ihm der erstere, und im

Platzhirsch und Beihirsche

Stechschritt, wie vorhin, stapfen sie nebeneinander auf, sich herausfordernd messend, gerade wie die homerischen Helden. Plötzlich wendet sich der eine gegen den andern, die Geweihe senken sich, gewinnen Fühlung miteinander und fahren mit heftigem Stoß krachend zusammen. Nun beginnt ein Kampf auf Leben und Tod, in dem jeder Kämpfer dem Gegner die Seite abzugewinnen trachtet, um ihm die todbringenden Augsprossen in das Blatt oder die Flanken zu bohren. Zeitweise liegen beide Hirsche auf den Knien, die Hinterläufe stemmen sie mächtig in den weichen Grund. Im Kreise drehen sich die Kämpfer umeinander, im blitzschnellen Wirbel. Bald weicht der eine zurück, bald der andere. Stoßweise dringt der weiße Hauch aus den aufgeblähten Nüstern, jeder Muskel ist bis zum Zerspringen angespannt. Krachend und klingend fahren dazwischen die Geweihe aneinander, doch der Augenblick der Entscheidung naht. Der Eindringling beginnt zu weichen, immer mehr gewinnt der Platzhirsch an Boden, der andere vermag der Wucht des Andranges nicht zu widerstehen, ein Straucheln würde ihn unfehlbar dem Untergang weihen. Mit einer äußerst gewandten Bewegung löst er das Geweih von dem des Gegners, mit unnachahmlicher Schnellkraft wirft er sich auf den Hinterläufen herum, und in weiten Fluchten sucht er dem Bereich des Platzhirsches zu entkommen. Dieser macht einige Fluchten hinterdrein, ‚o o o o o ōāh' donnert er ihm den Kampfschrei nach, äugt sich stolz nach seinem Rudel um, legt das Geweih zurück und ‚oa oa oah' tönt dann der langgezogene, mächtige Schrei aus vollem Hals in den Morgen hinein. Gelassen folgt er dem abgeschlagenen Gegner, der nun schwerfälligen Schrittes wieder dem Waldrand zuzieht. Einmal sucht er ihn durch kurzes Trollen wieder einzuholen, aber jener hat keine Neigung zur Wiederholung des Kampfes, er bringt sich in Sicherheit, bis zum Waldessaum vom Sieger verfolgt. Nun wendet sich dieser und zieht, wiederholt aus lautem Hals schreiend, seinem Rudel zu. Er bringt hier einige vorwitzige Beihirsche in mächtigen Fluchten nach den verschiedensten Richtungen fort und nimmt das

Treiben wieder auf, das Rudel eng zusammenhaltend, denn er duldet nicht, daß ein Stück sich aus seinem Bereich entfernt. Mittlerweile hat sich der Himmel im Osten gerötet, flammend umsäumen sich die Wolken, der Tag bricht an. Langsam zieht das Wild zu Holze, der Hirsch hinterdrein. Noch sehen wir hier und da einzelne Hirsche auf der Blöße stehen, auch diese treten in das Holz. Aus der Ferne ertönt noch vereinzelt verhallendes Röhren, dann wird es still. Tiefer Friede lagert auf der weiten Fläche, die noch vor kurzem der Tummelplatz wildester Leidenschaften war."

Das war eine Schilderung der Brunft aus der guten alten Zeit, aus einem wirklich gut besetzten Rotwildrevier. Wir haben und werden uns daran gewöhnen müssen, mit bescheideneren Brunftbildern zufrieden zu sein, denn je mehr starke Hirsche und Beihirsche vorhanden sind, um so mehr schreien und kämpfen sie. In unseren dünner besiedelten Rotwildrevieren spielt sich im allgemeinen die Brunft wesentlich stiller ab. Der starke Hirsch bezieht seinen Brunftplatz schon meist vor Hellwerden in der Dickung, auf einer kleinen Blöße, in einem Bruch. Ja selbst im Hochgebirge verläßt das Brunftrudel schon frühzeitig die Alm, die freien Leiten, um im locker bestockten, aber Deckung gewährenden Latschenfeld zu verschwinden. Fast ebensooft wie die klagende Frage des Niederwildjägers: „Wo bleiben die Hasen?" hört man vom Hochwildjäger: „Warum schreien die Hirsche nicht mehr?" Nun, sie schreien natürlich noch, aber wenn ich daran zurückdenke, wie vor Jahrzehnten z. B. im Harz, bei gar nicht einmal so viel größerem Wildbestand die Hirsche schrien, so fällt der Vergleich zur Jetztzeit (1977) recht traurig aus. Voller Brunftbetrieb am hellen Tage, das war damals bei gutem Wetter überhaupt eine Selbstverständlichkeit. Und heute? Kaum wird es morgens dämmerig, schon steht der Platzhirsch nicht mehr beim Rudel, ein Beihirsch hat es übernommen, und der „Pascha" knört nur noch ab und zu in der Dickung. Der starke Verkehr, die gräßliche Unsitte vieler Bevölkerungskreise, zum „Hirschbrüllen" von weit her zu fahren und sich völlig undiszipliniert dabei zu verhalten, die intensive Bejagung und die kleineren Wildbestände lassen den Brunftbetrieb in vielen Rotwildgebieten nicht mehr so auffällig in Erscheinung treten, wie das noch vor Jahrzehnten der Fall war.

Für den Harz muß ich allerdings feststellen, daß die Brunft wieder lebhafter geworden ist, nachdem das Geschlechterverhältnis zugunsten der Hirsche verschoben wurde.

Brunftschrei und Brunftgebärden

Warum schreit nun überhaupt *der Hirsch?* Diese Frage wird oft gestellt, und es bleibt völlig offen, ob wir sie wirklich zutreffend beantworten können. Warum schreit er auch in den verschiedensten Modulationen? Was hat das zu bedeuten? Will er damit seinen Artgenossen, Hirschen wie Tieren, bewußt etwas „sagen"? Wir dürfen das kaum in dieser bestimmten Form annehmen, denn damit würden wir ihm Leistungen zusprechen, zu denen allein der Mensch durch die Sprache befähigt ist. Es wird vielmehr so sein, daß der geschlechtliche Erregungszustand – oder, wie wir noch sehen werden, auch ein anderer, völlig außergewöhnlicher Gemütszustand – absolut triebhaft den Schrei auslöst und entsprechend den Zustandsvariationen die Modulation bewirkt. Dem widerspricht nicht, wenn man den Artgenossen zubilligt, daß sie aus den verschiedenen Modulationen ihre Schlüsse ziehen können. Warum lacht der Mensch? Doch nicht, weil er zeigen *will*, daß er freudig erregt ist, sondern weil er es zeigen *muß*, weil das Lachen seinem Gemütszustand entspricht. So könnte man es etwa vergleichen. Wenn wir nach einem Zweck überhaupt fragen wollen, so können wir uns vorstellen, daß der Schrei dem Nebenbuhler gegenüber abschreckend, für das weibliche Wild vielleicht anlockend wirkt. Der

Schrei ist Ausdruck der geschlechtlichen psychischen Erregung, in Ausnahmefällen auch sonstiger ungewöhnlicher Gemütsbewegung. Es wird mehrfach berichtet, daß Hirsche in der Brunft, nachdem sie eine nicht sofort tödliche Kugel erhalten haben, noch mehrmals schrien. Die Abschreckung des Nebenbuhlers beinhaltet vermutlich auch eine gewisse Markierung des „Revieres", des Territoriums, über das der Hirsch verfügen will, und in dem er alles unternimmt, um eine Situation herbeizuführen und zu erhalten, die für die Fortpflanzung günstig ist. Er schreit, er kämpft, er treibt und beschlägt das Tier.

Auch außerhalb der Brunftzeit und daher in keinem Zusammenhang mit geschlechtlicher Erregung stehend, ist das Schreien der Hirsche schon beobachtet worden. Solch einen Fall beschreibt v. RAESFELD aus der Schorfheide (1879) folgendermaßen:

„In einem nur wenige Morgen großen Kulturgatter, dessen breite Eingangsöffnung nicht geschlossen worden war, bemerkte ich im Februar einen Hirsch von zehn Enden. Ich ging hinein, um den Hirsch hinauszutreiben und trieb ihn vielleicht dreimal an der ganzen Einzäunung entlang, vorbei an der offenen Einfahrt, die er aber nicht annahm. Schließlich wurde dem Hirsch die Geschichte über, er trat nah vor mich hin und schrie mich mit rollenden Lichtern wiederholt aus vollem Hals an. Da ich befürchtete, daß er mich annehmen würde, zog ich mich mit der Büchse im Anschlag – ich durfte den Hirsch nicht strecken, und hätte es nur in der äußersten Gefahr getan – langsam zurück, überstieg das Gatter und verzog mich. Am anderen Tage war der Hirsch nicht mehr im Gatter."

Daß Hirsche aus Mangel an Wasser schreien, steht nicht nur in der Bibel (Psalm 42, 2), sondern ist, wenn auch wohl sehr selten, beobachtet worden. Nach Mitteilung des Harzwildmeisters ELTEN VOM AHRENDSBERG („Weidmann", Bd. XXI, S. 349) trat Mitte des vorigen Jahrhunderts im Monat Januar plötzlich sehr starke Kälte ein, und alle Quellen froren zu. „Da schrien die Hirsche aus allen Richtungen bei Tage und Nacht, und zwar, wie die Jäger annahmen, nach Wasser." Aus neuerer Zeit liegt eine überzeugende Beobachtung durch G. v. LETTOW-VORBECK (Grüne Passion, Verlag Parey, 1956) vor, der berichtet, wie ein im Rotwildfang etwa acht Tage versehentlich ohne Wasserversorgung gehaltener Hirsch körperlich völlig verfiel und die Annahme des Futters verweigerte. „Dieser Gespensterhirsch hielt plötzlich inne, ließ das Haupt noch tiefer hängen als zuvor ... und schrie! Schrie wie auf der Suche nach Wild, nur kürzer, dunkler und rauher! Schrie nicht etwa nur ein- oder zweimal, sondern hörte überhaupt nicht mehr auf." Nach regelmäßigem Erhalt von Wasser erholte sich der Hirsch wieder.

Schon an anderer Stelle habe ich erwähnt, daß Schweißgeruch an der frisch abgeworfenen Stange bei Hirschen die Gebärde des Schreiens auszulösen vermag. Hierzu sei noch bemerkt, daß hin und wieder auch darüber berichtet wird, wie angeschweißte oder geforkelte Tiere von Hirschen beschlagen wurden.

In „Wild und Hund" Nr. 47, Bd. 42, schildert Graf GARNIER-TURAWA aus dem November 1935 folgendes:

„Der Schütze schießt das Stück waidwund, das Wildrudel fährt durcheinander und flüchtet auf die Wiese hinaus, um dort zu verhoffen. Das beschossene Stück bleibt sichtlich krank abseits vom Rudel stehen, und es hängt ihm, deutlich sichtbar, ein Stück Gescheide aus der Einschußseite heraus. Währenddem trennt sich von einem abseitsstehenden Hirschrudel ein starker Zwölfender. Der Hirsch nimmt das schwerkranke und wohl auch etwas breitläufig dastehende Alttier an, schlägt einmal mit dem Geweih nach der Keulenpartie und beschlägt das kranke Tier. Der Akt des Beschlagens war deutlich sichtbar. Nach kurzer Pause beschlägt der Hirsch das Tier noch ein weiteres Mal und nach wiederum einiger Zeit zum dritten Male ..."

In Dtsch. Jagd 47/1937 berichtet HOLLFELDER:

„... Mitte August kam beim Drücken dem Revierförster ein Tier, das er beschoß, auf derselben Fährte dichtauf ein älterer Hirsch. Das Tier brach zusammen, wurde aber immer wieder hoch. Der Hirsch versuchte nun mehrmals, das Stück zu beschlagen ...“

In irgendeiner Form scheint also Schweißgeruch dem Brunftgeruch der Tiere zu ähneln, wodurch der „Trieb“ ausgelöst wird. Auch der noch anormalere Fall des an einem angeschweißten Hirsch versuchten Beschlages wird an gleicher Stelle geschildert.

In der Regel schreit aber der Hirsch nur während der Brunftzeit. Er schreit beim Rudel oder bei einem brunftigen Stück, wenn ihm das Tier nicht steht. Es ist ein fast klagender, langgezogener Schrei, von dem man leicht anzunehmen geneigt ist, der Hirsch will seinen Unmut zum Ausdruck bringen, daß sich das Tier nicht beschlagen läßt. Ganz ähnlich schreit der suchende Hirsch, der allein zum Brunftplatz zieht oder sonst irgendwo nach Kahlwild sucht. Er schreit, weil er durch den Schrei eines anderen Hirsches erregt wird, schreit den heranziehenden Nebenbuhler an und regt sich ebenso über einen in seinen Bereich eindringenden geringen Hirsch auf.

Diesen, durch RAESFELD schon als *Kampfschrei* gekennzeichneten Schrei, möchten wir auch weiterhin so nennen. Den Kampfschrei lassen alle ein Rudel führenden Hirsche bei der Gelegenheit ertönen, wenn nämlich das Rudel infolge Beunruhigung durcheinander geraten ist. Dem abgeschlagenen Nebenbuhler schreit der Platzhirsch den gleichen Schrei nach. Nicht immer ist nach der Lautstärke oder Stimmlage mit Sicherheit der alte Hirsch zu erkennen. Wohl haben alte Hirsche meist eine tiefe, grobe Stimme, doch ist das nicht ohne Ausnahme. Bei jüngeren liegt der Ton höher. Was bei den alten wie o und a sich anhört, klingt bei den jüngeren wie ö und ä; auch schreit ein junger Hirsch selten ganz durch, der Ton bricht am Ende kurz ab, der ganze Schrei ist weniger langgezogen. Doch sind gegen Ende der Brunft diese Unterschiede nicht mehr so auffallend, wenn auch die mittelalten Hirsche sich „eingeschrien“ haben. Dann hört man mit Sicherheit nur den Schneider heraus. Manche Hirsche haben jedoch recht charakteristische Stimmen, an denen man sie immer wieder erkennt. Blechern klingende oder rasselnde Schreie sind hierbei besonders typisch. So erinnere ich mich an einen sehr alten, von mir drei Jahre hintereinander bejagten Harzhirsch, der an seiner „Trompetenstimme“ jederzeit zu erkennen war. Niemand hätte nach der Stimmlage einen so alten Hirsch vermutet, als der er sich, zur Strecke gekommen, erwies.

Außer den lauten Brunftschreien, die wir für den suchenden und den das Rudel verteidigenden Hirsch beschrieben haben, sind ihm noch andere Brunftlaute eigen. So läßt er beim Treiben eines Tieres und auch bei Vertreiben eines Nebenbuhlers oder Beihirsches das *Trenzen* in schnell aufeinanderfolgenden, kurzen Tönen hören. Es ist der Kampfschrei, dem das langgezogene oah, oah fehlt. Ein kurz und rauh herausgestoßenes ö, ö, ö ist es, bei dem sich der Hirsch fast immer in Bewegung befindet. Im Zustand geringerer Erregung, also meist beim Herumstehen, noch typischer beim Sitzen, läßt sich der Hirsch mit dem *Knören* vernehmen. Es ist ein wenig langgezogenes, tiefes Brummen, das zunächst anschwellend allmählich erstirbt und nicht sehr weit zu hören ist. Oft läßt der Beginn des Knörens noch einen in der Klangfarbe dem Mahnen des Tieres ähnlichen Ton, der in das tiefe Brummen übergeht, erkennen.

Im allgemeinen schreien die Hirsche am lebhaftesten in der Hochbrunft gegen Morgen kurz vor Eintritt der Dämmerung, gegen Abend und in der Nacht. Doch lassen sie sich in ruhigen Revieren, besonders im Hochgebirge auch während des Tages hören. Besonders lebhaft wird es, fast unabhängig von Wetter und Tageszeit, wenn zwei Hirsche aneinandergeraten, ein fremder Hirsch also in den Bereich des Standhirsches eindringt.

Kaltes, klares und windstilles Wetter läßt die Hirsche anhaltender schreien, als warmes Regenwetter. Bei letzterem verläuft die Brunft meist recht still, doch auch in klaren Nächten und ebensolchen Morgenstunden vernimmt man häufig trotz der Hochbrunft keinen Hirsch. Mit ziemlicher Sicherheit ist dann ein Witterungsumschlag zu erwarten.

Sehr charakteristisch ist es, daß der Platzhirsch beim Einziehen in den Tageseinstand meist einen Schrei ertönen läßt, auch dann, wenn er sonst an dem Morgen völlig verschwiegen hat. Das Schreien der Hirsche beginnt innerhalb eines Revieres nicht auf allen Brunftplätzen gleichzeitig, d. h. am gleichen Tage. Dort, wo zuerst ein Tier brunftig wird, schreit meist der erste Hirsch, andere kommen hinzu, melden sich ebenfalls und in der Nähe stehende antworten, auch wenn sie noch gar nicht beim Wilde sind. In anderen Revierteilen kann es dagegen noch völlig still sein.

Knörender Hirsch

Ich möchte die Beschreibung der Lautäußerungen des Brunfthirsches nicht abschließen, ohne darauf hinzuweisen, daß gelegentlich auch *schreiende Alttiere* beobachtet wurden. So berichtet im Band XV des „Weidmann", S. 380–381, der Oberförster v. HAGEN zu Annaburg über ein Alttier, das in der Zeit zwischen dem 20. Mai und 13. Juni wiederholt schreiend beobachtet wurde. Wahrscheinlich handelt es sich in diesem Falle, wie der Berichterstatter selbst andeutet, um eine Beobachtung, deren Grund in erschwertem oder verhindertem Setzen zu suchen ist. Doch wurden auch sonst schon schreiende Tiere beobachtet. So schreibt Prof. Dr. LUTZ HECK in „Der Rothirsch, Parey 1956" darüber folgendes: „Aber selbst manchem erfahrenen Jäger dürfte es unbekannt sein, daß auch Tiere genauso laut vernehmlich wie Hirsche schreien können. Dies kommt gelegentlich in den Tagen vor dem Setzen und kurz nachher vor. Bestimmte Stücke neigen ganz besonders dazu und lassen sich von ihrem Standort alljährlich hören. Die Ursache dazu dürfte in einer gewissen Erregtheit zu suchen sein. Dies immerhin recht seltene Schreien von Tieren kenne ich aus der Wildbahn in den Bayerischen Bergen und habe es auch in dem früher so reich besetzten Hirschgehege des Berliner Zoologischen Gartens alljährlich gehört." Auch ich habe ein schreiendes Alttier beobachtet: Am 9. Juni 1961 saß ich frühmorgens im Forstort Kirchberg des Forstamtes Oderhaus an und hatte in einer höheren Fichtenkultur etwa 8 bis 10 Stück Rotwild, Alt- und Schmaltiere, vor mir. Um 5 Uhr ertönte aus einem dichten Birkenhorst ein lauter Schrei, der dem Brunftschrei eines jungen, suchenden Hirsches glich. Das Schreien wiederholte sich in Abständen von 3 bis 4 Minuten, ohne daß ich zunächst das Stück ausmachen konnte. Nach etwa einer halben Stunde sah ich dann ein Alttier, das gerade das Haupt hob und mit weit geöffnetem Äser schrie und dies alle 3 bis 4 Minuten wiederholte. Das Alttier war mir auf Grund bestimmter Merkmale als altes Stück seit drei Jahren bekannt. In den Vorjahren führte es Kälber. Auch zur Zeit dieser Beobachtung wirkte das Stück durchaus gesund, äste wie das übrige Wild, war aber wesentlich unruhiger als dieses. Neben dem Schreien mahnte es auffallend häufig. Ein Kalb konnte ich nicht sehen, doch hatte das Stück ein starkes Gesäuge. Das andere Wild nahm von dem Schreien keinerlei Notiz. Meine Beobachtung dauerte etwa $1^1/_2$ Stunden.

Als besondere „Gebärde" während der Brunftzeit muß noch das *Flehmen* des Hirsches erwähnt werden. Es ist dasselbe Mienenspiel, wie wir es von Pferden und Bullen kennen. Der Hirsch hebt das Haupt, besonders wenn ihm brunftiges Wild in den Wind kommt, und zieht die Oberlippe hoch, ohne einen Laut von sich zu geben. Doch wird während des Flehmens nicht etwa Wind geholt, denn der Atem steht still. Man kann diese Gebärde vielleicht so deuten, daß der aufgenommene Geruch des brunftigen Stückes zur Verstärkung der geschlechtlichen Erregung einige Zeit angehalten werden soll. Das wäre die einfachste Erklärung, die nicht unbedingt die allein mögliche sein muß.

Eine Gebärde, die häufig während der Brunft, nicht aber nur hier, gezeigt wird, ist das *Eckzahndrohen,* wobei der Hirsch seinem Konkurrenten unter Aufwölben der Oberlippe die Eckzähne, Grandeln, zeigt. Oft ist das mit hörbarem Zähneknirschen verbunden. Auch zur Zeit des Geweihwechsels dient diese Geste, für die eine Schräghaltung des Hauptes charakteristisch ist, als Drohgebärde. Die Lauscher werden dabei in der Regel „angelegt".

Ebenso für die Brunftzeit typisch ist das schon erwähnte Herausstrecken des Leckers, der in kurzen Abständen über den Windfang fährt. Besonders beim Treiben des Tieres sieht man es. Ist der Hirsch in höchster geschlechtlicher Erregung, so zuckt die Brunftrute in der Decke ständig hin und her, tritt auch hervor, wobei Harn ausgespritzt und auch ejakuliert wird. Ob hierdurch der *„Brunftbrand"* oder *„Brunftfleck"* entsprechend gefärbt wird, ist wohl noch nicht völlig geklärt, und es dürfte eine Antwort auf diese Frage auch nicht sehr wichtig sein. Obwohl hierüber schon recht anhaltend debattiert wurde, habe ich dieser Frage noch kein besonderes Interesse entgegenbringen können. Die Schwarzfärbung der Bauchseite des Hirsches ist größtenteils doch wohl ein Anteil der Winterfärbung. Ob, wie RAESFELD meint, der vor der Brunftrute befindliche, schwarze, klebrige Fleck, der Brunftfleck, durch die Samenflüssigkeit seine schillernde Farbe erhält, kann ich nicht bestimmt sagen, halte es aber für wahrscheinlich.

Kehren wir nach diesen Abschweifungen wieder zur Beschreibung der Brunft zurück. Wir hörten schon, daß der Platzhirsch in der Regel nicht den ganzen Tag beim Rudel steht. So kommt über Tag auch der eine oder andere Beihirsch zu seinem Recht. Das Rudel bleibt in seiner Zusammensetzung auch nicht immer gleich. Ein Beihirsch treibt einen Teil abseits, der Platzhirsch holt anderes Wild hinzu, auch zieht von selbst Wild auf die Brunftplätze. So entsteht ein ständiger Wechsel, und es ist dabei nicht immer so, daß der stärkste, älteste Hirsch das größte Rudel hat. Hirsche, die einmal Platzhirsch auf einem bestimmten Brunftplatz gewesen sind, kehren gern im nächsten Jahr dahin zurück. So brunftete, ein Beispiel für viele, der im Alter von etwa 16 Jahren erlegte stärkste Harzhirsch „Jochen" (Bild Seite 381) acht Jahre hintereinander auf dem gleichen Brunftplatz, der von seinem Wintereinstand 12 km entfernt war. Auch bei anderen Hirschen habe ich das schon beobachten können, doch gibt es, wie bei so manchem auf der Jagd, keine feste Regel. Die Kälber sind während der Brunft beim Rudel. Sicher wird gelegentlich ein Kalb, dessen Tier getrieben wird, versprengt, doch findet es sich meist recht bald wieder beim Alttier oder Rudel ein.

Brunftkämpfe

Brunftkämpfe zwischen den Hirschen sind keine große Seltenheit. Je dichter der Wildbestand sich siedelt, je mehr Hirsche in ihm vorhanden sind, um so häufiger treten solche Auseinandersetzungen auf. Hirsche, die sich in der Stärke erheblich unterscheiden, kämpfen niemals ernstlich miteinander, auch wenn sie Anstalten dafür zu treffen scheinen, sich anschreien, aufeinander losziehen, mit dem Geweih im Boden wühlen und dergleichen mehr. Der geringere weicht dem Kampf aus, dabei kommt es weniger auf die Stärke des Geweihes als auf die des Körpers an. So kann auch der jüngere Hirsch den durch den Brunftbetrieb erschöpften älteren im Kampf besiegen.

Manchmal umstehen ein Brunftrudel Beihirsche der verschiedensten Stärke, die sich gegenseitig befehden. Dem Rudel zunächst die stärkeren Beihirsche, dann die geringeren

Kämpfende Hirsche

bis zu den Spießern, die die äußeren Positionen einnehmen. Obgleich ein unmittelbarer Anlaß, d. h. ein Stück Kahlwild als Gegenstand des Kampfes für diese jüngeren Hirsche gar nicht in Frage kommt, sieht man sie doch recht oft anhaltend und erbittert miteinander kämpfen. Der Ernst dieser Kämpfe unterscheidet sie sehr wesentlich von dem Scherzen, das man schon in der Feistzeit bei geringeren Hirschen auf den Äsungsplätzen beobachten kann. Da ist es Spiel – hier geht es, wie man zu sagen pflegt, um die Wurst, obgleich letztere sich im unbestrittenen Besitz des Platzhirsches befindet.

Ein weiterer Beweis des Ernstes dieser Kämpfe sind die oftmals zu beobachtenden abgebrochenen Stangen und Enden auch bei geringeren Hirschen.

Der Kampf etwa gleichrangiger Hirsche geht in der Regel nicht ohne lange Einleitung vor sich. Die Rivalen schreien sich zunächst – meist noch ohne Sichtverbindung – heftig und andauernd an. Nähern sie sich einander und können sich dann äugen, so entscheidet manchmal schon die optische Wirkung eines der Geweihe darüber, ob es überhaupt zum Kampf kommt. Der durch das optische Signal der Geweihstärke am meisten beeindruckte Hirsch weicht dann dem Kampf aus. In der Regel ist das aber nicht der Fall. Dann ziehen die Hirsche gegeneinander auf, im Stechschritt eine Zeitlang schreiend nebeneinander her, bis einer der Rivalen einen Ausfall macht, der den Gegner sofort in Verteidigungsstellung bringt. Dabei findet wohl auch eine Berührung der Kronenenden statt. Dann treten beide Kämpfer etwas zurück, wühlen mit dem Geweih den Boden auf, fahren wieder aufeinander los, mit ganz kurzem Ausfall, ohne sich zu berühren, wühlen wieder mit dem Geweih, schreien einmal voneinander abgewendet, ziehen wieder mit schiefen Köpfen nebeneinander im Stechschritt her. Das kann lange Zeit dauern, bis es plötzlich ernst wird. Einer hat dann einen seiner vielen Scheinausfälle gemacht, der andere kommt ihm näher als gewöhnlich, sie gewinnen Fühlung mit den Stangen, und erst, wenn die gewonnen ist, drängen sie

Abgeschlagen

mit voller Kraft nach vorn. Das ist der Augenblick, in dem die Geweihe ineinander krachen. Und nun kracht es bei jeder heftigen Bewegung. Meist dauert der Kampf nur kurze Zeit, dann fühlt der eine die Überlegenheit des andern und bricht den Waffengang blitzschnell ab. Unter Umständen dauert er bei gleichstarken Hirschen stundenlang. Dabei bleiben die Geweihe meist gebunden – nicht als ob die Hirsche immer von neuem mit den Stangen ineinanderführen. Der Kampf ist ein Schieben mit gebundenen Geweihen. Sobald ein Kämpfer nicht mehr pariert und nicht sofort aus dem Bereich der gegnerischen Waffe ist, hat er deren Enden im Leib. Kann er noch flüchten, dann läßt ihn der Sieger ziehen, und der Unterlegene verendet unter Umständen je nach der Schwere der Verletzung in näherer oder weiterer Entfernung vom Kampfplatz, todkrank im Wundbett sitzend, oft noch schreiend und knörend, solange er den Schrei des Siegers und seiner Beihirsche hören kann.

Verkämpfte Geweihe

Drangen aber die feindlichen Enden ihm näher an das Leben, so daß er auf dem Kampfplatz zusammenbricht, dann wehe dem Besiegten! Immer von neuem bohrt ihm der Sieger die vom Schweiß geröteten Enden in den Leib, auch wenn die Lichter längst gebrochen sind, bis die Siegeswut nachläßt und er zu seinem Rudel zurücktritt.

Der tödliche Ausgang eines Brunftkampfes muß als Ausnahme angesehen werden. Er wird oft dadurch bewirkt, daß einer der Kämpfer im Gelände in eine ungünstige Situation gerät, aus der er sich nicht sofort durch Flucht befreien kann. Das gibt dem Gegner dann Gelegenheit zu einem tödlichen Stoß. Aber wie überall im Tierreich ist das Töten des Artgenossen nicht Zweck des Kampfes, sondern das „Verdrängen" des Gegners aus dem eigenen Revier bzw. vom eigenen Kahlwildrudel, und Kampf- und Fluchtneigung stehen in einem gewissen Gleichgewicht. Besonders gefährdet sind daher Hirsche, die sich von vornherein nicht durch Flucht einem Kampf entziehen können. So werden in Waldgebieten mit dichtem Verkehrsnetz häufig von Kraftwagen angefahrene Hirsche zu Tode geforkelt.

Es kommt auch vor, daß die Hirsche sich mit den Geweihen derartig fest *verkämpfen,* daß sie sich nicht wieder voneinander lösen können. Das bedeutet in der Regel ein qualvolles Ende für beide Hirsche. Meist wird einem von ihnen das Genick abgedreht, der andere geht dann wohl an Erschöpfung ein, wird aber auch noch lebend angetroffen und muß den Fangschuß erhalten. Von solchen Fällen wird nicht selten berichtet, und derartig verkämpfte Geweihe sind auch hinterher kaum voneinander zu bringen.

Nach der Brunft

Wie mit dem Brunftigwerden einzelner Tiere die Brunft anfängt, diese dann ihren Höhepunkt erreicht, wenn die Mehrzahl der Tiere brunftig ist, so wird es nach und nach auf den Brunftplätzen ruhiger, je weniger brunftiges Wild noch vorhanden ist. Die abgebrunfteten Hirsche stehen z. T. noch für einige Zeit bei ihren Rudeln, z. T. ziehen sie in ihre

Wintereinstände, eine etwaige Nachlese geringeren Hirschen überlassend. Ruhe herrscht wieder im Revier. Die Rudel setzen sich wieder in der früheren, durch die Brunft gestörten Ordnung zusammen. Zunächst bemerkt man wohl häufiger als im Sommer noch einen etwas höheren Anteil von Hirschen, doch bald, zu Beginn des Winters, rudeln sich Kahlwild und Hirsche getrennt zu größeren Einheiten zusammen. Wird der Winter über das normale Maß hinaus zu einer besonderen Notzeit (Katastrophenwinter), so bilden sich wohl auch echte Notgemeinschaften, d. h. Rudel in einer Größe, wie man sie sonst im Revier nicht kennt. Auch das Abwandern zu günstigeren Äsungsgebieten erfolgt in der Regel in auffallend starken Rudeln. Immer aber beobachtet man einzelnes Wild, das sich nicht rudelt, hier mal ein Hirsch, dort ein Alttier mit Kalb. Oft habe ich gefunden, daß es sich hierbei um körperlich ganz besonders robuste Stücke handelt, meist führt auch ein solch alleinstehendes Kälberstück ein Hirschkalb. Leider sind diese Stücke oft recht gefährdet, wenn das Abschußsoll nicht erfüllt und das übrige Wild an den Fütterungen versammelt ist.

Die starken, abgebrunfteten Hirsche stehen nun in der Regel einzeln und sind verhältnismäßig wenig zu sehen. Einmal bedürfen sie infolge ihrer Erschöpfung der Ruhe, dann aber bieten die nun langen Nächte mehr Zeit zur Äsungsaufnahme. Bei nicht zu hartem Winter und ausreichender Winterfütterung erholen sich aber die Hirsche doch überraschend schnell. So hat der Brunftbetrieb auch keinerlei nachhaltige Folgen für die nächstjährige Geweihentwicklung, jedenfalls dann nicht, wenn der Hirsch bis zum Abwerfen den Verlust an Körpergewicht wieder ausgeglichen hat. Hirsche rudeln sich zusammen, alles Wild sucht die Wintereinstände auf, es sei, daß sie warme Dickungen oder ausreichende Äsung bieten oder in der Nähe regelmäßig beschickter Fütterungen liegen. Ist Eichen- und Buchenmast gefallen, so bilden derartige Bestände einen besonderen Anreiz, in der Nähe Einstand zu beziehen, und große Veränderungen in der Wildstandsverteilung können die Folge sein.

Die stärkeren Hirsche werfen Anfang März (frühestens auch Mitte bis Ende Februar, „Hornung"), die geringen im April und Mai, ja bis in den Juni hinein. Sie finden sich dann schon wieder zu den Rudeln zusammen, wie wir sie in der Feistzeit später beobachten.

Ist die Schneelage endgültig verschwunden und das erste Grün erschienen, so lösen sich die starken Winterrudel auf, die Sommereinstände werden mehr oder weniger schnell angenommen, je nach der Beschaffenheit des Reviers. Im allgemeinen ist das Wild verhältnismäßig standorttreu, d. h. das z. B. aus höheren Lagen zugewechselte Wild geht auch wieder in seine alten Einstände zurück. Ich konnte das sehr eindrucksvoll an dem schon einmal erwähnten weißen Alttier über Jahre hinaus beobachten. Im Winter stand es mit seinem Rudel in den tiefsten Lagen des Nachbarforstamtes etwa 10 km vom Sommereinstand entfernt, in den es alljährlich nach der Schneeschmelze zurückkam. Das wird für Hirsche und Kahlwild gelten.

Dort, wo der Austritt auf die Felder möglich ist, stehen namentlich die älteren Hirsche mit Vorliebe im Frühjahr und Sommer bis zum Beginn der Ernte in den Randgebieten geschlossener Waldungen oder gar in Feldgehölzen. Je feister der Hirsch wird, desto fauler wird er auch und vermeidet lange Anwechsel zur Feldäsung. Auch geringe Hirsche verhalten sich ähnlich, doch stellen sie im allgemeinen größere Ansprüche an die Geschlossenheit und Größe ihres Einstandes. Der alte Hirsch ist in dieser Hinsicht oft ganz besonders „dickfellig", und so endet mancher, weit ab von seinem Brunftplatz. Der Jäger wartet vergeblich auf die Rückkehr.

Im Hochgebirge liegen die Verhältnisse ähnlich, doch steht das Wild hier im Winter gern an ausgesprochenen Sonnenseiten, während es im Hochsommer oft schattige Lagen bevorzugt oder bis fast an die Grate wechselt, wo infolge der Windbewegung die Belästigung durch Insekten geringer ist.

Setzzeit

Je näher die Setzzeit rückt, um so mehr lösen sich die Kahlwildrudel auf, vollkommen dann, wenn dies bis auf den schon geschilderten Familienverband, Alttier – Schmaltier (vorjähriges Kalb), geschieht. Es muß hier schon die Frage erörtert werden, welche Tiere beschlagen sind und danach zum Setzen kommen, obwohl wir uns mit ihr noch bei den Zusammenhängen Zuwachs – Abschußplanung beschäftigen werden. Das Jungwild wird üblicherweise bis zu dem auf die Geburt folgenden 1. April „Kalb" genannt. Von da ab heißt es Schmaltier bzw. Schmalspießer. Das Schmaltier geht in die auf die Geburt folgende zweite Brunft also im Alter von 16½ Monaten. Von diesen Schmaltieren wird, wie wir später sehen werden, nur ein Teil beschlagen, so daß wir in den anderen „Übergehendtieren" nichtsetzende Schmaltiere des Vorjahres haben.

Die *Tragzeit* beträgt 34 Wochen. Von Mitte Mai, im Hochgebirge von der Monatswende an, kann man mit den ersten Kälbern rechnen. Das Tier zieht sich an stille, ungestörte Orte zurück und verläßt das Rudel. Den vorjährigen Kälbern fehlt dann die Führung, und man kann es erleben, daß sie sich recht ungeschickt benehmen. Ausnahmen von der regelmäßigen Setzzeit kommen vor. So führt Raesfeld nach Berichten aus Jagdzeitschriften u. a. den 25. August, 15. und 20. September und den 8. November als Termine an, zu denen setzreife Kälber in der Tracht oder frischgesetzte Kälber beobachtet wurden.

Alttier mit Kalb

Der *Setzakt* selbst ist in freier Wildbahn nur selten zu beobachten. In kleineren Gatterrevieren ist das schon eher möglich, und entsprechende Berichte liegen darüber vor. Interessant ist, daß auch beim Rotwild das Fressen der Placenta (Mutterkuchen) vorkommt. Ist das Kalb geboren, so beleckt das Alttier das Neugeborene sehr ausgiebig, nicht nur, um es zu trocknen, sondern um auch mit dieser Massage die Organe des Kalbes zur Tätigkeit anzuregen. Ob mit dem Lecken auch geruchsvermindernde Stoffe zum Schutz des Kalbes abgegeben werden, ist wohl nicht sicher festzustellen, aber durchaus möglich. Die für das Jungtier typischen *„Kälberflecken"* werden schon nach wenigen Wochen durch nachwachsendes Haar überdeckt. In den ersten Tagen nach dem Setzen verläßt das Tier sein Kalb nur selten auf weitere Entfernung und für längere Zeit. Es bleibt in seiner Nähe, warnt es durch Mahnen oder Stampfen mit dem Vorderlauf und veranlaßt es so, sich bei Gefahr an den Erdboden zu drücken. In dieser Zeit der Hilflosigkeit, d. h. solange für das Kalb noch keine rechte Möglichkeit zum Flüchten besteht, verteidigt das Alttier es gegen Feinde wie Fuchs und jagenden Hund oft unter außerordentlichem Einsatz.

Die ersten Steh- und Gehversuche werden vom Kalb schon sehr bald nach der Geburt gemacht. Nach wenigen Stunden vermag ein kräftiges Kalb dem Alttier über einige Entfernung (bis 100 m etwa) zu folgen, um nach drei bis vier Tagen das Bewegungssystem in allen Gangarten (einschl. Bocksprünge) zu beherrschen. Es folgt noch nicht regelmäßig der Mutter, und diese entfernt sich dann und auch noch später häufig recht weit von ihm. Man findet daher öfter vier bis sechs Wochen alte Kälber, die plötzlich aus hohem Gras oder sonstiger Deckung hoch und flüchtig werden, ohne daß ein Alttier in der Nähe sichtbar wird. Beim Auswechsel am Abend kann man mit größter Wahrscheinlichkeit bei einem einzelnen Alttier annehmen, daß das Kalb nicht gefolgt ist. Am Morgen dagegen folgt beim Einwechsel das Kalb in der Regel seinem Alttier. Erst im Alter von vier bis sechs Wochen wechselt das Kalb mehr oder weniger ständig mit seinem Alttier.

Der erste *Saugakt* beginnt sofort, nachdem das Kalb das Gesäuge gesucht und gefunden hat, was etwa nach einer Stunde geschehen ist. In den ersten Tagen wird das Gesäuge in ziemlich kurzen Intervallen angenommen, bis sich nach etwa drei Wochen die Intervalle auf etwa sechsmaliges Saugen in 24 Stunden normalisiert haben. Beim Saugen stößt das Kalb kräftig mit dem Kopf gegen das Gesäuge, wodurch vielleicht eine die Milchabsonderung fördernde Massage bewirkt wird. Nach zwei bis drei Monaten läßt die Häufigkeit des Saugaktes nach, da zu dieser Zeit bereits Grünäsung angenommen wird. Das beginnt bereits im Alter von drei bis vier Wochen. Bis in den Herbst hinein kommt es immer noch vor, daß Kälber sich an der Spinne ihrer Mutter zu schaffen machen; einen extrem späten Fall konnte ich noch im Februar beobachten. Es ist aber fraglich, ob es dabei noch zu einem erfolgreichen Saugakt kommt.

Die Mutter-Kind-Beziehungen sind außerordentlich eng. Das Kalb ist so sehr auf sein Alttier „geprägt" und umgekehrt, daß es – wie schon erwähnt – im Falle des Verlustes der Mutter von keinem anderen Alttier angenommen wird. Nach etwa neun bis zehn Monaten kann das Kalb als selbständig gelten.

Feistzeit

Folgt das Kalb regelmäßig dem Alttier, so finden sich auch bald die Stücke des Familienverbandes wieder ein, also Schmaltiere, Spießer und Übergehendtiere. Auch vereinigen sich wohl mehrere solcher Kleinrudel, und in der Feistzeit sehen wir dann schon wieder größere Rudel. Das Kahlwild, insbesondere natürlich die führenden Stücke, hat einen erheblichen Äsungsbedarf, so daß solche Rudel oft recht früh ihre Einstände verlassen, um sie ebenso spät am Morgen wieder aufzusuchen. Auch die geringeren Hirsche, die noch im Körperwachstum stehen, verhalten sich ähnlich. Dagegen ist der ältere Hirsch in der Feistzeit vorsichtiger, vielleicht aber auch nur entsprechend phlegmatischer. Solange er noch Kolben trägt, die Geweihentwicklung also noch nicht abgeschlossen ist, zwingt auch

Feisthirschrudel

ihn der Äsungsbedarf zu ähnlicher Lebensweise wie der des Kahlwildes, dann aber, nach dem Fegen des Geweihes, wird er das „Waldgespenst“, das erst bei Dunkelheit den Einstand verläßt, um ihn lange vor Hellwerden wieder aufzusuchen. So verrät ihn oft nur seine Fährte oder hier und da ein frischer Schlag, während sich die jüngeren Hirsche noch sehen lassen und sich gegen Ende der Feistzeit oft durch ihr weithin hörbares Scherzen bemerkbar machen.

Gegen Mitte September bilden sich wieder die Brunftrudel, die Hirsche geben ihr heimliches Leben auf, und damit hat sich der Kreis des Jahresablaufs geschlossen.

Lebensdauer

Wenden wir uns nun noch der Frage zu, welches Alter das Rotwild überhaupt erreicht. Dabei interessiert uns in erster Linie natürlich die Frage nach der normalen *Lebensdauer* in freier Wildbahn. Sie ist mitbestimmend für einen vernünftig geplanten Abschuß und daher heute von größerer Bedeutung, als das früher der Fall war. Dementsprechend finden wir in der älteren jagdlichen Literatur auch vornehmlich Angaben über besonders auffallende Höchstalter, die das Rotwild erreicht haben soll. Ehe ich mich unseren heutigen Kenntnissen über diese Dinge zuwende, stehe ich nicht an, das zu zitieren, was RAESFELD hierüber aus der alten Literatur zusammengetragen hat, obschon in die Stichhaltigkeit mancher Berichte doch arge Zweifel gesetzt werden müssen.

DÖBEL schätzt in seiner „Jägerpraktika“ (1746) die Lebensdauer auf 30 Jahre. FLEMMING läßt in seinem Werk „Der vollkommene teutsche Jäger“ (1719) das Mutterwild 24 bis 30 Jahre, den Hirsch aber das Alter des Eichbaumes erreichen, „weil er des Jahres nur einmal die Geilheit brauchet und so solcher Zeit zornig ist, sonsten aber sehr diät lebet und seine Natur stets schonet“. HARTIG sagt in seinem „Lehrbuch für Jäger“ (1811), daß Beispiele vorliegen, wie Hirsche im Tiergarten über 30 Jahre alt geworden sind und meint, daß sie im Freien wohl noch älter werden können.

DIETRICH A. D. WINCKELL (1805) gibt die Lebensdauer auf 30–40 Jahre an. R. v. DOMBROWSKI spricht dem Wild in seinem „Edelwild“ (1878) eine durchschnittliche Lebensdauer von 25 bis 30 Jahren zu. Er führt jedoch einen Fall an, wonach in einem Park in Niederösterreich ein Hirsch gehegt wurde, der verbürgt das hohe Alter von 72 Jahren erreichte und in diesem Lebensjahr noch kräftig und gut von Leibe, ein Opfer von Raubschützen wurde.

Der „Weidmann“ bringt auf Seite 31 des ersten Bandes folgende Mitteilung: „Im Jahre 1808 ließ Kaiser NAPOLEON in dem kaiserlichen Forst von Vincennes eine große Parforce-Hirschjagd zu Ehren seiner damaligen Gemahlin, JOSEPHINE, veranstalten. Auf dieser Jagd wurde ein ungrad Zweiundzwanzigender aufgesucht und von der Jagdgesellschaft des Hofes verfolgt, bis er in das vorher abgesteckte Gehege hineingetrieben und vom weiten Laufe ermüdet und ermattet in dem hierzu gestellten Garne zusammenbrach . . .

Unter allgemeinem Jubel und mit den üblichen Beglückwünschungen wurde der hierzu bereitgehaltene Messingreif dem erschöpften Hirsch um den Hals gelötet, der die Inschrift trug, daß die Kaiserin JOSEPHINE diesem Hirsche am 8. September 1808 das Leben geschenkt habe.

Nach dem einstimmigen Urteil der anwesenden, erfahrenen kaiserlichen Forstbeamten war der Hirsch nach dem Geweihe zu schließen, mindestens 20 Jahre alt . . .

Im Jahre 1836 veranstaltete LOUIS PHILIPP im Vincennesforste ebenfalls eine Hirschjagd, und bei dieser Gelegenheit wurde ein starker, mächtiger Hirsch mit erstaunlichem Geweih erlegt, der einen verwitterten, ganz schwarz gewordenen Messingreif um den Hals trug. Als man diesen Ring aber abputzte, kam die oben angegebene Inschrift zum Vorschein, aus der sich die Gewißheit ergab, daß derselbe Hirsch sich schon einmal und bereits im Jahre 1808 in gleicher Kalamität befunden hatte und seinem Alter nach ein Würdiger von 50 Jahren war! – Noch heute wird dieses Messingschild in einem französischen Museum aufbewahrt . . .“

Im Jahrgang XXII von „Wild und Hund“, 1916, berichtet A. HUGO: „Auf Grund besonderer Verhältnisse habe ich Gelegenheit, sehr viele Hochgebirgsstrecken zu sehen oder durch genaue Berichte kennenzulernen. Sehr starke, ja hochkapitale Hirsche sind nach dem Zustand des Gebisses und ihrem sonstigen Habitus durchaus noch nicht alt und erst recht nicht greisenhaft. Ein wirklich greisenhafter Hirsch in einem standesherrlichen Eigenrevier trug, als er zur Strecke gebracht wurde, noch förmlich knüppeldicke Zehnerstangen, hatte geringe Zahnstümpfe, mausgraue mit weißlichen Haaren durchsprenkelte Lauscher, rissige Schalen, eine schäbige Decke und war dem alten, heute noch im Ruhestand lebenden Herrschaftsförster 28 Jahre als Standhirsch bekannt gewesen. Ein österreichischer Stiftsförster berichtet mir von einem Hirsch, der 34 Jahre in einem Blutauffrischungsgatter gestanden. Ein Sammlerfreund von früheren Reisen her, ein Engländer, der mich bis vor wenigen Jahren öfters besuchte, ein hochzoologisch auf deutschen Universitäten gebildeter Mann, zeigte mir Bildaufnahmen von einem schottischen Berghirsch, der als ungefähr sechsjähriger Hirsch eingegattert worden war, 18 Jahre im Gatter stand, dann wieder seine Freiheit erlangte und als gut Dreißigjähriger auf die Decke gelegt wurde.“

Endlich sei nach Band XVIII derselben Zeitschrift Graf Bernstorff als Berichterstatter angeführt: „Dreißig Jahre und darüber erreicht der Hirsch bestimmt. Dafür will ich nur zwei mir sicher bekannte Fälle anführen. Der hochselige Herzog von Nassau erlegte Anfang der sechziger Jahre (vorigen Jahrhunderts! v. R.) einen weißen Hirsch, der seit einem Menschenalter bekannt war. Ich selbst habe 1866 am Bruchberg unter dem Brokken einen Hirsch geschossen, der seit dem Jahre 1848 immer denselben Brunftplatz behauptet hatte.“

Zu diesen historischen und „verbürgten“ Berichten ist folgendes zu sagen: Es wird sich in der Regel um Verwechslungen gehandelt haben, die bei der Erblichkeit der Geweihform durchaus möglich sind. Der Ring an dem „kaiserlichen“ Hirsch wird sicher bei der Häufigkeit derartiger Parforcejagden schon ein- oder zweimal seinen Besitzer gewechselt haben, worüber – vielleicht absichtlich – nichts bekanntgegeben wurde. Ein Hirsch, der „seit einem Menschenalter bekannt war“ und ein solcher, der 18 Jahre lang „immer denselben Brunftplatz behauptet hatte“, muß ja nun nicht unbedingt immer ein und derselbe Hirsch gewesen sein. Beweiskräftig sind diese Angaben jedenfalls nicht! Immerhin erscheinen sie interessant genug, um hier festgehalten zu werden, mehr aber auch nicht.

Es kann keinem Zweifel unterliegen, daß die normale Lebensdauer des Rotwildes mit der intakten Gebrauchsfähigkeit der Bezahnung in engem Zusammenhang steht. Läßt der Zustand des Gebisses die notwendige Zerkleinerung der Äsung nicht mehr zu, dann muß das Stück in freier Wildbahn auch sein Leben beenden. Dieser Fall tritt aber normal bereits in einem Alter von etwa 20 Jahren ein.

Einer der ältesten mir bekannt gewordenen Hirsche aus freier Wildbahn, bei dem das Alter an Hand seiner Abwurfstangen mit einiger Genauigkeit ermittelt werden konnte, dürfte etwa im Alter von 18 bis 20 Jahren zur Strecke gekommen sein. Er wurde 1937 im Solling von Revierförster Eberstein erlegt, der auch die Abwürfe dieses an seiner typischen Geweihbildung zu erkennenden Hirsches sammelte. Mit Sicherheit als dazugehörig erkennbar waren mindestens 15 Jahrgänge von Abwürfen. Im Kiefer fehlte bereits eine Reihe von Zähnen, die Zahnwurzelhöhlen hatten sich bereits wieder geschlossen, die sonst noch vorhandenen Stümpfe der Schneide- und Backenzähne ließen die Aufnahme und Zerkleinerung normaler Grasäsung kaum noch zu. Der Hirsch hatte bei seiner Erlegung im September ausschließlich Pilze im Pansen.

Ebenfalls in freier Wildbahn konnte der Lebensablauf eines Harzhirsches beobachtet werden, der an der Marienteichbude bei Bad Harzburg regelmäßig zur Fütterung kam. Dreizehn einwandfrei vom Hirsch „Hans“ stammende Abwurfjahrgänge sind vorhanden sowie das zu Stümpfen zurückgesetzte Geweih des im Winter 1962 eingegangenen Hirsches.

Eine vorsichtige Schätzung läßt den vierzehn Geweihen mindestens noch fünf Lebensjahre vorausgehen, so daß dieser Hirsch mit 18 bis 20 Jahren sein natürliches Ende fand.

Weitere, genauere Beobachtungen liegen aus kleinen Rotwildgattern vor. So wurde ein im Gatter am Molkenhaus (Harz) von 1894 bis 1912 gehaltener Hirsch 18 Jahre alt und ging ein, als er wegen völlig bis auf Stümpfe abgenutzten Gebisses Nahrung nicht mehr zerkleinern konnte. Von diesem Hirsch sind auf Seite 86 die drei letzten Geweihe gezeigt. Für das Zurücksetzen in der Geweihstärke ist typisch, daß es sehr schnell erfolgt, sich also meist nicht in fast unmerklichem jährlichen Rückgang über Jahre erstreckt, sondern sich in ganz plötzlichem und starkem Abfall äußert. Auch Prof. Dr. LUTZ HECK berichtet in „Der Rothirsch" (Parey 1956) über zwei Hirsche aus dem Zoologischen Garten Berlin, die 18½ bzw. 17¾ Jahre alt wurden. Er schreibt darüber folgendes: „Wie alt ein Hirsch werden kann, läßt sich am besten im kleinen Gehege feststellen; denn da ist ein Irrtum nicht möglich. Die zwei genauesten Angaben über das höchste Alter von Rothirschen stammen aus den Gehegen des Berliner Zoologischen Gartens. Der älteste Hirsch, der mir bekannt ist, war dort am 2. Juni 1911 gesetzt und verendete, 18⅓ Jahre alt, kurz nach der Brunft am 6. Oktober 1929. Dieser Hirsch wurde nie stärker als ein Zwölfender. Die Eissprosse war in der Regel beiderseits ausgebildet, hat aber bei einzelnen Jahrgängen entweder auf der rechten oder auf der linken Seite mehrmals gefehlt. Ungefähr im 12. Jahr stand dieser Hirsch nach äußeren Maßen des Abwurfes und dessen Gewicht auf der Höhe seiner Geweihbildung. Im 17. Jahr setzte er ganz plötzlich stark zurück und trug als letztes Geweih links einen Spieß mit kurzer Augsprosse und rechts eine dünne Stange mit vier Enden. In seinem 18. Jahre beschlug er noch mit Erfolg, ging aber dann, immer mehr kümmernd, wenige Wochen nach der Brunft ein.

Der zweitälteste Hirsch war ein märkischer Rothirsch, der ein Jahr alt als Geschenk aus der Gegend von Frankfurt a. d. O. in die Zoo-Gehege kam. Er ist 17¾ Jahre alt geworden und ging 1923 ein. Dieser Hirsch war niedrig gebaut und schwach im Wildpret, setzte aber stets ein besonders kapitales Geweih bis zu 20 Enden mit Becherkronen auf, welches im 10. bis 13. Lebensjahre am stärksten ausgebildet war. Auffallenderweise blieb es bis zu seinem letzten Lebensjahr ungefähr auf gleicher Höhe, ohne daß also ein deutlich sichtbares Zurücksetzen erfolgte. In seinem letzten, also 18. Lebensjahr, schob er noch ein starkes Geweih von achtzehn Enden, und im Winter desselben Jahres ging er dann an Altersschwäche ein. Die Gebisse beider Hirsche waren bis auf die Wurzeln abgenutzt und einzelne Backenzähne so völlig verbraucht, daß schon ein Ausfallen ihrer letzten Wurzelreste begonnen hatte. Diese Hirsche hätten daher in der Wildbahn irgendwelche harte Äsung kaum noch kauen und verdauen können. Dieses spricht dafür, daß damit das Höchstalter eines Hirsches erreicht war." Über einen der wohl sicherlich ältesten Hirsche berichtet Professor DÖDERLEIN 1927 (s. a. Prof. KRIEG, Wild und Hund 57. Jg. 1955). Dieser Hirsch wurde im Gatter des Nymphenburger Schloßparkes von 1859 bis 1880 gehalten und mußte in seinem 21. Lebensjahr wegen Altersschwäche den Gnadenschuß erhalten. Mit dem 14. Kopf erreichte der Hirsch sein höchstes Geweihgewicht (6,7 kg), um dann sehr auffällig zurückzusetzen. Nur der besonders guten Pflege im Gatter ist es wahrscheinlich zu verdanken, daß er ein so hohes Alter erreichen konnte. In freier Wildbahn wäre er vermutlich schon früher eingegangen.

So können wir nach den angeführten Belegfällen mit ziemlicher Sicherheit annehmen, daß das *normale Höchstalter* des Hirsches etwa *20 Jahre* beträgt. Es besteht auch kein Grund, für das Kahlwild zu einem anderen Schluß zu kommen. Selbstverständlich mögen immer einmal einzelne Exemplare ein höheres Alter erreichen; das ist aus der allgemeinen

Biologie der Tiere wie auch der des Menschen durchaus bekannt.

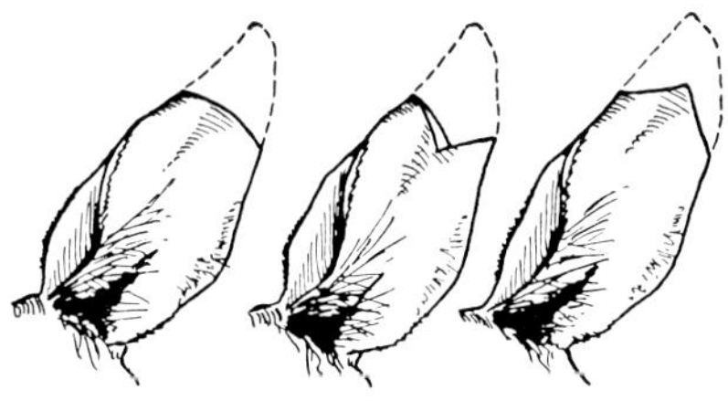

Lauschermarkierung

Immerhin ist die exakte Beantwortung dieser Frage von erheblicher Bedeutung für die Wildhege, und es wäre gut, wenn Beobachtungen aus der freien Wildbahn in größerem Umfange als bisher zusammengetragen werden könnten. Die *Zeichnung der Lauscher* durch einen einfachen Schnitt kann nur dann empfohlen werden, wenn durch irgendeinen Zufall ein Kalb lebend in die Hand des Jägers kommt, was immer einmal der Fall ist. Kann man ein vom Alttier bereits unabhängiges Kalb fangen, so sollte man diese Gelegenheit zur Zeichnung sich keinesfalls entgehen lassen. Diese Zeichnung ist einfach, dauerhaft, von weitem kenntlich und so für die Altersermittlung wie für die Fragen nach dem Alter, in dem der Hirsch sein stärkstes Geweih trägt, das Alttier zum Dauergelttier wird, wie nach dem Höchstalter von besonderer Bedeutung. Die gezeichneten Stücke können mit dem Abschuß verschont werden und so ein Alter erreichen, in dem derartige Fragen erst zur Beantwortung kommen können. Es empfiehlt sich, ein bestimmtes Schema der Zeichnung anzuwenden, etwa wie es hier dargestellt ist, um Stücke nach verschiedenen Jahren markieren zu können.

Abschließend bleibt festzustellen, daß sich hinsichtlich der Lebens- und Verhaltensweisen des Rotwildes noch viele Fragen anbieten, deren Klärung ein faszinierendes Aufgabengebiet darstellt. Ob die hier in letzter Zeit von Verhaltensforschern schon gewonnen und noch zu erwartenden Ergebnisse von solcher Bedeutung sind oder sein werden, daß sie schlechthin dem geistigen Rüstzeug des Jägers zugehören müssen, bleibt abzuwarten. Doch sollte sich der Rotwildjäger selbst mehr in den Dienst dieser Forschung stellen, die ja keine moderne, sondern eine uralte ist. Denn der Jäger war doch wohl der erste Tierpsychologe überhaupt, der aus bewußtem Studium der Lebensweise seiner Beutetiere Vorteile zog. Darüber hinaus aber steht dem Jäger vorzugsweise das entscheidende Operationsfeld zur Verfügung: die freie Wildbahn! Zumindest die Erforschung der soziologischen Verhaltensweisen kann nur hier, in der freien Wildbahn, zu gesicherten Ergebnissen führen, die etwa hinsichtlich der Wilddichte und der Wildschadenverhütung von großer Bedeutung sein können. Doch entzieht sich hier das wildlebende Tier mehr oder weniger der Beobachtung, fast grundsätzlich aber der sicheren Identifizierung. Wirklich vollverwertbare Ergebnisse können erst gewonnen werden, wenn eine größere Anzahl von Individuen, möglichst eines geschlossenen Rotwildvorkommens, nicht gelegentlich, sondern planmäßig markiert wird. Am ehesten eigenen sich hierzu in freier Wildbahn Kälber und Schmalspießer, deren Alter fehlerfrei feststellbar ist. Werden dann die Stücke individuell markiert, so daß nicht nur der Jahrgang, sondern das Einzelstück über Jahre wiedererkannt werden kann, so ergeben sich natürlich zusätzlich erhebliche Möglichkeiten, bestimmte Fragen der Entwicklung und Verhaltensweisen einer Klärung bzw. Deutung näherzubringen.

Aus diesen Gründen habe ich mich 1965 in Oderhaus-Harz entschlossen, einen derartigen Großversuch durchzuführen, der inzwischen (1978) mehr als 200 Stück Rotwild, vornehmlich Hirsche, erfaßt und sich damit als ein erstmaliger voller Erfolg erwiesen hat. Viele Beobachtungsergebnisse konnten bereits hier an entsprechender Stelle ausgewertet werden, zumal da bislang schon 40 markierte Stücke, meist als versehentlich erlegt oder als Fallwild, wieder in unsere Hände gelangt sind.

Zur Markierung werden die Stücke entweder an der Fütterung oder in einem Fang unter Einsatz eines Narkosegewehres immobilisiert, um dann mit verschiedenfarbigen, gut sichtbar markierten Ohrmarken versehen zu werden. Zusätzlich wird ein Lauscher gestutzt, im anderen eine Nummer tätowiert. So kann das Stück bei Erlegung auch dann noch sicher identifiziert werden, wenn die Ohrmarken nach Jahren verlorengegangen sein sollten.

Mit aller Vorsicht sind aber Ergebnisse der Verhaltensforschung oder gar von Attrappenversuchen aufzunehmen, die in Wildgattern gewonnen wurden, soweit es sich nicht um die Beobachtung bestimmter, abgegrenzter Lebensvorgänge, wie z. B. der Ernährung oder Erkrankung, handelt. Der normale Ablauf der instinktiven Kräfte und ihrer Auslöser ist im Gatter immer mehr oder weniger gestört. Weil u. a. keine freie Wahl des Einstandes möglich ist, weil die Ernährung ständig gesichert ist, und weil die Tiere häufig zu einem Gemeinschaftsleben gezwungen werden, so daß sich normale soziologische Strukturen nicht mehr erkennen lassen. Hinzu kommt noch, daß das Wild oft weitgehend verhaltensgestört ist.

Auch besitzen die in einzelnen Biotopen gewonnenen Erkenntnisse der Verhaltensforschung keineswegs Allgemeingültigkeit. So wird man berücksichtigen müssen, daß z. B. die soziologischen Verhaltensweisen des Rotwildes der pannonischen Tiefebene oder der schottischen Hochmoore ganz erhebliche, ökologisch begründete Unterschiede zeigen. Die von DARLING in Schottland über Rudelbildung und territoriales Verhalten des Rotwildes gemachten Beobachtungen weichen ganz erheblich von denen ab, die ich z. B. in den Wirtschaftswäldern der deutschen Mittelgebirge machen konnte.

Gefahren, Krankheiten und Feinde

Das Rotwild gilt als die widerstandsfähigste heimische Wildart. Seine Kraft, Schnelligkeit und Gewandtheit, seine Anpassungsfähigkeit und sein ausgezeichnetes Ausheilungsvermögen sind starke Schutzmittel gegen Krankheiten und Feinde. Doch ist es nicht völlig gefeit. So gibt es Gefahren durch Witterungseinflüsse, auch solche durch Verletzungen, und schließlich kann eine Reihe von Krankheiten und Parasiten den Gesundheitszustand beeinträchtigen oder gar zu Verlusten führen.

Die Folgen von *Verletzungen* sollen hier übergangen werden, weil sie – in der Regel sind es Schußverletzungen oder Folge eines Verkehrsunfalles – in den die Jagd behandelnden Teil gehören. Doch muß schon hier darauf hingewiesen werden, daß mangelnde jagdliche Sorgfalt bei der Nachsuche manches angeschweißte Stück an den Folgen der Verletzungen fällt und so Füchsen, Schwarzwild und sonstigem Raubwild zur willkommenen Beute werden läßt.

Witterungseinflüsse

Witterungseinflüsse treten schädlich auf in Form von Kälte (Erfrieren), durch Abschluß des Wildes von seiner Äsung bei Schnee und vom Wasser bei Frost. Gegen das *Erfrieren* schützt das Wild sein dichtes Winterhaar, das den Körper mit einer isolierenden, warmen Luftschicht umgibt. Es fallen daher gesunde, stärkere Stücke dem Erfrieren nicht zum Opfer; wohl aber erfrieren bei anhaltender, heftiger Kälte Kälber, namentlich solche, die spät gesetzt sind, die also gering in den Winter kommen. Diese Tatsache wird zwar nicht selten bestritten, aber was für eine sonstige Todesursache soll in denjenigen Fällen angenommen werden, in denen bei anhaltender, heftiger Kälte trotz vorhandener Tränke die Kälber mit vollem Pansen und ohne irgendeine Verletzung und innere Krankheitserscheinung verendet aufgefunden wurden?

Gefährlicher ist jedoch andauernd *tiefe Schneelage*, besonders, wenn der Schnee nach einfallendem Tauwetter zusammenfriert und die verharschte Kruste dem Wild das Erreichen der Bodenäsung unmöglich macht. Wenn dann nicht Sträucher und Halbsträucher oder eigens gefällte Weichhölzer sowie auch andere Baumarten und wohlversorgte Fütterungen aushelfen, so sind bei dem Mangel an Äsung, während die Kälte erhöhte Anforderungen an den Körperhaushalt stellt, Verluste unausbleiblich. Natürlich trifft der Hungertod besonders die jüngeren oder auch die ganz alten und aus irgendwelchen Ursachen kümmernden Stücke.

Auch die Höhe der Schneelage allein kann ohne Harsch im Hochgebirge zu Äsungsmangel und letztlich zum Hungertod führen, wenn sie dem Rotwild die Möglichkeit nimmt, noch in andere, tiefer gelegene Standorte auszuweichen.

Ebenso fordern hier die *Lawinen* häufig Opfer unter dem Rotwild, insbesondere dann, wenn wegen des Wintersportes nur noch lawinengefährdete Hänge als von Menschen nicht beunruhigte Einstände zur Verfügung stehen. Im allgemeinen aber weiß das Rotwild sehr wohl um die Lawinengefahr und meidet Stellen, an denen Lawinen regelmäßig heruntergehen. Schwere Lawinenwinter haben z. B. in den Hohen Tauern manchem Stück Rotwild den weißen Tod gebracht, wenn auch das eine oder andere in beispielhaftem Einsatz der Forstbeamten und Berufsjäger noch gerettet werden konnte.

Steinschlag und *Eisabbruch* gefährden das Rotwild des Hochgebirges ebenfalls nicht unerheblich.

Solange Schnee liegt oder noch Quellen und Wasserläufe offen sind, auch wasserreiche Äsung dem Wild geboten wird, kann Wassermangel, der *Durst*, nicht eintreten. Das Wild nimmt mit der Äsung Schnee auf, besucht die offenen Gewässer über weite Entfernung und befriedigt so sein Wasserbedürfnis. Tritt jedoch harter Frost ein, während der Boden offen ist, frieren die Wasserläufe und Quellen gänzlich ein, dann droht auch Wassermangel. Größere Verluste sind aber nicht bekanntgeworden.

In Niederungsrevieren und Auewaldungen kann *Hochwasser* gefährlich werden. Wenn auch von allem heimischen Wild das Rotwild teils wegen seiner Größe, teils wegen seiner Vertrautheit mit dem Wasser in der Regel am wenigsten bedroht ist, so sind doch bei Hochwasser während und kurz nach der Setzzeit die Kälber fast immer verloren. Auch kann Unruhe im Revier das Wild in die Schonungen treiben, wo es nicht zu schwimmen vermag und ertrinken muß, oder es vom rechtzeitigen Aufsuchen des rettenden höheren Geländes abhalten.

Krankheiten

Von den durch Bakterien und Viren verursachten seuchenhaften Krankheiten müssen der Milzbrand und die Wild- und Rinderseuche wie auch die Tollwut genannt werden, weil sie bedeutende Verluste anzurichten imstande sind.

Der *Milzbrand* (Anthrax) besteht in einer eigentümlichen Zersetzung des Blutes und wird durch das Eindringen eines Spaltpilzes (Bacillus anthracis) in den Körper hervorgerufen. Er kommt außer beim Wild beim Rindvieh, bei Pferden, Schafen, Schweinen usw. vor und ist auch auf den Menschen übertragbar.

Wiederholt ist diese Krankheit für das Rotwild und andere Wildarten gefährlich geworden und hat große Opfer gefordert. Aus den vorliegenden Nachrichten soll nur das verheerende Auftreten im Jahre 1874 in den um Berlin gelegenen Forsten erwähnt werden, wo im Verlauf weniger Tage im Monat Juli Hunderte von Stücken Rot- und Damwild daran eingingen. Bei dieser Krankheit tritt der Tod meist schon nach Verlauf einiger Stunden ein. Die eingegangenen Stücke gehen schnell in Fäulnis über; sie treiben bald auf; infolgedessen tritt dunkler, flüssiger Schweiß aus den natürlichen Körperöffnungen. Es zeigt sich eine starke Füllung der Gefäße mit dunkelrotem Schweiß, dieser ist teerartig dick, violett schimmernd, oft an der Oberfläche Fetttröpfchen zeigend. In den Körperhöhlen findet sich oft eine gelbliche oder rote Flüssigkeit. Die Milz ist auffallend verändert, oft außerordentlich groß, dunkelrot und erweicht. Das Wildpret ist ungenießbar.

Liegt Verdacht auf Milzbrand vor, so ist das Aufbrechen zu unterlassen, der Kontakt mit Hunden zu unterbinden und dem Amtstierarzt Nachricht zu geben.

Die *Wild-* und *Rinderseuche* wurde zum erstenmal im Juli 1878 in den bei München gelegenen Revieren Forstenried, Grünwald und Ebersberg beobachtet. Es fielen dort an Rot- und anderem Wild in ganz kurzer Frist gegen 400 Stück. Im Jahre 1881 trat die Seuche in den genannten Forsten abermals auf und verursachte einen Verlust von etwa 380 Stück Rot-, Dam- und Schwarzwild. Über ein weiteres Auftreten dieser verheerenden Krankheit wird aus dem Fürstlichen Hohenzollernschen Revier Josefslust im Jahre 1894 berichtet, wo 172 Stück Rot- und Damwild eingingen.

Die Seuche hat in Entstehungsweise und Verlauf Ähnlichkeit mit dem Milzbrand. Der Krankheitserreger ist *Pasteurella multocida*, der sich durch sehr schnelle Vermehrungsfähigkeit auszeichnet und durch Haut, Darm und Atemwege in den Körper eindringen kann. Die Seuche kann in zwei Formen auftreten: der Hautform und der Lungenform. Bei ersterer tritt eine starke Schwellung des Hauptes, des Kehlkopfes und des Halses, auch des Leckers ein. Starker Speichelfluß. In 1 bis 2 Tagen tritt der Tod ein. Bei der Lungenform äußert sich die Krankheit in einer schweren Lungenentzündung; der Tod tritt nach 5 bis 6 Tagen ein. Die Seuche kann in Deutschland dank der veterinärpolizeilichen Maßnahmen als erloschen angesehen werden.

Oftmals wird dem Wild die Schuld an der Übertragung der *Maul- und Klauenseuche* zugeschrieben. Es steht aber fest, daß das Vorkommen dieser Krankheit beim Wild äußerst selten ist, daß Wild inmitten großer Seuchengebiete der Rindviehbestände nicht befallen wurde und darum auch bei der Übertragung kaum eine Rolle spielen kann.

Nachdem die *Tollwut* (Lyssa) in Deutschland insbesondere bei Füchsen seit Jahrzehnten ganz außerordentlich verbreitet ist, kommen nicht selten auch Infektionen beim Schalenwild – in erster Linie beim Rehwild – vor. Auch Rotwild kann befallen werden. Die Übertragung erfolgt ausschließlich durch den Biß eines wutkranken Tieres. Ihr Verlauf ist in der Regel tödlich; je nach der Form, stille oder rasende Wut, erfolgt der Tod nach 2 bis 10 Tagen. Krankheitserscheinungen treten 3 bis 6 Wochen nach dem Biß auf. Bei der rasenden Wut zeigen sich zunächst sehr auffällige Änderungen in der Verhaltensweise. Das erkrankte Stück irrt planlos umher, äst nicht mehr normal und nimmt häufig völlig fremdartige Gegenstände wie Holz, Steine usw. zu sich. Starker Speichelfluß sowie Krampf- und Lähmungserscheinungen folgen.

Die Tollwut ist anzeigepflichtig. Da sie auf den Menschen übertragbar ist, sollte das Aufbrechen einwandfrei als tollwütig gestreckter Stücke unterlassen und diese durch tiefes Eingraben und Bestreuen mit Ätzkalk beseitigt werden. Krankheitsverdächtige Stücke sind sofort abzuschießen und das Haupt zur Untersuchung einzuschicken. Jeder Tierarzt gibt über die zuständige Stelle Auskunft. Es empfiehlt sich, das Geweih zunächst nicht abzuschlagen und beim Abschärfen des Hauptes Gummihandschuhe zu benutzen.

Auch *Tuberkulose* wurde beim Schalenwild in freier Wildbahn, wenn auch selten, beobachtet. Da die Erreger meist mit der Äsung aufgenommen, also nicht eingeatmet werden, findet sich der Krankheitsherd oft am Darm, von wo er allerdings durch die Blutbahn weiter verschleppt werden kann.

Eine Krankheit, die beim Rotwild nicht selten auftritt und die als *Kreuzlähme* oder *Schleuderkrankheit* bezeichnet wird. Ihr Erreger ist mit großer Wahrscheinlichkeit ein Rundwurm *(Elaphostrongylus cameron)*, der das Zentralnervensystem befällt. Die Erkrankung äußert sich in Bewegungsstörungen, hervorgerufen durch eine Schwäche der Hinterhand. Es besteht die Möglichkeit, daß die Krankheit übertragbar ist, doch ist das nicht sicher. Im ersten Stadium der Erkrankung läßt sich die Bewegungsstörung bei ruhiger Gangart kaum erkennen; erst wenn das Stück flüchtig wird, sieht man schwankende Bewegungen der Hinterhand. Beim Fortschreiten der Krankheit ist dann auch beim Ziehen, ja oft auch beim Stehen die Lähmung der Hinterhand erkennbar. Die Stücke magern ab, die Rückenmuskulatur ist oft stark zurückgebildet, der Haarwechsel ist als Ausdruck der Erkrankung nicht normal. Im letzten Stadium bricht das Wild häufig zusammen, kann sich schließlich nicht mehr erheben und geht ein. Von der Kreuzlähme befallene Hirsche zeigen häufig deformierte Geweihe, aber auch völlig normale Geweihbildung kommt vor. Kreuzlahmes Wild wird von gesundem abgeschlagen und steht daher fast immer allein oder folgt dem Rudel im Abstand. Die Krankheit wurde im Harz, in der Eifel, in Schlesien, auch in Ostpreußen beobachtet.

Als nicht seltene Erkrankung führt die *Strahlenpilzkrankheit* (Actinomyces) mitunter zu erheblichen Beschädigungen des Gebisses. Sie kann zu Deformationen des Kiefers führen, die schließlich den Tod verursachen.

Tierische Schmarotzer

Von den durch Tiere verursachten Gesundheitsschädigungen erwähnen wir zunächst diejenigen, die durch die im *Innern* des *Wildes lebenden Schmarotzer* hervorgerufen werden. Es sind dies die Rachen- und Hautbremsen, die Leberegel sowie die Lungen-, Magen-, Band- und Fadenwürmer.

Die *Rachenbremse* gehört zu den Biesfliegen und kommt als Schmarotzer in verschiedenen Arten besonders beim Rot- und Rehwild vor. Beim Rotwild tritt in erster Linie *Cephenomya rufibarbis* und *Pharyngomyia picta* auf.

Die Fliegen schwärmen im Sommer vorwiegend an Waldrändern, und ihre Weibchen bringen fliegend und spritzend ihre sofort als Larven austretende Brut an die Nasenkuppe des Rotwildes, und zwar am Rande der Nasenlöcher oder gar in diese hinein. Mit ihren Haftorganen setzen sie sich sofort fest und wandern allmählich an den Schleimhäuten tief in Nasen- und Rachenhöhle, wo sie sich im Frühjahr schnell zu beträchtlicher Größe entwickeln.

Später hineingelangende drängen die älteren von der Wand ab, so daß schließlich oft die Atmungswege mehr oder weniger durch die aneinanderhängenden Larven verstopft sind, von denen stets die innersten die größten und die äußersten, in der Peripherie an den Schleimhäuten haftenden, die kleinsten, jüngsten sind. Das Wild kennt den furchtbaren Feind; es wird beim Summen desselben sehr aufgeregt und unruhig, sucht durch rasche Kopfbewegung den Feind abzuwehren, durch Schlagen mit den Vorderläufen ihn zu verscheuchen. Die behafteten Stücke leiden je nach Anzahl und Alter der Larven oft furchtbar. Ein lautes Schnaufen, Niesen, keuchender Husten verrät schon aus der Ferne das

Leiden; schweißiger Schleim tritt aus der Nase; das Äsen wird beim Senken des Kopfes erschwert; Tag und Nacht tritt keine Linderung und Ruhe ein, dagegen eine starke Abmagerung und in Ausnahmefällen qualvoller Tod. Bei geringerem Befall hört die Plage spätestens im Frühjahr auf. Die allmählich reifenden Larven lösen sich los, werden dann durch Husten und dgl. leicht entfernt. Sie verkriechen sich in der Bodendecke und verpuppen sich, indem die Körperhaut sich allmählich zu einem erhärtenden, braun bis schwarz werdenden „Tönnchen" umbildet. Das reife Insekt sprengt beim Ausschlüpfen den Deckel des Tönnchens ab, begattet sich in sonnigen, hochgelegenen Lagen, an Türmen, Felswänden usw., und legt dann die Larven wie geschildert ab.

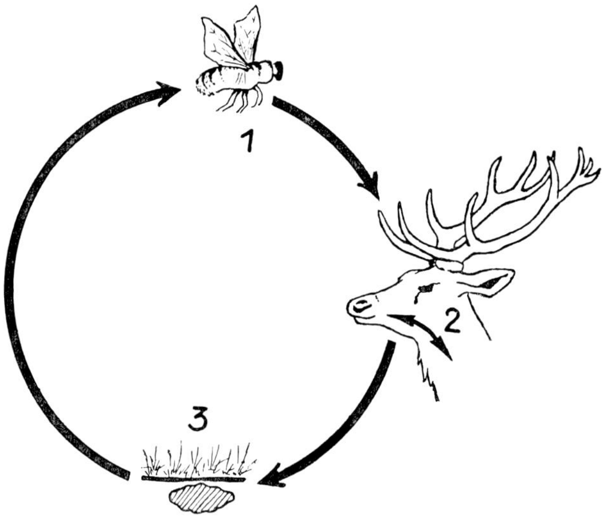

Entwicklungsgang der Rachenbremse
1: Schwärmendes Insekt
2: Ablage der Larven und Entwicklung
3: Verpuppte Larve im Boden

Verluste des Rotwildes durch diesen Schmarotzer werden selten eintreten, doch können schwache Stücke daran eingehen.

Vorbeugen können wir, solange uns ein anderes Vernichtungsmittel des Insektes nicht gegeben wird, nur durch grundsätzliche Schonung aller Tiere, die den Fliegen und Puppen gefährlich werden. Also mit dem Schutz und der Hege, die wir der Vogelwelt zuwenden, tragen wir auch zur Vernichtung dieser Bremsen bei. Dann kommen unter den Waldtieren der Fuchs, der Dachs und das viel befehdete Schwarzwild besonders in Betracht. Wo gefüttert wird, soll die Umgebung der Fütterungen immer saubergehalten, umgegraben und mit Kalk abgestreut werden. Dasselbe gilt von den Salzlecken.

Die *Hautbremsen* oder *Dasselfliegen* (Hypoderma) gehören gleichfalls zu den Biesfliegen, und ihre Larven, als „Engerlinge" bekannt, schmarotzen unter der Decke des Rotwildes. Auch beim Rehwild kommen sie vor. Wie die Rachenbremsen gleichen sie äußerlich etwa den Schmeißfliegen. In den Monaten Mai bis Juni schwärmen die Fliegen in Bodennähe und legen ihre Eier an den Haaren des Wildes ab, bevorzugt an den Läufen und am Rücken. Hier bohren sich die Larven durch die Haut, werden auch vom Wild abgeleckt und gelangen dann durch die Muskulatur unter jene, wo sie sich bis ins Frühjahr hinein voll entwickeln. Sie atmen durch ein Loch in der Haut und verlassen durch diese auch das Wirtstier, um sich im Boden zu verpuppen.

Das Wild leidet im allgemeinen nicht sehr unter diesen Schmarotzern, wenn auch eitrige Entzündungen entstehen können; doch wird die Decke für eine spätere Verarbeitung stark entwertet, da deutlich sichtbare Narben im Leder zurückbleiben.

Ebenfalls unter der Haut des Rotwildes schmarotzt ein *Fadenwurm* (Onchocera), der nur bei sehr starkem Befall das Allgemeinbefinden des betroffenen Tieres schädigen kann. Flache, bis nußgroße Beulen unter der Decke beherbergen die zusammengeringelten Würmer, die eine beträchtliche Länge erreichen, meist ein Männchen und ein Weibchen. Ihr Entwicklungsgang wie die Übertragung sind nicht völlig geklärt. Vermutet wird, daß die Embryonen in das Blut des Wirtstieres gelangen und nun von blutsaugenden Insekten aufgenommen und weiter übertragen werden.

Ein weiterer Fadenwurm schmarotzt auf der äußeren Pansenwand und auch auf der Leber. Hier bilden sich knotige Beulen, in denen der Fadenwurm liegt. Ernsthafte Folgen sind noch nicht beobachtet worden. Nach Entfernung der Knoten ist die Leber zum Genuß tauglich.

Ein viel ernster zu nehmender schmarotzender Wurm ist dagegen der *Lungenwurm,* der bei allem Schalenwild in spezifischen Arten vorkommt. Beim Rotwild ist es *Dictyocaulus filaria,* ein Rinderlungenwurm, und *Protostrongylus sagittatus,* ein Haarlungenwurm.

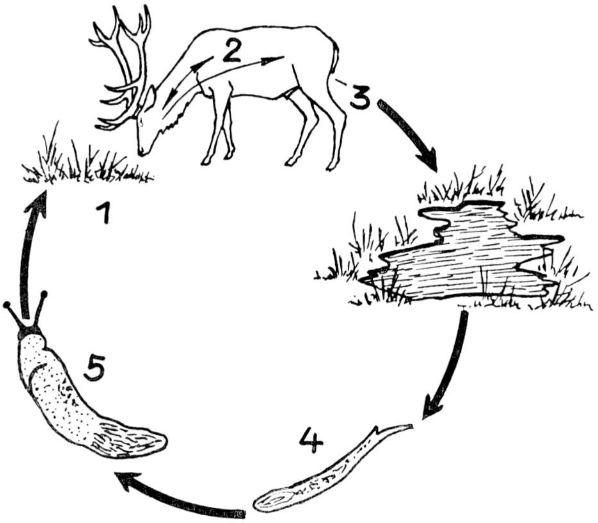

Entwicklungsgang des Lungenhaarwurms
1: Aufnahme der Larve mit der Äsung
2: Entwicklung im Wildkörper
3: Abgang mit der Losung
4: Larvenstadium
5: Schnecke als Zwischenwirt

Auf genommen wird der Rinderlungenwurm als an Gräsern sitzende Larve. Sie wird mit der Äsung abgeschluckt, gelangt in den Darmkanal und von hier in die Blutbahn. Diese befördert den Schmarotzer in die Bronchien, wo sich der Wurm entwickelt. Seine Eier und Larven werden in die Mundhöhle ausgehustet, wiederum abgeschluckt und gehen mit der Losung ab. Am Erdboden erfolgt die Weiterentwicklung zur ansteckungsreifen Larve, die an feuchten Gräsern emporkriecht und so wieder mit der Äsung aufgenommen wird.

Ganz ähnlich ist der Entwicklungsgang des Haarlungenwurms, dessen Larve jedoch zu ihrer Entwicklung einer Schnecke als Zwischenwirt bedarf. Die Würmer entwickeln sich in der Lunge, wobei in dieser knotige Gebilde, die Lungenwurmknoten, entstehen.

Bei starkem Lungenwurmbefall kann es zu erheblichen Entzündungen kommen. Abmagerung, glanzloses Haar, ständiges Hüsteln können Anzeichen für Lungenwurmbefall sein. Ein seuchenhaftes Auftreten ist beim Rotwild nicht bekannt, beim Reh- und Gamswild dagegen häufiger beobachtet. Eine Bekämpfung des Lungenwurmes ist sehr schwierig und kann nur bei seuchenhaftem Befall in Erwägung gezogen werden. Je nach Art des Lungenwurms müßte dann versucht werden, die als Zwischenwirte fungierenden Schnecken zu vernichten, was gegebenenfalls durch Trockenlegung feuchter Wiesen und sonstiger feuchter Geländepartien geschehen könnte.

Ebenso an feuchten Standorten tritt als Schmarotzer in den Gallengängen des Rotwildes der *Leberegel* auf. Bei starkem Befall ist er ein gefährlicher Parasit, der in zwei Arten, häufiger als großer *(Fasciola hepatica),* seltener als kleiner Leberegel *(Dicrocoelium)* vorkommt.

stoff u. a.) muß in vier- bis fünftägigen Intervallen wiederholt werden, was in der Praxis allerdings Schwierigkeiten bereiten wird.

Von *außen* am Rotwild lebenden tierischen *Schmarotzern* sind zu nennen: *Mücken, Stechfliegen, Schmeißfliegen, Lausfliegen, Läuse* und *Zecken.* Von den Mücken sind es hauptsächlich die *geringelte Stechmücke* und die etwas kleinere *gemeine Stechmücke,* die mit Ausnahme des höheren Gebirges überall im Walde vorkommen.

Noch schlimmere Peiniger sind die Stechfliegen, von denen die *Rinderbremse,* die *Regenbremse* und die *Blindbremse* die gewöhnlichsten sind. Die größte von ihnen, die Rinderbremse, deren Stiche äußerst schmerzhaft sind, meidet den schattigen Wald, so daß das Wild sich vor ihr schützen kann; auch wird es durch ihr kräftiges Gesumme beizeiten auf sie aufmerksam.

Die Stechfliegen fliegen nur am Tage, so daß das Wild während der Abend- und Morgendämmerung wie auch während der Nacht Ruhe vor ihnen hat. Sie treten am häufigsten im Vor- und Hochsommer auf; gegen den Herbst sind sie verschwunden.

Inwieweit die *Schmeißfliegen* tatsächlich gefährlich werden können, ist nicht völlig geklärt. Von ihnen sind zu nennen: Die *graue Fleischfliege* und die *blaue Schmeißfliege,* der bekannte „Brummer". Beide Arten fliegen mit Ausnahme der rauhesten Jahreszeit das ganze Jahr über. Gewöhnlich sind sie dem Wilde ungefährlich. Wenn dieses aber durch einen Schuß oder aus anderer Veranlassung eine äußerliche Wunde erhält, so sind die Schmeißfliegen sofort zur Stelle, um Maden oder Eier in die Wunde oder deren nächste Umgebung zu legen. Die Maden wachsen in unglaublich kurzer Zeit heran. Ob sie durch Fraß an der Wundstelle oder auch durch ihren ausgeschiedenen Unrat die Wundwirkung verschlimmern oder ob sie gar zur Vernichtung der Fäulnisbakterien beitragen, ist nicht endgültig erwiesen. Fest steht jedenfalls, daß Wunden, die das Wild mit dem Lecker erreichen kann, durch Schmeißfliegenbefall kaum zu tödlichen werden, wenn sie es nicht schon von vornherein sind. Es ist aber durchaus vorstellbar, daß Wunden, die außerhalb des Leckerbereiches liegen, durch den ungestörten Madenbefall in ihrem Zustand verschlimmert werden. Dafür spricht das leichtere Ausheilen von Wunden im Winter, wenn Schmeißfliegen fehlen.

Von den Lausfliegen ist dem Rotwild eine Art, die *Hirschlaus (Lipoptena cervi)* eigentümlich, die auch bei einigen anderen Wildarten vorkommt. Dieses Insekt schmarotzt auf dem Rotwild, dem es Hautsäfte absaugt. Hier verliert es seine Flügel und schmarotzt flügellos weiter. Das Weibchen legt keine Eier, sondern es entwickelt sich in ihm jeweils nur *ein* Ei zur Larve, die verpuppungsreif austritt. Das fliegende Insekt kann zur Herbstzeit im Wald auch dem Menschen lästig werden, indem es ihm in Bart und Haare fliegt. Es ist nur schwer zu entfernen, weil der lederartige, platte Körper sich fest an die Haut drückt und die scharfen Krallen der weit gespreizten Füße ein starkes Festhalten ermöglichen. Kümmernde Stücke zeigen sich oft in solchem Maße von der Hirschlaus besetzt, daß man ohne Zwang kaum eine andere Ursache des Kümmerns als die Angriffe dieser Schmarotzer annehmen kann. Am stärksten zeigen sich meistens Kopf und Hals sowie die Innenseiten der Keulen befallen.

Schließlich sei noch ein arger Quälgeist, die gemeine *Hundszecke* oder der *Holzbock,* erwähnt, dessen Weibchen sich am Wild festsaugen und im vollgesogenen Zustand die bekannten, länglichrunden, steingrauen, fettglänzenden häutigen Säcke von etwa 10 bis 12 mm Länge bilden, mit denen in der Zeit vom Mai bis Oktober manche Stücke mehr oder weniger behaftet sind. Es gibt Reviere, in denen die Zecke sehr selten ist; in anderen ist sie ein häufiger Gast, der sich am liebsten im hohen, trockenen Gras und Farn aufhält und dort auch gern den Menschen ankriecht oder sich auf ihn fallen läßt, um sich an ihm festzusetzen. Herausziehen läßt er sich schlecht, wenn er sich erst festgezogen hat; bei Anwendung von Gewalt bleibt der Kopf zurück und verursacht eine eitrige Beule. Ein Tropfen Benzin tötet den Holzbock sofort; er kann dann leicht abgenommen werden; auch Öl bringt ihn zum Loslassen und Absterben. Gefährlich ist dabei weniger der Biß als die Möglichkeit der Übertragung eines Krankheitserregers. Eine Hirnhautentzündung, die sogen. *Zeckenenzephalitis,* hat einen grippeähnlichen, nicht ungefährlichen Verlauf.

Mißbildungen

Es sei an dieser Stelle noch etwas über *Mißbildungen* gesagt, wobei die des Geweihes gesondert behandelt wurden. Wie bei allen freilebenden Tieren treten Mißbildungen verhältnismäßig selten auf und sind von geringem Interesse. Sie sind in der Regel rein äußerlich.

So wird gelegentlich von Mißbildungen der Lauscher berichtet. Im Jahre 1874 wurde z. B. bei Blankenburg/Harz ein Gelttier erlegt, das die Lauscher wie die „Behänge eines Schweißhundes" hängen ließ (vgl. auch Abb. S. 96).

Häufiger werden *Schalenmißbildungen* beobachtet. Ich erwähne hier nur die beiden bekannten Fälle der Ridingerschen Sammlung, wo bei einem Hirsch die Schalen an den Vorderläufen, bei einem Alttier an den Vorder- und Hinterläufen aufwärts gekrümmt in die Höhe wuchsen.

Eine nicht seltene Mißbildung ist die Verkrümmung des Gesichtsschädels, die *Campylognathie.* In allen Rotwildgebieten wird sie gelegentlich beobachtet. Meist handelt es sich um eine Linksbiegung des Kiefernasenteiles, doch kommen auch Rechtsbiegungen vor. Oft sind die betreffenden Skeletteile verkürzt, der Unterkiefer ist meist nicht beteiligt: Wahrscheinlich kann eine fehlerhafte Lagerung des Embryos im Uterus als Ursache dieser Mißbildung angesehen werden.

Feinde

Von dem in früherer Zeit dem Rotwild so sehr gefährlich werdenden Raubwild findet sich bei uns gelegentlich der *Wolf* ein, ohne mehr als durch Beunruhigung der Reviere zu schaden. In der Nachkriegszeit sind verschiedentlich Wölfe weit in den Westen gewandert; doch wurden Verluste an Rotwild nicht gemeldet.

Ähnliche Beunruhigungen der Reviere verursacht der *wildernde Hund,* der in starken Exemplaren und bei gemeinschaftlichem Jagen wohl in der Lage ist, auch einmal Rotwildkälber und schwache Stücke zu reißen. Auf die hiergegen zu ergreifenden Maßnahmen kommen wir im Abschnitt „Wildschutz" noch zurück.

Der *Luchs* ist für Deutschland als ausgerottet zu betrachten; doch dürfte er in seinem Verbreitungsgebiet ein gefährlicher Feind des Rotwildes sein. Im Gegensatz zum Wolf jagt er nicht hetzend, sondern lauernd und ist kräftig und gewandt genug, schwächere Stücke vom Boden oder Baum aus anzuspringen und zu töten.

Der *Fuchs* kann nur den frisch gesetzten Kälbern gefährlich werden, wenn das Alttier nicht in der Nähe ist. Auch mag ihm einmal ein krankes Stück zum Opfer fallen.

Auch der *Steinadler* ist im Hochgebirge als Feind des Rotwildes zu nennen, doch sind Fälle, in denen ihm ein Kalb oder schwaches Stück zur Beute wird, verhältnismäßig selten. Meist drückt sich das Kalb sofort oder flüchtet in die Latschen, so daß es dem Adler entkommt. Gelingt es diesem aber, es am Steilhang zum Absturz zu bringen, so findet es hierbei wohl den Tod.

In den Latschen

ZWEITER TEIL

HEGE

Landeskultur und Wild

Erhaltung der freilebenden Tierwelt

Seit langem sind die Zeiten vorbei, in denen das Wild in den heimischen Wäldern völlig ungestört Gedeihen und Äsung fand. Die wachsende Bevölkerung zwang zur Rodung der Wälder, um Raum für die landwirtschaftliche Nutzung zu schaffen. Mit zunehmender Kultur des Landes mußte das Wild immer mehr in Gegensatz zu den Bestrebungen des Menschen treten. Kein Wunder, daß es schon seit langer Zeit mehr Feinde als Freunde hat. Muß doch selbst der größte Freund des Wildes, wenn er gerecht sein will, zugeben, daß rein materiell betrachtet, in unseren Kulturwäldern der Schaden den Nutzen überwiegt. So würde wohl kaum unser Rotwild dem feindlichen Ansturm bis heute standgehalten haben, wenn nicht der materielle Schaden in der dem Deutschen von jeher eigenen Freude an der Natur und letztlich auch an der Jagd einen Ausgleich gefunden hätte. Nicht nur hierin lag ein starkes Gegengewicht, sondern auch, und heute besonders verstärkt, in der Auffassung, daß das freilebende Tier ein Teil unserer Heimatlandschaft ist, der, wäre er vernichtet, diese Landschaft ihrer Seele beraubt finden würde. Was wäre der Wald ohne Wild, ja welcher wirklich naturverbunden denkende Mensch möchte sich unsere Heimat ohne das freilebende Tier vorstellen? Und so ist es heute weniger die „Jagdlust", die Gewähr für die Erhaltung unserer Wildbestände gibt, als vielmehr die dem Jäger von der Allgemeinheit gestellte Aufgabe, für den Bestand und Verbleib der freilebenden Tierwelt sich einzusetzen. Trägt dieser Jäger schlechthin Sorge und Verantwortung, d. h. ist er sich stets bewußt, daß der Hege des Wildes enge Grenzen, die von den Belangen der Landeskultur wie von biologischen Erfordernissen gezogen werden, gesetzt sind, so werden auch unsere Enkel noch des Hirsches Fährte in unsern Wäldern finden können. Aber auch nur dann! Denn unerbittlich zwingen die ständig steigenden Ansprüche des Menschen, die rast- und restlose Intensivierung aller Wirtschaftszweige, dem Boden neue Forderungen nach erhöhter Produktivität auf. Damit erhält der Wald, die Heimstatt unseres Wildes, Aufgaben, die mit denen früherer Jahrzehnte nicht verglichen werden können, und der Jäger von heute wird gezwungen, eine Synthese zu finden und zu schaffen zwischen Wald und Wild, zwischen Forstwirtschaft und Jagd. Das Rotwildproblem, das durch die vor längerer Zeit schon geschaffene Möglichkeit des Wildschadenersatzes auf den Feldern einer starken Belastung enthoben wurde, steht vor einer neuen, viel schwerer lösbaren Spannung; es ist ein forstliches Problem geworden und kein rein jagdliches geblieben. Denn das Rotwild lebt nicht nur *im*, es lebt auch *vom* Walde! Dies um so mehr, als es vom Felde schon vielerorts durch Gatter abgehalten wird. Und das Leben vom Walde wird für den Forstmann, der einen Wald von ausschließlich Nutzgewächsen aufbaute, nicht ohne eigene Schuld ein Problem mit Ausmaßen, die man früher nicht kannte.

Wenn auch der für diesen Buchteil gebrauchte Titel „Die Hege" altem jagdlichen Vokabular mit seinerzeit bestimmtem begrenzten Inhalt ungeschriebenen Gesetzes entnommen ist, so muß eingangs folgendes festgehalten werden:

Im deutschen Jagdrechtswesen wurde der Begriff der „Hegepflicht" als Teil des Jagdrechtes erstmalig fundamentiert im Preuß. Jagdgesetz von 1934, aus dem er im gleichen Jahr in das Reichsjagdgesetz übernommen wurde. Das Bundesjagdgesetz von 1952 wandelte diese Pflicht in eine Befugnis und legte 1977 durch Änderungsgesetz wieder fest, daß „mit dem Jagdrecht die Pflicht zur Hege verbunden ist". Zum Inhalt der Hege bestimmt das Gesetz:

„Die Hege hat zum Ziel die Erhaltung eines den landschaftlichen und landeskulturellen Verhältnissen angepaßten artenreichen und gesunden Wildbestandes sowie die Pflege und Sicherung seiner Lebensgrundlagen, auf Grund anderer Vorschriften bestehende gleichartige Verpflichtungen bleiben unberührt. Die Hege muß so durchgeführt werden, daß Beeinträchtigungen einer ordnungsgemäßen land-, forst-, fischereiwirtschaftlichen Nutzung, insbesondere Wildschäden, möglichst vermieden werden."

Hier wird, modernen Erkenntnissen folgend, der Hege eine Erweiterung auf die Biotophege in der Pflege und Sicherung der Lebensgrundlagen des Wildes zuteil.

Das ist die Aufgabe, vor der der Jäger, sei er Forstmann oder nicht, heute steht, die er lösen muß, soll es nicht um unser letztes Großwild geschehen sein. Das gilt im übrigen nicht nur für den deutschen Raum, sondern überall dort, wo wir „Kulturwälder" vorfinden. Gesund und mit den Belangen der Landeskultur in Einklang stehend soll also der Rotwildbestand erhalten und nach diesen Forderungen und Grenzen gehegt werden. In diesem Umfange ist die Hege, die Erhaltung der freilebenden Tierwelt, jetzt eine vom Gesetz nicht nur zugelassene, sondern mit dem Jagdrecht verbundene Pflicht! Das wollen wir nicht vergessen und als Jäger stolz darauf sein, daß es unseren und unserer Vorväter Mühen und Opfern gelungen ist, auch das Rotwild bis in eine Zeit zu retten, in der die naturverbundene Betrachtungsweise trotz des Zeitalters der Technik in ihrer Bedeutung für das Gesamtwohl der Menschheit erkannt und damit in Pflege genommen ist. Diese Entwicklung beeinhaltet nun auch, daß die Bewirtschaftung des Waldes, stetig dessen Schutzwirkungen zu gewährleisten hat und darüber hinaus auch die Erholungsmöglichkeiten für die Bevölkerung sicherstellen muß. Hier kommt ein sehr ernstes Problem auf die Jagd zu, denn die Gestaltung der zunehmenden Freizeit ist ausgesprochen naturbezogen, um nicht zu sagen waldbezogen. Es heißt also nicht nur, die Synthese zu finden zwischen Wald und Wild, sondern auch zwischen Erholungswald und Wild. Die Anforderungen, die in Zukunft gestellt werden, sind fast nicht zu übersehen.

Verhalten des Wildes zu Feld und Wald

Feld und Wild

Feld und Wald werden vom Wilde als Äsungsraum in Anspruch genommen. Beim heutigen Stande der Landeskultur nimmt es nicht Wunder, wenn die für das Rotwild wichtigste Lebensäußerung, das Äsen, grundsätzlich als schädigende und daher unerwünschte Einwirkung angesehen wird. Auf dem Felde hat allerdings die Schaffung eines vollen, gesetzlichen Wildschadenersatzes die Spannungen wesentlich zu mindern vermocht. Hinzu kommt, daß hier die Abwehr des Wildes ungleich leichter durchführbar ist, als im Walde, der als Einstand naturgemäß in erster Linie auch Äsungsraum ist. Dennoch dürfen die Wildschäden auf dem Felde nicht unterschätzt werden.

Das Wild schadet vor allem durch Verbeißen und Zertreten der Saaten, durch Abäsen halbreifer und reifer Ähren. Niedertreten der Halme, Herausschlagen von Hackfrüchten aus dem Boden sowie aus den zur Überwinterung angelegten Mieten und Gruben.

Sicheren Schutz gegen derartige Schäden bietet nur die Eingatterung der gefährdeten Flächen und Anlagen. Meist wird das leider durch den Bau sogenannter *Feldschutzgatter* zu erreichen versucht, wobei die Gatteranlagen das Feld vom Walde trennen. Kann das Gatter dicht gehalten werden, bringt ein solches Vorgehen dem Grundbesitzer zwar

Hirsche im Felde

vollen Erfolg in der Abwehr, bedeutet aber für das Rotwild eine einschneidende Einengung seines Lebensraumes. Hierauf pflegt es dann in der Regel auch mit verstärkten Wildschäden im Walde zu reagieren. Solche Maßnahmen sollten daher sehr abwägend überlegt werden. Leider kommt es hierzu meist nicht, da Feld und Wald fast immer verschiedene Eigentümer haben.

Läßt sich der Bau eines Feldschutzgatters nicht umgehen, so beachte man bei der Anlage folgendes: Wald und Feld können zur Verhinderung von Feldwildschaden nur wirksam getrennt werden, wenn sich das Gatter an die Waldfeldgrenzen hält, und zwar so eng und kompromißlos, wie das die örtlichen Verhältnisse nur gestatten. Jedes Feldschutzgatter, das sich von der Waldfeldgrenze entfernt und ein „Vorfeld" läßt, ist damit in seiner schützenden Wirkung ganz erheblich entwertet. Das ist leicht erklärt. Beim Übertritt vom Wald aufs Feld verläßt das Rotwild die ihm Sicherheit gebende Deckung und tritt auf die deckungslose und deckungsarme Freifläche aus. Das tut es zur Nachtzeit, wenn es weiß, daß es sich die Stelle des Austritts, ja auch die des Rückwechsels, sei es nach Äsungsaufnahme, sei es bei der Flucht, so wählen kann, daß größtmögliche Sicherheit gewährleistet ist. Das ist am freien, nicht gegatterten Feldrand stets möglich. Steht nun aber ein Feldschutzgatter unmittelbar oder dicht an der Waldfeldgrenze, so wird der Wechsel dem Wilde durch das „Loch“ – kein Gatter ist ohne Löcher oder offene Tore – aufgezwungen. Zum gefährlichen Moment des Verlassens der Deckung tritt nun noch der Zwang, sich hierfür die Stelle nicht nach Sicherheitsfaktoren, Geländeausformung, Wind, Verkehr usw. auswählen zu können, ja darüber hinaus der Zwang, an bestimmter Stelle bei Störung wieder einflüchten zu müssen. Läßt man dem Rotwild aber vor dem Feldschutzgatter ein „Glacis“, ein Vorfeld, nur eine deckungsreiche Zone von 100 m z. B., dann tritt nicht das ein, was ein unmittelbar auf der Waldfeldgrenze stehendes Gatter zwangsläufig erreicht: Die zeitliche Verkoppelung zweier sehr wichtiger Momente, nämlich des die Sicherheit herabsetzenden Übertritts ins freie Feld mit dem des Zwangswechsels gerade an dieser Stelle. Darauf beruht die Wirksamkeit eines auf der Waldfeldgrenze stehenden Gatterzuges. Selbst ein nur schmales, deckungsreiches Vorfeld gibt dem Rotwild die Möglichkeit, den Zwangspaß nach langem Sichern vorsichtig zu durchwechseln, ohne dabei gleichzeitig, darauf kommt es entscheidend an, ins freie, deckungslose Feld auszutreten. Auch bei der Flucht wird es ihm ermöglicht, irgendwo ins Vorfeld zu flüchten, um hierin gedeckt den Zwangswechsel wieder zu erreichen und in Ruhe zu passieren. Also das Feldschutzgatter gehört auf die Waldfeldgrenze!

Berücksichtigt man aber die erheblichen Kosten eines Feldschutzgatters und die Tatsache, daß das Wild nicht das ganze Jahr über im Feld zu Schaden ziehen kann, so erscheint es richtiger, den Flächenschutz nur zur kritischen Zeit und an der gefährdeten Stelle zur Anwendung zu bringen. Hierfür hat sich der *Elektrozaun* als wirksames Mittel erwiesen. Er ist weniger kostspielig, kann leicht in fliegendem Einsatz versetzt werden, um nur dort abzuwehren, wo gerade Schaden zu erwarten ist. Das *Scheuchen* und *Verwittern* der Felder sowie der Selbstschußapparat zur Störung des Wildes helfen nur vorübergehend für kurze Zeit und bei häufigem Wechsel der Mittel.

Das Wild gewöhnt sich im allgemeinen recht schnell an solche Maßnahmen und zeigt sich oft erstaunlich „dickfellig“. Sollen aber Verbißschutzmittel gespritzt werden, so muß das rechtzeitig bei Aufgang der Saat geschehen und regelmäßig wiederholt werden.

Daß auch die *Bejagung* des zu Schaden ziehenden Rotwildes auf dem Felde zur Wildschadenverhütung beiträgt, ist selbstverständlich.

Wald und Wild

Wenden wir uns nun wieder der Frage „Wald und Wild“ zu und untersuchen zunächst, wie sie zu einer so einschneidenden Bedeutung kommen konnte und mußte. Wenn auch die Dinge äußerst verwickelt und miteinander verzahnt liegen, so kann auf einen kurzen Nenner gebracht die Situation so charakterisiert werden:

Unverständige Hege und naturfremde Waldwirtschaft, geringer materieller Wert der Wildbestände und hoher materieller Wert der Waldbestände treffen zusammen und haben einen Zustand geschaffen, der starke Gegensätzlichkeiten enthält. Bei jeder Betrachtung der Zusammenhänge gebührt aber der Waldwirtschaft der Vorrang, solange wenigstens, wie von volkswirtschaftlicher Seite aus die Erziehung hochwertiger Bestände ihr als Aufgabe gestellt ist. Das kann gar keinem Zweifel unterliegen. Sollte einmal, was bei der schnellen Entwicklung von Technik und Chemie durchaus möglich sein kann, diese Aufgabe nicht mehr in so präziser Form gestellt sein, so könnten sich die Schwergewichtsverhältnisse verlagern. Unverantwortlich wäre es aber, schon heute hierauf etwa Maßnahmen der Wildhege abstellen zu wollen, eine Ansicht, die man gar nicht selten hören kann.

Ursprünglich lag der Wert des Waldes in der Jagd, in der Mast- und Weidenutzung. So war es jahrhundertelang. Zunehmende Bevölkerung und sinnlose Waldverwüstung belehrten allmählich über den Wert des Holzes; aus der primitiven Waldbenutzung entstanden die ersten Anfänge geregelter Forstwirtschaft. Diese suchte bei den an sie gestellten Anforderungen mehr und mehr das Ziel in einem gleichförmigen Wirtschaftswald mit gleichartiger Bestandesformung. Alle nicht in die Schablone passenden Holzarten und Sträucher wurden „Forstunkräuter" und damit ausgemerzt, soweit sie der Bestandesschluß nicht von selbst verdrängte. Damit verließ man die Linie einer natürlichen Waldwirtschaft, was bekanntlich auch nicht ungestraft vor sich ging. Es würde zu weit führen, an dieser Stelle diesen rein forstlichen Fragenkomplex restlos darstellen zu wollen. Soweit ist er aber mit unserem Problem eng verbunden. Der Forstmann gestaltete die Heimstatt des Wildes, den Wald, so grundsätzlich um, daß es mit dem natürlichen Zustande vergleichbare Lebensverhältnisse nicht mehr oder nur selten vorfindet. Die mit dem Aufkommen der geschlossenen Reinbestände verschwindende Bodenflora, Kraut- und Strauchschicht, war wertvollste und unersetzliche Äsung für das Rotwild, das nun seinerseits auf diese Vergewaltigung mit empfindlichen Wildschäden reagierte, die um so schwerwiegender wurden und werden, je höher die Ansprüche an die Qualität des Holzes, aber auch an die Produktivität des Waldes überhaupt werden. So mußte sich beim Forstmann, der einst sich aus dem Jägerstande entwickelte, ganz zwangsläufig eine sehr kritische Betrachtung der Wildstandsverhältnisse einstellen. War nun schon das biologische Gleichgewicht des Waldes selbst gestört, so wurde nun noch das der Lebengemeinschaft Wald, Flora und Fauna umfassend, insofern nicht erhalten, als unverständige Hege die Wildbestände vielerorts, ja eigentlich fast überall, zu stark anwachsen ließ. Wie dort der Forstmann auf der einen, fehlte der Jäger auf der anderen Seite.

Und so stehen wir nun vor dem, was wir als Problem „Wirtschaftswald und Wild" bezeichnen, vor der Suche nach einer Synthese. Zur Lösung sollten sich die Beteiligten zusammenfinden, am gleichen Strange ziehen, keine Schranken errichten und insbesondere gleichwertig einfallsreich sein. Gewiß ist allen noch eine Sehnsucht nach unverfälschter Natur eigen, zu deren Erfüllung nicht zuletzt der Wald *mit* Wild gehört. Und das ist gut so, wenn es sich nicht nur um den schreienden Hirsch als Sensation handelt. Aber das stärkste Element zur Erhaltung unserer Rotwildbestände ist die wald- und wildverbundene Gesinnung nicht. Forstmann und Jäger, oft in einer Person vereinigt und dann ebensooft in ihren Gefühlen und Neigungen zwiegespalten, müssen sich finden, um dem Problem des Wildschadens im Walde Herr zu werden. Hätte man, ja hätte man anstelle der Fichten- und Kiefernreinkulturen Mischbestände in natürlicher Form, nämlich im dichten Schluß, begründet, und hätte man den Wildbestand in eine „Wilddünne" gebracht, die ein ökologisches Gleichgewicht hätte aufzeigen können, ja dann wäre heute alles leichter. Aber der Wald, das wollen wir nicht vergessen, wäre auch ärmer an augenblicklichem Ertrag. Und manches, was erstrebenswert erscheint, ist nicht praktikabel, oftmals aus technischen oder anderen, auch waldbaulichen, Gründen.

Schälschäden und deren Verhütung

Der empfindlichste Schaden im Walde ist das *Schälen* der Holzgewächse. Man unterscheidet *Sommer-* und *Winterschälung*. Die erstere wird in der Weise ausgeführt, daß das Wild mit den als schaufelförmige Meißel ausgebildeten Schneidezähnen zunächst die Rinde bis auf den Splint durchschneidet, dann mit den Zähnen und der Gaumenplatte des Oberkiefers den gelösten Teil erfaßt und schließlich einen mehr oder minder breiten Streifen meist nach oben abzieht, bis dieser an einem Ast abreißt oder sich keilförmig verjüngend sein Ende findet. Die abgelösten Rindenteile werden verzehrt. Daß Hirsche auch mit dem Geweih die Rinde anreißen, um dann zu schälen, und sich dabei die Augsprossen stumpf schleifen, ist besonders bei Buchenschälung bekannt.

Die *Winterschälung* erfolgt durch einfaches Abschaben der um diese Jahreszeit sehr festsitzenden Rinde mit den Schneidezähnen. Die Beschädigung des geschälten Stammes ist natürlich bei der Sommer- oder Saftschälung bedeutend gefährlicher. Während die Winterschälung, wenn es sich nicht um sehr spürbare Angriffe handelt, für die Zukunft der geschälten Stämme meist ohne besonders nachhaltigen Einfluß ist, bleibt die Sommerschälung, weil sie den Splint des Baumes zu einem mehr oder minder großen Teil bloßlegt, Grund für eine starke Entwertung der Bäume und Bestände in ihrer Nutzeigenschaft und wird später oft die Ursache für Wind- und Schneebruch. Auch kommt es in Ausnahmefällen vor, daß der Baum, ringsum geschält, sehr bald abstirbt. Das Schälen bleibt nicht immer auf den Stamm beschränkt; hin und wieder werden auch die Wurzelanläufe geschält, nachdem sie von der Bodendecke, Moos und dgl. durch Schlagen mit den Läufen freigelegt sind.

Welche Holzarten bevorzugt geschält werden, ist weitgehend von den Bestockungsverhältnissen abhängig. In unseren Fichten- und Kiefernmonokulturen trifft diese Holzarten naturgemäß der Hauptschaden. Ebenso wird in reinen Laubholzrevieren die Buche gleichermaßen betroffen, und zwar wird sie fast ausschließlich im Sommer geschält.

Vereinzelt eingesprengte Holzarten sind häufig besonders gefährdet, so die Esche (diese im übrigen auch auf größerer Fläche), die Douglasie, auch ausgesprochene Weichhölzer wie Weide und Pappel. Ahorn und Eiche werden weniger angenommen. Erle und Birke fast ganz verschont. Wie schon gesagt, hängt die Bevorzugung bestimmter Holzarten außerordentlich stark von den Bestockungsverhältnissen überhaupt ab.

Im allgemeinen schält das Wild am stärksten die Fichte; es folgen dann etwa in absteigender Reihe Esche, Douglasie, Kiefer, Tanne, Buche, Eiche, Lärche. Auffallend ist die starke Bevorzugung der Fichte. Diese unduldsame, leider so vielfach an die Stelle der masttragenden Eiche und Buche getretene Holzart, die weder Sträuchern noch Beerkräutern unter sich Raum und Licht gönnt, die durch ihre weite Verbreitung dem Wild immer mehr die Äsung beschränkt – gerade die Fichte ist es, die durch das Schälen am meisten leidet. Deswegen ist sie es auch in erster Linie, die sich mit dem Wild in einen unversöhnlichen Gegensatz stellt, solange ihr nicht andere Holzarten beigesellt werden. Rauhe, rissige Rinde schützt die Stämme vor dem Schälen; ebenso erschwert dichter Stand und reiche Beastung dem Wild den Zutritt zu den einzelnen Stämmen, wenn sich auch hier gerade wegen dieser Eigenschaften bevorzugte Einstände bilden. Daher sind junge Bestände im Alter von 10 bis 50 Jahren, namentlich nach der ersten Läuterung oder Durchforstung, dem Schälen besonders ausgesetzt. Je saftiger und weicher die Rinde ist, um so lieber wird sie angenommen. Es versteht sich von selbst, daß Einstände des Wildes, die nähere Umgebung der Wechsel und Fütterungen am meisten leiden. An diesen Stellen kann selbst die sonst nicht sehr gefährliche Winterschälung einen für den Zustand der Bestände verderblichen Umfang annehmen.

Ob die Hirsche oder die Tiere mehr schälen, läßt sich nicht allgemein entscheiden; es scheint so, daß beide Geschlechter gleichmäßig beteiligt sind.

Den größten Umfang pflegt das Schälen im Frühjahr anzunehmen, besonders bei anhaltend nasser Witterung, wenn die Rinde leicht „geht“ und durch den Regen weich geworden ist. Auch steht bei längerem Regenwetter das Wild gern gerade in den schälgefährdeten Stangenorten, die trockener als die bis unten begrünten Dickungen sind. Meistens pflegt das Wild am Dickungsrande vor dem Auswechseln zu schälen, doch schält es natürlich auch zu jeder anderen Tages- und Nachtzeit.

Die Betrachtung des Schälschadenproblems läßt nun eine Frage in den Vordergrund treten, die Frage: Warum schält das Rotwild? Eine Antwort hierauf ist solange besonders wichtig, wie es nicht gelungen ist, ein Mittel gegen die Schälschäden zu finden. Das ist bisher noch nicht geschehen, wenn auch in den letzten Jahrzehnten entsprechend der Bedeutung der Frage sehr viel Untersuchungsmaterial zusammengetragen wurde, das gewisse Einblicke in die Zusammenhänge gestattet.

Am Dickungsrande

Festgestellt werden muß zunächst, daß das Schälen des Rotwildes nicht etwa eine durchaus neue, eine „moderne“ Art der Ernährung, gewissermaßen eine Unart ist. Schälschäden wurden schon vor Jahrhunderten beobachtet und darüber berichtet. Damit soll keineswegs gesagt sein, daß das Wild vor jener Zeit, aus der die ersten Nachrichten über das Schälen stammen, nicht geschält hat. Vermutlich waren die Schälschäden nicht nur geringer, sondern auch wegen der an das Holz in früherer Zeit gestellten Qualitätsansprüche auch weniger bedeutungsvoll, so daß ihre Erwähnung unterblieb.

Die erste größere Spezialarbeit über „die Schälbeschädigung durch Hochwild“ lieferte H. Reuss 1888, zu einer Zeit also, in der die an das Holz gestellten Güteansprüche den Schälschaden als eine empfindliche finanzielle Einbuße bemerkbar machten. Seither hat diese Frage in der forstlichen und jagdlichen Literatur eine ganz bedeutende Rolle gespielt, und wir möchten meinen, daß die Ursachen des Schälens nun als in verschiedenen, im Zusammenhang stehenden Faktoren liegend wohl erkannt sind.

Es kann gar keinem Zweifel unterliegen, daß das Schälen eine durchaus naturgemäße Ernährungs- und Verhaltensweise des Rotwildes in der Notzeit darstellt. Im Winter, wenn hohe Schneelage auch die letzte Bodenäsung bedeckt, muß es insbesondere dort, wo Weichholz- und Strauchäsung fehlt, in der Rinde der Holzarten seine Nahrung suchen. Das ist ganz erklärlich, wenn man weiß, daß junge Baumrinde einen bedeutenden Anteil wichtiger Nährstoffe, der etwa dem von frischem Wiesengras entspricht, enthält.

Warum aber schält das Rotwild auch im Sommer, zu einer Zeit, in der Grünäsung zur Verfügung steht? Dient das Schälen auch jetzt noch, nachdem keine Notzeit mehr ist, vornehmlich der Ernährung, oder ist es dann nur noch eine Angewohnheit, eine Unart?

Wir können annehmen, daß die Rinde auch im Sommer in erster Linie dem Wilde zur Ernährung dient, denn sie wird ja letzten Endes geäst und nicht etwa einfach nur abgerissen, um dann nicht beachtet zu werden. Dennoch mögen Angewohnheit und gegebenes Beispiel eine Rolle spielen, die wir nicht ganz übersehen dürfen, wenn wir nach den Ursachen des Schälens forschen. So gibt es sicher Stücke, die besonders gern schälen, deren Vorbild wahrscheinlich geeignet ist, andere Stücke, schließlich auch das ganze Rudel zum Schälen zu bringen.

Wir müssen weiter feststellen, daß es Reviere, z. B. im Hochgebirge, gibt, in denen die Sommerschälung nicht vorkommt. Hier steht also wohl Äsung in ausreichender Menge zur Verfügung. So drängt sich die Frage auf, ob es in Revieren, in denen der Schälschaden das Problem Nr. 1 ist, so ganz anders aussieht? Steht denn selbst im Sommer hier keine geeignete Äsung zur Verfügung?

Wenn das Rotwild nicht Hunger leiden soll, ist es erforderlich, daß Äsung in *ausreichender Menge* mit ebensolchem Nährstoffgehalt und an *erreichbaren Stellen* vorhanden ist. Leider aber ist in Revieren, in denen der Sommerschälschaden auftritt, das in der Regel nicht der Fall. Entweder fehlt es am einen oder anderen; meist sind aber beide Forderungen nicht erfüllt. Wir sahen schon, daß die nicht mehr immer auf einer natürlichen Linie liegende Waldwirtschaft mit der Heranziehung dichtgeschlossener Reinbestände einen beträchtlichen Äsungsverlust zur Folge hatte. Zwar bieten dann die auf großer Fläche (Kahlschläge) sich ansiedelnden Gräser eine an sich ausreichende Grünäsung, doch ist es meist in Frage gestellt, ob das Wild diese auch jederzeit erreichen kann. Der Äsungsrhythmus gestattet keine allzu langen Pausen zwischen Äsungsaufnahme – Wiederkäuen – Verdauen und erneuter Äsungsaufnahme. Unsere vom Verkehr überschwemmten Wälder, ja auch unsere notwendige intensive Jagdausübung zwingt aber das Wild in Dickung, die keinerlei Bodenflora mehr aufkommen läßt. Man überlege sich noch einmal, daß das Rotwild im Hochsommer bis zu 18 Stunden aus Gründen seiner eigenen Sicherheit in der Dickung verbleiben muß! Wo soll es in dieser Zeit Äsung finden? Verläßt es aber, vom Hunger gepeinigt, die sichere Dickung, so trifft es auf den Jäger, der ihm nachstellt. Oder es begegnet Waldbesuchern mit all dem zeitgemäßen Spektakel, wie Auto, Radio usw., Pilzsuchern, trifft auf Zeltplätze, kurz auf all die Menschen, denen zwar der Waldbesuch gegönnt werden soll, von denen aber erwartet werden muß, daß sie sich waldgerecht verhalten.

Fehlende oder nicht erreichbare Äsung, also kurz gesagt Hunger, ist es, der das Wild im Sommer zum Schälen zwingt. Ob außerdem noch ein Mangel an bestimmten, unbekannten Nährstoffen, Spurenelementen usw. vorliegt und das Schälen mit auslöst, ist nicht mit Sicherheit erwiesen. Die Fütterungsversuche von Forstmeister Lindner (Pirsch, Nr. 14, 1956) und Oberregierungsforstrat Mayer (Pirsch, Nr. 10–13, 1963) scheinen in die

Richtung zu deuten. Es bleibt aber der Hunger bzw. der gestörte Äsungsrhythmus als hauptsächliches Moment bestehen, das dürfen wir nicht vergessen, und so kann eine Verminderung der Schälschäden im Walde in erster Linie nur erreicht werden durch Verbesserung der Ernährungsbasis; sei es in Form von natürlicher Äsung oder als zusätzliche Fütterung im Winter und Frühjahr und durch Wiederherstellung der Ruhe im Walde in der Nähe der Wildeinstände. Es kann an dieser Stelle nicht ein Waldbaukompendium unter Berücksichtigung der Schälschädenfrage geschrieben werden. Dies ist um so weniger möglich, als sich bei einem so umfassenden Komplex keine Generalregel geben läßt. Der „naturgemäße Wirtschaftswald" jedenfalls böte dem Rotwilde bessere Existenzmöglichkeiten bei geringeren Wildschäden. Nur wäre seine Erstellung bei starken Rotwildbeständen ein schwieriges Unterfangen.

Und doch sollte wenigstens das getan werden, was getan werden kann. Der Anbau oder auch nur die Erhaltung von Weichhölzern, von Sträuchern, die Äsungspflanzen sind, muß für den Forstmann eine vordringliche Aufgabe sein. Dort, wo Kulturflächen gegattert werden müssen, sorge man für die Beimischung solcher Holzarten, erhalte sie bis ins Dickungsalter, damit dann eine reichere Flora eine bessere Versorgung des Wildes auch in der Dickung ermöglicht. Für die Winterfütterung ist es wichtig, daß man dem Rotwild auch Futtermittel anbietet, die zum Wiederkauen reizen, und nicht etwa nur gepreßtes, mehliges Kraftfutter, das zu einer Pansenversäuerung führen kann, wenn nicht oder nicht ausreichend wiedergekaut wird. Wir kommen hierauf noch zurück.

Zu dem Komplex von Ursachen werden neuerdings auch die in einer Rotwildpopulation etwa vorhandenen sozialen Spannungen gerechnet. Solche sollen ihren Ursprung u. a. in einem zugunsten der Hirsche verschobenen Geschlechterverhältnis oder auch in bestimmten Strukturen des Altersklassenaufbaues haben. Man kann das nicht ausschließen, aber sehr einleuchtend ist diese Argumentation nicht. Im Harz z. B. mußte das Schälen schon seit mehr als einem Jahrhundert Beachtung und Beobachtung finden, zu Zeiten also, in denen man gar nicht daran dachte, Gliederungen des Rotwildbestandes zu beeinflussen. Bei aller Anerkennung der Verhaltensforschung, möchte ich nicht nur zu dieser Fragestellung sagen, daß sich der Einblick in die Zusammenhänge bisher nur auf einen „Sehschlitz" beschränkt.

Daß vielerorts eine Regulierung der Wilddichte im Sinne einer Verminderung des Bestandes je nach dem Standort vorgenommen werden muß, ist selbstverständlich eine ebenfalls unumgängliche Forderung. Nur erwarte man nicht, daß bei Beibehaltung des heutigen Waldzustandes, wobei als Kennzeichen fehlende oder unzureichende Äsung und ständige Unruhe gelten, mit der Verringerung des Bestandes allein das Schälen auf ein tragbares Maß herabgesetzt werden könnte. Das wäre ein Trugschluß. So einfach ist die Sache nicht! Wenn schon gesagt werden mußte, daß unverständige Hege und naturfremde Waldwirtschaft gemeinsam das biozönotische Gleichgewicht im Walde gestört haben, so können auch nur Waldwirtschaft und Wildhege gemeinsam Abhilfe schaffen. Eine solche Abstimmung dürfte nicht einmal zu schwierig sein, denn der Forstmann hat längst erkannt, daß eine Rückführung des Waldzustandes zu naturgemäßeren Formen bis zu einem gewissen Grade aus wirtschaftlichen Gründen eine zeitgemäße Forderung ist. Wenn der Jäger nun auch erkennt, wie eine bestimmte „Wilddünne" von ausschlaggebender Bedeutung für die Qualität seines Rotwildbestandes ist, sollten sich beide doch zu gemeinsamem Vorgehen finden.

Wäre aber damit alles getan und alles erreicht? Wohl kaum, denn wie sieht es mit der Wiederherstellung der Ruhe im Walde aus, ohne die auch die besten Äsungsmöglichkeiten vom Rotwild nicht voll ausgenutzt werden können? Hier liegt eine Aufgabe vor uns, die fast unlösbar erscheint. Sie ist inzwischen in Angriff genommen durch die schon erwähnte

Novelle zum Bundesjagdgesetz von 1977, in der Bestimmungen getroffen sind, Störungen des Wildes zu mindern. Es heißt in dem entsprechenden Gesetzestext: „Verboten ist, Wild, insbesondere soweit es in seinem Bestand gefährdet oder bedroht ist, unbefugt an seinen Zuflucht-, Nist-, Brut- oder Wohnstätten durch Aufsuchen, Fotografieren, Filmen oder ähnliche Handlungen zu stören.“ Die Praxis wird lehren, inwieweit das auch dem Rotwild zugute kommen kann. Keinesfalls soll dem waldhungrigen Stadtbewohner, der aus dem Lärm und Dunst der Häusermeere im Wald Entspannung und Erholung sucht und in Zukunft noch vermehrt suchen wird, diese Heilquelle für Geist und Körper verschlossen werden. Zweierlei ist nur notwendig, und zwar bitter notwendig: Der Waldbesucher muß sich „waldgerecht“ verhalten, und bestimmte Einstände des Waldes müssen vom Verkehr verschont bleiben können. Es würde zu weit führen, hier all die Maßnahmen zu schildern, die geeignet erscheinen, um diese Ziele zu erreichen. Ohne die Erziehung unserer Jugend zu wald- und wildverbundener Gesinnung wird es nicht gehen. Eine Aufgabe, der sich die „Schutzgemeinschaft Deutscher Wald“ bereits mit wachsender Intensität und ebensolchem Erfolg annimmt. Ohne sinnvolle Freigabe und entsprechende Bezeichnung von Wanderwegen und ebenso überlegte Sperrung von Wildeinständen und Äsungsplätzen ist jedenfalls nicht weiterzukommen. Eine Aufgabe, die der Forstmann und Waldbesitzer im kleinen mit viel Takt wohl beginnen, generell aber wohl nur mit Hilfe des Gesetzgebers lösen kann.

Es ist einleuchtend, daß diese Ziele nur langsam erreicht werden können. Bis dahin sind aber Maßnahmen gegen Schälschäden geboten, die hier wenigstens in gedrängter Übersicht besprochen werden sollen.

Mechanische Mittel

Die geringste Forderung, die wir im Hinblick auf die Einschränkung des Schälschadens anerkennen müssen, ist die, wenigstens den Endbestand der Hauptholzart, das Altholz, schälschadenfrei zu wissen. Daraus ergibt sich, daß dem Schutz des Einzelstammes be-

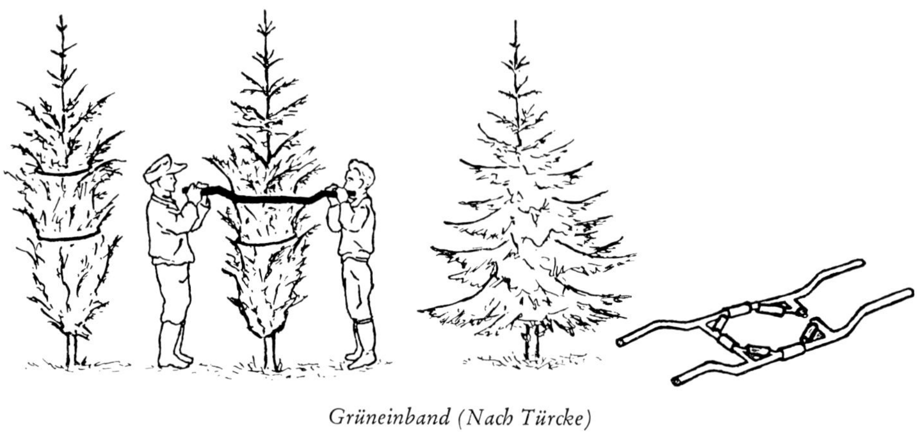

Grüneinband (Nach Türcke)

sondere Bedeutung zukommt, der Flächenschutz durch Sperrmittel (Gatter) also eine untergeordnete Rolle spielt. Es sei denn, horstweise eingebrachte Nebenholzarten sollen geschützt werden. Hier wird man auch an eine Gatterung, deren langfristige Schutzwirkung wir kennen, denken können, während allgemein das Eingattern von schälgefährdeten Beständen der Hauptholzart als Schutzmittel ausscheidet. Hierdurch würde der Lebensraum des

Wildes so entscheidend eingeengt, daß dadurch seine Erhaltung überhaupt in Frage gestellt sein müßte. „Das Gatter ist ein Kind der Not", sagt RAESFELD.

Als *mechanisches Mittel* wird schon seit längerer Zeit der *Grüneinband,* insbesondere bei Fichten, Douglasien und Tannen, angewendet. Es handelt sich hierbei um einen Schutzmantel, der aus den eigenen lebenden Zweigen des Stammes hergestellt wird. Selbstverständlich werden hierbei nur die Zukunftsstämme so behandelt. Die grünen Zweige des unteren Stammabschnittes werden am besten mit einem „Einbindering" nach oben gestreift und so am Stamm durch Umwickeln mit 1,2 mm starkem Draht (geglüht oder verzinkt) festgehalten. Bei Auswahl von etwa 500 bis 800 Pflanzen je ha wird so ein stückzahlmäßig ausreichender Einzelschutz erreicht, der rechtzeitig im angehenden Dickungsalter angebracht, auch für die Dauer der Schälgefahr seine Schutzwirkung ausübt, da dem Wilde der Zugang zur Rinde verwehrt wird. Durch Anwendung eines Einbinderinges ist diese schon alte Methode wesentlich vollkommener und wirtschaftlicher gestaltet.

Ein ebenfalls sehr altes, von REUSS in Anregung gebrachtes Mittel besteht in der Ausnutzung der Neigung des Stammes zum Harzfluß und verstärkter Borkenbildung bei Verletzung, wodurch dem Wilde das Schälen verleidet wird. FLAMMINGER, GERSTNER, LANZ und HEUELL-BAUER haben entsprechende Geräte, *Rindenkratzer* und *Rindenhobel,* konstruiert und erprobt, die heute noch im Gebrauch sind. Mit ihnen werden in den Monaten, in denen der Saft am besten geht, etwa April bis Juni, möglichst nach vorheriger Ästung die Stämmchen in der gefährdeten Höhe angekratzt und zum Harzfluß angeregt. Vorsichtige Handhabung der Geräte ist erforderlich, um ein Durchschneiden der Rinde bis auf die Holzsubstanz zu vermeiden.

Chemische Mittel

Chemische Mittel wirken vornehmlich auf die Sinnesorgane des Rotwildes, Geschmacks- und Geruchssinn in erster Linie, und sind in ihrer Wirkung besonders gut, wenn mehrere Wirkungskomponenten gekoppelt sind. Die Forderung nach völliger Unschädlichkeit für Pflanze und Tier ist bei verschiedenen im Handel befindlichen Mitteln absolut erfüllt, während eine wirklich langfristige Wirkungsdauer noch nicht voll gegeben ist.

Mechanischer und chemischer Schälschutz

Grüneinband mit Einbindering, 10–25jährige; bis unten grün beastete Fichten
Hobeln mit Gerstner-Rindenhobel, am besten an 15–30jährigen nicht aufgeasteten Fichten
Streichen mit Schälschutzmittel Arcotin S, Laub- und Nadelholz
Streichen mit Schälschutzmittel FS-Garant 60, Laub- und Nadelholz
Streichen oder Spritzen mit Schälschutzmittel Ha Te A, Laub- und Nadelholz
Spritzen mit Schälschutzmittel SS 65, FLÜ, nur an Fichte
Streichen mit Propfe Schälschutzmittel, Laub- und Nadelholz

Chemische Schälschutzmittel werden in der Regel im Streichverfahren auf den Stamm gebracht, u. U. nach vorheriger Ästung. Die Arbeit soll möglichst während der wärmeren Jahreszeit, in der die Streichmittel wegen ihrer Zähflüssigkeit wirtschaftlicher anzuwenden sind, durchgeführt werden. Bei der Anwendung sind zumindest die Zukunftsstämme zu behandeln, doch richtet sich die Zahl der zu schützenden Stämme auch nach dem Alter des Bestandes, wie auch nach waldbaulichen Gesichtspunkten.

Vorstehende Übersicht berichtet über die Anwendungsverfahren einiger mechanischer und chemischer Schälschutzmittel. Letztere sind von der Biologischen Bundesanstalt zugelassen (Stand 1977), bei der Anwendung von Ha Te A ist die Bienenschutzverordnung zu beachten.

Verbißschäden und deren Verhütung

Im allgemeinen weniger gefährlich, aber weiter verbreitet, ist der Schaden, den das Rotwild den Kulturen durch *Verbiß* zufügt, doch kann dieser örtlich auch so stark auftreten, daß ganze Kulturen vernichtet werden. Meist werden die aus natürlicher oder künstlicher Verjüngung hervorgegangenen Anwüchse durch Verbiß an Knospen und Trieben niedergehalten, wachsen langsam und ungleich auf, werden immer wieder verbissen und zeigen schließlich einen rundlichen oder kegelartigen Wuchs. Auch kommt es vor, daß junge frisch gesetzte Pflanzen bei dem Versuch, die Knospen abzuäsen, aus dem Erdboden herausgerissen werden. Seltener werden Lohden und Heister niedergezogen, um die saftigen Triebe zu erreichen, wobei Wipfel und Zweige abgeknickt und abgerissen werden.

Während der Vegetationsruhe, beim Ausbruch der jungen Triebe (Vitamingehalt) und gegen den Herbst ist der Verbiß am stärksten. Besonders leiden natürlich auch junge Pflanzen, die bei hoher Schneelage noch erreichbar sind.

Da das Äsen von Knospen und jungen Trieben zur natürlichen Ernährungsweise des Rotwildes gehört, werden fast alle Holzarten betroffen, besonders bevorzugt allerdings solche, die im Revier von Natur aus nicht heimisch und horstweise oder einzeln angebaut sind. Der Schaden ist nach dem Umfang des Verbeißens, nach der Holzart, deren Ausheilungsvermögen und Wuchskraft, wie auch nach dem Standort verschieden. Zuwachsverluste, Störung der Wipfelschäftigkeit, erhöhte Kulturkosten sind die geringsten Folgen des Verbißschadens. Untragbar aber wird er, wenn er die waldbauliche Planung so hemmt, daß Naturverjüngungen der Hauptholzart in Frage gestellt werden. Nimmt der Verbißschaden solche Ausmaße an, stehen wir vor einem ebenso ernsten Problem wie beim Schälschaden.

So seien auch hier die gebräuchlichsten Maßnahmen zur Vorbeugung, Einschränkung und Verhinderung des Verbißschadens angeführt, soweit sie den Schutz der Pflanzen betreffen. Daneben bleibt die Einflußnahme auf den Wildbestand selbstverständlich ein besonders wirksames Mittel, hier sicher wirksamer als beim Schälschaden. Wir kommen darauf bei der Frage nach der optimalen Wilddichte noch zurück.

Grundsätzlich kann schon an dieser Stelle gesagt werden, daß der Rotwildbestand immer in einer Dichte gehalten werden soll, die eine Nachzucht der herrschenden Holzart ohne Eingatterung der Kulturen gestattet. Daß dabei zur Zeit der Äsungsnot, d. h. im Winter, durch entsprechende Fütterung des Wildes Verbißschaden wesentlich gemildert werden kann, ist eine Selbstverständlichkeit.

Auch waldbauliche Maßnahmen, wie die Erhaltung von Weichhölzern, können zur Schadensminderung beitragen, und meist wird die verdämmende Wirkung reichlich aufgehoben durch den Nutzen, den das Weichholz durch die Schaffung von Knospenäsung bringt. Auf großen Kahlflächen verteilt sich der Verbißschaden meist und wird für die einzelne Pflanze weniger empfindlich, doch sind kleine Wirtschaftsfiguren für die Umwandlung unserer Monokulturen unerläßlich. Diese leiden natürlich wegen ihrer geringen Größe und auch wegen der auf ihnen in der Regel anzubauenden „selteneren“ und daher anfälligeren Holzart ganz besonders unter Verbiß. Ohne Verbißschutzmittel wird also nicht auszukommen sein.

Mechanische Mittel

Während der *Flächenschutz* durch Sperrmittel bei der Schälschadenbekämpfung als Ausnahme gelten kann, bietet der *Gatterbau* beim Verbißschaden unter bestimmten Voraussetzungen ein wirklich wirksames Mittel. Eine dieser Voraussetzungen, die oft leider nicht erfüllt ist, heißt: Nicht zu große Gatterflächen! Ganz abgesehen davon, daß diese den Lebensraum beengen, was an anderen Stellen zu Schäden führt, sind große Gatter, d. h. solche, die z. B. ganze Jagen umfassen, nur sehr schwer wildrein zu halten, insbesondere, wenn sich die Kulturen geschlossen haben und dem Wilde guten Einstand bieten. Dann steht das Wild darin, und zwar besonders gern, weil hier Ruhe herrscht, wobei oft wegen Äsungsmangel erhebliche Schälschäden im Gatter auftreten. Man stelle den notwendigen Gatterbau in Planung und Art daher darauf ab, ihn nur solange wirken zu lassen, wie die Kultur des Schutzes gegen Verbißschaden bedarf, und zwar nicht nur die Hauptholzart selbst, sondern auch die als spätere Äsungspflanzen eingebrachten Weichhölzer. Diese siedeln sich in der Regel schon durch Anflug an. Einfache Hordengatter ohne feste Pfähle halten für diese Zeit nicht nur aus, sondern lassen sich dann wieder an anderer Stelle verwenden.

Gatterüberstieg

Wird zu einer so einschneidenden Maßnahme gegriffen, so muß man sie so zielbewußt durchführen, daß der beabsichtigte Erfolg auch erreicht wird. Gatter, die gegen Wildverbiß um Kulturen gezogen werden, sollten daher gleichzeitig auch das Rehwild abwehren, soweit diese Wildart ebenfalls in größerer Zahl vorkommt. Wenn auch der Verlauf des Gatters im wesentlichen an die zu schützende Fläche gebunden ist, so vermeide man doch nach innen einspringende Winkel, in die beunruhigtes Wild leicht einflieht, um dann das Gatter hier zu überfallen. Wo irgend angängig, spare man mit Gattertoren, die häufig nicht geschlossen, dem Wild Zutritt gewähren. Dafür errichte man *Überstiege,* die das Betreten der eingegatterten Kulturfläche erleichtern. Auch Ausläufe in Form von *Gattertrichtern* und *Aussprünge* sollten nicht fehlen, um etwa eingewechseltes Wild wieder herausdrücken zu können. Sonst bleibt der Abschuß die letzte aber auch schlechteste Möglichkeit, das Gatter wildrein zu halten.

Ob man Draht- oder Holzgatter wählt, ist eine Kostenfrage. Fallen im Forstbetrieb geringe Nadelholzstangen an und sind diese schlecht absetzbar, wird man ein Holzgatter vorziehen. Ja, es ergibt sich dann oft überhaupt erst die Möglichkeit, diese Sortimente zur Verwendung zu bringen.

Wie schon gesagt, errichte man das Holzgatter aus einzelnen Gatterfeldern ohne feste Pfosten, einmal der Kostenersparnis wegen, dann aber auch, um ein leichteres Versetzen des Gatterzuges zu ermöglichen. Die einzelnen Felder werden an überstehenden Latten aneinandergestellt und durch Schrägstreben gestützt. Es erübrigt sich, hier nähere Beschreibungen abzugeben oder über die unterschiedlichen Kosten Ausführungen zu machen. Die Bauart des einzelnen Gatterfeldes richtet sich insbesondere auch nach den zur Verfügung stehenden Holzsortimenten.

Gattertrichter

Gatteraussprung

Selbstverständlich kann man auch kombiniert bauen, d. h. Holz und Drahtgeflecht verwenden, indem man den unteren Teil in Maschendraht ausführt.

Beim Drahtgitter stehen Knoten und Maschengeflechte in den verschiedensten Ausführungen zur Verfügung. Auch bei ihnen sollte man keinen festen Gatterzug mit Pfosten, sondern leicht transportable Hordengatter anlegen. Es gibt auch bereits sogenannte „Schnellgatter" aus Draht, die dieser Forderung entsprechen.

Die Höhe eines gegen Rotwild schützenden Gatters sollte nicht unter 2 m liegen, wobei man sich allerdings darüber klar sein muß, daß diese Höhe vom Rotwild noch übersprungen werden kann. In der Regel respektiert es aber eine solche Höhe. Leider haben Drahtgatter den Nachteil, daß sich Wild in ihnen wohl einmal verfängt, insbesondere beim An- und Überfliehen.

Als weiteres mechanisches Verbißschutzmittel sei noch der Knospenschutz durch Werg, Vistrafaser und durch sogenannte Knospenschützer (Fahne, Krone usw.) erwähnt. Die Schutzmittel werden an der Endknospe befestigt und bewirken so eine Abwehr des Wildes.

Chemische Mittel

Fast bis zur Unübersichtlichkeit angeschwollen ist die Zahl der *chemischen* Mittel, die für den Schutz gegen Verbiß zur Verfügung stehen. Sie können als ausschließliche *Verwitterungs*mittel Anwendung finden, doch ist deren langfristige Wirkung oft in Frage gestellt, da sich das Wild an sie leicht gewöhnt. Besser wirken dann schon die Mittel, auf die nicht nur der Geruchs-, sondern auch der Geschmackssinn des Wildes anspricht.

Für die Wirkung ist die rechtzeitige Anwendung entscheidend, da auch sie nur eine begrenzte Wirkungsdauer besitzen. So setzt man ein Mittel zur Verhinderung des Schadens im Frühjahr auch erst im März/April und nicht schon im Herbst ein. Wir kennen verschiedene Anwendungsverfahren, das Streich-, Spritz- und Tauchverfahren. Wenn einige Mittel auch hinsichtlich des Anwendungsverfahrens nicht sehr empfindlich sind, so sollte doch jedes Mittel nach der dafür gültigen Gebrauchsanweisung eingesetzt werden. Das sichert den Erfolg und spart Kosten. Für alle Anwendungsverfahren stehen entsprechende Hilfsmittel und Geräte zur Verfügung, wie Pumpen, Spritzen, Zangenbürsten, Pinsel usw. Die Fachliteratur gibt für die Anwendung in jedem Falle erschöpfende Auskunft, so daß hier nur eine Auswahl gebracht werden soll.

Alle aufgeführten Mittel sind z. Z. von der Biologischen Bundesanstalt anerkannt (Stand 1977).

Für die Anwendung des Spritzverfahrens sei im Interesse des Wildes noch darauf hingewiesen, daß hierbei nur die verbißgefährdeten Pflanzenteile gespritzt werden sollen. Nur so kann die zwischen den zu schützenden Pflanzen vorhandene Äsung für das Wild erhalten bleiben.

Wildverbißschutzmittel

Spritzen, Streichen oder Tauchen mit Arbinol WS/w/b	Laub- und Nadelholz
Spritzen, Streichen oder Tauchen mit Arcotal S/w/b	Laub- und Nadelholz
Spritzen, Streichen oder Tauchen mit Ha Te 1/b	Laub- und Nadelholz
Spritzen, Streichen oder Tauchen mit Ha Te A/b	Laub- und Nadelholz
Spritzen, Streichen oder Tauchen mit Ha Te-Einheitsmittel/b	Laub- und Nadelholz
Spritzen oder Streichen mit Kornitol/w/b	Laub- und Nadelholz
Streichen oder Tauchen mit Flügels Verbißschutzpaste	Laub- und Nadelholz
Streichen oder Tauchen mit Flügolla 62	Laub- und Nadelholz
Streichen mit Förster Zellersche Blutsalbe	Laub- und Nadelholz
Streichen oder Spritzen mit Verbißschutzmittel D 20/b	Laub- und Nadelholz

Anm. w = nicht in Einzugsgebieten von Trinkwassertalsperren
b = Bienenschutzverordnung beachten

Sonstige Schäden

Schließlich sei an dieser Stelle noch des Schadens gedacht, der durch das *Fegen* und *Schlagen* der Hirsche entsteht. Er ist sicher nicht so empfindlich, wie wir ihn von der gleichen Tätigkeit des Rehbockes her kennen. Dieser fegt wesentlich intensiver, weil er hiermit eine Markierung seines Standortbereiches vornimmt. Das tut der Hirsch nicht in diesem Maße, doch können Fege- und Schlagschäden an einzelnen, eingesprengten Holzarten recht unangenehm werden. Hier hilft man sich mit einem Einband von trockenem Reisig. Der Grüneinband würde insbesondere bei selteneren Holzarten, die der Hirsch ja außerordentlich bevorzugt, wenig Erfolg haben. Er würde dennoch daran fegen und schlagen. Auch Schutzstangen oder eine Spritzung mit Kalk vermag Abhilfe zu schaffen. Keinesfalls verwende man aber einfachen Baumkohlenteer, da dieser den Hirsch geradezu zum Fegen und Schlagen anreizt.

Der Schaden, den das Wild durch *Aufnahme von Waldfrüchten* anrichtet, ist, wenn auch nicht bedeutungslos, so doch tragbar, wenn es sich um das Äsen in masttragenden Beständen handelt. Was hier die Scharen von Tauben und Finken aufzunehmen imstande sind, übertrifft die Möglichkeiten des Rotwildes bei weitem. Empfindlich wird dieser Schaden aber dort, wo er die Pläne des Forstmannes stört, wenn nämlich das Wild Eichel- oder Buchensaaten aus dem Boden herausschlägt. Hier hilft nur Verwitterung des Saatgutes oder der Saatflächen.

Soviel über den Rotwildschaden und seine Bekämpfung durch Schutz der gefährdeten Pflanzen. Es mag überraschend erscheinen, wenn hier so ausführlich von den durch das Rotwild im Walde verursachten Schäden gesprochen wurde. Die Notwendigkeit ergibt sich aber aus den schon geschilderten Zusammenhängen, die das Problem „Wald und Wild" ausmachen. Wird eine Synthese, ein Ausgleich der Interessen, eine Anpassung nicht erreicht, wird die vielerorts noch vorhandene Abhängigkeit des Waldbaues vom Rotwild nicht in eine umgekehrte verwandelt, dann geht unsere Wildart, für deren Erhaltung wir uns einzusetzen verpflichtet fühlen, schweren Zeiten entgegen. Alle hier angeführten Mittel zur Einschränkung der Schäden im Walde bleiben nur ein notwendiger Behelf, wenn sie nicht unterstützt werden können durch all jene Maßnahmen, die auf die Regulierung der Wildbestände und auf die Verbesserung der natürlichen und zusätzlichen Äsungsverhältnisse zu wirken besimmt sind. Immer wieder werden wir daher auch bei den Dingen der Wildpflege und der Abschußdurchführung diesem roten Faden, der nur für den Unverständigen ein rotes Tuch ist, zu folgen haben.

Schlagschaden

Die Einstellung des Jägers kann einfach nicht nur diese sein: Es geht um unser Wild! Es geht vielmehr zunächst um unseren Wald, der die Heimat des Wildes ist und bleiben soll! Ob er es bleiben kann, hängt gleichermaßen vom Forstmann und Jäger ab. Beide tragen eine gleich große Verantwortung, beide haben aber auch gleich große Aufgaben zu erfüllen. Nicht der eine oder andere allein! Das Problem heißt nicht: „Wald *oder* Wild", sondern „Wald *und* Wild"!

Die Interessen des Forstmannes und des Jägers treffen sich jedoch insofern, als auch der

Alttier und Kalb

letztere einen dem Lebensraum zahlenmäßig angemessenen Wildbestand anstrebt, denn inzwischen ist wohl allgemein erkannt worden, daß jede Überhege ein Absinken der Körpergewichte und der Trophäen zur Folge hat.

Wildpflege und Wildschutz

Schon im vorhergehenden Abschnitt haben wir gesehen, von welcher Bedeutung für die Erhaltung des Wildes im Walde die Maßnahmen sind, die Lebensraum und Lebenshaushalt gestalten und beeinflussen. Der *Wildpflege* dient daher in erster Linie jede Tätigkeit, die sich mit einer solchen Gestaltung und Einflußnahme befaßt. Wenn wir Lebensraum und Lebenshaushalt unserer heutigen Rotwildbestände im Kulturwald kennzeichnen wollen, so können wir es nur in der Definition: „Wild ohne Raum" und „Wild ohne Nahrung!" Raum schaffen, heißt Ruhe schaffen und die Wilddichte regulieren. Nahrung schaffen beinhaltet fast dasselbe, erfordert aber darüber hinaus Maßnahmen, die gleichermaßen Wald und Wild betreffen. Diesen wollen wir uns zunächst zuwenden.

Eine Einflußnahme auf den Lebenshaushalt des Wildes im Sinne einer günstigeren Gestaltung muß auf zwei Wegen geschehen: Durch Verbesserung der *Äsungsverhältnisse* und durch *Winterfütterung*. Jene ist die naturgemäße, diese die künstliche Art der Ernährung. Welche von beiden dem Wilde zuträglicher ist, bedarf keiner Erörterung. Doch haben, wie wir sahen, die großen Veränderungen in der Waldwirtschaft die natürliche Äsung mehr und mehr vermindert und sie ihrer Vielseitigkeit beraubt. Ohne künstlichen Ausgleich ist also zunächst kaum auszukommen. Es bleibt ein nur langsam erreichbares Fernziel, daß ein naturgemäßerer Wirtschaftswald einmal dem Wilde ausreichende Ernährungsmöglichkeiten bietet, es also *vom* Walde leben kann, ohne ihn nennenswert zu beeinträchtigen. Dennoch ist es die Aufgabe des Hegers, die natürlichen Äsungsbedingungen schnell zu verbessern, soweit sich dies mit den Anforderungen einer zeitgemäßen Forstwirtschaft verträgt. Hierbei sollte man nicht zu einseitig urteilen, denn vieles, was dem Wilde nützt, tut auch dem Walde gut und umgekehrt. Es wird uns nicht schwerfallen, im Walde vieles zu finden, was im Interesse des Wildes besser behandelt werden könnte, ohne jenem Schaden zu tun. Dies wird um so eher der Fall sein, je mehr der Rotwildbestand in seiner Siedlungsdichte auf die vorhandenen Standortverhältnisse abgestellt ist. Nur wenn diese Forderung ehrlich erfüllt ist, kann ein Erfolg erwartet und dann vertreten werden, vom Walde das zu geben, was des Wildes ist.

Verbesserung der Äsungsverhältnisse

Anbau von Holzarten

Wo immer angängig, sollte der *Anbau von Holzarten* vorgenommen werden, die entweder *Mast* bzw. *Früchte* tragen oder gute *Knospenäsung* zur Verfügung stellen. Immer handelt es sich bei den nachstehenden Vorschlägen natürlich um Reviere, die wegen ihrer geschlossenen Monokulturen von „Nichtäsungspflanzen" einer solchen Auflockerung bis zu einem gewissen Grade bedürfen. Dort, wo Eiche und Buche Hauptholzarten sind, werden Maßnahmen der Wildpflege anders aussehen müssen, als z. B. in reinen Fichten- oder Kiefernrevieren. Diese pflegen aber in der Regel auch nicht auf besten Eichen- oder Buchenböden zu stocken. Und trotzdem finden sich auf kleinem Raum immer Standorte, die wenige Eichen, Buchen oder Roßkastanien zu tragen vermögen. Man muß sich nur bemühen, diese Standorte zu finden und dabei darauf achten, daß sie auch im Bereich des Wildzutritts liegen.

Solche *Eichen* oder *Buchen*, vereinzelt an Bestandesrändern, in Bestandeslücken oder auch an Wegen angebaut, tragen bei ausreichendem Lichtgenuß meist reiche Mast, die im Herbst eine Äsungslücke für unser Wild zu schließen vermag. Auch sollte man sich der *Roteiche* bedienen, die an die Standortgüte geringere Ansprüche stellt und früher trägt. Diese Holzart eignet sich auch ganz besonders gut zum Anbau an Wegen, zumal sie im Herbst mit ihrer auffallenden Laubfärbung ein ansprechendes Bild abgibt.

Vor allem aber ist die *Roßkastanie* eine Holzart, die, wenn sie nicht zu großer Höhe, also bei ausreichender Vegetationszeit angebaut wird, reiche Mast liefern kann. Man sollte aber nicht gleich an eine Holznutzung denken, wenn der Stamm die nötige Stärke erreicht hat, denn dann gerade trägt er die meiste Mast. Sie stellt keine allzu großen Anforderungen an den Boden, liebt aber die Wärme, besonders auch am Fuß, darf also nicht zu dicht stehen. Ihre Schnellwüchsigkeit und frühe Samenerzeugung macht sie besonders geeignet zum Anbau im Rotwildrevier. Wegen ihrer starken Schattenwirkung ist sie weniger an Wegen, als an Bestandesrändern, wie auch als Einzelbaum in Bestandeslücken am Platze. Wichtig ist, daß ihre Krone stets genügend Licht erhält, sonst ist die Blütenbildung nur gering. Beim Anbau, der am besten als Heister vorgenommen wird, ist die Roßkastanie gegen Verbiß, Schäl- und Fegeschaden zu schützen. Immer aber muß sie im Wachstumsverlauf von den sie bedrängenden Holzarten befreit werden.

Eberesche (Sorbus aucuparia), auch Vogelbeere und Quitsche genannt, sowie *Elsbeere* (Sorbus torminalis) sind zwei früchtetragende Holzarten, die auch noch im Gebirgslagen gedeihen, wo für die Roßkastanie die Vegetationszeit nicht mehr ausreicht. Beide liefern in ihren Früchten eine gute Wildäsung. Während die Elsbeere etwas höhere Bodenansprüche stellt, auf besseren Gebirgsböden aber durchaus ihr Auskommen findet, gedeiht die Vogelbeere auch auf sauren Standorten so, daß sie Früchte trägt. Weniger bekannt, aber ein in der Ebene wie im Gebirge gedeihender Baum ist die *Mehlbeere* (Sorbus aria), die ein weit höheres Alter als die Eberesche erreicht. Seine Mast, die Mehlbeerfäßchen, ist eine sehr gern genommene, recht gute Äsung. Sie ist auch deswegen von Bedeutung, weil die Früchte zur Winterszeit nach und nach abfallen. Gerade diese drei genannten Holzarten waren und sind wohl auch noch Stiefkinder unserer Waldwirtschaft. Im Interesse des Wildes und damit des Waldes ist ihr Anbau aber eine wichtige jagdliche und forstliche Aufgabe.

Wildapfel und *Wildbirne*, heute fast völlig aus dem Walde verschwunden, geben an Wegen und an Wildäsungsflächen angebaut weitere Möglichkeiten zur Vermehrung der natürlichen Äsung. Auch auf Wildwiesen in weitem Stand bringen sie im vollen Lichtgenuß unter Ausschaltung der Konkurrenz durch andere Holzarten reiche Früchte, die das Wild an diese Stelle auch zu einer Zeit fesselt, in der auf der Wildwiese nicht mehr die beste Äsung steht. Für entsprechenden Schutz der Stämme muß natürlich gesorgt werden.

Über den Anbau dieser Holzarten hinaus sorge man für die Erhaltung oder Schaffung eines gewissen Bestandes an *Weichhölzern*. Es wurde schon gesagt, wie „der Aushieb der verdämmenden Weichhölzer" Wald und Wild in der Vergangenheit geschadet hat. Werden Kulturgatter notwendig, so ergibt sich in ihnen eine hervorragende Möglichkeit für einen solchen Anbau. *Birken, Aspen, Weiden* werden hier von selbst anfliegen und ihr verdämmender Einfluß wird in dem Augenblick vom Wilde reguliert werden, in dem es wieder Zutritt zur aufgelassenen Gatterfläche erhält. Gleichzeitig aber lenken sie das Rotwild vom Schälen ab. Werden die Weichhölzer dennoch für den Wuchs der Kultur lästig, so schlage man sie nicht ganz weg. Sie sollten auf den Stock gesetzt werden, um wieder ausschlagen zu können. Eine solche Duldung ist in den meisten Fällen durchaus möglich und der Wert der damit gebotenen Knospenäsung im Winter ist außerordentlich. Müssen Weichhölzer geschlagen werden, so ist die Zeit des Hiebes im Hinblick auf die Wildpflege von Bedeutung. Solche Hiebsmaßnahmen sollten in ausgesprochenen Notzeiten, also bei langanhaltender, hoher Schneelage durchgeführt werden.

An Sträuchern kommen wegen ihrer Früchte insbesondere der *schwarze Holunder* (Sambucus nigra), der *Bergholunder,* auch Hirschholunder genannt (Sambucus racemosa) und der *Weißdorn* in beiden Formen (Crataegus coccinea und monogyna) für den Anbau in Betracht. Stehen die Holunderarten aber sehr vereinzelt, so werden sie meist von den Hirschen so stark zerschlagen, daß ihre Produktion an Früchten kaum zum Tragen kommt.

Reiche Äsung

Von den niedrigen Sträuchern sei der *Besenginster* (Sarothamnus scoparius) genannt, der bei hoher Schneelage vom Wild gern angenommen wird. Wie beim Wacholder scheint es aber Rotwildschläge zu geben, die den Ginster nicht besonders bevorzugen. Sein Anbau ist auch dort gefährlich, wo er infolge günstiger Standortbedingunen leicht zu einem wirklichen „Forstunkraut“ wird. In Gebirgslagen friert es aber in strengen Wintern stark zurück. Es erübrigt sich fast, noch auf die gewöhnliche *Himbeere* hinzuweisen, deren Laub und Triebe im Winter eine ausgezeichnete Äsung bieten. Soviel über Bäume und Sträucher, denen der Forstmann im Interesse des Wildes an geeigneten Stellen einen wenn auch noch so bescheidenen Platz einräumen sollte. Seinen Bestrebungen, den gleichförmigen Hochwald in einen an Holzarten reichen Mischwald umzuwandeln, wird das zugute kommen.

Forstkalkung

Dort, wo aus forstlichen Gründen die Bestände gekalkt werden können, verändert sich die Bodenflora sowohl hinsichtlich der Arten wie auch der Besiedlungsdichte in geradezu unvorstellbarem Maße. Selbst auf mittleren und ärmeren Fichtenstandorten konnte bei derartigen Kalkungen in den Forstämtern Paderborn und Willebadessen (ehemals Altenbeken und Neuenheerse) bei genügendem Lichtzutritt in den Beständen die Grünmasse der Bodenflora um das 10- bis 30fache vermehrt werden. Was das für das Wild bedeuten kann, ist offensichtlich, und hier liegen noch ganz erhebliche, unausgenutzte Möglichkeiten, für Wald und Wild gleichermaßen etwas zu tun. Der Boden, das Produktionskapital des Forstmannes, wird durch solche Kalkungen ganz wesentlich verbessert werden können, so sehr, daß Produktionssteigerungen zu erwarten sind. Gleichzeitig kann aber dem Wilde innerhalb der Bestände eine Äsung geboten werden, die dem Nährstoffgehalte und der Menge nach die Ernährungsbasis für das Wild zu verbessern vermag. Auch auf Schneisen und Gestellen kann das auf diese Weise geschehen. Es will mir scheinen, als ob der Wert der *Forstkalkung* und ihre Auswirkung auf das Problem „Wald und Wild" noch nicht genügend erkannt worden ist. Es wäre dies aber außerordentlich wichtig, zumal sich hier die Möglichkeit ergibt, in kurzer Zeit für Wald und Wild gesundere Verhältnisse zu schaffen.

Die Umgestaltung des Waldes durch Anbau einer artenreicheren Bestockung, die gleichzeitig der Wald- und Wildpflege dienen soll, ist eine nur im Rahmen der forstlichen Produktionszeiträume zu lösende Aufgabe. Es kann hier also nicht Fertiges in kurzer Zeit hingestellt werden, denn beide Zielsetzungen müssen aufeinander abgestimmt bleiben.

Wildwiesen

Schneller kommt man zu einer Verbesserung der Äsungsverhältnisse durch Anlage und Pflege von *Wildwiesen.*

Es ist noch nicht allzu lange her, da es als Regel galt, die in vielen Revieren, in denen wir heute über besonders große Schälschäden klagen müssen, vorhandenen Wildwiesen einfach aufzuforsten. Manche Ortsbezeichnung deutet noch darauf hin, daß heutige Stangenorte aus aufgeforsteten Wiesen entstanden sind. Gewiß handelte es sich damals rein wirtschaftlich gesehen meist um wertlose, weil nicht gepflegte Wiesen. Dennoch hat sich ihr Verlust häufig recht unangenehm ausgewirkt. Heute erfordert eine zeitgemäße Wildpflege dringend die Erhaltung und Instandsetzung vorhandener Waldwiesen, ja vielerorts ihre Neuanlage als Äsungsflächen. Bei ihnen kommt es nicht nur darauf an, in der Notzeit Äsung zu schaffen oder für die Winterfütterung Heu zu gewinnen, sondern auch darauf, während des Frühjahrs und Sommers Grünäsung an erreichbarer Stelle zur Verfügung zu haben. Bei Neuanlage solcher Wiesen wähle man die Örtlichkeit also so aus, daß die Äsungsfläche entweder sofort oder möglichst bald in die Dickung zu liegen kommt, in der es an Äsung fehlt oder in Zukunft fehlen wird. Liegt eine solche Wildwiese nun in der Dickung, so sollte hier eine Jagdausübung nicht stattfinden, denn die Fläche soll ja gerade zu *jeder* Zeit vom Wilde *ungestört* aufgesucht werden können. Nur dann kann sie zur Minderung des Schälschadens beitragen. Das gleiche gilt natürlich für den Wildacker. Meist sieht man aber selbst die kleinste Wildwiese mit einem Hochsitz „bestückt", eine Maßnahme, die den Wert der Äsungsfläche hinsichtlich der Wildschadensverminderung fast illusorisch macht. Vollends unsinnig wird aber die Anlage solcher Wiesen und Äcker, wenn sie nur zur leichteren Bejagung des Wildes angelegt werden. Wie man an der Fütterung nicht schießt, sollte man auch an der künstlich angelegten Wildäsungsfläche in der Dickung die Jagd nicht ausüben. Erst dann wird ein voller Erfolg erzielt werden können.

Wildwiesen, schon vorhandene oder neu angelegte, erfüllen weiter ihre Aufgabe selbstverständlich nur dann in vollem Umfange, wenn sie in Ordnung, d. h. ertragreich gehalten werden. Versumpfte Wiesen, versauert und mit vermooster Grasnarbe, stellen dem Wildpfleger ein schlechtes Zeugnis aus. Der Revierinhaber, der nicht über ausreichende Kenntnisse in der Bewirtschaftung von Wiesen verfügt, lasse sich von Fachleuten beraten, wie eine zweckmäßige Pflege und Düngung vorzunehmen ist. Er lasse aber insbesondere vor Neuanlage den Boden untersuchen und sich die geeignete Einsaat angeben.

Besonders wichtig ist die Herstellung des richtigen Wasserhaushaltes auf der Wiese. Meist fehlt es an der notwendigen Entwässerung. Ein einmal angelegtes Grabensystem muß ständig erhalten werden. Dies ist besonders dort zu beachten, wo evtl. noch Waldweide üblich ist. Man sollte Wildwiesen für diese sperren und sie gegen das schwere Vieh, das in kurzer Frist die Grabenböschungen heruntertritt, mit einem niedrigen Zaun, der vom Rotwild leicht überfallen wird, abzäunen.

Da die Wildwiese eine ganz besonders gute Gelegenheit gibt, durch Düngung unserem Wilde auch die Eiweiß- und Mineralstoffe zu bieten, die ihm im Walde oft fehlen, sollte der Zustand der Grasnarbe und des Bodens ständig überprüft und durch Pflege auf der Höhe gehalten werden. Es genügt keinesfalls eine einfache Grünfläche, die man sich selbst überläßt. In solchem Falle ist das Opfer an Holzbodenfläche völlig umsonst gebracht.

Auf jeden Fall müssen Wildwiesen alljährlich gemäht werden, auch dann, wenn man meint, die Ernte lohne nicht. Auf diese kommt es auch nicht in erster Linie an, sondern auf die Pflege der Grasnarbe, die auf alljährliches Mähen, etwa während oder kurz vor der ersten Grasblüte, durch kräftige Wiederbegrünung im Hochsommer reagiert. Zur Pflege der Grasnarbe ist es weiter erforderlich, daß sie regelmäßig geeggt oder auch gewalzt wird, wenn sie aufgefroren ist. Beides geschieht im zeitigen Frühjahr dann, wenn der Boden möglichst abgetrocknet ist.

Wenn auch wegen des entscheidenden Einflusses der Standortsfaktoren, Boden und Klima, keine allgemein gültigen Regeln für Pflege und Anlage von Wildwiesen gegeben werden können, so sollen doch einige Grundregeln besprochen werden.

Nachdem wir etwa wissen, welche Ansprüche das Rotwild hinsichtlich des *Nährstoffverbrauchs* stellt, können wir daraus annähernd ermitteln, welche Nahrungsstoffe die Pflanzendecke einer Wildwiese zur Verfügung stellen muß, um eine geeignete Äsung zu liefern.

Bubeník hat an in Gefangenschaft gehaltenem Rotwild folgenden Nährstoffverbrauch festgestellt.

	Etwa täglich g: Trockenfutter	verdaul. Eiweiß	P_2O_5	CaO
Schmaltier	4296	330	40,7	28,6
Junghirsch	3280	270	33,5	27,0
Tier, 3j.	3873	306	37,1	26,0
Hirsch, 4j.	4710	376	66,0	32,0

Inwieweit dieser für die Zeit außerhalb der Geweihbildung ermittelte Nährstoffverbrauch den Verhältnissen der freien Wildbahn entspricht, ist nicht bekannt. Dennoch dürften völlig andere Ergebnisse nicht zu erwarten sein.

Berücksichtigt man, daß Mineral- und Eiweißstoffe in den Äsungspflanzen nur einen geringen Anteil der Gesamtpflanzenmasse ausmachen, dieser bei den verschiedenen Pflanzen auch recht differenziert sein kann, so ergibt sich daraus, daß die die Grasnarbe bestimmenden Gräser und Kleearten ebenso sorgfältig auszuwählen sind, wie durch entsprechende Düngung für die Aufnahmemöglichkeit der Mineralstoffe durch die Äsungspflanzen zu sorgen ist. Auch bei der Fütterung spielt die Beachtung des Nährstoffbedarfes des Wildes und ebenso des Nährstoffgehaltes des Futtermittels eine entscheidende Rolle, wie wir noch sehen werden.

Ergibt sich die Notwendigkeit zur Neuanlage von Wildwiesen, so ist daran zu denken, daß mehrere kleinere Wiesen, gleichmäßig und zweckentsprechend an und in den Einständen verteilt, sich günstiger auswirken, als etwa eine große Wildwiese. Von ausschlaggebender Bedeutung für den späteren Erfolg ist eine Erfassung des physikalischen und chemischen Bodenzustandes. Ganz allgemein kann gesagt werden, daß nur in seltenen Fällen unser Waldboden – insbesondere in Mittel- und Norddeutschland – über eine ausreichende Kalkversorgung verfügt. Für Wildwiesen wie Wildäcker sollte die pH-Zahl, die mit dem Säuregrad über den Kalkhaushalt Auskunft gibt, je nach der Schwere des Bodens nicht unter 6 bis 7 liegen. Ist dies von Natur aus nicht gegeben, so muß entsprechend gedüngt werden, wobei natürlich nicht nur der Kalkhaushalt in Ordnung gebracht wird. Den Veröffentlichungen der *Ruhrstickstoff A. G.* (1956) entnehme ich folgende Übersichten, aus denen *Einsaat* und *Düngung* zu ersehen ist (Tabelle S. 167).

Dr. Bonnemann empfiehlt (1956) für die Neuanlage von Äsungsflächen auf den Böden der Eifel, die in mancher Hinsicht denen anderer Mittelgebirge vergleichbar sind, folgende Düngung:

40–60 dz Hütten- oder kohlens. Kalk je ha
12 dz Thomasmehl oder 8 dz Rhenaniaphosphat
4 dz 40%iges Kali,

wobei er darauf hinweist, daß Hüttenkalk und Thomasmehl wichtige *Spurenelemente* enthalten. Eine Beobachtung hierüber entnehme ich einer interessanten Veröffentlichung von W. Meyer-Bahlburg, „Wild und Hund" Nr. 25, 1953, der über das Unterscheidungsvermögen des Rotwildes hinsichtlich mangelhaft und voll ernährter Pflanzen u. a. folgendes berichtet:

„Mehr noch als für die Haustiere gilt für das Wild der Satz, daß jedes Tier ein Produkt seiner Scholle ist. Während beim Haustier noch eine Regulierung der Fütterung durch Zukauf oder Zuteilung wirtschaftseigenen Futters stattfindet, ist das Wild ausschließlich auf die Bodenerzeugnisse seines Standortes angewiesen. Die Bevorzugung gewisser Äsungsplätze ist hierbei eine bekannte Erscheinung, ebenso auch diejenige gewisser Pflanzen, unter denen die Luzerne einen besonderen Platz einnimmt. Daß aber das Unterscheidungsvermögen des frei lebenden Wildes für den Wert einer Äsung noch viel weiter geht und zu einem Wechsel des Standorts führen kann, wenn sich gewisse, äußerlich gar nicht sichtbare Bedingungen geändert haben, zeige ich an einem Beispiel.

In der Landwirtschaft werden seit etwa 20 Jahren in zunehmendem Umfang Spurenelemente auf solchen Böden verwandt, in denen ein Mangel an diesen festgestellt ist. Neben anderen spielen hierbei humose dunkelfarbige Heidesandböden eine besondere Rolle, namentlich tritt dort Kupfermangel in erheblicher Verbreitung und zuweilen sehr stark auf. Solche Bodenarten waren vor der Entdeckung der Spurenelemente minderwertig und galten bei starkem Mangel früher landwirtschaftlich als fast wertlos, so daß sie bei der vor 100 Jahren stattgefundenen Verkoppelung von den Bauern verschmäht wurden und deshalb dem Staat zufielen, der sie aufforsten ließ. Immerhin blieben reichliche Flächen derartiger Mangelböden in bäuerlichen Händen. Jahrzehnte hindurch als Heideödland, bis die zunehmende Landnot zum Umbruch immer größerer Flächen führte, schließlich auch solcher, die die Mangelkrankheiten in ausgeprägter Form aufwiesen. Für einen

Aussaat	Menge kg/ha	Aussaatzeit	Düngung kg/ha 14–17%iger Phosphatdünger	40er Kalidüngesalz	Ruhrkorn grün Kalkammonsalpeter	oder ein Ruhrvolldünger
		Für Wildäsungsflächen nach Umbruch oder bei Neuanlage auf leichten und trockenen Böden				
Klee-Grasgemisch						
Obergräser						
Wehrlose Trespe	12					
Knaulgras	4					
Glatthafer	4					
Untergräser		Mitte bis				
Wiesenrispe	7	Ende April	300	400	400–600	800–1000
Rotschwingel	9	oder			(in 2 Gaben)	(in 2 Gaben)
gem. Straußgras	3	Juni–Juli				
Kleegarten						
Weißklee	2,5					
Hornklee	4					
Gelbklee	2	Für feuchte Lagen oder für Böden in besserem Kulturzustand				
Landsberger Gemenge						
Zottelwicke	30–40	August bis				
Inkarnatklee	20–25	September	300	200	200–300	400–600
Welsch. Weidelgr.	15–20					

erheblichen Teil der Heideumbrüche aus den letzten 50 Jahren gilt das im besonderen Maß. Man kann sagen, daß diese erst nach der Entdeckung und Anwendung der Kupferdüngung zu vollwertigen Ackerböden wurden, danach allerdings zu erstaunlichen Leistungen kamen.

Ein solcher Fall lag vor bei einer nordhannoverschen Staatsforst, in deren nächster Nachbarschaft früheres Heideland durch die Bauern im Lauf der letzten Jahrzehnte urbar gemacht wurde. Mit dem Jahr 1927 begann hier die Kupferdüngung, um in wenigen Jahren auf alle Mangelflächen ausgedehnt zu werden. Die vorher sehr stark verbreitete Lecksucht des Rindviehs verschwand vielfach vollständig, trat in anderen Betrieben nur noch auf gewissen Flächen auf, nahm aber stark zu, als seit Kriegsmitte Grünlandflächen für die Viehfütterung einbezogen wurden, von denen bis dahin das Heu an städtische Schlachthöfe verkauft war, weil es erfahrungsgemäß sehr schlecht futterte. Es stellte sich heraus, daß hier nicht Kupfermangel die Ursache der Lecksucht bildete, sondern Mangel an Kobalt, so daß diese Flächen ab 1950 zusätzliche Düngung mit Kobaltsalzen erhielten, wonach auch dort die Lecksucht verschwand, selbst von Flächen, auf denen vorher eingezäunt weidendes Vieh in den Sommermonaten zum Verenden gekommen war. Mit der Behebung dieser Übelstände bzw. der Bodenkrankheiten als Ursachen dafür, trat ein anderer auf, der bis dahin nahezu unbekannt war, von nun ab aber den Bauern große Sorge machte: Rotwild und Schwarzwild taten hier ihre Äsungsplätze auf und zwar so gründlich, daß Teilflächen von Hafer ganz vernichtet wurden. Das Andrängen des Wildes war um so auffallender, als innerhalb der über 1000 ha großen Forst erhebliche Grünlandflächen lagen, weitab vom Verkehr, durch nichts gestört, teilweise auch schon zu Ackerland umgebrochen und mit Hafer und Kartoffeln bestellt. Aber diese Flächen wurden vom Wild verschmäht, obgleich in wenigen 100 m Abstand von den neugewählten Äsungsplätzen eine ziemlich belebte Landstraße verläuft. Es genügte auch nicht, daß an verschiedenen Stellen Klappergeräte angebracht wurden, durch die sich das Wild keineswegs fernhalten ließ. Selbst ein halbes Dutzend Hunde, die entlang der Forstgrenze Tag und Nacht zur Bewachung angebunden waren, konnten den Wildschaden nur mindern, ohne ihn gänzlich zu verhüten. Besonders stark wurden Schäden 1952, als sich das Wild endgültig an die neuen Äsungsplätze gewöhnt hatte.

Die Kalamität endete erst mit der Ernte. Von da an zog sich das Wild in die Forst zurück und ging nun auf die Grünlandflächen und die Ackerfrüchte im Zentrum der Forst, wo wegen des moorigen Bodens die Reifezeit später ist. Innerhalb kurzer Zeit wurde der hier stehende Hafer sehr arg zugerichtet, bis mit dem Einfahren des Getreides vom Mineralboden auf den alten Äsungsflächen wieder Ruhe einkehrte, wonach sich das Wild abermals dorthin wandte.

Dieses auffallende Verhalten des Rot- und Schwarzwildes ist nur dadurch zu erklären, daß es die mit Spurenelementen gedüngte Äsung der anderen vorzog. Denn bei den innerhalb der Forst gelegenen Grünlandflächen handelt es sich um verpachtete Flächen, die bis dahin weder mit Kupfer noch mit Kobalt gedüngt waren, aber am Hafer z. B. die gleichen Erscheinungen der Mangelkrankheiten erkennen ließen, wie früher der Mineralacker.

Es ist also in nahezu experimenteller Art das sehr feine Unterscheidungsvermögen des Wildes für den qualitativen Wert der gleichen Feldfrüchte nachgewiesen, je nachdem diese unter Mangelkrankheiten litten oder nicht. Hiernach hat auch der Heger ein Interesse daran, in der erwähnten Weise die Äsung zu verbessern. Denn das Auftreten von Mangelkrankheiten ist in den letzten Jahren auch vielfach anderswo festgestellt, z. B. in großen Teilen des Schwarzwaldes, des Bayrischen Waldes, der Eifel usw., und es ist sicher, daß sowohl Wildpretgewichte, wie Gehörn- und Geweihbildung durch einen von Mangelkrankheiten gesundeten Pflanzenbestand sehr günstig beeinflußt werden."

Soweit der Bericht, der uns wichtige Hinweise auf die Bedeutung der Spurenelemente zu geben vermag. Wir kommen darauf noch zurück.

Alljährlich sind die Äsungsflächen zu düngen und zwar mit 4 bis 6 dz Thomasmehl, 2 dz 40%iges Kali, im Frühjahr und Sommer mit je 1 dz Kalkammonsalpeter und alle 4 bis 5 Jahre mit 20 dz Hüttenkalk je ha.

Um die Düngung stets auf die im Einzelfalle vorhandenen Bodenverhältnisse abstellen zu können, sollte man sich nicht grundsätzlich der hier gegebenen Faustregeln bedienen, sondern einen Fachmann zu Rate ziehen, wenn man nicht den Düngerbedarf des Standortes vom Forstbetriebe her kennt und die Anwendung der verschiedenen Handelsdünger beherrscht.

Die Herrichtung von Gestellen und Schneisen zu Wildäsungsflächen wird in Zukunft nach Aufforstung der großen Kahlschläge in vielen Waldgebieten eine besondere Möglichkeit bieten und auch eine dringende Notwendigkeit sein. Empfohlen werden kann dies aber nur, wenn die Gestelle breit genug bei der Neukultur freigelassen werden. Unter 40 m Breite sollte man dabei nicht gehen, da sonst sehr bald der Lichteinfall zu gering wird, um wertvollen Gräsern Wuchsmöglichkeit zu geben. Wenn auch der vorherige Umbruch der Flächen und Neuansaat die beste Lösung ist, so reicht es auch aus, die Herrichtung von Gestellen zu Äsungsflächen so vorzunehmen, daß man den alten Grasbewuchs scharf abmäht, um hierauf zu düngen und einzusäen. Spätestens im August muß aber die Einsaat erfolgt sein.

Bei allen Wildwiesen und Wildäsungsflächen ist darauf zu achten, daß der Kleeanteil gegenüber den Gräsern erhalten bleibt. Bei jeder Äsungsfläche beobachte man sorgfältig, welche Gras- und Kleearten bevorzugt angenommen werden. Es ergeben sich meist recht auffällige Unterschiede, deren Beachtung für weitere Anlagen wichtig ist. Auch wenn mancherorts vielleicht die eine oder andere Kleesorte vom Rotwild nicht oder nur wenig angenommen wird, bleibt ihr Wert im Hinblick auf die Stickstoffanreicherung des Bodens.

Wildäcker

Eine weitere Möglichkeit zur Vermehrung und Verbesserung der Äsungsverhältnisse bietet die Anlage von *Wildäckern.* Auf ihnen werden landwirtschaftliche Futtergewächse angebaut. Entweder erfolgt der Anbau als Zwischenkultur *(fliegender Wildacker)* im Forstwirtschaftsbetrieb, oder aber auf eigens hierfür ausgeschiedenen Flächen *(ständiger Wildacker).* Welcher Form der Vorzug gebührt, ist nicht grundsätzlich zu beantworten und hängt im wesentlichen von der Art der forstlichen Wirtschaftsführung ab und davon, ob man gewillt ist, Holzbodenflächen auf längere Dauer für den ständigen Wildacker zur Verfügung zu stellen. Für die Zwischenkultur wird man leicht auf Kahlschlägen, Brandschneisen, breiteren Gestellen oder Wegen, die nur zeitweise zur Holzabfuhr benutzt werden, geeignete Möglichkeiten finden. Besonders Brandstreifen geben eine gute Gelegenheit zur Anlage eines *fliegenden Wildackers,* da sie in der Regel eine Breite haben, die den notwendigen Lichtgenuß für die Kulturpflanzen gewährleistet. Eine sorgfältige Bodenvorbereitung ist unerläßlich, zumindest muß die Fläche landwirtschaftlich hergerichtet, also je nach der Schwere des Bodens mit einer mehr oder weniger tiefen Pflugfurche umgebrochen und anschließend geeggt werden. Die Düngung erfolgt, auf den Bodenzustand abgestimmt (Bodenuntersuchung), gleichzeitig mit der Bearbeitung, soweit später nicht noch Kopfdüngungen erfolgen. Nach der Faustregel werden 40 bis 60 dz Kalk je ha verabreicht. Zusätzliche jährliche Düngung mit Phosphorsäure und Kali wird selbst auf ärmeren Waldböden den Anbau recht wertvoller Futterpflanzen ermöglichen.

Zum Anbau auf Kahlschlagflächen, breiten Gestellen usw., ja auch in jungen Kulturen eignet sich in besonderem Maße der bekannte *Waldstaudenroggen* (Johanniskorn). Er hat den Vorteil, daß er auch noch in Höhenlagen (bis 800 m) ausreichend wächst. Obwohl er auch bei nur oberflächlicher Bodenbearbeitung aufläuft, empfiehlt sich der Umbruch vor der Saat. Man sät etwa 150 kg je ha breitwürfig aus und eggt oder harkt das Getreide ein. Im ersten Jahre entwickelt sich aus dem Korn nur ein allerdings meist umfangreicher Büschel (Stauden) ohne ährentragende Halme. Besteht die Gefahr des zu scharfen Wildverbisses, so stellt man um die Fläche ein leichtes Hordengatter, bis sich die Stauden so entwickelt haben, daß sie dem Wild freigegeben werden können. Auch kann die Fläche im Herbst gemäht werden. Der recht winterharte Waldstaudenroggen treibt im nächsten Frühjahr wieder aus und bildet nun Ähren, die je nach dem Klima im August/September reifen. Entweder überläßt man die Ernte auf dem Halm dem Wilde oder aber man mäht zunächst im Gatter, um sich weiteres Saatgut zu beschaffen. Die Eigenart des Johanniskorns, erst im zweiten Jahr Ähren zu tragen, läßt die Möglichkeit zu, für die Ernte des ersten Jahres andere Getreidearten, etwa Hafer, mit anzusäen. In diesem Falle geht man mit der Saatmenge an Staudenroggen entsprechend herunter. In tieferen Lagen empfiehlt sich ein solches Verfahren. Die Bodenansprüche des Waldstaudenroggens sind nicht hoch, doch verträgt er stagnierende Nässe schlecht.

Als zweites, ebenfalls für fliegende Wildäcker geeignetes Futtergetreide kommt der *Buchweizen* (Fagopyrum esculentum) in Frage. Er gedeiht in höheren Lagen allerdings nicht so sicher wie der Waldstaudenroggen, begnügt aber sich mit mäßig frischen, leichten Böden. Nach Beendigung der Frostgefahr im Frühjahr sät man etwa 30 kg je ha und walzt die Saat fest. Für den ersten Abschnitt der Vegetationsperiode verwende man ebenfalls zum Schutz vor zu frühzeitigem Verbiß ein leichtes Hordengatter und gebe den Buchweizen frei, wenn die Körner reif sind. Dies kann durch entsprechendes Verstellen der Gatter in Etappen geschehen, doch warte man mit der Freigabe nicht zu lange, da die Frucht leicht ausfällt. Einen Teil kann man auch ernten, um das Korn für die Winterfütterung zu verwenden.

Ein solcher Futterschuppen wird etwa wie S. 177 abgebildet aussehen können, sein Bau bereitet wenig Schwierigkeiten. Der feste Schuppen hat den Vorteil, daß er unter Umständen auch eine gute Beobachtungsmöglichkeit bietet. Dann aber darf nicht zu spät gefüttert werden, damit man beim Verlassen des Schuppens nicht jedesmal das Wild stört. Doch sei man hier nicht zu vorsichtig. Wenn die Stücke den fütternden Jäger oder Waldarbeiter erst kennen, machen sie sich aus einer solchen Störung wenig. Ist das Wild nicht vertraut genug, was in manchen Revieren durchaus vorkommt, so beobachte man aus Schirmen oder von Hochsitzen, die für verschiedene Windrichtungen gesetzt werden.

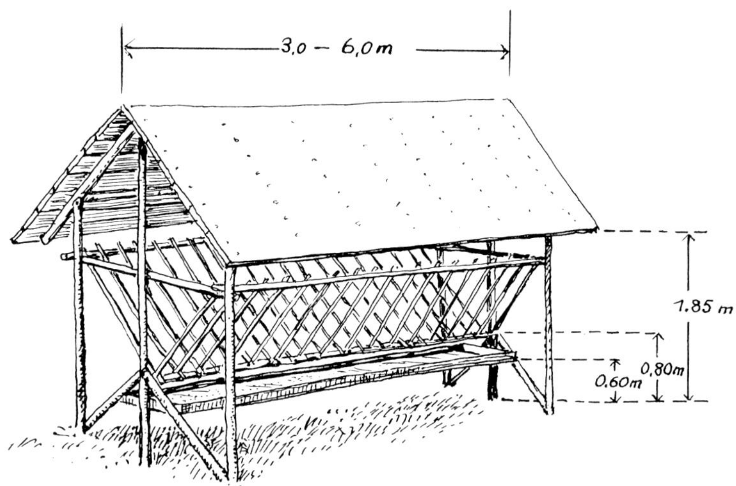

Futterraufe

Zwei Raufen an der Wand des Futterschuppens genügen aber in der Regel nicht, um eine ungestörte Aufnahme des Futters durch alle Stücke zu gewährleisten. Je nach der die Fütterung besuchenden Stückzahl des Wildes wird es erforderlich, noch einige *freistehende Raufen* zu bauen. Auch diese sollen ein festes Dach (Stülpschalung oder ähnliches) haben, damit eine trockene Abgabe des Rauhfutters sichergestellt ist. Man baue diese Raufen nicht zu kurz, denn das Rotwild kann an der Fütterung recht unverträglich sein. Sollen mehrere Stücke an der Raufe gleichzeitig Futter aufnehmen können, so empfiehlt sich eine Länge von wenigstens 3 m. Stehen nur Hirsche an der Fütterung, was durchaus vorkommt, so sind kürzere Raufen in entsprechend größerer Anzahl nach meinen Erfahrungen besser. Die Hirsche stehen ungern nebeneinander, bei kürzeren Raufen können dann je zwei sich gegenüberstehen, wobei sie durch die Raufen getrennt bleiben. Der ganze Fütterungsbetrieb läuft dann wesentlich ruhiger ab. Ein richtiger „Stänker" unter den Hirschen kann allerdings die schönsten Planungen in dieser Richtung über den Haufen werfen. Auf alle Fälle aber muß versucht werden zu erreichen, daß die Futteraufnahme in Ruhe erfolgt. Lage, Anlage und Behandlung der Fütterungen spielen hierbei eine große Rolle. Die Raufen werden selbstverständlich aus Holz gefertigt, die Pfosten und sonstige der Witterung ausgesetzte Teile giftfrei imprägniert oder mit einem Holzschutzmittel gestrichen. Dies geschieht im Sommer frühzeitig, damit etwa anhaftender Geruch bis zur Fütterungsperiode verflogen ist. Die Raufen setze man nicht zu dicht aneinander, doch auch nicht zu weit vom Futterschuppen entfernt. Abstände von 8 bis 10 m genügen. Beim Bau der Raufen berücksichtige man gegebenenfalls eine hohe Schneelage, setze die Raufe also lieber etwas zu hoch, als zu niedrig, die Sprossen besser zu eng, also so weit, daß das Wild mit dem ganzen Haupt hindurchlangen kann. Es fängt dann meistens sofort an, das Futter zu „sortieren" und einen Teil an den Boden zu ziehen.

Für die Aufbewahrung von Naßfutter (Rüben, Kartoffeln, Topinamburknollen) muß unter allen Umständen ein *Futterkeller* angelegt werden, um frostempfindliche Futtermittel zu schützen. Je nach Menge des für die Fütterungsperiode benötigten Naßfutters wird ein entsprechender Kellerraum in der Erde ausgehoben, seitwärts durch einfache Knüppelwande (möglichst aus imprägniertem Holz) ausgefacht, so daß er noch aus dem Boden herausragt. Eine Bodenroste empfiehlt sich. Das Dach muß möglichst frostsicher abgedeckt, der Eingang mit einer Tür und Strohmatte verschlossen werden. Wichtig ist ein Luftabzug, der aus Röhren oder Schalbrettern durch das Dach geführt wird.

Futterkeller

Kastanien und Eicheln lagert man am einfachsten und besten im Freien, durch ein leichtes Hordengatter mit Eingang geschützt. Doch verhindere man, wenn nötig, durch regelmäßiges Umschaufeln Schimmelbildung. Wir wissen von der Fütterung der Nutztiere, daß durch Schimmelpilze das Futter giftige Eigenschaften annehmen kann. Trockenes Futter (Troblako, Rübenschnitzel usw.) sowie Kraftfutter (Ölkuchen, Hafer usw.) verfüttert man aus *Futtertrögen.* Diese werden etwa in den Ausmaßen 50 × 30 × 30 aus imprägniertem Holz gefertigt, wobei die obere lichte Breite etwas größer sein soll als die Bodenbreite. Zur Ableitung etwa in die Tröge eingedrungenen Niederschlagwassers ist es zweckmäßig, das Bodenbrett mit einer längsgefrästen oder gehobelten Hohlkehle zu versehen, die am Zusammenstoß von Boden und Kurzseitenbrett für Abfluß sorgt. Dazu gibt man dem Trog bei der Aufstellung eine leichte Neigung.

Die Zahl der Futtertröge richtet sich nach der Stückzahl des Wildes an der Fütterung, möglichst gebe man jedem Stück die Möglichkeit, einen freien Trog zu finden. Nach Beendigung der Futtersaison werden die Tröge zur Verlängerung ihrer Lebensdauer abgebaut und im Futterschuppen trocken aufbewahrt.

Erweist es sich, daß die an der Fütterung stehenden Kälber gar nicht zu ihrem Recht kommen, weil sie abgeschlagen werden, so erweitere man entweder die Anlage hinsichtlich der Raufen und Tröge oder man baue einen *Kälberzaun.* Im allgemeinen wird man ohne ihn auskommen, es ist auch nicht immer ganz sicher, ob er von den Kälbern angenommen wird. Will man aber den Kälbern etwas Besonderes bei der Abgabe von Kraftfutter tun, so ist zu einem Versuch mit dem Kälberzaun zu raten. Hierzu zäune man eine der Zahl der Kälber etwa entsprechende Anzahl von Futtertrögen so ein, daß der Zaun zwar von den Kälbern, nicht aber von den stärkeren Stücken durchschlüpft werden kann. Die obere und die untere Querlatte des Zaunes wird dabei möglichst am Ende der Zaunlatten angeheftet, um das Durchschlüpfen zu erleichtern. Die Höhe des Zaunes muß mindestens 1,80 m, der Abstand der Zaunlatten im Lichten 0,20 bis höchstens 0,25 m betragen. Den Innenraum mache man nicht zu klein, etwa 10–20 m Durchmesser, damit die Kälber sich nicht beengt fühlen. Selbstverständlich kann in dem Kälberzaun auch eine Heuraufe stehen.

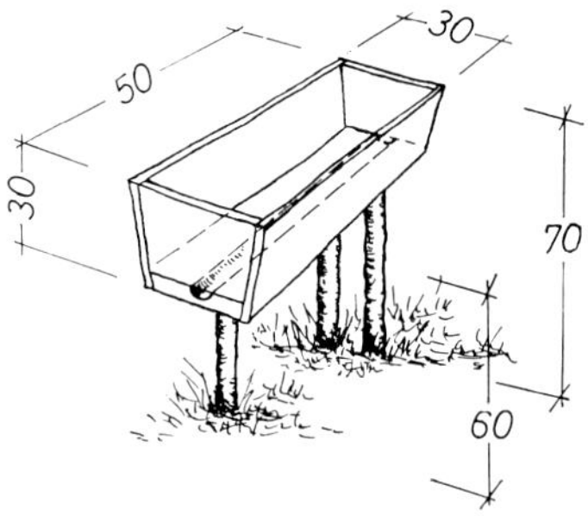

Futtertrog

Salzlecken sollten in der Nähe der Fütterung nicht fehlen. Wir kommen auf ihre zweckmäßige Anlage noch zurück.

Es wurde schon gesagt, daß die Fütterung nach Möglichkeit an einem besonders trockenen Platz angelegt werden soll, um die gesamte Anlage leicht sauberhalten zu können. Das ist sehr wichtig, und man verzichte lieber auf die unmittelbare Nähe des Wassers. Ist die Fütterungsperiode zu Ende, so reinige man den Boden von allen Futter- und Losungsresten, fülle durchgetretene Stellen mit trockenem Kies oder anderem grobkörnigen Steinmaterial auf und desinfizierte den Boden ringsum mit Chlorkalk. Die abgeräumten Futter- und Losungsreste vergrabe man unter Beifügung des gleichen Desinfektionsmittels.

Wann soll nun gefüttert werden?

Bei Beantwortung dieser Frage müssen wir daran denken, daß die Winterfütterung eine künstliche Maßnahme ist, die außer ihren Vorteilen auch Nachteile mit sich bringt. Wir machen das Wild sehr vertraut, nehmen ihm den Anlaß, sich viel zu bewegen, stören u. U. sogar die natürliche Auslese und opfern erhebliche Mittel. Dennoch ist ohne sie zunächst, wahrscheinlich aber für die Dauer, besonders im Gebirge, nicht auszukommen. Wir sollten aber das Erhaltungsfutter nicht zu lange geben und die Fütterung einstellen, sobald natürliche Äsung in ausreichendem Maße vorhanden ist. Beim Kraftfutter sieht sich das etwas anders an, wie wir noch sehen werden. Wichtig ist, daß die Fütterung nicht zu spät in der Jahreszeit einsetzt, damit das Wild weiß, wo in der Notzeit der Tisch gedeckt ist und nicht abwandert. So lege man rechtzeitig vor der ersten geschlossenen Schneelage zunächst Heu in den Raufen vor, auch wenn es nicht gleich angenommen werden sollte. Es ist nicht leicht, den richtigen Termin für den Beginn der Fütterung zu finden. Fangen wir zu früh an, verwöhnen und verweichlichen wir das Wild, erschweren uns die Auslese durch Abschuß schwacher Stücke und schleppen manches Stück durch den Winter, das unter natürlichen Verhältnissen gefallen wäre. Das ist sehr mißlich, denn solche schwachen Kälber holen ihren Rückstand nur selten auf, an der Fütterung vielleicht noch, doch wissen wir nicht, ob das gerade wünschenswert ist. Dies kann es nicht sein, wenn das Stück einem erblich bedingten schwachen Stamm zugehört, der ausgemerzt werden müßte. Steht das Wild an der Fütterung, der Abschuß ist aber noch nicht erfüllt, so trifft dieser dann leider die abseits der Fütterung noch stehenden Stücke. Diese pflegen aber in der Regel die stärksten und widerstandsfähigsten zu sein, deren Erhaltung wichtig wäre. Füttern wir zu spät, setzen unter Umständen starke Wildschäden ein oder das Wild wandert ab und massiert sich an Stellen, wo der Heger auf einen solchen Andrang gar nicht vorbereitet ist. Er benutzt nun seinerseits vielleicht die Gelegenheit, seinen Abschuß zu erfüllen, wobei es vorkommen soll, daß bei dem „fremden“ Wild nicht immer gerade die größte Sorgfalt bei der Auswahl getroffen wird.

Bei einiger Erfahrung hinsichtlich der Witterungsverhältnisse und des Wildwechsels wird man aber den richtigen Zeitpunkt des Fütterungsbeginns finden und damit die Begleiterscheinungen einer falschen Terminwahl ausschalten können. Nur wenn man völlig gedankenlos handelt, wird das nicht glücken.

Kälberzaun

Auch die Tageszeit, zu der gefüttert werden soll, ist nicht gleichgültig. Oft ist sie allerdings davon abhängig, wann gefüttert werden kann, d. h. wann der Jäger selbst oder ein beauftragter Helfer zur Verfügung steht. Am besten beschickt man die Fütterungen ein bis zwei Stunden vor der Dämmerung, zu einer Zeit also, in der das Wild zu ziehen beginnt. So werden bei starkem Frost Saftfuttermittel nicht völlig gefrieren, bis das Wild an die Fütterung tritt. Zwar schaden gefrorene Rüben, Topinamburknollen usw. dem Wild in keiner Weise, doch vermeidet man gern die Vorlage hartgefrorenen Futters, besonders von Rüben, die dann nur mühsam vom Wilde „benagt“ werden können. Die bald einsetzende Dämmerung gewährt dem Wilde dann auch an der Fütterung Ruhe. Wenn irgend angängig sollte der tägliche Fütterungstermin regelmäßig eingehalten werden, um das Wild daran zu gewöhnen und damit seine Beobachtung zu erleichtern.

Von ganz entscheidender Bedeutung ist die Frage: Was und wie sollen wir füttern? Wenn wir uns einmal entschlossen haben, eigentlich mehr gezwungen sind, eine regelmäßige Winterfütterung durchzuführen, so sollten wir aber auch nicht bei Halbheiten stehenbleiben und die Futtermittel so auswählen, ernten, vorlegen, daß der Aufwand sich lohnt und der beste Nutzeffekt erzielt wird. Jede Unkenntnis, jede Gedankenlosigkeit, jede fehlende Zielstrebigkeit muß die Winterfütterung des Rotwildes hinsichtlich des Erfolges in Frage stellen. Wir wollen mit der Winterfütterung Wildschäden verhüten, wir wollen unserem Wilde aber auch helfen, in Körper und Geweih die Hungerform zu überwinden, die in fast allen unseren Kulturwäldern das Bild des Rotwildes bestimmen. Wenn wir uns schon durch Gesetz und innere Verpflichtung gebunden fühlen, das Rotwild im Walde zu erhalten, dann aber auch in einer Form, die keine Kümmerform ist. Was wir dem Wilde im Walde an natürlicher Äsung genommen haben aber nur zum Teil haben nehmen müssen, das wollen wir unserer edelsten Wildart zumindest in der Notzeit wiedergeben. In den meisten Kulturwäldern ist das Rotwild wegen Äsungsmangels verhindert, den in ihm steckenden Erbwert überhaupt zu realisieren. Das kann sich nur ändern, wenn wir den Lebenshaushalt des Wildes auf natürliche und künstliche Weise zu verbessern suchen.

Nährstoffe und Nahrungsbedarf

Dazu ist es erforderlich, daß man über die wichtigsten ernährungsphysiologischen Zusammenhänge unterrichtet ist, um einen Einblick in die Anforderungen zu gewinnen, die der Wildkörper an eine vollwertige Ernährung stellt. Diese Anforderungen müssen wir kennen, wenn das Wild zur Notzeit hinsichtlich der Ernährung mehr oder weniger in unsere Hand gegeben ist, wir also nicht nur vor der Aufgabe stehen, es zu füttern, voll zu füttern, sondern es *richtig* zu ernähren.

Außer dem Wasser und den Vitaminen sind es drei Gruppen von Nahrungsstoffen, die für den Ernährungsvorgang benötigt werden.

Eiweiß, Kohlenhydrate und Mineralstoffe. Diese Nahrungsstoffe sind in der Regel nicht in einem einzigen Futtermittel oder in einer einzigen Äsungspflanze in der notwendigen Verteilung vorhanden. So nimmt das Wild ja auch während der natürlichen Äsungsaufnahme eine Vielheit von Pflanzen und Pflanzenteilen auf. Gräser, Kräuter, Blätter, Knospen, Pilze, Baumrinde. Erst im Zusammenwirken dieser Vielheit kann eine vollwertige Ernährung zustande kommen. Wir müssen also wissen, wie die Wertigkeit eines Futtermittels ist, was zu deren Erhaltung zu tun ist, und welche Aufgabe und Bedeutung bei der Ernährung die einzelnen Gruppen der Nahrungsstoffe haben. Die *Eiweiße* bilden die stoffliche Grundlage des Lebens und sind lebensnotwendige Bausteine aller Zellen des tierischen Körpers. Man nennt sie daher in ihren einfachen Formen auch Proteine (v. protos, das Ursprüngliche). Es sind kolloidale Substanzen, die im wesentlichen Kohlenstoff, Wasserstoff und Stickstoff enthalten. Wenn auch die mit der pflanzlichen Nahrung aufgenommenen Eiweiße ganz anderer Natur sind als die im tierischen Körper aufgebauten oder aufzubauenden, so kann dazu gesagt werden, daß gerade die Wiederkäuer durch die Verdauungsbakterien im Pansen in der Lage sind, vollwertiges Eiweiß daraus aufzubauen. Bei Pferden und Schweinen ist dies nicht in dem Umfange der Fall. Wenn wir nun wissen, daß keine Körperzellen ohne Eiweiß gebildet und lebensfähig erhalten werden können, wenn wir weiter wissen, daß gewisse Gerüsteiweißkörper, Kollagene, als leimgebende Substanz am Knochen- also auch am Geweihaufbau beteiligt sind, so erhellt daraus der Wert einer eiweißhaltigen Ernährung. Fehlt es an ihr, oder ist sie nicht ausreichend vorhanden, so zersetzt das Tier einen Teil seines eigenen Körpereiweißes, was zu schweren Störungen, im Extremfall zum Tode führt. Die Eiweißzufuhr mit den Nahrungsstoffen soll auch ohne starke Schwankungen sein, da ausgewachsene Tiere nicht in der Lage sind, Eiweiß im Körper zu speichern.

Futtermittel, die einen hohen Anteil an verdaulichem Eiweiß enthalten, sind also besonders fleischbildend, doch dürfen wir ihre Wirkung auf die Bildung organischer Substanz bei der Geweihbildung nicht unterschätzen.

Die *Kohlenhydrate* werden im Assimilationsvorgang der Pflanzen aufgebaut und mit diesen vom Wild aufgenommen. Sie wirken wie das Eiweiß energieliefernd, in großem Ausmaß aber auch auf die Fettbildung und die Ergänzung von Vorratsstoffen im tierischen Körper. Den Hauptanteil bilden die bei Nahrungsanalysen als sogenannte „stickstofffreie Extraktstoffe" bezeichneten Substanzen. In ihnen stehen verschiedene Arten von Zucker, dann aber auch die Stärke an erster Stelle, die ja ein Hauptprodukt der pflanzlichen Assimilation der Kohlensäure darstellt. Auch die Gerüstsubstanz der Pflanzen, die Zellulose, gehört in diese Gruppe der Nahrungsstoffe. Die Fette spielen unter den stickstofffreien Bestandteilen eine bedeutende Rolle als energiereichste Form der Nährstoffe.

Die *Mineralstoffe* bilden einen notwendigen Bestandteil aller Organe, und der Bedarf an ihnen ist beim wachsenden Tier erheblich größer, als beim ausgewachsenen. Im einzelnen weiß man über die Wirkungsweise der Mineralstoffe noch nicht allzuviel. Fest steht jedenfalls, daß Mangel an solchen Stoffen zu Störungen und Krankheitserscheinungen führt. Kalium, Natrium, Kalzium, Magnesium und Phosphor sind besonders wichtig, doch spielen auch Eisen, Kupfer, Mangan, Jod und Fluor z. T. als Spurenelemente eine große Rolle. So sahen wir schon, daß Kupfermangel eine mit lecksüchtigen Erscheinungen verbundene Störung beim Vieh hervorrufen kann. Kalk und Phosphor sind wegen ihres Anteiles am Knochengerüst und an der Geweihsubstanz von besonderer Bedeutung bei der Rotwildfütterung. Dies ist um so mehr der Fall, als wir Grund zu der Annahme haben, daß Mineralstoffe im Körper nicht in nennenswertem Umfange gespeichert werden können. Es kommt also auf eine ständige Zufuhr an. In der Zeit des Geweihaufbaues entsteht ein erhöhter Bedarf an Kalk und Phosphor, der aus dem Erhaltungsfutter nur unvollkommen gedeckt werden kann, viel weniger selbstverständlich im „Kulturwald" aus der natürlichen Äsung.

Obwohl wir uns eingangs mit der Wirkungsweise der *Vitamine* im tierischen Körper beschäftigt haben, erscheint es zweckmäßig, im Zusammenhang mit den Fragen der Fütterung noch einmal kurz daran zu erinnern, daß Vitamin D ganz besonders wichtig für den Gesundheitszustand des Wildes ist. Beigaben von Vigantol sind aber immer zweckmäßig, zumal wir sahen, daß in der Grünäsung dieses Vitamin in wirksamen Mengen nicht vorkommt. Eine etwas bessere Versorgung hat dagegen sonnengetrocknetes Heu. Auch ultraviolett bestrahlte Trockenhefe enthält Vitamin D und eignet sich daher gut zur zusätzlichen Beigabe.

Nachdem wir einen Überblick über die für den Ernährungsvorgang notwendigen Nahrungsstoffe gewonnen haben, müssen wir uns über *Nährstoffgehalt* und *Nährstoffverhältnis* der Futtermittel orientieren. Dabei beschränken wir uns nicht auf die künstliche Fütterung, sondern behandeln auch die Möglichkeiten, die sich auf Wildäckern, Wildwiesen usw. ergeben können.

Nachstehende Analysentabelle von Vogt, von mir in der Darstellung etwas geändert und im Umfang ergänzt, zeigt Nährstoffgehalt und Nährstoffverhältnis der wichtigsten Äsungspflanzen und Futtermittel.

Zu der Übersicht ist für unsere Auswertung folgendes zu sagen: Derartige Nährstoffanalysen geben natürlich nur allgemeine Mittelwerte, die aber für unsere Betrachtungen durchaus genügen, doch müssen wir dabei beachten, daß in der Praxis große Abweichungen auftreten können. Dies kann insbesondere der Fall sein, wenn bei Gewinnung und Behandlung, z. B. beim Dürrheu von Wiesen oder Wildäckern, grobe Fehler gemacht werden oder durch Witterungseinflüsse Verluste von Nährstoffen eintreten. Für eine überschlägige Beurteilung der Futtermittel eignet sich das Eiweiß-Stärkewertverhältnis. Der Stärkewert, ein der landwirtschaftlichen Futtermittelanalyse entstammender Begriff, drückt in einer Zahl das Fettbildungsvermögen eines Futtermittels aus. Es würden z. B. 100 kg Kastanien,

	Trocken-masse	Stickstoff-freie Extrakt-stoffe	Verdaul. Eiweiß	Kalk	Phosphor-säure	Stärke-wert
	In %					
Luzerne, grün	22	9,0	2,5	0,90	0,14	8,7
Rotklee, grün	20	8,0	2,0	0,70	0,10	10,0
Süßlupine, grün	15	6,0	1,8	0,17	0,07	7,5
Wiesengras, sehr gutes	20	6,0	1,7	0,20	0,20	10,6
Luzerneheumehl	92	35,0	8,8	2,70	0,80	26,5
Weizenkleie	87	52,5	10,3	0,20	2,41	48,1
Roggenkleie	87	52,0	10,0	0,20	2,10	50,0
Süßlupinenschrot	90	23,0	40,0	0,30	1,00	—
Sojaschrot	88	30,0	40,0	0,53	1,50	73,0
Hafer	87,5	44,8	7,0	0,14	0,63	60,0
Mais	87	65,7	7,2	0,05	0,75	80,0
Kastanien	50	45,0	1,5	0,20	—	34,0
Eicheln	50	45,0	2,2	0,10	0,15	40,0
Kartoffeln	25	19,0	1,0	0,03	0,15	20,0
Topinambur	20,4	15,8	0,4	—	—	16,4
Futterrüben	11	7,0	0,5	0,04	0,08	5,0
Zuckerrüben	24,5	16,0	0,5	0,06	0,08	15,5
Luzerneheu	87	32,0	10,0	2,40	0,50	26,5
Rotkleeheu	87	33,0	7,0	2,00	0,60	35,6
Wiesenheu	86	30,0	6,5	1,00	0,60	40,0
Laubheu	85	35,0	5,0	2,00	0,20	—
Weidenzweige	15	—	2,5	0,50	0,20	4,5
Kokoskuchen	89	32,0	17,6	0,53	1,35	74,7
Sesamkuchen	90,5	14,6	33,5	3,00	2,50	79,0

über das Erhaltungsfutter hinaus gegeben, ebensoviel Fett bilden, wie 34 kg Stärkemehl. Über die Wertigkeit des Futtermittels gibt also der Stärkewert keine unmittelbare Auskunft, doch kann man aus dem obengenannten Verhältnis gewisse Rückschlüsse ziehen. Je enger dieses Verhältnis ist, desto günstiger kann das Futtermittel beurteilt werden, vorausgesetzt, der Gehalt an Mineral- oder Wirkstoffen ist ausreichend. Das ist für unsere Zwecke der Rotwildfütterung ganz besonders wichtig hinsichtlich des Kalkes und der Phosphorsäure. Eiweiß-Stärkewertverhältnisse von mindestens 1:5 bis 1:6 sind für die Ernährung des Rotwildes als gut, darüber liegende von etwa 1:8 und mehr als weniger gut zu bezeichnen. Der tatsächliche Anteil von verdaulichem Eiweiß ist nicht immer entscheidend, da wir Grund zu der Annahme haben, daß die gute Ausstattung eines Futtermittels mit Kohlenhydraten (ein Teil von ihnen wird in den stickstofffreien Extraktstoffen erfaßt) den Bedarf des tierischen Körpers an Eiweiß bedeutend herunterzusetzen vermag.

Stellen wir diesen Nährstoffanalysen, die uns über Nährstoffgehalt und Nährstoffverhältnis wertvolle Aufschlüsse geben, den Nahrungsbedarf unseres Wildes gegenüber, so ergibt sich eine sehr eindrucksvolle, qualitative Differenzierung der einzelnen Futtermittel. Es ist das unstreitige Verdient von Franz Vogt („Neue Wege der Hege“ 1936 und „Das Rotwild“ 1947) in sehr eingehenden Versuchen diese Beziehungen beim Rot- und Rehwild erstmalig klargelegt zu haben, soweit dies überhaupt beim Wilde möglich ist. Seine Untersuchungen und Versuche sowie die dabei gesammelten Erfahrungen und erzielten Ergebnisse sind aus dem Rotwildproblem von heute nicht wegzudenken. Daß sie sich nicht ohne weiteres und in allem auf die Verhältnisse der freien Wildbahn übertragen lassen, mindert ihren Wert nicht.

Vogt erreichte bei seinen Fütterungsversuchen im Gatter Schneeberg, wenn er im wesentlichen eine Vorlage von Sesamkuchen zugrunde legte, Wildpretgewichte beim ausgewachsenen Hirsch von 220 bis 260 kg aufgebrochen und Geweihgewichte bei den

Spitzenhirschen von 12 bis 14 kg! Höchste Stangenlänge 134 cm, höchste Endenzahl 36! Bei Körper und Geweih sind das Gewichte und Maße, die das Doppelte derjenigen betragen, die wir bei unseren Hirschen des Kulturwaldes als normal anzusehen uns angewöhnt haben und denjenigen entsprechen, die wir aus den Naturwäldern als Spitzenleistungen mit Recht bestaunen. Während bei der Hege in freier Wildbahn des Kulturwaldes das Geweihgewicht des reifen, gutentwickelten Hirsches 3 bis 4 % des Körpergewichtes (aufgebrochen) ausmacht, konnte hier bei intensiver Pflege im Gatter dieses Verhältnis auf 5 bis 6, ja in der Spitze auf 8 % gesteigert werden. Der Erfolg wurde erzielt durch eine auf das Nahrungsbedürfnis des Rotwildes bei Hirsch und Tier abgestimmte Fütterung im Gatter, bei gleichzeitiger Ausnutzung der hier im besonderen Maße gegebenen Möglichkeiten einer züchterischen Einwirkung auf den Wildbestand. Im Gatter! Im Gatter von 150 ha! Das soll nicht etwa eine Ablehnung bedeuten, sondern soll nur sagen, daß für die freie Wildbahn und für den normalen Geldbeutel vieles davon nicht in Frage kommt. Völlig falsch wäre es aber, vor den Ergebnissen Augen und Ohren zu schließen.

Es würde zu weit führen, hier alle Einzelheiten der Versuchsanordnung und ihrer Ergebnisse zu schildern. Vogt spricht es selber aus, daß es verfehlt sei, Schneeberg als „Jagdrevier“ im üblichen Sinne anzusehen, und so war wohl der Abschuß dieser Kapitalhirsche im Gatter auch nicht Jagd im üblichen Sinne. Dennoch steht eines fest: Er und die Betreuer seines Gatters Schneeberg haben uns eine Fülle von bahnbrechenden Erkenntnissen vermittelt, die auch für die freie Wildbahn von wesentlichem Nutzen sein müssen, wenn sie z. T. auch bitter sind. Die bitterste ist wohl diese: Unsere Landschaft, insbesondere unser Kulturwald, ist nicht mehr in der Lage, Kapitalhirsche der Ausmaße hervorzubringen, wie wir sie z. B. aus den berühmten historischen Sammlungen der Moritzburg und des Schlosses Erbach im Odenwald aus früheren Jahrhunderten kennen. Lebensraum und Lebenshaushalt reichen einfach hierfür nicht aus!

Doch nun zurück zum Nährstoffbedarf des Rotwildes, wie ihn Vogt ermittelt hat.

Im Gatter Schneeberg betrug der Bedarf an *Nahrungseiweiß* für den Körperaufbau des Junghirsches und als Erhaltungsfutter für den Kapitalhirsch das ganze Jahr hindurch täglich 400 bis 450 g. Darüber hinaus für die kapitale Geweihbildung von Mitte Januar bis Ende Juni täglich etwa 200 g, insgesamt also in dieser Zeit 600 bis 650 g. Nachdem der Bedarf des Kapitalhirsches an Futtertrockenmasse mit etwa 4000 bis 5000 g festgestellt wurde, beträgt der Eiweißbedarf für eine derartige Körper- und Geweihentwicklung von Januar bis Juni etwa 14 % der Trockenfuttermasse.

Für die gleiche Zeit (Januar bis Juni) betrug der Bedarf an Kalk und Phosphorsäure pro Tag und Kopf 100 g im Verhältnis von 54 g Kalk zu 46 g Phosphorsäure.

Der Bedarf an Vitamin D wurde mit 4000 bis 6000 IE pro Tag und Kopf angenommen und während der Geweihaufbauzeit mit 0,3 bis 0,5 cbcm Vigantol oder 20 bis 30 g bestrahlter Hefe gegeben.

Vergleicht man die oben gebrachten Nährstoffanalysen mit diesen, allerdings für die freie Wildbahn nicht anwendbaren Bedarfszahlen, so ergibt sich sofort, daß keine unserer Äsungspflanzen oder der aus ihnen gewonnenen Futtermittel in der Lage ist, diesen Bedarf voll und im gewünschten Nährstoffverhältnis zu erfüllen. Lediglich die Ölkuchen, insbesondere der im Gatter Schneeberg vorgelegte Sesamkuchen, reichen hinsichtlich ihres Nährstoffgehaltes aus. Das bedeutet aber nicht mehr und nicht weniger als: Verzicht auf derartige Spitzentrophäen! Zumindest in der freien Wildbahn unserer Kulturwälder; was nicht ausschließt, unter Einsatz der in Schneeberg erarbeiteten Erkenntnis das zu tun, was möglich ist. Das gilt sowohl für die Erhaltungs- als auch für die Kraftfütterung. Also nicht das Wild mit irgendeinem, gerade zur Verfügung stehenden Futtermittel füttern, sondern sorgfältige Überprüfung der gegebenen Möglichkeiten. Es kann gar keinem Zweifel unterliegen, daß dann, auch wenn dieser Spitzenbedarf an Nährstoffen nicht gereicht werden kann, eine wesentliche Verbesserung der Körper- und Geweihgewichte zu erzielen ist. Wir dürfen nur unsere Ansprüche nicht zu hoch schrauben. In erster Linie bleibt das Problem der Winterfütterung beherrscht von der Forderung nach verbessertem Lebenshaushalt mit ausreichendem Erhaltungsfutter zum Wohl des Wildes und Waldes. Erst danach kann die Frage überprüft werden, ob Kraftfutter lediglich zur Erzielung stärkerer Geweihe gegeben werden soll und kann. Falsch wäre es auf jeden Fall, der Versorgung der Hirsche mit Kraftfutter allein Beachtung zu schenken. Ich halte eine Kraftfuttergabe an Kahlwild und Kälber zur Förderung der Gesamtkonstitution des Wildbestandes mindestens für ebenso wichtig.

Erhaltungsfuttermittel

Welche Futtermittel stehen nun im Normalfall für die Durchführung einer ausreichenden Erhaltungsfütterung zur Verfügung? Die Grundlage bietet immer ein *Rauhfutter,* also insbesondere *gutes Heu.* Die Betonung sollte auf der Güte liegen. Wir sahen, daß Wiesenheu nicht gerade das nährstoffreichste Futter ist und müssen uns daher bemühen, schon bei der Werbung auf möglichst weitgehende Erhaltung dieser Nährstoffe Bedacht zu nehmen. Leider wird hierauf zu wenig Wert gelegt, meist aus Unkenntnis über den Einfluß, den die Art der Grünwerbung auf seinen Wert als Futtermittel ausübt, vielleicht auch deswegen, weil man meint, den Witterungsunbilden machtlos gegenüberzustehen. Und doch sollte man alles an Organisation, Zeiteinteilung und Arbeitseinsatz aufbieten, um das geschnittene Wiesengras in möglichst kurzer Zeit zu trocknen. Wildheu muß grün aussehen, denn die grüne Farbe zeigt besten Karotingehalt, also Erhaltung der Vitamine an. Gelbes Heu ist arm an Vitaminen. Wendet man das Heu zum Trocknen zu oft, so bröckeln die feinfasrigen Teile im erhöhten Maße ab und gehen verloren, sie haben aber den höchsten Gehalt an verdaulichen Nährstoffen. Sehr aufschlußreich sind folgende Untersuchungsergebnisse: Bei der Grüngewinnung (Klee) im üblichen Verfahren gingen bereits an Trockensubstanz verloren: bei schlechtem Wetter 25 %, bei mittlerem Wetter 16 %, beim Trocknen auf Böcken nur 9 %. Vom Rohprotein (Eiweiß) gingen verloren: Auf Böcken 18 %, beim üblichen Trocknungsverfahren und mittlerem Wetter 23 %, bei schlechtem Wetter 49 %! Am wenigsten Verluste an Trockensubstanz und Nährstoffen hat man bei Verwendung von Dünndrahtreutern, auf die das frischgemähte Futter naß aufgehängt werden kann.

Selbstverständlich richtet sich der Futterwert des Heues sehr nach der Zusammensetzung. Je höher der Klee- oder Kräuteranteil ist, desto höher der Nährstoffgehalt (s. Analysentabelle). Um so empfindlicher ist aber auch das Heu gegen unsachgemäße Behandlung. Der beste Weg bleibt daher immer die Selbstwerbung unter Beachtung dieser ausschlaggebenden Verlustmöglichkeiten an Nährstoffen und deren Verhinderung.

Wirklich gutes Wiesen- oder Kleeheu kann man dem Wilde so viel vorlegen, wie es annimmt, ohne dabei nennenswerte Mengen auf den Boden zu werfen. Wieviel das ist, läßt sich nicht normen; die weiter gereichten Futtermittel sowie die sonstigen Äsungsverhältnisse des Revieres sind zu berücksichtigen, ebenso die Witterung, denn bei großer Kälte steigt der Nahrungsbedarf des Wildes. Gehaltvolles Rauhfutter, wie Luzerneheu usw., wird natürlich sparsamer gegeben werden können und müssen. An weiteren Erhaltungsfuttermitteln kommen *Kastanien* und *Eicheln* in Frage. Sie sind kein Kraftfutter, wie man so oft hört, und ein Blick auf die Analysentabelle läßt dies erkennen. Sie haben zwar einen guten Gehalt an Kohlenhydraten, es fehlt aber an Eiweiß, Kalk und Phosphorsäure, den Stoffen also, die für den Geweihaufbau unentbehrlich sind. Dennoch machte sie der hohe Anteil an stickstofffreien Extraktstoffen zu einem recht brauchbaren Erhaltungsfutter, das wegen seines Tanningehaltes (Gerbsäure) bei der Eichel, wegen seines Saponingehaltes (Glukose) bei der Kastanie durchaus den Einsatz lohnt. Besonders in der Übergangszeit Winter/Frühjahr haben Kastanien und Eicheln gute Wirkung hinsichtlich einer ungestörten Verdauung.

Ein weiteres Trockenfutter ist *Troblako,* d. s. getrocknete Rübenköpfe und Stengel, die etwa den Nährwert guten Wiesenheues haben. Das Futtermittel wird vom Rotwild gern angenommen. Um bei der Fütterung auch die Deckung des Wasserbedarfs zu erleichtern, muß möglichst *Naßfutter* beigegeben werden, das in den Knollen- und Wurzelgewächsen sowie im grünen Rübenblatt in geeigneter Form zur Verfügung steht.

Kartoffeln haben einen ganz guten Gehalt an Phosphorsäure, werden vom Rotwild gern angenommen und sorgen wie alle Knollengewächse für die nötige Feuchtigkeit. Des Preises wegen kommen sie allerdings nicht immer in Betracht. *Futterrüben* sind zwar billiger, ihr Nährwert ist allerdings auch wesentlich geringer und sie sind daher nur wirtschaftlich, wenn ihr Preis unter 1/3 des der Kartoffeln liegt. *Zuckerrüben* stehen etwa den Kartoffeln gleich. *Topinambur* ist ebenfalls ein feuchtigkeitshaltendes Erhaltungsfutter, das im Eigenbau verhältnismäßig billig geworben werden kann. Sein Nährwert liegt unter dem der anderen Knollen- bzw. Wurzelgewächse. Etwas Vorsicht ist beim Topinambur insofern geboten, als zu starke Vorlage Verdauungsstörungen (Durchfall) hervorrufen kann.

Einsatz des Schneepfluges

Alle obengenannten Naßfuttermittel können auch bei starkem Frost gegeben und unzerkleinert am Boden vorgelegt werden. Das evtl. Gefrieren tut dem Wilde keinen Schaden, doch muß der Futterkeller frostsicher sein, da sonst die gefrorenen Kartoffeln und Rüben beim Auftauen sofort in Fäulnis übergehen.

Stehen diese Naßfuttermittel nicht zur Verfügung, so füttert man grünes *Rübenblatt,* das eingemietet und eingesäuert werden kann. Es empfiehlt sich bei der Rübenblattfütterung die Beimischung von Schlemmkreide, die den hohen Opalsäuregehalt der Blätter unlöslich und damit unschädlich macht. Bei starker Gabe von Rübenblättern kommt es sonst leicht zu Verdauungsstörungen (Durchfall). Auch die gleichzeitige Fütterung von Eicheln und Kastanien kann diesem Mangel entgegenwirken.

Noch ein Wort über die *Silage,* die dann angewandt werden kann, wenn keine anderen Naßfuttermittel zur Verfügung stehen. Ich habe mit Grassilagefütterung recht gute Erfahrungen gemacht, weise aber darauf hin, daß sie nur dann von Vorteil ist, wenn die Einsäuerung der Futtermittel recht sorgfältig in einem geeigneten Silo vorgenommen wird. Das kostet natürlich zusätzlich Geld. Unbedingt zu empfehlen ist es, die Silagebereitung nur unter Anleitung eines Fachmannes vorzunehmen. Jede Behelfslösung ist abzulehnen, da sie meist zu einem hohen Verlust an Nährstoffen führt, der in der Regel völlig unkontrollierbar ist. Man meint dann, ein besonders gutes, nährstoff- und vitaminreiches Naßfutter geben zu können, das Gegenteil ist aber der Fall. Die Kenntnis der biologischen, chemischen und physikalischen Vorgänge bei der Silierung ist unbedingte Voraussetzung für den Erfolg. Ein Vorteil liegt in der Silierung immer dann vor, wenn sehr saftreiches Grünfutter, das schlecht zu trocknen ist (Rübenblätter, Markstammkohl, Topinamburblätter), auf diese Weise in einer schnellen Gärung haltbar gemacht wird. Das glückt aber nur, wenn die Anlage vorschriftsmäßig ist. Silobehälter, die nicht luft- und wasserdicht sind, können ihren Zweck nicht erfüllen. Das verhältnismäßig bequeme Einbringen des nassen, nur oberflächlich abgetrockneten Futters ist allein kein Argument für den Einsatz der Silierung. Wenn auch die Silage später äußerlich durchaus einen brauchbaren Eindruck macht und vom Wilde gern genommen wird, so nützt das wenig, wenn unkontrolliert die meisten Nährstoffe verlorengegangen sind.

Die genannten Futtermittel müssen im Zusammenwirken gebracht werden, man füttere also nicht einseitig nur Heu, nur Kastanien und Eicheln oder nur Rüben und Rübenblatt. So ergänzen sich die Nährstoffe, die Erhaltungsfütterung kann ihren Zweck erfüllen und bietet jene in leicht assimilierbarer Form an. Nur so ist es auch möglich, daß sich das Rotwild den Pansen füllt und auch in der Notzeit keinen Hunger verspürt. Das ist für die Verminderung der Wildschäden wichtig.

Ob auch die Beigabe von *Spurenelementen* bei Erhaltungs- und Kraftfutter nötig ist, dürfte noch nicht ganz geklärt sein. Wissen wir aber erst über Art und Dosierung Genaueres, so gibt sich bei der Winterfütterung eine gute Gelegenheit, auch hiervon Gebrauch zu machen.

So hat seit einiger Zeit die Fürstl. Thurn und Taxissche Forstverwaltung in dieser Richtung Versuche angestellt, und Forstmeister LINDNER berichtete hierüber in der Jagdpresse (Die Pirsch, Zur Ernährungshege des Schalenwildes im Walde, Nr. 18, 1975). Danach hat eine starke Grundfütterung unter Beigabe von Spurenelementen eine erhebliche Zunahme des Körpergewichtes und eine ebensolche Verbesserung der Geweihbildung bewirkt. Außerdem sind Schäl- und Verbißschäden stark zurückgegangen. In dem für diese Versuche entwickelten Mittel „Proß-Cela" befinden sich Mangan, Kobalt, Eisen und andere Spurenelemente. Ein Zusatz von 10 g pro Tag und Kopf erhöht die allerdings erheblichen Kosten für die hier angewandte Grundfütterung nur unwesentlich.

Es sei weiter auf die sorgfältigen Fütterungsversuche von Oberregierungsforstrat A. MAYER, Murnau/Obb. (Pirsch, Nr. 10–13, 1963), hingewiesen. Zur Schälschadenverhütung angelegt und über sieben Jahre durchgeführt, haben sie die Frage eines evtl. Einflusses der Spurenelemente weiter geklärt. Die Ergebnisse beider Versuche lassen vermuten, daß der Beigabe von bestimmten Mineralstoffen und Spurenelementen zur Verhütung von Schälschäden eine größere Bedeutung zuzukommen scheint, als bisher angenommen wurde. Es wäre im Interesse von Wald und Wild eine Fortsetzung und Erweiterung solcher Versuche zu wünschen.

Die *Tagesration an Erhaltungsfutter* hängt davon ab, in welchem Umfang das Wild Gelegenheit findet, auch in den Wintermonaten natürliche Äsung aufzunehmen. Da die natürliche Äsungsaufnahme im Winter im „Kulturwald“ in der Regel aber zu einem beträchtlichen Teil als „Wildschaden“, d. h. im Verbiß der Holzgewächse erfolgt, muß dem Rotwild in solchem Falle an der Fütterung die Möglichkeit geboten werden, bis zur Sättigung Futter aufzunehmen. Wegen des den Wiederkäuern eigentümlichen Äsungsrhythmus wird das zwar nicht ganz gelingen, zumal das Wild ja auch nicht den ganzen Tag über an der Fütterung stehen soll. Einer Trockenmasse von etwa 4000 bis 5000 g wird die Tagesration bei Vorlage verschiedener Futtermittel schon entsprechen müssen. Je nach den finanziellen Möglichkeiten kann danach das Erhaltungsfutter aus hochwertigem Heu, Rüben, Troblako, Kartoffeln, Eicheln, Kastanien usw. sowie gegebenenfalls auch aus Silage zusammengestellt werden, wobei Wiesenheu soviel gegeben werden muß, wie vom Wilde aufgenommen wird.

Ein Blick auf die Tabelle der Nährstoffanalysen zeigt schon, wie schwierig es ist, mit Erhaltungsfuttermitteln den Nährstoffbedarf des Wildes voll zu decken, auch wenn wir nur die von Bubeník ermittelten Zahlen zugrunde legen. Bei bescheidenen Ansprüchen müßte dann etwa gegeben werden:

3	kg	Wiesenheu als Mindestgabe	je Tag und Stück
0,3	kg	möglichst gehäckseltes Luzerneheu	
1,5	kg	Rüben oder ein ähnliches Naßfutter	
1,0	kg	Kastanien oder Eicheln	
1,0	kg	Troblako	

Diese Futtermittelmengen entsprechen etwa 4000 g Trockenfuttermasse und stellen eine Tagesration von Erhaltungsfutter dar, die man gerade als ausreichend bezeichnen kann. Mehr aber auch nicht.

Kraftfuttermittel

Um eine merkliche Erhöhung von Körper- und Geweihgewicht zu erreichen, genügt sie keinesfalls. Hierzu muß mit *Kraftfutter* nachgeholfen werden. Folgende Futtermittel sind hinsichtlich ihres Nährstoffgehaltes als geeignet anzusehen: *Hafer, Mais, Weizenkleie, Roggenkleie, Sojaschrot* und einige Sorten *Ölkuchen.* Ersetzt man einen Teil des Erhaltungsfutters durch diese Futtermittel oder gibt man gar zusätzlich davon, so kann der für eine gute Körper- und Geweihentwicklung notwendige Nährstoffbedarf des Rotwildes voll gedeckt werden. Keinesfalls gebe man ausschließlich Kraftfuttermittel.

Es wird in diesem Zusammenhang noch einmal darauf hingewiesen, wie wichtig die Aufnahme von Rauhfutter ist, das den Vorgang des Wiederkauens fördert. Würde nur Kraftfutter gegeben, das vielleicht schon als Brei (bei Regen oder Schnee) aufgenommen, spätestens aber im Pansen zu dieser Konsistenz gebracht würde, so kann die Nahrung nicht im Zuge des Wiederkauens und damit nicht ausreichend eingespeichelt und entsäuert werden. Das kann zu schwerer Gesundheitsschädigung, ja zum Tode des Stückes führen. Durchaus nahe liegt aber auch die Annahme, daß starke Schälschäden in dieser falschen Ernährungsweise ihre Ursache haben könnten, weil das Rotwild grobfaserige Stoffe sucht, um einen Ausgleich zu schaffen.

Der *Hafer,* als besonders gutes Kraftfutter aus der landwirtschaftlichen Fütterung der Nutztiere bekannt, wirkt in erster Linie auf die Körperentwicklung günstig. Sein hoher

Gehalt an Kohlenhydraten, wie auch der an Phosphorsäure ist ebenso bemerkenswert, wie sein Mangel an Kalk. Letzterer läßt es notwendig erscheinen, Hafer nur in nicht zu großen Mengen als Beifutter zu verwenden, insbesondere dann, wenn der Kalkbedarf in den Futtermitteln nur unzureichend gedeckt wird. Versuche in der Nutztierfütterung haben ergeben, daß dann Haferfütterung zum Kalkabbau im tierischen Körper führt, was hinsichtlich der Geweihentwicklung nicht erwünscht sein kann. Will man auf die Haferfütterung nicht verzichten, so ist es angebracht, künstlichen phosphorsauren Kalk (Knochenpräzipitat) beizugeben, wozu der Hafer vorher anzufeuchten ist. 50 bis 60 g Futterkalk pro Kopf und Tag müssen genügen, wenn auch dieser Kalk nicht voll verdaulich ist.

An der Salzlecke

Der *Mais* ist ähnlich zu beurteilen, auch er hat nur geringen Kalkgehalt. Als Beifutter ist er, wie der Hafer, aber recht brauchbar.

Bei *Weizen-* und *Roggenkleie* kommt es ganz wesentlich auf die Zusammensetzung dieser Futtermittel an, und die in der Analyse angegebenen Nährstoffe sind nur in hochwertigen Kleien mit entsprechendem Mehlgehalt enthalten. In dieser Qualität sind sie allerdings ein hervorragendes Kraftfutter. Man lasse sich also den Nährstoffgehalt bei Bezug angeben und garantieren und scheue unter Umständen nicht die Kosten einer entsprechenden Untersuchung. Gerade bei Kraftfutter, das in der Regel recht kostspielig ist, sei man besonders vorsichtig.

Sojaschrot ist ein vorzügliches, eiweißhaltiges Kraftfutter, das auch über einen guten Kalk- und Phosphorsäuregehalt verfügt. In geradezu idealer Zusammensetzung finden sich die vom Rotwild benötigten Nährstoffe in den Rückständen der Fabrikation pflanzlicher Öle, dem *Ölkuchen.* An erster Stelle steht hier der *Sesamkuchen.* Er enthält, und darauf beruht seine ausgezeichnete Wirkung, sämtliche Nährstoffe in leicht assimilierbarer Form und in einer besonders für den Geweihaufbau günstigen anteilmäßigen Zusammensetzung. Im Gatter Schneeberg erzielte Vogt mit der Sesamkuchenfütterung die erwähnten Spitzenleistungen in Körper- und Geweihgewicht, allerdings bei Vorlage von 3 kg pro Tag und Kopf während sechs Monaten! Damit würde eine solche Fütterung, ohne das notwendige Beifutter gerechnet, schon pro Kopf für diese Zeitspanne nach dem augenblicklichen Preis für Sesamkuchen den Betrag von etwa 300,– DM erfordern. Wenn wir uns auch daran gewöhnen müssen, daß die Fütterung des Rotwildes nicht ohne einen gewissen Geldaufwand möglich ist, so erscheinen solche Summen natürlich für den Normalfall als völlig untragbar. Will man aber Sesamkuchen in beschränktem Umfange beifüttern, natürlich nicht nur an die Hirsche, so achte man sehr auf die Qualität des Futtermittels und lasse sich insbesondere den Proteingehalt mit mindestens 36 % garantieren.

Die Kraftfuttermittel müssen selbstverständlich besonders gut im Futterschuppen aufbewahrt, vor Nässe geschützt und im Futtertrog vorgelegt werden. Als Tagesration, Erhaltungs- und Kraftfutter gemischt, kann etwa gegeben werden: Wiesenheu 3,0 kg als Mindestgabe, darüber hinaus soviel, wie angenommen wird, außerdem:

Luzerneheu	0,5 kg	pro Tag und Stück
Rüben	1,5 kg	
Weizenkleie	1,5 kg	
Hafer	1,0 kg	
Eicheln oder Kastanien	1,0 kg	

Diese Ration entspricht etwa 5000 g Trockenfuttermasse. Der Erfolg einer solchen Fütterung wird sich natürlich nicht innerhalb Jahresfrist einstellen, sondern erst dann, wenn die Maßnahmen regelmäßig Jahre hindurch allen Stücken des Wildbestandes zugute gekommen sind. Deswegen ist es unbedingt erforderlich, für eine richtige Fütterung des Mutterwildes zu sorgen. Wer nur seine Hirsche füttert, hat den Wert der Winterfütterung nicht erkannt. Gewiß hat der Hirsch einen erheblichen Wildpretverlust nach der Brunft aufzuholen, in gleichem Maße bedarf das tragende und das heranwachsende Tier aber einer ausreichenden Ernährung während der Notzeit.

Grundsätzlich sei aber noch betont, daß die vorzugsweise Vorlage von das Geweihwachstum stimulierendem Kraftfutter vor und während der Kolbenzeit keineswegs unserem jagdwirtschaftlichen Ziel entspricht. Leider läßt übertriebene „Trophäensucht" dies häufig in Vergessenheit geraten.

Wasser

Außer den hier behandelten Nährstoffen spielt das *Wasser* eine entscheidend wichtige Rolle im Haushalt des Wildkörpers. Es wurde schon erwähnt, daß der Durst Hirsche zum Schreien veranlassen kann, woraus auf eine außergewöhnliche Wirkung des Wassermangels zu schließen ist. Tatsächlich können Tiere auch völligen Nahrungsentzug länger ertragen als absoluten Wassermangel. Das erklärt sich aus den vielseitigen Aufgaben des Wassers im tierischen Körper. Die Bildung von Speichel- und Verdauungssäften ist ebenso an eine ausreichende Wasserzufuhr gebunden, wie der Transport der Nährstoffe, der Stoffwechsel, der Wärmehaushalt und die Funktion der Körperzellen überhaupt. Tritt anhaltender Wassermangel ein, so läßt sofort der Drang zur Nahrungsaufnahme nach. Je nach der Jahreszeit ist der Wasserbedarf verschieden groß. Während im Sommer die Körperwärme durch stärkere Wasserverdunstung abgeführt werden muß, wird im Winter bei niedriger Temperatur die Wasserverdunstung stark herabgesetzt. Wegen der für die Lebensvorgänge vielseitigen Aufgaben des Wassers ergibt sich die Wasserversorgung unter Umständen als eine sehr wichtige Maßnahme der Wildpflege. Dies wird

daß ein durch Salz erhöhtes Wasserbedürfnis nicht befriedigt werden kann. Es wurde schon darauf hingewiesen, daß Durstgefühl bei allen Tieren eine verminderte Aufnahme von festen Nahrungsstoffen zur Folge hat. Das kann im Winter zu schweren Schädigungen führen und den Wert einer sorgfältigen Winterfütterung herabmindern, und unter Umständen zu erhöhter Schälsucht führen.

Die Beigabe von Mineralstoffen und Vitaminpräparaten in der Salzlecke erscheint nicht als zweckmäßig. Die unregelmäßige Annahme, oft sogar die Verweigerung der Salzlecke wegen der Beigaben läßt die erstrebte Wirkung ausbleiben.

Ebenso hat die Verwendung von Lecken mit Zuckerzusätzen zur Verminderung der Schälsucht bislang noch keinen allgemein gültigen Erfolg gebracht.

Nachdem wir wissen, daß das Rotwild zu jeder Jahreszeit gern suhlt, gehört die Herrichtung und Erhaltung von *Suhlen* zu den Aufgaben der Wildpflege. Am liebsten suhlt das Wild im Schlamm, und man achte bei den vorhandenen Suhlen darauf, daß ein entsprechender Wasserstand diesen Zustand gewährleistet. Steilränder bösche man ab und kontrolliere die Suhlen von Zeit zu Zeit auf ihre Eignung. Windwurfholz ist daraus zu entfernen. Wo Suhlen fehlen, ist es durchaus angebracht, solche anzulegen, doch fange man versuchsweise mit einer kleineren Anlage an geeigneter Stelle an, um zu erproben, ob das Wild diese künstlichen Suhlen auch annimmt, was nicht immer mit Sicherheit der Fall ist. Im allgemeinen aber kann man mit guten Suhlen in den Einständen des Wildes auf Erfolg rechnen, wenn ich auch Reviere kenne, in denen das Rotwild nur selten die Suhle annimmt.

Auch durch *Pflege der Einstände* selbst kann man unter Umständen etwas für sein Wild tun. Wenn es auch heute nicht mehr möglich sein wird, die für einen Einstand am meisten geeignete Holzart des Wildes wegen anzubauen, so ergibt sich doch hier und da Gelegenheit, wildpflegerische Maßnahmen ohne großen Aufwand oder Verlust an Holzproduktion zur Durchführung zu bringen. So läßt es sich wohl einmal verantworten, im Einstand einen gegen Witterungseinflüsse schützenden Vorwuchshorst in seiner Dichte zu erhalten; mal auch eine Bruchpartie nicht zu entwässern, um sie als Wildeinstand in ihrer dem Wilde zusagenden Form zu erhalten. Im allgemeinen sind aber diese Möglichkeiten sehr beschränkt, doch sollte man sie nicht völlig vergessen.

In Niederungen und Auerevieren, die der *Überschwemmung* regelmäßig ausgesetzt sind, müssen erhöhte Plätze, die dem Wilde Zuflucht bieten können, auch zugänglich gehalten werden. Bei Anlage von Zäunen und Gattern erwäge man, ob hierdurch nicht derartige natürliche Fluchtstätten abgesperrt werden.

Wildschutz

Daß in einem gepflegten Revier auch der *Wildschutz* eine ernst zu nehmende Aufgabe bedeutet, ist eigentlich selbstverständlich. Er kann gegen Eingriffe durch Mensch und Tier erforderlich werden. Wo Wild ist, gibt es auch meist *Wilderer!* Das Jagdgesetz gibt dem Jagdausübungsberechtigten zur Ausübung des Jagdschutzes bestimmte Befugnisse, die und deren Voraussetzungen zu kennen, Pflicht eines jeden Jägers ist. Es würde zu weit führen, hierauf näher einzugehen. Immer aber sei man auf der Hut vor Wilderern, die mit der Waffe und Schlinge jederzeit den Wildbestand bedrohen können. Enge Zusammenarbeit mit dem Nachbarn kann die Aufklärung verdächtiger Schüsse sehr erleichtern, ein guter Hund kann wichtiger Helfer sein und u. a. Schweiß, Aufbrüche, ja das gewilderte Stück selbst verweisen. Durch regelmäßige Kontrollen vergewissere man sich besonders an stark angenommenen Zwangswechseln, ob nicht Schlingen gestellt wurden. Pflicht eines jeden Revierinhabers ist es, für ausreichenden Jagdschutz zu sorgen, falls es ihm seine Zeit nicht erlaubt, selbst ständig nach dem Rechten zu sehen. Nur so kann das Wild vor Wilderern geschützt werden.

Der enormen Zunahme des motorisierten Verkehrs und seinen Möglichkeiten (Scheinwerfer) entsprechend, hat die Wilderei vom Auto aus eine besondere Bedeutung gewonnen. Auch hiergegen schützt nur eine gute, über die Reviergrenzen hinausreichende nächtliche Beobachtung und Kontrolle der Straßenstrecken, die sich bevorzugt für diese Art der Wilderei eignen.

Besonders schwierig ist es, für die nötige *Ruhe im Walde* zu sorgen und hierfür geeignete Maßnahmen zur Durchführung zu bringen. Wir sahen schon, welche Bedeutung hierin auch im Hinblick auf den Waldschutz liegt. Es können hier nicht alle Möglichkeiten aufgeführt werden, die wegen der unterschiedlichen Gesetzesbestimmungen auch nicht einheitlich sein dürften. Jede sich nur irgend bietende Gelegenheit, das Wild im Walde vor Störungen durch Menschen zu bewahren, muß aber wahrgenommen werden. Man beschränke sich dabei nicht auf Schlagbäume und Verbotsschilder, sondern suche auch Kontakt zu den Waldbesuchern und meine nicht, jede Aufklärung über die Notwendigkeit solcher Maßnahmen sei nutzlos. Wenn schon die Erhaltung des Rotwildes im Walde eine der Allgemeinheit dienende Aufgabe ist, so sollte konsequenterweise dem erholungsuchenden Waldbesucher die Wildbeobachtung nicht grundsätzlich unmöglich gemacht werden. Gewiß ergeben sich hierbei Schwierigkeiten, aber bei planvoller Inangriffnahme läßt sich doch manches in dieser Richtung bewerkstelligen. Etwa die Anlage von Schaufütterungen oder Wildbeobachtungshochsitzen. Nur dann kann der Jäger auch ein Äquivalent in Form von geschützten Wildeinstandsgebieten verlangen. Mit Sicherheit geht die Entwicklung dahin, daß im ausgesprochenen Erholungswald mehr und mehr entschieden werden muß, welche Einstände dem Rotwild noch zur Verfügung stehen können und sollen. Die Wildpopulation wird immer mehr zum bewirtschafteten Wildbestand, weil bei schneller Bevölkerungsvermehrung der Freizeitwert des Waldes ständig zunimmt.

Auch selbst vermeide man peinlich jede unnötige Störung des Wildes bei der eigenen Jagdausübung. Der eigene Hund, wenn er sich nicht völlig in der Hand seines Führers befindet, gehört im Revier, besonders zur Notzeit, an den Riemen. Das ständige Herumpürschen im Revier, so schön und reizvoll diese Jagdart ist, kann das Wild oft mehr beunruhigen, als ein gelegentlicher Pilz- und Holzsammler dies am Tage tut. Die beste Art der Wildbeobachtung ist der Ansitz bei gutem Wind, doch soll man seinen Platz nicht gerade bei Einbruch der Dämmerung regelmäßig verlassen, um schnell noch einmal um die nächste Ecke zu gucken. Dabei stößt man dann todsicher mit dem gerade austretenden Wild zusammen oder dieses kommt wenig später auf die frische Spur des ruhelosen Jägers. Auf diese und ähnliche Weise kann man sich in kurzer Zeit ein Revier ziemlich „leerpürschen". Auch das richtige Verhalten nach dem Schuß, auf das wir noch zu sprechen kommen, gehört hierher.

Wenn Raesfeld noch dem Schutz des Wildes vor dem Jagdnachbarn längere Ausführungen gewidmet hat, so halte ich das heute für nicht mehr wesentlich. Gewiß gibt es noch gute und schlechte Grenzen, das wird wohl immer so bleiben. Nachdem wir aber die geregelte, qualitative und quantitative Abschußplanung beim Schalenwild als ein Kernstück der Jagdgesetzgebung besitzen, und nachdem wir zumindest in unserem Raum die in der Regel gut funktionierenden Rotwild- bzw. Hochwildringe in großer Zahl und Ausdehnung haben, ist der Schutz des Wildes vor dem Nachbarn weitgehend überflüssig geworden.

Soviel über den Schutz des Wildes gegen Eingriffe von Menschen. An tierischen Feinden hat das Wild nur noch wenige, fast kann man sagen: leider. Wolf, Luchs und Bär sind aus den Kulturwäldern verschwunden und haben damit ihre Rolle als Regulatoren des Wildbestandes ausgespielt. Einen Teil ihrer Funktionen übernimmt der Jäger!

Aber der *wildernde* Hund kann im Rotwildrevier auch heute noch zur Geißel werden. Jagt der wildernde Hund laut, so wird man seiner nicht allzu schwierig habhaft werden und auf dem Rückwechsel auf ihn zu Schuß kommen können. Schwieriger und für das Revier viel ernster liegt der Fall beim stumm jagenden Hund. Er beunruhigt das Wild weit mehr und entzieht sich mit größter Wahrscheinlichkeit dem auf ihn passenden Jäger. In der Notzeit sollte man rücksichtslos jeden jagenden Hund erschießen. Selbstverständlich überzeuge man sich mit der gebotenen wie auch möglichen Sorgfalt, ob es sich tatsächlich um einen wildernden Hund und nicht etwa um einen nur überjagenden Jagdhund handelt. Ist dessen Besitzer etwa bekannt, so benachrichtige man diesen in jedem Falle zunächst und warne eindringlichst vor den Folgen einer Wiederholung.

Hege mit der Büchse

Hirschgerechter Jäger von heute

Bewußt gebe ich dem nachstehenden Abschnitt diese Überschrift, obwohl sie bei weitem nicht all das kennzeichnet, was an dieser Stelle zu sagen ist. Es erscheint mir dies aber als ein Gebot des Taktes, der Dankbarkeit und Anerkennung für den Altmeister v. RAESFELD. Er stellte die Dinge, die sich mit der Regulierung der Wildbestände durch den Abschuß befassen, unter den Titel: „Hege mit der Büchse." Mit Recht hat er die Priorität für diese klassische Bezeichnung für sich in Anspruch genommen. Nur war es ihm nicht vergönnt zu erleben, wie das hinter diesem „Schlagwort" verborgene, reiche Gedankengut seinen Niederschlag im Reichsjagdgesetz vom 3. Juli 1934 gefunden und auf das Bundesjagdgesetz vom 27. November 1952 und alle folgenden Ergänzungen ausgestrahlt hat.

RAESFELD leitet diesen Abschnitt in der letzten von ihm bearbeiteten Auflage (1920) so ein:

„Die bisherigen Abschnitte der ‚Hege' haben den guten Willen des Waidmannes mehr in bezug auf das Wild und gegen andere in Anspruch genommen. Der vorliegende Abschnitt, der sich mit der *Regelung des Abschusses nach Stückzahl, Geschlecht und Alter* befaßt, stellt erheblich höhere Anforderungen, weil er den Willen des Jägers zum Kampf gegen seine eigene Neigung aufruft und ihm Entsagung auferlegt, wo er genießen möchte." Das gilt nach einem Menschenalter noch heute! Und gilt hinsichtlich der an den Jäger zu stellenden Anforderungen verstärkt, weil die in den letzten Jahrzehnten gewonnenen, umfassenden und vielseitigen Erkenntnisse jagdbiologischer Forschung und Erfahrung nicht nur zur Darstellung kommen müssen, sondern auch vom Jäger verlangt werden muß, daß er sich ihrer bedient, daß er sie beherrscht, um sie neben seiner ethischen Einstellung zur Grundlage seines Handelns zu machen. Wie seit Jahrhunderten der *hirschgerechte Jäger* von einst für sich das Verdienst in Anspruch nehmen konnte, die Erhaltung des Rotwildes für seine Nachfahren fast unbewußt bewerkstelligt zu haben, so kann es die Aufgabe des hirschgerechten Jägers von heute nur sein, ein Gleiches, ja ein Größeres bewußt zu tun, wie wir es mit der „Erhaltung der freilebenden Tierwelt für die Allgemeinheit" schon als seine Aufgabe hingestellt haben. Es ist gewiß kein Zufall, daß sich die Bezeichnung „hirschgerechter Jäger" über Jahrhunderte bis heute nicht nur erhalten hat, sondern daß die Bezeichnung seines damaligen Antipoden, des Federschützen, der sich vorwiegend dem Niederwilde widmete, aus der neuzeitlichen jagdlichen Nomenklatur verschwunden ist. Wer bezeichnet wohl heute noch den besonders erfahrenen Niederwildjäger als „Federschützen", wer aber nimmt heute nicht noch gern als Hochwildjäger für sich in Anspruch, als „hirschgerecht" zu gelten.

„*Gerecht* zeigt so viel an, als gut und in einer Sache bewährt sein oder dieselbe wohl verstehen", heißt es bei v. HEPPE vor etwa 200 Jahren.

„Hirschgerechter Jäger", sagt vor hundert Jahren G. L. HARTIG im Lexikon für Jäger und Jagdfreunde, „ist ein solcher, der die hohe Jagd vollkommen versteht, folglich auch die Hirschfährten genau anzusprechen und alle Arten von Jagd auf Hochwild einzurichten weiß." Und er fährt fort: „Heutzutage findet man nicht viele hirschgerechte Jäger, weil man nur noch in wenigen Ländern Gelegenheit hat, ein vollkommener hirschgerechter Jäger zu werden, indem es in vielen Ländern an Hochwild fehlt." Nun, wenn das vor hundert Jahren schon so schlecht bestellt war mit dem hirschgerechten Jäger, und wenn sein Dasein in Abhängigkeit von einem ausreichenden Hochwildbestande gebracht werden mußte, so dürfte wohl heute der hirschgerechte Jäger überhaupt nicht mehr zu finden sein.

Und so wäre es auch, wenn man die Begriffsbestimmung des „Hirschgerechten" nur so eng gefaßt übernehmen würde, wie sie uns aus der Zeit ihrer Entstehung bekannt ist. Dann wäre der hirschgerechte Jäger ausgestorben wie der Federschütze. Daß dem aber nicht so ist, findet seine tiefere Begründung im Wesen des deutschen Waidwerkes überhaupt, das keine Starrheit, keine Tradition um seiner selbst willen kennt, sondern aus urtümlichen Anfängen des primitiven Beutemachens als Lebensnotwendigkeit gewachsen ist und sich zu einer Aufgabe entwickelt hat, die nicht den Jäger allein angeht.

Denken wir einmal daran, wie sich im deutschen Waidwerk, ja im Begriff der deutschen Waidgerechtigkeit die Ansichten und die Auffassungen geändert haben, ja haben ändern müssen. Denken wir an die Prunkjagden der Feudalzeit im 15. und 16. Jahrhundert. Zeiten mit jagdlichen Ausdrucksformen, die wir heute gewiß nicht als gerade waidmännisch ansehen und ihre Intendanten, damals ganz gewiß „hirschgerechte Jäger", fast nicht mehr als solche bezeichnen möchten. Und wenn das „Hirschgerechtsein" einen Teil des „Waidgerechtseins" umfaßt und beinhaltet, woran nicht gezweifelt werden kann, so ist auch unser Begriff mit dem des Waidwerkes gewachsen. So kann der „hirschgerechte Jäger" nur weiterleben, wenn er sich einer erweiterten Begriffsbestimmung unterwirft, sich neue, zusätzliche Aufgaben stellen läßt, die aus neuen Erfordernissen wie Auffassungen wachsen. Der hirschgerechte Jäger alter Schule ging in einer Aufgabe des Augenblickes auf und war wenig oder gar nicht abhängig von einem in der allgemeinen Kritik stehenden Verhältnis des Menschen zum Tier. Der hirschgerechte Jäger sieht sich heute als Betreuer der freilebenden Tierwelt vor eine nachhaltige Aufgabe gestellt. Er hat sich bei ihrer Lösung mit der Öffentlichkeit auseinanderzusetzen, hat mit der völlig veränderten soziologischen Struktur seines Zeitalters zu rechnen, eines Zeitalters, das in wenigen Jahrzehnten größere Veränderungen der Landschaft, ihrer Besiedlungsdichte und damit ihrer Eingliederung in das Leben der Allgemeinheit überhaupt hervorgebracht hat, als dies früher Jahrhunderte vermochten.

Bei keiner Wildart sehen wir wohl den Gang der Entwicklung so deutlich wie beim Rotwild. Die Zeiten und ihre Auffassungen, in und nach denen es viel Wild und wenig Jäger gab, die Trophäe weniger, die Freude an der Gesellschaftsjagd mit zahlenmäßig großen Strecken aber mehr galt, sind Zeiten mit den ihnen entsprechenden Auffassungen gewichen, in denen es wenig Wild und viele Jäger gibt. Diese haben sich in einer sehr natürlichen Entwicklung des Empfindens von der Bewertung der zahlenmäßigen Strecke einer solchen des Einzelstückes und bei diesem besonders der der Trophäe zugewendet. Daran kann nicht gezweifelt werden, und mit einer solchen Entwicklung sollten wir uns abfinden, die Freude an der Trophäe also nicht als etwas Entartetes hinstellen und ansehen. Sie ist doch nun einmal eine logische Folge der grundsätzlichen Veränderung der jagdlichen Verhältnisse beim Schalenwild. Wer von uns älteren Jägern weiß nicht noch, daß es Ausgangs des vorigen Jahrhunderts, also vor 70 bis 80 Jahren, keineswegs selten war, daß gute Jäger, die gewiß den Titel „hirschgerechter Jäger" verdienten, sich ohne viel Federlesen von selbst erbeuteten Trophäen trennten. Man gab ihr eben nicht die Bedeutung, die ihr heute allgemein vom Hochwildjäger zugemessen wird. Eine grundsätzliche Änderung unserer Auffassungen!

Ich will es mir an dieser Stelle ersparen, einen geschichtlichen Rückblick über die Entwicklung des Sinnes und der Bedeutung der Trophäe zu geben. Unsere heutige Einstellung ist das allein Entscheidende und Wichtige. Bewußt schalte ich Begriffe aus wie „Trophäensucht und Trophäenfimmel". Worauf es ankommt, ist die richtige und zeitnahe Wertung der Trophäe für und durch den Jäger. Dann kann man eigentlich doch nur sagen, daß wir sie nicht streng und hoch genug bewerten können als Lohn und Ziel der Erhaltung von Schalenwildbeständen. Das bedeutet aber, daß sie nur gilt, d. h. einen Wert hat, wenn sie von einem reifen oder einem abschußnotwendigen Stück stammt. Die Unterbewertung der Trophäe würde für unsere Schalenwildbestände schlechte Folgen haben. Wir wissen heute, daß die starke Trophäe nicht zuletzt der Ausdruck eines mit den ökologischen Verhältnissen in Einklang stehenden, wie auch eines gesunden Wildbestandes ist. Und wenn dieser, der dünn gesiedelte Bestand, uns vorzugsweise, wenn auch in geringer Zahl, die starke, auch für die örtlichen Verhältnisse typische Trophäe liefert, so ist das Streben nach ihr, ist ihre hohe Bewertung ein psychologisches Moment, das vielleicht allein in der Lage ist, dem Jäger von heute folgendes klar zu machen: Nicht nur die Belange der Landeskultur zwingen uns dazu, die Wildbestände klein zu halten, sondern es liegt im Interesse des Jägers selbst, keine überbesetzten Wildbahnen zu halten oder gar zu schaffen. Denn nur so kann sich das Rotwild seiner Veranlagung gemäß entwickeln, wofür die Stärke der Trophäen ohne Zweifel ein brauchbarer Gradmesser ist. Und so kann auch die Freude an der ausgereiften Trophäe Antrieb sein zur Herstellung einer richtigen Altersstruktur im Wildbestand, um damit zusätzlich als ein wirksamer Garant für die Gesunderhaltung und Erhaltung des Rotwildes zu gelten.

So kommt es zu einer Entwicklung, die vom beutemachenden Jäger zum verantwortungsvollen Erhalter der freilebenden Tierwelt führt, der nun, wenn ihm die gerechte Trophäe als höchster Lohn seiner Tätigkeit erscheint, zwangsläufig bestrebt sein muß, die geringen Rotwildbestände so zu behandeln, daß sie in Aufbau, Gliederung und Qualität das angestrebte Ziel, die starke Trophäe, verwirklichen lassen. Nicht die „Spitzentrophäe", den Rekord, sondern den bestmöglichen Durchschnitt, wobei die ökologischen Bedingungen des jeweiligen Biotopes Grenzen ziehen. Das erfordert eine relative Betrachtung und Anwendung unserer Stärkebegriffe. Eine Trophäe aus der freien Wildbahn des einen Rotwildgebietes, die hier als kapital bezeichnet wird, verdient diese Klassifizierung für einen anderen Biotop vielleicht nicht. Deswegen wird aber ihr Wert für den Erleger nicht gemindert. Die Trophäe ist doch nicht mehr allein Erinnerungsstück und Beutezeichen, sondern dokumentiert darüber hinaus die „Hege mit der Büchse". Das sollten wir uns stets vergegenwärtigen und uns nicht etwa angewöhnen, durch „Stallfütterung",

Einzäunung, Fremdbluteinkreuzung u. ä. die natürlichen Begebenheiten und Grenzen auszuschalten, nur um eine stärkere Trophäe zu haben. Das läßt sie letztlich zum Statussymbol werden, zur Trophäe des „Cervus pecuniae".

Und noch eins kommt hinzu: Ist es denn wirklich noch „gerecht", kann man es denn tatsächlich noch als „eine Sache wohl verstehen" bezeichnen, wenn man mit den heutigen Waffen und ihren optischen Hilfsmitteln einen Hirsch zur Strecke bringt, irgendeinen Hirsch, der nur einer ist, weil er etwas auf dem Haupt trägt? Ich möchte meinen, wir sollten als „hirschgerechte Jäger" dankbar und froh sein, daß uns über das „Erschießen" hinaus eine Aufgabe gestellt ist, die man „wohl verstehen muß", um noch einmal mit dem Klassiker zu sprechen. Nur ein Teil dieser Aufgabe ist Inhalt des Abschnittes „Hege mit der Büchse". Und dennoch habe ich diese etwas längeren Ausführungen ihm vorangestellt, und nicht jenem, vor dem man sie wohl suchen möchte, denn nämlich, der sich allein mit den für die praktische Jagdausübung erforderlichen Kenntnissen befaßt. Es ist selbstverständlich, daß auch sein Inhalt Bestandteil des Wissens und Könnens eines hirschgerechten Jägers von heute sein muß!

Nachdem aber die Lösung der gestellten Aufgabe ungleich mehr vom biologischen Wissen als vom handwerklichen Können abhängt, liegt bei jenem ein ausgesprochenes Schwergewicht.

Rotwildringe

Nachhaltiger Erfolg kann von Hegemaßnahmen nur erwartet werden, wenn sie auf großer Fläche für längere Zeit Anwendung finden. Ist das nicht gewährleistet, lassen engräumiges und kurzfristiges Denken jede Planung zu Stückwerk werden. Der Rotwildjäger von heute, sei er Forstbeamter, Revierinhaber oder Gast, muß sich angewöhnen, nicht immer nur *sein* Wild zu sehen, muß sich klar darüber sein, daß Reviergrenzen zwar für ihn, aber nicht für das Rotwild gelten. So ist erste Grundlage für eine erfolgreiche Planung die Bildung von *Rotwildringen, Rotwildbezirken oder Hegegemeinschaften,* die *alle* Reviere und ihre Jäger eines geschlossenen, einheitlichen Rotwildvorkommens um- und erfassen, die sich überhaupt am Abschuß beteiligen. Es erscheint nicht übertrieben, wenn ich darin eine der wesentlichen Voraussetzungen für die Erhaltung des Rotwildes in der Kulturlandschaft sehe. So ist es erfreulich, daß für die BR Deutschland in der Novelle von 1977 zum Bundesjagdgesetz die rahmengesetzliche Ermächtigung zur Bildung von Hegegemeinschaften gegeben wurde. Wenn wir uns daran erinnern, was wir über die jahreszeitlichen Wanderungen des Rotwildes innerhalb seines Besiedlungsgebietes gesagt haben, so wissen wir, daß eine durchschlagende Einflußnahme auf Wilddichte und Bestandesgliederung, wie natürlich auch auf die Auslese, nur möglich ist, wenn die Gemeinschaft der Jäger eines solchen Gebietes bereit ist, einheitlich zu handeln. Wenn sie sich zusammenschließt und auf der Grundlage gegenseitigen Vertrauens und in der Erkenntnis, eine gemeinsame Aufgabe im Interesse der Allgemeinheit durchzuführen, zuzunächst einmal die Unterlagen für die notwendige Planung bereitstellt. Dabei handelt es sich ebensosehr um die Regulierung des Wildbestandes innerhalb des Rotwildgebietes, als auch um dessen Begrenzung nach außen. Wir müssen für die Zukunft zu einer Art jagdlichen Raumordnung kommen und entscheiden, wo Rotwild stehen soll und darf, und wo am Rande eines Rotwildgebietes leider notwendigerweise die „rotwildfreie Zone" beginnt. Gerade in dieser Hinsicht ergeben sich außerordentlich wichtige Aufgaben, die allein eine solche Hegegemeinschaft, ein solcher Rotwildring, in Zusammenarbeit so zu lösen imstande ist, damit zum Wohle des Wildes die Belange der Landeskultur gewahrt werden.

Gewiß ist der freiwillige Zusammenschluß nicht allzu leicht zu erreichen, doch gelingt er, wie viele Beispiele es schon beweisen, wenn Könner und Kenner die Initiative ergreifen. Wo er nicht durchgeführt wird, bedeutet das die Kapitulation des guten, verständnisvollen Jägers vor dem weniger guten, verständnislosen, bedeutet engräumiges und kurzfristiges Denken. Ihren letzten Ausdruck findet dann diese Hilflosigkeit meist im Gatterbau, und das ist oft der Anfang vom Ende!

Über das rein Organisatorische hinaus sind alle Maßnahmen von besonderer Bedeutung, die der Pflege menschlicher Kontakte innerhalb des Rotwildringes dienen. Nur dann wird eine Zusammenarbeit funktionieren. Welche Form hierfür gefunden wird, hängt im wesentlichen von den örtlichen Verhältnissen, wie anteilmäßiger Beteiligung von Staats- und Privatrevieren, ab. Enge Fühlungnahme mit den Jagdbehörden ist selbstverständlich erforderlich, zumal ja in der Regel der Rotwildring das Gebiet mehrerer Jagdkreise berührt bzw. umfaßt.

Welche Aufgaben der Rotwildring hat, ist völlig eindeutig, nämlich alle, die hinsichtlich Planung, Durchführung und Kontrolle des Abschusses das gesamte Rotwildgebiet betreffen.

Erbgut und Umwelt

Zwei Dinge spielen im Leben eines jeden Tieres besonders bedeutungsvolle Rollen: Erbgut und Umwelt. Die Vorstellung ihres Wesens und ihrer wechselvollen Einflußnahme auf das Tierleben ist im Hinblick auf die Maßnahmen, die wir unter dem Sammelbegriff „Hege mit der Büchse" beschreiben, unerläßlich. Um den Rahmen dieses Abschnittes nicht völlig zu sprengen, müssen wir aber einen gewissen Mut zur Unvollkommenheit haben, indem wir uns auf das Wesentliche beschränken.

Die weitgehende Übereinstimmung der Individuen einer Art, die sich in gleichen Merkmalen und Eigenschaften für uns erkennbar macht, hat ihre tiefere, fast geheimnisvolle Grundlage im *Erbgut*. Hierunter verstehen wir die Gesamtheit aller Erbanlagen (Erbfaktoren), die an der Verwirklichung von Merkmalen und Eigenschaften positiv oder negativ beteiligt sind und damit Aussehen und Verhalten der Individuen einer Art bestimmen. Diese leben in „Populationen", d. s. Fortpflanzungsgemeinschaften, deren genetische Gesamtausstattung das augenblickliche Ergebnis der in der freien Natur in langen Zeiträumen abgelaufenen „natürlichen Auslese" (Selektion) darstellt. Die Ausstattung ist normalerweise so, oder verändert sich u. U. durch weitere Selektion so, daß zunächst der Erhaltung und dem Wohlergehen der Population gedient wird. Nur dies ist für den allgemeinen Ablauf der Entwicklungsgeschichte von Bedeutung. Das einzelne Individuum spielt darin eine völlig untergeordnete Rolle. Bei diesem sind dessen Ei- und Samenzellen Träger von Chromosomen, die wiederum als Sitz der Gene (Erbfaktoren) angesehen werden. Es interessiert nur das Maß, in welchem sich die Tiere vermehren und ihre Erbanlagen in künftigen Generationen zum Tragen bringen. Wir wissen, daß der Ablauf der Vererbung nach bestimmten Regeln, deren grundlegende die *Mendelschen Gesetze* sind, erfolgt, wollen aber schon an dieser Stelle festhalten, daß wir uns mit Wildtieren befassen, die sich nicht nur bei der Paarung weitgehend unserer Kontrolle entziehen, sondern deren Erbfaktoren wir im Einzelfall gar nicht kennen. Wenn Ei- *und* Samenzellen Träger von Genen sind, so ergibt sich daraus der gleiche Einfluß von Vater- und Muttertier auf den Ausfall der Nachkommenschaft. Dennoch kommt dem Vatertier, in unserem Falle dem Platzhirsch, eine besondere Bedeutung zu, die in der größeren Zahl seiner Nachkommen liegt.

Das Erbgefüge eines Tieres, also die Gesamtheit aller vorhandenen Anlagen für Möglichkeiten, Merkmale und Eigenschaften zu verwirklichen, ist der *Genotyp*, das Erbbild. Ihn kennen wir nicht, denn im Erbgut kann durchaus die Anlage für ein Merkmal vorhanden sein, ohne äußerlich in Erscheinung zu treten. Merkmale und Eigenschaften, die für uns sichtbar werden, bestimmen den *Phänotyp*, das Erscheinungsbild. Bei seiner Ausbildung spielen neben den Erbanlagen Faktoren der *Umwelt* eine erhebliche Rolle. Jeder *Biotop*, das ist eine von benachbarten Gebieten abgrenzbare Örtlichkeit mit einheitlichen Lebensbedingungen, hat seine charakteristischen klimatischen und standörtlichen Faktoren, die auf jedes Lebewesen einwirken, und die wir als *Umweltfaktoren* bezeichnen. Jedes einzelne Individuum reagiert aber außerdem auch auf die ihm unter Umständen vorgesetzten besonderen Umweltfaktoren. So kann z. B. der Verlust der Mutter für das Kalb eine schwerwiegende physische und psychische Störung bedeuten, die sich im Erscheinungsbild des Stückes dokumentieren kann.

Unterscheiden sich Individuen einer Art in bestimmten äußeren Merkmalen voneinander, wie es ja die Regel ist, so kann diese Unterschiedlichkeit in verschiedenem Erbgut begründet sein, sie kann aber auch ihre Ursache in Umwelteinwirkungen haben, dann ist sie als „Modifikation“ nicht erblich. Beim freilebenden Tier entzieht sich die Ursache einer bestimmten Erscheinungsvielfalt – erbbedingt oder umweltbedingt – weitgehend unserem Erkennen und Beurteilungsvermögen. Wir wissen, daß Umwelteinwirkungen bei körperlichen Eigenschaften recht deutlich werden können. Von diesen finden einige unser besonderes Interesse als Jäger, denn wir wollen ja Wildpretgewicht und Geweihqualität in einer von uns als vorteilhaft angesehenen Richtung beeinflussen, wobei wir annehmen können, daß diese populationsgenetisch nicht unvorteilhaft sein wird. Wir versuchen, unser Ziel zu erreichen durch Verbesserung der Lebensbedingungen, wie wir es im vorigen Abschnitt schilderten, aber auch durch Anwendung eines Auswahlsystems beim Abschuß, das quantitativ und qualitativ auf Erbgut- und Umwelteinflüsse Bedacht nimmt. Dazu wurde in neueren Untersuchungen festgestellt, daß ein optimales genetisches System, zu dem eine maximale genetische Vielseitigkeit gehört, notwendig ist, damit sich die Wildart im Laufe der Geschichte den oftmals kurzfristig veränderten Umwelteinflüssen, die nur mit Wahrscheinlichkeiten voraussagbar sind, anpassen kann. Richtung und Intensität der Auslese werden durch die Hege mit der Büchse beeinflußt.

Dieser Aufgabenstellung entsprechend ergeben sich als wichtigste Begriffe einer komplexen Betrachtungsweise: Die *Wildbestandsdichte* und die *Wildbestandsgliederung. Als* wichtigste Maßnahme: Der *Abschuß* im Rahmen von *Abschußplan* und *Abschußrichtlinie.* Zusammengefaßt beinhalten diese Begriffe und Maßnahmen nicht etwa die Jagd schlechthin, sondern nur ein Teilgebiet, das wir heute als *Jagdwirtschaft* bezeichnen, leider bezeichnen müssen.

Wilddichte, Lebensraum und Standort

Wenden wir uns zunächst der Wildbestandsdichte, kurz *Wilddichte* genannt, zu und untersuchen: Was bedeutet sie, welche Faktoren sind auf sie von Einfluß, wie kann und muß sie reguliert werden?

Der Begriff der Wilddichte ist verhältnismäßig neu. Wohl haben sich seit langer Zeit, man kann fast sagen seit Bestehen jagdlicher Betätigung überhaupt, die Jäger mit Fragen der Wildbestandsgröße befaßt und diesen ihr Interesse entgegengebracht. Dabei zeigte sich aber zunächst wohl kaum eine grundsätzliche Weiterentwicklung von der Überprüfung des Wildbestandes als Ernährungsbasis durch den primitiven vorzeitlichen Jäger bis zur Vorausschau auf die Möglichkeit einer eindrucksvollen Strecke zur Zeit der fürstlichen

Prunkjagden. Die absolute Größe des Wildbestandes war das Entscheidende. Neu an unserem Begriff der Wilddichte aber ist, daß nun die Größe des Wildstandes in Beziehung gesetzt wird zur Fläche, die das Rotwildvorkommen einnimmt, zum *Lebensraum*. Mit *Wilddichte* bezeichnen wir die Anzahl der Individuen, die in einem Lebensraum von 100 ha als Standwild vorhanden ist. Für sie gibt es keine zahlenmäßig feststehende Größe, vielmehr kann ihr Wert sehr unterschiedlich sein, je nach den Bezugspunkten, die man anlegt. In jedem Falle aber soll sie „tragbar" sein. Im wesentlichen unterscheiden wir eine landeskulturell und eine biologisch tragbare Wilddichte. Beide haben Grenzwerte nach oben und unten. Die obere Grenze der ersteren ist nicht nur durch die tragbare Höhe des Wildschadens einschl. des für seine Abwendung notwendigen Aufwandes, sondern auch durch die Möglichkeit der Intakthaltung bestimmter Vegetationstypen gezogen. Die untere, ortsgebunden sehr variabel, findet sich in der Forderung nach der Erhaltung eines Rotwildbestandes überhaupt. Diese landeskulturell tragbare Wilddichte ist nach dem, was wir im vorigen Abschnitt gesagt haben, auf eine land- und forstwirtschaftlich, in erster Linie waldbaulich tragbare konzentriert. Für die wildbiologisch tragbare Wilddichte findet sich die obere Grenze dort, wo infolge Überbesetzung die vorhandenen Äsungsmöglichkeiten nicht mehr voll ausreichen und aus diesem Grunde oder wegen gestörten Zusammenlebens anomale Entwicklungen und Verhaltensweisen zu erwarten sind. Die untere Grenze liegt dort, wo die Erhaltung der Population gefährdet ist, weil durch Beschränkung oder Verhinderung normaler Kontaktmöglichkeiten (Rudelbildung) die soziologischen Voraussetzungen für eine ausreichende Vermehrung nicht mehr gegeben sind. Standardwerte lassen sich kaum angeben, da die alles beherrschenden Gesetze der Standorte äußerst unterschiedlich sind.

In Anbetracht der großen Bedeutung richtig bemessener Wilddichten wird die forst- und jagdpolitische Diskussion um dieses Thema jetzt endlich insofern konkretisiert, als Prof. G. Speidel, Freiburg, in einem von ihm entwickelten Projekt anwendbare Kriterien der tragbaren Wilddichte erarbeitet, die allgemein gültige Grundlagen für die Planung der zahlenmäßigen Bewirtschaftung der Schalenwildbestände abgeben sollen.

Wird über die Wilddichte eine Angabe gemacht oder für sie eine Festlegung getroffen, so ist es wichtig zu wissen, für welchen Zeitpunkt das gilt. Ob ohne oder mit Zuwachs, d. h. Frühjahrs- oder Sommerbestand. Wir haben erkennen müssen, daß der Lebensraum ein Umweltfaktor von großer biologischer Bedeutung ist, ohne im einzelnen um die letzten Zusammenhänge zwischen Raumgröße und Individuenzahl zu wissen. Mit ganz allgemeiner Gültigkeit steht aber fest, daß die Dichte einer Population, d. i. biologisch gesehen die Gesamtheit der Individuen einer Art etwa innerhalb eines Biotopes, einen abwandelnden Einfluß auf die verschiedensten Lebensprozesse der Individuen hat, die eine solche Population bilden. In erster Linie reagieren auf diese Zusammenhänge das körperliche Wachstum und die Gesundheit, zwei Dinge also, die für den Wildbestand von ausschlaggebender Bedeutung und daher wichtig genug sind, um auch vom Jäger beachtet zu werden. Die Intensität der Geweihbildung steht in enger Beziehung zu Körpergewicht und Gesundheit!

Eine sehr eindrucksvolle Untersuchung, die überzeugend den Einfluß einer sich verändernden Wilddichte auf das Wildpretgewicht beim Rotwild zeigte, lieferte uns der schon häufiger erwähnte Forstmeister Beninde. Er schreibt hierzu 1937:

„Bei der Bearbeitung geographischer Gewichtsunterschiede des Rotwildes fiel es mir auf, daß die Durchschnittsgewichte einzelner Wildstände auch in sich *zeitlich* sehr verschieden waren. Die rechnerischen Durchschnittswerte schwankten nicht nur um einen Mittelwert, sondern verliefen oft über längere Zeiträume in steigender oder fallender Linie. Das Kurvenbild mußte den Verdacht nahe legen, daß hier irgendwelche noch nicht

Bezüglich der Einzelheiten sei auf das Kurvenbild verwiesen.

Es fällt auf, daß die Bewegung der Gewichte dem Stückzahlwert erst in einer gewissen Zeitspanne nachfolgt. Es scheint jedoch nicht, daß es sich dabei um eine allgemeine Regel handelt, da in anderen untersuchten Fällen die Kulminationspunkte zusammenlagen. Es darf auch nicht vergessen werden, daß ein Kulminationspunkt der Wildzahl in Wirklichkeit niemals scharf erfaßbar ist und daß – menschliche Schwäche – die Schätzungen in den Plänen gelegentlich dem Wunsch etwas vorauseilen oder auch – nach dem Trägheitsgesetz, je nach Veranlagung – ein wenig nachhinken. So scharf also darf man die betreffende Linie nicht unter die Lupe nehmen. Sie erweckt in Kurvenform leicht den Eindruck höherer Genauigkeit, als ihr tatsächlich zukommt.

Es ist mir gesprächsweise eingewendet worden, die Veränderung sei nichts als eine Folge verständigen und unverständigen Abschusses. Zugegeben, daß die Wildpretgewichte davon nicht unerheblich beeinflußt werden können – für unser Problem gibt diese Deutung keinen Schlüssel. Das Steigen der Gewichte in der Revolutions- und Nachkriegszeit erfolgte, *obwohl* der wilde Grenzabschuß und die Wilddieberei gerade *qualitativ* im Wilde auf schlimmste Weise hausten. Dem Fleischmacher ist das ‚dickste' Stück das liebste, und für den Verwaltungsabschuß blieben die schwächsten übrig, die auch nur in der Jagdrechnung erscheinen. Von ‚Hege mit der Büchse', Zuchtwahl, Wahlabschuß usw. war damals wirklich keine Rede, und dennoch steigen die Gewichte mit der Verminderung des Bestandes.

Als dann etwa 1924 die energischen Maßnahmen der Forstverwaltung einsetzten und allgemein bewußt und mit großer Energie ein auf züchterischen Grundsätzen aufbauender Wahlabschuß einsetzte mit dem Ziel der qualitativen Hebung, gingen die Gewichte überall unaufhaltsam zurück, parallel mit der Stückzahlvermehrung."

Jedes Stück Wild braucht also einen bestimmten Lebensraum, um ein Optimum an Körperwachstum zeigen zu können. Erstaunlich und in den Zusammenhängen noch nicht geklärt ist weiter, daß ebenso ein zu großer Lebensraum mit zu geringer Besiedlungsdichte ungünstig wirkt. Der Faktor Ernährung spielt also bei diesen Wechselbeziehungen nicht die ausschlaggebende Rolle. Es scheinen auch psychologische Momente wirksam zu werden, die wir uns etwa erklären können, wenn wir daran denken, daß nicht allein die Menge der aufgenommenen Nahrung für die Körperernährung ausschlaggebend ist. Sie hängt darüber hinaus von der guten Verdauung und Resorption der Nährstoffe ab, die wieder bis zu einem gewissen Grade Funktionen der psychischen Verfassung (Appetit usw.) sind. Wir wissen hierüber noch nicht das Letzte, aber doch so viel, um die außerordentliche Bedeutung erkennen zu können, die der Umweltfaktor Lebensraum im Hinblick auf die Wilddichte hat.

Nun ist aber der Lebensraum nicht allein als Größenordnung zu sehen, sondern seine Eignung als *Standort* für das Wild übt einen weiteren modifizierenden Einfluß aus. Wenn wir als Standortfaktoren auch die Gesamtheit der auf die Lebensform einwirkenden äußeren Bedingungen, wie klimatische, edaphische (physikalische wie chemische Bodenverhältnisse), orographische (Geländeausformung) und biotische (Einfluß anderer Tiere und Menschen) ansehen müssen, so wollen wir uns in diesem Zusammenhang darauf beschränken, die Faktoren zu behandeln, die im Hinblick auf die Wilddichte von Einfluß sind. Im Abschnitt „Wald und Wild" haben wir hierüber schon einiges gesagt und konnten feststellen, wie sehr es notwendig ist, den Standort nicht nur als *Fläche,* sondern auch hinsichtlich seiner *Eignung* als Wuchsstätte des Wildes zu betrachten. Waldflächen sind nicht gleichermaßen Äsungsflächen für das Wild. Leider fehlen uns für das Rotwild so eingehende Untersuchungen über diesen Fragenkomplex, wie sie uns UECKERMANN für das

Rehwild geliefert hat, aus denen aber auch wertvolle Rückschlüsse gezogen werden können. Für den Lebensraum des Rotwildes im Fichtenwald haben C. FRANCKE und F. TÄGER 1942 eine sehr brauchbare und eindrucksvolle Untersuchung geliefert, aus der hier das Wesentliche mitgeteilt werden soll.

In drei großen Rotwildgattern Sachsens (Elbsandsteingebirge, Grillenburger Wald und Dresdener Heide) wurde untersucht, welcher Anteil des Gesamtlebensraumes für das Wild als Äsungsfläche zur Verfügung steht und welcher hier stockende Teil der Begrünung Äsung bietet. Hierzu wurde die Bodenflora nach Äsungs- und Nichtäsungspflanzen unterschieden und anteilmäßig festgestellt. Es zählen zu ersteren: Aira (Schmiele), Weichgräser, Heide, Juncus (Binse), Luzula (Hainsimse) und Heidelbeere, von denen Aira und Luzula bevorzugt vom Wilde genommen wurden. Als Nichtäsungspflanzen wurden ausgeschieden: Moose, Farne, Calamagrostis (Reitgras), Carex (Segge), Nardus (Borstengras) und Molinia (Pfeifengras).

Die Ergebnisse der Außenaufnahmen seien in nachstehenden Darstellungen wiedergegeben, wobei wir uns auf einige Beispiele beschränken.

Gatter Elbsandsteingebiet.

Von dem Lebensraum des Gatters Elbsandsteingebiet mit 4100 ha waren insgesamt nur 320 ha, d. s. 8 %, mit Bodenflora begrünt. Hiervon entfielen auf

Äsungspflanzen	125 ha	=	39 %	rd. 1/3
Nichtäsungspflanzen	196 ha	=	61 %	rd. 2/3

Unter den Äsungspflanzen führte die Heidelbeere, danach folgte Aira, während Heide, Binse und Weichgräser nur mit geringem Anteil vertreten waren. Von den Nichtäsungspflanzen nahm, den örtlichen Bedingungen entsprechend, der Farn die größte Fläche ein.

Mit Deutlichkeit wird aber klar, welch verschwindend kleiner Teil des Lebensraumes dem Wilde tatsächlich in den untersuchten Gebieten als Äsungsraum zur Verfügung stand, wenn man die Gegenüberstellungen hierunter betrachtet.

Optisch noch eindrucksvoller wird dieses Mißverhältnis bei graphischer Darstellung der Flächenanteile für die drei genannten Gatterreviere.

Wir wollen nicht verkennen, daß diese Beispiele besonders krasse Fälle betreffen, doch zeigen die Untersuchungsergebnisse, welche Diskrepanz zwischen Lebens- und Äsungsraum in unseren „Kulturwäldern" entstehen kann. Bleibt sie bei forstlichen und jagdlichen Planungen unberücksichtigt, so muß das schwerwiegende Folgen haben. Im Abschnitt „Wald und Wild" konnten wir schon auf die Zusammenhänge hinweisen, wollten aber diese Feststellungen nicht von der Betrachtung der Fragen um die Wilddichte tren-

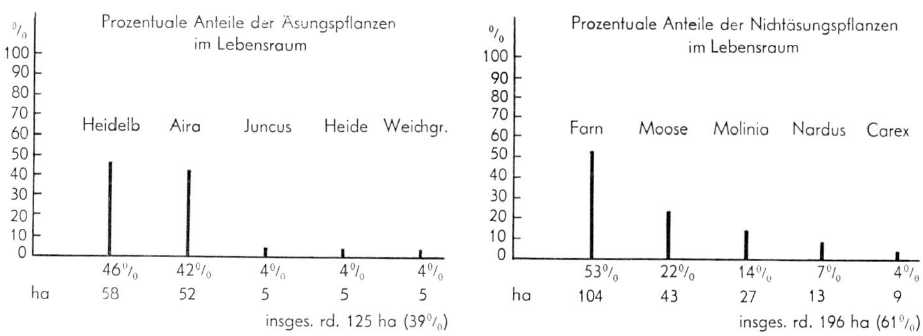

Äsungspflanzen und Nichtäsungspflanzen

Revier	Lebensraum ha	Äsungsfläche ha	Dazu Wildwiesen und Wildäcker ha	Mithin Äsungsraum	
				ha	in % des Lebensraumes
Reichstein	2430	79,64	9,00	89	4
Cunnersdorf	1273	31,81	—	32	3
Reinhardtsdorf	364	13,01	—	13	4
im ganzen	4100	124,46	9,00	134	3

nen. Wenn bei ihr, wie es allgemein üblich gewesen ist, der vorhandene oder geplante Wildbestand zu einer Flächeneinheit in Bezug gebracht wird, ohne diese in irgendeiner Form als Standort zu bewerten, so kann das nicht richtig sein. Berücksichtigen wir weiter, daß bei der schon geschilderten Unruhe im Walde oft nicht einmal der dem absoluten Lebensraum gegenüber sehr viel kleinere Äsungsraum dem Wilde ständig zugänglich ist, so können wir uns unter solchen und ähnlichen Verhältnissen über Wildschäden wie über geringe Qualität des Wildes in Körper- und Geweihgewicht kaum noch wundern.

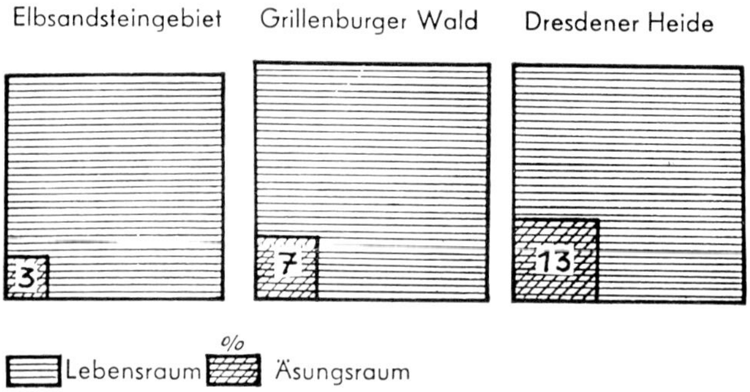

Lebensraum und Äsungsraum

So dürfen wir auch keinesfalls den im Augenblick mancherorts in großen Kahlschlägen zur Verfügung stehenden Äsungsraum als besonders günstig ansehen. Schließen sich hier die angelegten Kulturen zu Dickungen, so wird das wahrscheinlich zu einer ganz besonders ernsten Entwicklung führen.

Bei Festlegung der Wilddichte darf man also keinesfalls den Lebensraum allein nach seiner Fläche, sondern nur unter gleichzeitiger standörtlicher Bewertung sehen und danach seine Eignung als Wuchsstätte des Wildes beurteilen. Unter diesen Umständen ist es bei der Verschiedenartigkeit der Biotope, in denen Rotwild vorkommt, auch nicht möglich, für jeden Fall eine Standardzahl der Wilddichte zu nennen. Wenn es unser Ziel ist, dem Wilde die Realisierung der in ihm steckenden Erbwerte zu ermöglichen, darf die Wilddichte eigentlich nur eine „Wilddünne" sein. Für unsere Wirtschaftswälder mit überwiegendem Anteil von Nadelholz-Monokulturen, auf die ja leider unser Rotwild vielerorts zurückgedrängt worden ist, kann eine Wilddichte von 2–3 Stück je 100 ha im Frühjahrsbestand nur dann wesentlich überschritten werden, wenn jagdliche Zielsetzungen mitbestimmend oder vorrangig sind. Das ist gewiß sehr wenig, aber wir sollten uns unter solchen Umständen mit dieser Beschränkung abfinden, zum Wohle des Wildes und Waldes. Solange jedenfalls, bis eine Verbesserung der Lebensverhältnisse für das Rotwild nicht nur ein Fernziel bleibt, sondern tatsächlich durchgeführt worden ist. Auch dann aber erscheint es zweifelhaft, ob es ratsam ist, die Wilddichte wesentlich heraufzusetzen. In jedem Fall wird es richtig sein, auch den sich wieder einer natürlichen Linie nähernden Wirtschaftswald nicht mit zu hohem Wildbestand zu belasten. Das Beispiel der Karpatenwälder mit ihren zahlenmäßig geringen, aber gesunden Rotwildvorkommen bei stärksten Trophäen sollte uns auch dann zu denken geben, wenn wir meinen, daß in einem Besiedlungsgebiet des Kulturwaldes verhältnismäßig günstige Lebensbedingungen geboten werden. Qualität geht über Quantität! An diesem Grundsatz und damit am Begriff der Wilddünne sollten wir festhalten, auch wenn Verhaltensforscher uns gelegentlich vorstellen, das Rotwild gehöre zu einer gesellig lebenden Tierart, für deren Vertreter es „angenehm" sei, sich einander zu begegnen, und hohe Wilddichten seien eine Vorbedingung für das „Wohlbefinden" der Population (Gruppeneffekt). Vergessen wir nicht, daß zumindest in unseren Wirtschaftswäldern die Ernährungsgrundlage eine entscheidende Rolle spielt. Übersehen wir aber auch nicht, von welch großer jagdethischer Bedeutung ein gewisser Seltenheitswert des Wildes sein kann.

Bestandsregulierung nach Zahl und Gliederung

Das Erreichen unseres jagdwirtschaftlichen Zieles ist so entscheidend von Größe und Gliederung des Bestandes abhängig, daß eine sorgfältige Planung erste Voraussetzung ist, wenn die uns gestellte Aufgabe nachhaltig erfüllt werden soll. Hierzu sind die wichtigsten Maßnahmen: *Abschußplanung* und *Abschußrichtlinie.* Während ersterer die Wilddichte und die Bestandsgliederung nach Geschlechtern und Altersklassen reguliert, also vorwiegend quantitativ wirkt, schafft die Abschußrichtlinie den Rahmen für eine qualitative Einflußnahme und steuert die Auslese nach einheitlichen Gesichtspunkten, wobei sie den Abschußplan ergänzen muß.

Wildzählung

Wichtigster Eingangswert der Abschußplanung ist die Größe und Gliederung des im gesamten Rotwildgebiet vorhandenen Wildbestandes. Nur eine gut organisierte Wildzählung kann Ergebnisse liefern, die wenigstens einigermaßen zutreffende Unterlagen geben können. Aus Erfahrungen belehrt, muß ich allerdings sehr raten, die Resultate recht kritisch zu betrachten und anzuwenden. Es wirken zu viele Faktoren wirklicher Schwierigkeiten wie auch gezielter Manipulationen mit, um immer einen ausreichend sicheren Einblick in die Größe und Zusammensetzung des Wildbestandes zu erhalten. Aber man sollte auf die Zählung zunächst nicht verzichten, denn unter Umständen läßt die alljährliche Wiederholung trotz gleicher Fehlerquellen eine bestimmte Tendenz der zahlenmäßigen Bestandesbewegung erkennbar werden.

Für die Methode des Zählens kann keine Generalregel angegeben werden, sie ist von den örtlichen Verhältnissen weitgehend abhängig. Wo im Winter mit Sicherheit im gesamten Rotwildgebiet mit einer geschlossenen Schneelage gerechnet werden kann, und das ist meist der Fall, sollte im Winter möglichst zweimal gezählt werden. Dabei wähle man zweckmäßig nicht den ersten Tag nach dem Schneefall, da erfahrungsgemäß dann das Wild wenig zieht. Die Stichtage der Zählung müssen von einer Stelle aus, die sich über die Schneelage im Rotwildgebiet orientiert, nach einem vorher festgelegten Plan bekanntgegeben werden. Das Ergebnis wird sich in der Regel aus dem etwa an den Fütterungen beobachteten und dem nach dem Fährtenbild vorhandenen Wild zusammensetzen. Die Zählung ist wichtig genug, um für Beobachten und Fährten nötigenfalls geeignete Hilfskräfte, die sich unter interessierten Waldarbeitern immer finden, einzusetzen. Die Zählung muß schnell vonstatten gehen und sollte sich nur über wenige Stunden erstrecken. Doppelzählungen von über die Reviergrenzen gewechseltem Wild müssen unter Angabe der Zeit durch Absprache mit dem beteiligten Nachbarn am Abend der Zählung ausgeglichen werden. Gezählt werden sollte mindestens nach Hirschen, Tieren und Kälbern. Das genügt für die zahlenmäßige Abschußplanung, je feiner jedoch die Unterteilung gemacht werden kann, um so besser ist es natürlich.

Bei Zählung auf großer Fläche interessiert in erster Linie der Gesamtbestand, um daraus unter Berücksichtigung der zulässigen Wilddichte den Gesamtabschuß ableiten zu können, ohne daß zunächst beachtet werden kann, auf welche Jagdbezirke und wie sich der Abschuß während der Jagdzeit verteilt. So ist es durchaus möglich, ja selbstverständlich, daß Reviere, die zur Zeit der Winterzählung nicht ein Stück Wild im Revier haben, trotzdem einen Abschuß erhalten. Dieser Fall wird in jedem Rotwildgebiet häufig auftreten, z. B. jedesmal dann, wenn es sich um ein reines Feldrevier handelt, das während des Sommers vom Rotwild aufgesucht wird. Gibt der Inhaber eines solchen Reviers in Sorge um eine zukünftige Abschußzuteilung unter der berüchtigten Bezeichnung „Wechselwild" nun bei der Winterzählung Rotwild an, so kann das nur geschehen, wenn er über den Sinn der Zählung nicht richtig aufgeklärt ist. Leider wird gegen diese Grundsätze häufig verstoßen. Die Folge ist, daß von den Angaben Abstriche gemacht werden, die letzten Endes völlig unkontrollierbar sind und der beabsichtigten Zählung wieder den Wert einer Schätzung geben. Dabei lehrt die Erfahrung, daß meist die vorgenommenen Kürzungen die Mehrangaben übersteigen. Wirklichkeitsnahe, d. h. wahre Angaben, also Zählergebnisse müssen von allen Mitgliedern einer Hegegemeinschaft verlangt werden. Sie liegen im Interesse eines jeden einzelnen Revierinhabers. Wo es noch an der erforderlichen Zusammenarbeit fehlt, empfiehlt es sich, die Zählergebnisse in einer Mitgliederversammlung von den Revierinhabern mündlich melden zu lassen. Das bewirkt unter Umständen Wunder! Sehr viel schwieriger gestaltet sich die Wildzählung in Gebieten, in denen mit Sicherheit eine Schneelage nicht zu erwarten ist. Dann bietet die Brunftzeit noch die beste Gelegenheit, den Wildbestand zu ermitteln. Nach örtlicher Erfahrung muß dann der Zeitpunkt und insbesondere die Zeitdauer festgelegt werden, denn zu dieser Zeit ist die Zählung natürlich nicht an einem einzigen Tag durchzuführen. Ehe nicht eine gewisse Stetigkeit in der Bewegung des Wildbestandes eingetreten ist, ehe sich nicht die Brunftrudel gebildet und ihren Einstand angenommen haben, kann mit der Zählung nicht begonnen werden. Doch darf man sie auch nicht bis zu dem Zeitpunkt verschieben, an dem ein Teil des Mutterwildes schon abgebrunftet hat und die Brunftplätze zu verlassen beginnt.

Um es noch einmal zu wiederholen: Man nutze jede Gelegenheit und Möglichkeit, Größe und Zusammensetzung des Wildbestandes zu ermitteln. Auch Stangenschauen können gewisse Hinweise geben. Verfügt man über exakte Daten der jährlichen Abschußergebnisse, so läßt sich für den weiblichen Bestand nach einigen Jahren aus ihnen eine rechnerische Kontrolle herleiten. Eine entsprechende Methode hat H. Drechsler, Oderhaus, entwickelt (Z. f. J., H. 4, 1966), deren Einsatz im Harz eindrucksvoll die Unzulänglichkeiten der Wildzählung ausgewiesen und der Planung damit Unterlagen zur Verfügung gestellt hat, die der Wirklichkeit wesentlich näher gekommen sind. Selbstverständlich verbietet sich die Anwendung dieser rechnerischen Kontrolle für einzelne Reviere.

Geschlechterverhältnis

Wenden wir uns nun der *Wildbestandsgliederung* zu. Auf ihre Notwendigkeit hinzuweisen, erscheint fast überflüssig, denn keinesfalls können wir unsere Aufgabe mit der Begrenzung der Rotwildbestände allein nach der Zahl als erfüllt ansehen. Wohl ist unser erstes Ziel der kleine, mit den ökologischen Verhältnissen in Einklang stehende Bestand.

insbesondere dann der Fall sein, wenn lange anhaltender Frost oder Dürre die natürlichen Wasserläufe für die Wasseraufnahme ausschaltet. Zwar wird das nur selten eintreten, doch sorge man immer durch rechtzeitigen Stau, im Winter durch Freihalten der zugefrorenen Wasserläufe dafür, daß das Wild seinen Wasserbedarf befriedigen kann, soweit dieser nicht durch den Wassergehalt der Äsung gedeckt ist. Im Winter wird auch der mit der Äsung aufgenommene Schnee für Regelung des Wasserhaushaltes sorgen können.

Sonstige Maßnahmen

In Revieren, in denen *Heide- und Beerkräuter* einen wichtigen Bestandteil der Winteräsung darstellen, sorge man dafür, daß bei hoher Schneelage das Wild auch heran kann. Zwar wird es sich schon die Beerkräuter freischlagen, bei stark verharschtem Schnee aber nicht in dem notwendigen Ausmaße. Hier hilft ein motorisierter *Schneepflug*, mit dem an Bestandesrändern die Äsung freigepflügt werden kann. Am leichtesten geschieht das bei Frost und losem Schnee. Daher warte man nicht erst, bis der Harsch eingetreten ist. Selbstverständlich pflügt man dort, wo das Wild gern an Bestandesrändern in der Sonne zu stehen pflegt.

Als weitere Maßnahme der Wildpflege hat die Anlage von *Salzlecken* oder *Sulzen* Bedeutung. Es handelt sich hierbei nicht ausschließlich darum, derartige Einrichtungen als Anlockmittel zu benutzen. Auch das Salz spielt im Haushalt des Wildkörpers eine wichtige Rolle. So darf es zur Bildung der Magensäfte nicht fehlen. Im allgemeinen enthält die natürliche Äsung einschließlich des Wassers wowie die gegebenen Futtermittel so viel Alkalichloride, daß Salzmangel in bedenklichem Ausmaß nicht aufzutreten pflegt. Dennoch hat die Vorlage an Salz günstigen Einfluß auf den Stoffwechsel und eine störungsfreie Verdauung.

Die gebräuchlichste Art, Salz zu verabreichen, ist die *Lehmsulze.* Sie wird so angelegt, daß ein etwa 1 m im Quadrat großer Holztrog oder auch nur ein Balkengeviert in dieser Größe etwa 30 cm tief mit möglichst feinem, stein- und sandfreien Lehm angefüllt wird, der im Verhältnis von 4:1 oder 3:1 mit Koch- oder Viehsalz vermengt ist. Die Füllung wird etwas über den Rand erhöht und dachförmig abgeschrägt, damit das Wasser ablaufen kann. Solche Lehmsulzen werden gern angenommen und sind insofern besonders zweckmäßig, als sie eine zu reichliche Salzaufnahme durch das Wild verhindern.

Auch das Auslegen von Salzsteinen ist durchaus gebräuchlich. Am ehesten eignen sich hierzu gewöhnliche Pfannensteine aus der Saline, die verhältnismäßig wetterbeständig sind. Man legt sie in einen ausgetopften Stubben (Stocksulze) oder aber klemmt den Stein in einen gespaltenen Pfahl. Dort, wo das Rotwild überhaupt an Salzlecken gewöhnt ist, spielt für die Annahme die Art der Herrichtung keine ausschlaggebende Rolle. Zur ersten Gewöhnung allerdings verdient die Lehmsulze den Vorzug. Im Hochgebirge legt man den Salzstein auch zweckmäßig in eine kleine, am Stamm befestigte Raufe, die überdacht ist, weil häufig die Beschickung nicht so regelmäßig vorgenommen werden kann.

Wie viele Salzlecken man anlegen soll, dafür läßt sich kaum eine Norm aufstellen. Ihre Zahl richtet sich nach dem Wildstand und seiner Verteilung im Revier. Nimmt das Wild die Lecken an und zeigt dadurch sein Salzbedürfnis, so sorge man dafür, daß auch möglichst alles Wild an Lecken heran kann.

Im Frühjahr beschicke man die Salzlecken rechtzeitig bei Einsetzen der Grünäsung. Dann hat das Wild die größte Neigung, Salz aufzunehmen. Gegen den Herbst läßt dies nach. Im Winter sei man mit der Salzvorlage etwas vorsichtiger, wenn die Gefahr besteht,

Aber wir wollen diesen doch auch so zusammengesetzt wissen, daß er starke Trophäen als Ausdruck seiner Gesundheit zu liefern vermag. Nicht nur gelegentlich, sondern *nachhaltig* in größtmöglicher Anzahl. In dieser Größenordnung, weil unsere Rotwildvorkommen – und nicht nur unsere – in der Regel auch von der größtmöglichen Anzahl von Jägern bejagt werden. Sie wenigstens nur einigermaßen zu befriedigen, kann der Erhaltung gesunder Rotwildbestände nur dienlich sein. Eine solche Aufgabe kann nur der nach Geschlechtern und Altersklassen richtig gegliederte Bestand erfüllen.

Wenn wir ausschließlich biologische Überlegungen einschalten, so bleibt uns für die Gestaltung des Geschlechterverhältnisses keine große Auswahl an Möglichkeiten. Das natürliche Verhältnis der Geschlechter im Nachwuchs ist wie bei fast allen Säugetieren auch beim Rotwild annähernd 1:1. Die von Kröning und Vorreyer in dieser Richtung an 864 Einzelfoeten angestellten Ermittlungen ergaben das ganz eindeutig und bestätigen die von Gussone 1908 aus 694 Fällen gebrachten Ergebnisse. Wenn sich statistisch ein geringes Übergewicht für das männliche Geschlecht ergab – auf 100 männliche Foeten entfielen bei unseren Untersuchungen 97,5 weibliche – so läßt, wie bei anderen Säugetieren auch, eine etwas höhere Sterbequote in der ersten Lebenszeit beim männlichen Stück einen Ausgleich, vermutlich sogar ein geringes Übergewicht an weiblichem Wild erwarten.

Aber auch für unsere jagdwirtschaftlichen Ziele erweist sich ein auf das natürliche eingeengtes Geschlechterverhältnis als unbedingt notwendig. Nur so kann, wie wir noch sehen werden, im begrenzten Rotwildbestand eine hohe Anzahl von alten Hirschen erzogen werden. Jede Erweiterung des Geschlechterverhältnisses zugunsten des weiblichen Wildes hat bei Bindung an die Wilddichte eine Verminderung der Möglichkeiten, alte Hirsche heranzuhegen, zur Folge. Sie bewirkt außerdem einen erhöhten jährlichen Zuwachs, eine Tatsache, die der Abschußdurchführung nur hinderlich sein kann.

	Frühjahrsbestand				Sommerbestand			Abschuß		
								männlich		
G. V.	männl	weibl.	Sa.	Zuwachs*	männl.	weibl.	Sa.	Sa.	in % v. Spalte 6	weibl.
1	2	3	4	5	6	7	8	9	10	11
1,2:1	87	73	160	40	107	93	200	20	18,7	20
1 :1	78	78	156	44	100	100	200	22	22,0	22
1 :1,5	60	90	150	50	85	115	200	25	29,4	25
1 :2	49	97	146	54	76	124	200	27	36,0	27
1 :2,5	41	102	143	57	70	130	200	29	41,0	28
1 :3	36	105	141	59	66	134	200	30	45,5	29

* Alt- und Schmaltiere = 80 % von Spalte 3, davon 70 %.

Die Zusammenhänge werden klar, wenn wir einen Rotwildbestand sich rechnerisch unter verschiedenen Geschlechterverhältnissen (GV) entwickeln lassen. Dabei wählen wir, wie bei den nachfolgenden Darstellungen auch, einen Sommerbestand von 200 Stück, dessen zugehöriger Frühjahrsbestand nach verschiedenen Geschlechterverhältnissen gegliedert ist. Wir unterstellen zunächst, daß 70 % der Alt- und Schmaltiere des Frühjahrsbestandes Kälber im natürlichen Geschlechterverhältnis von 1:1 setzen.

Rechnerisch läßt sich also, wie man sieht, mit den verschiedensten Geschlechterverhältnissen umgehen. Ja, bei flüchtiger Betrachtung der Zahlen will es gar nicht einmal scheinen, als ob das natürliche so unbedingt erstrebenswert ist. Bei ihm stehen 22, bei 1:3 dagegen 30 männliche Stücke zum Abschuß bei gleichem Sommerbestand. Wo liegt da der Vorteil des natürlichen Geschlechterverhältnisses? Vergleichen wir einmal diese beiden Fälle, nämlich 1:1 und 1:3, soweit es das männliche Wild betrifft. Wir sehen aus Spalte 6, wie sein Anteil von 100 auf 66 abgesunken ist, woraus schon hervorgeht, daß dieser sehr viel kleinere Hirschbestand nicht mehr in der Lage sein wird, die gleiche Anzahl alter Hirsche zu liefern, wie der von 100 Stück. Wir können aber weiter erkennen (Spalte 10), um wieviel höher der Eingriff in das männliche Wild bei 1:3 gegenüber 1:1 sein muß, um das Geschlechterverhältnis auf 1:3 zu halten. Während bei 1:1 nur 22 % des männlichen Wildes zum Abschuß stehen, müssen bei 1:3 dagegen 45,5 % entnommen werden. Das bedeutet den Abschuß fast jedes zweiten männlichen Stückes! Eine Auslese ist hierbei natürlich nicht mehr zu treffen und es gibt keine praktikable Möglichkeit, überhaupt Hirsche alt werden zu lassen, da der männliche Sommerbestand zu 45,5 % aus Kälbern besteht! Bei 1:1,5 beträgt der Anteil noch 30 %, vermindert sich bei 1:1 auf 22 %, bei 1,2:1 auf noch 18 %. Die Beziehungen zwischen dem Geschlechterverhältnis und dem Altersklassenaufbau und damit der Lebenserwartung sind also sehr eng.

Daß für unsere Zielsetzung die Verschiebung des Geschlechterverhältnisses zugunsten des männlichen Wildes eine durchaus entsprechende Lösung darstellt, zeigt das rechnerische Beispiel. Es wird auf diese Frage noch zurückzukommen sein.

Grundsätzlich sei zu diesem Problem noch folgendes gesagt: Wenn der bekannte Jagdwissenschaftler Dr. Bubenik (1970) für eine Regulierung des Geschlechterverhältnisses auf 1:1,2–1,5 eintritt, so mag das als Standpunkt eines reines „Wildbiologen" erklärbar sein, jagdwirtschaftlich ist eine solche Ausweitung nicht zu verstehen, geschweige denn zu befürworten. Auch vertritt man keineswegs den „Standpunkt eines kindischen Schießers" – ich zitiere Frhr. von Cramer-Klett – beim Streben nach einem Übergewicht an männlichem Wild. Vorgebrachte Zweifel sind immer fruchtbar, nur sollte man sich eines so herausfordernden Urteils enthalten, wenn man die Zusammenhänge nicht im Griff hat. Es geht nicht darum – ich zitiere weiter – „bei weniger Kahlwild mehr Hirsche erlegen zu können". Das geht nämlich wirklich nicht! Meine Forderung heißt: Mehr alte Hirsche! Das ist ein Unterschied. Die Zeit wird lehren, welcher Jäger unter unseren Gegebenheiten die Erhaltung des Rotwildes mehr absichert: der, dem Aufgabe und Möglichkeit gegeben wird, die höchstmögliche Anzahl alter, starker Hirsche heranzuhegen, um daraus zu ernten oder der, der z. B. bei einem Geschlechterverhältnis von 1:1,5 gezwungen sein wird, zwei Drittel des Abschusses an männlichem Wild in der Kälberklasse durchzuführen.

Man hört so oft von Rotwildbeständen, die 1:4, 1:5, ja noch schlechter gegliedert sein sollen. Werfen wir noch einmal einen Blick auf die Tabelle, so sehen wir aber, daß das nur rechnerisch, und zwar für den Frühjahrsbestand möglich ist. Werden die Kälber im Verhältnis 1:1 gesetzt, so ändert sich das Bild sofort. Der im Frühjahrsbestand 1:3 gegliederte Bestand zeigt im Sommer bereits wieder ein Verhältnis von 1:2.

Zuwachs

Von ebenso entscheidender Bedeutung wie die Bestandesermittlung ist für die Abschußplanung die Kenntnis des Zuwachses. Aus dem Frühjahrsbestand muß der Sommerbestand abgeleitet werden, dessen Höhe je nach der zulässigen Wilddichte ausschlaggebend für die Bemessung des Abschusses ist.

Wie hoch ist der Zuwachs beim Rotwild? Selbstverständlich kann diese Frage nicht eine generelle Antwort finden, da die einzelnen Biotope sich wegen der standörtlichen

Bedingungen unterscheiden. Ich möchte auch, wie ich freimütig eingestehe, gern der Beantwortung dieser Frage aus dem Wege gehen, nicht nur weil sie sehr schwer ist, sondern auch weil man Gefahr läuft, Absichten untergeschoben zu bekommen, die völlig fern liegen. Es geht mir, das möchte ich gerade diesen Betrachtungen vorausschicken, wie bei der Neubearbeitung dieses Werkes grundsätzlich auch hier um die Erhaltung des Rotwildes! Klarheit und Wahrheit allein können dieses Ziel erreichen. Und so stehe ich nicht an zu erklären, daß die Angaben RAESFELDS über den Zuwachs, wie auch über die Abschußplanung nur in den Grenzen seiner Zeit zu verstehen sind. Das gilt auch für die gemachten oder auch verschwiegenen Angaben anderer Autoren jener Zeit. So hat KIESSLING es noch 1925 vermieden, in seinem Werk „Der Rothirsch" irgendwelche Zahlenwerte für Zuwachs und Abschußhöhe zu geben. RAESFELD war wohl der erste Jagdbiologe, der sich mit diesen Dingen recht eingehend befaßte und, das scheint mir entscheidend zu sein, der gehört wurde. Zumindest in Kreisen seiner Kollegen von der grünen Farbe.

Es ist erstaunlich, wie weit die Angaben über den Zuwachs beim Rotwild auseinandergehen und fast beschämend, eingestehen zu müssen, daß wir auch heute noch nicht alles über den Zuwachs wissen.

RAESFELD sagt zur Begründung seiner Berechnungen für die Bestandsentwicklung: „Es wird angenommen, daß alle Kälber am 1. Juni gesetzt werden und daß auch der Übergang der übrigen Stücke aus der niedrigen in die höhere Altersklasse an diesem Tage erfolgt. Von den Schmaltieren sollen zwei Drittel zum erstenmal am 1. Juni ihres dritten Lebensjahres, der Rest erst im folgenden Jahr setzen. Von den Alttieren sind 60 v. H. ihrer Zahl Kälber zu erwarten. In diesem, bei gutem Geschlechterverhältnis niedrigen Prozentsatz sollen aber anderweitige Verluste des Gesamtwildstandes schon als berücksichtigt gelten."

Wenn man noch heute in der Jagdpresse bei Erörterungen über den Zuwachs lesen kann, daß RAESFELD diese Zahlen speziell für den Darß, einen günstigen Biotop also, festgestellt habe, so muß ich darauf hinweisen, daß dies nicht richtig ist. An keiner Stelle seines Buches hat der Verfasser zum Ausdruck gebracht, daß die Berechnungsgrundlagen für den Darß gelten! Er weist ja auch auf den für einen günstigen Biotop niedrigen Prozentsatz des Zuwachses ausdrücklich hin! Erstmalig stellte er ein „Modell" der Abschußplanung auf und ganz gewiß nicht ohne bestimmte Absicht: „Mancher wird es verwunderlich finden, am Ende des 19. Jahrhunderts noch ein Buch erscheinen zu sehen, das einer in unserem Vaterland angeblich dem Untergang geweihten Wildart gewidmet ist." So schreibt RAESFELD im Vorwort zur 1. Auflage. Wer wollte es ihm heute verdenken, daß er als erster Rufer im Streit der Meinungen in seiner Modellplanung die Sorge um die Erhaltung des Rotwildes genauso sprechen ließ, wie an anderen Stellen auch? Wir würden ihm nicht gerecht werden, ja ihn nicht verstehen, wenn wir seine Berechnungsgrundlagen heute noch als „Modell" hinstellen wollten.

Damit würden wir einer Entwicklung Vorschub leisten, die dann tatsächlich das Rotwild dem Untergang zuführen könnte. Darüber sollte sich jeder klar sein, der meint, man könne den Zuwachs so elegant über den Daumen angepeilt angeben, ja ihm heute noch in einer Verschleierungstaktik nach Hinterwäldlermethode eine bestimmte Rolle zuweisen.

Betrachten wir zunächst einige Angaben über den Rotwildzuwachs, von denen wir annehmen können, daß sie uns etwas zu sagen haben. Ich zitiere:

FREVERT für Rominten (Waidwerk der Welt 1938): „Infolge der günstigen Lebensbedingungen ist die Vermehrung des Romintener Rotwildes außerordentlich stark. Sie beträgt in einem Geschlechterverhältnis von etwa 1:1 – ein Verhältnis, welches bereits seit Jahrzehnten in der Heide gehalten worden ist – etwa 30 % des Gesamtbestandes, ist also erheblich höher, als RAESFELD in seinen Abschußtabellen angibt."

GRUSCHWITZ für den deutschen Alpenraum (Waidwerk der Welt 1938): „Der Zuwachs beträgt nach den Erfahrungen in den staatlichen Hochgebirgsrevieren selbst nach Abzug normaler Kälberverluste nicht 50 % des Mutterwildes, sondern eher 60 bis 65 %."

REGNIER-HELENKOW für Österreich (Grundlagen der Hege- und Abschußplanung 1949): „Es wird angenommen, daß der jährliche Zuwachs 70 % aller Tiere des Frühjahrsbestandes beträgt."

H. B. OLOFF (Jagd und Hege in aller Welt, 1955): „Der Zuwachs beträgt im allgemeinen etwa 60 bis 70 % des Bestandes an Kahlwild oder umgerechnet etwa 80 bis 90 % der vorhanden Alt- und Schmaltiere."

Wir sehen also zunächst, daß die Art und Weise, sich über die Höhe des Zuwachses auszudrücken, recht verschieden ist. Es müßte daher Klarheit geschaffen werden. Ich meine, die Frage heißt doch:

Welcher Anteil der Alt-, Übergehend- und Schmaltiere setzt ein Kalb? Dabei müssen als Alt- und Übergehendtiere alle Stücke gelten, die vor Vollendung ihres dritten, als Schmaltiere alle, die vor Vollendung ihres zweiten Lebensjahres stehen. Das nennen wir dann vereinfacht „Kälberprozent der Alt- und Schmaltiere des Frühjahrsbestandes".

Nur bei einheitlicher Bezeichnung und Darstellung scheiden Mißverständnisse aus. Und das wäre im Interesse der Sache dringend notwendig.

Wenn RAESFELD sagt, daß von den Schmaltieren 2/3 zum erstenmal am 1. Juni ihres dritten Lebensjahres setzen, so bedeutet das für die Schmaltiere 66 % Zuwachs. Wieso dann aber die Alttiere nur 60 % Zuwachs haben sollen, ist nicht verständlich und widerspricht den einfachsten biologischen Überlegungen. Die Angabe von FREVERT mit 30 % des Gesamtbestandes entspricht bei normaler Gliederung (Geschlechter- und Altersklassenverhältnis) einem Zuwachs von 73 % der Alt- und Schmaltiere. Auch GRUSCHWITZ wird unter Mutterwild die Tiere, also Alt- und Schmaltiere verstehen, wie auch REGNIER-HELENKOW. Bei OLOFF umfaßt der Bestand an Kahlwild anscheinend alle Tiere und die weiblichen Kälber im Frühjahrsbestand, wenn auch im allgemeinen unter „Kahlwild" alle Tiere einschl. der Kälber beiderlei Geschlechts verstanden werden.

Nachdem wir gesehen haben, daß das Kälberprozent bei den Alttieren ein anderes als bei den Schmaltieren ist, bekommt das Verhältnis beider zueinander natürlich auch für den Gesamtzuwachs eine gewisse Bedeutung. In den Darstellungen der Gliederung eines Rotwildbestandes habe ich ein Verhältnis von 4,1:1 angenommen, das bei einem Zielalter der Alttiere von 14 Jahren rechnerisch nicht wesentlich vom Mittel der möglichen Höchst- und Geringstzahl abweicht.

Für den *Zuwachs der Schmaltiere* liegen bisher die genauesten Untersuchungen vor. Wenn RAESFELD ihn mit 66 % angibt, so muß gesagt werden, daß eine so generelle Festlegung nicht richtig ist. Die Unterschiede in den einzelnen Biotopen als Ausfluß der Umweltfaktoren sind doch recht erheblich. Die ersten Untersuchungen stammen von GUSSONE (1909) und brachten in verschiedenen Erhebungsgebieten folgendes Ergebnis.

Von insgesamt 78 im Alter von 17 bis 21 Monaten gestreckten Schmaltieren waren beschlagen:

im preußischen Harz	39 %
im braunschweigischen Harz	68 %
im preußischen Solling	67 %
im Regierungsbezirk Minden	83 %

Raesfeld sagt dazu: „Der auffallende Unterschied in den einzelnen Gebieten scheint in der verschiedenen Handhabung des Abschusses zu liegen." Wir werden noch sehen, daß das nicht der Fall sein muß, wenn auch wegen des geringen Untersuchungsmaterials die Auswertung keine wirklich stichhaltigen Schlüsse zuläßt. Insgesamt ergab die Erhebung 55 % beschlagene Schmaltiere im zweiten Lebensjahr.

Auf weit umfangreicheres Zahlenmaterial aus größerem Raum gründen sich die Untersuchungen von Kröning und Vorreyer, die während der Jahre 1939 bis 1942 an 1739 verwertbaren Abschußdaten von Schmaltieren im Alter von 19 und 20 Monaten durchgeführt wurden. Sie konnten insofern zuverlässigeres Material liefern, als hierbei von vornherein der Zweck der Untersuchung den am Abschuß beteiligten Forstbeamten bekannt war, und diese mit entsprechenden Erhebungsbogen versehen und angehalten wurden, das Alter der erlegten Stücke an der Zahnentwicklung nachzuprüfen. Die Untersuchung erstreckte sich auf das Gebiet des ehemaligen Deutschen Reiches und Österreichs.

Insgesamt erwiesen sich von 1739 Schmaltieren 867 als beschlagen, d. s. 49,6 %. Sie brachten außer 861 Einzelfoeten zwölfmal Mehrlingsgeburten, und zwar 11 Zwillingsfälle und einen Fall von Drillingen. Auf hundert tragende Schmaltiere entfielen also 1,4 Fälle von Mehrlingsgeburten. Auf das natürliche Geschlechterverhältnis wurde bereits hingewiesen.

Nach der Herkunft aus den verschiedenen Landesteilen ergaben sich wesentliche Unterschiede in der Anzahl der tragenden Schmaltiere, und zwar nimmt östlich des Rheins der Prozentsatz der beschlagenen Stücke von Ost nach West und von Nord nach Süd ab. Im ganzen fällt er von 63 % auf 0 %. Im einzelnen umfaßt er in Ost- und Norddeutschland Werte zwischen 56 % und 63 % (Ostpreußen 63 %, Schlesien 56 %, Pommern 60 %), in Mitteldeutschland Werte zwischen 49 % und 55 % (Brandenburg 55 %, Mitteldeutschland 49 %) und im Süden Werte zwischen 0 % und 31 % (Süddeutschland 31 %, österr. Alpen ohne Karwendel 22 %, Karwendel 0 %).

Das Ergebnis bietet Anzeichen dafür, daß die Höhenlage als solche den Eintritt der Geschlechtsreife verzögern kann. Welcher Faktor bzw. welche Faktoren dabei wirksam sein könnten, läßt sich nur vermuten. In Frage kämen vor allem die Witterung und die Äsungsverhältnisse. Ich möchte annehmen, daß in Mittelgebirgslagen des norddeutschen Raumes schon innerhalb der einzelnen Biotope je nach der Höhenlage Unterschiede in der Vermehrungspotenz der Schmaltiere gegeben sein können. Schon das geringe vorliegende Material läßt das wahrscheinlich werden. Gussone fand im preußischen Harz, der die Höhenlagen umfaßt, 39 %, in den tieferen Lagen des braunschweigischen Harzes 68 %. Auch in unseren Untersuchungen ergab sich ein ähnlicher, wenn auch nicht so markanter Unterschied. Eine Abschußplanung auf großer Fläche nivelliert aber diese Differenzen.

Zusammenfassend können wir also für den Schmaltierzuwachs feststellen, daß er im Mittel bei etwa 50 % liegt, wobei für einzelne Biotope allerdings wesentliche Unterschiede beachtet werden müssen (z. B. Hochgebirge und Hochlagen Ostdeutschlands).

Die Untersuchungsdaten boten keinen Anhalt dafür, daß die Fruchtbarkeit der Schmaltiere in verschiedenen Jahren verschieden gewesen ist.

Wesentlich undurchsichtiger liegen die Verhältnisse beim *Zuwachs im Alttierbestand.* Das ist um so schwerwiegender, als von ihm die Höhe des Gesamtzuwachses in erster Linie abhängt. Wirklich stichhaltige Untersuchungen aus großem Zahlenmaterial liegen nicht vor, wir sind also mehr oder weniger auf Erfahrungswerte angewiesen. Daß der Zuwachs der Alttiere im allgemeinen über 60 % liegt, dürfte aus der fortgeschrittenen körperlichen Reife der Stücke des Alttierbestandes ohne Bedenken angenommen werden können.

Gussone fand bei 564 Alttieren 397, d. s. 70 % beschlagen, ein nach meiner Erfahrung niedriger Wert, der wohl nicht nur aus zu geringem Zahlenmaterial ermittelt, außerdem noch durch die Art der Abschußhandhabung beeinflußt sein mag.

Wenn Oloff mit 80 bis 90 % des Alt- und Schmaltierbestandes rechnet, so bedeutet das, immer normale Gliederung des Bestandes vorausgesetzt, bei den Alttieren einen Zuwachs von 88 bis 100 %. Nach den Angaben von Frevert errechnet sich ein Zuwachs von 80 % der Alttiere, wenn man den Schmaltierzuwachs mit 40 % einsetzt. Gruschwitz kommt für das bayerische Hochgebirge nach Abzug der Kälberverluste auf 60–70 % des im März ermittelten Bestandes an Alt- und Schmaltieren.

Wenn wir bei den Schmaltieren eine Verzögerung der Geschlechtsreife unter der Einwirkung bestimmter ungünstiger Umweltfaktoren als wahrscheinlich annehmen konnten, so ist daraus nicht unbedingt zu schließen, daß sich dies im Alttierbestand noch ebenso auswirkt. Es sei denn, der betr. Rotwildstamm lebte in völlig ungeeignetem Biotop. Das Schmaltier ist noch voll in der körperlichen Entwicklung, das Alttier nicht mehr in dem Maße. Die Vermehrungspotenz des Alttierbestandes sollte danach allgemein als von Umweltfaktoren unabhängiger erwartet werden können. Das schließt nicht aus, daß die Zahl der Lebendgeburten bzw. die Kälbersterblichkeit im Biotop von Jahr zu Jahr nicht absolut konstant ist.

So glaubt Darling die Kälbersterblichkeit in Schottland mit 50 % annehmen zu müssen. Nach meinen langjährigen und sehr auf diese Dinge ausgerichteten Beobachtungen im Harz möchte ich für dieses Gebiet als Zuwachsprozent der Alttiere 75 bis 80 % annehmen, wobei ich fast mehr zu 80 % neige.

Es wäre wirklich wünschenswert, wenn sich dieser Frage in Form einer wirklich stichhaltigen Untersuchung einmal angenommen werden könnte. Nicht zu große Gatterreviere eignen sich außer zu Repräsentationsjagden auch hierfür.

Nach allem möchte ich sagen, daß man im normalen Rotwildbiotop mit mindestens 80 %, im wirklich ungünstigen Biotop, wozu das Hochgebirge z. B. auch durch den Einfluß der Menschen werden kann (Wintersport), nicht unter 70 % als Zuwachs aus dem Alttierbestand rechnen sollte.

Das ergibt aus dem Alt- und Schmaltierbestand einen Zuwachs, der sich nach der aus letzterem kommenden Kälberzahl zwar zu ändern vermag, im allgemeinen etwa bei 75 % bzw. 65 % des Alt- und Schmaltierbestandes liegt.

Selbstverständlich müssen für die Abschußplanung die natürlichen Verluste, für die eine allgemeingültige Größe nicht angegeben werden kann, berücksichtigt werden.

So möchte ich für die folgenden Darstellungen von Aufbau, Zuwachs und Abschuß in einem auf 200 Stück im Sommerbestand begrenzten Rotwildbestand mit einem Zuwachs von 70 % des Alt- und Schmaltierbestandes rechnen und dazu ausdrücklich bemerken, daß ich damit nicht eine Norm hinsichtlich des Zuwachses für alle Fälle aufzustellen beabsichtige. Ich neige vielmehr zu der Ansicht, daß im normalen Rotwildbiotop das Überschreiten dieses Ansatzes wahrscheinlich notwendig und weniger gefährlich ist, als das Unterschreiten.

Bei den langjährigen Planungen im Harz hatte sich zunächst ein Ansatz des Zuwachses mit 64 % des weiblichen Frühjahrsbestandes (Alttiere, Schmaltiere und weibl. Kälber) als etwa brauchbar erwiesen. Jedoch bestätigen die fortgeführten Untersuchungen die Vermutung, daß der Zuwachs dynamisch ist und u. a. von der Art der Abschußdurchführung wie auch vom Ernährungszustand des Wildes abhängig ist.

So gibt mir mein Nachfolger als Geschäftsführer des „Rotwildring Harz“, Forstdirektor K. Reulecke, St. Andreasberg, aus den weiterführenden Untersuchungen folgende

Hinweise: „Wir haben als Beitrag zur Klärung dieser Frage die Reproduktionstrakte der ein- bis zwölfjährigen Tiere entnommen und zusammen mit den jeweiligen Unterkiefern konserviert.

Sie wurden von Dr. W. Schröder, Oberammergau, untersucht. Es handelt sich um drei Stichproben mit einem Umfang von 344 Tieren, etwa gleichmäßig auf die Untersuchungsjahre verteilt. Wiegt man den jeweiligen Anteil der Altersstufe in unserer Harz-Rotwildpopulation mit der – unterschiedlichen – Fruchtbarkeit im verschiedenen Lebensalter, erhält man als Resultat:

Untersuchungszeitraum	Fruchtbarkeit in % des weiblichen Wildes
1971/72	56
1974/75	71
1976/77	68

Bezugsgröße ist dabei der weibliche Bestand einschließlich der Wildkälber, gezählt wurden die Embryonen bzw. Feten. Bei Berücksichtigung eines Stichprobenfehlers ist der Unterschied in den letzten Jahren gering oder gleich Null.

Der bemerkenswerte Anstieg der Vermehrungsleistung gegenüber dem Jahr 1971/72 kann

a. durch die herabgesetzte Wilddichte
b. durch eine Folge sehr milder Winter
   oder
c. durch beides
   verursacht sein.

Abschußplan

Zur Darstellung der Entwicklung eines Rotwildbestandes unter dem Einfluß aller beteiligten Faktoren, wie Geschlechterverhältnis, Altersgliederung, Zuwachs und Abschuß benutze ich die graphische Methode, die m. W. erstmalig von H. Hoffmann (1928) in Vorschlag gebracht wurde, und die den klarsten Einblick in all diese Dinge gestattet. Wenn C. Hoffmann 1909, also vor 70 Jahren bereits, sagte: „Heutzutage kann ein Rotwildbestand als existenzberechtigt nur gelten, wenn er in der allerknappsten Form gehalten wird, in einer Form, die jedes Zuviel im ganzen sowohl als auch im einzelnen verbietet“, so gilt das heute noch und kennzeichnet unsere Aufgabe in besonders klarer Ausdrucksweise. Das Verbot des „Zuviel im ganzen“ bedeutet die Begrenzung auf die zulässige Wilddichte, das des „Zuviel im einzelnen“ fordert eine zweckentsprechende Altersgliederung des Bestandes, nämlich die, die nur so viele Stücke nachwachsen und aufrücken läßt, wie wir zur Erreichung unseres Zieles nötig haben. Dies Ziel ist klar gesteckt und heißt: In dem zahlenmäßig begrenzten Wildbestand sollen nachhaltig, d. h. stetig, möglichst viele reife, unseren Ansprüchen hinsichtlich der Geweihbildung entsprechende Hirsche heranwachsen. Das bedeutet die jagdwirtschaftliche wie biologische Forderung nach einer möglichst guten Ausstattung der höchsten Altersklassen und eine solche der unter ihnen stehenden mit ausreichendem Nachwuchs, der im Rahmen eines Wahlabschusses so beeinflußt werden kann, wie es die Güte des Wildbestandes zuläßt bzw. erfordert.

Wir werden sehen, daß die Gesamtheit dieser Forderung nur zu erfüllen ist, wenn wir den Aufbau nicht völlig von bestimmten Regeln lösen, die in den graphischen Bildern zum Ausdruck kommen. Deswegen sind die „Hoffmannschen Pyramiden“ auch wie keine andere Art der Darstellung geeignet, die Zusammenhänge klarzumachen. Darauf kommt es hier an! An einem Modell zu zeigen, welche Notwendigkeiten und Möglichkeiten der

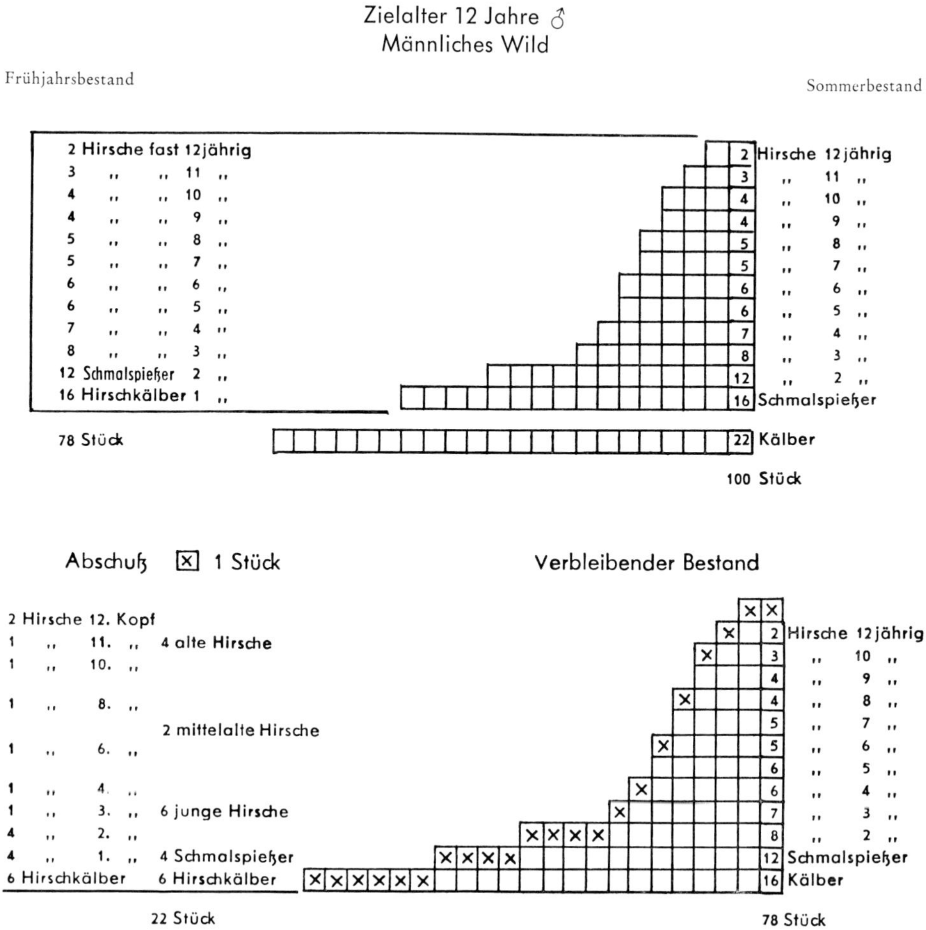

Zielaufbau, Zuwachs und Abschuß im

Zahl nach bestehen, um zu einem günstigen Altersklassenaufbau gelangen zu können. Es ist wohl fast unnötig zu erklären, daß in der Natur die Alterspyramide dem Inhalt nach mehr oder weniger abweichend aussieht. Aber es geht hier darum, die Zusammenhänge sichtbar zu machen.

Betrachten wir zunächst einmal den Aufbau eines Rotwildbestandes von 200 Stück (Sommerbestand) im Geschlechterverhältnis von 1:1, mit einem Zuwachs von 70 % der Alt- und Schmaltiere und einem Zielalter von 12 Jahren bei den Hirschen. Dieses wählen wir, nachdem wir wissen, daß in diesem Alter der Hirsch den Höhepunkt seiner Geweihentwicklung normalerweise erreicht hat. Beim weiblichen Wild gehen wir auf ein Zielalter von 14 Jahren und werden in den späteren Ausführungen erklären, warum dies zweckmäßig ist.

Um das erste Schaubild recht deutlich machen zu können, ist zunächst der Frühjahrsbestand mit dem zu erwartenden Zuwachs, darunter der Sommerbestand mit dem zu planenden Abschuß dargestellt. In den nachfolgenden Modellen wird der Abschuß im Sommerbestand gezeigt. Das erste Schema zeigt einen Aufbau, den ich als ein erstrebens-

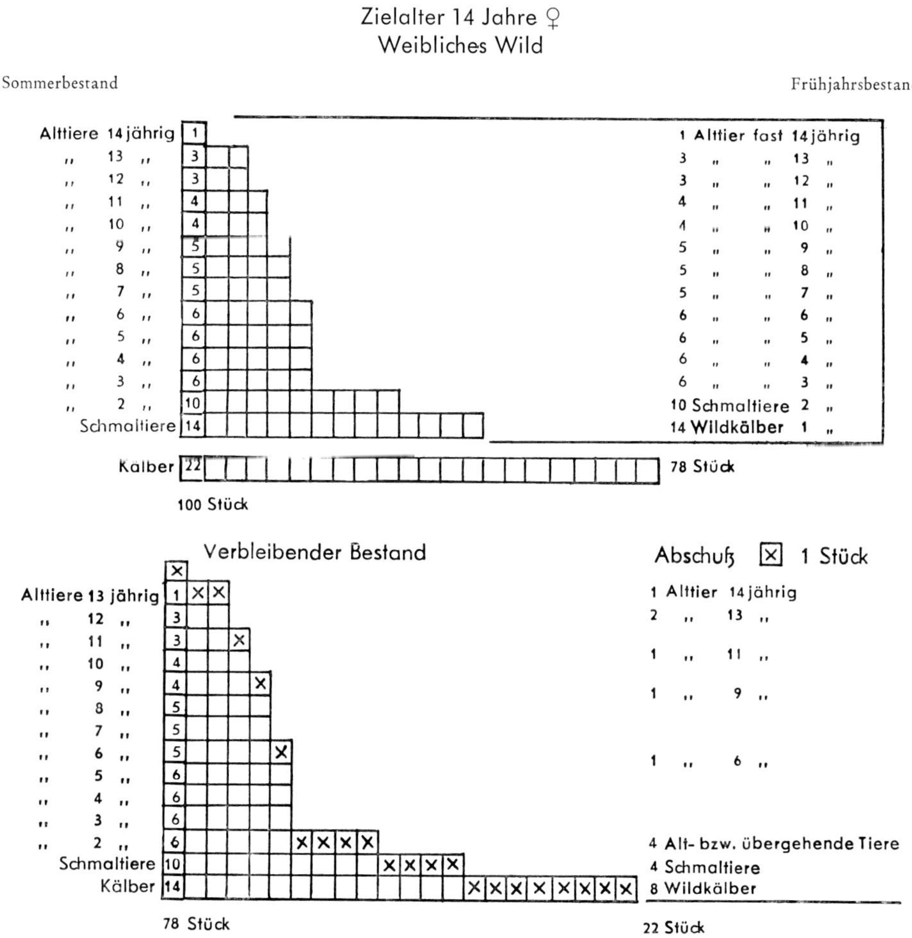

Rotwildbestand von 200 Stück, Geschlechterverhältnis 1 : 1

wertes Ziel ansehen möchte. Ich nenne ihn deshalb den *Zielaufbau*. An ihm und im Vergleich zu ihm untersuchen wir nun die uns gegebenen Einwirkungsmöglichkeiten und deren Folgen.

Die 64 Alt- und Schmaltiere des Frühjahrsbestandes bringen bei dem angenommenen Zuwachs von 70 % 44 (44,8) Kälber im Geschlechterverhältnis von 1:1. Soll der Sommerbestand, was unterstellt wird, auf 200 Stück begrenzt bleiben, so muß der Zuwachs durch den Abschuß (einschl. Fallwild, das hier nicht berücksichtigt wird) dem Bestand wieder entnommen werden. Das bedeutet den Abschuß von 22 männlichen und gleichviel weiblichen Stücken. Er ist dem Inhalt der einzelnen Altersstufen und den Erfordernissen der praktischen Abschußdurchführung entsprechend verteilt und entnimmt zur Innehaltung des Zielalters die älteste Altersstufe bei beiden Geschlechtern ganz.

Ohne einen solchen Eingriff in alle Altersstufen läßt sich, wie das Schaubild zeigt, der Zielaufbau nicht erhalten. Schon auf den ersten Blick wird offenbar, daß die höheren Altersklassen um so voller ausgestattet werden können, je mehr Stücke in der Jugend entnommen werden. Das ist natürlich besonders bei den Hirschen von Bedeutung.

Der dieser Gliederung entsprechende Abschuß erfordert also nach dem Schaubild folgende Entnahme an weiblichem Wild:

8 Wildkälber
4 Schmaltiere
10 Alttiere bzw. Übergehendtiere.

An männlichem Wild:

6 Hirschkälber
4 Schmalspießer
6 junge Hirsche
2 mittelalte Hirsche
4 alte Hirsche.

In dieser rein quantitativen Betrachtungsweise, bei der also die Zahl zunächst allein eine Rolle spielt, ergibt sich folgende altersmäßige Gliederung des Abschusses an männlichem Wild:

Altersstufe	Stück	% des Gesamtabschusses an männlichem Wild	% des Hirschabschusses ohne Kälber	% der Altersgruppe
Hirschkälber	6	28		28
Schmalspießer 1. Kopf	4	18	25	25
Junge Hirsche 2.–5. Kopf	6	28	37	18
Mittelalte Hirsche 6.–9. Kopf	2	8	13	10
Alte Hirsche 10. Kopf u. älter	4	18	25	44
	22			

Ausschlaggebend beeinflußt bzw. festgelegt wird diese Verteilung bereits durch das Maß des Eingriffes in die Klasse der Kälber, das hier mit 28 % noch einem Wahlabschuß Möglichkeiten offenläßt. Von den Hirschen des 1. Kopfes (Schmalspießer) müssen 25 %, d. h. ein Viertel, zum Abschuß kommen, um bei den jungen Hirschen (2. bis 5. Kopf) nur 18 % der Altersgruppe erlegen zu brauchen. Mittelalte Hirsche (6. bis 9. Kopf) werden nur mit 10 % ihres Bestandes gelichtet, um der Altersgruppe der alten Hirsche (10. bis 12. Kopf) 44 % entnehmen zu können. Das bedeutet für die Anteile der Altersgruppen im Hirschabschuß: Schmalspießer 25 %, junge Hirsche 37 %, mittelalte Hirsche 13 %, alte Hirsche 25 %. Wir sehen also, daß dieser „Zielabschuß“ recht stark in die heranwachsenden Hirsche eingreift und die Schmalspießer und jungen Hirsche (1. bis 5. Kopf) (also ohne Kälber) bereits 62 % des Hirschabschusses ausmachen. Hirschkälber, Schmalspießer und junge Hirsche nehmen also mit 74 % am Gesamtabschuß im männlichen Wilde teil. Es liegt natürlich die Frage nahe, ob dieser Zielabschuß mit seinem hohen Anteil an jungen Hirschen wohl unserem Wunsche entspricht, möglichst viel alte Hirsche schießen zu können?

Versuchen wir also einmal, die jüngsten Altersklassen bzw. -gruppen etwas mehr zu schonen. Das würde in unserer Bestandespyramide schematisch so aussehen, daß anstatt 6 Hirschkälbern nur 4 (18 % statt 28 %), anstatt 4 Schmalspießern nur 3 (18 % statt 25 %) zum Abschuß vorgesehen werden.

Schon auf den ersten Blick sieht man, daß im Schema kein Platz mehr für alte Hirsche vorhanden ist, weil in den jüngeren Altersklassen bereits die der zulässigen Wilddichte entsprechende Stückzahl steht. Der in den jüngsten Altersklassen eingesparte Abschuß muß in den mittelalten nachgeholt werden. Nicht ein einziger alter Hirsch (10. bis 12. Kopf) ist mehr im Bestande, die vorhandenen 7- bis 8jährigen müssen bis auf einen geschossen werden. Warum? Weil die Wilddichte nur einen Gesamtbestand von 100 männlichen Stücken im Sommerbestand zuläßt. Die breite Auffüllung der jungen Altersklassen läßt aber keinen Raum mehr für alte Hirsche.

Gehen wir nun den entgegengesetzten Weg, d. h. entnehmen wir über den Zielabschuß hinaus den jungen Altersklassen mehr Stücke, so entwickelt sich der Bestand wie dargestellt. Dabei stellen wir aus der Kälber- und Schmalspießerklasse rd. 40 anstatt 28 bzw. 25 % zum Abschuß. Die schwache Ausstattung der unteren Altersklassen gestattet nun eine stärkere Auffüllung der höheren. Der Zielgliederung gegenüber stehen nun fünf anstatt vier alte Hirsche zum Abschuß, während wir, um den Abschuß von 22 Stück nicht überschreiten zu müssen, die jungen und mittelalten nur noch sehr schwach zur Auslese heranziehen können. Junge Hirsche (2. bis 5. Kopf) nehmen noch mit sieben gegenüber normal 18 % ihrer Altersgruppe, mittelalte (6. bis 9. Kopf) noch mit vier gegenüber 10 % am Abschuß teil. Rein zahlenmäßig gesehen könnte uns diese Gliederung mit der sich aus ihr erzielenden Nutzung also eher befriedigen, als es der Zielabschuß mit nur vier alten Hirschen vermag, doch sehen wir schon die Nachteile, die hinsichtlich des Wahlabschusses, auf den wir anschließend noch zu sprechen kommen, bei so starkem Eingriff in die jüngsten Altersklassen entstehen müssen.

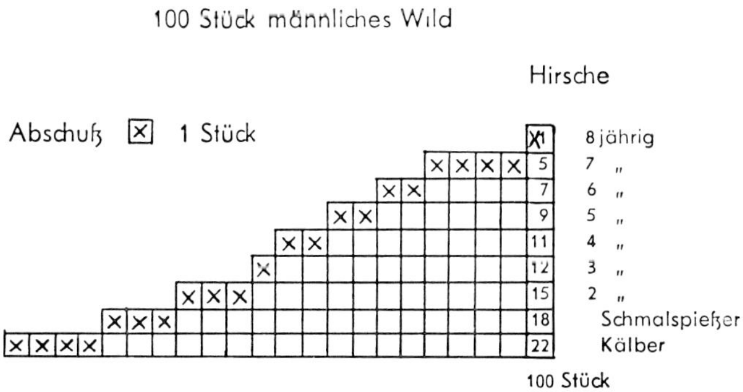

Gliederung des Hirschbestandes bei schwachem Abschuß in den Jugendklassen

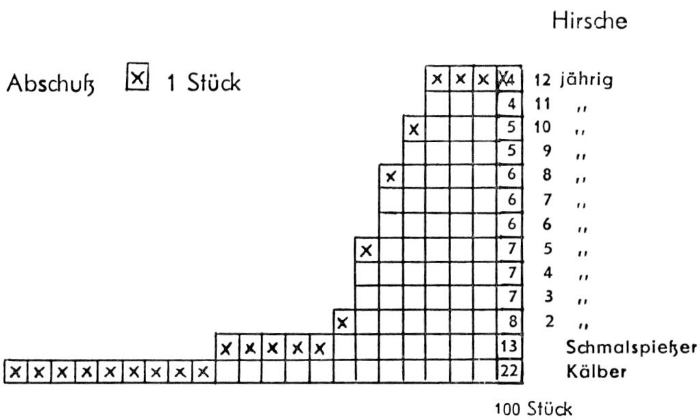

Gliederung des Hirschbestandes bei starkem Abschuß in den Jugendklassen

Geben wir aber unsere Bemühungen um das Finden einer „Idealgliederung" noch nicht auf.

Das Abweichen vom Zielalter 12 Jahre nach oben oder unten bringt kaum wesentliche Verbesserung. Setzt man das Zielalter herauf, so erfordert das natürlich wieder den starken Eingriff in die Jugendklasse, wird es auf zehn Jahre herabgedrückt, werden die Hirsche nicht reif, es sei denn, es handelt sich um einen Bestand mit überwiegend frühreifen Hirschen.

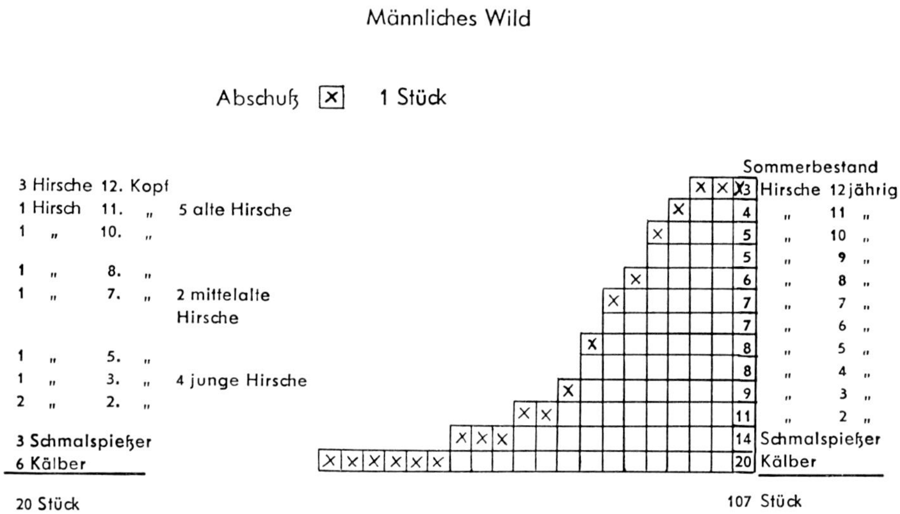

Zielaufbau, Zuwachs und Abschuß im Rotwildbestand

Als letzte Möglichkeit bleibt nur noch die Erhöhung des Bestandes an männlichem Wild, die nur so vorgenommen werden kann, daß die Wilddichte dabei nicht größer wird. Sie muß also auf Kosten des weiblichen Wildes gehen. Diese Lösung hätte noch den Vorteil eines geringeren Zuwachses, dem allerdings ein entsprechend niedrigerer Gesamtabschuß zwangsläufig folgen müßte. Aber wir haben dann von vornherein wegen des kleineren Zuwachses eine schmalere Basis der Alterspyramide, ohne sie erst durch starken Eingrift in die jüngsten Altersklassen herstellen zu müssen.

Gliedern wir den Gesamtbestand z. B. in einem Zielaufbau mit dem Geschlechterverhältnis von 1,2:1, so ergibt das den oben dargestellten Aufbau und die sich daraus ergebenden Abschußmöglichkeiten.

Fünf alte Hirsche (gegenüber vier), zwei mittelalte Hirsche (gegenüber zwei), vier junge Hirsche (gegenüber sechs), drei Schmalspießer (gegenüber vier) und sechs Hirschkälber (gegenüber sechs) stehen im Abschuß des männlichen Wildes. Das bedeutet also, daß gegenüber dem Zielaufbau mit dem Geschlechterverhältnis 1:1 der Anteil alter Hirsche am Hirschabschuß (ohne Hirschkälber) von 25 % auf 35 % gesteigert werden konnte. Der Schmalspießeranteil am Hirschabschuß beträgt anstatt 25 % noch mit 22 %, der der jungen Hirsche anstatt 37 % noch 23 %, die mittelalten Hirsche bleiben mit 14 % etwa beim gleichen Anteil. Ohne einen sehr sparsamen Eingriff in die Klasse der mittelalten Hirsche läßt sich unser Ziel also nicht erreichen. Bemerkenswert ist, daß trotz des geringeren Gesamtabschusses an männlichem Wild der Anteil der geweihten Hirsche etwa gleichgroß bleibt, weil der Minderabschuß bereits bei den Schmalspießern und den Hirschen vom 2. Kopf aufgefangen werden kann.

Der Abschußplan, wie er heute gebräuchlich ist, unterteilt die Hirsche in *jagdbare* und *geringe*. Was bedeutet in diesem Zusammenhang „jagdbar“ und „gering“? Wir haben es hier mit Begriffen der Jagdwirtschaft zu tun, und dementsprechend haben diese Bezeichnungen an dieser Stelle lediglich eine für die Abschußplanung bestimmte Bedeutung. Der Abschußplan meint mit „jagdbar“ und „gering“ ganz etwas anderes, als es sich der Jäger schlechthin nach der Trophäe vorzustellen gewohnt ist. Wenn RAESFELD schon vor 70 Jahren bei der Planung eine Unterteilung der Hirsche vornahm, so dachte er ja auch nicht

Weibliches Wild

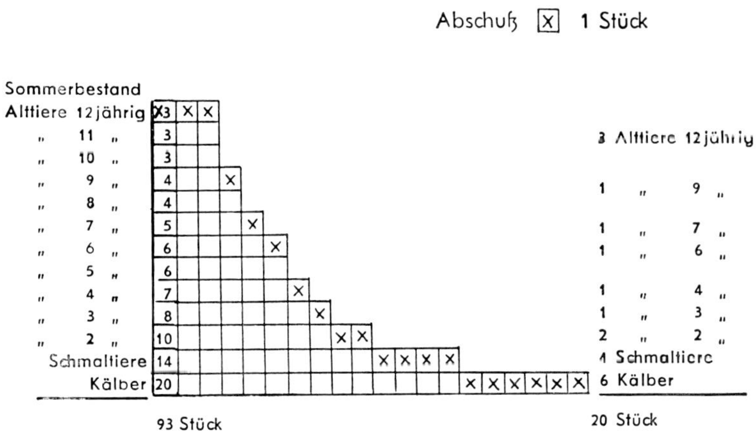

von 200 Stück, Geschlechterverhältnis 1,2 : 1

ausschließlich an die Geweihstärke, als er die Klassen nannte: „Kapitalhirsche, jagdbare Hirsche, geringe Hirsche und Spießer." Er versah damals schon diese Einteilung mit Altersklassenbezeichnungen, nämlich: „20. Jahr, 12. Jahr, 4. bis 11. Jahr und 2. bis 3. Jahr". Damit war er seiner Zeit weit voraus und sich bewußt, daß die Durchrechnung eines Abschußplanes an dem Altersklassenaufbau nicht einfach vorbeigehen kann. Wir haben gesehen, wie eine von vornherein feststehende zulässige Wilddichte, also ein in der Zahl begrenzter Wildbestand, uns einfach dazu zwingt, die Gliederung nach dem Alter besonders beim männlichen Wild so vorzunehmen, daß über dem gerade noch notwendigen Anteil junger Stücke die größtmögliche Anzahl alter Hirsche stehen kann, die uns einmal die „Ernte" bringen sollen.

Bezeichnen wir also die Klassen unserem Wollen entsprechend, so können wir setzen: für jagdbare (Klasse I) „mittelalt und alt", für gering (Klasse II) „jung". Damit kommen wir der Sache schon näher. Wenn der Abschußplan seinen Sinn und Zweck, eine vernünftige Gliederung des Bestandes herbeizuführen, erfüllen soll, kann er nicht ohne Altersklasseneinteilung auskommen. Auch wenn heutzutage vielerorts bevorzugt von den Sozialklassen die Rede ist, so verliert das Kriterium des Alters darin keineswegs seine Bedeutung. Wer also daran rüttelt, greift an den Eckpfeiler der gesamten Abschußplanung!

Wenn außerdem nun noch nach der Güte unterteilt wird, nämlich nach gut bzw. fehlerfrei und abschußnotwendig, so ist das nach allem, was wir über unser jagdwirtschaftliches Ziel gehört haben, so selbstverständlich, daß darüber kaum ein Wort verloren zu werden braucht. So sind wir aus den Erfordernissen heraus zu Begriffen gekommen, die zwar im Sprachgebrauch nicht besonders schön sind und bei Anwendung mit ihren Abkürzungen (Ia, Ib usw.) absolut nicht dem brauchtumsgebundenen Wortschatz unserer Waidmannssprache entsprechen. In jagdlichen Erlebnisberichten kann man sich ja auch anders verständlich machen, meine ich. Richtig verstanden und an richtiger Stelle gebraucht, geben sie aber doch wohl eine prägnante Einteilung.

Dies ist, um es zu wiederholen, notwendig, solange der Abschußplan nicht allein eine grobe Regulierung der Wildbestände nach Zahl und Geschlecht, sondern auch nach Güte anstrebt. Was als jagdbar und gering von altersher in der Jägerei begrifflich verankert gewesen ist, hat nun nicht mehr die gleiche Bedeutung. Das ist vielleicht eine Schwäche dieser Gliederung des Abschußplanes, über die wir aber hinwegkommen müssen und um so leichter können, als uns der alte Begriff „jagdbar" nicht mehr viel zu sagen vermag. „Jagdbar ist ein Hirsch von 10 Enden" (BECHSTEIN, 1801). „Ein jagdbarer Hirsch ist bei der deutschen Jagd der, welcher wenigstens 12 Enden hat und 300 Pund wiegt" (D. a. d. WINCKELL, 1805). „Jagdbar heißt der Hirsch, der 10 und mehr Enden trägt" (RAESFELD, 1898). Damit können wir für die Abschußplanung natürlich nichts anfangen, denn, um nur ein Beispiel zu nennen, 10 Enden kann der Hirsch vom 3. Kopf tragen.

Nachdem die Geweihstärke im ganzen in der Regel wenigstens als eine Funktion des Alters anzusehen ist, lag es nahe, das *Geweihgewicht* als den bestimmenden Faktor für die Unterscheidung zwischen jagdbar und gering zu nehmen. „Ein Rothirsch ist jagdbar von einem bestimmten, in einzelnen Gegenden verschieden hohen Geweihgewicht an." (FREVERT, Wörterbuch der Jägerei, Parey, 1975.)

Wie jede in der Natur angewandte Schablone hat selbstverständlich auch diese Regelung ihre Nachteile und Schattenseiten, doch müssen wir uns mit dieser groben Trennung zufriedengeben, zumal sie in der Mehrzahl der Fälle wirklich nach dem Alter trennt.

Die Frage nach der Höhe des trennenden Geweihgewichtes ist viel weniger schwierig zu lösen, als es auf den ersten Blick den Anschein hat. Wir wollen in erster Linie durch die Unterteilung erreichen, daß bei Freigabe geringer Hirsche in die jüngeren Altersklassen eingegriffen wird. Nicht weil der eine oder andere Jäger keinen alten Hirsch schießen soll, sondern weil dieser Eingriff für die Erhaltung eines optimalen Altersaufbaues im Hirschbestand erforderlich ist. So darf die Gewichtsgrenze nicht dort gesucht werden, wo etwa das Geweihgewicht des wirklich starken, ausgereiften Hirsches des betreffenden Rotwildgebietes liegt. Beträgt dieses – nicht als Ausnahme natürlich – etwa 12 Pfund, so wird die Grenze zwischen jagdbarem und geringem Hirsch bei 9 Pfund liegen müssen. Dies Verhältnis, also etwa 70 bis 75 v. H. des Geweihgewichtes vom wirklich ausgereiften Hirsch, wird als Grenze zwischen beiden Klassen in der Regel für alle Fälle brauchbar sein. Die Jäger schießen nun einmal lieber starke als geringe Hirsche, und so bleibt es nicht aus, daß beim Fehlen des nötigen Verständnisses für eine zweckentsprechende Altersgliederung gern der Abschuß der freigegebenen geringen Hirsche diejenigen erfaßt, die möglichst nahe an das Geweihgewicht des jagdbaren Hirsches heranreichen. Das muß verhindert werden, in erster Linie wohl durch entsprechende Aufklärung, als Hilfsmittel ist aber auch die Senkung der Gewichtsgrenze geeignet. Sie sollte aber doch immer da liegen, wo sich der Geweihentwicklung nach der junge vom mittelalten Hirsch trennt. Wenn dazu oft der Einwand erhoben wird, daß bei niedriger Festsetzung des Geweihgewichtes die guten jagdbaren Hirsche zu früh geschossen würden, so ist das nicht ganz richtig. Einmal wird durch das Aufrücken in die Klasse der Jagdbaren der Hirsch ja nicht plötzlich vogelfrei, sondern unterliegt noch der Abschußplanung, zum anderen ist es natürlich möglich, wenn auch nicht unbedingt notwendig, den Abschuß eines – ich darf es jetzt einmal sagen – Ia-Hirsches an eine Altersgrenze, nämlich den Übergang zu den alten Hirschen (10. Kopf) zu binden. Wird der freigegebene jagdbare Hirsch früher erlegt, so ist das gewiß bedauerlich, aber für ihn bleibt ja ein anderer Hirsch seiner Klasse, vielleicht ein älterer sogar, der Wildbahn erhalten.

Selbstverständlich ist ein nach Altersklassen gegliederter Abschuß auch beim weiblichen Wild erforderlich. Dabei führt ein zu geringer Abschuß an Kälbern (beiderlei Geschlechts) zu einem starken Eingriff in die Klasse der Alttiere, wenn der Gesamtabschuß erfüllt werden muß. Das macht deswegen Schwierigkeiten, weil nicht in jedem Fall das zu einem erlegten Kalb gehörende Alttier zur Strecke kommt. Je mehr führende Alttiere man durch einen ausreichenden Abschuß an Kälbern freimachen kann, desto sicherer ist der Abschuß führender Alttiere zu vermeiden. Setzt man das Zielalter des weiblichen Wildes herauf, wie im Modell 1:1 auf 14 Jahre, so kommt man mit einem geringeren Abschuß

Wahlabschuß

an Alttieren aus. Als Faustregel kann gelten, daß der Anteil an Kälbern beiderlei Geschlechts beim Geschlechterverhältnis von 1:1 etwa bei 50 % des Kahlwildabschusses liegen muß.

Die dargestellten Gliederungen, d. h. Zielaufbau mit dem Geschlechterverhältnis von 1:1 und der mit einem solchen von 1,2:1 können allerdings für die Erreichung des jagdwirtschaftlichen Zieles nicht unbedingt als die besten Lösungen angesehen werden. Ich möchte vielmehr sagen, daß ersterer als befriedigend, letzterer als gut bezeichnet werden kann.

Zur *Idealgliederung* kommen wir erst bei einem Geschlechterverhältnis von 1,5:1. Hierbei entsteht die Alterspyramide wegen des geringen Zuwachses mit der erforderlichen schmalen Basis, die den größtmöglichen Anteil alter Hirsche in Bestand und Abschuß nachhaltig erreichen läßt. Zwar wird damit der Gesamtabschuß um etwa 20 % kleiner; das hat aber nur Vorteile, da sich die Möglichkeiten des Abschusses stärkerer Hirsche wesentlich verbessern. Der zahlenmäßige Abschußrückgang wird beim männlichen Wild bereits durch verringerten Kälber- und Spießerabschuß aufgefangen. Dagegen steigen die Abschußmöglichkeiten an alten Hirschen auf 40 % des Hirschabschusses (ohne Hirschkälber) und liegen etwa 50 % über dem sich beim Geschlechterverhältnis von 1:1 ergebenden. Das bewirkt die Erhöhung der Lebenserwartung im männlichen Wildbestand, die sich bei diesem Geschlechterverhältnis ergibt.

Wenn wir gezwungen sind, geringe Wilddichten zu halten, so sollten wir bei Bindung an diese die höchsten Möglichkeiten nachhaltiger Ausstattung der Bestände mit alten

Hirschen zu erreichen suchen. Diese bietet uns die Idealgliederung mit dem Geschlechterverhältnis von 1,5:1. Selbstverständlich läßt sich eine solche Regulierung des Bestandes erfolgversprechend nur auf großer Fläche, d. h. im geschlossenen Rotwildgebiet durchführen. Jede derartige Maßnahme, allein im Einzelrevier durchgeführt, muß zum Scheitern verurteilt sein, da die Hirsche zur Brunft in Nachbarreviere auswechseln würden, in denen vielleicht ein Überhang an Kahlwild vorhanden ist. Aber Einzelreviere sollte es ja auch nicht geben! Alle hier vorgeschlagenen Maßnahmen zur Bestandesregulierung setzen für den Erfolg voraus, daß sorgfältige Planung und straffe Durchführung des Abschusses von allen Jägern eines Rotwildgebietes anerkannt und befolgt werden.

Die Auswirkungen unterschiedlicher Gliederungen eines Rotwildbestandes – immer unter dem Aspekt unserer jagdwirtschaftlichen Zielsetzung – habe ich auch gelegentlich der Deutschen Jagdausstellung, München, 1963, in einem elektrisch-automatischen Modell vorgestellt und dessen Inhalt im Erinnerungswerk „Das Waidwerk in Deutschland“ (Verlag Paul Parey, 1963) beschrieben.

Dr. P. Junior hat es darauf unternommen, „die Vorreyerschen Ansichten im Rahmen einer geschlossenen mathematischen Theorie zum Ausdruck zu bringen“. (Z. Jagdwiss., Bd. 12, H. 4, 1966, Verlag Paul Parey, und Wild und Hund, 71. Jg. Nr. 2) Die von ihm gefundenen mathematischen Beziehungen erhärten die von mir in den graphischen Darstellungen unterstellten Zusammenhänge. Dr. Junior schreibt u. a.: „Es besteht ein quantitativer Zusammenhang der *Lebenserwartung* männlichen Wildes, die unter Hinzunahme des Fallwildes dasselbe bedeutet wie das *durchschnittliche Abschußalter* des jährlich gestreckten männlichen Wildes, mit der *Zuwachsquote,* d. h. dem auf ein weibliches Stück des Frühjahrsbestandes entfallenden Anteil Kälber beiderlei Geschlechts, und mit dem am 1. 4. vorhandenen *Geschlechterverhältnis* des Bestandes:

$$\text{Durchschnittliches Abschußalter} = 2 \times \frac{\text{Frühjahrsgeschlechterverhältnis}}{\text{Zuwachsquote}}$$

Damit ist folgendes gemeint: Innerhalb eines tatsächlich von uns getätigten Abschusses männlicher Stücke (Hirsche samt Hirschkälber) berechnen wir das Durchschnittsalter dieses Abschusses (einschl. Fallwild) und vergleichen das Ergebnis mit dem von der Formel geforderten Wert, der sich aus dem Wert des Frühjahrsgeschlechterverhältnisses und der Zuwachsquote errechnen läßt. Treffen wir mit unserem effektiv geschossenen durchschnittlichen Abschußalter genau den theoretisch geforderten Wert, so ändert sich das Durchschnittsalter des lebenden Bestandes von einem zum nächsten Frühjahr nicht.“ Und weiter: „Für das Rotwild erhalten wir mit Zuwachsquote 67 % = ⅔ und den beiden Werten 1:1 und 1,67:1 des Frühjahrsgeschlechterverhältnisses

$$\text{Durchschnittliches Abschußalter} = 2 \times \frac{1:1}{0{,}67} = 3{,}0 \text{ Jahre}$$

$$\text{Durchschnittliches Abschußalter} = 2 \times \frac{1{,}67:1}{0{,}67} = 5{,}0 \text{ Jahre}$$

Auf Grund der Formel oder auch der beiden letzten Resultate wird uns Vorreyers Forderung eines Frühjahrsgeschlechterverhältnisses von 1,67:1 ohne weiteres verständlich. Mit der Verschiebung des Geschlechterverhältnisses zugunsten der Hirsche können wir im Durchschnitt mehr alte Hirsche schießen, ohne dabei den lebenden Bestand zu verjüngen.“

Darauf kommt es an: Mehr alte Hirsche ernten können, ohne den Bestand zu verjüngen!!

Diese von JUNIOR entwickelte Formel eignet sich zur Kontrolle, ob das durchschnittliche Abschußalter eines getätigten Hirschabschusses der Forderung entspricht, den lebenden Bestand nicht zu verjüngen.

Damit möchte ich das Gebiet der rein zahlenmäßigen Betrachtung von Bestandesaufbau und Abschußplanung verlassen. Ich kann das nicht tun, ohne noch darauf hinzuweisen, daß der auf Grund der Wildzählung für das Rotwildgebiet nach obigen Grundsätzen ermittelte Abschuß nun auf die einzelnen Jagdbezirke zu verteilen ist, und zwar unter Berücksichtigung der Wildstandsbewegung während der Jagdzeit. Die großräumige Abschußplanung kann sich also nicht aus den Abschußvorschlägen einzelner Reviere zusammensetzen. Ebenso wichtig ist es, die Abschußplanung im großen nicht auf ein Jahr vorzunehmen, sondern sie auf mehrere Jahre durchzurechnen, auch wenn die Abschußfreigabe jährlich erfolgen soll.

Abschußrichtlinie

Wenden wir uns nun der zweiten Maßnahme zur Regulierung der Wildbestände zu, der Abschußrichtlinie. Ihre Anwendung, d. h. die *Abschußdurchführung als Auslese,* bewirkt die „Hege mit der Büchse" im engeren Sinne. Sie ist heute unter der Bezeichnung *Wahlabschuß* zu einem Begriff geworden.

Wir haben die Einteilung des Abschußplanes, soweit sie sich der qualitativen Einflußnahme annimmt, in Gestalt der Güteklassen beim männlichen Wild schon kennengelernt. Die Hirsche werden innerhalb der beiden groben Altersklassen „jagdbar" und „gering" nach a und b, d. h. gut bzw. fehlerfrei und abschußnotwendig getrennt. Dabei legen wir die Begriffe folgendermaßen fest:

Jagdbare Hirsche, Klasse I.

Ia. *Jagdbare Hirsche* sind solche, die dem Hegeziel entsprechen oder ihm nahekommen, mit einem Geweihgewicht von *Pfund und mehr (frisch abgekocht mit ganzem Oberkiefer).

Ib. *Starke Abschußhirsche* sind solche, die in ihrer Geweihbildung vom Hegeziel so abweichen, daß ihr Abschuß im Interesse der Hege notwendig ist, mit einem Geweihgewicht von *Pfund und mehr.

Geringe Hirsche, Klasse II.

IIa. *Zukunftshirsche* sind solche, die für ihre Altersstufe eine normale oder gute Geweihentwicklung haben, mit einem Geweihgewicht bis zu *Pfund.

IIb. *Geringe Abschußhirsche* sind solche, die für ihre Altersstufe eine schlechte Geweihentwicklung zeigen, mit einem Geweihgewicht bis zu *Pfund.

Diese Einteilung entspricht dem Formblatt des heute in Deutschland und Österreich gesetzlich gültigen Abschußplanes. Es ist durchaus möglich, daß sie unter bestimmten Umständen noch nicht ausreichend ist. Das wird immer dort der Fall sein, wo der Jägerschaft, wie ich es schon andeutete, das nötige Verständnis für eine zweckentsprechende Altersgliederung des Hirschbestandes fehlt. Oder aber auch dort, wo die Möglichkeiten des sicheren Ansprechens der Hirsche nicht voll gegeben sind, also etwa dann, wenn im Rotwildgebiet Reviere liegen, die des Nachts bei Mondschein bejagt werden. Der Abschuß von Rotwild, insbesondere von Hirschen zur Nachtzeit ist eine sehr heikle Angelegenheit, und es gibt nicht wenige Jäger, die diese Art der Jagdausübung für nicht waidgerecht halten. Im Bundesjagdgesetz als Rahmengesetz (1977) ist im § 19 Absatz 1 Nr. 4 gesagt, daß es verboten ist, Schalenwild (ausgenommen Schwarzwild) sowie Federwild zur Nachtzeit zu erlegen. Ausnahmemöglichkeiten könnten die Länder dort einräumen, wo Wild-

Entwicklung, mitbestimmend von Erbfaktoren gesteuert und damit vererblich sind. Hirsch und Tier sind selbstverständlich gleichmäßig für die Zusammensetzung des Erbgutes ihrer Nachkommen verantwortlich. Je kleiner ein Rotwildbestand ist, desto schneller erreicht man auf dem Wege der Inzucht, von der Schäden in freier Wildbahn unter den heute gegebenen Umständen nicht zu erwarten sind, einen Bestand im Erbgut ähnlicher Hirsche und Tiere. Ich komme auf die Vererblichkeit der Geweihform noch im nächsten Abschnitt zurück.

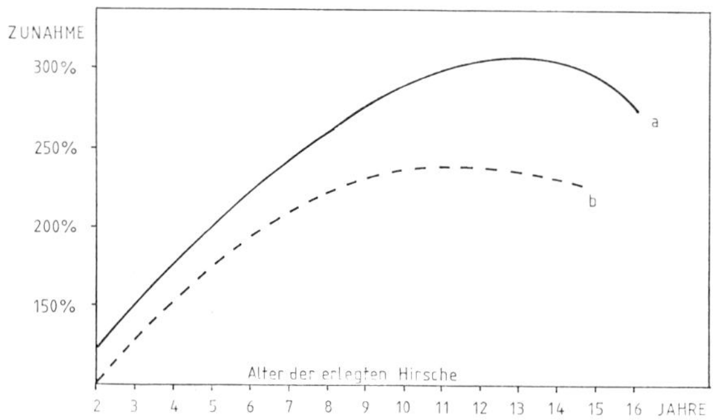

Unterschiedliche Geweihentwicklung von Harzhirschen in den Güteklasen a und b

Wie soll nun eine Abschußrichtlinie aussehen? Bleiben wir zunächst bei den Hirschen.

Schon bei Beschreibung der Geweihstufen im Abschnitt „Geweihbildung“ konnten wir die stark unterschiedliche Entwicklung innerhalb der einzelnen Jahrgänge kennenlernen. So fanden wir, um nur ein Beispiel zu nennen, beim 2. Kopf Geweihentwicklungen, die vom Spießer bis zum Zehner reichen. Je nach Erbwert des Wildbestandes und unter Berücksichtigung der Umweltfaktoren (Lebensbedingungen) lassen sich nun selbstverständlich Normen für die Geweihentwicklung geben, d. h. es ist möglich, eine Mindestforderung für jede Altersstufe zu stellen. Ist, was die Regel sein wird, in unserem Beispiel vom 2. Kopf der gerade Sechser die Normalform, so liegen Spießer, Gabler und unter Umständen auch ungerade und gerade Sechser mit nur kümmerlichen, angeklebten Mittelsprossen unter dieser Normalform. Sie sind schlecht entwickelt, ohne aber unbedingt schlecht veranlagt sein zu müssen. Gerade bei den jungen Altersstufen, in denen die Hirsche körperlich noch nicht ausgereift sind, können die Geweihe phänotypische Mangelformen sein, die über die Veranlagung, den mutmaßlichen Erbwert, wie auch über die weitere Entwicklung nichts Endgültiges auszusagen vermögen. Wenn nun aber die Normalform vom überwiegenden Teil der Altersklasse getragen wird – deswegen nennen wir sie so –, so können wir es uns bei der Begrenzung der Wilddichte und der Notwendigkeit eines anteilmäßig hohen Abschusses junger Hirsche (Zielaufbau) nicht leisten, bei diesen schlecht entwickelten Hirschen – immer der Normalform gegenüber beurteilt – so lange zu warten, bis sie in höherem Alter die Mindestleistung für ihre Altersstufe doch noch oder doch nicht erreichen. Das muß jedem klargeworden sein, der mit ausreichendem Interesse die Gliederungsmöglichkeiten eines Hirschbestandes verfolgt hat. Eine bittere Notwendigkeit ist das gewiß, doch all unserem verständlichen Streben, gerade bei den jungen Hirschen recht vorsichtig zu sein, steht die Forderung der begrenzten Wilddichte wie des zu erreichenden Zielalters entgegen. Unsere Vorsicht kann sich nur in einer nicht zu hohen, wie auch im ungünstigen Biotop (Hochgebirge nach strengem Winter) nicht zu starren Mindestforderung an Geweihleistung ausdrücken.

In welchem Maße erkennbar sich die Geweihentwicklungen der Güteklassen a und b unterscheiden, verdeutlicht die gezeigte Graphik. Sie ist das Ergebnis eines mehrjährigen Durchschnitts, wobei die für die Geweihleistung wesentlichen Faktoren (Gewicht, Rosenumfang, Stangenumfang und -länge, Endenzahl) in einem Gesamtwert ausgedrückt werden.

Während beim Zahlabschuß die mathematischen Zusammenhänge im Grundsatz gelten und die Forderungen daher verhältnismäßig uniform sind, ist das bei den Richtlinien für den Wahlabschuß nicht der Fall. Hier spielen die örtlichen Verhältnisse, die Lebensbedingungen und der sich aus ihnen ergebende Rotwildtyp, der schon vom Jäger geformt sein kann, eine sehr differenzierende Rolle. Beide, Zahlabschuß und Wahlabschuß, stehen aber unter der gleichen Forderung des starken Eingriffes in die Jugendklassen, und es ist eine leider oft nicht beachtete Tatsache, daß sich Abschußplan una Abschußrichtlinie nicht nur ergänzen können, sondern sich ergänzen müssen. Letztere soll die Möglichkeit des erforderlichen Abschusses junger Hirsche geben und gleichzeitig einen zu starken Abschuß in der Klasse der mittelalten Hirsche verhindern. Das ist fast die wichtigste Aufgabe der Richtlinie! Unter diesen Voraussetzungen und auf diesen Grundlagen aufgebaut, kann eine Abschlußrichtlinie nicht klar genug sein. Sie soll den Abschuß bei den jungen Hirschen fördern, bei den mittelalten aber hemmen. Sie soll dem Jäger die Möglichkeit geben, abschußnotwendige Hirsche zu erkennen und im Rahmen des Abschußplanes zu strecken, wie auch den normalentwickelten und den darüber hinaus guten Hirsch zu schonen. Daß die Abschußrichtlinie im gesamten Rotwildgebiet gelten muß, ist selbstverständlich. Nur so wird es dem Jäger leicht gemacht, den Wahlabschuß durchzuführen, nur so wird es ihm aber auch leicht gemacht, den guten Hirsch bis zur Reife zu schonen, weil er weiß, daß die Grenze keine Grenze mehr ist! Hege mit der sprechenden und schweigenden Büchse ist hinsichtlich ihres Erfolges an eine Gemeinschaftsleistung gebunden, an die Arbeit, die Kenntnisse und den guten Willen aller Jäger eines Rotwildgebietes.

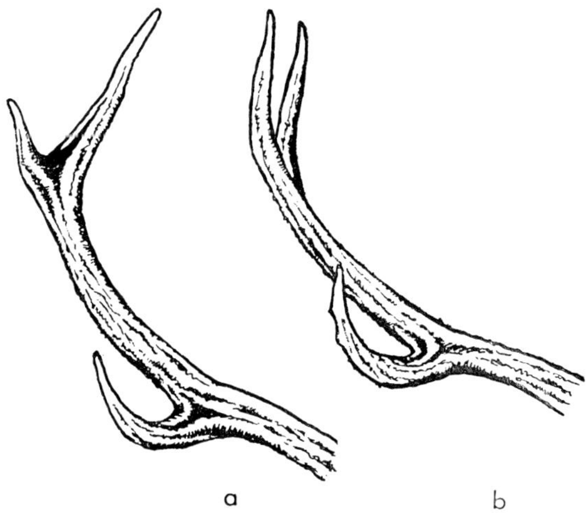

Stellung der Achtergabel
a: Typ des ewigen Achters mit quergestellter Gabel und durchgehendem Stangenende. b: Gute Gabelbildung

Wie ich für den Abschußplan die zahlenmäßige Bewirtschaftung der Rotwildbestände im Muster dargestellt habe, das allerdings keineswegs Anspruch erhebt, für jeden Fall zu gelten, so möchte ich mit gleicher Einschränkung auch das Modell einer Abschußrichtlinie vorführen. Sie könnte gelten für einen Biotop mit ungünstigen Lebensbedingungen und langsamwüchsigen Hirschen (Seite 230–233). Durch die in einer solchen Richtlinie verlangten Mindestgeweihleistungen für die einzelnen Altersstufen bestimmt sich der Begriff des abschußnotwendigen Hirsches verhältnismäßig leicht und so, daß der Jäger damit etwas anfangen kann. Je nach der Qualität des Rotwildbestandes werden die Forderungen höher oder noch niedriger gestellt werden müssen.

Ich möchte auch noch darauf hinweisen, daß diese Darstellung nicht mehr als das System zeigen soll, nach dem man eine Richtlinie erarbeiten könnte. Um nicht auf eine optisch ansprechende Illustration verzichten zu müssen (zwei ganze Doppelseiten), ist sie im übrigen nicht bis in die höheren Altersklassen durchgeführt, was sich bei einem solchen Hinweis auch wohl entschuldigt. Nicht ohne tieferen Grund erwähne ich noch, daß dies

1 2 3

1. Kopf. Gute und normale Geweihentwicklung

Der Hirsch vom 1. Kopf trägt in der Regel Spieße ohne nennenswerte Krümmung und eigentliche Rosenbildung, mit oft stumpfen oder faulen Spitzen. Die Spieße sollen über Lauscherhöhe haben.

7 8 9

2. Kopf. Gute und normale Geweihentwicklung

Der Hirsch vom 2. Kopf soll mindestens Aug- und Mittelsproß beiderseits gut ausgebildet haben. Faule Enden und abgebrochene Stangen und Enden sind nicht als Fehler anzusehen.

13 14 15

3. Kopf. Gute und normale Geweihentwicklung

Der Hirsch vom 3. Kopf soll mindestens gerader oder ungerader Achter (Eissproß oder Gabel) sein, die Entwicklung ist aber noch ausreichend als Sechser mit regelmäßiger, besonders guter Endenbildung bei entsprechender Stangenstärke und -länge (Abb. 15). Häufig gehören diese Sechser jedoch höheren Altersklassen an.

4 5 6

1. Kopf. Schlechte Geweihentwicklung

Als schlecht entwickelt gelten Hirsche, deren Spieße unter 12 cm Länge haben. Für die Abschußnotwendigkeit ist neben der Länge der Spieße auch ein geringes Wildpretgewicht von Bedeutung.

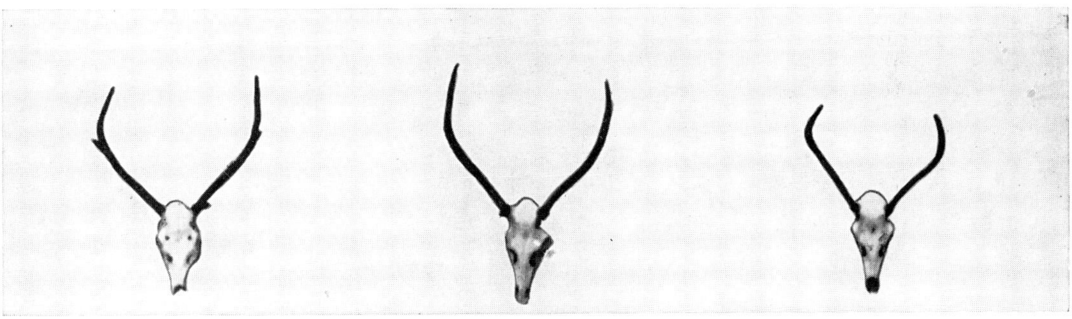

10 11 12

2. Kopf. Schlechte Geweihentwicklung

Als schlecht entwickelt gelten Hirsche, die nicht beiderseits Aug- und Mittelsproß gut ausgebildet haben. Also gerade Sechser mit kurzen Klebeenden (Abb. 10), alle ungeraden Sechser, Gabler und Spießer. Auch in dieser Altersstufe ist das Wildpretgewicht mit zu berücksichtigen.

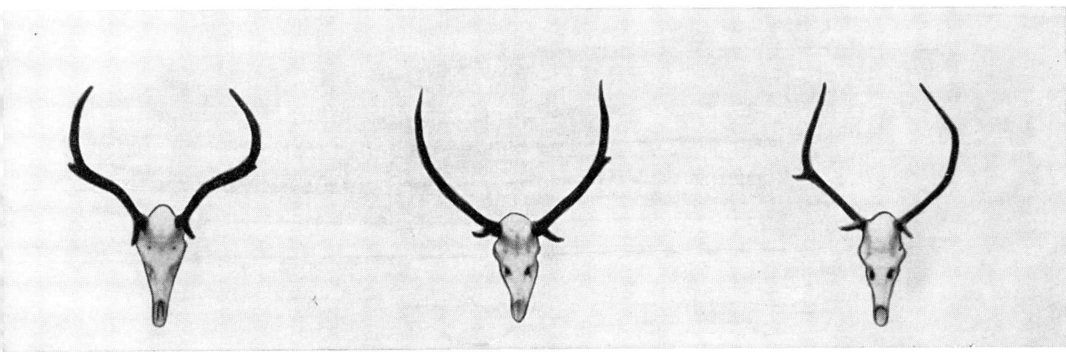

16 17 18

3. Kopf. Schlechte Geweihentwicklung

Als schlecht entwickelt gelten Hirsche, die als gerade Sechser nicht den Anforderungen hinsichtlich regelmäßiger, besonders guter Endenbildung sowie Stangenstärke und -länge entsprechen. Man achte in dieser Altersklasse schon auf hochangesetzte Mittelsprossen, die in der Regel ein Zeichen für geringe Endenfreudigkeit sind (Abb. 16/17).

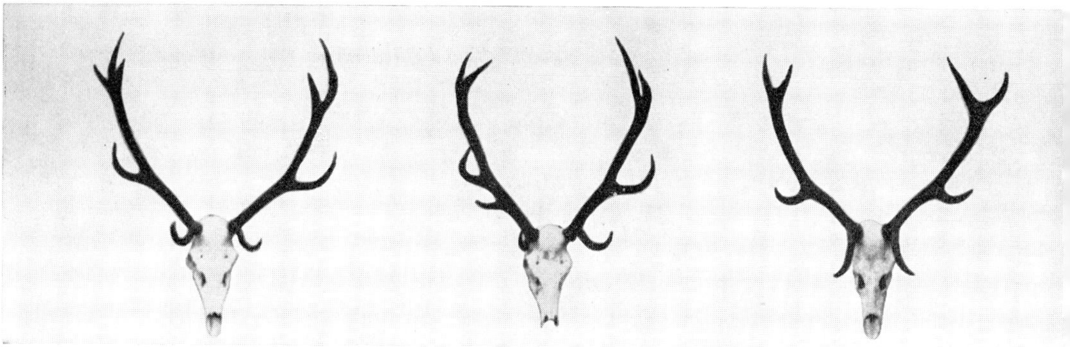

19 20 21

4. u. 5. Kopf. Gute und normale Geweihentwicklung

Der Hirsch vom 4. Kopf an soll Kronen oder Eissprossen oder auch beides tragen. Die Kronen- und Eissprossenbildung ist häufig noch einseitig. Bei normaler Entwicklung muß der Hirsch aber zumindest beiderseits Gabeln tragen mit regelmäßigen, guten Enden und Anlagen zu starken und langen Stangen. Es ist auch noch ausreichend, wenn die Achterstufe durch einseitige oder beiderseitige gute Eissprossenbildung erreicht wird bei Anlage zu starken und langen Stangen.

25 26 27

6. u. 7. Kopf. Gute und normale Geweihentwicklung

Der Hirsch vom 6. Kopf an soll mindestens Zehner sein. Es ist auch noch normal, wenn die Kronenbildung einseitig ist. Ist der Hirsch Zehner ohne Krone, so soll die Gabel- und Eissproßbildung besonders gut und beiderseitig sein (Abb. 27). Auch der lang- und starkstangige Achter mit guter Endenbildung ist noch ausreichend, wenn seine Gabeln klar in Vorder- und Hintersproß gegliedert sind (Abb. 26 u. 27). Das Geweihgewicht des jagdbaren Hirsches soll erreicht sein.

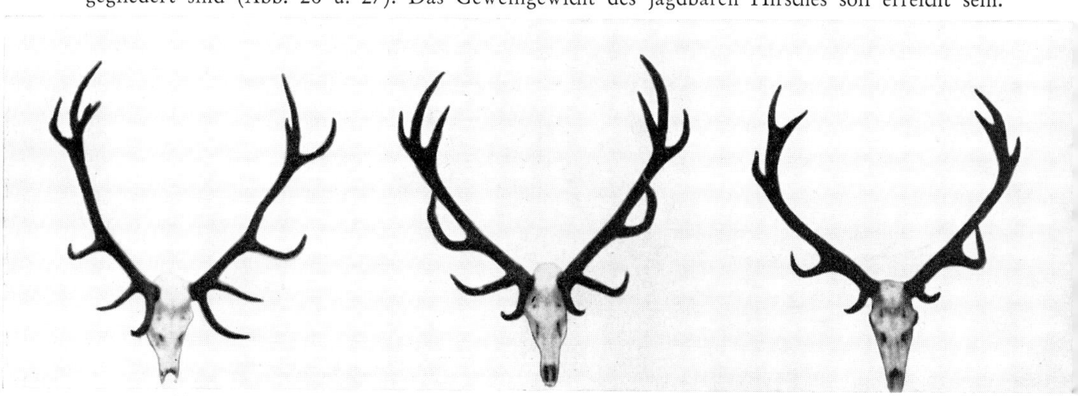

31 32 33

8. Kopf u. darüber. Gute und normale Geweihentwicklung

Der Hirsch vom 8. Kopf an soll dem Hegeziel nahekommen. Er soll also lang- und starkstangig sein und beiderseits Kronen tragen. Der Hirsch braucht zum Ausreifen noch einige Jahre. Hirsche, deren Geweihmasse vornehmlich im oberen Stangenteil liegt, haben meist noch eine besondere Zukunft.

22 23 24

4. u. 5. Kopf. Schlechte Geweihentwicklung

Als schlecht entwickelt gelten Hirsche, die nicht mindestens beiderseits gute Achtergabeln zeigen, also alle ungeraden Achter, gerade Achter nur, wenn sie keine Anlage zu starken und langen Stangen und nur unregelmäßige, ganz kurze Enden zeigen (Abb. 24). Ebenso alle Sechser. Eissprossenhirsche nur, wenn ihnen Achtergabeln fehlen und die Gesamtgeweihentwicklung nur gering ist (etwa wie bei Abb. 24).

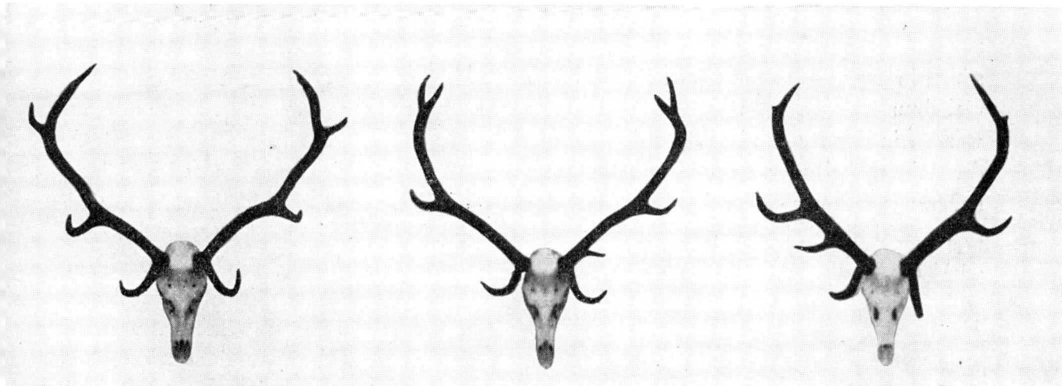

28 29 30

6. u. 7. Kopf. Schlechte Geweihentwicklung

Als schlecht entwickelt gelten Hirsche, die keine Krone oder nicht beiderseits gute Gabeln und Eissprossen tragen. Also alle Achter und ungeraden Eissprossenzehner, die von den gestellten Forderungen nach guten Stangen, Gabeln und Eissprossen erheblich abweichen (Abb. 30).

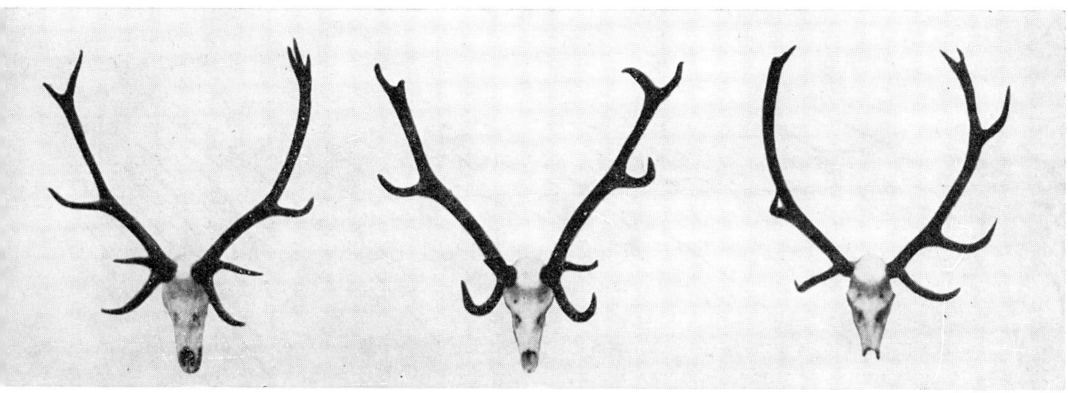

34 35 36

8. Kopf u. darüber. Schlechte Geweihentwicklung

Als schlecht entwickelt gelten Hirsche, die nicht beiderseits Kronen tragen. Also alle einseitigen Kronenhirsche und alle Eissprossenzehner. Doppelseitige Kronenhirsche nur, wenn sie beiderseits unerwünschte Kronen tragen (Abb. 36, linke Stange) oder bei normaler Kronenbildung erheblich unter dem Geweihgewicht des jagdbaren Hirsches bleiben.

Modell einer Abschußrichtlinie in gleichem Aufbau, Inhalt und Text von mir bereits gelegentlich der „Internationalen Jagdausstellung Berlin 1937", vor vier Jahrzehnten also, gezeigt worden ist. Im Erinnerungswerk „Waidwerk der Welt" (Verlag Parey 1938), S. 173 ff., kann man auch davon Kenntnis nehmen, daß ich schon damals einer Klassifizierung nach guter bzw. schlechter Veranlagung eine solche nach guter bzw. schlechter Entwicklung vorgezogen habe! Insofern hat diese Richtlinie einen deutlichen jagdgeschichtlichen Bezug, der mich von einer Um- bzw. Neugestaltung abgehalten hat.

Einige besonders charakteristische Merkmale und ebensolche Geweihstufen sollen noch besprochen werden.

In fast allen Rotwildgebieten, die ich kenne – und das sind nicht wenige –, habe ich feststellen können, daß eine *hochangesetzte Mittelsprosse* in der Regel ein Merkmal für einen wenig endenfreudigen Hirsch ist (Nr. 24 der Richtlinien zum Rotwildabschuß). Man sollte darauf schon in der Jugend achten. Die späte Teilung der Stange zur Mittelsprosse scheint die Ernährung des oberen Stangenteils zu beeinträchtigen.

In gleicher Weise typisch ist der *„ewige Achter"*. Er kennzeichnet sich durch eine quer zur Körperlängsebene stehende Achtergabel, bei der die Enden einen auffälligen Unterschied in der Länge zeigen (Nr. 28 der Richtlinie). Meist geht die Stange ohne merklichen Gabelpunkt durch und bildet das sogenannte „durchgehende Stangenende". Diese Hirsche werden in der Regel nicht über den Achter hinauskommen. Steht beim jüngeren Hirsch die Achtergabel quer, so muß verlangt werden, daß die Gabelenden etwa gleiche Länge haben und sich aus einem deutlichen Gabelpunkt mit Verdickung entwickeln (Nr. 13 und 21 der Richtlinie). Der Achter mit klarem Vorder- und Hintersproß neigt wesentlich eher zu weiterer Endenbildung (Nr. 20 und 26 der Richtlinie), insbesondere dann, wenn sich das hintere Gabelende zuerst teilt. Ich verweise noch einmal auf das, was hierzu im Abschnitt „Geweihbildung" gesagt wurde.

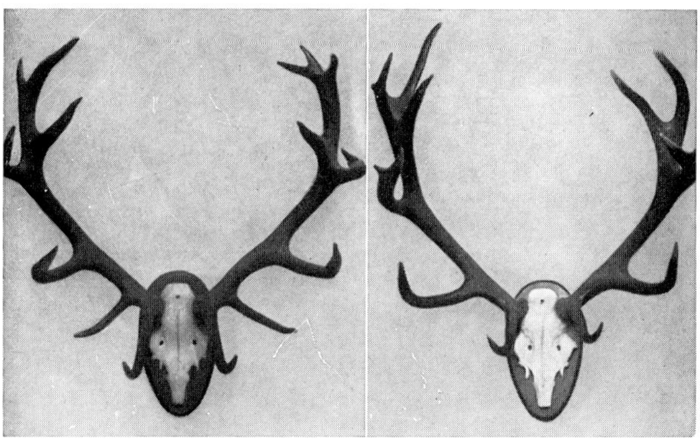

1932 *Abwurf* *1933*

Nachdem die *Eissprosse* schon morphologisch schwierig zu deuten war, nimmt es nicht wunder, daß sie auch hinsichtlich ihrer Würdigung als Merkmal guter bzw. schlechter Geweihentwicklung keine einheitliche Beurteilung erfährt. Es gibt Jäger, die in ihr entsprechend ihrer stammesgeschichtlichen Rückbildung kein Zeichen von Endenfreudigkeit sehen. Davor möchte ich aber doch warnen. Der Eissprossenachter jüngeren Jahrganges ist nicht ohne weiteres schlecht zu beurteilen. Aus ihm kann sich der beste Kronenhirsch entwickeln, der dann mit der Eissprosse immer ein oder zwei Enden mehr trägt. Erst der mittelalte Eissprossenachter oder -zehner ist abschußnotwendig, insbesondere, wenn letzterer die typischen Merkmale des „ewigen Achters" trägt. Auch das Ausbleiben einer in der Vorjahrsstufe gebildeten Eissprosse ist keineswegs ein Zeichen des Zurücksetzens. Ich zeige zwei aufeinanderfolgende Jahrgänge eines mir bekannt gewesenen Hirsches, der nach guter Eissprossenbildung diese Enden bei der nächstjährigen Geweihstufe ausließ. Der Hirsch war in der Brunft 1932 geforkelt und hatte die Verletzung erst ausgeheilt, als das Kolbenwachstum bereits zur Mittelsprosse gediehen war. Dann holte er den Verlust an Stangenmasse voll wieder auf. Ein sehr typisches Beispiel für das Geweih als Produkt des Stoffwechselüberschusses.

Die Richtlinie enthält nur Hinweise auf *Entwicklungsmängel,* nicht aber auf *Bildungs-* und *Schönheitsfehler.* Auch hierüber müssen natürlich klare Anweisungen ergehen.

Zu den Bildungsfehlern rechnet in erster Linie das *Fehlen des Geweihes* (Mönche) überhaupt. Es bedarf eigentlich keines Wortes, daß solche Hirsche abschußnotwendig sind.

Bei *Einstangenhirschen* versuche man festzustellen, ob die Stange durch Bruch verlorenging oder von vornherein nicht gebildet wurde. Verhältnismäßig selten bricht die Stange unter der Augsprosse ab, so daß Stangenbrüche sich meist an einem vorhandenen Stangenrest ansprechen lassen. Hat der Hirsch nur eine Stange gebildet, so handelt es sich um einen echten Einstangenhirsch, der abschußnotwendig ist.

Ähnlich verhält es sich mit *fehlenden Augsprossen,* die ein Geweih sehr stark entwerten. Nach der Brunft wird man solche Hirsche besonders sorgfältig ansprechen müssen, da Geweihbeschädigungen während der Brunftzeit nicht selten sind. Fehlen die Augsprossen jedoch von Natur aus, so ist der Hirsch damit abschußnotwendig. Auch sehr kurze oder nach unten gerichtete Augsprossen stempeln den Hirsch zu einem abschußnotwendigen, denn eine schön geschwungene, tief angesetzte, lange Augsprosse gehört nun einmal zu einem ausgeglichenen, edlen Geweih. So vorsichtig man bei der Beurteilung von Bildungsfehlern am Geweih sein soll, so nachdrücklich aber versuche man Hirsche mit einwandfrei erkannten, tatsächlichen Bildungsfehlern, die sich oft erstaunlich hartnäckig zu vererben scheinen, auszumerzen.

Abwurf 1956 1955
Veränderung des Stangenaufbaues

Mehrstangenhirsche, das schilderten wir früher schon, entstehen in der Regel durch Verletzungen des Rosenstockes oder des Kolbengeweihes. Sie sind daher nicht ohne weiteres abschußnotwendig, besonders dann nicht, wenn Mangel an Hirschen herrscht. Ist das nicht der Fall und muß der Hirschabschuß erfüllt werden, so ist gegen ihre Erlegung nichts einzuwenden, zumal eine monströse Trophäe oft sehr aufschlußreich sein kann und von manchem Jäger besonders geschätzt wird. Es wäre natürlich nicht richtig gehandelt, wenn man bei solchen Gelegenheiten den Hirsch mit der besten Geweihmasse und Endenbildung der Wildbahn entnimmt, nur weil er in einem Jahr, bei Rosenstockverletzung vielleicht auch dauernd, ein infolge Verletzung mißgebildetes Geweih trägt. Vererblich sind solche Mißbildungen natürlich nicht. *Stangenknicke* wie auch monströse Endenbildung aus gleicher Ursache sind ebenso zu beurteilen.

Hirsche mit *widersinnigen Geweihen* (Widder usw.) lassen auf Krankheit schließen, und damit rechtfertigt sich in jedem Falle ihr Abschuß. Man untersuche dann aber auch den gestreckten Hirsch sorgfältig auf Anomalien der Körper- und Organbildung.

Wesentlich schwieriger ist die Beurteilung von *Schönheitsfehlern,* die wir in *enger Stellung, fehlendem Stangenschwung* (gerade Stangen) stark *unregelmäßiger Endenverteilung* und *auseinandergezogenen Kronen* (Leitergeweihe) sehen müssen. Auch *mangelhafte* Vereckung (faule Enden in höherem Alter) kann hierzu rechnen.

Wenn wir den lang- und starkstangigen Hirsch mit guten, vielendigen Kronen als unser Hegeziel betrachten, so entspricht unserer Vorstellung natürlich auch ein edelgeformtes, gleichmäßiges Geweih. Das ist jedenfalls die Regel. Doch über den Geschmack kann man nicht streiten. Manche Jäger finden das sogar recht langweilig und haben damit nicht einmal so ganz unrecht. So sollten wir auch nicht einen „Einheitstyp" anstreben, ohne gleich von den für das Hegeziel eben gekennzeichneten Forderungen ganz abzugehen. Die Wucht des Geweihes mag manchen Formfehler ausgleichen. Werden aber ausgesprochen „häßliche" Geweihe im Revier zu einem Typ, so sollte man doch versuchen, diese Hirsche auszumerzen.

Es kann natürlich keine Generalregel dafür gegeben werden, wann ein Geweih *zu eng* gestellt ist. Die Schläge der Rotwildvorkommen unterscheiden sich häufig recht auffallend in der Auslage der Geweihe. Wenn aber in der internationalen Bewertungsformel für eine Auslage von weniger als 60 % der Stangenlänge keine Punkte mehr gegeben werden, so kann man, wenn man will, eine solche oder eine ähnliche Norm ansetzen. Auch eine zu *weite Auslage* kann recht unschön wirken.

Fehlender Stangenschwung, also gerade Stangen ohne Krümmung zur Medianebene, läßt ein Geweih besonders wenig edel erscheinen. Auch hier kann das natürlich durch Wucht und gute Endenbildung ausgeglichen werden. Tritt dieser Schönheitsfehler häufig im Rotwildgebiet auf, so sollte man schon in den Jugendklassen hierauf achten, in denen sich dieser Mangel in der Regel bereits zeigt und dann einen Abschußgrund gibt.

Asymmetrischer Aufbau der Geweihetagen, also z. B. an einer Stange sehr tief, an der anderen sehr hoch sitzendes Mittelende, findet sich bei jüngeren Altersstufen nicht selten, um sich in höherem Alter oft wieder zu verlieren. Je mehr der Hirsch noch in der Entwicklung steht, um so größere Überraschungen kann man hinsichtlich des sich verändernden Ansatzpunktes von Enden erleben. Die Abb. zeigt zwei aufeinanderfolgende Abwurfstangen, an denen sich das besonders deutlich demonstriert. Die hochsitzende Mittel- und Eissprosse des Jahres 1955 ist 1956 um ein beachtliches Stück tiefer angesetzt. Sehr klar ist an den Abwürfen auch zu sehen, daß sich die Eissprosse nicht durch den fehlenden Stangenknick auszeichnet. Hier finden wir bei ein und demselben Hirsch 1955 die Eissprosse völlig ohne, im nächsten Jahr mit ausgeprägtem Stangenknick. Ich wies hierauf schon auf Seite 75 hin. Behält der Hirsch den asymmetrischen Geweihaufbau auch in höherem Alter (Nr. 36 der Richtlinien), so dürfte sein Abschuß gerechtfertigt sein.

Besonders schwierig erscheint und umstritten ist die Frage der *auseinandergezogenen Krone,* die ich absichtlich bei den „Schönheitsfehlern" behandle. Nach dem, was ich über die Kronenbildung schon früher ausgeführt habe, sollte man sich zunächst daran gewöhnen, grundsätzlich bei drei und mehr Enden über der Mittelsprosse von einer Krone zu sprechen. Wenn wir weiter davon abgehen, die Becherkrone als eine naturgewollte „Spitzenleistung" zu betrachten, so haben wir die strittigen Punkte recht erheblich eingeengt. Die Becherkrone ist nun einmal nur die für unsere Betrachtungsweise ideale, in der Natur aber nicht am häufigsten vorkommende Form der *zweiteiligen Krone.* Daß man sie in einem Wildbestand bei entsprechender Veranlagung der Hirsche zur vorherrschenden Form machen kann, dafür ist Rominten das beste Beispiel. Aber das hat nicht nur 100 Jahre gedauert, sondern war nur möglich durch den Einsatz einer völlig einheitlich ausgerichteten, ausgezeichneten Jägerei! Jäger wie Reiff, Wallmann, Frevert

u. a. haben in Rominten bewiesen, daß der Hirsch nicht nur das Produkt seiner Scholle ist, sondern auch das des Jägers sein kann, der ihm die „Hege mit der Büchse“ angedeihen läßt.

Wir sollten für den praktischen Jagdbetrieb höchstens zwischen guten und weniger guten Kronen unterscheiden. Gut und erwünscht ist eine Krone, deren Enden dicht zusammenstehen bzw. in der über dem Vorderteil (vorderer Ast der Achtergabel) ein wuchtiger, endenreicher hinterer Kronenteil steht (Seite 78 3c und d, 4a, b und c). Endenarme, auseinandergezogene Kronen (Nr. 36 der Richtlinie, linke Stange) bei alten Hirschen sind natürlich als schlecht anzusehen. Es muß an dieser Stelle noch einmal darauf hingewiesen werden, daß die Krone der am auffälligsten luxurierende Teil des Geweihes ist, der sicher auch im Erbgang verankert ist (Seite 255), doch kann die Erbform erst bei Reife, guter Kondition und Konstitution realisiert werden. So will es mir oft vorkommen, als ob die Bezeichnungen „Leitergeweih“, „Wolfssprossengeweih“, „Reihenzehner“ und andere mehr bei ihrer Anwendung nicht immer das Bemühen verbergen können, einen Abschußgrund zu finden. Machen wir die Dinge nicht noch komplizierter, als sie es schon sind. In jeder Abschußrichtlinie herrscht mehr oder weniger die Schablone, das Schema. Das hat seine Schwierigkeiten und sachlichen wie psychologischen Nachteile. Hüten wir uns also, den variabelsten Teil des Geweihes, die Krone, auch noch mit strengen Definitionen zu malträtieren. Dort, wo der Wildbestand ausgesprochen endenfreudige Kronenhirsche anbietet, können selbstverständlich andere Regeln und Richtlinien herrschen als dort, wo, wie vielerorts in unseren Kulturwäldern, auch der alte Achter nur ein durch Hunger verhinderter Kronenhirsch sein kann. Wiederholen möchte ich noch, daß Kronen, die sich bilden, indem *zuerst* der vordere Teil der Achtergabel geteilt wird, in der Regel nicht vielendig werden (Seite 78 2d und Nr. 19 und 26 der Richtlinie).

Wir sollten uns nicht weismachen lassen, die Krone sei oder würde als Wunschbild des Jägers dem Hirsch „angezüchtet“, was aus biologischer Sicht nicht gutgeheißen werden könne. Im Gegenteil! Das Geweih ist Kampf- und Imponierorgan und um so wirksamer, je sichtbarer, d. h. je länger, dicker und endenreicher es ist. Das Kampfritual der Hirsche ist nicht auf Töten eingerichtet, und dem entspricht eine vielendige Krone am Geweih, die verhindert oder erschwert, daß der Gegner durch eine schlechte Parade stößt, wie sie ein kahles, insbesondere kronenloses Geweih darstellt.

Nachdem bislang bei Behandlung der Richtlinien für den Wahlabschuß das Negative eine bevorzugte Rolle spielen mußte, noch ein Wort zum *„Ernteabschuß“*, den ich damit aber nicht aus dem Rahmen des Wahlabschusses herausstellen möchte. Auch er ist „Hege mit der Büchse“, ist eine Funktion der Geduld und des Verzichts. Wo das Gespenst des „ständig krummen Drückefingers“ umgeht, ist es nichts mit der Ernte. Auswählen und Abwarten, immer wieder das Schlechte vom Guten, das Gute vom Besseren scheiden, das scheinen mir die wesentlichsten Voraussetzungen zu sein, ehe man mit der Ernte beginnen kann. Ernte bedeutet auch Reife!

Und so entnehmen wir den unserem Hegeziel entsprechenden Hirsch, den guten, jagdbaren auch nur dann der Wildbahn, wenn er reif, d. h. im Regelfall um 12 Jahre alt ist, und wenn wir ihn draußen im Revier nicht noch nötiger haben, als zu Hause an der Wand! Herrscht noch Mangel an guten, alten Hirschen, so muß weiter Verzicht geleistet werden. Man sollte sich nicht gleich sorgen, daß der Hirsch zurücksetzt, auch nicht daran zweifeln, ob er wohl auch noch im Alter ein guter Vererber sein kann. Die Erbmasse altert nicht! Die Freigabe eines Erntehirsches sollte daher, wenn es irgend angängig ist, und was sollte dem entgegenstehen, nicht für ein Jahr befristet sein. Eine wirklich wahre Abschußplanung dokumentiert sich doch erst dadurch, daß man als Planer den Mut hat, nicht erlegtes Wild wieder zusätzlich auf den Abschußplan zu setzen. Kann man sich das nicht zutrauen, so war die ganze Abschußplanung nicht mehr als ein Hasardspiel. Vielleicht nicht einmal durch die Schuld des Planers als vielmehr durch die derjenigen, die gern starke Hirsche, die aber gar nicht da sind, schießen wollen. So wird dann der Erntehirsch freigegeben: Geschossen wird er hoffentlich nicht! Die einzigen Voraussetzungen, die man an die Freigabe eines Erntehirsches stellen sollte, sind doch die: Er muß überhaupt vorhanden und entbehrlich sein, und gut durchgeführter und erfüllter Wahlabschuß bei geringen Hirschen und Kahlwild!

Wenn wir den Hirschen in unseren Betrachtungen auch einen besonders breiten Raum gewidmet haben, so wäre die Darstellung der Abschußrichtlinien und ihre Durchführung unvollkommen, würde nicht auch der *Kahlwildabschuß* noch eingehend behandelt. Erinnern wir uns an das, was wir über die Gliederung des Rotwildbestandes gesagt haben, so wissen wir: Jedes Stück Kahlwild zuviel steht letzten Endes, d. h. bei Bindung an die Wilddichte, auf Kosten der Hirsche im Revier. Danach erscheint der Abschuß des weiblichen Wildes zwar zunächst als eine Maßnahme der zahlenmäßigen Regulierung, ist aber ebenso eine solche der Einflußnahme auf die Güte und den Erbwert des Bestandes. Auch wenn der Hirsch wegen seiner höheren Anzahl von Nachkommen von besonderem Gewicht ist. Beim Tier spielt die körperliche Verfassung, damit auch das Alter, für die Entwicklung der Frucht und des Jungtieres überhaupt eine nicht zu unterschätzende Rolle. So bilden *Körpergewicht* und *Alter* für uns die Merkmale, nach denen der Wahlabschuß auszurichten ist.

Will es auch so scheinen, als ob das Körpergewicht ein verhältnismäßig einfacher, leicht erkenn- und verwertbarer Ausdruck der körperlichen Verfassung des Tieres ist, so liegen die Dinge doch etwas komplizierter, wenn man sie einer biologischen Betrachtungsweise unterzieht. Zunächst müssen wir feststellen, daß es kaum möglich ist, allgemein gültige Normen für Mindestgewichte der einzelnen Altersstufen festzulegen, deren Unterschreiten uns einen klaren Anhalt für die Auswahl geben könnte. Die einzelnen Rotwildpopulationen unterscheiden sich nicht nur hinsichtlich der absoluten Merkmalsgröße sehr erheblich voneinander, sondern es sind auch die hierfür bestimmenden Ursachen nicht immer die gleichen. So können die Faktoren des Umwelteinflusses (Standortverhältnisse) wie auch solche des Erbgutes (rassische Grundlagen) für sich allein, wie auch im Zusammenhang modifizierend wirken. In erster Linie entscheidet das Erbgut über die körperliche Qualität, und es wird eine Verbesserung der Standortverhältnisse und damit der Lebensbedingungen daher nur insoweit von steigerndem Einfluß sein können, wie es die in der Rotwildpopulation vorhandenen rassischen Grundlagen zulassen. Damit können unseren Bemühungen um die Hebung des Körpergewichts Grenzen gezogen sein, insbesondere dann, wenn, wie es durchaus möglich ist, Erbanlagen für hohes Körpergewicht völlig fehlen. Welcher Auslesefaktor der Umwelt, Klima oder Mensch, hierfür verantwortlich zu machen ist, läßt sich mit Bestimmtheit nicht in jedem Falle entscheiden, zumal wir infolge Fehlens von ausreichendem Untersuchungsmaterial sicher erst am Anfang unserer Erkenntnisse auf diesem Gebiet stehen. Auf jeden Fall ist es erforderlich, sehr intensiv um die Beschaffung statistischen Materials bemüht zu sein, wobei jeder Jäger mithelfen sollte. Aus dem geringen vorhandenen Zahlenmaterial bringe ich nach den schon erwähnten Untersuchungen von Dauster eine Zusammenstellung der in drei Populationen gefundenen Gewichtsgrenzen, wobei ich wiederhole, daß insbesondere für das Kahlwild die ausgewerteten Stückzahlen noch nicht als ausreichend betrachtet werden können. Die Spitzengewichte sind durch kursiven Druck hervorgehoben.

Dauster sagt hierzu: „Die gefundenen niedrigsten Gewichte, unter denen sich natürlich auch die Gewichte der kranken Stücke befinden, liegen häufig bis zu 50 % unter

	Harz				Reinhardswald				Westfalen	
	Hirsche		Kahlwild		Hirsche		Kahlwild		Hirsche	
Alter Jahre	Höchstes Gewicht kg	Geringstes Gewicht kg	Höchstes Gewicht kg	Geringstes Gewicht kg	Höchstes Gewicht kg	Geringstes Gewicht kg	Höchstes Gewicht kg	Geringstes Gewicht kg	Höchstes Gewicht kg	Geringstes Gewicht kg
1	55,7	42,8	59,5	20,0	44,5	40,0	50,0	27,0	63,4	49,5
2	66,0	60,4	71,0	44,5	66,0	43,0	62,0	30,0	77,1	66,8
3	83,5	70,9	55,0	47,0	85,5	61,8	65,5	46,0	94,7	77,9
4	127,0	51,0	70,0	61,0	110,0	58,0	70,0	38,5	127,0	60,0
5	135,0	55,0	68,0	49,0	120,0	61,5	*87,0*	50,0	150,0	55,0
6	142,0	57,0	70,0	56,0	142,0	54,0	69,0	49,0	*172,0*	72,5
7	129,0	55,0	66,0	58,0	125,0	76,0	83,0	60,0	151,0	55,0
8	130,0	55,0	*81,0*	60,0	132,0	71,5	81,5	52,0	152,0	72,5
9	*137,0*	81,0	54,0	53,5	*147,5*	72,0	69,0	60,0	140,5	96,0
10 u. m.	135,0	64,0	64,0	56,0	146,0	62,0	65,0	50,0	138,0	65,5

dem Höchstgewicht. Dieser überraschende und nicht zu erwartende Befund dürfte seinen Grund in der Variationsbreite innerhalb der Population haben, aber auch durch jahreszeitliche Einflüsse bedingt sein." Ich möchte mich dem, soweit es die Variationsbreite des Körpergewichts bei den Hirschen betrifft, nicht unbedingt anschließen, bin vielmehr der Meinung, daß die Geringstgewichte der höheren Altersklassen wohl überwiegend von kranken Hirschen stammen. Doch scheint mir beim Kahlwild die Variationsbreite trotz der oben gemachten Einschränkungen besser erfaßt zu sein. Die ermittelten Differenzen zwischen Höchst- und Geringstgewicht sind daher deutlich genug, um sie für den praktischen Jagdbetrieb als grundsätzlich erkennbar und damit als geeignetes Merkmal für den Wahlabschuß bezeichnen zu können. Es wäre für die Zukunft jedoch nötig, in den einzelnen Rotwildgebieten noch entsprechende Untersuchungen aus größerem Zahlenmaterial anzustellen, um danach Gewichtsnormen für das Kahlwild nach Altersstufen und Jahreszeiten aufzustellen. Deren deutliches Unterschreiten würde eine Richtlinie für die Abschußdurchführung ergeben können.

Wenn wir uns heute beim Abschuß des weiblichen Wildes zunächst noch an die Generalregel halten, grundsätzlich das *schwächste* Stück zu *strecken,* so könnte ein derartiges Vorgehen, d. h. die Aufstellung einer Gewichtsnorm, insofern eine wesentliche Erweiterung bringen, als grundsätzlich das *schwache,* hinter dem Zielgewicht zurückbleibende Stück zum Abschuß kommen würde. Dabei wäre das Finden der zu entsprechender Einstufung führenden Gewichtsgrenze weitgehend einer subjektiven Beurteilung entzogen. Erst dann besteht die Aussicht, im Rahmen der gezogenen Grenzen zum Erfolg zu kommen. Gleichzeitig aber wird der Kahlwildabschuß das, als was er eigentlich längst hätte betrachtet werden sollen: eine Kunst. Und zwar eine solche, die sich nicht nebenher auf Drück- und Treibjagden ausüben läßt, sondern die vollen Einsatz jagdlichen Könnens bei Pürsch und Ansitz erfordert.

Beim *Kälberabschuß* ist die Auswahl nach dem Gewicht nicht besonders schwierig. Man kompliziere die Dinge auch nicht unnötig dadurch, daß man ihn nun auch hinsichtlich der Geschlechter fest in der Hand zu halten versucht. Das wird immer ein Versuch bleiben, aber ein solches verständliches Bemühen sollte den Abschuß der mehr oder weniger „anonymen" Kälber nicht zu stark hemmen. Wohl glückt es dem einen oder anderen Jäger, Hirsch- und Wildkalb zu erkennen, doch ist das keineswegs die Regel.

Wir kommen im Abschnitt „Ansprechen" noch hierauf zurück. Also dem schwächsten und dem schwachen Kalb gehört die Kugel, zunächst ohne Rücksicht auf das Geschlecht. Weicht der durchgeführte Kälberabschuß in seinen Anteilen nach Geschlechtern vom aufgestellten Abschußplan ab, muß selbstverständlich in den höheren Altersstufen ein Ausgleich vorgenommen werden, der sich meist in einem verminderten Spießerabschuß ausdrücken wird.

Gering entwickelte Kälber gibt es immer. Wenn aber in der Literatur oft zu lesen ist, *Erstlingskälber* seien immer unterentwickelt, so vermag ich mich dem nicht unbedingt anzuschließen. Ganz abgesehen davon, daß uns für eine derartig schwerwiegende Behauptung bisher jeder stichhaltige, d. h. wissenschaftlich erbrachte Beweis fehlt. Gewiß wird das Erstlingskalb eines geringen Schmaltieres schwach sein können. Die Regel ist das aber nicht, denn Schmaltiere, die im Alter von 16 bis 17 Monaten mit Erfolg beschlagen werden, zeichnen sich nach den Untersuchungen von Kröning und Vorreyer meist durch ein überdurchschnittliches Körpergewicht aus. *Zwillingskälber* sind immer geringer als der Durchschnitt. Da das Tier in diesem Falle zwei Kälber zu säugen hat, ist wenig Hoffnung auf eine günstige Weiterentwicklung, so daß man möglichst beide Kälber strecken sollte. Ebenso sind *spät gesetzte Kälber,* also meist solche von nachbrunftenden Tieren, zum Abschuß zu bringen. Wenn sie auch zunächst durchaus gut entwickelt sein können, so gehen sie normal gesetzten Kälbern gegenüber wesentlich jünger und mit geringerer Widerstandskraft in den Winter, was ihrer Weiterentwicklung abträglich sein muß. Oft zeigen auch ganze Kälberjahrgänge eine auffallend schlechte Entwicklung. So als Folge harter Winter, in denen die beschlagenen Tiere Not litten, aber auch nach anhaltend trockenen Sommern, die bei den Alttieren wegen Fehlens ausreichender Äsung oft Mangel an Milch auftreten lassen. Einen solchen Kälberjahrgang wird man natürlich schärfer beschießen müssen, als das unter normalen Umständen im Abschußplan vorgesehen ist. Für einen entsprechenden Ausgleich muß dann gesorgt werden.

Auch bei den *Schmaltiere*n bereitet die Auswahl nach dem Körpergewicht im allgemeinen keine besonderen Schwierigkeiten, wenn man sich genügend Zeit zum Ansprechen und Vergleichen nimmt. Auch dann, wenn das Stück zur Strecke ist, überzeuge man sich, ob es sich tatsächlich um ein Schmaltier handelt. Das erscheint mir keineswegs überflüssig, denn nicht selten habe ich es erleben können, daß ein ausgesprochen starkes Kalb nicht nur als schwaches Schmaltier erlegt, sondern auch als solches verbucht wurde. Das Kalb hat, um es zu wiederholen, je nach Erlegungsdatum drei bzw. vier, das Schmaltier während der ganzen Dauer der Jagdzeit fünf Backenzähne. Diese geringe Mühe der Kontrolle sollte sich jeder Jäger machen, nicht nur der, der noch nicht ganz sicher im Ansprechen ist. Das schwache Schmaltier wird in der Regel nach dem Ergebnis der oben erwähnten Untersuchungen ein nicht beschlagenes Stück sein, das als „Übergehendtier" in das nächste Jahr gegangen wäre. Der Gewichtsunterschied ist ausreichend markant und beträgt etwa 10 bis 20 %.

Damit dürften wir auch die oft gestellte Frage beantworten können, was von den *Übergehendtieren* zu halten ist. Sie waren in ihrem Jahrgang die körperlich schwachen, spätreifen Stücke. Durchaus wahrscheinlich ist es, daß sie die Gewichtsdifferenz wegen der geringen Inanspruchnahme infolge fehlender Frucht z. T. auszugleichen vermögen. Ob sie damit aber als spätreife Stücke so wertvoll sind, daß man sie grundsätzlich schonen sollte, kann mit Sicherheit erst entschieden werden, wenn der Beweis dafür vorliegt, daß die Kälber aus Schmaltieren durchweg wesentlich schwächer sind, als die der älteren Stücke. Nach den von mir gemachten Erfahrungen bleibt das Übergehendtier meist auch in seinem dritten Lebensjahr im Körpergewicht hinter dem gleichalten Alttier, dem Schmal-

Rotwild

Studie von Prof. G. Löbenberg

tier des Vorjahres, zurück. So halte ich es nicht für falsch, Übergehendtiere zu strecken. Je schärfer das Ausmerzen schwacher Schmaltiere betrieben wird, um so weniger häufig werden sie allerdings vorkommen. Ihr Abschuß läßt sich auch deswegen nicht völlig vermeiden, weil nicht mehr Alttiere als Kälber geschossen werden sollten. In unserem Zielaufbau ist das Verhältnis so angespannt, daß von den zum Abschuß vorgesehenen vier Alt- bzw. Übergehendtieren letztere möglichst mit ein bis zwei Stück an der Strecke beteiligt sein müssen. Damit wird der Abschuß der Alttiere entlastet.

Auch dann noch bleibt der *Alttierabschuß* eine wirklich schwere Aufgabe, die jedem Jäger besonderen Kummer macht, solange er nicht von seiner Notwendigkeit überzeugt ist. Gar zu gern geht man den Schwierigkeiten aus dem Wege und begnügt sich mit Begründungen, die einleuchtend klingen, ohne es tatsächlich zu sein. So wird oft gesagt: Die Alttiere sind der Stamm, das Gerippe des gesamten Bestandes. Sie liefern die Leittiere, und diese wieder führen das übrige Kahlwild. Man sollte sie daher grundsätzlich schonen. Sicher, Leittiere soll man auch möglichst nicht schießen, besonders dort nicht, wo das Wild auf deren Führung angewiesen ist, also in erster Linie im Hochgebirge. Aber nicht alle Alttiere sind und werden Leittiere. Das völlige Schonen der Alttiere ließe sich nur durchführen, wenn entsprechend stärker in die Jugendklassen, d. h. in die Kälber und Schmaltiere eingegriffen würde. Die zahlenmäßige Erfüllung des Abschußsolls, das sich auf dem Zuwachs aufbaut und im Normalfalle diesem mindestens entspricht, bleibt eine zwingende Forderung, daran sollten wir immer denken. Es kann doch aber kaum einem Zweifel unterliegen, daß es nicht sehr zweckmäßig ist, wenn durch einen wesentlich verstärkten Abschuß weiblichen Jungwildes der Erfolg einer bei den Hirschen schon mühevoll genug betriebenen Auslese wieder in Frage gestellt wird, indem man den Nachwuchs dieser mehr oder weniger ausgewählten Vatertiere über das unbedingt notwendige Maß hinaus zehntet. Ohnehin verleitet der verhältnismäßig einfache Abschuß der Kälber und Schmaltiere dazu, von ihm als bequemster Art der Abschußerfüllung über Gebühr Gebrauch zu machen. Gerechtfertigt wäre das nur, wenn über das Abschußsoll hinaus noch auffallend schwache Stücke vorhanden sind. Jeder auf längere Sicht betriebene verstärkte Abschuß an jüngerem Wild führt zu einer Überalterung des Kahlwildbestandes, und damit können die Folgen verbunden sein, die wir schon schilderten. Überalterte Tiere setzen zwar noch Kälber, doch ist oft ihre körperliche Verfassung nicht mehr geeignet, stärkeren Nachwuchs zu bringen. Gelingt es also, und darum müssen wir uns bemühen, ein wirklich altes, also etwa über 14jähriges Tier zu erkennen, so wird, wenn es führt, zunächst das Kalb, dann das Alttier geschossen. Nicht immer wird es auf Anhieb glücken. Meist aber sucht das Alttier noch einige Tage nach seinem Kalb und kann so erlegt werden. Keinesfalls entschließe man sich dazu, führende Alttiere vor ihren Kälbern zu strecken in der Hoffnung, das Kalb hinterher zu schießen. Ich halte diese Maßnahme nicht für waidmännisch, da allzu oft das Kalb nicht mehr zur Strecke kommt und kümmert. Besonders ist das der Fall, wenn ein nicht im Rudel stehendes, führendes Alttier gestreckt wird, dessen Kalb in der Regel keinen Anschluß wieder findet. Grundsätzlich also sollte man sich bemühen, beim Abschuß eines schwachen Kalbes das dazu gehörige Alttier anschließend zu strecken, ehe man daran geht, *nicht führende Alttiere* zu schießen. Diese werden leider zu häufig als Gelttiere angesprochen bzw. bezeichnet, doch dürfte das kaum richtig sein. Alttiere bringen nicht in ununterbrochener Folge alljährlich ein Kalb, sondern setzen oft nach einigen Jahren einmal aus. Damit werden sie aber nicht zu gelten, d. h. unfruchtbaren Tieren. Diese ihnen von der Natur gegönnte Erholungspause ist sicher notwendig und wirkt sich insofern günstig aus, als das nachfolgende Kalb besonders kräftig entwickelt zu sein pflegt. Auch ist zu bedenken, daß ein Alttier, das gesetzt hat, sein Kalb auch durch

Krankheit, wildernde Hunde u. dgl. verloren haben kann. So verzichte man möglichst auf den Abschuß nicht führender Alttiere, es sei denn, es handelt sich um ein körperlich schwaches Stück. Ebenso kann natürlich die Erfüllung des Abschußplanes den Abschuß erforderlich machen, doch lasse man sich nicht von der verhältnismäßig einfachen Art der Abschußdurchführung bei diesen Alttieren dazu verleiten, grundsätzlich jedes nichtführende Alttier zu strecken. Die Versuchung ist groß, da bei einer solchen Maßnahme nicht in die Nachzucht eingegriffen zu werden braucht.

Ganz anders liegen die Dinge beim *Abschuß* von *Gelttieren.* Als solche bezeichnen wir grundsätzlich nur Stücke, die *dauernd* unfruchtbar sind. Das kann verschiedene Ursachen haben. Zunächst ist es möglich, daß die Unfruchtbarkeit krankhafter Natur ist. Solche Fälle, in denen z. B. eine Steinfrucht getragen wird, sind gar nicht einmal so selten beim Rotwild. Auch krankhafte Veränderungen der Geschlechtsorgane können die Ursache sein. Es ist natürlich außerordentlich schwer und oft nur nach mehrjähriger Beobachtung möglich, ein solches Stück mit Sicherheit zu erkennen. Um so schwerer, je mehr man sich bemüht, die vorübergehend nicht führenden Alttiere zu schonen. Wer aber sein Wild kennt und sich das ganze Jahr über, insbesondere im Winter an der Fütterung die Mühe macht, scharf zu beobachten, dem wird es doch dann und wann glücken, ein solches Gelttier so anzusprechen, um es, wenn das Rudel abseits der Fütterung steht, wieder erkennen zu können. Wirkliche Gelttiere pflegen außerdem in der Setzzeit und in den anschließenden Wochen in der Regel nicht im Rudelverband zu stehen, im Gegensatz zu nicht führenden Alttieren. Stücke, die wegen hohen Alters gelt werden, sind verhältnismäßig selten. Von Natur aus tritt bei allen weiblichen Säugetieren das Unfruchtbarwerden wegen Alters erst dann ein, wenn Gefahr besteht, daß das Kalb nicht mehr bis zur Selbständigkeit geführt werden kann. Bei der verhältnismäßig kurzen Zeitspanne, die hierzu nötig ist, erklärt es sich, daß Alttiere regelmäßig bis ins hohe Alter setzen. Bemüht man sich, seinen Rotwildbestand nicht überaltern zu lassen, indem man die wirklich alten Tiere nach ihren Kälbern schießt, so wird der Anteil an Gelttieren im Kahlwildbestand in der Regel recht gering sein. Um so größer ist die jagdliche Leistung zu bewerten, wenn es gelingt, ein Gelttier zur Strecke zu bringen.

Noch ein Wort zum *Zeitpunkt des Kahlwildabschusses.* Ich bin der Meinung, daß die am 1. August beginnende Schußzeit von sechs Monaten durchaus genügen sollte, den Abschuß von weiblichem Wild zu erfüllen, wenn sofort bei Aufgang der Jagdzeit mit dem Abschuß begonnen und dieser scharf bis zum Beginn der Brunft durchgeführt wird. Darüber hinaus dürfte auch dem vorsichtigen Abschuß von weiblichem Wild während der Brunft nichts im Wege stehen. In der Praxis sieht es jedoch meist anders aus. Zunächst wird im August schon sehr lau auf Kahlwild gejagt, um die Hirsche nicht zu stören. Mit gleicher Begründung setzt dann der Kahlwildabschuß während der Brunft für mindestens vier Wochen völlig aus. Nachdem der Jäger sich diese Zeit über sehr intensiv den Hirschen, wie auch oft mit gleichem Aufwand den zu führenden Gästen gewidmet hat, ist er meist selbst zu „abgebrunftet", um sich sofort wieder dem Kahlwildabschuß zuwenden zu mögen. Dann fehlen weitere 14 Tage, und so kann man es vielerorts erleben, daß der Kahlwildabschuß nur unter Anstrengungen, d. h. insbesondere unter Zuhilfenahme von Drückjagden, oder überhaupt nicht erfüllt wird. Die Folge ist die Vorverlegung des Schußzeitbeginns auf den 1. Juli, an die wir uns in vielen Rotwildgebieten schon durchaus gewöhnt haben. Gewiß kann der vorsichtige Jäger auch im Juli Kahlwild schießen, ohne Unheil anzurichten, während der unvorsichtige im August noch absolut in der Lage ist, das Gegenteil zu tun, d. h. versehentlich ein führendes Stück zu schießen. Darum geht es weniger. Aber wir sollten uns bemühen, unserem Wild eine möglichst lange Ruhepause in Form der Schonzeit zu gewähren, und sechs Monate Jagdzeit sind doch schon recht lang. Steht man allerdings vor der Aufgabe, einen Verminderungsabschuß durchzuführen, der Wahlabschuß sein soll, dann wähle man mit der verlängerten Jagdzeit das geringere Übel. Zur Regel sollte sie aber nicht werden.

Geweih- und Stangenschau

Beschließen wir hiermit die Betrachtungen über Abschußplan und Abschußrichtlinie. Es war ein weiter Weg, den wir zu gehen hatten. Um wieviel weiter und schwerer wird er noch, wenn nun vor dem Jäger die Aufgabe steht, die gewonnenen Erkenntnisse bei Gelegenheit seiner Jagdausübung zum Tragen, zur Anwendung zu bringen. Die Aufgabe bedarf zu ihrer Lösung der verantwortungsvollen Mitarbeit aller Rotwildjäger. Das Wesentlichste wird gewonnen sein, wenn sie gesichert ist. Steht aber hinter allem Handeln nicht eine gewisse Kontrolle, so können unsere Bemühungen nur Stückwerk bleiben. Wir haben uns daran gewöhnen müssen, in der Jagdausübung das jagdwirtschaftliche Moment heute besonders betont zu sehen. Welche Wirtschaft würde aber nach Aufstellen eines Planes auf die Bilanz verzichten? Keine, die ihre Arbeit ernst nimmt, und ganz gewiß keine, der ihre Aufgabe von der Allgemeinheit gegeben ist. Und so muß – wieder im gesamten Rotwildgebiet – alljährlich Rechenschaft abgelegt werden. Der durchgeführte Abschuß ist zu überprüfen, und zwar nach jeder Richtung. Hinsichtlich der Gesamtzahl, der Aufteilung nach Geschlechtern und Altersklassen, wie auch hinsichtlich der Innehaltung der gegebenen Richtlinien. Keine bessere Gelegenheit kann sich hierzu anbieten, als die jährliche *Geweihschau.* Sie ist daher nicht nur in ihrem „Drum und Dran“, sondern in erster Linie auch in ihrem Inhalt entsprechend zu gestalten. Liegt das gesamte Zahlenmaterial über die Abschußdurchführung vor, ist *jedes* Geweih ausgestellt, so kann es nur eine ebenso notwendige wie dankbare Aufgabe sein, eine Auswertung und die oben beschriebene rechnerische Kontrolle vorzunehmen und diese auch den beteiligten Jägern bekanntzugeben. Rotwildgebiete, die heute noch ohne eine solche Gesamtbilanz auskommen müssen, werden nicht „bewirtschaftet“ und bilden dann, das sei eindeutig gesagt, eine Gefahr für die Erhaltung des Rotwildes! Bei den Hirschen ist es allerdings nicht mit einem bloßen Zurschaustellen getan. Selbstverständlich müssen die Geweihe bewertet, d. h. nach der Abschußwürdigkeit ihrer Träger beurteilt werden. Geschieht das nur hinter den Kulissen, so ist es ebenso gut, wenn man die Bewertung gleich ganz unterläßt. Wird sie nicht konsequent nach der gegebenen Richtlinie durchgeführt, wird man sich nicht wundern können, wenn diese in Zukunft nicht innegehalten wird. Nachsichtig sein bedeutet hierbei in der Tat nichts anderes, als kurzsichtig sein. Die Geweihschau sei eine Schlußbilanz, aus der alle Jäger des Rotwildgebietes etwas zu lernen haben. Nur dann hat sie einen Sinn.

Sehr wertvoll ist es, wenn eine oder mehrere *Stangenschauen* im Rotwildgebiet insofern ergänzend wirken, als sie das zeigen, was an Hirschen noch oder schon in den Revieren steht. Es kann nicht eindringlich genug empfohlen werden, alles daranzusetzen, der Abwurfstangen habhaft zu werden. Sie zeigen uns in unbestechlicher Weise, wohin gesteuert wird und geben wichtige Aufschlüsse über die Gesamtsituation, wie über den Entwicklungsgang einzelner Hirsche. Zwar sind die Möglichkeiten, Abwürfe zu finden, nicht überall die gleichen. In reinen Nadelholzrevieren mit wenig Unterwuchs und armer Bodenflora tat man sich leichter, als im entgegengesetzten Falle. Doch auch dann lasse man nichts unversucht, um in Besitz der Stangen zu kommen. Im allgemeinen hängt der Erfolg von einer entsprechenden Organisation ab. Dort, wo völlig plan- und zusammenhanglos gesucht wird, bringt das nur große Unruhe in den Wildbestand. Nimmt sich der Jäger aber dieser Sache an und sorgt insbesondere dafür, daß nicht zu früh in der Jahreszeit gesucht wird, daß möglichst kein Unbefugter sich beteiligt, und daß die Stangen auch vorgezeigt werden, so ist damit viel gewonnen. Einiges Geschick in der Behandlung der Stangensucher gehört allerdings dazu. Aus welchem Grunde so wenig davon Gebrauch gemacht wird, mit einem gut geführten, ruhigen Hunde Stangen zu suchen, ist nicht verständlich. In jüngeren Jahren führte ich eine Wachtelhündin, die mit Passion suchte und Stangen brachte bzw. verbellte.

Schlußbetrachtungen

Um im Kapitel „Hege mit der Büchse" nicht auf die Geschlossenheit der Darstellung verzichten zu müssen, habe ich mich wenig mit Ansichten auseinandergesetzt, die seit einiger Zeit die „Klassische Hege" in Frage zu stellen versucht haben. Hierbei ging und geht es in erster Linie um die „Hege mit der Büchse", wie ich sie mit Benamung und Inhalt aus den Gedankengängen von Raesfelds übernommen und für deren zeitgemäße Aufgabenstellung im Hinblick auf die Rotwildhege ich eine zeitgemäße Lösung seit Jahrzehnten nicht nur weiterentwickelt, sondern auch in der Praxis durchgeführt habe. Zeitgemäß insofern, als die quantitativen Forderungen dieser Hege im Rahmen eines gesetzlichen Abschußplanes heute durchaus realisierbar geworden sind, wodurch eine „Bewirtschaftung der Rotwildbestände" ermöglicht wurde. Zeitgemäß auch insofern, als neue Erkenntnisse biologischer und ethologischer Forschung nach Notwendigkeit und Möglichkeit ihres Einsatzes Beachtung gefunden haben. Hinsichtlich der Beurteilung solcher Möglichkeiten habe ich mich in erster Linie gefragt, ob die Forschungsergebnisse jetzt schon als ausreichend gesichert gelten können, dann aber auch, ob ihre Anwendung als praktikabel angesehen werden kann.

Hierbei stütze ich mich auf die Erfahrungen, die ich in vier Jahrzehnten bei Verwaltung, Betreuung und Beobachtung der verschiedenen Rotwildgebiete sammeln konnte, vornehmlich im westlichen Europa, dem Raum also, für den seinerzeit auch Raesfeld sein Werk geschrieben hat. Ihm ging es um die Erhaltung des Rotwildes in diesem Raum, und das ist auch das erklärte Ziel meiner fortführenden Arbeit.

Bei allen Auseinandersetzungen über die zu beschreitenden Wege darf nicht vergessen werden, daß in der Regel auch die Zweifler das gleiche Ziel haben, und so sind sie Helfer, denn jeder beseitigte Zweifel und jeder aufgeklärte Irrtum bringen uns dem gemeinsamen Ziel näher.

So versachlicht möchte ich jedenfalls die Situation sehen, wenn ich mich – beschränkt auf die wichtigsten Dissense – mit Auseinandersetzungen beschäftige, die der schon häufiger von mir zitierte Dr. Bubenik in akute Diskussion gebracht hat.

Es wird die Frage gestellt: „Ob Frhr. v. Raesfeld, der der Vater der Hege mit der Büchse genannt wird, und andere, die nach ihm kamen und hartnäckig an dieser Vorstellung weiterarbeiteten und auf ihr beharrten, darüber nachgedacht haben, wie die Natur selbst Tiere selektiert?" Wegen dieser direkten Anfrage gehört die Auseinandersetzung hierüber auch an diese und keine andere Stelle! Es wurde weiter die Frage gestellt: „Ob Geweihe überhaupt als Auslesemerkmale betrachtet und bewertet werden können?" Sie wurde ausgelöst durch die Behauptung, daß die bisherigen Hegeerfolge nach den so sorgfältig erarbeiteten und klaren Richtlinien nicht so groß seien, wie man es erwartet hat. Ohne hier untersuchen zu wollen, ob die Richtlinien tatsächlich überall diese Prädikate verdienen, unterstreicht eine solche Beurteilung der Lage das, was ich im Erinnerungswerk der Deutschen Jagdausstellung München 1963 über die Situation in vielen Rotwildgebieten Deutschlands geschrieben habe: „Wir sollten in großer Sorge um unser Rotwild sein!" Nur scheint es mir nicht richtig zu sein, sich ausschließlich am Mißerfolg zu orientieren und dabei ein Konzept in Frage zu stellen, das in vielen Fällen überhaupt nicht, nicht konsequent, oder nur sehr fehlerhaft zur Anwendung gekommen ist: Die Hege mit der Büchse!

Frhr. v. Raesfeld und diejenigen, die nach ihm kamen, orientierten sich am Erfolg, am damaligen etwa im Darß und in Pleß, am späteren etwa in Rominten, Schorfheide, Elchwald, Lobau und am heutigen etwa im Wildfeld, Solling, Rothaargebirge, Odenwald und Harz. Hier waren und sind die Erfolge größer als man erwartet hat. Wenn man die „Hege mit der Büchse" beim Rotwild in Frage stellt und kennt oder nennt diese Namen nicht, dann orientiert man sich und andere fehlerhaft. Es sei denn, man könnte etwa eine gleiche Anzahl bekannter Rotwildgebiete anführen, in denen unser Konzept, kompromißlos angewandt, zum Mißerfolg geführt hätte. Ich kann jedenfalls den mehrfachen Beweis erbringen – und habe ihn auf Ausstellungen auch erbracht –, daß unter dieser Voraussetzung der Erfolg mit Sicherheit eintritt, und ich sehe mit Überzeugung aus praktischer Arbeit die Ursache für fehlende Erfolge nicht zuletzt im Fehlen der „Hege mit der Büchse"!

Sicher entfernt sich unsere Auslese insofern zunächst von der natürlichen Selektion, als sie von vornherein quantitativ festgelegt ist. Sie richtet sich dann qualitativ auf diejenigen Individuen, die nach unseren Vorstellungen „schlecht entwickelt" sind. Hierfür gelten die beschriebenen Merkmale: Körpergewicht und Geweihstärke. Wenn in den jüngsten Altersklassen die körperlich schwächsten Stücke ausgelesen werden, so dürfte kaum daran zu zweifeln sein, daß dies der natürlichen Selektion einigermaßen entspricht.

Wenn später beim männlichen Wild diejenigen Individuen ausgelesen werden, die hinsichtlich ihrer Geweihentwicklung deutlich unter dem Durchschnitt bleiben, so kann dagegen auch nichts eingewendet werden. Wie man das Geweih auch sehen mag, als Imponierorgan, als Signal, als Waffe, immer bedarf ein bevorzugt als Blickfang dienendes Organ, wie es das Geweih ist, einer bestimmten Größe. Dr. Bubenik sagt selbst, „daß es um so wirksamer ist, je länger es insgesamt, je länger die Sprossen und Enden sind". Dann kann es also nicht falsch sein, wenn die Hege mit der Büchse auf das Gleiche hinauswill: lange, starke, endenreiche Geweihe. Deshalb halte ich es für unlogisch zu erklären, unser Konzept sei das der Trophäensucht, sei eine „geweihorientierte Hirschzucht". Vielmehr sehe ich in der Freude des Jägers an der altersmäßig ausgereiften, starken Trophäe eine unverzichtbare Chance für die Gesunderhaltung unseres Rotwildes.

Hinsichtlich des Geschlechterverhältnisses wird argumentiert, daß Daten aus Populationen, die auf natürlichem Wege reguliert werden, einen Spielraum zwischen 1:1,2 bis 1:1,5 finden ließen, was als naturgewollt zu betrachten sei. Es entzieht sich meiner Kenntnis, wie und wo man heutzutage noch solche Daten zuverlässig sammeln kann. Vielleicht noch im Karpaten-Urwald, vielleicht neuerdings in den Weiten der argentinischen Laubholz-Buschwälder und Pampas? Doch lauten hierüber vorliegende Nachrichten oft ganz anders. Kiss von Nemeskér berichtet z. B., daß vor der Dezimierung der Wölfe im Karpatenurwald ein stark zugunsten der Hirsche verschobenes Geschlechterverhältnis geherrscht habe, da wesentlich mehr weibliches Wild gerissen wurde. Das hat ihn seinerzeit auch veranlaßt, im Revier Gödöllö (Ungarn) ein Verhältnis von 2:1 herzustellen, wobei hervorragende Erfolge hinsichtlich der Geweihqualität ohne Nachteile für den

Wildbestand erzielt wurden. Ähnliches wird aus Argentinien berichtet, wo das Rotwild im Puma noch einen natürlichen Feind hat, dem ebenfalls mehr weibliches Wild zum Opfer fallen soll, so daß ein Verhältnis von 2:1 angenommen werden kann.

Wäre es nicht besser einzugestehen, daß wir hierüber das Letzte noch nicht oder überhaupt nicht wissen, anstatt mit so hypothetischen Begründungen wie des gestörten „Wohlbefindens“ auf Änderung eines Konzeptes zu dringen, das sich bei konsequenter Anwendung bewährt hat und gerade beginnt, hervorragende Erfolge zu bringen? Sollte man nicht die Geduld aufbringen, einmal abzuwarten und zu beobachten, bis sich nach einigen Generationsumsätzen vielleicht einmal kontrollierbare Reaktionen zeigen? Solange nicht der Beweis erbracht ist, daß das unseren jagdwirtschaftlichen Vorstellungen wesentlich besser entsprechende Geschlechterverhältnis von 1,2 bis 1,5:1 die Erhaltung oder Gesunderhaltung des Rotwildes gefährdet, besteht kein Anlaß, darauf zu verzichten, einer größeren Anzahl von Jägern eine entsprechende Zahl von alten, reifen Hirschen zur Verfügung zu stellen.

Auch wird beim Geschlechterverhältnis von 1:1,2 bis 1,5 ein so hoher Kälberabschuß notwendig, daß damit jeder Wahlabschuß, selbst der nach dem Merkmal Körpergewicht, illusorisch wird, weil etwa 65 bis 70 % des vorhandenen Kälberjahrganges zum Abschuß kommen müssen. Das heißt für die Praxis: jedes Kalb, dessen man habhaft werden kann![1]

Ist denn aber das wahllose Abschießen einer Stückzahl noch „eine Sache, die man wohl verstehen muß“, noch eine reizvolle Aufgabe für den mit Optik und Ballistik modern ausgerüsteten und bewaffneten Jäger? Sie müßte es werden, wenn uns die „Wildbiologen“ nachweisen könnten, daß das Konzept der „Jagdbiologen“, die Hege mit der Büchse, der Wahlabschuß, unser Rotwild schädigt oder gar in seiner Existenz bedroht.

Entsprechende Hypothesen reden schon von der strukturellen und genetischen Desorganisation der Rotwildpopulationen, die durch unsere Bewirtschaftung der Rotwildbestände hervorgerufen werden soll. Aber vergessen wir zunächst nicht, daß wesentliche Bereiche von Biologie und Ethologie der Populationen sich noch im Stadium wissenschaftlicher Arbeitshypothesen befinden. Der Vorhang, hinter dem viele Zusammenhänge der Verhaltensweisen verborgen sind und vielleicht verborgen bleiben, hat sich doch erst um einen recht schmalen Spalt geöffnet. Und unsere Kenntnisse auf diesen Gebieten können noch nicht sehr gesichert sein, nachdem die Generationsdauer den zeitlichen Ablauf und damit die Geschwindigkeit von Veränderungen bestimmt. Ob solche Veränderungen dann gleich für uns sichtbar werden, ist noch eine andere Frage.

An dieser Stelle noch ein Hinweis auf die von Dr. Bubenik in unserer Literatur seit 1959 vorgeschlagenen „sozialen Wildklassen“, in die eine Rotwildpopulation gegliedert sein soll, um biologischen Erfordernissen zu entsprechen. Hierbei beziehe ich mich im wesentlichen auf ein Referat von Oberforstrat P. Schwab (Die Pirsch, 1973, S. 434 ff.), der im Karwendel/Tirol das von Dr. Bubenik beplante Modellrevier Achenkirch betreut. In einer annähernd ideal aufgebauten Rotwildpopulation sollten die Sozialklassen nach Dr. Bubenik etwa mit folgenden prozentualen Anteilen am Gesamtbestand vertreten sein, denen ich geklammert die Anteile meiner Altersklassen gegenüberstelle, wie ich sie seit 1957 bereits (4. Auflage) vorgeschlagen habe (vergl. S. 214). Ich verwende die Bezeichnungen der Sozialklassen:

[1] Da normalerweise dieser Prozentsatz den gleichen Anteil im Gesamtabschuß ausmacht, bleiben für einen Wahlabschuß noch 30 bis 35 %. Darauf kann man dann getrost verzichten – das will man ja auch – und schießt nur auf Stückzahl, wahllos.

Wildkälber	10 %	(11 %)
Jungtiere (1–3 Jahre)	13 %	(15 %)
Haupttiere (4–11 Jahre)	23 %	(21 %)
Alttiere (12 u. mehr Jahre)	4 %	(3 %)
Hirschkälber	10 %	(11 %)
Schmalspießer	7 %	(8 %)
Junghirsche (2.–4. Kopf)	13 %	(13 %)
Mittelhirsche (5.–9. Kopf)	13 %	(13 %)
Althirsche (10. Kopf u. älter)	6 %	(5 %)

Es ist hiernach nicht allzu schwierig festzustellen, daß sich meine Altersstrukturen von den als „letzten Schrei" propagierten Sozialstrukturen numerisch und damit praktisch nicht voneinander unterscheiden. Nicht einen Deut! Und so sollten sie eigentlich biologisch nicht anders wirken können wie die Sozialstrukturen! Das ist bisher von ihren Verkündern wohl noch nicht erkannt, jedenfalls noch nicht anerkannt.

Daß dem aber so sein muß, geht auch aus folgendem hervor: Ich zitiere weiter P. Schwab und setze seinen Anteilen die von mir geforderten in Klammern bei: „Es muß nach rechnerischer Zwangsläufigkeit zum Beispiel der Hirschabschuß etwa 60 % (62 %) Junghirsche bis zum 4. Kopf, davon mindestens 50 % (40 %) Schmalspießer enthalten. Dagegen dürfen nur 10–15 % (12 %) aus der Mittelklasse ausfallen oder geschossen werden. Nur, aber auch nur dann, bleiben 25–30 % (25 %) in der Altersklasse 10. Kopf und älter übrig.

Diese unumgängliche Tatsache weist Peter Junior in einer Abhandlung in Band 12 Heft 4/1966 der Z. f. J. mathematisch einwandfrei nach, und die jahrelange konsequente Abschußplanung und Abschußdurchführung in der Hegegemeinschaft Karwendel, vor allem in den Forschungsrevieren Achenkirch, liefert die praktische Bestätigung für die Richtigkeit dieser Forderung, wie sie auch von Dr. Bubenik vertreten wird."

Soweit Oberforstrat Schwab, und auch die Bezugnahme auf Dr. Junior kommt uns recht bekannt vor! Man gewinnt den Eindruck, als habe dieser seine Stellungnahme für Dr. Bubenik abgegeben. Ich verweise hierzu auf das, was ich auf S. 224 zitiert habe, wobei es mir hier darauf ankommt festzustellen, daß Dr. Junior selbst einleitet, er beabsichtige, „die Vorreyer'schen Ansichten im Rahmen einer geschlossenen mathematischen Theorie zum Ausdruck zu bringen".

Wenn nun der Gliederung einer Population in Sozialstrukturen ganz bestimmte günstige Folgewirkungen zugeschrieben werden, wie Steigerung des Wohlbefindens und Minderung des Wildschadens, so müssen diese ja wohl ebenso für die Gliederung in die hier seit zwei Jahrzehnten geforderten Altersstrukturen gelten, die zum älteren Vokabular und Inhalt einer zeitgemäßen „Hege mit der Büchse" gehören!

Es wäre auch weiter die Frage zu klären, ob und inwieweit unsere Rotwildbestände in ihren Verhaltensweisen überhaupt noch wie natürliche Populationen reagieren? Jedes der vollen Freiheit beraubte Wildtier ändert seine Verhaltensweise als Individuum in Gefangenschaft, im Gatter, in auffälliger Weise. Das Fehlen der freien Einstandswahl, der räumlich wie zeitlich freizügigen Nahrungssuche, der Mangel einer normalen Gemeinschaft, das Ausschalten des Hungers und der Furcht, lassen normale Verhaltensweisen unausgelöst, für die das Wildtier psychische und physische Energien besitzt. Befinden sich unsere Rotwildpopulationen nicht schon in einer vergleichbaren Situation? Die freie Einstandswahl mußte bereits rigoros eingeschränkt werden, die normale, naturgemäße Abundanz mußte durch die gesteuerte Wilddichte ersetzt werden. Weiträumige Wanderungen sind nicht mehr möglich, und Fütterung – oft schon das ganze Jahr über – gehört fast zur heutigen „Rotwildhaltung". Ja, man plant schon, ganze Rotwildbestände den Winter über einzupferchen, sie dort ausgiebig zu füttern, um Wildschäden im Walde zu mindern und Trophäenstärke zu mehren! Ein gräßlicher Gedanke, „Hänschen" im Sommer zu erschießen, nachdem es im Winter fast handzahm gewesen ist!

Aber zurück zur Frage: Reagieren diese Bestände noch wie natürliche Populationen? Jagt der Biologe hier nicht schon auf kalter Fährte? Könnte man sich nicht auch vorstellen, daß die genetische Ausstattung von Rotwildpopulationen völlig verschiedener Biotope nicht konform sein muß? Immer wieder fällt mir auf, daß die geschilderten Verhaltensweisen und Reaktionen aus den „Auwäldern mit den angrenzenden Kultursteppen" Südwesteuropas so ganz andere sind, als ich sie aus dem west- und nordwesteuropäischen Raum kenne. Die Biotope sind doch auch grundverschieden. Wir können unsere Verhältnisse weder mit den optimal günstigen der Drau und Save-Standorte noch mit den völlig andersgearteten des schottischen Hochlandes vergleichen und dort gewonnene biologische Daten nicht hierher übertragen.

Nur ein Beispiel, die Wilddichte: Während Dr. Bubenik feststellt, daß hohe Siedlungsdichten eine Vorbedingung für das Wohlbefinden des Rotwildes sind, deuten die für unseren Raum gemachten Beobachtungen eindeutig darauf hin, daß steigende Wilddichten in der Regel zum Absinken der Körpergewichte führen, was wohl nicht gerade als Ausdruck des Wohlgefühls angesehen werden kann. W. Frevert sagt für die Rominter Heide, in der die natürlichen Ernährungsmöglichkeiten für das Rotwild sehr gut gewesen sind: „Die Hege mit der Büchse wurde in Rominten bereits seit etwa 1860 durchgeführt. Es war damals der Oberförster Reiff, Nassawen, der Abschußrichtlinien aufstellte, die genau den Leitsätzen des Altmeisters v. Raesfeld entsprachen. Der Auswahlabschuß war also in Rominten etwa 85 Jahre durchgeführt. Aber die stärksten und besten Rominter Hirsche wurden erbeutet, als der Bestand auf meine Veranlassung um 50 % vermindert worden war."

Der Inhalt dieses Zitates bringt mich wieder zum Thema zurück, der „Hege mit der Büchse", um es nunmehr abzuschließen. Ich habe an diesem Konzept und nach ihm vier Jahrzehnte „hartnäckig weitergearbeitet" und habe es als Rezept in mehreren Rotwildgebieten in Gebrauch genommen. Die hierbei erzielten Erfolge haben alle Erwartungen übertroffen! Es ist doch kaum Raum für einen Zweifel, daß in den vergangenen drei Jahrzehnten ganz allgemein die Geweihstärken zugenommen haben. Dafür gibt es mehrere verursachende Faktoren, von denen aber, dessen bin ich mir sicher, das erreichte höhere Alter der erlegten Spitzenhirsche an erster Stelle steht. Nur dürfen wir uns nicht täuschen lassen: Das periodische Auftreten von echten Spitzenhirschen in einer Population im Abstand von Jahren oder gar Jahrzehnten hat mit einer durchgreifenden Qualitätsverbesserung nur wenig zu tun. Das gab es immer schon, aber unser Ziel ist die Anhebung des Durchschnittes und daraus die nachhaltige Nutzung eines möglichst hohen Anteils an alten Hirschen.

Hierzu einige Zahlen aus dem Harz: Als im Jahre 1934 in Berlin im Europahaus eine Deutsche Jagdausstellung veranstaltet wurde, stellten weisungsgemäß die Preuß. Staatsforsten aus jedem Forstamt das stärkste 1933 erbeutete Geweih aus. Die aus dem Harz, Rg. Bez. Hildesheim, dem heutigen Rotwildring Harz etwa entsprechend, gezeigten 13 stärksten Geweihe kamen auf eine durchschnittliche Bewertung, aus Nadler-Punkten in Intern. Punkte umgerechnet, von 158 I. P.!

Nach 40 Jahren „Hege mit der Büchse", ich sage das betont, gibt ein Vergleich mit dem Durchschnitt der stärksten Geweihe aus dem Westharz der Jahre 1959–1973 folgendes Bild:

Aus diesem Zeitraum von 15 Jahren erreichten die jährlich jeweils stärksten Geweihe einen Durchschnitt von 189 I. P.!

Und zwar in einer kontinuierlichen Steigerung, wenn man jeweils drei Fünfjahresperioden vergleicht:

1959–1963 = 184 I. P.; 1964–1968 = 188 I. P.; 1969–1973 = 200 I. P.!

Ergänzt man den Vergleich mit den jeweils an 10. Stelle gestandenen Geweihen, so zeigt sich folgende Bewertung: 1959–1973 = 171 I. P. Und für die Perioden:

1959–1963 = 164 I. P.; 1964–1968 = 171 I. P.; 1969–1973 = 178 I. P.!

Selbst das Erreichen dieser durchschnittlichen Geweihstärken hätte im Harz vor 40 Jahren allen Jägern, mich eingeschlossen, als Utopie gegolten.

Noch ein letztes Zahlenbeispiel: Auf der jüngsten Harzrotwildschau (1978) brachten von 416 erlegten Hirschen (ohne Schmalspießer) die Geweihe von 49 Hirschen 170 I.P. und mehr in die Bewertung, d. s. 11 %! Davon hatten 2 Geweihe über 200 I.P., 2 mehr als 190 I.P., 14 mehr als 180 I.P. und 31 mehr als 170 I.P!

Eine erstaunliche Anhebung der durchschnittlichen Geweihstärke, sicherlich auch Ausdruck der Gesundheit und des Wohlbefindens dieses einst wegen seiner „mickrigen" Geweihe so berüchtigten Rotwildbestandes! Ein Erfolg praktizierter Hege mit der Büchse, die ergänzend flankiert wurde von Hegemaßnahmen, wie insbesondere der Verbesserung der Äsungsverhältnisse. Der Erfolg einer angewandten Jagdbiologie, die nicht unbedingt ausschließlich wildbiologisch gesteuert war. Denn zur Jagd gehört auch der Jäger mit seinen Verhaltensweisen!

Überblicken wir abschließend noch einmal all' das, was in diesem Kapitel zur Darstellung gekommen ist, so muß eins klargeworden sein: Jagd ist heute nicht mehr nur „Schauen, Erwarten, Sinnen, Ausruhen". Leider nicht mehr, und die Jagd hört mit der Jagdausübung nicht auf.

Vergessen wir nicht, daß es bei der Jagd auf Rotwild, mit wie heißem Herzen wir sie auch immer betreiben, letztlich um die Bewirtschaftung der Rotwildbestände geht. Das ist nicht mehr nur mit Schießen, Erlegen und Beutemachen getan, sondern hier gilt die „Hege mit der Büchse", deren letztes Ziel die Erhaltung des Rotwildes ist.

Rotwildkreuzung und -verpflanzung

Nachdem etwa seit der Jahrhundertwende ganz allgemein die Trophäe des Rothirsches eine sehr viel höhere Bewertung als Ziel der Hege erfahren hatte und große internationale Jagdausstellungen (Wien 1910) anschauliches Vergleichsmaterial aus den Rotwildvorkommen der verschiedenen Biotope zur Verfügung stellten, waren Überlegungen naheliegend, die sich mit der Möglichkeit der Verbesserung bestimmter Rotwildschläge durch Zuführung von „frischem Blut" befaßten. Besonders die in der Haustierzucht mit Kreuzungen gemachten Erfahrungen ließen einen Erfolg erhoffen. Die imposanten Geweihe aus dem südosteuropäischen Raum, aber auch solche des amerikanischen Vertreters der Art Cervus, des Wapiti, waren es wohl in erster Linie, die beim Vergleich mit denen der nord- und nordwestdeutschen Rotwildgebiete solche Gedanken aufkommen ließen. Man stellte sich vor, daß z. B. der „Ungarhirsch" in Reviere gebracht, deren Geweihqualität sich nicht mit ihm messen konnte, hier nun eine erhebliche Verbesserung des Erbgefüges herbeiführen würde, die sich in Geweih- und Körperstärke ausdrücken sollte. Zwar hatte man wohl die Bedeutung der Umweltfaktoren schon in Anfängen erkannt und bemühte sich dementsprechend um die Verbesserung der Lebensbedingungen des Rotwildes, doch ging das Schlagwort „Degeneration“ um, und Rotwildbestände, die nicht in der Lage waren, Kapitalhirsche am laufenden Band hervorzubringen, wurden kurzerhand als „entartet“ angesehen. Wir wissen aus den Erfolgen, die früher und auch heute unter kompromißloser Anordnung der „Hege mit der Büchse“ erzielt werden konnten, daß das nicht bzw. nur in Ausnahmefällen zutraf. Sobald z. B. bei einheitlicher Abschußregelung durch das Reichsjagdgesetz die gut entwickelten Hirsche alt werden konnten, realisierten sie den in ihnen steckenden Erbwert und lieferten überraschend gute Trophäen. Nach wenigen Jahren konnten sich, um nur ein Beispiel zu nennen, die Hirsche Pommerns mit denen der südosteuropäischen Länder durchaus messen. Doch davon ahnte man damals noch wenig und versprach sich von der Zuführung frischen Blutes zumindest eine wesentliche Beschleunigung zur Erzielung starker Trophäen und meinte, die eigene langwierige Arbeit der von Raesfeld bereits vor der Jahrhundertwende empfohlenen „Hege mit der Büchse“ durch die Tätigkeit vermeintlich besserer Vererber erheblich abkürzen zu können.

Wir wissen heute um den Einfluß der Umweltfaktoren wie um die Schwierigkeit bzw. Unmöglichkeit, in freier Wildbahn zu „züchten“, und so kann es nicht überraschen, daß der Erfolg fast aller Blutauffrischungen hinter den Erwartungen sehr weit zurück- bzw. überhaupt ganz ausgeblieben ist.

Beninde hat in seiner Arbeit „Die Fremdbluteinkreuzung beim deutschen Rotwild“ (1940) sehr sorgfältig alle erreichbaren Unterlagen über derartige Versuche zusammengetragen und zieht aus den Ergebnissen von 55 Blutauffrischungen (europ. Standortrassen) und Fremdblutkreuzungen nachstehende Schlußfolgerungen:

„Die Körper- und Geweihstärke der südosteuropäischen, asiatischen und amerikanischen Riesenformen des Edelhirsches verschwindet auf mitteleuropäischen Standorten in der Kreuzungszucht schon in den ersten Generationen. Reinzuchten liegen aus der Vergangenheit nicht vor, sind aber auch in Zukunft praktisch nicht möglich, da die rotwildfähigen Standorte Deutschlands heute mit einheimischem Wild bereits versehen sind. Die Hoffnungen auf nachhaltige Steigerung der Stärke durch fremdes Blut müssen als gescheitert angesehen werden.“

So wird von ihm die Blutauffrischung und Fremdblutkreuzung in Bausch und Bogen verurteilt, und man kann dem für die Praxis mit Einschränkung wohl zustimmen. Ich meine, man könnte die meisten der Versuche nicht als „Kreuzungszucht“ bezeichnen, denn nach dem Auslassen des fremden Wildes konnte von einer planmäßigen „Zucht“ natürlich keine Rede mehr sein, und außerdem scheint es mir nach den Regeln der Vererbung als selbstverständlich, daß sich das einmal eingebrachte Erbgut des fremden Rotwildes im einheimischen Bestand erhält und immer wieder insbesondere Geweihformen, wenn auch nicht -stärken auftreten, die an die Blutauffrischung erinnern.

Im wesentlichen handelte es sich bei den in unserem Raum vorgenommenen Zufuhren fremden Wildes um solche, die in Ost- und West-Richtung erfolgten, nur wenige brachten Wild aus dem Westen in den Osten. Also selbst die Kreuzung europäischer Standortrassen hat kein sehr markant positives Ergebnis gehabt. Ausgesprochene Fremdblutkreuzungen, wie das Einbringen der Wapiti z. B., haben oft sogar negative Auswirkungen gezeigt, die sich in häßlichen Geweihformen und nachlassender Vitalität ausdrückten.

Wenn Graf Draskovich (Rotwildhege, Rohrer Verlag) bei seinen in sieben Punkten zusammengefaßten Hegeregeln, von denen man sechs voll und ganz bejahen kann, als Krönung aller Maßnahmen die Zufuhr entsprechend gewählten, fremdblütigen Einschlages zwecks rascher Ergänzung des dem eigenen Wildbestand im Laufe der Zeit ver-

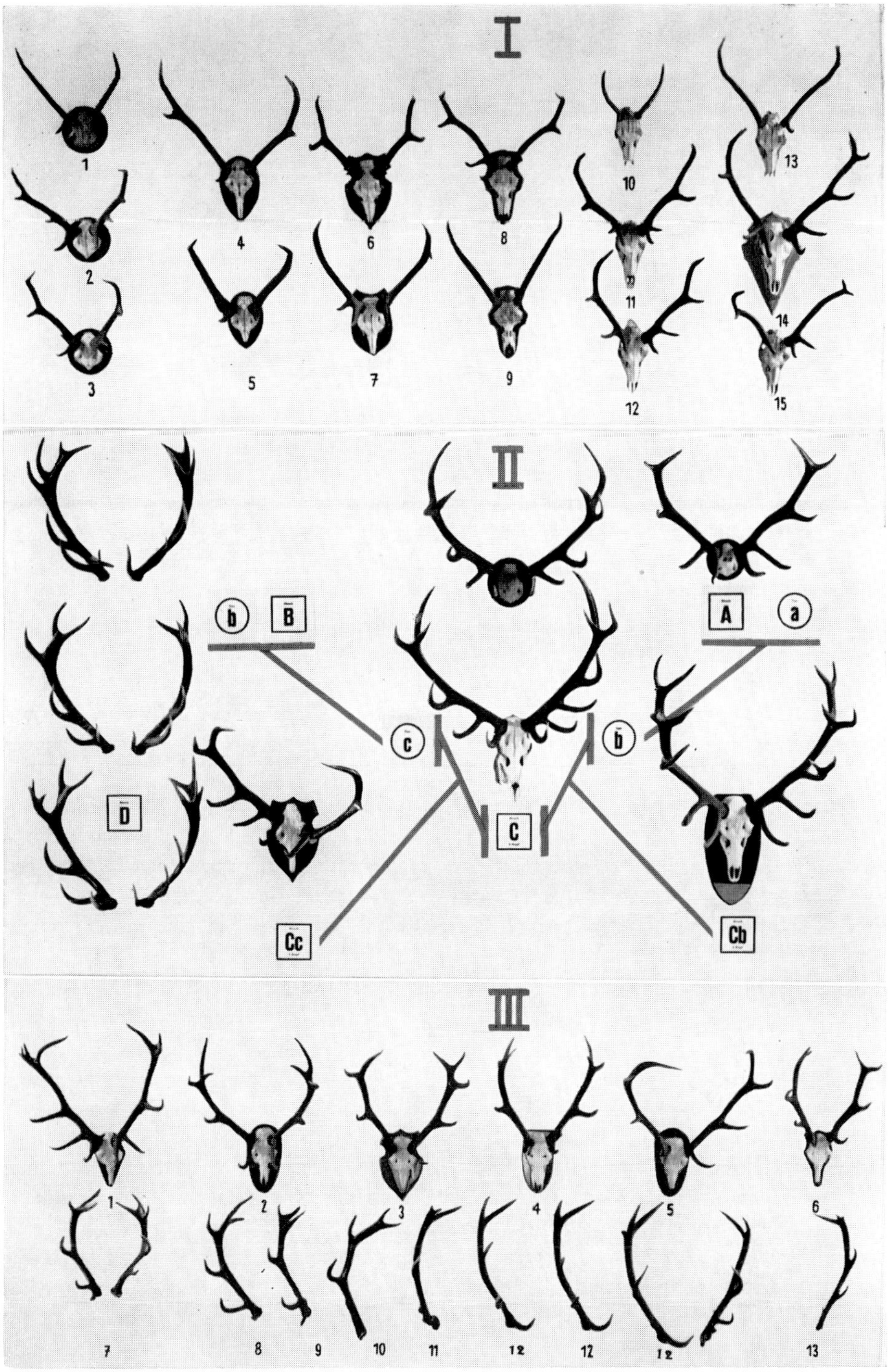

Blutauffrischung im Hainberg

lorengegangenen Erbgutes bezeichnet, so kann ich dem nicht zustimmen. Gewiß hat dieser erfahrene Jäger in seinen Revieren *bester* Rotwildstandorte (Donau–Drau) durch Blutzufuhr große Erfolge hinsichtlich Verbesserung von Geweihform und Endenfreudigkeit erzielt, daraus aber zu schließen, daß die „Aufartung der Rotwildbestände ausschließlich mit der von ihm erprobten Kreuzung verschiedener sich ergänzender europäischer Rotwildformen, möglich ist", dürfte ein Trugschluß sein. Man kann an den Untersuchungen von Beninde nicht einfach vorbeigehen und sollte außerdem nicht vergessen, daß der für einen solchen „Wiederaufhegeplan" erforderliche Aufwand bei aller Wertschätzung der Trophäe gar nicht bereitzustellen ist. Ganz abgesehen davon bin ich der Meinung, daß es die schönere Aufgabe ist, aus seinem eigenen, bodenständigen Rotwildschlag das Beste zu machen. Da halte ich es mit Scherping, der sagt: „Hege mit der Büchse – und im übrigen keine Zuchtstätten mit Zuchtleitern, sondern das alte, gute deutsche Waidwerk, auch wenn die Hirsche nicht 200 Nadlerpunkte haben."

Daß Fremdblutkreuzungen beim Rotwild unter Bedingungen der „Haustierhaltung" natürlich zu ganz anderen Ergebnissen führen können, ist nicht überraschend, bleibt aber für den Jäger verhältnismäßig uninteressant. So sind auch die „Züchtungen" von Winans (1913), insbesondere Kreuzungen von europäischem Rotwild mit Wapiti sowie von deren Nachkommen mit Altaihirschen, völlig in Vergessenheit geraten. Sie hatten mit Jagd und Hege nichts zu tun, und der Plan dieses Züchters, als Jäger kann man ihn nicht bezeichnen, „durch eine dreifache Verkreuzung der Abgewanderten nach West (Wapiti) und Ost (Maral) mit den in Deutschland daheimgebliebenen Nachkommen des Eiszeithirsches den Urtyp ihres gemeinschaftlichen Vorfahrens erzüchten zu können", mutete doch wohl schon zu seiner Zeit reichlich spekulativ an. Raesfeld sagt schon zu diesen Züchtungsprodukten: „Was diese Hirsche als Hauptschmuck tragen, das ist kein Schmuck mehr, das sind groteske Knochenwucherungen, die der Hirsch nicht mehr trägt, sondern mit denen er sich schleppen muß."

Ganz ohne Zweifel haben aber zahlreiche Blutauffrischungs- und Fremdblutkreuzungen unsere Kenntnis über den Einfluß der Umweltfaktoren wie auch über den Erbgang ganz wesentlich gefördert, besonders dort, wo eine sorgfältige Kontrolle der Maßnahmen durchgeführt werden konnte. So sind sie im ganzen gesehen sicher nicht wertlos gewesen.

Aus meiner eigenen Erfahrung und Tätigkeit auf diesem Gebiet möchte ich ein Beispiel schildern, das in mancher Hinsicht ganz außerordentlich interessant und aufschlußreich ist, zumal es einen Rotwildbestand betrifft, der als einer der wenigen mir bekannten wirklich „entartet" gewesen ist. Es handelt sich um eine Kreuzung im Rotwildgebiet „*Hainberg*", die ich im Erinnerungswerk der Internationalen Jagdausstellung 1954, Düsseldorf, schon beschrieben habe:

Der bis zu 300 m ansteigende Höhenzug des *Hainberges*, ein vorwiegend mit Laubholz bestocktes Waldgebiet von etwa 4000 ha, ist dem Harz auf etwa 10 km zwischen Goslar und Hildesheim vorgelagert. Sein Rotwildbestand ist alt, entstand wohl einmal durch Zuwechsel aus dem Harz, von dem das Gebiet allerdings im vorigen Jahrhundert durch Gatter-, Straßen- und Eisenbahnbau am schmalsten Übergang abgetrennt, wenn auch nicht ganz isoliert wurde. Bis zum Erlaß des Reichsjagdgesetzes 1934 hat das Hainbergrotwild in seinen Geweihqualitäten eine sehr unbefriedigende Entwicklung genommen, die von diesem Zeitpunkt an auf über 100 Jahre rückblickend zu verfolgen ist. Im Hainberg hätte ein Rotwildtyp stehen müssen, der dem Harzhirsch gleichartig in Körper- und Geweihstärke wegen der besseren Äsungsverhältnisse aber überlegen sein mußte. Das war jedoch keineswegs der Fall. Nur eine Kümmerform, insbesondere der Geweihbildung nach, kam vor. Zwar hatte sich eine gewisse basale Stangenstärke erhalten mit nur kurzer

Augsprosse, doch waren die Geweihe nur wenig lang, stark abfallend und zeigten über der Mittelsprosse selten noch Enden. Auch bei höherem Alter änderte sich hieran nichts. Gruppe I zeigt eine Auswahl dieser alten Hirsche aus den letzten 50 Jahren. Sie ist nicht etwa nach einem besonderen Typ zusammengestellt, es gab einfach kaum noch Hirsche, die ein anderes Geweih trugen. So lag hier der seltene Fall einer „echten Degeneration" vor, einer durch Isolation und ständige negative Auslese hervorgerufenen Verschlechterung des Erbgutes, die auch bei sorgfältigstem Hegeabschuß eine verbesserte Enden- und Stangenbildung nicht mehr erwarten ließ.

Wenn es auch nicht leicht ist, den Entwicklungsgang einer Rotwildpopulation zurückzuverfolgen, so ist doch vielleicht das Hainberggebiet als fast isoliertes Rotwildvorkommen für eine solche Rückschau besonders geeignet. Drei wesentliche Momente kann man für diese Abwärtsentwicklung des Erbgutes, die sich auf Körper- und Geweihstärke erstreckte, verantwortlich machen:

1. Den seit etwa 100 Jahren, durch eine große Anzahl kleiner Reviere begünstigt, völlig wahllosen und besonders auf endentragende Hirsche abgestellten Abschuß.

2. Die Beseitigung der Verbindung zum Harz durch Gatter-, Straßen- und Eisenbahnbau am schmalsten Übergang, wodurch der Rotwildbestand isoliert und vom Genaustausch abgeschnitten wurde.

3. Das wahrscheinliche Vorhandensein eines besonders durchschlagenden Vererbers im negativen Sinne, das sich in dem kleinen, isolierten Wildbestand einschneidend auswirken konnte.

Sehr nachhaltig wirkte auch bei einer an sich gut gemeinten, 1897 gegründeten Hegevereinigung die Bestimmung, daß Hirsche unter acht Enden nicht mehr geschossen werden sollten. So wurden die letzten besseren Hirsche praktisch für vogelfrei erklärt, bei gleichzeitiger Schonung der endenlosen Hirsche!

Die Befolgung dieser Richtlinie findet sich sehr eindrucksvoll bestätigt in einer über 100 Jahre (1823 bis 1922) vorliegenden Abschußstatistik eines großen Privatrevieres. Von 1897 an wurde hier bis 1922 nicht ein einziger Sechser mehr zum Abschuß gebracht, wohl aber drei Zehner und neun Achter. Es war, wie gesagt, eine gut gemeinte, aber völlig falsche Maßnahme, die zeigt, daß das Wild nur zu einem gewissen Grade das „Produkt seiner Scholle", sonst aber auch das Produkt seines Jägers ist! Das Reichsjagdgesetz brachte 1934 erstmalig die Möglichkeit, allgemein gültige Maßnahmen durchzuführen und den verschiedenen politischen Kreisen zugehörigen Hainberg zu einem Jagdkreis zusammenzufassen. Während ein kurz zuvor neu erstandener Hegeverein noch den Entschluß faßte, drei Jahre überhaupt keinen Geweihten freizugeben, entschloß sich die zuständige Jagdbehörde zum Totalabschuß mit Neueinbürgerung, da keinerlei Hoffnung bestand, durch Wahlabschuß den heruntergewirtschafteten Bestand qualitativ wieder in die Höhe zu bringen.

Dieser Weg wurde beschritten und ist in seinen wesentlichen Zügen unter II dargestellt. Es gelang leider nicht, den mit 70 bis 100 Stück geschätzten einheimischen Bestand völlig zu beseitigen, vielmehr blieben noch etwa 20 bis 25 Stück am Leben, so daß aus der geplanten Neueinbürgerung ungewollt doch nur eine, wenn auch starke Kreuzung wurde. Die Kriegsverhältnisse hatten auch zur Folge, daß der Nachschub frischen Blutes sehr bald eingestellt und ein angelegtes Zuchtgatter aufgelassen werden mußte. In diesem wurde 1935 eingesetzt und verblieb bis 1940 ein dreijähriger Hirsch (C) aus dem Havelland und zunächst zwei Tiere (b und c). Abstammung bei b: Vater Harzhirsch (A) (Molkenhaus), Mutter Riesengebirge (a). Abstammung Vater (B) wahrscheinlich Lappwald (Helmstedt), Mutter Tier b.

Aus dieser Verbindung fielen bis einschließlich Sommer 1938 sieben Kälber, darunter die späteren Hirsche Cb und Cc, die mit Wildmarke und gestutztem Lauscher gezeichnet, einjährig aus dem Gatter entlassen wurden. Diese beiden Hirsche wurden mit dem 8. bzw. 5. Kopf zur Strecke gebracht, kamen also mehrere Jahre in freier Wildbahn zur Fortpflanzung. Außerdem wurde ein fünfjähriger 14er aus dem Darß nach kurzer Eingewöhnung freigelassen (Hirsch D), der mehrere Jahre hindurch als Platzhirsch beobachtet und schließlich, wie auch Hirsch Cb, gewildert wurde. Weiter wurden zugeführt insgesamt 14 Stück Rotwild, teils Alttiere, teils Schmaltiere und Kälber beiderlei Geschlechts, von denen das weibliche Wild z. T. vom Hirsch C im Zuchtgatter beschlagen wurde. Eins der Hirschkälber war aus Ostpreußen, das übrige Wild stammte aus dem Spessart und aus Mecklenburg, lag also im Rahmen einer natürlichen Kreuzungsgemeinschaft. Durch die Kriegsverhältnisse wurde die Frischblutzuführung und die Gatterzucht ab 1940 unterbunden.

1952 Hainberghirsch *1932 Molkenhaushirsch*
Vererblichkeit der Geweihform

Die Auswirkung der Einkreuzung, die, wie noch einmal betont werden soll, nicht mit „Fremdblut“ erfolgte, zeigt die Abb. unter III mit den in den letzten Jahren erbeuteten Geweihen und Abwurfstangen. Bei ihrer Beurteilung ist zu berücksichtigen, daß die Nachkriegsverhältnisse einen erheblichen, leider unkontrollierten und daher nicht auswertbaren Aderlaß des Wildbestandes mit sich brachten, der zahlenmäßig noch tragbar, hinsichtlich der fehlenden Auswahl aber doch sehr bedauerlich war. Vieles vom Aufbauwerk wurde dabei zunichte gemacht. Trotzdem geben die nach dem Kriege erbeuteten Trophäen, soweit sie überhaupt ermittelt und ausgestellt werden konnten, und insbesondere die Abwurfstangen noch lebender Hirsche einen sehr interessanten, vielleicht einmaligen Einblick in die Möglichkeiten der „Zucht“ beim Rothirsch, weil die unmittelbare Verwandtschaft dreier Generationen nachweisbar ist und damit bei der Beurteilung ähnlicher Geweihtypen die Wirkung gleichgerichteter somatischer Bedingungen als vermutliche Ursache in ihrer Bedeutung weitgehend zurücktritt. Dem aufmerksamen und erbbiologisch interessierten Beobachter bietet daher diese Einkreuzung und ihre Darstellung hochinteressantes Material. Die nun im Hainberg auftretenden und sich anscheinend durchsetzenden neuen Geweihtypen, die neben den alten, allerdings „verbesserten“ Hainbergtypen stehen, ja diese bereits zahlenmäßig unterdrücken, können unschwer auf die bei der Einkreuzung beteiligten Hirsche zurückgeführt werden, ohne sich dabei hinsichtlich der Ausschaltung des Zufalls als formgebendes Element Zwang antun zu müssen.

So brachte der leider bei der Kreuzung beteiligt gewesene Hirsch A als Vater des Tieres b den Typ des „ewigen Achters“ aus dem Harz in den Hainberg. In der Abbildung zeige ich die rechte Stange dieses Hirsches aus dem Jahre 1932. Der Hirsch wurde im Gatter gehalten und hat es im Verlauf seiner Geweihentwicklung nur einmal zu einer einseitigen Kronenbildung gebracht, trotz besten Futters. Im übrigen war er in höherem Alter nur Eissprossenzehner. Die linksseitig daneben abgebildete Stange stammt aus dem Hainberg aus dem Jahre 1952! Es handelt sich um den Hirsch Nr. 12 der Abteilung III.

Das Tier b, als Tochter des Hirsches A, hat also diesen Geweihtyp weitervererbt, und zwar recht durchschlagend, da dieser Eissprossenzehner nun im Hainberg leider in mehreren Exemplaren auftritt. (Abt. III Nr. 11.) Hierunter zeige ich ein ebenso markantes Beispiel der Vererblichkeit der Geweihform und Endenbildung. Rechts steht die Stange des in die freie Wildbahn gesetzten Hirsches D aus dem Darß von 1939. Links eine Abwurfstange aus dem Hainberg vom Jahre 1954! Auch hier braucht man sich keinen Zwang anzutun, um die Verwandtschaft beider Hirsche als sicher anzunehmen, insbesondere, wenn man sich noch einmal vergegenwärtigt, was ursprünglich an Hirschen noch vorhanden gewesen ist. Auch dieser Hirsch hat sich hervorragend vererbt (III Nr. 8, 9 und 10) und ist neben dem Eissprossenzehner ebenfalls zu einem häufig vorhandenen Typ geworden. Die Hirsche Nr. 2 und 7 (Abt. III) dürften unschwer auf den Hirsch C zurückzuführen sein, dessen Fehler der vorn zuerst geteilten Achtergabel ihn nie mehr als drei Kronenenden bringen ließ. Der Hirsch III Nr. 5 weist mit seiner rechten Stange ganz eindeutig auf den Hirsch Cc hin, der bereits als Spießer einen Rosenbruch erlitt. Den Erbteil des alten Hainberghirsches finden wir leider außer in noch ziemlich reinen, aber doch selten gewordenen Typen (III Nr. 6) und kurzstangigen, enggestellten Kronenhirschen eines Kreuzungstyps (III Nr. 4) im starken, wulstigen basalen Stangenteil mit kurzer Augsprosse. Es ist bedauerlich feststellen zu müssen, daß gerade die guten Kronenhirsche diesen unausgeglichenen unteren Stangenaufbau „geerbt“ haben. Trotz widrigster Umstände der Kriegs- und Nachkriegszeit, durch die auch ein Teil wertvoller Unterlagen verlorenging, kann diese Blutauffrischung durchaus als gelungen angesehen werden, trotz der leider von mir selbst bei Auswahl der zugeführten Stücke vorgenommenen Fehler. Aber Hirsche in der Stärke der ersten Kreuzungsgeneration im Gatter bringt sie nicht als Durchschnitt, jedoch ein in der Qualität über dem Harzhirsch stehendes Geweih, wie es nach den standörtlichen Bedingungen zu erwarten war. Ich habe dieses Beispiel so ausführlich behandelt, weil es auch einen recht guten Einblick in die Auswirkungen und Möglichkeiten des Wahlabschusses gibt, der im Hainberg leider 100 Jahre negativ betrieben wurde. Damit gibt es aber auch den Beweis, daß der umgekehrte Weg zum Erfolg führen muß, solange noch genetisches Potential vorhanden ist, auf dem aufzubauen sich lohnt.

1954 Hainberghirsch *1939 Darßhirsch*
Vererblichkeit der Kronenform

Noch ein Wort zu den *Rotwildverpflanzungen* in Gebiete, in denen unsere Wildart nicht ursprünglich heimisch gewesen ist. Oloff berichtet hierüber in „Jagd und Hege in aller Welt“ 1954 folgendes: „Unter den Verpflanzungen europäischen Rotwildes nach Übersee sind vor allem zwei Gebiete zu nennen, in denen es sich in geeigneter Umgebung nicht nur in großer Bestandeszahl, sondern auch zu beachtlicher Qualität zu entwickeln vermochte: Neuseeland und Argentinien. Neuseeland wurde, beginnend 1851, bis zum Jahre 1909 planmäßig mit Rotwild aus Süd- und Mittelengland und Schottland besiedelt.

Unter den außerordentlich günstigen Lebensbedingungen und anfänglichem gesetzlichen Schutz vermehrte sich das Rotwild nicht nur so schnell, daß auf der Südinsel bereits im Jahre 1923 und für ganz Neuseeland im Jahre 1930 die Rotwildschutzbestimmungen aufgehoben wurden, sondern erreichte auch eine Geweihstärke und -qualität, die die neuseeländischen Rotwildbestände mit zu den besten der ganzen Welt macht. Trotz Aufhebung der Schutzbestimmungen hat sich das Rotwild hier weiter so vermehrt, daß heute – nach Auskunft des Departement of Internal Affairs – das Rotwild stellenweise zu einer Landplage geworden ist und ein Verminderungsabschuß durch berufsmäßige Rotwildjäger erforderlich wurde. Grund für diese enorme zahlenmäßige Entwicklung ist natürlich die reiche Äsung des dünn besiedelten neuseeländischen Berglandes, das außerordentlich günstige Klima und das Fehlen jeglichen, dem Rotwild gefährlichen Raubwildes, ebenso wie das Fehlen einer planmäßigen Bestandesbewirtschaftung.

Nicht weniger erfolgreich war die Einbürgerung von Rotwild in Argentinien in den Territorien La Pampa und Neuquén. In La Pampa wurden von einem argentinischen Großgrundbesitzer, Petro Luro, wenige Jahre vor dem ersten Weltkrieg 20 Stück Rotwild in einem Gatter von ca. 800 ha Größe ausgesetzt. Trotz der nicht allzu günstigen Verhältnisse – das Gebiet besteht aus einer trockenen, teilweise mit Mischwald durchsetzten Steppenlandschaft – soll sich das Rotwild dort befriedigend vermehrt und entwickelt haben. Als das Gatter im Jahre 1922 infolge Besitzwechsels aufgelassen werden sollte, erwarb ein deutscher Großgrundbesitzer, Robert Hohmann, einen Teil dieses Wildes, das er nach kurzer Eingewöhnung in einem Gatter in seiner auf dem 40. Breitengrad in der Cordillere und Vorcordillere gelegenen rd. 75 000 ha großen Estancia Collunco in die freie Wildbahn einsetzte. Dieser Rotwildbestand hat sich dort so entwickelt, daß gegen Ende des vorigen Jahrzehnts der Bestand auf 4000 Stück geschätzt wurde und, beginnend im Jahre 1951, in den folgenden drei Jahren etwa 1000 Stück Rotwild abgeschossen werden mußten, da die Bestandesqualität infolge der zu dichten Besiedlung und einer Verschiebung des Geschlechterverhältnisses zugunsten des Kahlwildes sich zu vermindern begann.

An sich gehört auch dieser Rotwildbestand zu den besten der Welt: Ein im Jahre 1934 gestreckter Hirsch wog aufgebrochen 230 kg, bereits im Jahre 1932 wurde ein sehr endenfreudiger 22-Ender erlegt, und Geweihgewichte von 9 bis 10 kg sind keine Seltenheit.

Bedauerlicherweise konnte die genaue Provenienz des in Argentinien eingeführten Rotwildes niemals genau festgestellt werden. Nach Auskunft der das exportierte Wild liefernden Firma Mohr soll es sich um Rotwild gehandelt haben, das z. T. aus Österreich-Ungarn stammte. Heute sind in Collunco zwei verschiedene Typen von Hirschen zu beobachten: auf der einen Seite ein tiefgestellter, dunkelroter Typ mit ausgesprochen enden- und kronenfreudigem Geweih, andererseits ein grauer, hochläufiger Typ mit wenig Anlage zur Kronenbildung, aber oft sehr starken Stangen. Die habituellen Merkmale dieses Hirschtyps machen seine Herkunft aus Ungarn wahrscheinlich.

Unter den innerdeutschen Rotwildverpflanzungen ist vor allem die Verpflanzung Romintener Rotwildes in das fast rotwildleere Gebiet des Pfälzer Waldes zu nennen. Leider ist das Ergebnis dieser Verpflanzung durch Einkreuzung von ungarischem Rotwild, aus dem Odenwald, dem Fichtelgebirge, der bayerischen Hochebene und mischblütigen Wildes aus dem kgl.-niederländischen Gatter Het Loo, ferner durch Zuwanderung von Rotwild aus den benachbarten Rotwildgebieten der Vogesen, des Saargebietes, des Hunsrücks und des Soonwaldes verwischt. Dennoch bleibt festzustellen, daß das Romintener Wild sich in der neuen Umgebung trotz völliger Verschiedenheit der Klima- und Äsungsverhältnisse gut entwickelt und auch seine gute enden- und kronenfreudige Geweihbildung bewahrt hat. Die veränderten Äsungsbedingungen – der Pfälzer Wald stockt auf ausgesprochen nährstoffarmem Buntsandstein – hatten nur eine Verringerung der Geweihgewichte gegenüber dem Romintener Wild zur Folge."

So möchte ich diesen Teil mit der Feststellung schließen, daß die „Hege mit der Büchse" für den Jäger die conditio sine qua non ist und bleiben wird, wenn der Rothirsch im gesunden Bestand erhalten bleiben soll. Sie ist wohl die schwierigste, aber auch bei weitem die schönste Aufgabe eines jeden waidgerecht denkenden, hirschgerechten Jägers!

DRITTER TEIL

JAGDAUSÜBUNG

Ausrüstung des Jägers

Bevor wir uns der Jagd auf das Rotwild zuwenden, wollen wir einige Hinweise auf die Ausrüstung des Jägers geben. Hängt doch von ihrer Zweckmäßigkeit oft Erfolg oder Mißerfolg der Jagdausübung entscheidend ab. Ganz abgesehen davon erkennt man auch an der Ausrüstung den zünftigen Jäger.

Bekleidung

Schon bei der *Bekleidung* ist manches zu beachten. Grundsätzlich wähle man bei allen äußerlich sichtbaren Kleidungsstücken eine nicht zu dunkle Farbe. Ein gedecktes Grau oder Graugrün ist besser als ein dunkles Grün, das zur Zeit der Dämmerung schwarz und daher besonders auffallend wirkt. Bei dem recht guten Unterscheidungsvermögen des Rotwildes kann die Tarnfarbe der Kleidung ebenso zum jagdlichen Erfolg, wie auch zur Vermeidung von Störungen beitragen. So lasse man bei der Wahl eines bevorzugt zur Jagdausrüstung bestimmten Kleidungsstückes weniger den persönlichen Geschmack als die Zweckmäßigkeit gelten.

Als *Kopfbedeckung* wähle man Hut oder Jagdmütze in grauer oder grüner Farbe mit breiter Krempe bzw. großem Schirm. Sie soll festsitzen, was insbesondere im Hochgebirge bei Sturm notwendig ist. Die breite Hutkrempe schützt gegen Schlagregen und Sonnenblendung ebenso wie der ausreichend große Schirm der Jagdmütze.

Es ist Geschmackssache, ob man am Hut einen Hirsch-, Sau- oder Gamsbart trägt, nur selbsterbeutet sollte er möglichst sein.

Für recht zweckmäßig halte ich es, wenn man zumindest beim Pürschen *Handschuhe* trägt. Gerade die Bewegungen der weißen Hände pflegt das Rotwild sehr schnell und auf weite Entfernungen zu eräugen, je dämmriger es ist, um so eher. Im Sommer wählt man am besten dünne Zwirnhandschuhe, im Winter solche, die nicht zu dick sind und noch einen sicheren Umgang mit der Waffe gestatten.

Der *Rock,* in der Farbe nach obigen Grundsätzen gewählt, muß bequem sitzen, um beim Anschlag nicht zu stören, und sollte möglichst nicht zu wenige Taschen, aber nicht zu viel überflüssige Knöpfe haben. Verdeckte Knopfleiste ist vorteilhaft, wenn man das Glas umgehängt trägt, ebenso empfehlen sich Reißverschlüsse an den Taschen. Besonders im Hochgebirge gilt das, wo es häufig vorkommt, daß man liegend beobachtet oder den Schuß abgibt.

Als *Beinkleidung* ist die Stiefel- oder die Bundhose, im Hochgebirge letztere bevorzugt, zweckmäßig. Auch lange Hosen, allerdings nicht in der Form einer zu engen Keilhose, die in kurzen Schnürgamaschen getragen werden können, sind zu Pürsch und Ansitz recht bequem. Die normalen „Knickerbocker" sind zu lang und werden im betauten Gras oder bei hohem Schnee sehr schnell um die Knie naß. Im Hochgebirge bediene man sich zweckmäßigster Kleidung, da man hier häufig nicht Gelegenheit hat, in kurzer Zeit die Hütte zu erreichen, um sich vor weiteren Taten erst wieder trocknen zu können.

Eine Messertasche in der Naht des rechten Hosenbeins ist fast unentbehrlich. *Strümpfe* sind bei Stiefel- und Bundhose mehr zu empfehlen als Stiefel mit hohen Schäften, die beim Pürschen leicht an Ästen und Zweigen recht vernehmlich anstreichen. Besser sind dann schon Schnürgamaschen aus weichem Leder oder Loden mit angesetztem Fußteil (Harzgamaschen), der die Riemenlöcher der Schuhe abdeckt.

Die *Fußbekleidung* richtet sich vorwiegend nach dem Gelände, in dem man zu jagen beabsichtigt. In der Ebene und im Mittelgebirge sind feste Schnürschuhe mit Profilgummisohle besonders zweckmäßig, im nassen, bruchigen Gelände auch Gummischnürschuhe oder Gummistiefel. Diese wahle man aber im Schaft eng genug, da sie sonst außerordentlich störende Geräusche beim Gehen abzugeben pflegen.

Im Hochgebirge kann man sich je nach der Strenge des Geländes ebenfalls gut mit Schnürschuhen mit Gummisohlen oder aber mit genagelten Schuhen ausrüsten. Ich selbst trage lieber genagelte, die insbesondere bei Nässe im schwierigen Gelände einen wesentlich festeren Tritt und Halt geben. Sie sind natürlich lauter, aber es lernt sich, auch mit ihnen gut zu pürschen. Auf nassem Holz oder Stein, wie auch auf feuchten oder gefrorenen Grasleiten steht und geht man „genagelt" sicherer. Auch nicht zu schwere Steigeisen können am vereisten Steig oder an gefrorenen Leiten gute Dienste leisten.

Anstelle des in der Ebene und im Mittelgebirge üblichen *Wettermantels* wähle man im Hochgebirge eine kurze Jacke, die beim Steigen weniger behindert, oder den sogenannten „Kotzen", der, ohne Ärmel, als Umhang ein ganz hervorragend praktisches Kleidungsstück bei Regen darstellt.

Gummimäntel oder Gummiumhänge sind nicht empfehlenswert, sie sind laut und kalt, dagegen sind gute Nylon- oder Perlonumhänge, wenn auch recht teuer, sehr brauchbar. Nur muß man gegen Kälte durch die sonstige Kleidung geschützt sein.

So viel oder so wenig über die Bekleidung, zu der ich noch grundsätzlich sagen möchte, daß es nicht unbedingt zum zünftigen Aussehen gehört, wenn sie möglichst verschlissen und verschmutzt ist, und der Hut z. B. geradezu zum Auskochen herausfordert. Allzu empfindliche, nagelneue Kleidungsstücke trage man aber zur Jagd auch nicht, sie behindern ein ungeniertes Benehmen, plötzlich erforderlich werdendes Hinlegen, Durchkriechen eines Windwurfs usw. doch oft sehr.

Für den Ansitz sind etwa die gleichen Forderungen hinsichtlich der Kleidung zu erfüllen, wobei das Problem des Wärmeschutzes hinzukommt. Es löst sich am besten durch entsprechende Unterbekleidung, wodurch auch der Gebrauch der Büchse weniger behindert wird als durch dicke Oberbekleidung. Anstelle des Kotzen trägt man besser einen festen Wettermantel.

Auch der *Rucksack* gehört zumindest im Hochgebirge zur Ausrüstung, da man hier möglichst Wäsche zum Wechseln, Weste oder Wolljacke, außer Verpflegung natürlich, bei langem Anmarsch, Pürsch oder Ansitz, bei sich haben sollte. Zum Transport umfangreicherer Utensilien eignet sich ein Rucksack mit Tragegestell sicher sehr, bei Pürsch und Ansitz am Berg hat man aber oft Sorgen mit dem Ablegen, da er sich wegen seiner sperrigen Form leicht selbständig macht, um talwärts zu verschwinden. Beim Schuß ist der gewöhnliche „unmoderne" Rucksack auch wesentlich besser als Unterlage zu verwenden.

Unentbehrlich im Hochgebirge und recht nützlich im Mittelgebirge ist ein *Bergstock* von etwa 2 m Länge. Als Stütze am Steilhang auf schmalem Steig oder im steiglosen Gelände, wie auch als Zielstock zum Anstreichen von Büchse oder Spektiv findet er gute Verwendung. Nur muß man gelernt haben, mit ihm umzugehen und an ihm zu gehen. In sehr steinigem Gelände nimmt man in kritischen Augenblicken der Pürsch die Eisenzwinge nach oben.

Optische Hilfsmittel

Von ganz besonderer Bedeutung ist eine zweckmäßige Auswahl der optischen Hilfsmittel. Wir stehen vor so hohen Anforderungen hinsichtlich des Ansprechens vor dem Schuß, daß wohl heute kein Jäger mehr ohne eine gute optische Ausrüstung auszukommen vermag. Nachdem das Rotwild immer mehr zu einem Tier der Dämmerung und Nacht geworden ist, kann ohne leistungsfähiges Fernglas nicht mehr angesprochen werden. Schon ein Ende am Geweih kann über die Abschußnotwendigkeit eines Hirsches positiv oder negativ entscheiden.

Gewiß richtet sich der Grad der Vollkommenheit einer optischen Ausrüstung in erster Linie nach dem finanziellen Vermögen des Jägers, dennoch sollte man wenigstens grundsätzlich über die Leistungsfähigkeit und -möglichkeit der Jagdgläser orientiert sein.

An gebräuchlichen Geräten zum Beobachten und Ansprechen des Wildes kommen nur das binokulare *Fernglas,* kurz Glas genannt, und das monokulare *Ausziehfernrohr* oder *Spektiv* (Abkürzung von Perspektiv = Fernrohr) in Frage. Beide Geräte müssen ihren Eigenarten entsprechend gesondert behandelt werden.

Welche Ansprüche stellen wir zunächst an ein Fernglas? Ich meine, schon rein äußerlich sollte es nicht zu groß sein, wenn auch Gewichtsunterschiede bei Verwendung von Leichtmetall kaum noch eine Rolle spielen. Je größer die Außenmaße des Glases sind, desto leichter kollidiert man mit anderen Gegenständen, wie Gewehr, Stock usw. Aber ein zu großes Glas ist auch beim Pürschen, besonders beim Steigen im Hochgebirge, oft recht hinderlich, ganz abgesehen davon, daß ein die ganze Männerbrust bedeckendes Glas die Abhängigkeit des Jägers von der Technik und seine Hilflosigkeit zu sehr dokumentiert. Doch das ist meine persönliche Ansicht und wohl mehr eine Frage des Geschmacks als der Zweckmäßigkeit. Große Gläser pflegen natürlich mehr zu leisten als kleine, das ist sicher.

Beim Fernglas interessieren uns nun einige Leistungswerte, die für seine Brauchbarkeit eine ausschlaggebende Rolle spielen. Das sind die Vergrößerung und die Lichtstärke bzw. besser die Dämmerungsleistung. Kann man sein Wild vornehmlich am Tage bei gutem Licht beobachten und ist nicht auf das Ansprechen in der Dämmerung unbedingt angewiesen, so wähle man von vornherein ein Glas mit starker Vergrößerung (bis 12fach etwa). Ein Glas mit weniger als 6facher Vergrößerung sollte man keinesfalls benutzen, mit ihm ist ein Ansprechen kaum möglich. Je stärker das Glas vergrößert, desto näher holt es das Wild heran, doch muß man es auch um so ruhiger halten, weil Schwankungen sich recht unangenehm und störend bemerkbar machen können. Doch ist der Gebrauch eines Fernglases eine ausgesprochene Übungssache. Je länger man es führt und bei jeder Gelegenheit benutzt, desto sicherer wird man in der Handhabung. Das gilt ganz besonders für das Glas mit starker Vergrößerung. Dabei ist es nicht so, wie man es oft hört, daß ein solches Glas Fehler beim Ansprechen, d. h. Überschätzen der Stärke, verursacht. Alle Vergleichspunkte, die man sonst völlig automatisch beobachtet (Hauptlänge, Lauscherlänge usw.), rücken im gleichem Verhältnis näher!

Sehr viel komplizierter liegen die Dinge bei Beurteilung des Dämmerungsleistungswertes, auf den es immer ankommt, wenn bei schlechtem Licht angesprochen werden muß. Und das ist beim Rotwild fast die Regel. Zur Klarstellung der Begriffe übernehme ich im Auszug eine Darstellung der früheren Firma M. HENSOLDT & SÖHNE A. G., Wetzlar (jetzt aufgegangen in der Fa. Carl Zeiss), die diese im Jahre 1955 der Jagdpresse zur Verfügung stellte. Es heißt dort: „*Lichtstärke und Austrittspupille.*

Früher war es üblich, die Leistung von Fernrohren (Feldstechern und Zielfernrohren) in der Dämmerung nur nach einem Zahlenwert zu beurteilen, der als die Lichtstärke oder genauer als die geometrische Lichtstärke bezeichnet wird. Darunter versteht man nach einer allgemein als zweckmäßig anerkannten Vereinbarung den mit sich selbst multiplizierten in Millimeter gemessenen Durchmesser der Austrittspupille des Fernrohres, die als einer der wichtigsten Begriffe hier zunächst erläutert werden soll, bevor auf die mit ihr zusammenhängende Lichtstärke eingegangen werden kann.

Die Austrittspupille eines Fernrohres begrenzt die aus dem Okular zum Auge hin austretenden Lichtstrahlen und ist als helle Lichtkreisscheibe wahrnehmbar, wenn man das Fernrohr etwa 30 bis 40 cm vom Auge weg schräg nach oben gegen den hellen Himmel hält und aus dieser Entfernung ungefähr in Richtung der Achse gegen das Okular blickt. Der Durchmesser der Austrittspupille läßt sich leicht berechnen, und zwar dadurch, daß man den freien, optisch wirksamen Objektivdurchmesser durch die Fernrohrvergrößerung dividiert. Die zu dieser Rechnung benötigten Zahlen (der in Millimeter gemessene optisch wirksame Objektivdurchmesser und die Fernrohrvergrößerung) sind auf jedem Feldstecher und Zielfernrohr aufgraviert, und zwar so, daß die Zahl vor dem ×-Zeichen die Vergrößerung und die Zahl hinter dem ×-Zeichen den freien Objektivdurchmesser bedeutet. Der so errechnete Wert muß auch tatsächlich wirksam, d. h. die Austrittspupille darf nicht durch unzulässige Blenden im Innern des Fernrohrs beschnitten sein. Dies läßt sich bei Prismenfeldstechern und Zielfernrohren leicht durch Nachmessen des Austrittspupillendurchmessers nachprüfen, der gegebenenfalls auf einer Mattscheibe zum bequemeren und genaueren Messen scharf eingestellt werden kann.

Die Austrittspupille ist gewissermaßen das durch die Konstruktion des Fernrohres festliegende Tor, durch das alle aus dem Okular austretenden Lichtstrahlen so hindurchgeschleust werden, daß die Gesamtheit aller Lichtstrahlen dort am engsten eingeschnürt ist. Daher muß die Pupille des beobachtenden Auges, wenn man das vom Fernrohr dargebotene Bild vollständig erfassen will, mit der Austrittspupille des Fernrohres zusammenfallen, und es leuchtet unmittelbar ein, daß die Austrittspupille des Fernrohres nicht größer zu sein braucht als die Pupille des beobachtenden Auges. Denn sonst könnte von der durch die Austrittspupille des Fernrohres gehenden Lichtstrahlengesamtheit doch nur die durch die kleinere Augenpupille ausgeblendete Teilmenge vom Auge aufgenommen werden.

Die Frage, wie groß die Austrittspupille eines Fernrohres und damit auch seine Lichtstärke als das Quadrat des Austrittspupillendurchmessers sein soll, hängt also davon ab, bis zu welchem Durchmesser sich die Augenpupille des Benutzers bei tiefster Dämmerung im äußersten Fall öffnen kann. Dieser Wert schwankt für Menschen gleichen Alters nach statistischen Gesetzen und nimmt im allgemeinen mit zunehmendem Alter ab. Die menschliche Augenpupille kann sich nur in der Jugend und im mittleren Lebensalter bis auf etwa 7 mm Durchmesser erweitern (größere Werte, die zwar auch schon gemessen worden sind, werden nur von wenigen, und zwar nur von jungen Menschen erreicht und kommen um so seltener vor, je mehr sie die 7-mm-Grenze überschreiten). Im höheren Alter wird die 7-mm-Grenze, die etwa im mittleren Alter maßgebend ist, nicht mehr erreicht und oft weit unterschritten.

Die Bedeutung der Lichtstärke für die Beobachtung in der Dämmerung liegt nun einzig und allein darin, daß sie ein Maß für den Helligkeitseindruck ist, mit dem das Fernrohrbild gesehen wird, sofern die Lichtstärke des Fernrohres noch vom Auge ausgenutzt werden kann, d. h. sofern der Durchmesser der Austrittspupille des Fernrohres, also der durch die Fernrohrvergrößerung dividierte freie Objektivdurchmesser, nicht größer als der Durchmesser der Augenpupille des Beobachters ist. Die Lichtstärke allein gestattet aber keinerlei Aussage über die in der Dämmerung mit dem Fernrohr noch erkennbaren Einzelheiten des Objektes. Es ist daher notwendig, zur Beurteilung der Fernrohrleistung in der Dämmerung eine andere Vergleichszahl heranzuziehen, für die die Bezeichnung Dämmerungsleistungswert oder Dämmerungszahl gebräuchlich ist und die angibt, welches von zwei oder mehreren Fernrohren die größere Anzahl von Einzelheiten in der Dämmerung sichtbar werden läßt.

Dämmerungsleistung. Die Frage, von welchen Faktoren die Dämmerungsleistung der Fernrohre abhängt, läßt sich durch rein theoretische Überlegungen nicht klären, weil auch noch verwickelte physiologische Vorgänge im Auge des Beobachters daran beteiligt sind. Nur auf Grund von Versuchen, die allerdings auch wissenschaftlich einwandfrei durchgeführt sein müssen, ist es möglich, zu eindeutigen und klaren Angaben zu kommen. Erst in der neueren Zeit haben maßgebende Fachleute begonnen, sich ernsthaft mit diesen Fragen zu beschäftigen. Ihre mit wissenschaftlicher Gründlichkeit durchgeführten Untersuchungen brachten als wichtigstes Ergebnis die Erkenntnis, daß auch für die Dämmerungsleistung der Fernrohre ein leicht zu berechnender Zahlenwert maßgebend ist, und zwar die Quadratwurzel aus dem mit der Vergrößerung multiplizierten freien Objektivdurchmesser, also die Quadratwurzel aus einem Produkt, dessen beide Faktoren auf jedem Fernrohr aufgraviert sind. Diese Regel darf nur unter zwei Voraussetzungen angewandt werden: Der Durchmesser der Austrittspupille des Fernrohres darf nämlich 1. nicht größer angenommen werden als der Augenpupillendurchmesser des Beobachters (eine größere Austrittspupille brächte, wie oben erwähnt, nur mehr Gewicht und höhere Kosten ohne optischen Leistungsgewinn), 2. darf er nicht kleiner sein als eine untere Grenze, die etwa zwischen 3 und 4 mm liegt.

Für die Praxis ist vor allem wichtig, daß bei gleichbleibender Lichtstärke eine Steigerung der Vergrößerung eine wesentlich größere Steigerung der Dämmerungsleistung einbringt als bei gleichbleibender Vergrößerung eine prozentual ebenso große Steigerung der Lichtstärke. Es hat also auch aus diesem Grund keinen Zweck, eine übermäßig große Lichtstärke zu fordern oder anzugeben.

	Vergrößerung	wirksamer Objektivdurchmesser in mm	Durchmesser der Austrittspupille in mm	geometrische Lichtstärke	Dämmerungszahl
Feldstecher	6	30	5	25	13,4
	7	42	6	36	17,2
	7	50	7,14	51	18,7
	8	30	3,75	14,1	15,5
	8	50	6,25	39,1	20
	8	56	7	49	21,2
	10	50	5	25	22,4
	16	56	3,5	12,25	30
Zielfernrohre	$2^3/_4$	21	7,65	58,4	7,6
	4	32	8	64	11,3
	6	42	7	49	15,9
	8	52	6,5	42,25	20,4

Auf Grund vorstehender Ausführungen gilt für die gebräuchlichen Vergrößerungen und Objektivdurchmesser die Tabelle Seite 262.

Nach diesen klaren, unbeschränkt gültigen Ausführungen ist es also so, daß die starke Vergrößerung trotz des weniger hellen Bildes gegenüber der schwachen Vergrößerung in der Dämmerung ein besseres Erkennen von Einzelheiten ermöglicht.

Ein weiterer Leistungswert ist das Sehfeld, d. h. der Durchmesser des z. B. auf eine Entfernung von 1000 m im Fernglas sichtbaren Feldes. Je stärker die Vergrößerung ist, desto kleiner ist das Sehfeld. Aber auch bei Typen gleicher optischer Werte, wie Vergrößerung und Objektivdurchmesser, kann das Sehfeld unterschiedlich groß sein. So gibt es Ferngläser verschiedener Konstruktion etwa des Types 10 × 50 mit einem Sehfeld

Ansprechen mit dem Spektiv

von 90 m, 120 m und 130 m. Ein größeres Sehfeld erleichtert natürlich das Finden des Wildes besonders bei geringen Entfernungen in dichter Deckung.

Brillenträger können wegen des größeren Abstandes der Augenpupille von der Fernrohraustrittspupille nicht das volle Sehfeld ausnutzen. Seit einiger Zeit sind aber Konstruktionen auf dem Markt, bei denen dieser Nachteil aufgehoben wird. Bei ihnen ist die Austrittspupille wesentlich weiter von der letzten Linse entfernt als bei normalen Okularen. Sie tragen in der Regel eine zusätzliche Bezeichnung, etwa 6 × 30 B.

Zu einem leistungsfähigen Fernrohr gehört heute eine sogenannte „vergütete Optik", meist als „Blaubelag" bezeichnet. Es handelt sich hierbei um eine reflexmindernde Beschichtung der Optik, die verhindert, daß an jeder Glas-Luft-Grenzfläche ein Teil des Lichtes reflektiert und nicht durchgelassen wird. Sind alle Grenzflächen entspiegelt, so bringt das eine Steigerung der Lichtdurchlässigkeit um 50 % und damit eine merklich größere Helligkeit des Bildes.

Jeder Jäger sollte vor Anschaffung eines so kostspieligen optischen Gerätes selbst Vergleiche anstellen und danach wählen. Dabei können ihm diese theoretischen Erkenntnisse von Nutzen sein.

Bei praktischem Gebrauch des Glases empfiehlt sich, es in einer Schutzhülle aus Stoff, Gummi oder Leder zu tragen, die auch Geräusche dämpft, die beim unbeabsichtigten Anschlagen an Stock oder Gewehrlauf entstehen können, oder gar ein völlig gummiarmiertes Glas zu erwerben. Ebenso ist eine über den Okularen liegende Schutzkappe aus Leder oder Gummi bei Regen und Schnee vorteilhaft.

Ganz anders zu beurteilen ist das *Spektiv,* das im Hochgebirge zur Ausrüstung des Jägers gehören muß. Hier wird häufig auf recht weite Entfernungen, von Berg zu Berg über das Tal hinweg, beobachtet. Von vornherein muß man sich mit einem sehr geringen Dämmerungsleistungswert abfinden, weil der Durchmesser der Austrittspupille die zulässige untere Grenze unterschreitet. Volle Einsatzmöglichkeiten hat man also nur bei gutem Licht. Daher scheidet das Spektiv in der Regel für Reviere aus, in denen Rotwild nur selten bei gutem Licht zu beobachten ist. Hier kommt man mit einem Fernglas starker Vergrößerung besser und insbesondere schneller zurecht. Zwar führe ich auch außerhalb des Hochgebirges stets beim Ansitz auf Rotwild zusätzlich ein Spektiv, habe aber trotz großer Übung in seiner Handhabung immer erfahren müssen, daß man dann, wenn es schnell gehen muß, besonders bei in Bewegung befindlichem Wild, meist einfach nicht fertig wird. Man braucht eine feste Auflage, sonst schwimmt das Bild zu sehr, man findet nicht so schnell und muß die Schärfe je nach der Entfernung durch Verschieben des Tubus genau einstellen. Das Glas hat man schnell am Kopf und kann es ebenso schnell mit der Büchse vertauschen. Das Spektiv muß man erst vorsichtig aus der Hand legen. Im Hochgebirge spielt diese etwas umständliche Handhabung keine so wesentliche Rolle, da man meist nur auf weite Entfernung beobachtet und in der Regel mehr Zeit hat. Es ist das Spektiv also besonders beim Ansitz vorteilhaft. Man wähle aber die stärkste Vergrößerung (mindestens 30fach), da das monokulare Fernrohr natürlich ein weniger plastisches Bild liefert als ein Fernglas. Dies ist mit einer etwa 15fachen Vergrößerung einem 20fachen Ausziehfernrohr immer überlegen.

Die Frage, ob ein *Zielfernrohr* benutzt werden soll, kann wohl heute grundsätzlich bejaht werden, da die Vorteile zweifellos die vorhandenen Nachteile übertreffen. Wir sind als waidgerechte Jäger bestrebt, dem Stück, zu dessen Erlegung wir uns entschlossen haben, ein möglichst schnelles, schmerzloses Ende zu bereiten. Das erfordert einen guten Sitz der Kugel. Nun wird zwar der schlechte Schütze durch den Einsatz des Zielfernrohres nicht unbedingt zu einem guten, aber dieses optische Hilfsmittel ermöglicht doch ein wesentlich besseres Zielen und Abkommen. Dieser Vorteil allein spricht schon entscheidend für den Gebrauch des Zielfernrohres. Doch kann man auch manches dagegen einwenden. Ganz ohne jeden Zweifel kann es zum Schießen auf weite Entfernungen verleiten. Das ist eine recht bedauerliche Begleiterscheinung, die nicht unbedingt sein müßte. Die Vorteile des sicheren Abkommens werden damit z. T. wieder wettgemacht, ganz abgesehen davon, daß auf weite Entfernung die Streuung der Büchse in der Regel schon zu groß ist, um den Sitz des Schusses noch genau bestimmen zu können. Wenn ich manchmal lesen oder hören kann, wie Leute, die sich Jäger nennen, auf Entfernungen von 300 m auf einen Hirsch schießen, ja, dann hört die Jagd eben auf, Jagd zu sein. Damit fängt sie nicht an, Sport oder Schießsport zu werden, sondern diese Tätigkeit kann man eigentlich nur noch als eine Gemeinheit, man verzeihe das harte Wort, ansehen. Da gibt's auch gar keine Entschuldigungen, so leicht und so viel sie sich auch anbieten mögen. Gern nehme ich in Kauf, mitleidig belächelt und für einen so schlechten Schützen gehalten zu werden, daß ich den Schuß auf diese Entfernung nicht beherrsche. Ich möchte das auf ein Stück Wild auch gar nicht probieren und meine, der ist der schlechtere Jäger, der weniger überlegt, wo er wohl auf solche Entfernungen abkommen muß, als vielmehr von vornherein sagt: Das ist zu weit für einen sicheren Schuß, wie für ein sicheres Feststellen des Anschusses!

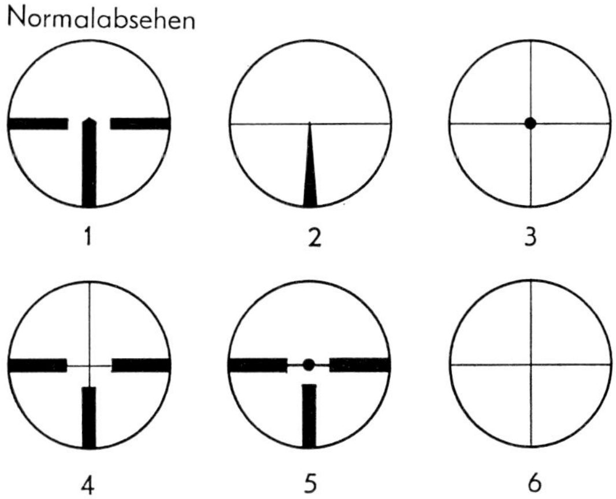

Die gebräuchlichen Absehen

Ein weiterer Nachteil liegt in der Notwendigkeit, mit dem Zielfernrohr in der Regel aufgelegt schießen zu müssen. Sie ergibt sich aus den stärker sichtbar werdenden Schwankungen beim Zielen, die ein freihändiges Schießen, soweit es sich nicht um geringe Entfernungen handelt, schwieriger machen. Auch das Schießen auf flüchtiges Wild ist mit dem Zielfernrohr nicht sehr einfach und will besonders gelernt sein.

Hat der Jäger allerdings eine Sehbehinderung, so sollte er grundsätzlich nur mit Zielfernrohr schießen.

Alles in allem spricht die gesteigerte Möglichkeit, einen sicheren Schuß anzubringen, für die Benutzung dieses Hilfsmittels. Welche Vergrößerung man wählt, hängt wieder von den Revierverhältnissen ab, über 6fache ist eigentlich kaum notwendig. Unterschiedlichen Anwendungsbereichen kann durch die Wahl eines Zielfernrohres mit variabler Vergrößerung entsprochen werden. Das, was wir über die Leistungen der Ferngläser vorhin zitiert haben, gilt auch für die Zielfernrohre.

Selbstverständlich kommt die Leistungsfähigkeit eines Zielfernrohres nur dann voll zum Tragen, wenn die Montage einwandfrei ausgeführt wurde, so daß die erhebliche Rückstoßbelastung schadlos ausgehalten wird.

Ein kurzes Wort noch über die im Zielfernrohr vorhandene Visiereinrichtung, die man als *Absehen* bezeichnet. Die optische Industrie hat in Zusammenarbeit mit dem *Deutschen Institut für jagdliches und sportliches Schießwesen* im Jahre 1953 eine Normung der gebräuchlichsten Absehen vorgenommen. Die danach in Druckschriften noch angeführten Ausführungen werden hier abgebildet. Es muß dem Jäger überlassen bleiben, sich das ihm am meisten zusagende Absehen zu wählen. Ich führe seit Jahren das „Normalabsehen" und bin mit ihm durchaus zufrieden, wurde aber mit Absehen, die den Zielpunkt verdecken (Nr. 3 bis 6), nicht recht fertig.

Wegen der Verwendung des Normalabsehens zum Entfernungsschätzen verweise ich auf Seite 318.

Schußwaffe, Leistung und Wirkung

Zur Jagdausübung auf Rotwild gehört eine Schußwaffe, die hinsichtlich ihrer Leistung und Wirkung gut bzw. zuverlässig, d. h. so ist, daß nicht nur bei gutem Sitz der Kugel das Stück schnell verendet, sondern auch bei den immer einmal vorkommenden weniger guten Schüssen, soweit sie den Rumpf getroffen haben, noch zur Strecke kommt. Das ist ein Erfordernis der Waidgerechtigkeit. So interessieren uns hier auch nicht so sehr die verschiedenen Systeme der Waffen, als vielmehr ihre Leistungen.

Je nach den Revierverhältnissen und nach Geschmack, selbstverständlich auch unter Berücksichtigung der finanziellen Seite, wählt man entweder die einläufige Repetier- Kipplauf- oder Blockverschlußbüchse bzw. eine mehrläufige Waffe für den Kugelschuß, wie die Doppelbüchse oder aber auch eine kombinierte Waffe für Kugel- und Schrotschuß, Büchsflinte, Drilling oder Doppelbüchsdrilling. Es können hier keine Ratschläge für die Wahl eines bestimmten Systems gegeben werden, nur möchte ich sagen, daß im Revier mit überwiegendem Rotwildvorkommen die einfache Repetierbüchse mit oder ohne Ganzschaft (Stutzen) eine durchaus zweckmäßige Waffe ist. Im Hochgebirge wird man sie um so eher wählen, weil ihre robuste Bauweise schon einmal einen kräftigen Stoß oder Schlag verträgt. Wegen der besseren Führigkeit nehme man hier keine zu große Lauflänge, zumal innerhalb der hierbei auftretenden Grenzen die Treffgenauigkeit praktisch dadurch nicht beeinträchtigt wird.

Die *Leistungen,* die wir von einer Schußwaffe und der Munition verlangen müssen, lassen sich in zwei große Gruppen trennen. Einmal ist es die reine Schußleistung, an die wir Anforderungen zu stellen haben, zum anderen die Wirkung, die im Wildkörper erzielt wird.

Bei Behandlung der ersten Gruppe, der reinen Schußleistung, wollen wir uns kurz fassen und verweisen auf die umfangreiche Spezialliteratur, wie auch auf *Raesfeld* „Das deutsche Waidwerk“, Parey 1970. Wir halten uns im wesentlichen an die hier gemachten Ausführungen, soweit sie technischer Natur sind. Zu verlangen ist von der Waffe zunächst eine gute *Treffgenauigkeit,* d. h. ein möglichst hohes Maß an Präzision, mit der Schuß für Schuß im Ziel sitzt, das wir treffen wollen. Die Treffgenauigkeit ist abhängig von der *Treffpunktlage* und der *Streuung* der Waffe.

Als *Treffpunkt* wird die Stelle bezeichnet, an der in bezug auf das anvisierte Ziel die Schüsse sitzen. Beim Einschießen wird durch Einstellen der Visierlinie auf diese Stelle der Treffpunkt in die gewünschte Lage zum Haltepunkt im Ziel gebracht. Diese Treffpunktlage behält die Waffe bei, solange keine andere Patronenlaborierung verwendet oder ein Fehler in der Handhabung gemacht wird oder eine sonstige Spannungsveränderung in der Waffe auftritt, wie etwa durch Verziehen des Vorderschaftes, starke Erwärmung des Laufes u. a. mehr.

Besonders von Einfluß ist die Art der Auflage des Gewehres, wobei der Zustand der Unterlage weniger eine Rolle spielt, als die Stelle der Abstützung. Wird die Waffe etwa in ihrem Schwerpunkt aufgelegt (eine Handbreit vor dem Abzugsbügel) oder hier angestrichen, so ergibt sich ohne Unterschied bei verschieden harter Unterlage (Holz, Stein, Sandsack) die gleiche Treffpunktlage wie beim freihändigen Schuß und gleichem Abkommen. Wird jedoch die Waffe wesentlich vom Schwerpunkt abweichend aufgelegt oder angestrichen, so verändert sich die Treffpunktlage erheblich, auch wenn eine weiche Unterlage gewählt wird. Das nicht nur zu wissen, sondern im Revier auch stets zu beachten, ist also von ganz besonderer Bedeutung.

Als *Streuung* bezeichnen wir die Entfernung, in der die ohne Zielfehler auf das gleiche Ziel abgegebenen Schüsse in diesem voneinander abweichen. Sie entsteht in erster Linie durch geringe Unterschiede der einzelnen Patronen, die den Lauf von Schuß zu Schuß unterschiedlich schwingen lassen. Es ist einleuchtend, daß schwere, einläufige Büchsen auf derartige Unterschiede weniger reagieren, also einen kleinen Streukreis haben.

Die Größe des Streukreisdurchmessers gilt seit etwa 50 Jahren als Wertmaß für die Leistung von Büchsläufen, und zwar nach folgenden Stufen: Bei 5 Schuß auf 100 m und einem Streukreisdurchmesser von

5 cm = hervorragend
7 cm = recht gut
10 cm = gut
über 10 cm = gering

Diese Wertung entspricht jedoch nicht mehr den zeitgemäßen Möglichkeiten der Herstellungstechnik und den Ansprüchen der Jäger.

Die Deutsche Versuchs- und Prüfanstalt für Jagd- und Sportwaffen (DEVA) hat daher im Auftrag des Deutschen Jagdschutz-Verbandes die alten Maßstäbe überprüft und kommt zu folgender Bewertung:

Bei 5 Schuß auf 100 m und einem Streukreisdurchmesser von:

4 cm = Sonderklasse
5 cm = sehr gut
6,5 cm = gut
7,5 cm = befriedigend
über 7,5 cm = nicht befriedigend

An mehrläufige Büchsen und den Büchsenlauf kombinierter Waffen sind hinsichtlich der Streuung die gleichen Anforderungen zu stellen. Darüber hinaus aber ist zu prüfen, ob die Treffpunktlage der Läufe übereinstimmt. Wer schon eine Doppelbüchse mit schwerer Ladung geführt hat, weiß, wie schwierig, ja wie wenig aussichtsreich derartige Bemühungen manchmal sein können. Das liegt an den komplizierten Spannungsverhältnissen innerhalb der Laufbündel. Wir wollen darauf aber nicht näher eingehen.

Als weitere Anforderung an die Schußleistung einer Waffe müssen wir die einer *gestreckten Flugbahn* (Rasanz) stellen. Sie ergibt sich allerdings weniger als eine Abhängigkeit von der Waffe allein, als vielmehr aus dem Zusammenwirken vieler Faktoren, wobei die Waffe insofern eine Rolle spielt, als man aus dem gleichen Gewehr nicht die verschiedensten Kaliber und Laborierungen verfeuern kann. Die Waffe muß für die eine rasante Flugbahn ergebende Laborierung (Kaliber, Geschoßgewicht, Geschoßform, Ladung) geeignet sein. Der Vorteil einer gestreckten Flugbahn liegt in der geringeren Veränderung des Treffpunktes bei verschiedenen Entfernungen. Eine gewisse Veränderung ist infolge der immer gekrümmten Flugbahn des Geschosses stets gegeben. Sie in den möglichen Grenzen nur gering zu halten, ist eine berechtigte Forderung, die man allerdings nicht überziehen sollte. Die rasante Flugbahn gestattet also bei weiteren Entfernungen etwa das gleiche Abkommen wie bei der Fleckschußentfernung. Das ist natürlich ein Vorteil, allerdings nur so lange, wie man die rasante Flugbahn nicht nur deswegen verlangt, um ausgesprochen weite Schüsse riskieren und damit begründen zu wollen.

Im Hochgebirge, wo wohl einmal ein weiterer Schuß deswegen erforderlich wird, weil man an das Stück des Geländes wegen nicht näher herankommt, ist der Gebrauch einer Waffe und Patronenlaborierung, die eine rasante Flugbahn ergibt, natürlich besonders vorteilhaft. Aber, ich muß es noch einmal sagen: Die Rasanz fängt normalerweise auf der Grenze zwischen waidgerechter Entfernung und der, die dann kommt, zu wirken an. Wohlgemerkt, ich behandele hier die Jagd auf Rotwild. Wer Freude daran hat, Füchse und vielleicht noch kleines Wild auf weite Entfernung zu schießen, bediene sich eines Handwerkzeugs, das eine besonders

Gute Auflage bei weitem Schuß

gestreckte Flugbahn hergibt. Diese erhöht natürlich die Treffwahrscheinlichkeit. Bei der Jagd auf Rotwild sollten wir uns bemühen, diese erhöhte Treffwahrscheinlichkeit in erster Linie durch einen sorgfältig gezielten, auf waidgerechte Entfernung abgegebenen Schuß zu erreichen.

Wir kommen nun zur *Schußwirkung*, die sich im wesentlichen als eine solche des Geschosses darstellt.

Was erwarten und verlangen wir von der Wirkung des Geschosses?

Ich sagte schon, wir müssen bestrebt sein, das zum Abschuß bestimmte Stück möglichst schnell und schmerzlos zu töten. Diese Forderung gilt nicht nur bei wirklich gutem Schuß durch bzw. in die Kammer (d. h. Brustkasten), sondern auch dann, wenn der Schuß, wie es im praktischen Jagdbetrieb immer vorkommt, den Rumpf an anderer Stelle trifft und lebenswichtige Organe zerstört und früher oder später außer Funktion setzt. Auch hierbei soll der Tod möglichst schnell eintreten oder das Stück doch so an den Platz gebannt sein, daß es schnell zur Strecke gebracht werden kann. Wir verlangen weiter am Anschuß reichlich Schnitthaar und gute Schweißwirkung, um auf den Sitz der Kugel schließen und danach die Nachsuche zweckmäßig anlegen zu können, wenn das Stück nicht am Anschuß geblieben ist.

Zunächst wäre also die Frage zu untersuchen: „Was tötet bzw. was tötet schnell?"

Bei einer Schußverletzung tritt der Tod des Wildes um so schneller ein, je schneller diese infolge Zerreißens und Zersprengens von Geweben, Organen und Blutgefäßen zur Unterbrechung des Blutkreislaufes, d. h. zum Ausbluten führt, und je stärker der Schock ist, den die Verletzung hervorruft. Die Schockwirkung müssen wir uns so vorstellen, daß die durch die Schußverletzung hervorgerufene Erschütterung sich auch als eine solche des Nervensystems auswirkt, wodurch dessen Funktion und damit die der Lebensvorgänge überhaupt ausgeschaltet oder zeitweise unterbrochen wird. Je stärker beide Wirkungen gleichzeitig erreicht werden, um so schneller tritt der Tod ein.

Wird durch die Schußverletzung lediglich ein Schock verursacht, so kann die Unterbrechung zeitlich mehr oder weniger begrenzt sein. Am deutlichsten dokumentiert sich das beim sogenannten „Krellschuß", d. h. beim Streifschuß am Rückgrat. Wird nur eine Verletzung der Organe mit geringer Schockwirkung erzielt, so ist das getroffene Stück meist nicht an den Platz gebannt und flüchtet, bis es ausgeblutet ist. Das zeigt sich z. B. beim glatten, d. h. vorher keinen Knochen treffenden Herz- oder Lungendurchschuß.

Spreng- *und* Schockwirkung muß also ein Geschoß haben, wenn es in unserem Sinne wirksam sein soll. Dabei soll es genügend tief in den Wildkörper eindringen, um auch bei Schrägschüssen noch lebenswichtige Organe erreichen zu können (siehe auch S. 51).

Da wir hier nicht die Frage nach einer für alle Schalenwildarten brauchbaren „Universalpatrone" zu lösen haben, sondern für Rotwild geeignete Laborierungen vorstellen wollen, ist es nicht allzu schwierig, die Voraussetzungen zu schildern, die erfüllt sein müssen.

Grundsätzlich sollte eine Laborierung gewählt werden, bei der die geforderten Wirkungen mit größter Wahrscheinlichkeit in jedem Falle und nicht nur unter besonders günstigen Umständen erzielt werden. Also nicht eine solche, mit der man ein Stück *auch* zur Strecke bringen kann und keine, mit der man des schwachen Kalbes sicher, des starken Hirsches aber nur vielleicht habhaft wird. Das ginge gegen die primitivste Regel der Waidgerechtigkeit.

Die tötende Wirkung eines Geschosses wird um so sicherer und schneller gegeben sein, je größer die am Schußkanal liegende Zone ist, die von einer Verletzung betroffen wird, und je schlagartiger diese entsteht. Den kleinsten, nämlich etwa kalibergleichen Durchschuß liefert natürlich das Ganzmantelgeschoß, von dem wir wissen, daß seine Wirkung völlig unzureichend ist. Soll also der Schußkanal erweitert und so die zerstörende Arbeit des Geschosses gesteigert werden, muß dieses zunächst einen ausreichenden Durchmesser und ein inneres Gefüge haben, das es ihm gestattet, sich zu deformieren, zu stauchen und Splitter abzugeben. Diese Bedingungen erfüllt das *Teilmantelgeschoß* in seinen mannigfachen Formen. Je höher die Auftreffgeschwindigkeit des Geschosses, die von seiner Ladung, vom Geschoßgewicht und seiner Form abhängt, ist, um so besser und schneller wird es sich deformieren, desto größer ist bei entsprechender Konstruktion die Splitterwirkung. K. Eilers sagte schon vor Jahrzehnten: „Ein Hochwildgeschoß muß Masse haben." Wenn das nach den heutigen Erkenntnissen auch nicht die einzige Forderung bleiben kann, so trifft diese Kennzeichnung doch immer noch das Grundsätzliche. Außer der Masse müssen wir eine gute Splitterbereitschaft des Geschosses unbedingt verlangen, die uns Gewähr für eine ausreichende Spreng- und Schockwirkung gibt. Je mehr

Splitter abgegeben werden, desto mehr verletzte Gefäße und Nerven entstehen am Schußkanal.

Je tiefer das sich deformierende Geschoß in den breitstehenden Wildkörper eindringt, desto größer ist die Sicherheit, einen Schock beider Körperseiten, also eine wesentlich verstärkte Wirkung zu erzielen. Auch hieraus ergibt sich die Forderung nach Geschoßmasse und hoher Auftreffenergie.

Damit scheiden für die Jagd auf Rotwild kleine Kaliber mit geringen Geschoßgewichten aus. Unter 7 mm und 10 g Geschoßgewicht sollte man nicht gehen. Die von der deutschen Munitionsindustrie hierfür vorgesehenen Ladungen entsprechen unseren Anforderungen in ballistischer Beziehung sowie hinsichtlich des kinetischen Energieumsatzes. Das gleiche gilt für die Geschoßformen und -konstruktionen.

Wenn immer die Frage diskutiert wird, ob nicht die zerstörende Arbeit eines verhältnismäßig großkalibrigen, schweren Geschosses durch die bei hohen Geschwindigkeiten kleinkalibriger, leichter Geschosse am Schußkanal auftretenden Druckvorgänge zu ersetzen ist, so mag dies für schwächeres Wild von Bedeutung sein. Solange diese *Hochgeschwindigkeitspatronen* nicht noch wesentlich höhere Auftreffenergie hergeben, erfüllen ihre leichten Geschosse mit geringer Splitterwirkung nicht die für die Jagd auf Rotwild zu stellenden Anforderungen. Diese ganz grobe Skizzierung der Einzelheiten, deren Zusammenwirken ein recht kompliziertes technisches wie anatomisches Problem darstellt, soll hier genügen. Jedem Jäger, der mit den Leistungen seiner Waffe, in erster Linie mit den möglichen Leistungen, vertraut sein will, sei eine eingehende Beschäftigung mit diesen Dingen empfohlen. Hierzu stehen ausgezeichnete Spezialwerke zur Verfügung, wie etwa „Die Jagdwaffe und der Schuß" von *Haglund-Claessen* (Parey 1978) oder „Der Schuß auf Schalenwild" von *Lampel-Langenbach* (Neumann 1974) und „Jagdliches Schießen" von *Karl Grund* (Parey 1977).

Als für das Rotwild geeignete Laborierungen möchte ich nun die angeben, die auch in RAESFELD „Das deutsche Waidwerk" als solche gekennzeichnet sind.

Die noch stärkeren Laborierungen, insbesondere 8 × 68 S, 9,3 × 62, 9,3 × 64 und 9,3 × 74 R sind selbstverständlich besonders gut geeignet.

Patrone Kaliber und Bezeichnung	Geschoß Bauart und Bezeichnung	Geschoß Erforderliches Mindestgewicht p (früher g)	Eignung
7 × 57	Teilmantel	11,2	bedingt geeignet auf mäßige Schußentfernungen
7 × 57 R	D- und H-Mantel Brennecke-Torpedo-Ideal	10,5	
7 × 64	Teilmantel	11,2	gut geeignet
7 × 65 R	D- und H-Mantel Brennecke-Torpedo-Ideal	10,5	besonders gut geeignet
8 × 57 IS	Teilmantel Funk-Kupfermantel D-Mantel	12,7 12,8 10,5	bedingt geeignet auf mäßige Schußentfernungen
8 × 57 IRS	H-Mantel Brennecke-Torpedo-Ideal	12,1 12,8	besonders gut geeignet

Die Aufstellung umfaßt zunächst die Fertigungen der deutschen Munitionshersteller.

In der Bundesrepublik Deutschland ist es im übrigen gesetzlich verboten, auf Schalenwild (außer Rehwild) mit Büchsenpatronen unter einem Kaliber von 6,5 mm zu schießen; im Kaliber 6,5 mm und darüber müssen die Büchsenpatronen eine Auftreffenergie auf 100 m (E_{100}) von mindestens 2000 Joule haben.

Bei der Kennzeichnung der Patrone z. B. als 7 × 65 R bedeutet die Zahl 7 das sogen. Nennkaliber, die Zahl 65 die Hülsenlänge in mm, der Zusatz R bezeichnet die Hülse als eine solche mit Rand, also in der Regel für Kipplaufwaffen vorgesehen. Die Zusätze I und S beim 8-mm-Kaliber weisen darauf hin, daß es sich um das Geschoßmodell der früheren Infanteriemunition (J) mit dem Spezial 8-mm-Kaliber S (7, 89/820) handelt.

Auch unter den ausländischen, insbesondere amerikanischen Patronen, die z. T. auch von deutschen Herstellern gefertigt werden, befinden sich für Rotwild sehr brauchbare Laborierungen. Bei einem Kaliber von 7 mm und mehr bei einem Geschoßgewicht von 10 g und mehr bringen sie auch die in Deutschland verlangte Mindestauftreffenergie E_{100} = 2000 Joule.

Die Kennzeichnung erfolgt nach dem Zollsystem, und es bedeutet z. B. .270 Winchester ein Kaliber von 0,270 Zoll, d. s. 6,85 mm. Winchester ist der Name der Herstellerfirma, Hülsenlängen werden in der Regel nicht angegeben, doch finden sich weitere Zusätze, wie etwa .30-06, d. h. Kaliber von 0,30 Zoll = 7,62 mm aus dem Konstruktionsjahr 1906. Auch Geschoß- und Pulvergewichte werden in grains häufig zur weiteren Kennzeichnung der Patrone angegeben.

Blanke Waffe

Außer der Schußwaffe kommt unter Umständen noch der Gebrauch einer *blanken Waffe* in Frage. Nachdem sich der zur Forstuniform gehörende *Hirschfänger* zu einer ausgesprochenen Paradewaffe entwickelt hat, die letztlich sogar zur Kennzeichnung der Rangunterschiede herhalten mußte, hat er aufgehört, eine Waffe zur Jagdausübung zu sein. Damit sollte aber der Rotwildjäger, der alljährlich einen nennenswerten Abschuß zu erfüllen hat, auf eine blanke Waffe nicht ohne weiteres verzichten. Dann wähle er aber eine solche, die den zu stellenden Anforderungen entspricht, und das ist das *Waidblatt,* insbesondere das nach den Angaben von FREVERT geformte. Es ist als *Waidbesteck* ausgebildet, d. h. besteht aus einem schweren Waidblatt, das zum *Abfangen kranken Wildes,* wie als Standhauer geeignet ist, und einem Waidmesser zum Aufbrechen. Das *Hannoversche Kuto,* eine andere Form des Waidblattes, halte ich nicht für so geeignet, weil ich bei seinem Gebrauch die Erfahrung machen mußte, daß es wesentlich „knochenhungriger" ist als das genannte Waidblatt. Seine schärfer ausgezogene Spitze sitzt leicht am Knochen fest und macht das Abfangen dann nicht nur zur Quälerei für das Stück, sondern auch beim Abfangen eines Hirsches zu einer gefahrvollen Sache für den Jäger. Es erhebt sich überhaupt die Frage, ob das kranke Stück mit der blanken Waffe abgefangen oder nicht besser mit der Schußwaffe durch *Fangschuß* zur Strecke gebracht werden soll. Eins vorweg: Wer das Abfangen mit der blanken Waffe nicht beherrscht, nicht absolut sicher in seiner Anwendung ist, wer sich nicht voll dabei einsetzen will, der lasse die Finger davon! Selbstverständlich aber gibt es Situationen, in denen der Fangschuß einfach nicht anzubringen ist. Man stelle sich in bürstendichter Deckung das schlegelnde, sich hin- und herwerfende Stück, wie auch den mit dem Geweih wütend um sich schlagenden kranken Hirsch vor. Vielleicht hängt gar noch der Hund daran. Dann steht man mit der Schußwaffe ziemlich hilflos da. Doch habe ich in meiner nicht geringen Praxis solche Fälle beim

Rotwild nicht so häufig erlebt, daß ich zum allgemeinen Gebrauch der blanken Waffe raten müßte. Zum hirschgerechten Jäger gehört es allerdings, daß er sie führt und anzuwenden weiß. Deswegen wird es nicht nötig, den schwerkrank im Stangenholz sitzenden Hirsch, den man vorsichtig anpürschen und mit sicherem Fangschuß schnell töten kann, nun unbedingt mit der blanken Waffe anzugehen, weil man „hirschgerecht" sein will. Das wäre falsch aufgefaßte „Männlichkeit"! All diese eventuell auftretenden Folgen überlege man sich besser bei Abgabe des ersten Schusses, den man sorgfältig gezielt abzugeben, oder, wenn dies nicht möglich ist, einfach zu unterlassen hat. So bringt man sich oder den Jäger, den man zur Nachsuche bitten muß, nicht in solche Verlegenheiten. Wenn es waidgerecht und daher männlich ist, auf 150 m das Stück vom Hochsitz mit der modernen Schußwaffe zu beschießen, kann es nicht unmännlich oder weniger waidgerecht sein, auch auf nahe Entfernung einen sicheren Fangschuß abzugeben. Dies wird jetzt erleichtert durch die Novelle zum Bundesjagdgesetz (1977), nach der der Fangschuß auch mit einer Kurzwaffe (Pistole, Revolver) mit mehr als 200 Joule Mündungsenergie zugelassen ist.

Doch gibt es, wie gesagt, unter besonderen Umständen die Notwendigkeit, von der blanken Waffe Gebrauch machen zu müssen. Dann bedeutet jedes Zögern und jede Weichheit aber eine vermehrte Qual für das Wild; dann kommt es auf raschen und harten Einsatz an. Erste Vorbedingung: Gewehr weg, das nur behindert. Stets springe man vom Rücken her an das liegende oder sitzende Stück heran, um nicht in den Bereich der schlagenden Läufe zu geraten. Der Fangstoß soll das Herz treffen, wird also hinter dem Blatt ansetzend nach vorn in den Brustkorb zum Herzen geführt. Dazu muß man natürlich wissen, wo das Herz sitzt (Abb. S. 51). Handelt es sich um einen Hirsch, so passe man den Augenblick ab, in dem eine Stange in Bodennähe kommt oder den Boden berührt, trete mit einem Fuß darauf und verlege das Körpergewicht hierhin. Erst dann führe man den Fangstoß aus.

Hundeführung

Fast überflüssig zu erwähnen erscheint es mir, daß zur Ausrüstung des Rotwildjägers auch der Hund gehört. Und zwar der leistungsfähige, zuverlässige und gut abgeführte Hund. Ein im Rotwildrevier tätiger Berufsjäger oder Revierbeamter ohne Hund sollte nicht einmal als Ausnahme vorkommen. Selbst dann nicht, wenn er, wie es sein übliches Argument ist, ein Meisterschütze ist, der das Stück immer „im Knall" verenden läßt. Es mag sein, daß es ihn gibt, ich habe ihn zwar noch nicht erlebt, dennoch sollte auch er unseren vierbeinigen Jagdkameraden nicht für überflüssig halten. Er kann, wenn er wesensfest, scharf und stark genug ist, als Schutzhund dienen und wird dem Jäger manches im Revier zeigen, an dem er sonst vielleicht achtlos vorübergehen muß: Die frische Fährte, das gefallene Stück, die Schweißfährte an der Grenze, den vom Wilderer vergrabenen Aufbruch und anderes mehr. Und wenn einmal der Schuß, der eigene oder der eines Gastes, mißrät und das Stück nicht in der Nähe des Anschusses krank niedergetan oder verendet ist, ja dann handelt es sich meist um einen Laufschuß, bei dem uns nur der Hund noch zum Erfolg verhelfen kann. Als wichtigste Leistungen eines auf Rotwild geführten Hundes müssen wir also lautes, anhaltendes Hetzen am kranken Stück und zuverlässiges Stellen bzw. Totverbellen verlangen sowie eine ruhige Arbeit auf der Wundfährte. Wo es das Gelände gestattet am Riemen, die zunächst an die Hetze heranführt. Auf Einzelheiten werden wir noch bei der Schilderung der Nachsuche zurückkommen.

Welche *Rasse* gewählt wird, ist nicht von so entscheidender Bedeutung, wie die Tatsache, daß überhaupt ein *brauchbarer* Hund geführt wird. Auch spielen die jagdlichen

Verhältnisse des Reviers und sein Gelände bei der Wahl der Rasse eine große Rolle. Kommt überwiegend Hochwild vor und tritt das Niederwild ganz zurück, so führt man den Hund, der für die Arbeit auf Hochwild gezüchtet wurde und seine Eignung seit über einem Jahrhundert unter Beweis gestellt hat. Das ist der Hund des hirschgerechten Jägers, der *Hannoversche Schweißhund*, wie auch der *Bayerische Gebirgsschweißhund*.

Am langen Riemen

K. ANDREAS sagt „Über Wesen und Wert gerechter Schweißhundarbeit" (Pirsch, Nr. 18 u. 19, Sept. 1955) u. a.: „Gefährte des hirschgerechten Jägers, gehört der Hannoversche Schweißhund einer Rasse an, mit der gottlob noch niemals irgendwelcher Sport getrieben wurde. Seine ganze Wesensart und Schönheit zeigt der rote Hund nur im Beruf, an

Schweißhalsung und langem oder zünftig aufgedockten Riemen, bei ruhig-ernster Arbeit und in verständnisinniger Verbundenheit mit seinem Führer. Aus dem dunklen, seelenvollen Auge leuchtet die dem Schweißhund eigene, artgemäße Welt, und die erstreckt sich auf das stille Forsthaus und die uns verbliebenen Wälder, in denen noch der edle Hirsch auf freier Wildbahn steht und geht, wo er als eines der herrlichsten Geschöpfe unserer freien Tierwelt hoffentlich noch lange seine Fährte zieht.

Unter faltiger, gewolkter Stirn und aufgezogener Braue der ernste, abwartende Blick ist Spiegelbild der Wesensart des roten Hundes; sie, die im Kern verstanden und mit Sorgfalt und Bedacht behandelt werden will, erschließt sich nur dem wahlverwandten Partner.

Um einen Leitschweißhund gerecht zu führen, muß man aus innerster Berufung Jäger sein. Auf Geist und Faser kommt es dabei gleichermaßen an. Nur der Waidgeselle, der sich selbst nicht schont, wenn immer es darauf ankommt, der keine Mühe oder Unbill scheut und sich als Mensch und Jäger jederzeit *aus sich heraus* zu zünftiger Tat berufen und verpflichtet fühlt, vermag im Falle einer Schweißarbeit bedenkenlos auf alles andere zu verzichten.

Was da krankgeschossen wurde, muß um *Huberti Lohn* gefunden werden und zur Strecke kommen! Voraussetzung und Verlauf sind immer wieder anders. Es kommt in jedem Fall erneut auf Können und Konnex von Hund und Führer an. Und gerade darin und im Ansporn, sich für Wild und Waidwerk unablässig zu bewähren, liegt für den Hirschmann echter Prägung der so besondere und markante Reiz.

Mit welcher Freude und Befriedigung erfüllt nach schwieriger Arbeit die mit Anstrengung vollbrachte Leistung! Nicht nur, daß sie unvergeßlich bleibt, Herrn und Hund zusammenschweißt und bei beiden die Erfahrungen bereichert; am beglückendsten daran ist immer wieder das Erlebnis und bewußte Nacherleben des Hand in Hand mit dem Gesell errungenen Erfolges – in dem erhebenden Gefühl, daß dieser ohne Idealismus, ohne Opfermut und Lust und Liebe und ohne ein gerüttelt Maß an mühe- und verständnisvoller Vorarbeit nicht möglich ist.

‚Vor den Erfolg haben die Götter den Schweiß gesetzt'. Das gilt für schwierige Suchen auf der Wundfährte im weitesten und wahrsten Sinne. ‚Schweißarbeit ist Schwitzarbeit', sagt Hermann Löns bei Schilderung einer Suche mit dem roten Hund. Und Schweißarbeit ihr ehrenvollstes Tun im Dienst für Wild und Waidwerk. Kein grüner, schweißbenetzter Bruch ist so verdient wie jener, den nach vollbrachter Suche oder Hetze der Hundeführer hinterm Hutband und der Hund an seiner Halsung trägt!"

Also der Schweißhund ist und bleibt der bevorzugte Hund des Rotwildjägers! Der „Hannoveraner" meist dort, wo es das Gelände gestattet, am Riemen bis ans letzte Wundbett oder an das kranke Stück selbst heranzuarbeiten. Der „Bayerische" dann, wenn z. B. am Berg der Hund in der Regel schon früher geschnallt werden muß, weil der Führer einer Riemenarbeit nicht mehr folgen kann. Dieser Fall tritt im Hochgebirge meist recht bald ein, und dann eignet sich der körperlich leichtere, auch wohl wendigere „Bayerische" im strengen Gelände in der Regel besser.

Beide Hunde leisten auf der Wundfährte wie bei der Hetze, nach „Hirschmannschule" abgeführt – wie es der vornehmlich auf Schweißarbeit einzusetzende Hund anderer Rasse auch sein sollte – Hervorragendes. Natürlich nur, und diese Einschränkung gilt selbstverständlich grundsätzlich, wenn bei guter Nase angewölfter Fährtenwille, Hetzlaut und Schärfe vorhanden sind. Was nützt die sauberste Riemenarbeit, wenn der Hund dem noch flüchtig werdenden Stück nicht scharf folgt, es nicht anhaltend und laut hetzt und es nicht sicher stellt. Ob er dabei fährten- oder sichtlaut hetzt, ist nach meiner Ansicht nicht immer ausschlaggebend. Beim Fährtenlaut kann man wohl vom Schnallen an sofort die

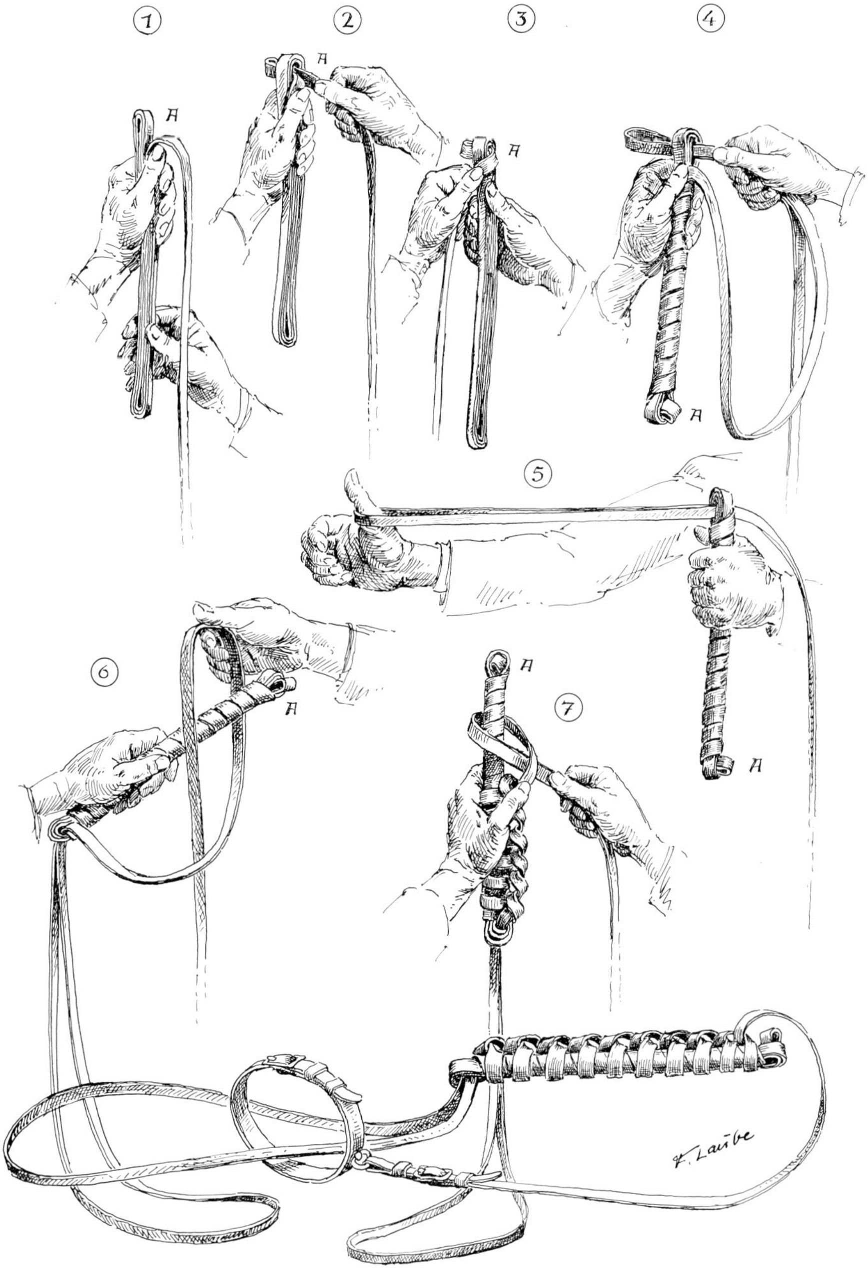

Aufdocken des Schweißriemens

Richtung der Hetze verfolgen und sich danach einrichten. Das muß im kupierten Gelände von Vorteil sein. Man weiß aber nicht, ob und wann der Hund am Stück ist. Das ist jedoch der Fall, wenn der Hund nur sichtlaut hetzt. Das aber wieder kann bedeuten, daß dann der Hetzlaut bereits aus dem Ohr gekommen ist. Und was dann? Beides hat demnach seine Vor- und Nachteile.

Beim Stellen soll der Hund nicht versuchen, das kranke Stück niederzuziehen. Das bewahrt vor Verletzungen oder gar Verlust.

Sind etwa diese Voraussetzungen erfüllt, so eignen sich natürlich auch Hunde anderer Rassen zur Arbeit am Rotwild. Von den „jagenden Hunden“ die *Tiroler Bracke,* die *Peintinger Bracke,* die *Dachsbracke,* von den „Stöberhunden“ besonders der *Deutsche Wachtelhund,* ferner der nicht zu kurzläufige *Dachshund* und schließlich jeder *Deutsche Vorstehhund.* Nur gerecht abgeführt und riemenfest müssen sie sein, denn die zuverlässige Riemenarbeit ist mehr oder weniger bei jeder Nachsuche der Schlüssel zum Erfolg. Unbedingt sollte sich der Hund frei ablegen lassen, um im kritischen Augenblick bei der Pürsch nicht zu stören.

Zur Arbeit auf der Wundfährte verwende man unter allen Umständen den *Schweißriemen* mit entsprechender Halsung. Er sollte 7–10 m lang sein und wird so *aufgedockt* getragen, daß er zur Arbeit abgedockt werden kann, ohne die Halsung abnehmen zu müssen. Die Suche erfolgt am „langen“ Riemen, um den Hund möglichst wenig zu stören und ihm die Möglichkeit zu geben, durch Bogenschlagen die etwa verlorene Fährte wiederzufinden.

Als letztes Stück der Ausrüstung des Rotwildjägers soll noch das *Horn* genannt werden. Es gehört dazu, nicht nur, um altem Brauchtum zu entsprechen. Auf weite Entfernung können wir Jäger uns damit verständigen, ohne die Poesie des Waldes zu stören. Trillerpfeife, Hupe und Geschrei passen nicht zur stillen Jagd auf unsere edelste Wildart.

Man trägt das Horn auf der rechten Seite, die Schallöffnung nach hinten unten gerichtet.

Ansprechen

Raesfeld sagt: „Der hirschgerechte Jäger wird nicht in Vereinen und jagdlichen Versammlungen gemacht, sondern in stetiger, stiller Arbeit im Wald, durch Mühe und Fleiß, Beobachtung und Erfahrung erzogen.“ Für nichts von alledem, was wir hier darstellen, gilt dies so uneingeschränkt, wie für das *Ansprechen* des Wildes. Wir verstehen im weitesten Sinne darunter das Feststellen, Beurteilen und Erkennen bestimmter Merkmale, wie des Geschlechtes, der Stärke, des Alters und der Abschußnotwendigkeit am lebenden Stück oder an den von ihm geprägten Zeichen.

Manches davon erscheint recht einfach und ist es auch, vieles aber ist doch recht schwierig, auch wenn es dem Jäger leicht vorkommt oder als leicht dargestellt wird. Hier gibt es kaum eine feste Regel und nur wenig Merkmale, die gemessen werden können. Gewiß ist es nicht schwer, das Tier vom Hirsch zu unterscheiden. Auch das ist Ansprechen. Wie klar sieht man bei gutem Licht mit gutem Glas die Stärke eines Geweihes. Aber das Alter, die Abschußnotwendigkeit? Das müssen wir doch auch erkennen, ansprechen können. Sonst nützen uns die bisher erworbenen Kenntnisse, die am Schreibtisch ausgeklügelte Planung, die Richtlinie nichts, rein gar nichts! Natürlich nicht, denn mit dem sorgfältigen und richtigen Ansprechen steht und fällt der Erfolg unserer ganzen jagdlichen Bemühungen. So ist das Erkennen und Beurteilen des lebenden Stückes das Wichtigste, sicher aber auch das Schwierigste. Es ist und bleibt die Kunst des hirschgerechten Jägers.

Eins sei gleich gesagt: Mancher lernt's nie! Nämlich mit Sicherheit derjenige nicht, dem keine innere Beziehung zum Tier, zum Wild eigen ist, und der sie nicht zu finden sucht. So auch gewiß derjenige nicht, der nur von einer Wartezeit *nach* dem Schuß weiß, sich zu einer solchen *vor* dem Schuß aber nur ungern oder gar nicht zwingt. Wer zwar in Vollendung motorisiert aber dennoch ohne Zeit ist; wer mit dem besten Glase ausgerüstet, sich trotzdem nur auf den führenden Jäger oder gar auf sein eigenes Glück verläßt; wer von dem herrlichen Bild des beim Rudel schreienden Hirsches nicht innerlich gepackt wird und sich gelangweilt abwendet, weil ihm der Schuß versagt ist, ja diesem Jagdausübenden wird das Ansprechen ein Buch mit sieben Siegeln sein und bleiben! Der wird aber auch ein Fremder bleiben im Reiche der waidgerechten Jagd. Er wird sich nicht nennen dürfen: Hirschgerechter Jäger!

Und so sollte sich jeder Jäger, dem heute noch das große Glück vergönnt ist, auf den Hirsch, ja auf Rotwild überhaupt jagen zu dürfen, bemühen, den Geheimnissen der Zeichen und Merkmale das abzuringen, was ihnen abzuringen ist. Denn alles werden wir nie wissen und vieles müssen wir, wenn wir ehrlich bleiben, als „Schlagwort" erkennen und dementsprechend werten.

Wann gibt sich eine Gelegenheit zum Ansprechen? Nicht nur beim Anblick des Stückes, sondern auch dann, wenn wir seine Zeichen finden oder die von ihm verursachten Geräusche, insbesondere Lautäußerungen, uns seine Anwesenheit verraten.

Fährtenkunde

Beginnen wir mit der *Fährtenkunde* und fragen nach den Möglichkeiten, aus den am Boden oder im Schnee geprägten Fährten, aus den Zeichen an Gras, Kraut, Strauch und Baum sowie an der Losung Wildart, Geschlecht und Stärke anzusprechen.

Unter *Fährte* versteht man beim Schalenwild die aneinandergereihten Abdrücke der Schalen im Boden oder Schnee. Der einzelne Abdruck ist der *Tritt.* Die Schalen, die Ballen, die Hohle und der Oberrücken oder Geäfter, auch Afterklauen genannt, bringen die Abdrücke hervor.

Der Ballen nimmt etwa den vierten Teil der im Schreiten den Boden berührenden Länge des unteren Fußteiles ein. Von den Fährten des übrigen Schalenwildes ist die Rotwildfährte nur mit der des Damwildes zu verwechseln, und es bedarf schon einiger Kenntnisse und Erfahrungen, um den Tritt des Damschauflers von dem des Rottieres in jedem Falle sicher zu unterscheiden. Im allgemeinen ist aber der Tritt des Damwildes schmaler und spitzer, der Ballen nimmt auch fast die Hälfte des Trittes ein. In der Fährte ist die Schrittlänge des Damwildes geringer. Die Fährte des Schwarzwildes zeigt am Tritt stets, auch beim ruhigen Ziehen, die Abdrücke der Oberrücken, die sich beim Rotwild nur in der Flucht markieren, so daß eine Verwechslung kaum vorkommen kann.

Uns interessiert in erster Linie die Frage: Wie unterscheidet man die Fährten und Tritte von Hirsch und Tier, und wie spricht man nach dem Fährtenbild die Stärke des Hirsches an?

Die alten Jagdschriftsteller kannten hierfür 72 *„gerechte Zeichen"*, von denen allerdings nur noch ein Teil in der heutigen Jagdliteratur zu finden ist. D. a. D. WINCKELL schränkte sie schon auf 27 ein, HARTIG ließ noch 36 als gerecht gelten.

K. LINDNER (Die Lehre von den Zeichen des Hirsches, Berlin, 1956) hat das Verdienst, uns den Gang der schriftlichen Festlegung dieser Lehre bis zum Ende des 16. Jahrhunderts in einer jagdgeschichtlich eindrucksvollen Rückschau wieder nahe gebracht zu haben. Er sagt u. a.: „Die hochentwickelte jagdliche Ethik, die sich so vielfältig in der deutschen mittelalterlichen Dichtung widerspiegelt, berechtigt zu der Annahme, daß jenes Wissen, das in der auf uns überkommenen ‚Lehre von den Zeichen des Hirsches' seinen Niederschlag fand, schon im 13., gewiß aber bereits in der ersten Hälfte des 14. Jahrhunderts voll entwickelt war und sich seit dieser Zeit in mündlicher Tradition fortpflanzte." Und weiter: „Je mehr man sich mit der ‚Lehre von den Zeichen des Hirsches' beschäftigt, desto stärker wird der Eindruck, daß es sich ursprünglich um eine Spruchweisheit der berufsständischen Jägerschaft, also um eine Art Zunftwissen gehandelt hat."

So sollten wir diese Spruchweisheit auch aus dem Geist der damaligen Zeit zu verstehen suchen und in ihr zunächst weniger das für die heutige Anwendung Übernommene als vielmehr das Überkommene sehen.

Beginnen wir mit den Zeichen, die unmittelbar mit der Fährte zusammenhängen.

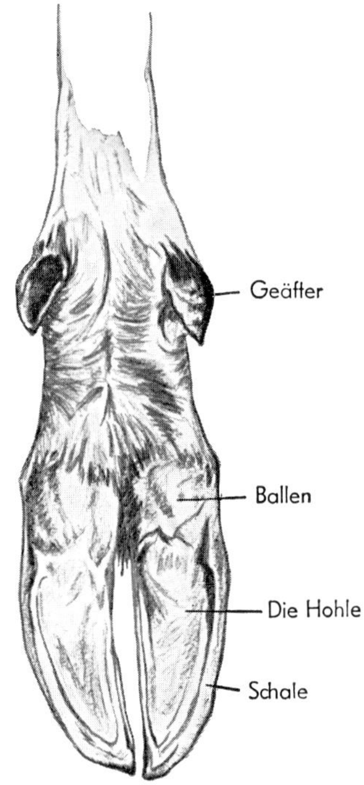

Lauf des Hirsches

1. *Die Schrittweite.* Sie wird von Spitze zu Spitze der einzelnen Tritte gemessen und ist beim alten, ausgewachsenen Hirsch bei gleichem Tempo der Fortbewegung in der Regel natürlich größer als beim Tier. „Er schrit vil witer den ein hind", heißt es hierzu im alten Text. Wenn in der älteren Jagdliteratur, die den klassischen Text noch weiter ausspinnen zu müssen glaubte, die Schrittweiten für Hirsche nach Geweihstufen angegeben wurden, so kann man das ohne großen Umstand als durchaus unzutreffend bezeichnen. So ergaben sich auch hier bereits arge Unterschiede der Meinungen. Döbel gibt 1854 die Schrittweite für den Zehner mit 50 cm, Hartig 1817 mit 60 cm und D. a. D. Winckell 1820 mit 80 cm an. Es ist nicht möglich, allgemein gültige Zahlenwerte für die Schrittweite des starken Hirsches so bestimmend anzugeben, um sie als sicheres Merkmal zum Ansprechen gelten lassen zu können. Jedenfalls nicht für die verschiedenen Stärken der Hirsche, etwa nach jagdbaren und geringen. „Er schrit vil witer den ein hind", mehr sagt die ursprüngliche Formulierung doch nicht, und warum sollte man mehr daraus zu machen versuchen? Wer sich einmal die Mühe macht, Hirsche beim Anwechseln zur Fütterung z. B. auf die Schrittweise genau zu beobachten und später auch die Maße zu nehmen, wird diese beim einzelnen Hirsch schon recht unterschiedlich auf längerer Strecke finden. Selbstverständlich kann man das alte Tier und wohl auch den jungen Hirsch häufig, aber eben nicht immer, nach der Schrittweite vom alten ausgewachsenen Hirsch unterscheiden. Insbesondere dann, wenn man im Revier durch stetes Beobachten und Messen der Schrittweite, am besten bei leichtem Neuschnee, sich für das Revier Normen verschafft, die einen Vergleich gestatten. In der Regel fand ich z. B. im Harz zwischen altem Hirsch und Alttier Unterschiede, die etwa um 20 cm lagen.

Insoweit ist also die Schrittweite für uns als Zeichen brauchbar.

2. *Der Schrank.* Das Rotwild setzt beim Ziehen nicht alle Tritte der vier Läufe voreinander, also in einer Linie, wie wir das z. B. vom Schnüren des Fuchses her kennen. Die Tritte einer Körperseite stehen in einem bestimmten Abstand von denen der anderen Seite. Das ist der Schrank. Es ist einleuchtend, daß der alte, feiste Hirsch unter seinem breiteren Körper stärker *schränkt,* als das Schmaltier oder auch das Alttier. Nur wenn dieses hochbeschlagen geht, ist sein Schrank größer und kann sich dem eines Hirsches nähern. Auch hier können keine allgemein gültigen Zahlenwerte angegeben werden, doch fand ich bei Messungen, daß der alte Hirsch in der Regel mindestens um den doppelten Abstand schränkt, als das Alttier. Voraussetzung ist ruhiges Ziehen.
Auch der Schrank kann, insbesondere wenn für das Revier Messungen gemacht werden, durchaus als Zeichen gelten.
Will man Schrittweite und Schrank zum Ansprechen der Fährte benützen, so genügt es nicht, einen kurzen Blick in diese zu tun, sondern es wird schon nötig, sie wenigstens eine Strecke weit beobachtend zu verfolgen, um sich über die Maße ein zutreffendes Bild machen zu können.
Sehr häufig, um nicht zu sagen meistens, steht uns zum Ansprechen aber nicht die Fährte, sondern nur der einzelne Tritt zur Verfügung, und so ist es auch erklärlich, daß uns für ihn eine recht große Anzahl von Merkmalen in den „gerechten Zeichen“ überkommen ist. Dabei muß auf folgendes hingewiesen werden: Das Rotwild tritt beim ruhigen Ziehen mit dem Hinterlauf mehr oder weniger in den Tritt des Vorderlaufes, so daß der rechte Hinterlauf in den Tritt des rechten, der linke Hinterlauf in den Tritt des linken Vorderlaufes gesetzt wird. So finden wir in der Regel die Tritte nicht allein, bzw. löscht der Tritt des Hinterlaufes den des Vorderlaufes aus oder läßt ihn nur zum Teil stehen. Der Tritt des Vorderlaufes ist bei Hirsch und Tier erheblich stärker, als der des Hinterlaufes, den wir in der überwiegenden Zahl der Fälle sehen.

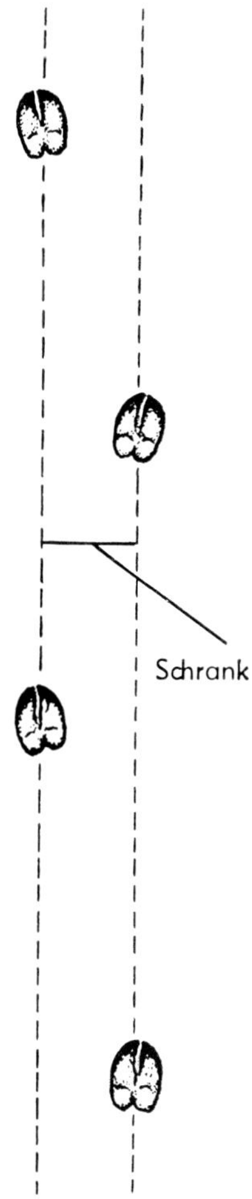

Der Schrank

3. *Die Trittstärke.* Sie wird an der breitesten Stelle, an den Ballen gemessen. Ganz allgemein kann gesagt werden, daß dem stärkeren Stück auch ein stärkerer Tritt entspricht. Danach wird der mittelalte und alte Hirsch einen stärkeren Tritt hinterlassen als das Alttier. Das ist ein verhältnismäßig sicheres Zeichen zum Ansprechen von Hirsch und Tier. Man nehme sich aber auch hierbei die Norm für das Revier. Wesentlich schwieriger wird das Ansprechen der Hirsche untereinander nach der Trittstärke. Wenn auch der normale Hirschtritt meist stärker sein wird als der des Alttieres, so muß nicht immer der stärkste bzw. älteste Hirsch auch den größten Tritt unter den Hirschen zeigen. Hier habe ich schon ganz außerordentlich abweichende Feststellungen machen können. So hat, um nur ein Beispiel zu nennen, der älteste s. Z. an der schon erwähnten Fütterung bei Bad Harzburg stehende Hirsch einen auffallend kleinen Tritt, nämlich 4,0 cm, während die sehr viel jüngeren Hirsche Breiten von 5,5, 5,8 und 6,0 cm haben. Immerhin hat auch das für das Ansprechen seine Bedeutung, zumal die Tritte sich auch in der Form unter-

scheiden. Hat man Maße und Form des Trittes von einem bekannten Hirsch genommen, so ist man häufig in der Lage, an diesem Tritt den Hirsch anzusprechen. Das geht bei einiger Übung recht gut. Hier gilt das, was RAESFELD sagt: „Stetiges Beobachten, Mühe und Fleiß!" Dann wird auch die Trittstärke für das einzelne Revier zu einem Zeichen, das uns wohl etwas zu sagen hat. Zur Unterscheidung von Hirsch und Tier nach der Fährte liefert sie wohl das zuverlässigste Merkmal.

4. *Die Stümpfe.* Hier kommen wir zu einem Zeichen, das nach meinen Beobachtungen nicht immer zuverlässig Hirsch und Tier am Tritt unterscheiden läßt. Es soll nach der Regel der Hirschtritt vorn stumpfer, runder sein als der des Tieres. Das wird mit der stärkeren Abnutzung der Schalen beim schweren Hirsch und mit dem *Zwang* begründet, auf den wir noch zu sprechen kommen. Ich darf es nicht unterlassen, darauf hinzuweisen, daß THIELE (Die Zeichen der Hirschfährte, 1931), der den gerechten Zeichen keine große Bedeutung beimißt, u. a. auch für die Stümpfe recht eindrucksvolles Untersuchungsmaterial zusammengetragen hat, das allerdings im wesentlichen aus Nordostdeutschland stammt. Obwohl die Auswertung seiner Messungen nicht für die Stümpfe als gerechtes Zeichen, Hirsch und Tier zu unterscheiden, spricht, kommt er doch zu dem Schlußergebnis: „Die Stümpfe ist mehr den Hirschen als den Tieren eigen, besonders den stärkeren Hirschen. Die Form ist aber in Nordostdeutschland selten." Ich vermag das nicht zu beurteilen, da mir eigene Untersuchungen aus diesem Raum fehlen. Doch erkennt FREVERT, der das dortige Rotwild gut kannte, die Stümpfe als gerechtes Zeichen an (Das deutsche Waidwerk, Parey 1964). Ich selbst, das sagte ich schon, halte das Zeichen nicht für unbedingt zuverlässig, fand aber auch in der überwiegenden Zahl der Fälle die Stümpfe beim Tritt des Hirsches.

Wenn ich über diese vier, aus Fährtenbild und Tritt sich ergebenden Zeichen noch weitere anführe, so nur deshalb, weil sie in der älteren Literatur als „gerechte" Zeichen benannt sind, und der hirschgerechte Jäger sie schon aus Gründen der Tradition kennen sollte. Zum Ansprechen des Wildes auf Geschlecht und Stärke eignen sie sich wenig oder gar nicht.

5. *Der Zwang.* Der Hirsch soll die Schalen beim ruhigen Ziehen fester zusammendrücken als das Tier. So stehen die Spitzen der Schalen beim Tritt des Hirsches zusammen, der Tritt ist „geschlossen" oder „rein", wie es in den alten Regeln heißt. Als geschlechtsunterscheidendes Merkmal ist dies Zeichen nach meinen Beobachtungen nicht als sicher anzusehen.
6. *Das Fädchen.* Es ist dies der schmale Streifen, der einen geschlossenen Tritt in zwei Hälften teilt. Kommt bei Hirsch und Tier vor.
7. *Der Burgstall* oder *das Grimmen* bezeichnet im Tritt die kleine Erhöhung zwischen Ballen und Schalenrand. Ist bei Hirsch und Tier vorhanden.
8. *Das Insiegel* ist der bei lehmigem Boden oder Tauschnee in der Hohle haftende Abdruck, der beim Ziehen verlorengeht. Kein geschlechtsunterscheidendes Merkmal.
   Auch einige Zeichen, bei denen die Stellung zweier Tritte zueinander von Bedeutung ist, gelten in der älteren Literatur als gerecht.
9. *Der Schlußtritt* oder *der Schluß.* Das Rotwild macht dies Zeichen, wenn der Tritt des Hinterlaufes genau in den des Vorderlaufes gesetzt wird. Wegen des etwas schwächeren hinteren Trittes stehen hierbei häufig zwei Schalenabdrücke ineinander, das wird
10. *das Reifchen* genannt.

Tritt das Stück mit dem Hinterlauf über den Vordertritt hinaus, wobei die Tritte noch ineinander stehen, so sieht man diese mit vier Ballen, es entsteht

11. *das Vierballenzeichen* als Folge des *Übereilens.* Steht der Tritt des Hinterlaufes in oder hinter dem des Vorderlaufes, so heißt dies das *Hinterlassen* oder *Zurückbleiben.*
12. *Der Beitritt* und der *Kreuztritt* entstehen, wenn der Tritt des Hinterlaufes außen neben dem des Vorderlaufes (Beitritt) oder seitwärts noch in ihm steht (Kreuztritt).
13. *Der Schloßtritt.* Hierunter versteht man den Tritt (Hinterlauf) des aufstehenden Hirsches, der in der Mitte des Bettes zu sehen ist.
    Die Abbildung auf Seite 282 zeigt einige dieser Trittzeichen.

Hiermit sei die Aufzählung der Zeichen, die mit Fährte und Tritt im direkten Zusammenhang stehen, abgeschlossen. Bis zum Zeichen Nr. 8 habe ich zur Beschreibung jeweils eine wenn auch nur kurze Würdigung als Merkmal zum Ansprechen gegeben. Die Zeichen 9 bis 13 halte ich zur Unterscheidung des Geschlechts wie der Stärke für wenig zuverlässig oder nicht brauchbar, weil sie bei Hirsch und Tier vorkommen. Und dennoch sollte der Jäger, der sich hirschgerecht nennen will, all diese, wie auch die folgenden Zeichen kennen und sich damit häufig am Objekt beschäftigen. So lernt er in seinem Revier die Fährten und Tritte seines Wildes ansprechen und wird oft charakteristische Formen und Maße bei einzelnen Stücken finden, auf die er immer wieder trifft und zu denen er in fleißiger Beobachtung das zugehörige Stück zu bestimmen trachten sollte. Das kann für ihn von außerordentlichem Wert sein. Es ist also die eingehende Beschäftigung mit Fährte und Tritt, mit den gerechten Zeichen, keine müßige, nur der Tradition oder dem Brauchtum entsprechende Aufgabe. Im Gegenteil, sie kann zu hoher Kunst werden.

Mehr wollen uns doch wohl auch die überkommenen Zeichen nicht sagen.

Von den Zeichen an Baum und Strauch sind die gerechtesten:

14. *Die Himmelsspur* oder das *Fegen.* Daraus, ob der Hirsch stärkere oder dünnere Stämmchen zum Fegen wählt, ob die durch diesen Vorgang beschädigte Stelle sich höher oder niedriger über dem Boden befindet, läßt sich nicht zuverlässig auf die Stärke des Hirsches schließen. Nach der Höhe der Fegestelle ist das nur möglich, wenn ein starker Stamm gefegt wird, der sich nicht biegen läßt. Schwächere Stämmchen zieht der Hirsch besonders gern der Länge nach durch das Geweih, und staunend steht dann der unkundige Jäger vor einer solchen Fegestelle, die weit über die Höhe des Hirsches einschließlich Geweih hinausgeht.
15. *Das Himmelszeichen* oder *das Wenden.* Zieht der Hirsch, namentlich der starke, durch eine Dickung, so zerbricht und zerknickt unter Umständen das Geweih kleine Äste. Auch absichtlich dreht der Hirsch, wie ich es schon häufiger beobachten konnte, grüne Zweige, an denen er fegt, und die über ihm hängen, ab. In der Regel geht das nur vom Achter an aufwärts, da die Gabel dabei mitwirkt.
16. *Das Wimpelschlagen* bezeichnet das Wühlen des Hirsches mit dem Geweih im Ameisenhaufen.
17. *Das Plätzen,* d. h. das Schlagen mit einem Vorderlauf am Boden, führen Hirsch und Tier gelegentlich aus, ehe sie sich niedertun. Der Hirsch plätzt aber auch in der Brunft, wobei er gleichzeitig mit dem Geweih im Boden herumbohrt und Erdklumpen, Rasenplaggen, Moos usw. in die Höhe wirft.

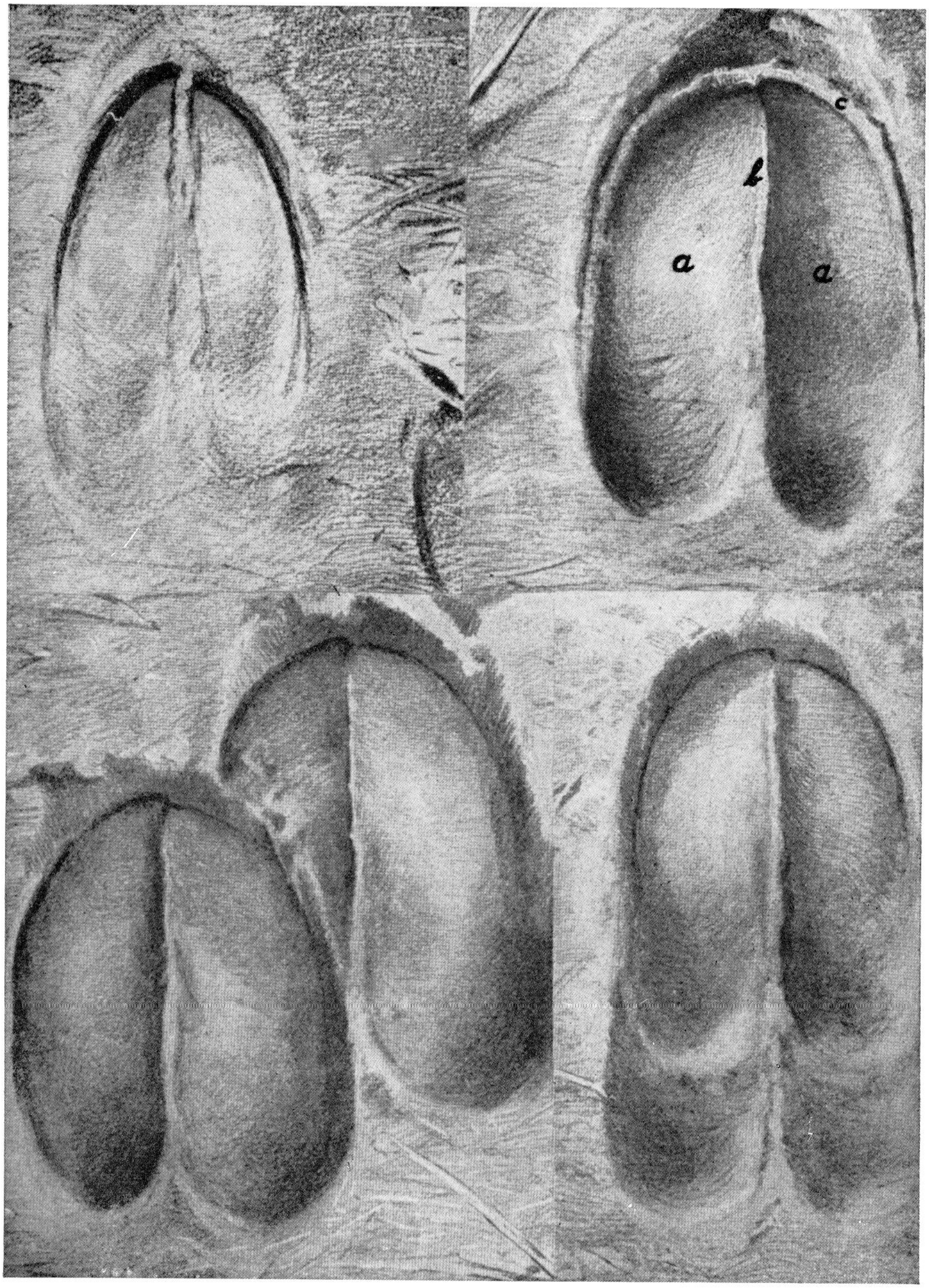

Zeichen der Fährte

Links oben: Tritt eines Alttieres. Rechts oben: Rechter Tritt eines Hirsches. a: Burgstall, b: Fädlein, c: Reiflein

Links unten: Linke Tritte eines Hirsches (Kreuztritt). Rechts unten: Linke Tritte eines Hirsches (Vierballenzeichen)

Es bleiben also immerhin 17 Zeichen, die der Jäger nicht nur ihrer Bezeichnung nach kennen sollte. Er muß auch wissen, was sie bedeuten und ob sie ihm etwas sagen und zeigen können. Das gehört einfach dazu! Wenn THIELE in der schon genannten Arbeit die Zeichen der Fährte in selbstverständliche und gesuchte, ja gar in wahre und falsche gliedert, so wollen wir ihm hierin nicht unbedingt folgen. LINDNER sagt dazu: „THIELE wog, ohne sich auch nur im mindesten um eine Textkritik zu bemühen, die ihm erreichbaren unzulänglichen Quellen mit dem Maß eines aufklärerischen Rationalismus und wurde deshalb seiner Vorlage am wenigsten gerecht.“ Der Jäger, dem die Zeichen der Hirschfährte nichts zu sagen vermögen, der deswegen nicht auf sie achtet, sie nicht zum Gegenstand seiner ständigen Aufmerksamkeit macht, der jagt nur mit halben Sinnen, pürscht nur mit halbem Erleben und weiß nicht, wie schön es sein kann, den Versuch zu machen, in Tritt und Fährte wie in einem geheimnisvollen Text zu raten und zu lesen.

Die Himmelsspur oder das Fegen

Wie die eben genannten Zeichen gehören zur Fährtenkunde im weiteren Sinne auch die Merkmale der *Losung* und des *Nässens.*

Die *Losung* des Rotwildes fällt nach Jahreszeiten und Äsungsverhältnissen recht verschieden. Sie ist in der Form der Eichel nicht unähnlich und von dunkelgrüner bis schwarzgrüner Farbe. Bei ausreichender Äsung ist sie, wenn sie nicht blättrig oder ganz formlos wird, von sehr regelmäßiger Form. Bei Äsungsmangel oder bei Hirschen in der Brunft verkümmert diese Form.

Die Losung des Hirsches unterscheidet sich von der des Tieres einmal durch ihre größere Gleichmäßigkeit in der Form, falls diese erkennbar ist, dann durch die Größe der einzelnen Stücke, endlich durch ihre Gestalt. Der starke Hirsch läßt auch die reiche, blättrige oder ganz ungeformte Losung (Feistzeit) in größeren Haufen und von stärkerem Durchmesser fallen als selbst ein starkes Tier. Die einzelnen Stücke haben ziemlich gleiche Längen und Durchmesser. An dem einen Ende zeigen sie ein *Näpfchen,* an dem anderen ein *Zäpfchen,* so daß beide bei den sich folgenden Stücken ineinander passen und oft so aneinander hängen. Die einzelnen Stücke sind beim Hirsch im Verhältnis zu ihrer Länge dicker als beim Kahlwild, bei dem die Länge die Dicke oft weit übersteigt.

Im Winter ist die Losung hart, im Frühjahr wegen der Aufnahme saftiger Kräuter usw. weich. In der Feistzeit fällt sie oft in Fladen und ist stark mit Schleim überzogen.

Es soll hier nicht verschwiegen, aber nur nebenher erwähnt werden, daß es Jäger gibt, die aus der verschiedenen Form der Losung einzelner Hirsche Konstitutionstypen erkennen wollen, um daraus Rückschlüsse sogar auf die Geweihbildung zu ziehen. Wenn wir uns bemühen, einigermaßen fehlerfrei im Gesetzestext des Buches der Natur zu lesen, blättern diese Jäger wohl schon im Kommentar!

Hirsch *Tier*

Losung des Rotwildes (Aus Raesfeld, Das deutsche Waidwerk, 12. Aufl.)

Die Art des *Nässens* läßt einen Schluß auf Hirsch- oder Tierfährte dann mit ziemlicher Sicherheit zu, wenn man einen Bodenzustand vor sich hat, der gutes Fährten gestattet. Das Tier näßt dahin, wo es schon gestanden hat, es näßt in den letzten Tritt. Der Hirsch näßt zwischen die Tritte und tritt u. U. auf das benäßte Erdreich.

Damit sei das, was wir zur Fährtenkunde zu sagen haben, abgeschlossen. Wenn manches auch reichlich theoretisch erscheinen mag, so lasse sich insbesondere der junge Jäger dadurch nicht abschrecken, diesen Dingen mit Lust und Aufgeschlossenheit nachzugehen. Man übe sich ständig und vergleiche, denn die Unterschiede sind nicht groß.

Geräusche und Lautäußerungen

Eine weitere Möglichkeit des Ansprechens, ohne des Wildes ansichtig zu sein, bieten Geräusche und Lautäußerungen, die von ihm verursacht oder abgegeben werden.

Wir pürschen im Dunkeln zum Hochsitz, lange noch ist das Büchsenlicht nicht da. Gerade beim Anmarsch sei man besonders aufmerksam, um nicht auf das vielleicht unmittelbar am Pürschsteig oder vor dem Hochsitz stehende Wild aufzulaufen. So hört man häufig das *Rupfen* des in der Nähe äsenden Wildes. Ein *Mahnen* läßt auf die Anwesenheit von Kahlwild schließen, wie auch mehrmaliges, länger anhaltendes *Schrecken.* Der mißtrauisch gewordene Hirsch schreckt sehr viel seltener, dann in der Regel nur ein- oder zweimal mit wesentlich tieferem und stärkerem Ton. Bricht ein Stück fort, so hört man sofort, ob es sich um ein Stück Rehwild handelt, das in leichten federnden Sprüngen, wobei ein leise knickendes Geräusch entsteht, abspringt, oder ob ein Stück Rotwild in schweren, polternden Fluchten fortstürmt.

Der vor uns im Dunkeln einziehende Hirsch *streicht* leise mit dem Geweih *an,* sei es an Zweigen oder Ästen, sei es am Stamm. Das ist ein ganz besonders typisches Geräusch, das den Hirsch verrät. Wird der Hirsch flüchtig, so hört man aus der Nähe immer das Anstreichen des Geweihes in der Dickung. Auch nach dem *Scherzen* vermag man oft schon auf weite Entfernung das Vorhandensein von Hirschen anzusprechen.

Und nun die *Stimme* des Hirsches, der sich vor uns hören läßt. Gibt sie einen Anhalt für das Alter? Ganz allgemein ist zu sagen, daß der ältere Hirsch mit tieferem, grobem Baß schreit. Insbesondere Anfang der Brunft deutet die tiefe Stimme auf einen alten Hirsch, während gegen Mitte dieser Zeitspanne sich auch mittelalte Hirsche so „eingeschrien" haben, daß sie einen alten Hirsch vortäuschen können. Junge Hirsche erkennt man dagegen mit ziemlicher Sicherheit an ihrer hellen, weniger modulationsfähigen Stimme, die sie besonders gegen Ende der Brunft erschallen lassen. Doch kommen gar nicht selten alte Hirsche vor, die eine überhaupt nicht zu ihrem Alter passende, helle oder blecherne Stimme haben. Diese ist dann meist so typisch, daß man den Hirsch schon auf weite Entfernung am Schrei erkennen kann. Auch die Art des Schreiens gibt oft einen Hinweis auf das Alter. Der vorsichtige, alte Platzhirsch verschweigt oft lange vor Hellwerden, läßt sich überhaupt weniger hören und „brummt" manchmal nur nach langen Unterbrechungen. Es sei denn, er gerät an einen anderen Hirsch oder wird von diesem durch den Schrei gereizt.

Auch nach dem *Geruch* kann man Rotwild feststellen, besonders natürlich in der Brunft. Zu dieser Zeit ist es durchaus möglich, daß der Hirsch, z. B. wenn man ihn in der Dickung angehen muß, durch den Geruch seine Nähe verrät. Aber auch das Kahlwild, das eben vor dem pürschenden Jäger eingezogen ist, hat für einigermaßen empfindliche Nasen einen ganz typischen Geruch, der einige Zeit am Wechsel bemerkbar ist.

Körper- und Geweihmerkmale, Verhalten

Wesentlich mehr Möglichkeiten zum Ansprechen bieten sich natürlich, wenn das Wild bei gutem Licht vor uns steht und mit dem Glas beobachtet werden kann. Und dennoch stellt uns das Ansprechen oft vor große Schwierigkeiten, ganz besonders hinsichtlich der Altersmerkmale. Diese zeigen sich vornehmlich in Körpergröße und Körperform (Figur), wie auch in bestimmten Eigentümlichkeiten des Aussehens, am wenigsten noch am Geweih, schließlich auch ausdrucksvoll am Gehabe, Verhalten und Benehmen.

Noch einmal möchte ich wiederholen, daß zum Erlernen des Ansprechens nicht nur viel Fleiß und Mühe, sondern auch eine innere Beziehung zum Tier überhaupt gehört, die allein ein gewisses Gefühl für diese Dinge vermittelt. Fehlt es dem Jäger allerdings völlig an Beobachtungsgabe, wird das Ansprechen mehr oder weniger zu einer Sache des Zufalles. So werden die Leistungen des Jägers im Ansprechen immer recht unterschiedlich sein, zumal es auch allgemein gültige „Gebrauchsanweisungen" nicht gibt. Es gilt keine starre Gesetzmäßigkeit, und alle guten Ratschläge nutzen wenig, wenn der Jäger nicht immer wieder den Versuch macht, selbst alle bekannten Merkmale nicht nur vor der Schußabgabe zu überprüfen, sondern auch gerade dann, wenn Zeit zur Verfügung steht und nicht etwa eine begreifliche Erregung gerade das sehen läßt, was gern gesehen wird.

Beginnen wir mit dem *Ansprechen* der *Kälber*. Sie sind zumindest für die in ihr erstes Lebensjahr fallende Jagdzeit unschwer an der markant geringen Körpergröße zu erkennen. Nur in seltenen Fällen besteht die Wahrscheinlichkeit, kurz vor Beginn der Schonzeit einmal ein besonders starkes Kalb mit einem ebenso schwachen Schmaltier zu verwechseln. Wird das Rotwild gedrückt, kann das schon einmal passieren. Steht aber das Wild ruhig äsend vor dem Hochsitz, so sollte man doch an der Körperform, insbesondere am kurzen Haupt mit jugendlichem Ausdruck, das starke Kalb auch zu dieser Zeit noch vom Schmaltier unterscheiden können.

Da wir nun den Abschuß des Wildes nach den Geschlechtern gliedern wollen, müssen wir bereits bei den Kälbern hiermit anzufangen versuchen. Kann man aber mit Sicherheit das Hirschkalb vom weiblichen Kalb unterscheiden? Das ist sehr kurz mit Nein zu beantworten. Mit Sicherheit nicht. Und dennoch ist es erforderlich, nach Möglichkeit vor dem Schuß zu unterscheiden. Es gibt doch einige Anhaltspunkte, die, oft in einzelnen Rotwildgebieten verschieden, auf das Geschlecht des Kalbes schließen lassen. Insbesondere kann es die Farbe sein. Die Färbung des Wildes ist nach Schlägen und Stämmen recht verschieden. In manchen Revieren zeigen die geringen Hirsche, abgesehen vom Kragen, kaum eine nennenswerte Verschiedenheit im Haar von den Tieren. In anderen wieder sind die Unterschiede auffallender. Wo die Hirsche an der Unterseite und an den Läufen ausgeprägt dunkel sind, da sind auch die Hirschkälber im Winterhaar schon ähnlich gezeichnet, und so von den fahleren Wildkälbern bei guter Beleuchtung zu unterscheiden.

Alttier und Schmaltier

Auch haben die Hirschkälber manchmal schon etwas mehr Haar am Halse. Man nehme sich Zeit zur Beobachtung, vielleicht sieht man das Kalb auch einmal nässen. Ich selbst beachte aus langer Erfahrung folgendes: Nur ungern schieße ich auf ein Kalb – ein normal entwickeltes natürlich –, das mit dem Alttier allein, also nicht im Rudelverband, steht. Eigenartigerweise handelt es sich hierbei meist um ein Tier mit Hirschkalb.

Bei ausgesprochen gering entwickelten Kälbern sollte man allerdings keine Zeit mit dem Ansprechen des Geschlechtes verlieren. So oder so, ob männlich oder weiblich, müssen sie zur Strecke gebracht werden.

Vom vollendeten ersten Lebensjahre an (Schmaltier – Schmalspießer) ist der Unterschied der Geschlechter so markant, daß eine Verwechslung kaum möglich ist. Streckt man aber doch unabsichtlich anstatt eines Schmaltieres einen Schmalspießer, so handelt es sich, wenn sorgfältig angesprochen wurde, in der Regel nur um einen solchen, der noch kaum die Rosenstöcke hat. Dann bleibt es doch ein „Wahlabschuß".

Führendes und nichtführendes Alttier

Das *Ansprechen der Schmaltiere,* d. h. ihre Unterscheidung von Alttieren ist nicht sehr schwierig, wenn es sich allein hierum handelt. Schwieriger wird es schon, ein geringes Schmaltier anzusprechen, insbesondere dann, wenn nur Alttier, Kalb und Schmaltier beieinander stehen. Hat man im größeren Rudel Vergleichsmöglichkeiten, ist die Sache bei einiger Übung eigentlich recht einfach. Das leichte Ansprechen des Schmaltieres sollte aber nicht dazu führen, diese Altersklasse zur Erfüllung des Abschusses bevorzugt heranzuziehen.

Das Schmaltier, in der Regel körperlich noch schwächer als das Alttier, zeigt ein verhältnismäßig kurzes Haupt. Demgegenüber ist der lange, trockene Kopf des Alttieres besonders charakteristisch und ins Auge fallend. Darauf achte man besonders. Auch nach dem Zeitpunkt des Verfärbens läßt sich das Schmaltier vom Alttier besonders im Frühjahr leicht unterscheiden. Das Alttier verfärbt später.

Übergehendtiere, d. s. solche Stücke, die nun zur Jagdzeit in ihrem dritten Lebensjahr stehen und nicht führen, sind nicht leicht von Schmaltieren zu unterscheiden. Meist werden sie für starke Schmaltiere gehalten, während doch ihr Körpergewicht nach den im vorigen Abschnitt erwähnten Untersuchungen oft nicht dem Normalgewicht ihrer Altersstufe entspricht.

Das *Alttier,* soweit es führend ist, erkennt man am sichersten am Gesäuge, wie auch am geführten Kalb. Zum Erkennen des Gesäuges muß das Stück spitz von hinten stehen (Bild auf Seite 287). Das führende Stück verfärbt im Frühjahr, aber auch im Herbst später als das übrige Kahlwild. Kurz nach dem Setzen ist es an den Flanken stark eingefallen. Man sehe sich beim Sommerabschuß, wenn abends ein einzelnes Alttier austritt, besonders vor, da das Kalb zurückgeblieben sein kann. Nur das Gesäuge gibt jetzt Aufschluß. Morgens beim Einwechseln fand ich in der Regel das Kalb beim führenden Stück. Beobachtet man *häufiger* im gleichen Rudel mehrere Alttiere (mit Gesäuge), zu denen aber ein Kalb fehlt, so ist anzunehmen, daß ein Kalb verlorengegangen ist. Dann muß man versuchen herauszubekommen, welches Alttier kein Kalb mehr hat. Dazu gehört viel Zeit und Geduld, da man abwarten muß, an welchen Alttieren Kälber säugen. Der Umstand, ob ein Kalb sich mehr zu dem einen oder anderen Alttier hält, ist beim sich äsenden Wild zur Unterscheidung säugender Alttiere völlig unerheblich. Beim vertraut ziehenden Wild hält sich das Kalb aber an seine Mutter, was das Ansprechen dann möglich macht. Das Erkennen des führenden Stückes kann nur so gelingen.

Das *Gelttier* ist eine nicht sehr häufige Erscheinung, und meist ist das Stück, das als solches angesprochen und zur Strecke gebracht wird, ein nicht führendes Alttier. Wir finden gar nicht selten, daß das eine oder andere Stück einmal ein Jahr nicht setzt, also nicht beschlagen wurde. Ich habe solche Stücke, die nicht führen, ihr Kalb aber auch nicht etwa verloren hatten, fast immer von der letzten Brunft beschlagen gefunden. Das wirkliche, d. h. unfruchtbare Gelttier ist meist ein sehr altes Stück, an seinem Habitus dann aber nicht schwer zu erkennen. Es ist, sofern es nicht hart an der Altersgrenze steht, in der Regel besonders gut bei Leibe, verfärbt im Herbst früher als das führende Stück und hat den langen, trockenen Kopf, der meist schon grau-weiß gefärbt ist. Oft steht es allein oder hält sich im Rudel etwas abseits und zeigt besondere Vorsicht. So trennt es sich beim Einwechseln oft vom Rudel, um vorsichtig einzuziehen. Stehen Alttier, Kalb und Gelttier zusammen, so kann es leicht insofern zu einer unliebsamen Verwechslung kommen, als man das Dreierrudel für Alttier, Kalb und Schmaltier hält, indem das Gelttier, das meist stärker ist, für das Alttier, dieses, dem Gelttier gegenüber vielleicht schwächere, für das Schmaltier angesehen wird. Also immer wieder auf das Gesäuge achten.

Ein sorgsam durchgeführter Kahlwildabschuß als Wahlabschuß erfordert viel Mühe, Zeit und das Wahrnehmen jeder Gelegenheit zum Beobachten, insbesondere auch vor Aufgang der Jagdzeit.

Das gleiche gilt natürlich für die *Hirsche.*

Verhältnismäßig leicht anzusprechen sind die jüngsten Altersstufen, insbesondere der erste und zweite Kopf, bei denen das Geweih noch mit einiger Sicherheit zur Bestimmung des Alters am lebenden Stück herangezogen werden kann. Je stärker das Geweih wird, desto bevorzugter wird es zwar von vielen Jägern als Altersmerkmal gewertet, ohne sich allerdings hierfür noch besonders zu eignen. Es ist leider ein vielverbreiteter Irrtum, das Ansprechen der Hirsche sei sehr einfach, weil sie im Gegensatz zum Kahlwild ein hierzu besonders einladendes Merkmal trügen, das Geweih. Davon sollten wir uns zunächst freimachen. Das Geweih kann die Abschußmöglichkeit erst bestimmen, nachdem das Alter mit einiger Zuverlässigkeit angesprochen ist. Gewiß gibt es Hirsche, deren Geweihe ihre Träger ohne weiteres zu Abschußhirschen stempeln, so daß es auf das Alter nicht wesentlich ankommt. Doch ist das ja bei weitem nicht die Mehrzahl der Fälle, sondern bildet die Ausnahme. Wenn wir die Abschußrichtlinien nach Mindestforderungen der Geweihleistung für einzelne Altersstufen aufbauen, und das ist doch der einzige Weg, Schlechtes vom Guten zu trennen, so können wir auf die Altersansprache nicht verzichten. Ich weiß sehr wohl, daß es Jäger gibt, die im „Drum und Dran“ bei der Jagd auf den Hirsch das Ausschließliche, im Wahlabschuß aber nur etwas sehr Lästiges sehen. Die meinen, es sei das Schönste, den möglichst im dichten Busch auf den Ruf anstürmenden Hirsch nach Minuten höchster Spannung zu erlegen, um ihn dann gestreckt anzusprechen und danach mehr oder weniger befriedigt über das Geweih zu sein. Zugegeben, daß das Erlebnis einmalig, herrlich sein kann. Denken wir aber an unsere Aufgabe, so kann ihre Erfüllung bei dieser Art der Jagdausübung mehr oder weniger nur dem Zufall überlassen bleiben. Das mag im Urwaldrevier, wo der Jäger nicht als der alleinige Regulator des Wildstandes auftritt, noch gelten, in unseren Kulturwäldern können wir es uns nicht mehr leisten. Ohne sorgfältiges Ansprechen *vor* dem Schuß wird die Jagd auf den Rothirsch nach meiner Ansicht zur Stümperei. Daran ändert auch die Tatsache nichts, daß es im ein oder anderen Falle nicht gelingen will, den Hirsch nach dem Alter richtig anzusprechen, also einmal ein Fehlgriff einkalkuliert werden muß.

Ganz allgemein gesehen ist es so, daß ein Ansprechen des Alters nach Körpermerkmalen innerhalb der Altersgruppe der geringen (2- bis 5jährigen Hirsche sicherer möglich ist als etwa bei der Altersgruppe der alten (über 10jährigen) Hirsche, die einen verhältnismäßig einheitlichen Typ zeigen. Das erklärt sich daraus, daß Veränderungen der Körpermerkmale besonders deutlich werden, so lange sich der Hirsch noch im Wachstum befindet. Bei den mittelalten Hirschen werden Träger und Vorschlag zunehmend muskulöser und damit schwerer, so daß sich das Körperschwergewicht mehr nach vorn verlagert. Die zeichnerische Darstellung auf S. 295 demonstriert den Standardtypus für die drei Altersgruppen, in die Hirsche einzureihen die Ansprechmerkmale zumindest ausreichen. Sie kann nunmehr noch durch nachstehende Fotos ergänzt werden, die aus der Wildmarkierung im Harz stammen, wobei es sich also um authentische Alter handelt.

Der *Schmalspießer* ist in Körperstärke und Körperform noch völlig unfertig, er entspricht dem Schmaltier, das er im Wildpretgewicht allerdings meist schon übertrifft. Bis zum Ende der Jagdzeit hat er kaum einen Ansatz zur Mähne. Der Gesichtsschädel, wenn ich einmal so sagen darf, hat noch nicht seine volle Länge, auch hierin gleicht er dem Schmaltier. Fast immer steht der Schmalspießer im Rudelverband beim Kahlwild und ist hier häufig kaum herauszukennen, wenn man nicht nach der Geweihbildung sieht. Diese kann, wie wir schon sahen, recht unterschiedlich sein, je nach dem Zeitpunkt, zu dem sie eingesetzt hat. So finden wir bei Beginn der Jagdzeit noch Schmalspießer, die kaum einen Ansatz erkennen lassen, neben solchen, deren Spieße schon deutlich wachsen. Bevor ein Schmalspießer aber als „zu kurz“ angesprochen wird, muß also die Ausbildung des Spießes erst abgewartet werden. Der Zeitpunkt des Fegens gibt einen guten Anhalt. Bis in den Herbst hinein, wenn die Hirsche des zweiten Kopfes schon längst gefegt haben, trägt der Schmalspießer u. U. noch Bast. Die Spieße zeigen meist noch keinerlei Geweihformen, sind gerade, oft ungleich lang, nach oben stumpf bzw. faul.

Der Hirsch *vom zweiten Kopf* läßt schon nach der Figur sein Geschlecht erkennen. Im Herbst zeigt er häufig – nicht immer – einen Ansatz zur Mähnenbildung. Markant sind

An den Lauschern markierter Hirsch vom 2. Kopf, authentisches Alter 2 Jahre, Sechser. Aus „Vorreyer, Das Ansprechen des Rotwildes, 4. Auflage“). Fot. J. Schmidt

Derselbe Hirsch vom 3. Kopf, authentisches Alter 3 Jahre, Achter. (Aus „Vorreyer, Das Ansprechen des Rotwildes, 4. Auflage“). Fot. J. Schmidt

Derselbe Hirsch vom 4. Kopf, authentisches Alter 4 Jahre, Zehner. (Aus „Vorreyer, Das Ansprechen des Rotwildes, 4. Auflage"). Fot. J. Schmidt

Hirsch vom 6. Kopf, authentisches Alter 6 Jahre, spitzes Haupt, dünner Träger, gerader Rücken. (Aus „Vorreyer, Das Ansprechen des Rotwildes, 4. Auflage"). Fot. H. J. Eckhardt

Hirsch vom 8. Kopf, authentisches Alter 8 Jahre (markiert), typische Figur. Haupt stumpfer, Träger stärker, Widerrist sichtbar, Rücken nicht mehr gerade. (Aus „Vorreyer, Das Ansprechen des Rotwildes, 4. Auflage“). Fot. H. J. Eckhardt

folgende Merkmale: Noch spitzes, langes Haupt, dünner Träger mit wenig Mähne, gerader Rücken, spitze Keulen, hochläufig erscheinend, der Körper gut über Vorder- und Hinterläufen ausgewogen.

Das Geweih wird etwa bis Ende August gefegt und hat schon eine gewisse Form, d. h. Auslage und Stangenkrümmung, wodurch sich der Spießer dieser Altersstufe meist deutlich von dem des ersten Kopfes unterscheidet. Im Sommer steht auch der Hirsch vom zweiten Kopf noch meist beim Kahlwild, doch auch wohl einmal beim Rudel geringer Hirsche. Zur Brunft verläßt er das Kahlwildrudel, während der Schmalspießer in der Regel im Brunftrudel verbleibt, auch wenn er ab und zu von Beihirschen versprengt wird.

Bei dem gezeigten Hirsch *vom dritten Kopf* handelt es sich um denselben, vorher abgebildeten. Markant sind folgende Merkmale: schon etwas dickeres Haupt, stärkerer Träger mit noch wenig Mähne, gerader Rücken, Knick zwischen Träger und Blatt. Immer noch jugendliche Konturen, an den Keulen spitz, hochläufig erscheinend, Körper noch gut über Vorder- und Hinterläufen ausgewogen.

Auch bei dem Hirsch *vom vierten Kopf* handelt es sich um denselben Hirsch. Markant sind folgende Merkmale: Dickeres, aber noch spitzes Haupt, stärkerer Träger mit mehr Mähne. Knick zwischen Träger und Blatt wegen beginnender Widerristbildung in leichte Senke übergehend. Körper schon massiger, daher Läufe kürzer erscheinend. Das Schwergewicht beginnt schon, sich infolge stärkeren, muskulöseren Trägers und Vorschlages ein wenig nach vorn zu verlagern. Das Foto zeigt außerdem, wie das Geweih beginnt, an Aussagekraft für die Altersansprache zu verlieren.

Im Sommer stehen diese jungen Hirsche (2.–5. Kopf) meist in kleinen Rudeln zusammen, gesellen sich wohl auch einmal vorübergehend zum Kahlwild, selten aber sieht man in der Feistzeit einen dieser Altersgruppe allein. Ihr ganzes Benehmen läßt, wenn man es

Hirsch vom 10. Kopf, authentisches Alter 10 Jahre (markiert). Stumpfes Haupt, starker Träger, buckliger Widerrist, das Schwergewicht des Körpers nach vorn verlagert. (Aus „Vorreyer, Das Ansprechen des Rotwildes, 4. Auflage"). Fot. H. J. Eckhardt

zu beobachten versteht, ihre Jugend erkennen. Häufig verspäten sie sich beim Einwechseln, von weitem hört man sie oft scherzen, kurz, sie betragen sich noch ziemlich arglos. In der Brunft bleiben sie zusammen, ziehen in der Nähe des Brunftrudels suchend und sichernd umher, der eine oder andere treibt sich in einem günstigen Augenblick wohl auch schon ein Tier abseits. Häufig verlassen sie aber ihre Einstände um diese Zeit kaum, so daß man sich fragt, wo die geringen Hirsche wohl geblieben sind. Dann plötzlich sieht man sie aber am hellen Tage aus ihrem Einstand wechseln. Unentschlossen, weniger an feste Wechsel gebunden, treiben sie sich herum und machen den Eindruck, als kämen sie sich recht überflüssig vor. Sie schreien noch wenig und sind dann an ihrer hellen Stimme leicht anzusprechen.

Die *mittelalten Hirsche* (6. bis 9. Kopf) sind ausgewachsen und zeigen die Figur des fertigen Hirsches. Für den hier gezeigten Hirsch *vom sechsten Kopf* sind folgende Merkmale markant: Noch spitzes, aber schon kürzeres Haupt, ein schon stärker gewordener Träger. Der deutlich muskulösere Vorschlag läßt die Verlagerung des Körpergewichtes nach vorn erkennen. Der Rücken ist gerade, der Widerrist kaum sichtbar, was beides durch die gespannte Bewegung etwas zu stark markiert wird.

Deutlich verändert hat sich schon und typisch ist die Figur des abgebildeten Hirsches vom *achten Kopf*, der in einer für das Ansprechen besonders günstigen Stellung fotografiert werden konnte: breit und gelöst stehend. Markant sind folgende Merkmale: Das Haupt schon wesentlich stumpfer, Träger und Vorschlag stark betont. Der Widerrist ist deutlich sichtbar, der Rücken nicht mehr ganz gerade. Ein fast viereckiger Rumpf, an den Keulen nicht mehr spitz. Der Hirsch erscheint kurzläufiger.

In der Feiste stehen diese Hirsche meist in kleineren Trupps zusammen, meiden im allgemeinen die Nähe des Kahlwildes und pflegen sehr regelmäßig zu wechseln, wobei sie aber schon eine größere Vorsicht zeigen. Die älteren stehen wohl auch allein. Bereits vor der Brunft lösen sich diese Rudel auf, die Hirsche beginnen zu suchen und entfernen sich dabei oft erheblich von ihren Feistzeiteinständen. Immer beteiligen sie sich am Brunftbetrieb, teils als Beihirsche, teils schon als Platzhirsche. Sie schreien oft bis in den hellen Tag hinein, wenn der alte Hirsch schon längst verschwiegen hat.

Die *alten Hirsche* (10. Kopf und darüber) stehen auf der Höhe ihrer Kraft, und die Figur läßt das erkennen. Der Kopf wirkt kurz, stumpf und „bullig". Um die Lichter steht oft ein hellerer Haarkranz wie eine Brille. Am starken Träger wird das Haupt nicht viel über den deutlich hervortretenden Widerrist erhoben. Trägt der Hirsch ein schweres Geweih, so zieht er, mit dem Haupte nickend, majestätisch einher. Die Mähne beginnt bereits Mitte August sich zu bilden und wirkt in der Brunft wie ein wuchtiger Kragen. Der Vorschlag ist voll entwickelt, wodurch der Eindruck erweckt wird, als läge das Schwergewicht des Hirsches fast vor den Blättern. Der Rumpf hat die Form eines gedrungenen Vierecks, die Keulen fallen fast senkrecht ab, besonders wenn der Hirsch ruhig steht. Die Vorderläufe werden oft nicht mehr ganz nach hinten durchgedrückt, der Hirsch erscheint wegen seines starken Rumpfes und des tief getragenen Hauptes ausgesprochen kurzläufig.

In der Feistzeit steht der alte Hirsch meist allein, vielleicht noch im Trupp mit einigen mittelalten Hirschen zusammen. Oft bevorzugt er verhältnismäßig kleine Einstände, die nahe dem Äsungsplatz liegen. Er ist faul und bewegt sich nicht gern über weitere Entfernungen, dafür ist er um so vorsichtiger und wird zu dem „Gespenst", das sich nur selten sehen läßt. Sicher nicht nur aus Vorsicht, sondern wohl auch aus Faulheit. Beginnt die Brunft, so ist der alte Hirsch meist nicht als erster auf dem Brunftplatz. Nachts zieht er dorthin, um in den ersten Tagen oft allein frühmorgens seinen Feisteinstand wieder aufzusuchen. Erst in der Hochbrunft bleibt er auch tagsüber beim Rudel oder in seiner Nähe. Meist schon vor beginnender Morgendämmerung treibt er das brunftige Stück abseits, vom Schlag herunter, um mit ihm oft auf Umwegen ständig in Deckung den Einstand aufzusuchen. Das Rudel überläßt er dann häufig dem oder den Beihirschen. Steht er im Rudel, so gleicht sein Benehmen dem eines „Pascha". Er ist grob, schlägt mit dem Geweih nach dem Tier und zwingt es so, ihm zu stehen. Sein Schrei ist tief dröhnend, voll und langgezogen. Doch läßt er sich oft nur nach langen Pausen vernehmen, es sei denn, ein Beihirsch oder Nebenbuhler, der ihm das Rudel streitig machen will, erregt seinen Unwillen.

Das wäre im wesentlichen das, was über das Ansprechen des Hirsches nach Figur und Benehmen gesagt werden muß und was in der Regel als charakteristisch angesehen werden kann. Wer nun meint, er sei nach diesen kurzen Ausführungen und nach Betrachten der dazugehörigen Abbildungen firm im Ansprechen des Hirsches, der soll auf folgendes hingewiesen werden: Das Individuelle läßt sich nicht in ein Schema bringen, das als Rezept in jedem Falle anwendbar ist. Gewiß gibt es Hirsche, die der beschriebenen Norm voll und ganz entsprechen, die so aussehen, sich so benehmen. Aber das muß nicht sein. Und es ist auch nicht immer so, sondern nicht selten tritt uns der Typ mit erheblichen Abwandlungen entgegen. Ein oder mehrere Merkmale werden fehlen oder weniger auffällig sein. Manchmal denkt der alte Hirsch auch gar nicht daran, wie ein solcher auszusehen, geschweige denn, sich so zu benehmen! Es gehört eben „Gefühl" dazu, Einfühlungsvermögen und Kombinationsgabe. Dazu aber wieder ist ständige Beobachtung und ständiges Vergleichen und – das soll nicht verschwiegen werden – ab und zu auch einmal ein schneller Entschluß notwendig, der ein Risiko in Kauf nimmt und verantwortet. Es ist ja immerhin ein Unterschied, ob ein Jäger den besten, wüchsigsten Kronenhirsch des Reviers in freudiger Nehmerlaune „versehentlich" erlegt oder ob es ihm passiert, einen nichtssagenden, höchst verdächtigen Achter zur Strecke zu bringen, der sich dann doch als viel zu jung herausstellt.

Junger Hirsch. *Spitzer, lang erscheinender Kopf, aufrechte Halshaltung, geringe Mähne, wenig hervortretender Widerrist. Der Rumpf erscheint schlank und nach hinten verjüngt, am Spiegel spitz.*

Mittelalter Hirsch. *Etwas weniger spitzer, daher kürzer erscheinender Kopf, mehr gestreckte Halshaltung, stärkere Mähne, stärker hervorstehender Widerrist. Der Rumpf schon massiger, mehr viereckige Form annehmend.*

Alter Hirsch. *Stumpfer, daher kurz erscheinender Kopf, gestreckte Halshaltung, starke Mähne, stark hervortretender Widerrist. Der Rumpf massig, fast viereckig erscheinend. Das Schwergewicht mehr nach vorn verlagert. Der alte Hirsch erscheint durch größere Tiefe kurzläufiger.*

Altersmerkmale des Hirsches

Auf einige Einzelheiten möchte ich noch eingehen.

Vom Geweih ist noch wenig gesagt und nur festgestellt, daß es sich zum Ansprechen zwar geradezu anbietet, sich aber losgelöst von allen anderen Merkmalen nicht besonders gut dazu eignet. Doch gibt es schließlich den Ausschlag und wird daher meist als erstes Merkmal besonders genau betrachtet. Dagegen ist auch nichts einzuwenden, zumal es ja Geweihe gibt, die auch ohne Altersansprache den Abschuß eines Hirsches rechtfertigen. So interessiert das Alter eines Gabelhirsches oder eines stark- und langstangigen Sechsers z. B. wohl, aber erst in zweiter Linie.

Doch gibt es noch einige Merkmale, die, abgesehen von denen, die wir in der Abschußrichtlinie in bezug zum Alter brachten, noch Hinweise geben können.

Da ist zunächst der *Zeitpunkt des Fegens.* Für die jüngsten Altersklassen haben wir ihn in seiner Bedeutung für das Ansprechen bereits erwähnt. Wie ist es nun bei den übrigen Hirschen? Ganz allgemein kann gesagt werden, daß der ältere Hirsch vor dem jüngeren fegt. Das ergibt sich schon aus dem Termin des Abwerfens. So kann man in der Regel annehmen, daß der Hirsch mit bereits gefegtem Geweih älter ist als der dem Geweih nach etwa gleichstarke, der noch nicht gefegt hat. Nur muß es sich um einen deutlichen Zeitunterschied, also etwa 8 bis 14 Tage, handeln. Eine nur geringe Zeitspanne von etwa 1 bis 2 Tagen ist natürlich ohne Bedeutung.

Weiter kann die *Verteilung der Geweihmasse* einen Hinweis auf das Alter geben. Geweihe, deren Hauptmasse im oberen Stangenteil liegen, deuten auf einen wüchsigen Hirsch, während ein auffallend stark entwickelter basaler Stangenteil (Rosen) eher einem älteren, ausgereiften Hirsch entspricht.

Eine recht gute Regel, die vom Achter an aufwärts Gültigkeit hat, stellte LOTZE (Das Ansprechen des Hirsches) auf. Kann bei seitlicher Betrachtung des Geweihes die Stange mit Enden in einem Dreieck untergebracht werden, so wird der Hirsch keine gute Entwicklung erwarten lassen. Paßt die Stange mit Enden in ein Rechteck, so deutet das auf einen wüchsigen Hirsch hin.

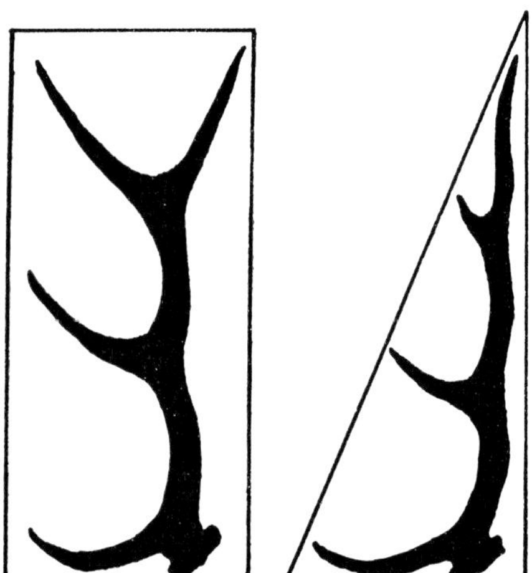

Ansprechen des Geweihes

Sehr spitze, harte Enden in der Jugend sind oft auch ein Zeichen von fehlender Wüchsigkeit.

Alle weiteren Zeichen, die oft als Merkmale genannt werden, halte ich für nicht sehr zuverlässig, so insbesondere starke Stirnlocken, die man auch bei ganz jungen Hirschen findet, oder den starken Schwung der Augsprossen u. ä.

Als letztes Merkmal zum Ansprechen des Hirsches sei noch die *Farbe* erwähnt. Ich habe schon darauf hingewiesen, daß in fast allen Rotwildgebieten zwei Schläge von Hirschen vorkommen, die sich nach Farbe und Körperform recht deutlich unterscheiden. Sie werden im allgemeinen als der rote „Berghirsch" und der graue „Landhirsch" bezeichnet. Jener ist von leichterem Körperbau, ein kurzer, sehr beweglicher Hirsch mit tiefroter Farbe. Meist trägt er im Alter ein besonders edles, endenreiches Geweih mit guter Krone, das allerdings nicht sehr lang wird. Nach meinen Erfahrungen ist dieser Hirsch bedeutend schnellwüchsiger als der lange, graue, schwere „Landhirsch", der sich im Alter zwar durch ein langes, starkes Geweih auszeichnet, dem es aber in der Regel an Enden und edler Form fehlt. Die grauen Hirsche haben meist wenig Mähne. Es wäre zu wünschen, wenn diesem Unterscheidungsmerkmal mehr Aufmerksamkeit geschenkt würde.

Ich möchte diesen Abschnitt nicht schließen, ohne noch einmal daran zu erinnern: „In stetiger, stiller Arbeit im Wald, durch Mühe und Fleiß, Beobachtung und Erfahrung wird der hirschgerechte Jäger erzogen!"

Daran sollten wir vor dem Schuß denken und nicht nach dem Schuß etwa sagen: Ich dachte ..., es war vielleicht schon etwas dunkel ..., ich meinte gesehen zu haben. Das ist nicht das, was zur Pflege und damit zur Erhaltung unseres Rotwildes notwendig ist: *Ansprechen.*

Jagdarten

Im Verlauf der Jagdgeschichte haben die Methoden, auf Rotwild zu jagen, erhebliche Wandlungen erfahren. Das ergab sich nicht nur aus der Entwicklung und Vervollkommnung der Jagdgeräte und Jagdwaffen, sondern auch aus der des Jagdrechtes und der jagdlichen Aufgaben und Auffassungen. Diesen letzteren besonders haben sich die heutigen Jagdarten angepaßt, und es ist daher durchaus verständlich, wenn an Stelle der im Mittelalter z. B. üblich gewesenen aufwendigen Prunk- und Repräsentationsjagden mit großen Strecken die Einzeljagd getreten ist, die mehr oder weniger allein Gewähr dafür bietet, das wenige Wild unter Wahrung heute gültiger waidmännischer Gesichtspunkte und mit Auslese zu bejagen.

Doch sollten wir der Beurteilung völlig anderer Verhältnisse und der sich daraus ergebenden Sitten und Gebräuche nicht den Maßstab deutscher Waidgerechtigkeit aufzwängen, wenn in anderen Ländern andere Auffassungen herrschen, weil vielleicht auch das Ziel der Rotwildhege mit dem unsrigen nicht vergleichbar ist. Die „chasse à courre" in Frankreich, die Reitjagd hinter dem Hirsch, hat gewiß ihr altes und gerechtes Brauchtum, nur hirschgerecht in unserem Sinne kann und will sie nicht sein. Bei ihr steht nicht die Hege des Rotwildes, sondern das Jagdreiten im Vordergrund.

Unseren Aufgaben und Auffassungen entsprechen heute *Ansitz* und *Pürsch* als jagdliche Betätigung eines einzelnen Jägers, sowie *Drück- und Riegeljagd* als gemeinsame mehrerer Jäger. Das sind die Jagdarten, die für eine zeitgemäße Behandlung unserer Rotwildbestände Erfolg versprechen. Sie sollen nachstehend auch ausschließlich behandelt werden.

Die Pürsch ist die Krone des Jagens auf Rotwild. Keine Jagdart stellt wie sie das Können des Jägers, seine Ausdauer, seine Gewandtheit und Unverdrossenheit, seine Kenntnis des Reviers und der Eigenschaften und Lebensweise des Wildes auf die Probe. Bei keiner anderen Jagdart ist daher die Freude am Erfolg größer, verdienter. Keine andere Jagdart vermittelt dem Jäger wie sie ein so unmittelbares Gefühl des „Jagens", des ungebundenen Forschens und Erlebens, des etwa noch ausgeglichenen Kräfteverhältnisses zwischen ihm und dem Wild. Kein Wunder, daß in der Regel besonders der Jungjäger in der Pürsch die für ihn einzig mögliche, würdige und daher diskutable Art der Jagdausübung zu sehen geneigt ist. So lange jedenfalls, bis ihm eines Tages klargeworden ist, daß die Pürsch wie keine andere Jagdart das Wild beunruhigen kann. Der junge Jäger, der auf der Rotwildjagd noch Lernender ist, sollte die Pürsch daher zwar gelegentlich ausüben, um zu lernen, sich aber zunächst die notwendigen Kenntnisse der Gepflogenheiten des Wildes und die zum Pürschen unbedingt erforderliche Sicherheit im Ansprechen beim *Ansitz,* bei stiller Beobachtung zu erwerben bemühen. So wollen wir uns zuerst dieser Jagdart zuwenden.

Ansitz

Der *Ansitz* ist die Jagdart, bei der der Jäger in guter Deckung und bei gutem Wind an den Äsungsplätzen, den hierhin führenden Wechseln, an Suhlen und sonstigen vom Wilde regelmäßig aufgesuchten Orten dieses erwartet, um es zu beobachten oder zu erlegen. Sie erfordert gewiß keine allzu große Mühe und Gewandtheit, oft um so mehr Ausdauer, gibt aber die beste Gelegenheit zur Beobachtung, zu sicherem Ansprechen und Schuß. Keineswegs ist man auf die Zeit des späten Abends oder frühen Morgens allein angewiesen, je nach Jahreszeit und Revierverhältnissen ergeben sich auch tagsüber recht aussichtsreiche Stunden, in denen der Ansitz ausgeübt werden kann, wenn auch der Abend- und Morgenansitz den regelmäßigsten Anblick des Wildes bringen wird. Im Hochgebirge wird man sich wesentlich mehr auf diese Jagdart verlegen müssen, da hier die Pürsch ganz besondere Anforderungen an den Jäger zu stellen pflegt, die im unübersichtlichen Gelände und in den Windverhältnissen begründet liegen.

Der Abendansitz hat einen gewissen Nachteil darin, daß ein etwa beschossenes Stück bei baldigem Eintritt der Dunkelheit nicht mehr zur Strecke gebracht und aufgebrochen werden kann, was im Sommer leicht zum Verderben des Wildes führt. Des Morgens hat man dagegen den Tag vor sich und damit die Sicherheit, das Stück nach nicht allzu langer Zeit versorgen zu können.

Es wird auch dem unerfahrenen Jäger einleuchten, daß man sich nicht an jedem beliebigen Punkt des Reviers ansetzt, sondern daß die Wahl des Platzes genaue Kenntnis der örtlichen wie allgemeinen Gewohnheiten des Wildes zur Voraussetzung hat. Der Ort, an dem man ansitzt – oder sich anstellt – soll besonders sorgfältig ausgesucht sein. Ein weites Gesichtsfeld läßt das Wild frühzeitig sichtbar werden, doch sitze man auch so, daß man guten Wind hat, vom Wild nicht sofort eräugt werden kann, aber doch wegen des Schusses nahe genug am Wechsel. Wenn das Wild am Morgen von den Äsungsplätzen wieder einzieht, so pflegt das meist recht langsam vor sich zu gehen. Am Abend, wenn es hungrig ist, hält es sich oft nicht lange auf, sondern zieht in schneller Gangart dem Äsungsplatz zu. Daraus ergibt sich evtl. für den Morgen der günstigere Ansitz in der Nähe der Einwechsel, am Abend an oder auf den Äsungsplätzen. Doch spielen hierbei die Revierverhältnisse eine ausschlaggebende Rolle. Versuchen sollte man, einen Platz zu wählen, der abends und morgens gleich günstig ist. Das empfiehlt sich besonders dann, wenn besondere Vorrichtungen für den Ansitz, der Schirm oder der Hochsitz (Kanzel) angelegt werden. Ich halte das für zweckmäßig, da man dann ein festes Netz von Pürschsteigen legen kann, wodurch sich die Möglichkeit ergibt, schnell einmal einen Platzwechsel vorzunehmen oder auch einen noch nicht revierkundigen Gast zu einem bestimmten Ansitz zu dirigieren. Man weiß dann, daß er tatsächlich an der günstigsten Stelle sitzt, die hinsichtlich des Windes, des Gesichtsfeldes und des Wechsels erprobt ist.

Der *Schirm* ist eine mehr oder weniger künstlich geschaffene Deckung am Erdboden, die den Jäger und seine Bewegungen verbergen, aber eine gute Beobachtung des Wildes sowie die Abgabe eines sicheren Schusses ermöglichen soll. Er wird aus benadelten oder belaubten Reisern hergestellt, die um halbkreisförmig eingeschlagene Pfähle geflochten werden. Im Flechtwerk werden zur Schaffung der nötigen Sicht und als Auflage für die Waffe entsprechende Löcher ausgespart. In das Innere des Schirmes stelle man einen festen Sitz oder eine kleine Bank, möglichst mit Rückenlehne. Selbstverständlich bringt man den Schirm in Anlehnung an eine natürliche Deckung (Bestandesrand, Vorwuchshorst usw.), damit er jederzeit möglichst gedeckt bezogen oder verlassen werden kann. Jede Störung des Wildes soll ja vermieden werden. Der Schirm hat den Vorteil, daß er im Gelände, geschickt angelegt, wenig auffällt, und der Ansitz schnell und geräuschlos auch dann noch eingenommen werden kann, wenn evtl. das Wild schon sichtbar ist. In ihm ist man natürlich besonders auf guten Wind angewiesen. Sind viel Mücken und Gnitten im Revier, so ist man diesen am Erdboden sehr ausgesetzt, auch gestattet der Schirm im unübersichtlichen Gelände oft keine ausreichende Sicht. Aus diesen Gründen kann es notwendig sein, anstatt des Schirmes einen Hochsitz zu errichten.

Im Schirm

Der *Hochsitz* hat dem Schirm gegenüber manche Vorteile, die aber doch einen Nachteil nicht aufzuwiegen vermögen: er kann sehr störend in der Landschaft wirken. Deswegen überlege man sich vor dem Bau eines Hochsitzes, der ja für Jahre benutzt werden soll, genau, wo und wie er aus jagdlichen Gründen, wie aber auch unter Berücksichtigung landschaftspflegerischer Gesichtspunkte gestellt werden soll. Er wird immer eine gewisse, auffallende Größe haben, um für zwei Personen ausreichend Platz bieten zu können. Ein solches Bauwerk ist natürlich recht ins Auge fallend. Deswegen sei seine Größe auch streng bemessen, nämlich so, daß man bequem darauf im Sitzen in Anschlag gehen und sich dabei ungehindert nach allen Seiten wenden kann. Hochsitze, auf denen man zur

Abgabe des Schusses aufstehen muß, um aufgelegt schießen zu können, auf denen man von einer Ecke zur anderen spazieren muß, um das gebotene Gesichtsfeld zu beherrschen, sind unzweckmäßig und stören auffällig.

Hinsichtlich der Wahl des Platzes gilt das, was für den Schirm gesagt wurde. Auch den Hochsitz lehne man an eine natürliche Deckung an und sorge dafür, daß er sich nicht frei gegen den Himmel abhebt, wenn dies irgend möglich ist. Welche Bauart man vorzieht, richtet sich nach den örtlichen Gegebenheiten und Erfahrungen. Es ist nicht zu empfehlen, den Hochsitz mit einem stärkeren Baum so in Verbindung zu bringen, daß er teils von diesem, teils von anderen Ständern getragen wird. Alle durch Wind verursachten Schwankungen übertragen sich auf das Bauwerk, man kann nicht sicher schießen, der Boden reißt bald auseinander oder es entstehen Spannungen, die zu störenden Geräuschen führen. Ob man den Hochsitz mit einem Dach überdeckt, ist ebenso eine Kosten- wie auch eine Geschmackssache. Soll er häufig und für langen Ansitz benutzt werden, so ist eine Überdachung empfehlenswert. Aber auch dann achte man immer auf die Erstellung einer möglichst unauffälligen Anlage. Der Boden des Hochsitzes kann zur Geräuschdämpfung mit Nadelstreu oder Rasenplaggen bedeckt werden, doch sollte man diese Auflage nach Beendigung der Jagdzeit wieder entfernen, damit der Hochsitz im Frühjahr wieder austrocknen kann. Andernfalls wird er schnell faul und brüchig. Die Leiter soll besonders gut und dauerhaft sein und ein sicheres und bequemes Auf- und Absteigen mit der Waffe ermöglichen.

Für die Schaffung freien Schußfeldes sorge man schon in der jagdlich stillen Zeit. Die Sicht behindernde Zweige sowie hohe Grasbulten entferne man dort, wo es nötig erscheint. Sehr zweckmäßig ist es, sich die Entfernungen, auf die man mit Aussicht auf sicheren Erfolg schießen kann, in unauffälliger Weise abzustecken. Das ist besonders an langen Schneisen und Gestellen nötig, auf denen man die Entfernung oft nur schwer abzuschätzen vermag. Man pflanze hier in Abständen von 50 m eine Vogelbeere, eine Kastanie oder sonst eine markante Holzart und hat auf diese Weise wenig störende Anhaltspunkte.

Ehe nicht genaue Revierkenntnisse die Wahl des Platzes bestimmend beeinflussen können, sollte man keinen Hochsitz errichten. Ganz besonders orientiere man sich vorher über die Windverhältnisse. Der Hochsitz wird so zum Wechsel oder zum Äsungs- bzw. Brunftplatz gestellt, daß er für die Hauptwindrichtung guten Wind bietet. Darüber hinaus sind aber auch die örtlichen Windverhältnisse zu klären, die häufig von der Bestandesgliederung wie vom Gelände sehr stark abhängen. Bestandesränder lassen oft den Wind auf eine gewisse Entfernung gegenläufig werden, Mulden und Talsenken verursachen Windströmungen, die von der Hauptwindrichtung erheblich abweichen können. Im Hochgebirge zieht in der Regel am Tage der Wind bergauf, um gegen Abend bis in den Morgen aber talabwärts zu streichen. Diese Hinweise sollen genügen.

Wie soll nun die Ansitzjagd, sei es mit oder ohne Hochsitz bzw. Schirm, ausgeübt werden?

Zunächst gewöhne man sich an, den Ansitz rechtzeitig zu beziehen. So früh soll der Jäger zur Stelle sein, daß er mit Sicherheit annehmen kann, das Wild nicht schon beim Anmarsch gestört oder vergrämt zu haben. Je nach Jahreszeit und Witterung zieht das Wild früher oder später, wonach der Beginn des Ansitzes einzurichten ist. Zumindest für die letzten 50 m sollte ein Pürschweg angelegt sein, der eine möglichst geräuschlose Annäherung gestattet. Man nähert sich grundsätzlich dem Ansitzplatz so vorsichtig, als wenn schon Wild anwesend wäre. Selbstverständlich kreuzt man beim Anmarsch nicht die Wechsel, die man beobachten will, es sei denn, dies kann auf vielbegangenem Wege erfolgen.

Am Ansitzplatz angekommen, überzeugt man sich zunächst sorgfältig, ob der Wind gut steht. Ist das nicht der Fall, verlasse man den Platz sofort wieder möglichst geräuschlos, um sich an anderer Stelle bei günstigerem Wind anzusetzen. Auch ein hoher Hochsitz macht nicht unbedingt vom Winde unabhängig. Paßt der Wind, so richte man sich schnell zum Bleiben ein. Eine leidige Angewohnheit mancher Jäger ist es, daß sie an demselben Morgen oder Abend ihren Stand öfters wechseln, in der Meinung, der zweite sei besser als der erste, der dritte wieder besser als der zweite. Man halte sich an die alte Jägerregel, die besagt: Der zuerst gewählte Platz ist immer der beste.

Die mit dem Wechsel des Standes verbundene Unruhe verringert die Aussichten für den vielleicht tatsächlich besseren zweiten oder gar dritten Stand bedeutend. Man erreicht ihn zu spät, läuft auf das Wild auf, legt eine frische Spur am Dickungsrande usw. Kommt man zu der Erkenntnis, daß ein anderer Stand wirklich aussichtsreicher ist, dann wählt man ihn für die Wiederholung des Ansitzes.

Sobald man seinen Stand oder Sitz eingenommen hat, ist das Vermeiden jeder auffallenden Bewegung und jeglichen Geräusches nötig. Benimmt man sich in dieser Hinsicht nicht vorsichtig, so wird das Wild den Hochsitz oder Schirm sehr bald kennen und ganz besonders mißtrauisch sein. So kannte ich einmal ein Gelttier, das auf weite Entfernung sofort sich davon zu überzeugen wußte, ob ein bestimmter Hochsitz besetzt war oder nicht. War ersteres der Fall, so verschwand es umgehend schreckend wieder in der Dikkung. Auch wenn noch kein Wild in Sicht ist, verhalte man sich möglichst bewegungs- und geräuschlos und prüfe ab und zu den Wind. Dazu kann man selbstverständlich unbekümmert rauchen, nur blase man nicht weithin sichtbare Rauchwolken ab. Wird es oder ist es noch dämmerig, rauche man besser nicht, weil das Anzünden der Zigarre, Pfeife oder Zigarette im Dunkeln ebenso wie der Glühpunkt weithin sichtbar sein können.

Wenn man noch so sehr bei der Sache oder noch so aufmerksam ist, so nehmen bei längerer Dauer des Ansitzes die Gedanken doch oft ihren eigenen Weg, oder Ermüdung macht sich bemerkbar und läßt das Auge sich mehr nach innen richten, als es für den Jagderfolg zweckdienlich ist. Für solche Fälle, wie überhaupt um sich vor Überraschungen zu schützen, ist es nötig, die Merkmale zu kennen und auf sie zu achten, die das Herannahen des Wildes ankündigen können.

Es sind das die lärmenden Rufe der Drossel, die Warnsignale des Hähers und die vom ziehenden Wild selbst verursachten Geräusche. Ein leichtes Knacken, ein Planschen im Moorboden, das Anstreichen eines Geweihes, all das kann uns das Wild rechtzeitig ankünden und sollte uns in Bereitschaft versetzen. Auch das aufmerksame Hinäugen schon vor dem Jäger stehenden Wildes zum Dickungsrande oder zu einer Deckung kann das Herannahen weiteren Wildes bedeuten.

Tritt nun Wild aus, so denke man nicht gleich an den Schuß, sondern beobachte und spreche sorgfältig an. Man vergleiche die Körperstärke gleichalter Stücke, versuche, sich über das Alter eines Hirsches klarzuwerden u. a. m. Beim Geweih richtet sich der erste Blick nach oben, insbesondere, wenn es einmal schnell gehen muß.

Will man nicht schießen, so meine man nicht, mit dem Austreten des Wildes hat nun der Ansitz seinen Zweck erfüllt und nun könne man wieder gehen. Immer wieder beobachten, sich auch Notizen machen, charakteristische Geweihmerkmale aufzeichnen usw., all das vermittelt uns erst die erforderlichen Kenntnisse über Revier- und Wildstandsverhältnisse. Keinesfalls verläßt der vorsichtige Jäger den Ansitzplatz, solange noch Wild in der Nähe oder noch zu erwarten ist. Jede Störung soll peinlichst vermieden werden und der Jäger, der sich an diese Regel nicht hält, erschwert sich und anderen die Jagdausübung ganz bedeutend.

Erst wenn die Dunkelheit angebrochen ist, verlasse man seinen Platz und pürsche vorsichtig zurück. Steht das Wild noch in Richtung des Rückweges, so mache man lieber einen Umweg, als dem Wilde aufzulaufen. Passiert das unbeabsichtigt doch einmal, so markiere man sofort den harmlosen Spaziergänger, pfeife, singe oder spreche laut vor sich hin. In der Regel pflegt sich das Wild schnell wieder zu beruhigen.

Pürsch

Hat sich der Jäger nun ausreichende Kenntnisse der Revier- und Wildstandsverhältnisse sowie eine genügende Sicherheit im Ansprechen verschafft, so wird ihm die *Pürsch,* auch Pürsche, Pirsch oder Birsch genannt, höchste Waidmannsfreuden bringen können. Noch einmal aber sei darauf hingewiesen, daß keine andere Jagdart das Wild so beunruhigen kann. Man kann das Revier leerpürschen, wenn man diese Jagdart übertreibt, d. h. zur ausschließlichen macht. So sollte auch nur dann gepürscht werden, wenn unbedingt ein Stück, sei es Kahlwild oder Hirsch, zur Strecke gebracht werden soll. Zum Beobachten und Bestätigen eignet sich der Ansitz wesentlich besser.

Die Pürsch stellt an den Jäger die höchsten Anforderungen. Hier ist er es, der sich im Gelände bewegt, der das Wild aufsucht. Dementsprechend größer sind dessen Chancen, den Jäger zu eräugen, ehe er noch das Wild selbst bemerkt hat. So ist es besonders wichtig, Einstände, Äsungs- und Brunftplätze, Wechsel, Suhlen usw. genau zu kennen, und es ist daher ein Unding, in völlig fremden Revieren pürschen zu wollen, es sei denn, man geht einen schreienden Hirsch an.

Ein gewandter Körper, scharfe Sinne, Ausdauer und Kaltblütigkeit sind neben dem Vorhandensein des Wildes die Voraussetzungen für erfolgreiches Pürschen. Es genügt keineswegs, überall und fleißig umherzuspähen und auf sich bewegendes Wild zu achten. Man muß sich daran gewöhnen, jede Auffälligkeit mit dem Auge zu erfassen und Wild nicht nur an Bewegung und Farbe, sondern auch stehendes Wild an der Form zu erkennen. Das schwierigste beim Sehen im Wald ist immer das Erkennen unbeweglicher Dinge. Erst wenn das Auge hierauf geschult ist, wird man vor Überraschungen sicher sein, die meist darin bestehen, daß plötzlich ein Tier schreckt oder man das Rudel nur noch flüchtig werden sieht.

Es möge niemand glauben, daß er durch möglichst rasches, ununterbrochenes, weites Gehen zu besonderen Erfolgen kommen wird. Nicht nur gehend, sondern auch „stehend" soll gepürscht werden, wobei der Pürschgang nicht gleich zum Ansitz zu werden braucht.

Alle nicht unbedingt erforderlichen Ausrüstungsstücke lasse man beim Pürschen fort. Über die Mitnahme des Hundes herrschen geteilte Ansichten. Gewiß kann er die Pürsch verderben, aber doch nur durch Schlagen mit den Behängen. Alle anderen Unarten sind eigentlich keine des Hundes, sondern solche seines Führers. Wenn er beim Ansichtigwerden von Wild unruhig oder gar laut wird oder wenn er klagt, nachdem man ihn ordentlich auf die Pfoten getreten hat. So meine ich, daß der Hund bei der Pürsch mitgenommen werden sollte, denn häufig kann er den Jäger noch auf Wild aufmerksam machen. Will man ihn nicht mitnehmen, so lege man ihn in kritischen Augenblicken ab.

Gepürscht wird mit schußfertiger, aber gesicherter, umgehängter Waffe. Das Tragen des Gewehres im Arm ist nur dann sinnvoll, wenn man das Stück bereits sicher und endgültig angesprochen hat und nun zum Schuß noch näher heranpürschen muß.

Ob ein festes Netz von *Pürschsteigen* zweckmäßig ist, richtet sich vornehmlich nach den Revierverhältnissen, denn leicht wird ein solches auch von Unbefugten benutzt. So läßt man auch die Pürschwege nicht unmittelbar an begangenen Wegen beginnen, sondern in einiger Entfernung. Man markiere dann die Stelle, von der aus der Pürschsteig zu erreichen ist, durch einen Pfahl, aufgerichteten Ast, Baumschalm oder in ähnlicher Weise. Pürschsteige, die man zum Erreichen eines Hochsitzes häufig im Dunkeln benutzen muß, lassen sich durch Streuen einer dünnen Spur von Sägespänen recht gut sichtbar machen.

Ganz besonders sorgfältig beachte man beim Pürschen den *Wind,* ja man überlege sich den Pürschgang vor Beginn unter Berücksichtigung des Windes genau. Wenn irgend möglich, wird mit halbem Wind, d. h. so gegangen, daß man sich senkrecht zur Windrichtung bewegt. Das gilt natürlich nur für die Ebene bei stetigem Wind. Im Mittel- und Hochgebirge richte man sich nach den örtlich gemachten Erfahrungen.

Auch das *Wetter* ist für die Wahl des Pürschganges von großer Bedeutung. Bei anhaltendem Regenwetter steht das Wild gern in Stangenorten, während es in Trockenperioden die Dickungen bevorzugt.

Zu welcher *Tageszeit* der Pürschgang die beste Aussicht auf Erfolg bietet, hängt zwar im wesentlichen von der Ruhe im Revier und den mehr oder minder vertrauten Lebensgewohnheiten des Wildes ab. Doch wird die Morgenpürsch immer am ehesten Anblick und Erfolg bringen und auch die geringste Störung verursachen. Man trifft das Wild hier meist beim Einwechseln, kann es ziehen lassen, um weiter zu pürschen, ohne daß es noch auf die Spur des Jägers kommt.

Auch die Mittagsstunden, insbesondere nach starkem Gewitterregen, sind gut geeignet, da das Wild dann meist auf den Läufen, wenn auch nicht so vertraut wie am Morgen ist.

Die Abendpürsch kann meist nur kurz sein, die anbrechende Dämmerung läßt ein rechtzeitiges Erkennen und Ansprechen oft nicht zu. Auch besteht die Gefahr, daß das Wild erst aus der Dickung zieht, nachdem der Jäger an dieser entlanggepürscht ist, wobei es dann auf die frische Spur kommt und vergrämt wird. Man benutze daher den Abend bevorzugt zum Ansitz.

Ist man beim Pürschen nun auf einige Entfernung an Wild herangekommen, so richtet sich das Verhalten des Jägers nach dem des Wildes. Haben sich z. B. die Stücke niedergetan, so ist, falls nicht besonders gute Deckung eine weitere Annäherung ermöglicht, von einem weiteren Anpürschen abzusehen. Besser beobachtet man zunächst aus guter Deckung, wie sich die Dinge entwickeln. Man suche sich ein abschußnotwendiges Stück heraus, soweit man dies beim sitzenden Wild kann, und lasse es nicht wieder aus den Augen. Mit der Zeit wird schließlich das eine oder andere Stück hoch werden und herumtreten, bis sie alle aufstehen und zu äsen oder zu ziehen beginnen. Dann ist es Zeit, näher heranzupürschen. Bei einiger Erfahrung und Revierkenntnis wird man selbst wissen, ob das erfolgversprechend ist oder nicht. Hat man Zweifel, so unterlasse man das weitere Angehen, um Störungen zu vermeiden.

Gewöhnlich äst sich das Wild gegen den Wind. Dabei treten die einzelnen Stücke trotz einer allgemeinen Marschrichtung durcheinander, so daß man sehr darauf achten muß, ob man eräugt werden kann. Man mache keine Bewegung, solange nicht alle Äser am Boden oder die Häupter abgewendet sind. Sobald ein Stück aufwirft, erstarrt der Jäger in der Stellung, in der er sich gerade befindet, und sollte es die unmöglichste sein. Erst wenn das Stück wieder äst, bewegt er sich weiter. Es ist selbst bei einem kleinen Rudel oft gar nicht einfach, alle Stücke zu beobachten. Meistens ist das eine oder andere im Bestande ganz oder zum Teil gedeckt, und häufig muß man aus der Stellung des sichtbaren Körperteils auf die des Hauptes schließen, um das eigene Verhalten danach zu bestimmen. Pürscht man im Bestand, so deckt man sich selbstverständlich von Stamm zu Stamm, benutzt auch Baumgruppen, die völlige Deckung bieten, zur weiteren Annäherung, solange es irgend angeht. Von vornherein nehme man sich aber, wenn die Verhältnisse es gestatten, Zeit. Wer die nicht hat, lasse das Pürschen lieber gleich. Selbstverständlich wird es auch einmal schnell gehen müssen, wenn es z. B. gilt, dem abziehenden, schreienden Hirsch noch den Wechsel zu verlegen. Im allgemeinen aber kommt man mit Ruhe, Geduld und Vorsicht eher zum Erfolg.

Hat unglücklicherweise ein Ästchen geknackt und ein Stück wirft auf, so kommt meist eine harte Geduldsprobe, bis das Stück sich wieder beruhigt hat. Steht man dann völlig unbeweglich und einigermaßen gedeckt, so kann es durchaus glücken, daß das mißtrauische Stück wieder zu äsen beginnt.

Zieht das Rudel schnell weiter, so daß von vornherein unwahrscheinlich ist, es pürschend angehen zu können, so breche man die Pürsch ab. Das geschieht jedoch, um das Wild vertraut zu halten, nicht durch einfaches Fortgehen, bei dem der Jäger dann sicher bemerkt würde, sondern wiederum mit Geduld. Es wird ruhig abgewartet, bis das Rudel gänzlich aus der Sicht gekommen ist.

Schwieriger wird das Anpürschen jedoch im deckungsarmen Gelände. Hier wird man unter Ausnutzung auch der geringsten Deckung gebückt pürschen, ja sogar kriechen müssen. Dabei schiebt oder trägt man die Büchse mit der rechten Hand vorsichtig vor sich her und bemüht sich, das Wild nicht aus dem Auge zu lassen. Auf nasse Knie darf es allerdings nicht ankommen. Oft geht das Ankriechen wesentlich besser, als man denkt, denn meist vermutet das Wild in dieser Körperhaltung den Menschen nicht. Zum Schuß suche man sich aber eine Stellung und Auflage, die ein völlig freies Schußfeld bietet.

Jagd auf den Brunfthirsch

Besonders reizvoll ist natürlich die Jagd auf den Brunfthirsch, bei der Ansitz und Pürsch zur Anwendung kommen können.

Man sollte nicht meinen, daß es besonders leicht sei, einen bestimmten alten Hirsch in der Brunft zur Strecke zu bringen. Sicher schreit er und verrät damit seinen Standort, doch ist er meist so in Bewegung, daß man schon schnell handeln muß, um ihn beim Ein- bzw. Auswechseln oder auf dem Brunftplatz schußgerecht zu bekommen. Es kann hier keine Generalregel angegeben werden, wie das am praktischsten anzufassen ist. In jedem Revier ist das anders, auch verhalten sich die Hirsche recht unterschiedlich. Darin liegt ein großer Reiz, aber auch eine ebensolche Schwierigkeit.

Am sichersten kommt man noch zum Ziel, wenn man, sobald der Hirsch sich auf dem Brunftplatz eingestellt hat, zeitig vor Beginn der Dämmerung an Ort und Stelle ist, um sich anzustellen und zu verhören. Ich bin jedenfalls in der Regel mindestens eine volle Stunde vor Büchsenlicht in der Nähe des Brunftplatzes und habe immer wieder erfahren, daß man dabei viel beobachten kann, was später von Nutzen ist. Der alte Hirsch schreit meist nicht sehr eifrig, und recht bald – oft noch lange vor Hellwerden – kann man feststellen, wie er sich mehr und mehr vom Brunftplatz entfernt, um meist auf Umwegen seinem Einstand zuzuwechseln. Kommt man erst kurz vor Büchsenlicht am Brunftplatz an, so treibt sich dort oft ein gut schreiender Beihirsch mit dem Rudel herum. Man wartet und ist bei Hellwerden enttäuscht, wenn man ihn zu sehen bekommt. Ist man rechtzeitig dort und bemerkt, wie sich der Platzhirsch schreiend entfernt, ist immer noch Zeit, um ihm evtl. den Wechsel abzuschneiden. Oft kommt er dann, wenn man den Wechsel kennt, dem Jäger schußgerecht, meist wenig meldend mit einem brunftigen Stück. Ebenso oft aber ist er schon eingezogen, und es bleibt nur noch die Möglichkeit, ihn beim Ansitz in der Dickung auf einer Schneise oder Blöße zu Gesicht zu bekommen.

Mit dem Hirschruf

Steht er jedoch fest beim Rudel, etwa in den Tagen der Hochbrunft, so sind natürlich die Chancen für den Jäger größer. Oft kann man dem Hirsch dann beim Ein- bzw. Auswechseln vom Hochsitz oder Schirm die Kugel antragen, ohne ihn erst anpürschen zu müssen. Doch mache man es sich in der Brunft zur Regel, nicht zu fest beim Ansitz zu verharren, sondern versuche, wo immer es des Wildes und Geländes wegen geht, an den Hirsch heranzukommen und dranzubleiben. Im Hochgebirge ist das besonders nötig. Dabei achte man auf das umherstehende Kahlwild, das seine Vorsicht in der Brunft keineswegs aufgegeben hat. Durch einzelne Beihirsche lasse man sich nicht abhalten, dem Platzhirsch nachzupürschen. Beherrscht man den Ruf auf Muschel, Ochsenhorn, Herkleumrohr oder ähnlichem Gerät, so kann man sich damit recht gut helfen.

Doch muß man die *Jagd mit dem Hirschruf* können, und bis man es kann, hat man bestimmt manchen Hirsch vergrämt. In meiner Jugend, insbesondere als ich noch nicht auf Hirsche losgelassen wurde, habe ich viel Freude mit dem Ruf gehabt, aber auch wenig Ärger, weil ich mich um das Vergrämen nicht kümmerte. Oft bin ich den schreienden Hirsch in der Dickung mit der Muschel angegangen. Gar nicht selten war anfangs der Hirsch sehr schnell draußen, während ich mich in der Dickung noch um ihn bemühte. Bis ich es nach Jahren und vielen Mißerfolgen wirklich gelernt hatte. Dann klappte es aber oft, nicht immer, verblüffend gut. Es gehört also zunächst viel Übung dazu, und kaum wird heute noch ein junger Jäger Gelegenheit haben, sich dieses Können anzueignen. Leider, denn es ist und bleibt die hohe Kunst des hirschgerechten Jägers. Ich möchte daher von solchen Versuchen im Einstand des Wildes abraten, wenn man den Hirsch sich nicht vergrämen will. Ganz abgesehen davon ist das Ansprechen, wenn er schnell zusteht, meist recht schwierig, wenn nicht überhaupt unmöglich.

Ganz anders sieht sich die Sache natürlich aus, wenn man den Hirsch mit dem Ruf am Brunftplatz halten oder ihn zum Rudel zurückholen kann. Auch hierzu gehört lange jagdliche Erfahrung und genaue Kenntnis über das Verhalten des Brunfthirsches. Keinesfalls rufe man den Hirsch schon im Dunkeln an. Steht er dann zu, ist man völlig hilflos und kann eigentlich nur noch abwarten, bis er beim Suchen nach dem vermeintlichen Nebenbuhler in den Wind kommt. Also Büchsenlicht soll erst sein. Dann schreie man den Hirsch nicht mit zu grober Stimme an, sondern markiere den jüngeren, schwächeren, suchenden Hirsch. Darauf reagiert der Platzhirsch eher, als wenn man ihm den starken Hirsch vormacht. Ich habe es schon häufig erlebt, daß auch auf ein ganz leises Knören mit anschließendem Mahnen der Hirsch vom Rudel her zustand. Auch mit anderen Geräuschen kann man den Hirsch markieren, indem man z. B. mit dem Stock oder einem starken Ast das Schlagen des Hirsches mit dem Geweih nachahmt. Auch gelingt es oft, sich unter Gebrauch des Hirschrufes vom angepürschten Rudel abzusetzen, wenn dies nötig aber nicht geräuschlos möglich ist.

Viel Gefühl für den richtigen Augenblick und ebenso viel für den richtig gewählten Schrei gehört dazu, wenn man Erfolg haben will. Und der Hirsch muß wollen, und das ist keineswegs auch bei bestem Gebrauch des Hirschrufes und größtem Können des Jägers immer der Fall.

Man kann diese Jagdart nicht mit dem Blatten auf den Rehbock vergleichen. Hierbei wird der Brunftlaut des weiblichen Stückes nachgeahmt, und es ist einleuchtend, daß die Reaktion des männlichen Stückes eine ganz andere sein muß. So ist auch der Erfolg der Anwendung des Hirschrufes weit weniger sicher und vorher übersehbar, das sollte man nicht vergessen.

Beschreiben und in ein Rezept fassen läßt sich die Anwendung des Hirschrufes nicht so, daß man sie danach erlernen könnte, denn meistens kommt und verläuft die Sache völlig anders, als man denkt, aber auch anders, als man es hier beschreibt. Die Arbeit mit dem Hirschruf lernt man nur im Revier, nur am Hirsch selbst. Der zeigt dem Jäger meist sehr schnell, ob er es kann oder nicht. Das ist nicht zuletzt das Reizvolle an dieser Jagdart.

Zwei eigene Erlebnisse seien zu Nutz und Frommen des Lesers hier eingeschaltet.

Über 50 Jahre liegt das eine zurück, und doch ist es mir oft so, als ob es erst vor Tagen gewesen wäre. „Mein erster Hirsch“ hätte der Bericht eigentlich heißen können, wenn, ja wenn ich den Hirschruf nicht angewandt hätte. Und das kam so. Völlig überraschend gab mir mein jagdlich sehr großzügiger Vater in seinem Harzforstamt während der Brunft einen Hirsch frei. Trotz aller Freude war mir nicht so ganz wohl dabei, denn die Sache hatte einen Haken. Ein bestimmter Hirsch sollte es sein, das war klar, aber leider hatten sich auf ihn in den ersten 14 Tagen der Brunft schon zwei Jagdgäste nacheinander versucht. Das war dem Hirsch natürlich nicht verborgen geblieben, und sein Sinnen und Trachten ging sehr bewußt darauf aus, auch die weiteren zwei Wochen Brunft noch dabeizusein. Das sollte und wollte ich verhindern. Aber aus den wiederholten Zornausbrüchen der Jagdgäste hatte ich zu entnehmen gewußt, daß der Hirsch schon seit fast acht Tagen seinen an einer großen Wiese liegenden Einstand nur noch bei Nacht verließ, um sich dann auf jener im Dunkeln sehr ungeniert zu benehmen.

Obwohl ich das Gelände, Wechsel und Windverhältnisse sehr genau kannte, besah ich mir sofort bei Tage noch einmal genau die Situation. Viel hätte nicht daran gefehlt, daß ich als Ergebnis dieser Orientierung einen häßlichen Gedanken gehabt hätte, nämlich den: Der alte Herr war wohl so freigebig in der Meinung, das sei ungefährlich, weil ich an dieser Stelle dem vorsichtig gewordenen Hirsch wohl doch unterlegen sei. Beinahe dachte ich so, und das spornte natürlich meinen jugendlichen Ehrgeiz an. Erfahrungen mit dem Hirschruf hatte ich, gute wie schlechte. Diese aber doch seit einiger Zeit so in der Minderzahl, daß ich die mir gestellte Aufgabe sofort mit dem entsprechenden Plan versah: Den schießt du „mit der Muschel", und zwar im Dustern mitten auf der Wiese! Mir kam dieser Plan gar nicht so dumm vor, wie er es tatsächlich war, zumal ich ihn ganz für mich behielt. Denn mein Vater riet mir, den Hirsch drei Tage völlig in Ruhe zu lassen und nur zu verhören. Ich dagegen versprach hoch und heilig, ihm bereits am nächsten Morgen den gestreckten Hirsch vorzuführen. Kleinigkeit! Dazu blieb nur eins zu tun:

Ich pürschte etwa zwei Stunden vor Büchsenlicht – der Hirsch schrie voll und anhaltend – mitten auf die Wiese und verkroch mich hinter einem kleinen Erlenbusch, der normalerweise einem nicht zu starken Hasen als Deckung gerade genügt hätte. Machte ja nichts, es war ja stockdunkel. Der Wind stand gut, der Hirsch beim Rudel etwa 600 m entfernt, nichts konnte nach meiner Ansicht schiefgehen. Nach $1^1/_2$ Stunden, bei großem Optimismus konnte man meinen, es sei schon heller geworden, kam das, was zu erwarten war. Der Hirsch wurde sehr lebhaft, trieb anscheinend sein Rudel zusammen und wollte sich offensichtlich beizeiten aus dem Staube machen. Sehen konnte ich natürlich nichts. Nun trat ich in Aktion mit der Muschel. Ich kalkulierte, wie sich zeigte richtig, daß der vermeintliche Nebenbuhler mitten auf dem Brunftplatz für den Hirsch ein Ärgernis sei, zu dessen Beseitigung er wohl einiges unternehmen müßte. Schon mein erster „suchender" Schrei veranlaßte den Hirsch, wütend zu antworten. Ich fand das sehr gut und verhielt mich erst einmal wieder still. Bald hörte ich aber wieder, wie der Hirsch sein Rudel zusammentrieb, um seinem Einstand zuzuwechseln. Also wieder ein Ruf aus der Muschel, diesmal schon etwas deutlicher, aber immer noch den Geringen markierend. Prompt der gleiche Erfolg. Der Hirsch schrie wieder zurück und wendete sich mir zu, wie ich dem Schrei entnehmen konnte. Zu sehen war immer noch nichts, wenn es mir auch schon bedeutend heller vorkam. Das muß nun genügen, dachte ich und schrie mein Gegenüber voll an. Großartig ging das, denn er antwortete sofort und näherte sich bedeutend. Ich machte meinen Drilling fertig, wurde hinter meinen blumentopfgroßen Erlenanflug noch kleiner und schrie den „treibenden" Hirsch, um anschließend zu mahnen.

Das war zuviel, denn nun entglitten mir alle Fäden meiner Intendantentätigkeit. Der Hirsch übernahm das Kommando. Er tobte vor Wut, wie es mir schien. Plötzlich hörte ich nicht weit vor mir das schleifende Geräusch des im hohen Grase auf mich zutrollenden Hirsches. Schnell die Muschel weg. Da, wie ich ihn überhaupt sehen konnte, war mir hinterher nicht ganz klar, da stand er auf ganze 30 Schritte spitz von vorn vor mir. Ein dicker schwarzer Klumpen mitten auf der Wiese. Bewegen konnte ich mich nicht mehr, aber ich hatte die Waffe am Kopf und sah auch im Zielfernrohr ein starkes Geweih. Vielleicht glaubte ich das aber auch nur. Nun, Abschußrichtlinien gab es damals so recht noch nicht, und ich muß gestehen, meinetwegen hätte er noch stärker oder auch wesentlich geringer sein können. Es war mein erster Hirsch! Noch nicht, aber gleich.

Regungslos stand er, und ich glaubte, die Situation so zu beherrschen, daß ich nicht einmal sehr aufgeregt war. Der mußte ja breit werden, und dann schoß ich ihn. 30 Schritte, lächerlich! So beschäftigte ich mich gedanklich auch weniger mit den sich für den Schuß ergebenden Notwendigkeiten, als vielmehr mit dem erstaunten Gesicht meines alten Herrn bei so prompter Arbeit.

Wütend fuhr jetzt der Hirsch mit dem Geweih in den Boden, nahm das Haupt hoch, schrie so stark, daß ich nun doch erschrak und – wurde breit! Raus war der Schuß! Ein grandioses Mündungsfeuer belehrte mich noch einmal, wie dunkel es noch war, und entzog für einen Moment alle weiteren Geschehnisse meiner Beobachtung. Donnerwetter, ist der schnell zusammengebrochen, war mein erster Gedanke, als ich ihn, wieder sehend geworden, nicht mehr am Platze sah. Na, nun hatte ich ja Zeit, es hell werden zu lassen.

Um es kurz zu machen: Der Hirsch lag nicht am Anschuß, dafür sah ich aber schon von meinem Sitz aus im betauten Grase nicht weit von mir eine saubere Kugelbahn. Eine kleine, von mir im Dunkeln nicht gesehene Bodenerhebung hatte mit dem Grasbewuchs dem Hirsch die weitere Teilnahme an der Brunft ermöglicht. Das Geschoß hatte sich völlig verschlagen, außer Eingriffen war am Anschuß nichts zu finden.

Acht Tage später sah ich den Hirsch am hellen Tage, aber es war nach dem 10. Oktober, und von diesem Termin an durften starke Hirsche nicht mehr geschossen werden.

So wurde dann ein anderer mein erster Hirsch, und ich war um eine wertvolle Erfahrung reicher. Nur unter ganz besonderen Umständen habe ich noch im Dunkeln vom Hirschruf Gebrauch gemacht! Das kann z. B. nötig werden, wenn bei stiller Brunft ein Schrei mit dem Hirschruf Antwort herausfordern soll, um sich daran über Anwesenheit und Stand des Hirsches zu orientieren.

Brunft 1944! Unnötig zu sagen, in welcher Stimmung man war. Der Bruder, die Kameraden im Felde, ich selbst kurz vor der Abreise, die mich wieder an die Front, dieses Mal schon an die Heimatfront nach Ostpreußen, das Land der starken Hirsche, bringen würde.

Soll man überhaupt noch? Nun, wenigstens einen Abschußhirsch als womöglich letztes Geschenk des deutschen Waldes.

Daß es ein so schönes Erlebnis werden sollte, ahnte ich nicht, als ich am Morgen des 1. Oktober in der Nähe der „Schleedornwiese" im Forstamt Liebenwalde mit Frau und Freund verhörte. Lange vor Hellwerden, gegen $^1/_2$5 Uhr, schrien die Hirsche recht gut, doch nur eine halbe Stunde lang. Dann war alles wieder still. Ein leichter Sprühregen ging nieder. Für den letzten Morgen nicht sehr vielversprechend. Schließlich noch ein verlorener Schrei auf der „großen Fläche", wo ich einen älteren Achter beim Rudel wußte. Also dorthin. Während des Anmarsches schrie sich der Hirsch gut ein und war anhaltend zu hören, als wir im Kiefernaltholz am Rande der Kahlfläche, dem Brunftplatz, ankamen. Die Situation: Vor mir eine etwa 200 m breite, mit hoher Segge und Farn bewachsene Kahlfläche. Dann ein 20 m breiter Streifen Erlenstockausschläge; dahinter wieder etwa 200 m Kahlfläche bis zu einem Kiefernaltholzstreifen, an den sich die Dickung, der Einstand des Hirsches, anschloß. Eigentlich nicht sehr ermutigend, da ich „hinter dem Hirsch" war. Zwischen Erlenstreifen und Dickung stand er schreiend, unsichtbar, anscheinend noch beim Rudel. Bei dem herrschenden Wind konnte ich nur nachpürschen, und das bedeutete: Quer über die 200 m breite, freie Fläche bis zu dem Erlenstreifen. Von dort aus mußte man das Wild sehen können, wenn es dann noch draußen stand.

Es wurde hell, der Regen ließ nach, und ein leichter Bodennebel kam auf, der aber auf 60 bis 70 Schritte noch Sicht bot. Also die Muschel zur Hand und allein los! Kaum war ich 50 Schritt auf der Fläche, als ich den Hirsch bereits im gegenüberliegenden Altholz kurz vor der Dickung melden hörte. Jetzt konnte es nur glücken, wenn das Wild noch nicht eingezogen war. Ich machte wiederholt den suchenden Hirsch und erhielt jedesmal Antwort von drüben. Ab und zu rufend ging ich, denn pürschen konnte man das auf der freien, mit altem Schlagabraum bedeckten Fläche kaum nennen, auf den Erlenstreifen los, hinter dem ich das Wild noch auf der Fläche vermutete. Es mußte schnell gehen, und so übersah ich zunächst eine Ricke, die laut schreckend absprang. Ein Schrei auf der Muschel tarnte diese Störung. Der Hirsch antwortete flott und schien dem Schreien nach auch wieder herausgezogen zu sein. Richtig, jetzt brachte er einen Beihirsch auf den Schwung, der durch die Erlen hindurch auf mich zu flüchtete. Ein Gabler, ein geringer Abschußhirsch. Sollst du gleich den, fuhr es mir durch den Sinn? Der kann dir nicht aus! Aber nein, das wäre ein zu einfacher Verzicht gewesen. Jetzt war er unmittelbar heran, eräugte mich und fuhr herum, um wieder zum Rudel zu flüchten. Ich schrie ihm den Kampfschrei nach, und wieder antwortete der Platzhirsch. Mein Schreien fand ein zweiter Beihirsch so interessant, daß er sich in scharfem Troll von der Seite her näherte. Bis auf 20 Schritte lief der junge Achter mich an, dann mußte ich auch ihn mit einem Schrei „abschlagen". Es wurde nun wirklich aufregend und die Spannung wuchs, ob der Platzhirsch das alles wohl aushalten würde? Endlich hatte ich den Erlenstreifen erreicht, war schnell am jenseitigen Rande, um festzustellen, daß kein Hirsch mehr zu sehen war. Zwar schrie er noch, aber unsichtbar drüben im Baumholz vor oder schon in der Dickung. Schon dachte ich, daß alles aus sei, als ich gar nicht weit vor mir die Häupter von zwei Stück Kahlwild im Farn entdeckte, die mich anäugten. Gleich werden sie flüchtig, dachte ich, schrie aber noch einmal auf der Muschel. Und die Stücke beruhigten sich wieder. Damit war noch nichts verloren.

Nebelfetzen zogen über die Fläche, ab und zu die Sicht nehmend. Diese Gelegenheit benutzte ich zu einem Stellungswechsel, der mir freies Schußfeld auf die Fläche brachte. Nun mußte der Hirsch wieder zum Wilde geholt werden. Die Lage war für einen derartigen Versuch günstig, da das Wild noch zwischen mir und dem Hirsch stand. Schrei auf Schrei tat ich, jedesmal antwortete der Hirsch lebhafter. Jetzt sah ich ihn. Aufgeregt schreiend trollte er im 200 m entfernten Altholzrande hin und her, wollte offensichtlich nicht gern mehr auf die freie Fläche. Als älteren Achter konnte ich ihn ansprechen, doch zum Schuß langte es bei fehlender Auflage nicht. Ich konnte nicht mehr weiter vor, also mußte er heraus, oder es wurde nichts. Und schließlich wollte er auch, nachdem ihn mein Schreien in unmittelbarer Nähe seines Wildes richtig in Wut gebracht hatte.

Ein herrliches, unvergeßliches Bild, wie er durch die Nebelfetzen schreiend auf die Fläche trollte. Gewiß, es war kein starker Hirsch, aber das „Drum und Dran" war so schön und erregend, daß es unbescheiden gewesen wäre, enttäuscht zu sein. Jetzt hatte er in scharfem Troll sein Wild erreicht und versuchte sofort, es vor sich her von der Fläche zu treiben. Außer Haupt und Hals war in dem hohen Farn nichts zu sehen. Da schrie ich ihn mit dem Sprengruf an. Er stoppte sofort, wandte sich zu mir und trat auf einen Worrboden. Frei ragte er aus dem Farn, als er mir wütend antwortete. 70 Schritte. Starr äugte er dann zu mir herüber, den vermeintlichen Nebenbuhler suchend. Noch ein zorniger Schrei, dann traf ihn die Kugel auf den Halsansatz und warf ihn, im Knall verendend, in den Farn!

In meinem Jagdtagebuch lese ich: Selten habe ich eine so schöne und aufregende Pürsch gemacht, selten habe ich mich daher auch so über einen jagdlichen Erfolg gefreut!

Das war also der Gebrauch des Hirschrufes, wie er „im Buche steht". Aber wie gesagt: Selten habe ich das so gemacht und selten ist das auch so geglückt. Der Jäger muß es zwar können, aber der Hirsch muß auch wollen.

Welches der für den Hirschruf geeigneten Instrumente man wählen soll, ist nicht leicht zu entscheiden. Den besten, natürlichsten Ton gibt nach meinen Erfahrungen die *Muschel* (Tritonmuschel), wenn bestimmte Voraussetzungen erfüllt sind. Sie soll möglichst dünnwandig sein. Deshalb nimmt man bei der Auswahl unter gleichgroßen Stücken die leichteste. Auf einer Briefwaage läßt sich das schnell ermitteln. Dann muß die Öffnung, die an den Mund gesetzt wird, ausreichend, d. h. nicht unter 3 cm Durchmesser groß sein. Mit einer feinen Stahlsäge muß u. U. die Muschelspitze entsprechend verkürzt werden, um diese Öffnung zu erhalten. Auch ist es zweckmäßig, die ersten Schneckengewinde vorsichtig mit einem nicht zu großen Meißel herauszustoßen. So erhält man einen Hirschruf, der einen sehr natürlichen Ton abgibt. Vorausgesetzt natürlich, daß man selbst den richtigen Ton findet. Einen großen Nachteil hat aber die Muschel. Sie kann nur in der Tasche getragen werden, da sie bei jedem Anschlagen an einen Gegenstand ein sehr lautes Geräusch verursacht. Hat man sie aber erst in der Tasche oder im Rucksack versenkt, dann ist sie meist nicht schnell genug zur Hand, um sofort in Gebrauch genommen werden zu können.

Ganz ähnlich verhält es sich mit dem *Ochsenhorn,* das ich selbst auch viel geführt habe. Auch hiermit können sehr störende Geräusche verursacht werden. Der Ton hängt ganz außerordentlich stark von der Dünnwandigkeit des Hornes ab. Nur selten findet man ein ausreichend dünnes Horn.

Sehr gut eignet sich eine nicht zu enge, etwa 30 bis 35 cm lange dünnwandige *Pappröhre.* Der Durchmesser sollte nicht unter 4 bis 5 cm betragen. Besonders geeignet ist das *Heracleumrohr,* das aus dem starken, hohlen Stengel eines Doldengewächses (Bärenklau) geschnitten wird. Es bringt einen sehr natürlichen Ton und ist verhältnismäßig geräuschunempfindlich.

Sehr viel einfacher ist es, den ziehenden Hirsch zum Stehen oder Zustehen dadurch zu bringen, daß man das *Mahnen* des Tieres nachahmt. Das ist nicht allzu schwer und ihm verdanke ich schon manchen alten Hirsch, der sich schnell über die Schneise stehlen wollte oder überhaupt schnell im Ziehen war. Auf erstaunlich weite Entfernungen kommt oft der Brunfthirsch auf ein einziges richtiges Mahnen.

Ist der Hirsch auch tagsüber in Bewegung, so nutze man dies aus und setze sich an geeigneter Stelle, an einer Suhle, Schneise oder Blöße an. Mancher Hirsch, der sich bereits im Dunkeln in den Einstand zurückgezogen hat, kann hier noch zur Strecke gebracht werden.

Soviel über die Jagd auf den Brunfthirsch. Es darf hier nicht verschwiegen werden, daß immer wieder Stimmen in der Jagdpresse laut werden, die dafür eintreten, den Hirsch in der Brunft, in seiner hohen Zeit, mit der Bejagung zu verschonen. Soll damit die Waidgerechtigkeit gefördert werden? Ich meine, wer in der Brunft nicht waidgerecht jagt, hält sich auch zu anderer Zeit nicht an die Regeln. Nachdem wir den durch Hegeplan begrenzten Abschuß haben, sollte man uns nicht die Freude an der Jagd auf den Brunfthirsch nehmen, denn sie ist die Krone des Waidwerks. Nach der Brunft empfiehlt es sich allerdings, dem starken Hirsch Ruhe zu gönnen, und ich habe wenig Verständnis dafür, wenn dann noch der starke, völlig abgebrunftete Hirsch bejagt wird.

Jagd auf den Feisthirsch

Doch auch die Jagd auf den Feisthirsch sollte man nicht als zweitrangig ansehen. Die Kunst liegt hier im wesentlichen in der Schwierigkeit des Bestätigens, dann aber in der Ausdauer, die man beim Ansitz zeigt. Auf diesen ist man mehr oder weniger angewiesen, da es nur selten gelingen wird, den alten Feisthirsch auf der Pürsch zu überlisten. Wohl kann man ihn einmal vom Ansitz aus anpürschen, wenn er ansichtig, aber nicht in Schußnähe ist.

Feisthirsche

Zu keiner Zeit des Jahres hält der alte Hirsch sich an so feste Gewohnheiten, wie in der Feiste. Das erleichtert seine Bejagung zwar sehr, doch ist er auch zu keiner Zeit so empfindlich gegen Störungen. Zu Anfang der Feistzeit, kurz nachdem er gefegt hat, läßt sich der alte Hirsch wohl noch sehen, je später es in den August geht, um so heimlicher wird er aber. Nicht etwa nur aus Vorsicht, sondern auch, weil er feist und bequem ist und sein Nahrungsbedürfnis gegenüber dem Frühjahr erheblich nachgelassen hat.

Man beginne die Jagd auf den Feisthirsch mit sorgfältigem Abfährten, wenn man Einstand und Gewohnheiten des Hirsches noch nicht kennt. Selbstverständlich fährtet man zu einer Tageszeit ab, in der man am Einstand nicht stört. Das gefundene Trittsiegel wird ausgelöscht, um so zu kontrollieren, ob der Hirsch regelmäßig an der betr. Stelle wechselt. Andernfalls wird man alte und frische Fährten nicht immer unterscheiden können. Auch auf Fegestellen achte man genau, um etwa neu hinzugekommene als solche zu erkennen. Alle Merkmale der Fährtenkunde sind jetzt von besonderer Bedeutung, wenn es darum geht, den Feisthirsch zu bestätigen. An heißen Tagen kontrolliere man auch die Suhlen, auch wieder zu einer Zeit, in der man möglichst nicht stört. Wann das ist, hängt sehr von der Lage der Suhle ab. Im Baumort ist das bei Tage immer ungefährlich. Am Dickungsrande kontrolliere man etwa 1 bis 2 Stunden nach Hellwerden. Liegt die Suhle aber mitten im Einstand, so muß man, sollen Störungen vermieden werden, in der Regel auf die Kontrolle verzichten.

Der Ansitz wird in der Regel zur Feistzeit in der Nähe des Einstandes, am Aus- bzw. Einwechsel erfolgen müssen, da der alte Hirsch die Dickung meist erst kurz vor Schwinden des Büchsenlichtes verläßt, um sie früh, noch im Dämmern, wieder aufzusuchen. An Äsungsplätzen anzusitzen, die weit entfernt vom Einstand liegen, empfiehlt sich daher nicht. Heißes, trockenes Wetter ist ungünstig, da der Hirsch dann nur ungern zieht. Dann kann man aber unter Mittag und gegen Abend beim Ansitz an der Suhle zum Erfolg kommen, wenn man es vorsichtig anfängt. Im Einstand besteht dabei immer die Gefahr, daß der Hirsch auf die frische Spur des Jägers oder gar in den Wind kommt. Man versuche daher festzustellen, wo der Hirsch in der Regel im Einstand sitzt, um danach die Suhle so zu erreichen, daß Störungen vermieden werden.

Besonders günstig ist der Ansitz am Einstand kurz nach einem starken Gewitterregen. Dann tritt der Hirsch gern aus der nassen Dickung heraus und äst sich am Rande oder auf einer Schneise. Regnerisches, aber dabei windstilles Wetter ist für die Jagd auf den Feisthirsch wesentlich günstiger, als anhaltende Trockenheit und Hitze. Sind die Dickungen recht naß, so steht der Hirsch frühmorgens länger draußen und verläßt den Einstand abends auch früher. Dann kommt man leichter zum Erfolg und hier taugt dann auch ein „nasser Jäger".

Außer der reizvollen, weil schwierigen Jagdart spricht für den Feisthirschabschuß noch die besonders gute Verwertungsmöglichkeit des Wildprets, und es ist daher nicht einzusehen, warum es sich eingebürgert hat, Jagdgäste in der Regel nur auf den Brunfthirsch einzuladen.

Pürschenfahren

Eine Jagdart, die mehr und mehr aus der Mode kommt, ist das *Pürschenfahren.* Mit dem Gespann natürlich, nicht mit dem Auto. Von diesem aus Rotwild zu schießen, halte ich allerdings für völlig unwaidmännisch.

In Revieren der Ebene, in denen man in raumen Beständen auch außerhalb der Wege mit dem Wagen fahren kann, bietet diese Jagdart großen Genuß. Es gehört hierzu ein geeigneter Wagen, ruhige Pferde und ein Fahrer, der Revier und Wild gut kennt. Das Pürschenfahren bietet den Vorteil, daß man leicht an das Wild auf Schußentfernung heranfahren kann, weil es im allgemeinen den Wagen gut aushält, und daß man vom Wagen aus gute Sicht hat und bei gleichem Zeitaufwand ein größeres Revier abpürschen kann als zu Fuß. Außerdem kommt man völlig ausgeruht zum Schuß. Ruhiges, etwas trübes Wetter, zumal nach starkem Regen, wenn das Wild die nassen Dickungen meidet, gibt gute Gelegenheit für diese Jagdart. Bei starkem Wind und klarem Frostwetter hält das Wild den Wagen weniger gut aus, steht dann auch gern in den Dickungen. Am frühen

Morgen, in der Mittagszeit und gegen Abend findet man es bei geeignetem Wetter oft in raumen Orten, Stangenhölzern und auf Blößen. Sobald man des Wildes ansichtig wird, ist der Schritt der Pferde möglichst zu verkürzen. Je langsamer das Fuhrwerk naht, je weiter das Wild den Wagen schon klappern hört, desto eher hält es ihn aus. Kann man auf dem Wege bleiben, ohne zu nahe an das Wild heran oder ohne ihm auf den Kopf zuzufahren, so ist das am günstigsten. Sonst weicht man rechtzeitig ohne scharfe Winkel aus und fährt auf Schußweite an dem Wilde vorbei. Ist man nahe genug herangefahren, so steigt der Schütze in der Bewegung auf der dem Wilde abgewandten Seite ruhig aus, geht bis zur nächsten Deckung neben dem Wagen her und bleibt dann gedeckt stehen, um den Wagen weiterfahren zu lassen. In der Regel äugt das Wild diesem nach, so daß bei einiger Vorsicht der Jäger unbemerkt bleibt und in Ruhe, wenn der Wagen außer Sichtweite ist, einen Schuß anbringen kann. Vom Wagen aus sollte man nicht schießen, um die Vertrautheit des Wildes diesem gegenüber zu erhalten.

Auch im Winter mit dem Schlitten kann diese Jagdart viel Freude machen und zur Erfüllung des Abschusses beitragen.

Drückjagd und Riegeln

Macht diese Schwierigkeiten, so bleibt in der Regel nichts weiter übrig, als zur *Drückjagd* zu greifen. Drückjagd ist aber nicht Treibjagd! Letztere ist für die Bejagung des Rotwildes scharf abzulehnen. Was hat der ganze Wahlabschuß für einen Sinn, wenn gegen Ende der Jagdzeit das Wild auf Treibjagden geschossen wird? Zum Abstellen eines Rotwildtreibens bedarf es einer ganzen Anzahl von Schützen, so daß man gezwungen ist, auch weniger erfahrene Jäger heranzuziehen. Da kann es gar nicht ausbleiben, daß beim Ansprechen des flüchtigen Wildes aus durcheinander geratenen Rudeln die gröbsten Fehler und natürlich auch die schlechtesten Schüsse unterlaufen.

Nein, davor bewahre man das Wild und sich. Eine gut angelegte Drückjagd dagegen kann durchaus im Rahmen des Wahlabschusses durchgeführt werden. Sie bedarf nur eines oder zweier revier- und wechselkundiger Leute, und drei bis sechs Schützen genügen je nach den Revierverhältnissen. Die Jäger werden weit genug vom Einstand, der gedrückt werden soll, abgestellt, so daß ihnen das Wild nicht in voller Flucht, sondern meist völlig vertraut ziehend anläuft. Die Auswahl ist dabei nicht allzu schwierig, ebenso kann man einen sicheren Schuß anbringen.

Selbstverständlich soll eine Drückjagd nur im Spätherbst oder Winter durchgeführt werden. Bei Schnee ist die Anlage der Jagd wesentlich einfacher als bei offenem Wetter, da es vorteilhafter ist, vorher durch Abfährten den Tageseinstand feststellen zu können. Von großem Einfluß auf den Erfolg ist die Witterung, und ihr entsprechend müssen die Treiben ausgewählt werden. In der Regel wird auf das in Dickungen stehende Wild gedrückt. Bei großer Nässe und starkem Schneebehang schätzen Wild und Treiber aber diese Standorte nicht. So müssen dann an die Dickungen angrenzende Stangenorte gedrückt werden. Auch starker Wind ist recht ungünstig. Das Wild verläßt seinen Einstand nur ungern, und die Verständigung der Schützen durch Hornsignale ist erschwert oder unmöglich. Trocknes, ruhiges Wetter bietet die größten Aussichten auf Erfolg.

Ist man sich darüber klar, wo die Drückjagd beginnen soll, so überlege man zunächst die Reihenfolge der einzelnen Treiben. Liegen diese nahe beieinander, ist zu berücksichtigen, daß das im ersten Treiben rege gemachte Wild gegen den Wind ziehen wird. Das erste Treiben muß also dasjenige sein, das der Windrichtung zugekehrt ist. Ginge man anders vor und nähme zuerst das unter diesem im Winde gelegene, so würde aus diesem herausziehendes Wild das im nächsten Trieb stehende rege machen und mitnehmen können. Es wäre also damit zu rechnen, von zwei im Wind untereinanderliegenden Treiben eins leer zu finden. Nimmt man aber das zum Wind gelegene zuerst, so besteht größere Aussicht, in beiden Treiben Wild vorzubringen.

Alttier, Kalb, Schmaltier

Gedrückt wird möglichst gegen den Wind. Das bedeutet für die durchgehenden Leute natürlich beim Fortschreiten der Jagd doppelte Wegstrecken. Darauf nehme man bei der Zeiteinteilung Rücksicht. Das Durchdrücken der Einstände erfordert viel Geschick und Verständnis von den hierfür angesetzten Personen. Es verlangt genaueste Ortskunde, scharfen Ortssinn, vertrauteste Bekanntschaft mit den Wechseln und denjenigen Örtlichkeiten, wo das Wild sich gern niedertut, endlich die nur durch Erfahrung zu erwerbende Kenntnis, wohin sich das angeregte Wild in der Regel wendet. Dort, wo das Wild durch Drücken nur selten beunruhigt wird, tritt es gewöhnlich bald aus der Dickung heraus, sobald es angerührt wird. Es handelt sich dann nur darum, es gegen den Wind wechseln zu lassen. Das tut das Wild von selbst gern, doch steht innerhalb der Dickung der Wind bei stillem Wetter oft gänzlich. Da muß der durchgehende Treiber nachhelfen, indem er an dem Wild, dessen Lieblingsstand in der Dickung er kennt, seitwärts vorbeigeht, dabei leise pfeift, ab und zu hustet, mal einen Ast knicken läßt oder sich in ähnlicher Weise bemerkbar macht. Hört er das Wild aufstehen und wegtreten, muß er versuchen, es dorthin zu drücken, wo es anlaufen soll. Geht er gerade hinter dem Wild her, so weicht es gern seitwärts aus, geht er, wenn es zurückwechselt, gerade darauf los, so flüchtet es meist unmittelbar an ihm vorbei und nimmt den Rückwechsel an. Am leichtesten bringt er das

Wild in die gewünschte Richtung, wenn er es so angeht, daß er nach Bedarf im Zickzack in einem mäßigen Winkel am Wild vorbeizustreben sucht. Dazu gehört viel Geduld und Geschick.

Wo öfter gedrückt wird, kennt das Wild diesen Vorgang aber meist ganz genau. Trotz aller Mühe ist es dann nicht vor die Schützen zu bringen. Es wechselt vorwärts und zurück um den Treiber herum, verhält wieder und sichert, läßt sich bis auf wenige Schritte angehen, weicht wieder aus und so fort. Es gibt nur ein Mittel, das in solchen Fällen zum Erfolg helfen kann: Der Trieb wird nicht abgeblasen, der oder die Treiber verlassen den Einstand, während die Schützen noch eine Zeitlang – etwa eine halbe Stunde – auf ihren Ständen verbleiben. Selten bleibt das Wild längere Zeit in einer so beunruhigten Dickung.

Vom richtigen Anstellen der Schützen hängt sehr viel ab. Gestatten es die örtlichen Verhältnisse, so sollte nicht unmittelbar am, sondern in einiger Entfernung vom Einstand abgestellt werden und zwar so, daß die Möglichkeit für einen sicheren Schuß zum Wechsel besteht. Keinesfalls stelle man die Schützen unmittelbar auf die Wechsel, da sonst das gegen den Wind ziehende Wild frühzeitig Wind erhält. Wird geschickt abgestellt, so sind die besten Plätze immer im oder im halben Wind, doch stelle man auch die Rückwechsel ab, auf denen das Wild mit dem Winde kommt. Die örtlichen Verhältnisse spielen hierbei eine ausschlaggebende Rolle.

Das weite Abstellen ermöglicht die Unterbringung auch einer größeren Anzahl von Schützen, so daß man evtl. vorliegenden jagdlichen Verpflichtungen nachkommen kann, ohne hierzu eine große Treibjagd veranstalten zu müssen.

Anlage und Durchführung einer Drückjagd erfordern hohe jagdliche Kunst und Erfahrung. Vieles ist zu beachten und zu organisieren. Die Treiber, die eigentlich keine Treiber sind, müssen genaue Anweisungen erhalten, und zwar nicht nur von Trieb zu Trieb, sondern gleich zu Beginn für den gesamten Ablauf der Jagd. Sie sollen danach selbständig handeln können, der Jagdleiter hat sich in erster Linie während der Jagd den Schützen zu widmen. Nichts macht einen schlechteren Eindruck, als wenn nach jedem Trieb zunächst ein großer Kriegsrat mit viel Palaver abgehalten wird, um festzulegen, was nun zu geschehen hat.

Die Schützenstände sind sorgfältig im Gelände auszuwählen, evtl. vorzubereiten, zu bezeichnen und für die Folge zum nächsten Trieb entsprechend zu verbrechen. Auf Schneisen und Gestellen innerhalb der Einstände sollte bei einer Drückjagd auf Rotwild nicht abgestellt werden, da hier in der Regel die Sicht weder zum Ansprechen noch zur Abgabe eines sicheren Schusses ausreicht. Kann man nicht darauf verzichten, so sollte man nur einen Schützen oder zwei, Rücken an Rücken, anstellen, von denen jeder seine freie Seite beschießt. Schon einige Tage vor der Jagd überzeuge sich der Jagdleiter davon, ob für jeden Stand das Schußfeld frei ist usw. Das Anstellen selbst geht geräuschlos vor sich, der Schütze wird zu seinem Stand geführt, ihm Schußfeld und Wechsel gezeigt und die Folge sowie der Stand des Nachbarschützen bekanntgegeben. Er nimmt den Stand sofort ein und beobachtet die weitergehenden Schützen, um, falls das möglich ist, sofort sehen zu können, wo der Nachbarschütze angestellt wird. Sofern dies in Sichtweite geschieht, winkt er ihm zu, bis er Antwort erhält. Den ihm angewiesenen Platz verläßt der Schütze auf keinen Fall bis zum Abblasen des Treibens, bzw. bis er je nach Verabredung abgerufen oder abgeholt wird. Im allgemeinen wird das Wild bei einer richtig durchgeführten Drückjagd nicht flüchtig, sondern im flotten Ziehen kommen. Nun hängt es im wesentlichen vom Schützen selbst ab, ob er zu Schuß kommt. Keinesfalls nimmt er das Wild schon beim Anwechseln unter Feuer, da jedes Schießen in den Trieb strengstens verboten ist und auch zu Beginn der Jagd noch einmal verboten werden sollte. Nur ganz besondere Geländeverhältnisse können es gestatten, auch in Richtung des Triebes zu schießen. Der Jagdleiter hat dies dann aber ausdrücklich bekanntzugeben. Selbstverständlich muß jeder Schütze wissen, welches Wild freigegeben ist. In der Regel wird auf Kahlwild gedrückt, doch kann, zuverlässige Schützen vorausgesetzt, durchaus der eine oder andere geringe Abschußhirsch freigegeben werden.

Nach Abgabe eines Schusses merkt sich der Schütze genau den Anschuß, verläßt aber seinen Stand auf keinen Fall, ehe er nicht vom Jagdleiter dazu ermächtigt ist. Nachsuchen auf eigene Faust während des Treibens sind eine grobe Disziplinlosigkeit. Ist das Stück nicht weit vom Anschuß zusammengebrochen und verendet, so versorgt es der Schütze selbst, sobald abgeblasen ist.

Das sind im wesentlichen die Regeln für eine Drückjagd, bei der natürlich alle Erfordernisse des vorsichtigen Umganges mit der Schußwaffe ganz besonders genau zu erfüllen sind, um nicht Treiber und Schützen zu gefährden. Wenn jeder sich danach richtet, wird es dem Jagdleiter möglich sein, den Ablauf der Drückjagd planmäßig durchzuführen, was für den Erfolg von entscheidender Bedeutung ist. Und Erfolg soll sie haben, um nicht die Sache am gleichen Ort wiederholen zu müssen.

Die wichtigsten Regeln auf der Drückjagd seien entsprechend zusammengefaßt:

1. Die Waffe darf erst auf dem Stand geladen werden und ist vor dem Verlassen des Standes zu entladen.
2. Außerhalb des Standes sind die Waffen mit der Mündung nach oben zu tragen.
3. Der Jagdleiter gibt Anweisung, ob vor dem Anblasen bereits auf anwechselndes Wild geschossen werden darf oder nicht. In der Regel ist das statthaft. Nach dem Abblasen darf nicht mehr geschossen werden.
4. Der Schuß in das Treiben ist grundsätzlich nur dann erlaubt, wenn der Jagdleiter beim Anstellen dies ausdrücklich gestattet hat.
5. Es ist unstatthaft, mit angeschlagener Waffe durch die Schützenlinie durchzuziehen.
6. Das Verlassen des Standes vor dem Abblasen ist nicht erlaubt. Sollte ein krankes Stück unweit des Standes stehen oder sitzen, so daß der Fangschuß nur nach Verlassen des Standes gegeben werden kann, so darf dies geschehen, wenn die Nachbarn davon verständigt sind.
7. Schützen, die in einem Treiben geschossen, das Stück aber nicht sofort zur Strecke gebracht haben, dürfen ihren Stand auch nach dem Abblasen nicht verlassen, bis sie dem Jagdleiter oder dem von ihm Beauftragten den Anschuß gezeigt haben.
8. Sollte bei der Nachsuche auf ein krankes Stück dieses vom Hund gestellt werden, so darf kein Schütze seinen Stand verlassen, um den Fangschuß zu geben. Dieser steht nur dem Führer des Hundes zu.
9. Während des Anstellens und auf dem Wege von einem Treiben zum anderen muß jede laute Unterhaltung vermieden werden.
10. Wird von mehreren Schützen auf ein Stück geschossen, so gilt als Erleger, wer die erste Kugel so angebracht hat, daß das Stück mit einem guten Hund zur Strecke gekommen wäre. Leichte Streifschüsse rechnen hierzu nicht, jedoch Laufschüsse, bei denen der Knochen verletzt wurde.

Reichen die Schützen zum Umstellen nicht aus oder muß aus anderen Gründen, insbesondere wegen fehlenden Schußfeldes, auf das Abstellen an bestimmten Örtlichkeiten verzichtet werden, so kann man hier den Auswechsel des Wildes durch *Lappen* zu verwehren versuchen. Doch sollte man das nur im Notfall auf kurzen Strecken tun, keinesfalls aber in der Nähe der Grenze, zumal dies in der Bundesrepublik Deutschland gesetzlich verboten ist.

Im Hochgebirge wird die Drückjagd als *Riegeln* bezeichnet. Hier riegelt man auch wohl auf einen einzelnen Hirsch, der weder bei Ansitz noch Pürsch zu bejagen ist. Das ganze spielt sich hier im wesentlich kleineren Rahmen, ein Treiber meist und 1 bis 2 Schützen, aber auf größerem Raum ab. Besonders gute Kenntnisse der Geländeverhältnisse und der Wechsel sind bei der Riegeljagd im Hochgebirge erforderlich. Wird für einen

Beim Riegeln

revierunkundigen Gast geriegelt, so gebe man ihm einen einheimischen Jäger oder Träger mit auf den Stand, der in der Lage ist, je nach den Windverhaltnissen, die sich in kurzer Zeit ändern können, einen aussichtsreichen Posten zu wählen. Wegen des unübersichtlichen Geländes kommt man am sichersten zum Erfolg, wenn man das Riegeln erst ansetzt, nachdem der Hirsch von einem Beobachtungsstand, u. U. von der anderen Talseite aus, im Einstand bestätigt ist. Oft kann er dann nur einen Zwangswechsel annehmen, sobald er rege gemacht wird, so daß die Riegeljagd im Hochgebirge, vernünftig und mit Maßen betrieben, durchaus auch eine Jagdart ist, um den alten Feisthirsch zur Strecke zu bringen.

Lancieren

Es soll noch eine Jagdart erwähnt werden, die allerdings nur noch selten angewandt wird, das *Lancieren.* Darunter versteht man das Ausarbeiten der Fährte des einzelnen Feisthirsches mit dem Schweißhund, um so den Hirsch vor den Schützen zu bringen. Wenn wir diese Jagdart heute nur noch selten sehen, so liegt das daran, daß nur noch wenige Schweißhundführer Gelegenheit haben, ihren Hund hierauf abzuführen. Es ist eine hohe Kunst und ein ebensolcher jagdlicher Genuß, beim Lancieren einen Hirsch vor die Büchse zu bringen.

Schuß, Pürschzeichen und Nachsuche

Schon bei Besprechung der Schußwaffen haben wir es als ein wesentliches Erfordernis der Waidgerechtigkeit hingestellt, das Wild möglichst schnell und schmerzlos zu töten. Dazu gehört neben der geeigneten Waffe in erster Linie ein sicherer, guter Schuß. Erst derjenige ist ein wirklicher Jäger, der sich im Zaume zu halten weiß und auf einen Schuß verzichtet, dessen Erfolges er nicht völlig sicher ist. Ehe man also den Schuß abgibt, vergewissere man sich, ob die einzelnen Umstände entsprechend sind.

Schußabgabe

Zunächst ist zu prüfen, ob das ausgewählte Stück überhaupt in einer *Entfernung,* besser in einer Nähe steht, die einen sicheren Schuß gestattet. Das ist oft nicht einfach, deshalb übe man als Anfänger das Entfernungsschätzen im Revier und merke sich an häufig besuchten Ansitzstellen markante Punkte im Gelände und stelle deren Entfernung fest. Besonders an langen Schneisen ist das nötig. Das Normalabsehen im Zielfernrohr ermöglicht einen ungefähren Anhalt insofern, als ein breitstehender, starker Hirsch auf etwa 200 m den Zwischenraum der Querbalken so ausfüllt, wie es hier dargestellt ist. Das ist ein recht brauchbares Hilfsmittel, das man bei jeder sich bietenden Gelegenheit im Revier nachprüfen sollte. Mit 200 m ist eigentlich auch die Norm für die Höchstentfernung beim Schuß auf den Hirsch gegeben.

Hirsch auf 200 m im Normalabsehen

Ob *freihändig* oder *aufgelegt* geschossen wird, darüber entscheidet die Gelegenheit. Auf jeden Fall sollte sich der Jäger bemühen, bei Pürsch und Ansitz nur aufgelegt zu schießen, doch ist die völlige Beherrschung auch des freihändigen Schusses eine Notwendigkeit. Auf der Drückjagd und bei der Nachsuche wird man in der Regel ohne ihn nicht auskommen.

Selbstverständlich überprüft man seine eigene Schußleistung und die seiner Waffe zumindest vor Aufgang der Jagdzeit auf das sorgfältigste. Hat man vornehmlich Gelegenheit, auf Drückjagden mitzuwirken, so übe man an der laufenden Scheibe den Schuß auf flüchtendes Wild, bei dem das Vorhaltemaß je nach Tempo und Entfernung verschieden ist. Im Hochgebirge beachte man, daß bei steilen Bergauf- und Bergabschüssen ein recht erheblicher Hochschuß entsteht, so daß in beiden Fällen das Ziel kürzer angefaßt werden muß.

In jedem Falle versagt sich der waidgerechte Jäger den Schuß, wenn er nicht ruhig ist. Kommt man körperlich überanstrengt mit fliegendem Atem an das Wild heran, so muß man warten, bis ein ruhiger Schuß möglich ist. Das „Jagdfieber“, so sehr es für den Jäger spricht und zeigt, daß er nicht nur ein Schütze ist, muß unterdrückt werden oder erst abklingen, ehe der Schuß abgegeben wird. Sonst ist ein sicheres Abkommen wie ein genaues Beobachten der Schußzeichen nicht möglich.

Unmittelbar vor Abgabe des Schusses merke man sich den Standort des Stückes, um später den Anschuß finden zu können.

Ist das Stück angesprochen und hat man sich zum Schuß entschlossen, so warte man ab, bis es günstig steht. Es soll völlig *frei* und *breit* sowie möglichst mit *erhobenem Haupte* stehen. Frei muß es zu sehen sein, damit nicht das Geschoß durch Äste, Strauchwerk oder Gras eine Ablenkung erfährt; breit, weil es so das größte Ziel bietet und am sichersten tödlich getroffen werden kann. Es soll auch nicht das Haupt zum Äsen am Boden haben, da es hierbei wahrscheinlich ist, daß bei der folgenden Flucht sich die Decke über den Schußkanal schiebt. Dadurch kann der Austritt des Schweißes verhindert und die Nachsuche erschwert werden.

Auf gesundes, sitzendes Wild zu schießen, ist unwaidmännisch.

Treffen nun alle geschilderten Momente für einen günstigen Schuß zusammen, was große Aufmerksamkeit erfordert, so entschließe man sich schnell, ziele nicht lange und lasse bei gutem Abkommen fliegen. Dabei wird ruhig durch das Feuer gesehen, um die Schußzeichen wahrnehmen zu können. Auch achte man auf den *Kugelschlag*, d. h. den Schall, der durch das Aufschlagen des Geschosses auf den Wildkörper entsteht und kurz nach dem Schuß unter Umständen zu hören ist. Bei hoher Geschoßgeschwindigkeit muß das Wild nicht unter 100 m entfernt sein, um den Kugelschlag hören zu können. Bei gutem Gehör und entsprechendem Unterscheidungsvermögen kann nach ihm auf den Sitz der Kugel geschlossen werden. So gibt der Kammerschuß einen helleren Schlag als der Waidewundschuß. Der Knochenschuß bringt einen besonders harten, hellen Kugelschlag.

Wo ist nun der Schuß anzutragen? Er soll, wie wir wissen, den schnellen, schmerzlosen Tod herbeiführen und möglichst wenig Wildpret zerstören. Danach muß er ein *Kammerschuß* sein, d. h. im Brustkorb möglichst die lebenswichtigen, mit Blutkreislauf und Atmung im Zusammenhang stehenden Organe, Herz und Lunge, sowie die Hauptblutgefäße und Nervenstränge zerstören. Diese Forderung erfüllt am ehesten der *Blattschuß*. Das ist nicht etwa der Schuß auf das Schulterblatt, die Blattschaufel, sondern der hinter dem Vorderlauf hochgehend gezielte, also 1–2 Händebreit hinter der Blattschaufel, hart um die Rumpfmittellinie sitzende Schuß. Die alte waidmännische Bezeichnung „Blattschuß“ hat gar nichts mit dem Schulterblatt zu tun und rührt daher, daß man früher das Zentrum einer Scheibe mit einem „Blatt“ bedeckte und einen Treffer als Blattschuß bezeichnete. Der wie beschrieben auf dem Stück sitzende Blattschuß, der Schuß ins Zentrum der Kammer, trifft und zerstört die starken vom Herzen ausgehenden Blutgefäße und die Lunge. Nur der Blattschuß unterhalb der Rumpfmitte kann das Herz treffen, da dies mit der Spitze fast die untere Brustwand berührt, also tief liegt (vgl. auch Abb. Seite 51).

Schußwirkungen

Nun ist es im praktischen Jagdbetrieb leider so, daß der Schuß trotz besten Willens nicht immer ein Kammerschuß sein wird, und so müssen wir uns mit den *Schußwirkungen* befassen, die beim verschiedenen Sitz der Kugel entstehen können bzw. zu erwarten sind.

Wir haben sie zunächst schematisch auf einer Tafel dargestellt.

Knochenschüsse

1. *Tödliche Knochenschüsse.* Hierhin gehören die auf der Abbildung schwarz angelegten Teile des Schädel- und Rumpfskelettes. Derartige Schüsse lassen das Wild im Feuer zusammenbrechen und es sofort verenden oder lähmen es so, daß es nicht mehr vom Anschuß kommt. Nach dem Sitz der Kugel werden sie als Kopfschuß, Halsschuß, hoher Blattschuß, Rückenschuß und hoher Keulenschuß bezeichnet.
   Beim *Kopf-* und *Halsschuß,* bei letzterem wenn die Halswirbel getroffen sind, verendet das Wild sofort, bei hohem Blattschuß nach kurzer Zeit. Sitzt der Schuß mehr hinten auf der Wirbelsäule, so wirft sich das Stück oft vorn noch hoch, während der gelähmte Hinterkörper sich nicht mehr zu bewegen vermag und u. U. eine kurze Strecke noch geschleppt wird. Meist hat man Gelegenheit, sofort noch einen Fangschuß anzubringen, von dem man unbedingt Gebrauch machen sollte.
   Der *Hochblattschuß* läßt das Wild, da die Wirbelsäule verletzt ist, sofort zusammenbrechen und schnell verenden.
   Kopfschüsse durch die Kieferknochen (schwarz schraffiert) sind, abgesehen von leichten Streifschüssen, immer tödlich, weil das Stück nicht mehr äsen kann und einem qualvollen Hungertod verfällt. Nicht immer bricht das Wild im Schuß zusammen, meist wird es sofort flüchtig, und bei der Nachsuche ist alles aufzubieten, um es zur Strecke zu bringen und von seinen Qualen zu befreien.
2. *Krellschüsse.*
   Werden die über der Wirbelsäule befindlichen (schwarz schraffiert) Knochen, die Dornfortsätze der Wirbel, *Federn* genannt, vom Schuß getroffen, so wird das Wild *gekrellt.* Es bricht im Feuer zusammen, fängt aber bald mit den Läufen an zu schnellen, wird taumelnd hoch und flüchtig, wenn der Schütze nicht schnell zur Stelle ist. Je länger und dünner die getroffene Feder (am Widerrist), um so sicherer und schneller wird das Stück wieder hoch, je kürzer und stärker (über den Nieren), um so mehr lähmt die Erschütterung des ganzen Knochengerüstes das Stück auf längere Zeit. Hat man nach Abkommen und Zeichen Verdacht auf einen Krellschuß, lasse man das Stück nicht einen Augenblick aus den Augen und gehe sofort heran, um den Fangschuß geben zu können. Ich verlor einmal einen gekrellten starken Damschaufler in dem Moment, in dem ich die bereits im Munde gehaltene Zigarette anzündete. Als ich nach etwa drei Sekunden aufsah, war der Schaufler, der regungslos gelegen hatte, verschwunden. An dem wenige Tage später erlegten Schaufler war einwandfrei der Krellschuß festzustellen.
   Schüsse durch den unteren Geweihteil wirken wie Krellschüsse.
3. *Knochenschüsse an den Läufen.*
   Treffen diese die Oberarme oder Oberschenkel, so werden sie als Blattschüsse oder Keulenschüsse bezeichnet. Treffen sie den aus dem Körper hervorragenden Teil des Laufes, so heißen sie *Laufschüsse.* Durchschlägt die Kugel beide Oberarme und Oberschenkel, so kommt das Stück vorn bzw. hinten nicht mehr hoch. Man unterscheidet *Vorder-* und *Hinterlaufschüsse, hohe* und *tiefe Laufschüsse.* Bei einseitigem hohem Hinterlauf- oder Keulenschuß zieht das Stück meist langsam fort. Bei einseitigem hohem Vorderlaufschuß wird es dagegen in der Regel flüchtig, stellt sich aber oft bald ein, sofern es nicht angerührt wird. Je nachdem das Wild Verletzungen dieser Art, die ihm noch Fortbewegung ermöglichen, im Winter oder im Sommer erhält, die Verwundung also mehr oder minder günstige Verhältnisse zur Ausheilung findet, wird es wieder gesund, wenn es auch oft anstatt des einen Laufes nur einen Stumpf behält.

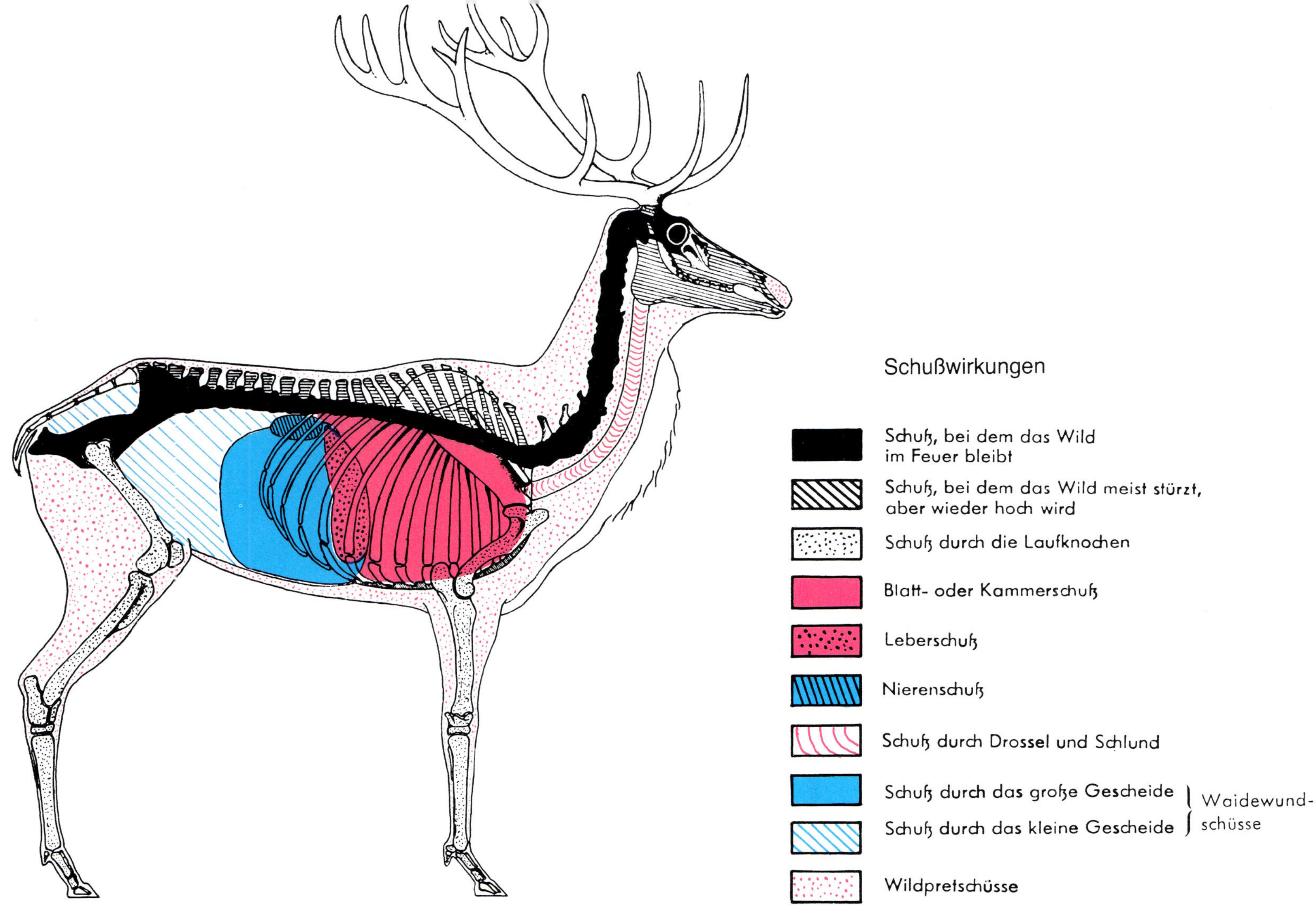

Nach Vorreyer

Immer aber haben schwere Knochenverletzungen langes Kümmern zur Folge. Je tiefer der Laufschuß sitzt, desto weniger wird das Wild dadurch behindert.

Schüsse durch die inneren Organe

1. Schuß durch *Drossel* oder *Schlund* (Halsschuß). Er ist in beiden Fällen tödlich, doch bleibt das Wild nicht im Feuer, sondern wird oft noch weit flüchtig und verendet nicht sehr schnell. Ist die Drossel allerdings völlig durchschossen und getrennt, so tritt sehr schnell der Erstickungstod ein.
2. Schuß durch die *Brusthöhle* (*Blatt-* oder *Kammerschuß*). Er trifft entweder die Lunge oder Lunge und Herz, bei ganz tiefen Schüssen auch das Herz allein. Von seltenen Ausnahmen abgesehen, sind Blatt- und Kammerschüsse immer tödlich. Bei Herzschüssen wird das Wild in der Regel noch 60–80 Schritte, bei Lungenschüssen noch etwa 80–150 Schritte flüchten, um dann verendet zusammenzubrechen. Es kommt aber auch vor, daß es bei einem Lungenschuß, wenn er sehr weit nach vorn und hoch sitzt, noch weiter flieht, von Zeit zu Zeit stehen bleibt und den Schweiß aushustet.
   Es sei an dieser Stelle der sogenannte *Hohlschuß* erwähnt. Diese Bezeichnung läßt die Vermutung aufkommen, daß im Körperinnern ein völliger Hohlraum ist, so daß hier ein durchschlagendes Geschoß keinerlei Zerstörungen anrichtet. Das ist sicher nicht zutreffend, und wenn von solchen Fällen berichtet wird, so mag es sich in der Regel um hohe Kammerschüsse durch die Lungen handeln, bei denen sich das Geschoß nicht richtig deformiert und zerlegt hat. Es ist durchaus möglich, daß solche Schüsse ausheilen. Der *tiefe Blattschuß*, gerade über dem Vorderlauf, ist, Breitschuß vorausgesetzt, weil er das Herz trifft, immer der beste von allen Schüssen. Indessen kommt es leicht vor, daß aus dem gewollten Blattschuß ein hoher Vorderlaufschuß wird, und so bringe man den Blattschuß so an, wie ich es oben beschrieben habe.
3. *Leberschuß.*
   Brust und Bauchhöhle werden durch das Zwerchfell getrennt. Durch dieses hindurch führt der Schlund in den Pansen. Die Leber liegt auf der rechten Seite in der Bauchhöhle unmittelbar am Zwerchfell und bewegt sich mit diesem beim Atmungsvorgang. Bei der Ausatmung nach vorn, bei der Einatmung nach hinten, so daß ein den Wildkörper in der Gegend des Zwerchfells treffender Schuß sowohl ein Leber- als auch Lungenschuß werden kann. Wird die Leber voll getroffen, so wird sie in ihrem ganzen Gefüge zertrümmert. Das Stück geht 150–250 Schritt weit, tut sich nieder und verendet schnell. Bei weniger voll treffenden Schüssen ist die Wirkung zwar geringer, aber immer ist der Schuß tödlich. Doch muß man damit rechnen, das Stück nach Stunden noch im Wundbett zu finden, aus dem es dann allerdings nur selten noch hochkommt.
   Ist das Zwerchfell mit verletzt, so verendet das Stück bei geringer Leberzerstörung meist schneller.
4. *Waidewundschüsse.*
   Man unterscheidet Schüsse durch das *große Gescheide* (Pansen) und solche durch das *kleine Gescheide* (Gedärme).
   Reine Pansenschüsse sind zwar immer tödlich, doch verendet das Wild je nach der Wirkung des Geschosses mehr oder weniger langsam, zieht auch oft noch weite Strekken, ehe es sich niedertut.
   Der Schuß durch das kleine Gescheide macht das Wild schneller krank als der vorige. Es tut sich bald nieder, verendet aber doch erst nach einigen Stunden. Tritt das Ge-

scheide in größerem Umfange aus Ein- oder Ausschuß heraus, so tut sich das kranke Stück nur ungern nieder.

5. Nierenschuß. Meist liegt das getroffene Stück im Feuer, wird schwerfällig wieder hoch und zieht mit ausgestrecktem Wedel und krummen Rücken weiter, um sich bald niederzutun und zu verenden.

Wildpretschüsse

Dies sind Schüsse, die weder Knochen noch Organe verletzen. In der Regel heilen sie, falls die Verletzung nicht so schwer ist, daß sie zum Ausbluten führt, nach einiger Zeit aus. Im harmlosesten Falle handelt es sich dabei nur um *Streifschüsse,* die geringfügig die Decke und wenig Wildpret verletzen.

Bisher behandelten wir nur die Breitschüsse, die also das Wild mehr oder weniger auf dem kürzesten Weg durchschlagen oder annähernd senkrecht zur Längsachse in den Wildkörper eindringen. Noch ein Wort zu den *Schrägschüssen,* bei denen das Wild mit seiner Längsachse einen mehr oder weniger großen Winkel zur Schußrichtung bildet. Man schießt *schräg von vorn* oder *schräg von hinten.* Derartige Schüsse verletzen die verschiedensten Körperteile und Organe, und je nachdem wirken sie mehr oder weniger schnell tödlich. Will man, wenn es gar nicht anders geht, bei einem Schuß schräg von hinten das Stück tödlich treffen und schnell zum Verenden bringen, so muß man waidewund einschießen, dann sitzt der Ausschuß am Blatt, und das Stück hat einen tödlichen Kammerschuß. Bei Schrägschüssen von vorn muß man sehr weit vorn abkommen, um das Stück nicht nur waidewund zu schießen.

Wenn das Stück gerade auf den Schützen zuwechselt, so spricht man von einem *Schuß auf den Stich* oder von einem solchen *spitz von vorn.* Derartige Schüsse sind, weil sie fast alle inneren Organe treffen, tödlich und haben meist sofortiges oder aber sehr schnelles Verenden zur Folge. Doch sind Schräg- und Spitzschüsse recht unsicher, und wenn irgend möglich verzichte man darauf, um abzuwarten, bis sich das Wild breitstellt. Bei der Nachsuche aber scheue man vor solchen Schüssen nicht zurück.

Spitz von hinten schießt man nur auf krankes Wild und nur dann, wenn man sich des Schusses genau zwischen die Keulen sicher ist.

Eine Frage, die zwar für die Jagd ohne jede Bedeutung ist, aber immer wieder erörtert wird, ist die, ob das verendete Wild auf der Einschuß- oder auf der Ausschußseite liegt. Ich habe an selbst erlegtem Rotwild bei etwa 200 Stück Beobachtungen darüber angestellt und bin dabei zu dem Ergebnis gekommen, daß beide Fälle etwa gleich häufig auftreten. Es ist also keineswegs so, daß das verendete Stück in der Regel auf der Einschußseite liegt. Es kommt wohl sehr darauf an, aus welcher Stellung das Wild zusammenbricht bzw. verendet.

Pürschzeichen

Im engen Zusammenhang mit der Schußwirkung stehen die Pürschzeichen, die dem Jäger einen Anhalt dafür geben, ob und wo das Stück getroffen wurde. Den *Kugelschlag,* der bei unseren heutigen Waffen wegen der Geschoßgeschwindigkeit etwas an Bedeutung verloren hat, erwähnten wir schon.

Das *Zeichnen des Wildes* sieht man in der Regel nur dann, wenn im Knall ruhig durch das Feuer gesehen wird. Beim Gebrauch des Zielfernrohres ist das oft schwierig, da der Rückstoß leicht das beschossene Stück aus dem Gesichtsfeld bringt. Deswegen ist es gut, wenn man hierbei beide Augen offenhält, was einige Übung erfordert. Kann man das Zeichnen beobachten, dann gibt es oft – nicht immer – einen zuverlässigen Anhalt für den Sitz der Kugel. Unter Zeichnen verstehen wir hier die Bewegung, die das Wild in dem Augenblick macht, wenn es getroffen wird. Es kommt auch vor, daß das beschossene Stück noch eine Zeitlang nach dem Schuß, erst während der Flucht recht typisch zeichnet. Darauf achte man ebenfalls, wenn dies Zeichen auch nicht immer zuverlässig ist.

Alle *tödlichen Knochenschüsse* lassen das Wild *im Feuer zusammenbrechen.* Bei *einseitigen Knochenschüssen der Läufe knickt* beim *tiefen* Schuß das Stück nach der Seite *ein,* an der ihm die Stütze durch die Kugel zerschmettert wurde. Es berührt aber nur selten den Boden, und wenn es das auch auf einen Augenblick tut, so wird es doch sofort flüchtig. Bei *hohen Vorderlaufschüssen,* die dicht unter dem Rumpf sitzen, zeichnet das Stück mit einer sehr *hohen Flucht,* fast wie beim Kammerschuß, und flüchtet weiter. Dabei wird der abgeschossene Lauf am Unterarmstumpf hoch getragen oder aber auch geschleppt. Beim tiefen Vorderlaufschuß schlenkert der Lauf. Werden beide Hinterläufe in der Keule (also die Oberschenkel) im Knochen getroffen, so bricht das Wild hinten zusammen und wird nicht wieder hoch, schleppt aber häufig, auf den gesunden Vorderläufen sich vorwärtsziehend, den Hinterkörper nach. Werden beide Blätter (Blattschaufel) durchschossen, so liegt das Wild nur bei gleichzeitiger Verletzung der Wirbelsäule im Feuer, anderenfalls flüchtet es, mit hoher Flucht zeichnend, so weit, wie es die Verletzungen der inneren Organe zulassen.

Bei *Krellschüssen* bricht das Wild im Feuer zusammen und beginnt, meist auf dem Rükken liegend, mit den *Läufen in der Luft zu schnellen,* also nicht am Boden zu schlegeln. Sehr schnell wird es wieder hoch und flüchtet, zuerst taumelnd, dann schneller werdend.

Wird beim *Halsschuß* das Stück wegen Verletzung der Halswirbel nicht im Feuer geworfen, so handelt es sich doch um einen Schuß, der meist tödlich ist. Das Wild zeichnet oft mit einem *Schütteln des Hauptes* und geht dabei in voller Flucht ab.

Das Zeichnen beim *Kammerschuß* ist je nach dem Sitz der Kugel verschieden. Im allgemeinen macht das getroffene Stück aber eine mehr oder weniger hohe Flucht nach vorn. Je tiefer der Schuß, desto höher pflegt die Flucht zu sein, so daß beim Schuß durch den Stich in der Regel die höchste Flucht getan wird.

Beim *mittleren Blattschuß* stürmt das Wild meist nach weniger hoher Flucht mit tiefem Äser vorwärts, je nach der Schußwirkung weit oder weniger weit, um während der Flucht oder nach kurzem Verhalten zusammenzubrechen. Der hohe Blattschuß wurde eben schon beschrieben.

Bei Blattschüssen kommt es auch vor, daß das Wild nach der hohen Flucht mit den Hinterläufen auskeilt, wie etwa beim Waidewundschuß.

Bei *hohem Leberschuß* pflegt das Wild kaum sichtbar zu zeichnen. Es *ruckt* nur kurz zusammen und wird flüchtig. Sitzt die Kugel tief auf der Leber, so hebt es sich vorn ruckartig ohne große Flucht hoch und flüchtet mit erhobenem Haupte.

Erhält das Stück einen *Waidewundschuß, so schlägt* es mit den *Hinterläufen aus,* und zwar um so mehr, je tiefer und weiter nach hinten die Kugel sitzt. Oft schnellt das Wild auch nur mit einem Hinterlauf und wenig auffallend. Am geringsten ist das Zeichnen beim reinen Pansenschuß. Bei all diesen Schüssen wird aber das Wild nach wenigen Fluchten kürzer, macht einen krummen Rücken und bleibt häufig stehen und äugt nach hinten.

Beim *Nierenschuß* bricht das Wild fast immer hinten zusammen, um bald wieder hoch zu werden und mit ausgestrecktem, zitterndem Wedel meist langsam fortzuflüchten oder gar zu ziehen.

Das Zeichnen bei *reinen Wildpretschüssen* läßt sich nur als ein Ausweichen vor dem

Schmerz bzw. der Berührung erkennen. Wird ein Stück z. B. am Rücken gestreift, so duckt es sich, während es bei tiefsitzenden Wildpretschüssen durch eine ruckende Bewegung nach oben zeichnet.

Fehlschüsse markiert das Wild nicht. Es bleibt oft einen Augenblick stehen, wird dann flüchtig, um von Zeit zu Zeit wieder zu verhoffen. Oft schreckt es auch nach solcher Störung.

Hat der Schütze Gelegenheit, das flüchtende Wild noch zu beobachten, so achte er darauf, ob sich das beschossene Stück vom *Rudel trennt.* Das ist immer ein sicheres Zeichen, daß das Stück krank ist. Eine Ausnahme machen nur die Kälber, die dem Alttier folgen, so lange sie können. Hört man nach dem Schuß auf ein Kalb später das Alttier schrecken, so kann man damit rechnen, daß sich das Kalb niedergetan hat oder schon verendet ist.

Blattschuß

Als weitere Pürschzeichen gelten die *Eingriffe* oder der *Ausriß.*

Das von der Kugel getroffene Wild schreckt heftig zusammen und macht dann häufig eine starke Flucht, die mit einer mehr oder minder großen seitlichen Wendung verbunden sein kann. Dadurch greifen die Schalen bedeutend tiefer als sonst in die Erde ein, reißen den Bodenbewuchs auf und verursachen so das genannte Pürschzeichen. Zwar fährt auch gesundes Wild beim Schuß zusammen und hinterläßt Eingriffe. Doch sind diese weniger auffallend als die eines getroffenen Stückes. Je weicher der Boden und je lockerer sein Bewuchs ist, desto deutlicher sind die Eingriffe zu sehen. Am wenigsten erkennbar sind sie auf verheideten Flächen. Dort, wo das Wild viel und gern steht, wo also vom gelegentlichen Scherzen, Spielen und Flüchtigwerden mancherlei Bodenverwundungen vorhanden sind, die mit dem Eingriff verwechselt werden können, so auf Wiesen oder auf dem Brunftplatz, ist das Finden des Eingriffs, der den ersten Anhaltspunkt für den Anschuß gibt, oft sehr erschwert. Deshalb muß man bei Abgabe des Schusses die Stelle, an der das Wild gerade steht, sich möglichst genau zu merken versuchen. Oft unterscheidet sich aber der Eingriff des kranken Stückes wegen seiner gespreizten Schalen, die sich tief in den Boden drücken, doch wesentlich vom Tritt des gesunden Wildes.

Von allen Pürschzeichen, so wertvoll jedes einzelne auch sein kann, ist zweifellos das *Schnitthaar* das wichtigste. Schnitthaar auf dem Anschuß bedeutet immer, daß das Stück die Kugel erhalten hat, und läßt Rückschlüsse auf deren Sitz zu. Letzteres natürlich nur,

Waidewundschuß

wenn der Jäger es versteht, Schnitthaar anzusprechen. Es ist erstaunlich, wie wenig im allgemeinen dies so wichtige Pürschzeichen Beachtung findet und wie gering die Kenntnisse auf diesem Gebiete sind. Jäger, die gute Hunde führen, insbesondere die Schweißhundführer, kennen sich natürlich aus, denn sie wissen, wie wichtig es ist, vor Beginn der Nachsuche schon über den Sitz der Kugel orientiert zu sein. Gewiß gehören viel Fleiß und Übung dazu, um sich die notwendigen Kenntnisse auf diesem Gebiet zu verschaffen, aber das Ansprechen des Schnitthaares ist eine Kunst, die jeder Rotwildjäger beherrschen sollte und jeder erlernen kann, wenn er nur will. Natürlich ist es einfacher, sich um den selbst gelieferten Anschuß nicht zu kümmern und einen Schweißhundführer herbeizuholen, um sich von ihm helfen zu lassen, sich sagen zu lassen, wo die Kugel sitzt, die man selbst angetragen hat. Aber wirklicher Rotwildjäger, hirschgerechter Jäger ist man dann wohl nicht, sondern ein beschämend hilfloser Schütze. Daran ändert sich auch nichts, wenn man bereits eine erhebliche Rotwildstrecke nachzuweisen vermag und die Wände voller Geweihe hat.

Dabei ist es nun nicht so, daß man nach dem Schnitthaar den Sitz der Kugel auf den Zentimeter genau angeben kann. Aber, ob sie auf dem Hals, dem Blatt, dem mittleren Rumpf, der Keule oder dem Lauf sitzt, das ist mit ziemlicher Sicherheit an diesem Pürschzeichen festzustellen.

Man achte zunächst am Anschuß darauf, ob es sich wirklich um Schnitthaar handelt, d. h. solches, das abgeschossen und daher ohne Wurzel ist. Besonders für die Einschußseite ist das wichtig, denn auf der Ausschußseite findet sich häufig auch ausgerissenes Haar mit Wurzel. Liegt ausschließlich solches Haar, so kann man mit Sicherheit auf einen Streifschuß schließen, insbesondere dann, wenn es noch an Deckenfetzen haftet.

Die Schnitthaare unterscheiden sich nach Jahreszeit, Alter und Geschlecht des Stückes sowie nach dem Körperteil, dem sie entstammen. Daraus ergibt sich schon, daß man eine ganze Reihe verschiedener Schnitthaare kennen muß. Im allgemeinen kommt man mit der Kenntnis von 12 Körperstellen aus, auch das bringt schon bei Hirsch, Tier und Kalb für Sommer- und Winterhaar eine beachtliche Anzahl verschiedener Sorten Schnitthaar, die mehr oder weniger markante Merkmale aufweisen. Sie zeigen sich im wesentlichen in Länge, Form und Farbe. Zu ihrer Festlegung bezeichnen wir die Teile des Haares mit Wurzel und Schaft, von denen sich letzterer in den eigentlichen Schaft, das ist der sich an die Wurzel anschließende Teil, das *Band,* das ist der nach der Spitze zu folgende, meist auffällig gefärbte Teil, und die Spitze gliedert.

Es ist kaum möglich, die Merkmale des Schnitthaares so zu bebeschreiben oder abzubilden, daß man danach im Ansprechen sicher wird. Diese Kenntnisse kann man sich nur im Revier, am Objekt verschaffen, indem man sich eine *Schnitthaarsammlung* anlegt. Keine sich hierfür bietende Gelegenheit sollte man ungenutzt vorübergehen lassen, ehe die Sammlung nicht vollständig ist. Dabei ist es nicht nötig, die Decke des erlegten Stückes zu zerschneiden. Es genügt, wenn man sich etwa nach der abgebildeten schematischen Körpereinteilung, die man beliebig erweiternd untergliedern kann, für jeden Sektor Haare mit der Schere dicht an der Decke abschneidet. Diese werden mit einem durchsichtigen Klebestreifen so auf weißem Karton befestigt, daß man ab und zu beim Vergleich das Haar herausziehen kann. Nur durch häufiges Benutzen einer solchen Sammlung kann man zu einer Sicherheit im Ansprechen des Schnitthaares kommen.

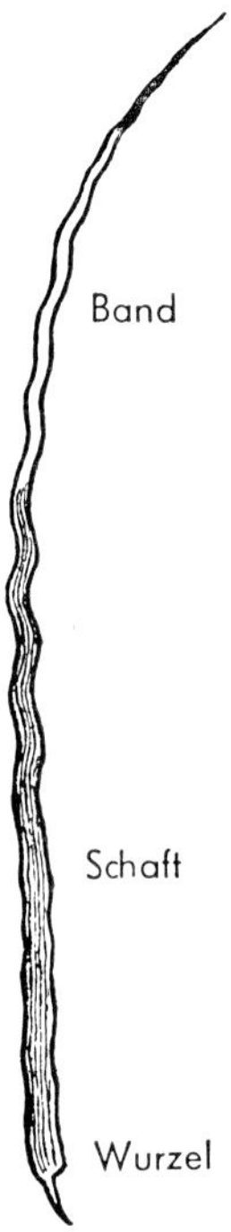

Das Haar

Um wenigstens einige Hinweise für die Unterscheidungsmöglichkeiten zu geben, seien nach dem Schema die wichtigten Schnitthaare für Hirsch, Alttier und Wildkalb im Winterhaar beschrieben, wobei die Schüsse als auf den Zahlen des Schemas sitzend angenommen werden.

Winterhaar des Hirsches

1. *Nacken.* Mittelstark. Von der Wurzel bis zur Spitze ganz leicht gerippt (gewellt). Schaft tief schwarzbraun, fahlgelbes Band mit kaum sichtbarer, dunklerer Spitze, Haarlänge bis 120 mm.
2. *Rücken über Blatt.* Mittelstark. Von der Wurzel bis zur Spitze gerippt. Schaft braungrau, Band fahlgelb/rot. Kurze, dunkle Spitze. Haarlänge 50 bis 60 mm.

3. *Mitte Rumpf, hoch.* Stark. Schaft gerippt, grau. Breites, fahlgelbes Band. Kurze schwarze Spitze. Haarlänge 50 bis 60 mm.
4. *Keule, hoch.* Mittelstark, mäßig gerippt. Schaft grau, schmales, gelbrotes Band. Kurze, dunkle Spitze, Haarlänge 50 bis 55 mm.
5. *Hals, Mitte.* Mittelstark, nur leicht gerippt. Schaft graubraun. Band fahlrot, z. T. fehlend. Spitze nicht immer dunkel. Haarlänge bis 120 mm.
6. *Blatt, Mitte.* Mittelstark, gerippt. Schaft hellgrau. Schmales, fahlgelbes Band. Dunkle Spitze. Haarlänge 45 bis 55 mm.
7. *Rumpf, Mitte.* Stark, gerippt. Schaft grau. Schmales, gelbrotes Band. Kurze, schwarze Spitze. Haarlänge 55 bis 60 mm.
8. *Keule, Mitte.* Sehr stark, mäßig gerippt. Schaft grau. Kaum erkennbares, fahlgelbes Band. Kurze, dunkle Spitze. Haarlänge 35 bis 40 mm.
9. *Blatt, tief.* Dünn, kaum gerippt. Schaft grau, nach der Spitze zu dunkler werdend. Grenze zwischen Schaft, Band und Spitze nicht deutlich abgesetzt. Haarlänge 20 bis 30 mm.
10. *Mitte Rumpf, tief.* Stark gerippt. Schaft weißlich/grau. Schmales Band, fahlgelb z. T. bis in die Spitze gehend. Haarlänge 40 bis 50 mm.
11. *Vorderlauf, hoch.* Sehr dünn, nicht gerippt. Schaft grau, ohne Band in dunkle, schwarzbraune Spitze übergehend. Haarlänge 15 bis 20 mm.
12. *Hinterlauf, hoch.* Dünn, nicht gerippt. Schaft grau, ohne Band in schwarze Spitze übergehend. Haarlänge 20 bis 25 mm.

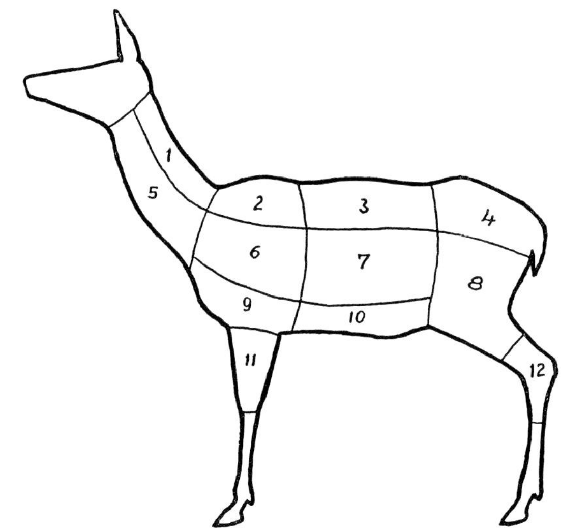

Schema für Schnitthaarsammlung

1.–12. Das Winterhaar ist im Querschnitt kreisrund und zeigt nur an der Keule eine leichte Abplattung. Im Sommer ist das Haar des Rumpfes im Querschnitt mehr oder weniger platt.

Winterhaar des Alttieres

1. *Nacken.* Dünn, ganz schwach gerippt. Schaft schwarzbraun, z. T. ohne Band. Spitze schwarz. Haarlänge bis 30 mm.
2. *Rücken über Blatt.* Mittelstark, leicht gerippt. Schaft graubraun, teils mit fahlgelbem, meist aber ohne Band. Spitze dunkel. Haarlänge bis 50 mm.
3. *Mitte Rumpf, hoch.* Mittelstark, gerippt. Schaft grau. Schmales Band, fahlgelb, Spitze schwarz. Haarlänge 40 bis 45 mm.
4. *Keule, hoch.* Stark, gerippt. Schaft dunkelgrau. Schmales fahlrotes Band. Längere, dunkle Spitze. Haarlänge 40 bis 50 mm.
5. *Hals, Mitte.* Mittelstark. Erst im Mittelschaft gerippt. Schaft blaßgrau, schmales, weißliches Band. Kurze, dunkle Spitze. Haarlänge 50 bis 70 mm.

6. *Blatt, Mitte.* Mittelstark, deutlich gerippt. Schaft grau, schmales, gelbrotes Band. Spitze dunkel. Haarlänge 40 bis 45 mm.
7. *Rumpf, Mitte.* Stark, deutlich gerippt. Schaft blaßgrau. Kaum erkennbares Band. Spitze dunkel. Haarlänge 30 bis 40 mm.
8. *Keule, Mitte.* Stark, wenig gerippt. Schaft hellgrau, schmales, gelbes Band. Spitze dunkel. Haarlänge 30 bis 35 mm.
9. *Blatt, tief.* Mittelstark, schwach gerippt. Schaft grau, ohne Band. Spitze hell. Haarlänge 30 bis 40 mm.
10. *Mitte Rumpf, tief.* Stark, gerippt. Schaft weißlich/grau, ohne Band. Spitze blaßgelb. Haarlänge 25 bis 30 mm.
11. *Vorderlauf hoch.* Sehr dünn, nicht gerippt. Schaft grau. Sehr schmales, weißliches Band. Kurze, dunkle Spitze. Haarlänge 20 bis 25 mm.
12. *Hinterlauf, hoch.* Sehr dünn, nicht gerippt. Schaft hellgrau. Schmales, gelbliches Band. Spitze hell. Haarlänge 20 bis 25 mm.

Winterhaar des Wildkalbes

1. *Nacken.* Dünn, im Schaft schwach gerippt, zur Spitze z. T. lockig werdend. Schaft unten grau, in graubraun übergehend, kaum sichtbares Band. Spitze schwarz. Haarlänge 50 bis 60 mm.
2. *Rücken über Blatt.* Dünn bis mittelstark, im Schaft schwach gerippt. Schaft grau in bräunlich/grau übergehend, kaum sichtbares Band. Spitze dunkel. Haarlänge 50 bis 60 mm.
3. *Mitte Rumpf, hoch.* Mittelstark, schwach gerippt. Schaft grau, in braun übergehend. Kein Band. Spitze dunkel. Haarlänge 50 bis 60 mm.
4. *Keule, hoch.* Mittelstark, mäßig gerippt im Mittelschaft. Schaft hellgrau, in rotbraun übergehend. Kein Band. Spitze dunkel. Haarlänge 40 bis 50 mm.
5. *Hals, Mitte.* Dünn bis mittelstark, nur wenig im Schaft gerippt. Schaft grau, kaum erkennbares Band. Spitze dunkel. Haarlänge 50 bis 60 mm.

Zu nebenstehender Farbtafel „Pürschzeichen“

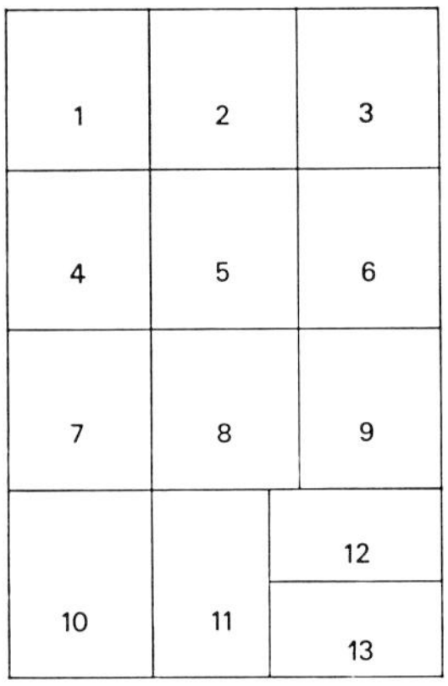

1. Frischer, blasiger Lungenschweiß.
2. Lungenschweiß teilweise bereits angetrocknet mit Lungensubstanz.
3. Lungenschweiß angetrocknet.
4. Wildpretschweiß mit hineingelaufenem Knochenmark. In dem fettig glänzenden Schweiß gerinnt oft das Knochenmark zu kleinen weißen Kügelchen. Bei nicht genauem Betrachten können die Kügelchen leicht mit Bläschen verwechselt werden. Infolgedessen wird dieser Schweiß häufig als Lungenschweiß angesprochen.
5. Leberschweiß.
6. Milzschweiß.
7. Ausgelaufenes Knochenmark.
8. Festes Knochenmark. Beim Zerreiben zwischen den Fingern bleibt keine Substanz – Fasern – zurück wie bei Weißem oder Feist.
9. Links: Weißes vom Gescheide, rechts: Weißes von der Schwarte mit Borstenteilen.
10. Panseninhalt mit unsauberem Waidwundschweiß.
11. Lauf: Poröser Splitter aus einem Gelenkkopf.
12. Lauf: Scharfkantiger Röhrenknochen mit einem kleinen Spritzer Wildpretschweiß, dessen Ausformung die Fluchtrichtung – hier nach rechts – anzeigt.
13. Knochensplitter von der Rippe.

6. *Blatt, Mitte.* Mittelstark, wenig gerippt. Schaft grau. Schmales, fahlgelbes Band. Spitze dunkel. Haarlänge 40 bis 50 mm.
7. *Rumpf, Mitte.* Mittelstark, im Mittelschaft gerippt. Schaft grau. Kaum erkennbares Band. Spitze dunkel. Haarlänge 40 bis 50 mm.
8. *Keule, Mitte.* Mittelstark, im Mittelschaft schwach gerippt. Schaft weiß/grau. Kaum erkennbares Band. Spitze dunkel. Haarlänge 35 bis 40 mm.
9. *Blatt, tief.* Dünn, nicht gerippt. Schaft grau in braun übergehend. Kein Band. Spitze sehr fein, dunkel. Haarlänge 20 bis 30 mm.
10. *Mitte, Rumpf, tief.* Mittelstark, schwach gerippt. Schaft weißlich/grau bis in die Spitze in grau übergehend. Haarlänge 45 bis 50 mm.
11. *Vorderlauf, hoch.* Sehr dünn, nicht gerippt. Schaft grau, zur Spitze in hellbraun übergehend. Kein Band. Haarlänge 15 bis 20 mm.
12. *Hinterlauf, hoch.* Dünn, nicht gerippt. Schaft grau. Schwaches, helles Band. Spitze dunkler. Haarlänge 20 bis 25 mm.

1.–12. Die Haare des Wildkalbes zeichnen sich durch ganz besonders feine langgezogene Spitzen aus.

Zur Farbe muß noch gesagt werden, daß sie selbstverständlich auch von der allgemeinen Grundfarbe des Stückes, die recht unterschiedlich sein kann, abhängig ist. Man achte also beim beschossenen Stück auf seine Farbe.

Außer dem Schnitthaar findet man dem Sitz der Kugel entsprechend auch *Knochensplitter,* die als sehr zuverlässige Pürschzeichen zu werten sind. Nach ihrer Struktur, Härte und Art der Splitterung geben sie einen guten Anhalt. Mit Ausnahme der Wirbelknochen, die auf dem Anschuß kaum Bedeutung haben, da bei solchem Schuß das Stück im Feuer bleibt, sind die Knochen des Rumpfskelettes wesentlich poröser als die des Gliedmaßenskelettes. Insbesondere für Rippen und Brustbeinknochen trifft dies zu, die meist einen muscheligen, nicht sehr scharfkantigen Splitter ergeben. Dagegen sind die Splitter der Laufknochen äußerst hart mit scharfen Kanten. Soweit sie durch den Schuß aus Röhrenknochen geschlagen werden, kann man an ihrer Rundung auf die Höhe des Laufschusses schließen. Die oberen Laufknochen sind stärker und weniger gewölbt, die des unteren Laufes dünner und mehr gewölbt. Wird Knochenmark auf dem Anschuß gefunden, so läßt das ebenfalls die Verletzung eines Röhrenknochens erwarten. Bei Schüssen durch die Kiefer- und Nasenbeinknochen liegen meist Zahn- und schleimige Knochenteile auf dem Anschuß.

Wildpretfetzen können weitere Hinweise auf den Sitz der Kugel geben.

Ein besonders sicheres Pürschzeichen ist der *Schweiß,* der zwar weniger unmittelbar auf dem Anschuß, als vielmehr an der Fluchtfährte des beschossenen Stückes gefunden wird. Er ermöglicht zumindest auf frischer Fährte ein gutes Ansprechen des getroffenen Körperteiles.

Nach Herkunft und Aussehen unterscheidet man *Lungenschweiß, Herzschweiß, Leberschweiß, Waidewundschweiß* und *Wildpretschweiß.* Meist ist der Schweiß mit Teilen der verletzten Organe sowie mit deren Inhalt vermengt, wodurch in erster Linie die verschiedene Färbung des Schweißes verursacht wird. Ist der Wildkörper von der Kugel durchschlagen, so findet man Schweiß auf beiden Seiten der Fährte; ist der Ein- oder Ausschuß oder sind beide durch die Decke geschlossen oder durch Feist und Gescheide verstopft, so findet man Schweiß nur auf der offenen Seite bzw. wenig oder gar keinen. Läuft der Schweiß am Lauf, der nicht schlenkert, herunter, so liegt er in der Fährte. Schlenkert der Lauf, so findet sich der Schweiß weit verspritzt neben und in der Fährte.

Ob sich viel oder wenig Schweiß auf der Rotfährte befindet, hängt von dem getroffenen Organ oder Körperteil und davon ab, welche Zerstörungen das Geschoß angerichtet hat. Auch davon, ob die Kugel hoch oder tief sitzt. Blutreiche Gefäße ergeben natürlich viel Schweiß. Reine Wildpretschüsse schweißen sofort, um nach und nach aufzuhören. Bei hohen Schüssen sammelt sich der Schweiß innerhalb der Brust- und Bauchhöhle, sie bringen daher wenig Schweiß. Bei tiefen Schüssen fließt der Schweiß aus dem Körperinneren aus, sie schweißen also besser. Bei hohen Wildpretschüssen nimmt die Haardecke den herablaufenden Schweiß auf und hält einen großen Teil fest. So schweißen sie weniger und später, als tiefere.

Auf dem Anschuß

Je schneller das Wild flüchtet, um so mehr verteilt sich der Schweiß auf längere Strecken, desto weniger liegt in der Fährte. Je kürzer die Flucht wird, um so reichlicher liegt er bei gleichem Schweißverlust. Beim Durchschuß findet sich nicht immer auf beiden Seiten gleichartiger Schweiß. Am wenigsten ist das bei Schrägschüssen der Fall. Derartige Schweißfährten lassen einen besonders sicheren Schluß auf den Sitz und Verlauf der Kugel zu.

Hinsichtlich der verschiedenen Arten von Schweiß und deren Merkmale verweise ich auch auf die Farbtafel und die dazugehörende Beschreibung (Seite 328).

1. *Schuß durch das Geäse, Ober- oder Unterkiefer.* Durch Speichel verdünnter, blasser, schleimiger Schweiß, in langen Fäden zu beiden Seiten der Fährte.
2. *Schuß durch die Drossel.* Der Schweiß hat eine helle Farbe, ist sehr blasig und liegt, vom Atem herausgestoßen, oft weit von der Fährte, häufig ziemlich hoch auf Zweigen, beiderseits, meist reichlich. Daneben finden sich dunklere Schweißtropfen in der Farbe des Wildpretschweißes.
3. *Schuß durch den Schlund.* Sehr wenig Schweiß mit Schlundinhalt vermischt, von schmutziger, dunkler Farbe, in der Fährte liegend.

4. *Mittelhoher Blattschuß, hoher Lungenschuß.* Meist wenig Schweiß von hell orangeroter Farbe, schaumig, neben der Fährte liegend. Selten wird er beim Ausatmen verspritzt. Oft schweißen solche Schüsse gar nicht, so daß selbst bei Schnee kein Schweiß zu finden ist.
5. *Tiefer Blattschuß, Lungenschuß.* Am Anschuß oft vom Geschoß herausgerissene Lungenteilchen nebst Spritzern Schweiß, nach 15 bis 20 Schritten viel hell orangeroter, feinblasiger bis schaumiger Schweiß, der auch aus dem Geäse ausgeblasen wird.
6. *Tiefer Blattschuß, Herzschuß.* Schweiß sehr dunkel, reichlich, häufig mit großen Blasen, aber nicht schaumig. Das Stück schweißt oft vom Anschuß an, immer aber schon etwa nach 5 bis 8 Schritten.
7. *Leberschuß.* Schweiß liegt oft schon am Anschuß, ist braunrot. Meist sehr große Tropfen, in denen sich oft Leberteilchen befinden, die beim Zerreiben zwischen den Fingerspitzen sich körnig anfühlen. Auch nach dem Geruch ist Leberschweiß zu erkennen.
8. *Waidewundschuß durch das große Gescheide, Pansenschuß.* Sehr wenig heller, dünner, schmutziger Schweiß. Beim Durchschuß oft schon am Anschuß Panseninhalt, Schweiß erst nach 20 bis 30 Schritten, am Geruch zu erkennen.
9. *Schuß durch das kleine Gescheide.* Wenig Schweiß, meist mehr grünlich als rötlich, in einzelnen Tropfen.
10. *Wildpretschuß.* Mittel- bis dunkelroter Schweiß, anfangs meist reichlich, später nachlassend.

Selbstverständlich hängt der Schweißverlust des getroffenen Stückes und damit die sich ergebende Schweißfährte sehr von der Wirkung der benutzten Patronenlaborierung, also vom Kaliber, Geschoßgewicht und Geschoßform sowie der Ladung ab. Die eben angeführten Regeln gelten also nur ganz allgemein. Doch kann man sagen, daß abgesehen von Herzschüssen, gute tödliche Schüsse anfangs weniger, nachher stärker und anhaltender schweißen, während Wildpret-, Krell- und Laufschüsse anfangs mehr oder weniger stark schweißen und später gänzlich aufhören. Schweiß, der sich auf der Fluchtfährte an Bäumen, Sträuchern, hohen Grashalmen usw. *abgestreift* findet, läßt auf die Höhe des Schusses am Wildkörper schließen.

Je länger der Schweiß liegt, also je älter die Wundfährte ist, um so unsicherer wird sein richtiges Ansprechen, weil die ursprüngliche Färbung, das Blasige, Schaumige, starken Veränderungen unterliegt. Am besten sichtbar ist er auf grünem Laub, Grashalmen, Farn- und anderem Kraut, auf hellem Sand, weißlichem Gestein und selbstverständlich auf Schnee. Schwer zu erkennen ist er im braunen Heidekraut, auf rotem Nadelpolster, trokkenem Buchenlaub und dürren Ästen. Auch ist die Farbe des Schweißes in gewissem Umfange von der seiner Unterlage abhängig, so daß der gleiche Schweiß auf verschiedenem Untergrund recht unterschiedlich aussehen kann.

Wenn es nach den vorstehenden Ausführungen auch den Anschein haben mag, als ob dem einen Pürschzeichen ein größeres Maß an Zuverlässigkeit eigen wäre als dem anderen, so muß doch davor gewarnt werden, das eine auf Kosten des anderen zu bevorzugen. Insgesamt sorgfältig beobachtet, insgesamt gegen- und miteinander abgewogen geben sie bei richtiger Würdigung erst die Möglichkeit, für die Nachsuche zutreffende Schlüsse zu ziehen. Nur auf dieser Grundlage vermag man den Umständen entsprechend sicher und schnell zum Erfolg zu kommen.

Anschuß

Das sei immer der leitende Gedanke bei *Feststellung und Beurteilung des Anschusses,* die immer dann notwendig werden, wenn das Wild nicht im Feuer oder in Sichtweite geblieben ist. Auch wenn der Jäger das Stück unweit zusammenbrechen sah, ist es der Übung wegen notwendig, stets zunächst den Anschuß festzustellen und zu beurteilen, um erst dann der Wundfährte zum verendeten Stück nachzuarbeiten.

Zunächst läßt man nach dem Schuß das neben dem beschossenen Stück etwa noch vorhandene Wild außer Sichtweite ziehen. Wer ohne Rücksicht hierauf zum Anschuß geht, wird sich nicht wundern können, wenn er sein Rotwild für die Zukunft zu äußerster Vorsicht und Heimlichkeit erzieht. Der Schuß stört nur nachhaltig, sobald man dem Wild häufig Gelegenheit gibt, ihn mit dem Menschen, dem Jäger, in Verbindung zu bringen. Jetzt, nach dem Schuß, ist Zeit, die in Jagderzählungen eine so beherrschende Rolle spielende Zigarre zu rauchen, ganz abgesehen davon, daß man an der Stelle, von der man schoß, die merkwürdigerweise keine waidmännische Bezeichnung hat, noch genügend Beschäftigung findet. Hat man nicht gerade aus dem Schirm oder vom Hochsitz geschossen, so bezeichne man sich zunächst seinen Standort, sei es durch einen Schalm am Baum, durch einen Hackenriß im Boden oder ähnlich. Daß die Waffe sofort wieder geladen wurde, ist selbstverständlich.

Immer wieder vergewissert man sich des Anschusses, um ihn nicht aus dem Auge zu verlieren. Ist das Gelände frei von Wild und gestatten es die Verhältnisse festzustellen, daß das kranke Stück nicht etwa in der Nähe des Anschusses steht oder sitzt, so gehe man pürschend dorthin. Besonders vorsichtig, wenn das Stück nach wenigen Fluchten in der Dickung verschwunden ist und nach Abkommen und Zeichnen nicht mit schnellem Verenden gerechnet werden kann. Wenn der Wind in die Dickung steht, bleibe man besser zunächst noch eine Weile dem Anschuß fern, sofern nicht die bevorstehende Dunkelheit sofortiges Handeln erforderlich macht. Sieht man das Stück allerdings krank in der Nähe des Anschusses ziehen oder sitzen und ist keine Gelegenheit zum sofortigen Fangschuß, so pürsche man sich vorsichtig heran und gebe diesen.

An den Anschuß wird besonders vorsichtig herangetreten, der Hund in einiger Entfernung zunächst abgelegt. Oft ist der Eingriff schon auf einige Schritte zu sehen, ebenso oft bedarf es erst sorgfältiger Feststellungen, bis man ihn gefunden hat. Sofort stecke man einen Bruch neben ihn, um nun nach weiteren Pürschzeichen zu suchen. Jedes einzelne Schnitthaar ist von Wert und Bedeutung. Es gehört daher sorgfältig aufgenommen, um im Notizbuch oder hinter dem Hutband gesammelt zu werden, zumal dann, wenn sich nicht aus weiteren Pürschzeichen wie Schweiß, Panseninhalt, Knochensplittern usw. ein sicherer Schluß auf den Sitz der Kugel ergibt. Findet man selbst keine Pürschzeichen und ist sich nicht ganz sicher, ob man auch tatsächlich am Anschuß ist, so kann der Hund helfen. Ist er entsprechend abgeführt und interessiert, so wird er den Anschuß auf seine Art markieren und Pürschzeichen zeigen. Wenn das alles geschehen ist, so kann einer evtl. sichtbaren Fluchtfährte auf kurze Entfernung ohne Hund nachgegangen werden, um festzustellen, ob und wie das Stück schweißt. Die Strecke, der man folgt, richtet sich wohl in erster Linie nach der im Gelände vorhandenen Sicht. Im raumen Baumort können es 30 bis 40 Schritte und mehr sein, in der Dickung folge man nur 10 bis 15 Schritte und breche dann ab, auch wenn bis dahin kein Schweiß liegt.

An Hand des ganzen Vorganges: Abkommen, Kugelschlag, Zeichnen, Eingriff, Haar, Schweiß usw. wird nun zunächst der Sitz der Kugel angesprochen, um danach die Nachsuche anlegen zu können.

Lassen die Pürschzeichen mit Sicherheit erkennen, daß das beschossene Stück nicht mehr weit gegangen sein kann und bereits verendet sein muß, so steht einer Folge nichts im Wege. Nur völlig sicher sollte man sich dieser Voraussetzung sein, was meist dann der Fall ist, wenn man das Stück hat zusammenbrechen hören.

In allen anderen Fällen kann es nie ein Fehler sein, wenn dem Wild genügend Zeit gelassen wird, um zu verenden bzw. krank zu werden. Hat man selbst keinen Hund dabei, so bemühe man sich zunächst, einen solchen zum erstmöglichen Termin zur Stelle zu schaffen und je nach Befund des Anschusses auch um die erforderliche Anzahl von Schützen zur Nachsuche. Diese Notwendigkeit ergibt sich besonders dann, wenn es voraussichtlich zu einer Hetze kommen wird. Grundsätzlich aber hole man einen Hund, auch wenn man seiner Sache ziemlich sicher ist, schon um ihm eine Gelegenheit zur Arbeit zu geben.

Hat man weder ein Zeichnen gesehen noch Pürschzeichen gefunden, muß aber nach dem Abkommen damit rechnen, daß das Stück die Kugel hat, so gebe man sich nicht eher zufrieden, bis mit dem zuverlässigen Hund festgestellt ist, daß tatsächlich ein Fehlschuß vorliegt. Also: Die Nachsuche ohne Hund sollte eine seltene Ausnahme sein! Selbstverständlich kann sie notwendig werden, wenn z. B. beim Abendansitz ein Stück nach erkennbar gutem Schuß und gutem Zeichnen noch abgegangen, mit Sicherheit aber schnell verendet ist. Dann ist die Versorgung des Stückes, besonders bei warmer Witterung, vordringlich.

Muß der Anschuß verlassen werden, um Hilfe zu holen, so wird er gerecht *verbrochen,* wie wir es später noch beschreiben.

Nachsuche

Für die *Anlage der Nachsuche* können bei der in jedem Falle mehr oder weniger unterschiedlichen Wirkung des Schusses nur einige Hauptregeln angegeben werden, deren Beachtung für den Erfolg von Bedeutung ist. Jeder Schuß hat auch bei gleichem Sitz der Kugel nicht die gleichen, im voraus bestimmbaren Folgen, nach denen die Nachsuche durchgeführt werden kann. Von Fall zu Fall treten immer wieder Abweichungen von der Regel auf, so daß erhebliche Erfahrung und Kenntnis notwendig sind, um sicher das Richtige zu tun. Immer wieder macht der Jäger einen Fehler, der nur einer wird, weil das Stück sich doch anders verhält, als es nach allen Umständen normalerweise zu erwarten gewesen wäre. Das ist das Schwierige, aber auch das Reizvolle an jeder Nachsuche. So gibt es viele Jäger, ich gehöre auch zu ihnen, denen die Nachsuche die schönste „Jagdart" ist.

Als oberste Regel sollte für jede Nachsuche gelten: Zeit lassen, nichts überstürzen, Geduld haben und vorsichtig zu Werke gehen. Jedes Fortstürmen auf der Wundfährte hinter einem vielleicht heftigen Hund wäre grundverkehrt. Der Hund muß ruhig am Riemen arbeiten, Schweiß und andere Pürschzeichen zeigen, und auch der Hundeführer bemühe sich, eigene Ruhe auf den Hund zu übertragen. Schon beim Abdocken des Schweißriemens fängt es an. Die hierfür aufgewendete Zeit dient der Konzentration für Führer und Hund. Dann wird grundsätzlich vom Anschuß an gesucht, auf dem der Hund sich an der Wundfährte festsaugen soll. Selbst wenn man das kranke Stück später noch an ganz anderer Stelle hat sehen können, beginnt die Nachsuche am Anschuß. Nur hier kann sich der Hundeführer ein zutreffendes Bild vom Sitz der Kugel machen und sein Vorgehen entsprechend einrichten. Ein erfahrener Hundeführer wird sich auch von den überzeugendsten Beteuerungen des Schützen über den Schuß nicht beeinflussen lassen.

Die Frage, wann angesucht werden soll, läßt sich bei der Verschiedenartigkeit der Schußwirkungen nicht einheitlich beantworten. Steht genügend Zeit zur Verfügung –

und das sollte immer der Fall sein – so beginne man *frühestens nach drei Stunden* seit der Schußabgabe. Bei einem einigermaßen tödlichen Schuß hat man dann die Gewähr, das Stück verendet oder so krank zu finden, daß es, kommt es überhaupt noch zur Hetze, sich schnell dem Hunde stellen muß und *den Fangschuß* erhalten kann. Diesen gibt in der Dickung grundsätzlich der Führer des Hundes! Schützen, mit denen der Einstand umstellt wurde, dürfen beim Standlaut auf gar keinen Fall ihren Stand verlassen und versuchen, in der Dickung an Stück und Hund heranzukommen. Das kann zu gefährlichen Jagdunfällen führen. Ganz abgesehen davon, besteht in der Dickung immer die Gefahr, daß ein sich verschlagendes Geschoß oder ein Splitter den stellenden Hund verletzt. Das ist dann eine peinliche Sache, wenn der Hundeführer nicht selbst geschossen hat, der verständlicherweise immer der Meinung sein wird, daß ihm so etwas nicht passiert wäre. Nur wenn das Stück die Dickung verläßt, kann ein anderer Schütze, möglichst auch nur von seinem Stand aus, schießen. Ich selbst würde auch dann dem Stück vorm stellenden Hund den Fangschuß nur ungern geben, auch auf die Gefahr hin, daß es wieder ausbricht. Es sei denn, ich stehe weit genug ab, um zu wissen, daß der Hundeführer Hetz- und Standlaut nicht hören kann. Aber keine Regel ohne Ausnahme.

Für bestimmte Situationen läßt sich natürlich der Gang der Nachsuche in groben Zügen vorausbestimmen, um danach die erforderlichen Maßnahmen treffen zu können.

Beginnen wir mit dem übelsten Schuß, der überhaupt denkbar ist, dem *Schuß durchs Geäse.* In jedem Falle ist das Stück dem qualvollen Tode ausgesetzt, doch ist es an Läufen und Organen gesund und stellt den nachsuchenden Jäger vor die schwierigste Aufgabe. Meist hört der Schweiß sehr bald auf, so daß man sich völlig auf den Hund verlassen muß. Auf alle Fälle ist der Einstand, in den das Stück zunächst gewechselt ist, zu umstellen, und zwar mit möglichst so vielen Schützen, daß es nicht unbeschossen die Dickung verlassen kann. Jede Chance zu einem Schuß ist hierbei auszunutzen, ganz gleich ob er mehr oder weniger gut angebracht werden kann. Ist das Stück schon vorher heraus, wird sofort neu abgestellt bzw. bis zum nächsten Einstand die Wundfährte gearbeitet und dieser umstellt, ehe man weiter nachhängt und evtl. den Hund zur Hetze schnallt. Bei solchen Schüssen lasse man keine Vorsicht und Mühe außer acht, scheue keinen noch so weiten Weg zum Abstellen, denn eine Fehlsuche ist wegen der Schußwirkung ganz besonders ärgerlich, wenn irgendwelche Unterlassungen begangen wurden. Immer verhalte man sich hier so, als gelte es, ein gesundes Stück vorm Hunde zur Strecke zu bringen.

Beim *Halsschuß* kommt es darauf an, ob Drossel oder Schlund durchschossen sind. Meist ist bei den heute verwendeten Geschoßformen beides der Fall. Dann ist das Stück in der Regel nach drei Stunden bereits verendet. Ist allerdings nur der Schlund zerrissen, so darf das Stück nicht eher angerührt werden. Nach Ablauf dieser Zeit stellt es sich jedoch vor dem Hund.

Lassen die Pürschzeichen auf einen *Blattschuß* schließen, so ist das Stück in der Regel schon verendet, wenn der Schütze die Untersuchung des Anschusses beendet hat. Dennoch warte man mit dem Beginn der Nachsuche noch einige Stunden, um dem Hunde Gelegenheit zu einer Arbeit zu geben.

Deutet der Befund des Anschusses auf einen *Leberschuß*, dann kann man damit rechnen, daß sich das Stück nach einigen hundert Schritten spätestens niedergetan hat und nach drei Stunden bereits verendet ist. Man läßt ihm diese Zeit und hängt dann mit dem Hunde nach, vor dem es sich, falls es noch lebt, sofort stellt.

Bei *Waidewundschüssen* warte man möglichst länger als 3 bis 4 Stunden mit dem Beginn der Nachsuche. Sie sind in ihrer Wirkung recht unterschiedlich, deshalb nutze man eine sich etwa bietende Gelegenheit zu einem zweiten Schuß sofort nach dem ersten. So kann man u. U. einer langen Nachsuche vorbeugen. Oft kommt es hierbei noch zur Hetze, zu der der Hund am letzten warmen Wundbett oder beim Forttreten des Stückes vor ihm geschnallt wird.

Nierenschüsse erfordern die gleiche Behandlung wie Leberschüsse. Da sie aber weit schmerzhafter zu sein scheinen, tut sich das Wild früher nieder und stellt sich auch leichter vor dem Hund. Nach drei Stunden kann ein so getroffenes Stück gearbeitet werden.

Bei *Laufschüssen* hieß die alte Regel: Sofort hetzen! Das ist leicht gesagt, aber schwer getan, denn oft hat man den Hund nicht so nah zur Hand, daß man ihn angesichts des flüchtenden Stückes schnallen könnte. Außerdem stellt sich manches, namentlich vorderlaufkrankes Wild, oft erst nach langer Hetze, die der Jäger leicht aus Auge und Ohr verliert. Ein ab Mittag laufkrank geschossenes Stück würde ich erst am nächsten Tage arbeiten, da ich die Erfahrung gemacht habe, daß ein solches Stück über Nacht in der Regel nicht sehr weit wechselt, sich aber am nächsten Tag oft wesentlich besser stellt, wenn es steif geworden ist. Auch hier gibt es selbstverständlich Ausnahmen. Auch bei Laufschüssen sorge man für genügend Schützen, um die Dickung umstellen zu können.

Aber, wie gesagt, diese Regeln würden keine sein, wenn sie nicht ihre Ausnahmen hätten. Diese sind bei Planung und Nachsuche natürlich zu berücksichtigen. Da ist zunächst das Wetter, die Tageszeit und schließlich der Umstand, ob man allein oder in Gesellschaft jagt.

Hat man bei trockenem Wetter geschossen und bezieht sich später der Himmel, so daß stärkerer Regen zu erwarten ist, dann wird man mit der Nachsuche nicht allzu lange mehr warten, sondern sie bald aufnehmen. Zwar ist nicht zu befürchten, daß durch Regen die Schweißfährte verwaschen und dem Hunde die Arbeit erschwert wird. Für den nachhängenden Jäger aber ist die Arbeit in einer nassen Dickung kein Vergnügen. Liegt Schnee, so wird das Verhalten des kranken Wildes leichter erkennbar als bei offenem Boden. Da kann man schon eher eine frühzeitige Nachsuche wagen. Das muß sogar sein, wenn weiterer, starker Schneefall droht. Bei einer Neuen ist das kranke Stück auch ohne Hund durch Ausgehen der Wundfährte oft unschwer zur Strecke zu bringen. Das kann ein schönes Stück jagdlicher Arbeit sein, wenn man sicher ist, daß das Stück nicht mehr aus dem Wundbett hoch wird. Dabei achte man außer auf die Wundfährte scharf auf das Vorgelände, denn krankes Wild tut sich in der Regel so nieder, daß es in die Richtung äugen kann, woher es gekommen ist. Auch besteht die Möglichkeit, daß vor dem Niedertun noch ein Widergang gemacht wird. So rechne man immer damit, das Stück plötzlich seitwärts der Wundfährte anzutreffen.

Hat man im Sommer abends geschossen, so ist oft schwer zu entscheiden, ob noch vor Dunkelheit nachgesucht werden soll. Ist es sehr warm, so besteht die Gefahr des Verderbens für ein bereits verendetes Stück. Im Winter muß man mit Anschneiden durch Füchse und Schwarzwild rechnen. Oft muß man sich daher zum sofortigen Nachhängen entschließen. Eine andere Sache ist jedoch die Rücksichtnahme auf den Hund und die Frage, ob man ihn auf eine so warme Fährte bringen will.

Sind mehrere Schützen am Ort, so läßt sich die Nachsuche je nach den Umständen auch sofort und ohne Hund in Angriff nehmen. Es können Fälle vorkommen, in denen man zu diesem Verfahren greift, wenn z. B. der Hund nicht schnell genug zur Stelle sein kann. Dann stellen sich die Schützen auf den Wechseln vor. Der nachgehende Jäger arbeitet die Fährte aus, verbricht sie häufig und sprengt entweder das Stück aus dem Wundbett, damit es den Schützen kommt oder findet es verendet bzw. noch so, daß er einen Fangschuß anbringen kann.

Aber es sollte doch die Nachsuche ohne Hund eine seltene Ausnahme bleiben.

angelegt werden. Er suchte nun ruhig und sicher voran durch die Dickung in das Stangenholz, wo er zunächst abgetragen wurde. Die Schützen sollten neu angestellt werden. Bei deren Zusammentreffen eine neue Überraschung! Von hinten anziehend, war der von mir beschriebene Achter ganz langsam, aber doch gesund, einem Schützen gekommen, eräugte diesen und empfahl sich in die eben durchsuchte Dickung, seinen Einstand. Mir schwante Bitteres!

Nach längerem Kriegsrat wurde das Stangenholz vor der nächsten Dickung abgestellt. „Hirschmann", wieder zur Fährte angelegt, zeigte nun eine recht saubere Riemenarbeit auf der nach dem schweren Regen immerhin 16 Stunden alten Fährte, die zumindest über die frische Fährte des Achters führte. Ob es die Wundfährte war, vermochten wir nicht mit Sicherheit festzustellen, doch waren in der festen Nadeldecke Hirsch- und Tierfährte zu sehen. Pürschzeichen fanden wir nicht. 500 Meter etwa ging es nun „langsam, aber sicher" bis kurz vor einen Kamp, dann fing der Hund an zu buchstabieren, schlug Bogen um Bogen, zog dann aber doch einer einzelnen Hirschfährte nach, die in die naheliegende Dickung führte. Diese hatte es in sich! Dicht, am Steilhange, mit Geröll und Klippen!

Hier brachen wir ab, um zu erfahren, ob „Barth" mit seinem Führer noch zu erwarten war. Er war es, seine Suche hatte leider mit einer Fehlhetze geendet. An diesem Hirsch wurde schon den zweiten Tag gearbeitet, und es war Revierförster BERGIEN nicht ganz klar, ob „Barth" überhaupt an den kranken Hirsch gekommen war. Nach der anschließend gezeigten Arbeit möchte ich das auch bezweifeln. 13.30 Uhr war es inzwischen geworden, Zeit war nicht mehr zu verlieren, 20 Stunden stand nun die Fährte, verregnet, von uns vertreten, mehrfach gekreuzt von frischen Fährten. Um ganz sicher zu gehen, wurde vom Anschuß an gearbeitet; ruhig, allerdings sehr fest im Riemen liegend, zog der vierjährige „Barth", der Typ des schweren, stämmigen Hannoveraners, der Fährte nach und zeigte am Kamp Schweiß! Ein Stein fiel uns vom Herzen, „Hirschmann" hatte recht gehabt, wir hingen der Wundfährte nach. Schnell wurde die Dickung am Steilhang abgestellt, und weiter ging die Riemenarbeit. Nach kaum 100 Meter tritt in der Dickung ein Hirsch vor dem Hunde weg, von Revierförster BERGIEN wohl gesehen, aber nicht anzusprechen, ob krank oder gesund. Schweiß war in der bürstendichten Dickung nicht zu sehen, geschnallt konnte also nicht werden, doch mußte der Hirsch ja nun einem der Schützen kommen. Das tat er auch, nur wurde er nicht gesehen! Er überquerte in dem Augenblick die Schneise, als der Schütze dem Nachbarn auf der anderen Seite durch Einwinken seinen Stand anzeigte. Zurück war der Hirsch ins Stangenholz, Richtung Anschuß. Flott suchte „Barth" weiter, und als nach Überqueren der Schneise die Fährte genau untersucht wurde, zeigte sie einen Spritzer Schweiß. Es war der kranke Hirsch! Revierförster BERGIEN wollte nun abbrechen, um zunächst die Dickung wieder zu umstellen, doch das gefiel dem eifrigen Hunde gar nicht. Es durfte gewiß nicht sein, war aber gut gemeint, als er sich beim Abtragen die Halsung abstreifte und mit hellem Fährtenlaut abging. Der „Barth" war ab! Nun war nicht abgestellt, nun kam es aufs Durchstehen der Hetze an. Keine sehr rosige Aussicht nach schon einer Hetze am gleichen Morgen!

Sehr überrascht hörte ich den Hetzlaut auf meinem Stande, konnte schnell den Hochsitz am Anschuß erreichen, rauf, doch schon war die Hatz über die Schneise, unter mir durch, zunächst nur mit dem Ohr zu verfolgen. Auf etwa 400 Meter sah ich dann den Hirsch auf drei Läufen die Dickung verlassen und einen Hai annehmen. Durch den Riefenbach ging's und am Gegenhange im großen Bogen in ein Stangenholz zurück, über dem ein großer Dickungskomplex liegt. Der Hund, wunderbar fährtenlaut, folgte zunächst im Abstand von etwa 250 Meter, hatte aber doch die Zeit zu einem Bad im

Bache bei dem warmen Sonnenwetter und nahm dann sofort die Fährte wieder auf. Ein herrliches Bild: Der noch sehr flüchtige Hirsch mit dem folgenden, fährtenlauten Hund im Sonnenglanz auf freier Fläche! Ich rief nun Revierförster BERGIEN herbei, der etwas Zorn auf seinen „Barth" hatte, und wir versuchten, dem Hirsch am Gegenhang den Wechsel abzuschneiden. Standlaut im gegenüberliegenden Stangenort! Das Rauschen des

Gestellt

Riefenbaches ließ uns den Ball aus den Ohren kommen, auch war der Hirsch ausgebrochen und die Hetze schon über den Breitenberg in die große Dickung gegangen. Dort wieder Standlaut, weit, etwa 600 Meter. Donnerwetter, kann so ein Schweißhundführer laufen! Die zur „Korona" degradierten Schützen hatten z. T. am Gegenhang gute Sicht und ihre helle Freude, wie ich „hinterherteckelte!" Doch blieb ich dran, und das lohnte sich auch. Überraschend sahen wir Hirsch und Hund auf 60 Schritt in einer Mulde, die den Standlaut verschluckt und entfernter hatte klingen lassen. In lückiger Dickung stellte der Hund. Nun, wer's noch nicht erlebt und gesehen hat, weiß nicht um dieses Bild! Dicht aufgerückt, benahm sich „Barth" doch ziemlich frech am Hirsch. So ging er ran, daß sein Führer nicht den Fangschuß wagte. Auch ich mochte seiner Bitte, mit der Fernrohrbüchse den Schuß zu tun, nicht entsprechen. Doch nun eräugte uns der Hirsch, brach aus und nahm die dichteste Dickung an. Weiter ging die Hatz, doch schnell hatte „Barth“ ihn wieder fest. Glockenrein klang sein Standlaut in den hellen Sonnentag. Nichts konnte nunmehr den Enderfolg verhindern. Ruhig, sehr ruhig und gelassen arbeitete sich Revierförster BERGIEN gegen den Wind in das dichte Zeug. Er wußte, „Barth“ hat Reserven, er läßt nicht aus! Ich startete noch mit letzter Puste vor die nächste offenere Dickungsstelle, stieß dabei mit einem Rudel Kahlwild zusammen, das unmittelbar bei Hund und Hirsch in die Dickung flüchtete, und war nun nur noch Ohrenzeuge.

Kurzer Hetzlaut – Standlaut – Fangschuß!

Hetzlaut – Standlaut – Klagen des Hundes – scharfer Anruf von BERGIEN – Standlaut – Fangschuß!

Und dann: „So recht, mein Hund! Das ist *dein Hirsch,* mein Hund!“

Ja, das war *dein* Hirsch, „Barth“! Hetze am Vormittag, schwierigste Riemenarbeit auf 20 Stunden alter, verregneter und vorgearbeiteter Wundfährte über viele Gesundfährten, über 3000 Meter flotte Hetze im bergigen Gelände, scharfes Stellen über längere Zeit, wobei der Hirsch schließlich „Barth“ noch mit dem Geweih zu Boden drückte.

Aber der Hund ließ nicht aus! Es war eine Meisterleistung von beiden, Hund und Führer, die wohl auf dem Höhepunkt ihres Könnens stehen. Beglückt, ja ich kann es nicht anders nennen, beglückt saßen wir noch lange Zeit am gestreckten Hirsch, dem siebenten Erfolg von „Barth“ in dieser Jagdsaison. Wir Jäger ausgepumpt und fertig, ruhig aber lag „Barth“ am Hirsch, an seinem Hirsch, den Bruch in der Halsung, und ich glaube, er hätte wohl noch eine dritte Hetze durchgestanden!

Ach so, ja natürlich, ein Geweih hatte der Hirsch auch!

Aber ich sagte doch schon: Ein Plattfuß kommt selten allein! Es war natürlich der „andere“, ein Hirsch, der offensichtlich zwischen Hangweg und Schneise gestanden und von dem bewußten Achter, den ich am nächsten Morgen übrigens wieder sah, mit dem Tier über die Schneise getrieben wurde. Auf den Schuß ließ er sich natürlich nicht mehr sehen.

Ja, so sind die Hirsche!

Aufbrechen, Zerwirken, Trophäenbehandlung

Um das zur Strecke gebrachte Wild vor dem Verderben zu bewahren und in gutem Zustand der Verwertung zuzuführen, wird es so schnell wie möglich aufgebrochen, d. h. Gescheide und Geräusch herausgenommen. Nur so kann es schnell auskühlen, was für Haltbarkeit wie auch Güte des Wildprets von großer Bedeutung ist.

Für die Behandlung des erlegten Stückes interessieren uns besonders drei Vorgänge im Wildpret, die wir kurz schildern wollen.

1. *Die Reifung.* Wir wissen, daß Zubereitung und Geschmack des Fleisches überhaupt ganz wesentlich davon beeinflußt werden, daß es „abgehangen“ ist, d. h. es muß, um beste Genießbarkeit zu haben, einen gewissen Reifeprozeß durchmachen. Bald nach dem Verenden bildet sich in der Muskulatur Milchsäure, unter deren Einwirkung das Muskeleiweiß gerinnt. Es tritt die Totenstarre ein. Wird das Wildpret während dieser Zeit zubereitet, so bleibt es zähe und schwer verdaulich. Erst bei fortschreitender Milchsäurebildung löst sich das geronnene Eiweiß wieder, die Muskulatur, die ja das Wildpret abgibt, wird wieder weich und ist nun für die Zubereitung geeignet. Beim

Reifungsprozeß, der einige Tage dauert, verändern sich weder Farbe noch Geruch des Fleisches, es ist ein chemischer Vorgang, ohne Einwirkung von Bakterien.

2. *Die Verhitzung.* Kann ein Stück nicht schnell auskühlen, so entstehen außer der Milchsäure noch weitere chemische Verbindungen, wie Schwefelwasserstoff und andere. Durch sie wird der rote Blutfarbstoff zersetzt und das Wildpret in rotbraun bis grün verfärbt. Außerdem nimmt es unangenehmen Geruch an und wird für den menschlichen Genuß untauglich. Selbst im Winter kann solch eine Verhitzung eintreten. Auch sie ist ein chemischer Vorgang ohne Bakterieneinwirkung.
3. *Die Fäulnis.* Sie tritt nach der Reifung des Wildprets ein, und wir bezeichnen sie in ihren Anfängen als „haut goût". Bei ihr wirken fäulniserregende Bakterien mit. Beschränkt sich dieser Vorgang auf die Oberfläche, so bleibt nach Entfernung dieser Teile das Wildpret noch genießbar. Geht die Fäulnis aber tiefer, so wird es zum Genuß untauglich. Da Fäulnisbakterien oft in freiem Wasser vorhanden sind, wasche man nach dem Aufbrechen keinesfalls ein etwa durch einen Pansenschuß im Innern unansehnlich gewordenes Stück aus, sondern wische es mit Gras, Farn oder Laub möglichst trocken sauber. Wärme vermag die Fäulnisbildung, bei der Fettsäure, Gase und Toxine das Fleisch verfärben und schmierig machen, sehr zu fördern. Der typische Fäulnisgeruch tritt auf.

Es kommt also sehr darauf an, das erlegte Stück schnell und sauber zu versorgen, damit es richtig ausschweißen und auskühlen kann. Je eher und sorgfältiger dies geschieht, desto haltbarer und wohlschmeckender ist das Wildpret. Damit ist es einfach ein Gebot des Anstandes, daß der Jäger dem erlegten Wilde weiter seine Aufmerksamkeit schenkt.

Das *Aufbrechen* geschieht in folgender Weise:

Der Hirsch wird auf den Rücken gestreckt, so daß das Geweih nach hinten zeigend, zu beiden Seiten des Halses zu liegen kommt. Der Jäger tritt vor den Hirsch und löst durch zwei Schnitte die Haken aus dem Oberkiefer, um sie sofort in Papier gewickelt in einer Tasche aufzubewahren. Dann schärft er, das Waidmesser mit dem Rücken nach unten, den Hals vom Drosselkopf bis zum Stich auf, so daß die Drossel freiliegt. Das um diese sitzende Wildpret wird nach beiden Seiten zurückgeschoben, Drossel und Schlund mit der linken Hand hochgezogen. Die rechte Hand fährt zwischen Schlund und Halswildpret und trennt ihn und die Drossel völlig von diesem. Liegen Drossel und Schlund ganz frei, dann stößt man abwechselnd mit rechter und linker Hand so tief wie möglich in die Brusthöhle hinein, um innerhalb dieser den Schlund von der Drossel und diese von etwaigen Verbindungen mit dem Geräusch zu trennen, damit jener später ohne Schwierigkeit durch die Brusthöhle nach hinten gezogen werden kann. Nunmehr werden Drossel und Schlund kurz vor dem Drosselkopf abgeschärft, beide voneinander getrennt und die Drossel dort abgeschärft, wo sie aus der Brusthöhle heraustritt.

Nun muß das abgeschärfte Ende des Schlundes verschlossen werden, damit beim späteren Zurückziehen kein grünes Geäse austreten kann. Entweder schärft man dazu fast am Ende des Schlundes einen Schlitz in der Längsrichtung und zieht durch diesen das Endstück mehrmals hindurch, oder man schärft die um den lederartigen inneren Schlundschlauch sitzende rote Haut etwa 5 cm vom Ende quer zur Längsrichtung ringsherum ab und schiebt sie entweder mit dem Messer oder mit den Fingern so weit zurück, daß man an dieser Stelle einen Knoten schlagen kann. Der Schlund wird verknüpft. Dies Verfahren ist dem ersteren vorzuziehen, weil die am Ende des Schlundes verbliebene rote Haut das Rutschen und Aufgehen des Knotens sicher verhindert.

Der Jäger tritt dann zwischen die Hinterläufe des Hirsches, setzt das Messer mit dem Rücken nach unten zwischen den Brunftkugeln an und schärft das Kurzwildpret auf, erfaßt die Brunftkugeln, eine nach der anderen, und zieht sie mit den Samensträngen heraus. Dann wird die Decke, immer die Messerschneide nach oben, auf der Brunftrute nach vorn aufgeschärft. Mit einer Hand unter sie greifend und vom Körper lösend wird mit der das Messer führenden Hand die Brunftrute vorn mit der die Öffnung umgebenden Haut abgeschärft und hinten zwischen den Keulen keilförmig ausgestochen.

Nun wird die Bauchhöhle geöffnet. Jede Verletzung des Gescheides ist hierbei zu vermeiden. Dort, wo das Kurzwildpret saß, wird vorsichtig mit dem Messer die Dünnung durchstochen oder aufgeschärft. Der Zeigefinger der linken Hand erweitert die Öffnung, bis sich der Mittelfinger mit einführen läßt. Beide Finger nehmen den Rücken der Messerspitze zwischen sich und führen sie bei Anheben der Dünnung bis zum Brustkern, so daß das ganze Gescheide freiliegt. Jetzt wird das Waidmesser auf der rechten Seite des immer zwischen den Hinterläufen des Hirsches bleibenden Jägers in Höhe des Vorderlaufes in den Boden gesteckt. Die rechte Hand fährt zwischen Pansen und Zwerchfell, die linke folgt und löst die am Zwerchfell und Pansen festgewachsene Milz von ersterem, bis der Pansen frei in der Bauchhöhle liegt. Dann suchen beide Hände die Stelle am Zwerchfell, wo der Schlund aus dem Pansen in die Brusthöhle tritt. Ist der Schlund erfaßt, dann wird er mit der rechten Hand festgehalten und die linke löst ihn von den sehnenartigen Strängen, die rings um ihn liegen. Dann ziehen beide Hände den Schlund langsam, aber stetig nach hinten aus der Brusthöhle heraus; bei ruckweisem Ziehen reißt er leicht ab. Der Pansen wird nun aus der Brusthöhle nach rechts herausgeworfen, aber so, daß das Gescheide nicht zerreißt. Seine Verbindung mit der Leber wird gelöst, so daß es auch nach rechts herausgenommen werden kann. Die Nieren sollen in der Bauchhöhle verbleiben. Das ganze Gescheide hängt nun nur noch durch den Waiddarm mit dem Wildkörper zusammen.

Die völlige Abtrennung kann auf zweierlei Art geschehen:

Entweder wird von außen her durch Aufschärfen der Haut um das Waidloch und Lösen des Darmes mit den Fingern in der Beckenhöhle dieser so weit freigemacht, daß er ein Stück vorgezogen und verknotet werden kann, um dann samt der Blase mit dem Gescheide nach vorn herausgezogen zu werden. Das Abschärfen und Verknoten geschieht am besten vor Aufschärfen der Bauchhöhle. Das Schloß wird nicht geöffnet. Diese Art des Aufbrechens kenne ich aus einigen Gebieten Deutschlands, z. B. aus dem braunschweigischen Harz, aber auch aus dem österreichischen Hochgebirge. Sie hat den Vorteil, daß beim Transport des Wildes die Keulen nicht auseinanderklappen können und die Beckenpartie sauber bleibt. Oder man *bricht das Schloß auf.* Dazu wird auf dem Trennungshäutchen zwischen den Keulen vorsichtig heruntergeschärft und die mehr oder weniger verknöcherte Knorpelnaht zwischen den Beckenknochen freigelegt. Sie kann bei jüngeren Stücken mit dem Messer durchstochen werden. Beim Hirsch und bei älteren Stücken wird sie mit der etwa am Messer befindlichen Säge aufgesägt oder mit dem Waidblatt aufgeschlagen. Dann wird das Schloß aufgebrochen, indem man mit beiden Händen unter die Knochen faßt und das Stück hochhebt, bis das Schloß mit krachendem Geräusch aufbricht. Sodann schärft man Waiddarm und Blase heraus. Nun werden die vom Rükken nach den Keulen führenden *Brandadern* der Länge nach aufgeschärft, damit sie ausschweißen können.

Das *Geräusch*, Herz, Lunge und Leber, wird nun herausgenommen, indem man das Zwerchfell hart an den Rippen ringsum bis zum Rücken abschärft, weit in die Brusthöhle hineinfaßt und an Drossel und Zwerchfell das ganze Geräusch mit den Nieren herauszieht.

Der Schweiß wird mit den Händen nach hinten herausgewischt oder durch Anheben des Stückes vorn zum Abfließen nach hinten gebracht.

Damit ist das Aufbrechen beendet. Daß man den Aufbruch vergräbt und nicht herumliegen läßt, ist eine Selbstverständlichkeit.

Kann aus irgendwelchen Gründen das vollständige Aufbrechen erlegten Wildes nicht sofort geschehen, so ist es wenigstens zu *lüften.* Dazu wird die Bauchhöhle so weit aufgeschärft, daß die Gase entweichen und den Körper nicht auftreiben können.

Beim Brunfthirsch entfernt man zum Aufbrechen vor dem Öffnen der Bauchhöhle den Brunftfleck.

Nach dem Aufbrechen wird das Wild gestreckt und evtl. noch verblendet. Im Sommer, wenn die Fliegen schwärmen, deckt man das Wild mit belaubten Zweigen locker zu, sorgt auch dafür, daß es im Schatten liegt.

Soll erlegtes Wild versandt werden, so muß es vorher gut ausgekühlt sein. Wild, das die Nacht über sich freihängend ausgekühlt hat, ist bedeutend haltbarer, als solches, das noch warm am Abend zum Versand kommt.

Soll das Wild im eigenen Haushalt verwertet oder in Teilen abgegeben werden, so wird es *zerwirkt,* bzw. *zerlegt.*

Das *Zerwirken,* d. h. das *Aus-der-Decke-Schlagen* des Stückes geschieht am besten auf einem hierfür besonders bestimmten niedrigen Tisch, dessen mittlerer Längsteil etwas vertieft ist, damit das Wild darin wie in einer Mulde liegt (Wildbank).

Beim Hirsch beginnt man mit dem *Abschlagen des Geweihes,* worauf wir später noch zu sprechen kommen.

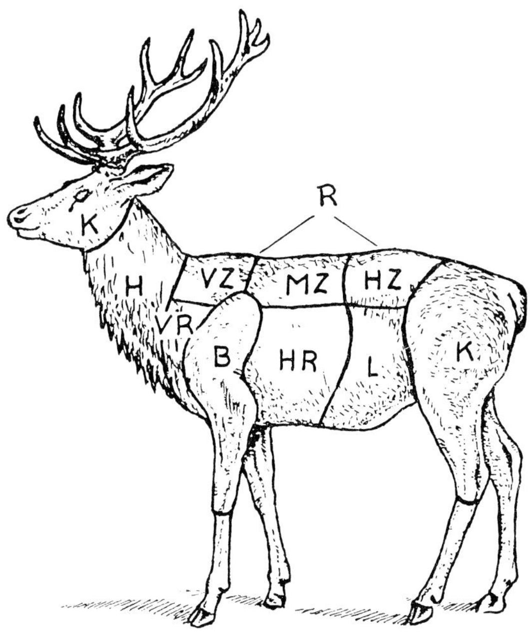

Zerlegen des Hirsches. K: Kopf, H: Hals, R: Rücken, VZ: Vorderziemer, MZ: Mittelziemer, HZ: Hinterziemer, VR: Vorderrippen, HR: Hinterrippen, B: Blatt, L: Lappen, K: Keule

Zum Zerwirken wird die Haut auf dem Brustkern so aufgeschärft, daß die beim Aufbrechen entstandenen Einschnitte am Hals und durch die Dünnungen mit einem weiteren Schnitt verbunden werden. Dann wird, mit einem Vorderlauf beginnend, an den Läufen wenige Zentimeter über dem Oberrücken die Haut ringsum durchgeschärft und an der Innenseite ein langer Schnitt geführt, der bei den Vorderläufen am Brustkern in dem dortigen Einschnitt mündet und bei den Hinterläufen auf den Innenseiten der Keulen in der Nähe des Wedels ausläuft. Nun wird, am Haupte anfangend, von vorn nach hinten mit dem Daumen die Decke durch Druck vom Wildpret gelöst und nur, wo es nicht anders geht, das Messer zu Hilfe genommen. Einschnitte in die Decke dürfen dabei aber nicht vorkommen, auch darf kein Haar auf das Wildpret gelangen.

Das weitere *Zerlegen* geschieht auf der Decke, die über den Zerlegetisch herunterhängt.

Das Stück wird zunächst wieder auf den Rücken gelegt. Man faßt dann einen Vorderlauf mit der linken Hand und zieht ihn etwas an. Darauf fährt man mit dem Waidmesser am Vorschlag zwischen dem Blatt und den Rippen durch und löst den ganzen Vorderlauf mit einigen leichten Schnitten nebst Blatt vom Körper ab. Das gleiche geschieht mit dem anderen Vorderlauf. Jetzt trennt man die Flanken von der Keule bis zu den Rippen und schärft weiter über diese etwa eine gute Handbreit unter dem Rückgrat die dünne Muskulatur durch und schlägt oder sägt auf diesem Strich die Rippen ab.

Das ganze Rückgrat vom Blatt bis zum Wedel wird Ziemer oder *Zimmer* genannt. Man unterscheidet *Vorder-, Mittel- und Hinterziemer.* Die Keule wird entweder durch einen scharfen Schnitt parallel mit dem Rückgrat vom Ziemer abgetrennt, indem man im Schnitt den Beckenfortsatz durchsägt oder durchschlägt, oder aber sie wird mit der Kugel (Gelenkkopf) aus der Pfanne gelöst und das Wildpret entsprechend durchschärft.

Der vom Ziemer getrennte Hals mit Kopf ergibt samt den Rippen (Federn) und Dünnungen (Lappen) das *Kochwildpret,* während Ziemer, Keulen und Blätter die *Braten* bilden.

Damit ist das Zerwirken und Zerlegen beendet.

Die Decke wird bis zum Verkauf mit der Innenseite nach außen aufgehängt und an der Luft getrocknet.

Das *Geweih* wird folgendermaßen *abgeschlagen* und *hergerichtet.* Will man das ganze Nasenbein mit Oberkiefer nicht am Schädel lassen, so wird das Geweih mit einem Teil der Schädeldecke und des Nasenbeins vom Haupt heruntergesägt. Hierzu schärft man zunächst vor der Führung des Sägeschnittes die Decke etwa drei Finger breit hinter den Rosenstöcken auf und führt den Schnitt beiderseits in Richtung auf die Lichter und über diese so weit hinweg, wie man den Schädel am Geweih belassen will. Die Lichter werden vor dem nun in diesem Schnitt zu führenden Sägeschnitt herausgelöst.

Verbleibt dagegen das ganze Nasenbein mit Oberkiefer am Geweih, so dreht man das Haupt aus dem Halswirbel nach Durchschärfen der Decke heraus. Das empfiehlt sich auch schon zum Auslösen des Unterkiefers, den man zur Altersbestimmung benötigt und aufbewahren sollte.

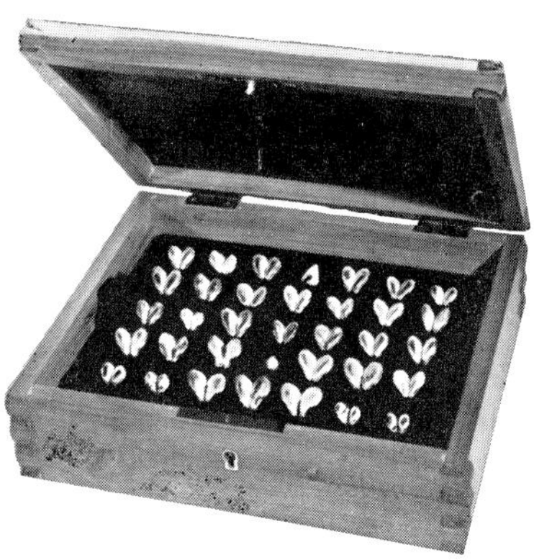

Aufbewahrung der Grandeln

Jetzt wird der Schädelteil oder das ganze Haupt sorgfältig von der Decke und Wildpretteilen gesäubert, Hirn und Lecker herausgenommen und der Schädel bis über die Rosen in kaltes, klares, möglichst fließendes Wasser gestellt. Hierin verbleibt es mindestens 24 Stunden, wobei, wenn kein fließendes Wasser zur Verfügung steht, das Wasser öfter erneuert werden muß.

Dann wird der Schädel abgekocht. Dazu stellt man das Geweih bis an die Rosen im Wasser kalt auf, irgendwelche Zusätze wie Soda, Persil usw. sind nicht nötig, und kocht etwa eine gute halbe Stunde bei kleinem Schädel, eine gute Stunde bei ganzem Schädel. Danach wird das Geweih sofort in einen Bottich mit kaltem Wasser gestellt, bis es nach 20 Minuten völlig abgekühlt ist. So kann der Schädelknochen nicht durch die Hitze von innen heraus trocken und Fett im Knochen bleiben, das später gelb wird und dem Schädel ein unschönes Aussehen verleiht. Ist das Haupt kalt, so entfernt man mit dem Messer alle Haut- und Wildpretfetzen, zieht im Schädelinnern die Knorpel aus der Nase heraus und bürstet dann den Schädel mit einer scharfen Bürste und kalter Seifenlauge ab.

Dann kann das Geweih in die Sonne zum Trocknen und Bleichen gestellt werden. Legt man Wert auf einen besonders weißen Schädel, so verwendet man Wasserstoffsuperoxyd oder Perhydrol (30 % Wasserstoffsuperoxyd). Der Schädel wird mit Watte belegt und diese mit dem Mittel angefeuchtet oder aber – so präpariere ich die Schädel – man macht einen Brei aus Schlemmkreide und Perhydrol und bestreicht mit diesem den ganzen Schädel. Er wird dann ins Dunkle gestellt,, nicht etwa in die Sonne. Diesen mit Perhydrol angesetzten Brei lasse man aber nur wenige Stunden auf dem Schädel und spüle ihn mit kaltem Wasser wieder herunter. Von den Bleichmitteln darf natürlich nichts an die Stangen kommen. Nachdem der Schädel wieder getrocknet ist, kann man ihn noch mit Schlemmkreide und Spiritus bürsten, er bleibt dann allerdings nicht schneeweiß, sondern erhält einen matten, mehr elfenbeinfarbigen Glanz.

Es sollte als eine selbstverständliche Ehrenpflicht des hirschgerechten Jägers von heute angesehen werden, die erbeuteten Trophäen als Zeichen seiner Hegearbeit im Revier sorgfältig und sauber zu präparieren. Nichts wirkt schlechter, als wenn sie im schlechten Zustand schon auf der Trophäenschau angeliefert werden, viel mehr noch, wenn sie so an der Wand hängen.

Zum Schluß seien noch die *Haken* oder *Grandeln* erwähnt, die zu Schmuck verarbeitet werden oder aber auch als jagdliche Erinnerungsstücke in ansprechender Form gesammelt aufbewahrt werden können. Da sie unter Einfluß des Lichtes ihre den Wert ausmachende Färbung verlieren, halte man sie dann aber unter Verschluß, etwa in einem hierfür hergerichteten Schmuckkasten.

Von der *Mähne* läßt sich, sofern sie recht lang und von guter Farbe ist, ein Hutbart fertigen, der, wenn er wirklich sachgemäß gebunden ist, neben dem Erinnerungsstück eine gute Zier des Jägerhutes darstellt.

Trophäenbewertung

Nachdem etwa gegen Ende des vorigen Jahrhunderts sich das Interesse des Rotwildjägers in recht auffälliger Weise mehr und mehr der Trophäe zuwendete, lag es im Zuge dieser Entwicklung, erbeutete Geweihe zur Schau zu stellen. Die *Geweihausstellungen* wurden üblich und zu Stätten der Demonstration, einmal der Güte der Reviere, zum anderen des Könnens einzelner Jäger, das natürlich sehr wesentlich von der Laune des Schicksals abhängig war und immer bleiben wird. Sehr bald begnügte man sich nicht mehr mit der Zurschaustellung allein, sondern begann, die Geweihe nach ihrer Stärke zu bewerten und zu „prämiieren". Zunächst nach völlig freiem Ermessen, d. h. nach dem rein optischen Eindruck.

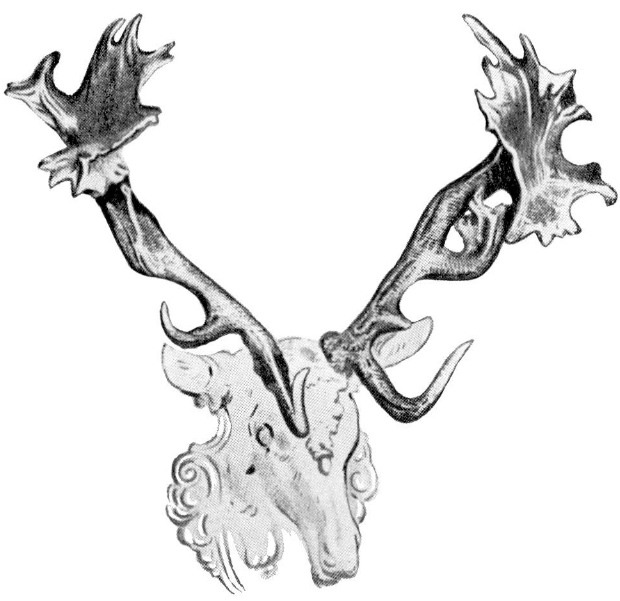

66-Ender aus Moritzburg

So schreibt K. Brand über die erste deutsche Geweihausstellung in Berlin 1895 (Wild und Hund, 1. Jg.):

„Es hat seine Schwierigkeit, die Grundzüge festzustellen, nach welchen Geweihe prämiiert werden sollen. In der deutschen Jägerwelt hat sich der Gedanke eingebürgert, daß das monströse Geweih das wertvollere ist, und durch Wort und Bild ist dieser Auffassung schon weit über 100 Jahre lang Ausdruck gegeben.

Die Preisrichter haben jedoch nicht die Monströsität berücksichtigt, sondern das Gewicht auf Stärke, Länge und symmetrische, edle Form der Geweihe gelegt. Die Endenzahl ist zwar berücksichtigt, ist aber nicht ausschlaggebend gewesen."

Es ist, jagdgeschichtlich gesehen, recht reizvoll, dem Inhalt dieses Zitats ein wenig nachzugehen. Monströse Geweihe wurden also als die wertvolleren angesehen. Dieser Geschmacksrichtung, die sich bis heute noch nicht völlig verloren hat, verdanken wir in Deutschland eine Anzahl hochinteressanter Geweihsammlungen, die sicher zunächst vorwiegend aus Abnormitäten bestehend, uns ganz erstaunlich starke Trophäen aus früheren Jahrhunderten erhalten haben. Diese finden, dem Zuge der Entwicklung folgend, heute natürlich unser besonderes Interesse.

Da ist zunächst die Sammlung des Jagdschlosses *Moritzburg* bei Dresden zu nennen, die, soweit mir bekannt ist, wenigstens in den wesentlichen Stücken erhalten geblieben ist. In ihr spielt der berühmte 66-Ender eine besondere Rolle, von dem wohl schon jeder Rotwildjäger gehört hat. Der Hirsch wurde 1696 von Kurfürst FRIEDRICH III. von Brandenburg, späteren König FRIEDRICH I. von Preußen, im Forstamt Biegen erlegt, und sein Geweih kam – sicher als Monstrosität – im Wege der Schenkung an den Kurfürsten von Sachsen und so in die Moritzburg. Hier ist es bei weitem nicht das stärkste Stück der Sammlung, denn sein Gewicht beträgt nur wenig mehr als 5 kg. Dagegen wird das eines 24-Enders, des besten Geweihes der Moritzburg, mit 18,36 kg angegeben. Die Sammlung zeichnete sich durch eine besonders große Anzahl vielendiger Geweihe aus. So hingen nach L. HECK (Wild und Hund, 55. Jg., 1952) allein im Spiegelsaal zwei 50-Ender, drei 36-Ender, zwei 34-Ender, fünf 30-Ender, dreizehn 28-Ender, achtzehn 26-Ender und achtzehn 24-Ender. Leider sind die Daten der Herkünfte nur bei wenigen Geweihen bekannt.

24-Ender aus Schloß Erbach

Eine zweite, wohl größte und wertvollste Sammlung überhaupt, die ehrfürchtiges Staunen und ebensolche Bewunderung jedes, auch des nicht nur jagdlich interessierten Besuchers erwecken muß, befindet sich im *Schloß Erbach* (Odenwald). Nicht nur dem Inhalte, sondern auch der Form des Aufbaues nach einmalig, ist sie ein geradezu klassisches Dokument alter, bis in die Jetztzeit gepflegter Jagdkultur, dessen Entstehung und Erhaltung wir den Grafen ZU ERBACH danken. Die unter mehreren 100 ausgewählten 72 stärksten Geweihe sind in der „Hirschgalerie" vereinigt und bilden die Krone wohl aller Sammlungen, soweit sie sich dem Rotwild widmen. Es fehlt zumindest in der Jägersprache ein zutreffender Ausdruck, um die Wucht und Stärke dieser Trophäen zu kennzeichnen. Kapital wäre zu wenig gesagt. Kolossal, zwar nicht jagdlich, ist aber den Dimensionen der Geweihe allein entsprechend. Gleich berühmt wie die Originale sind ihre Abbildungen in den Hirschkatalogen, die auch die Daten und Herkünfte angeben. Graf FRANZ ZU ERBACH, der Begründer der Sammlung, schließt einen von ihm geführten

Katalog vor nunmehr 150 Jahren mit Worten, die uns heute noch ansprechen: „Der Unterschied zwischen den Hirschen, die wir jetzt mit Mühe und Kosten noch in unseren Jagden hegen, und den Hirschen der Urzeit ist ebenso groß, wie die Beschaffenheit unserer jetzigen Waldungen und des Geäses in denselben von jenen verschieden ist, die vor Jahrhunderten bestanden. Darum ist auch der Hirsch in der Stärke seines Geweihes so herabgesunken, daß das Beschleichen desselben und ihn kunstmäßig zu treffen abgerechnet, es beinahe keine Freude mehr ist, jetzt noch einen zu schießen; und das Geweih eines Hirsches, den man jetzt schießt, verdient beinahe nicht mehr, daß man es durch Aufbewahrung vor der Zerstörung schützt. Ja, einst, wo undurchdringliche Waldungen dem Hirsch Ruhe und seinen Tagen lange Sicherung vor den Nachstellungen der Jäger, ungestörter Boden und Sümpfe ihm mastiges und bestes Geäse gewährten, da gab es Hirsche, deren Geweihe damals schon Staunen verursacht haben müssen, weswegen sie des Aufhebens bis zu uns würdig geschienen haben, und die jetzt mancher, der seinen Augen nicht traut, um sich von ihrer Echtheit zu überzeugen, mit seinen Händen betasten will."

Ebenso eindrucksvoll und kennzeichnend sind die Worte, die E. v. DOMBROWSKI dem im Jahre 1891 angelegten photographischen Katalog voranstellt, und die uns den Geist spüren lassen, der die hirschgerechten Jäger von damals beseelte, wenn sie die Trophäe als Erinnerungsstück so hoch bewerteten: „Was die Taten, die man im Dienst des edelsten Waidwerks vollbracht, hoch über einen momentanen Genuß erhebt, ist die Erinnerung, die um alles und jedes ihre nie welkenden Kränze schlingt und nichts versinken läßt in dem Schlund des Vergessens. Fragt den silberhaarigen Greis, wie er um seine Braut geworben, so wird ihm manche Einzelheit entfallen sein. Fragt ihn dagegen, wie er seinen ersten Hirsch geschossen, und seine Augen leuchten auf, er erzählt den Hergang mit allen Nebenumständen, er erinnert sich derselben so genau, als wären fünf Tage darüber hingegangen, nicht fünf Jahrzehnte. Es ist keine eitle sinnlose Liebhaberei, wie so manche andere Art des Sammelns, wenn wir Jäger die Wahrzeichen unserer glücklichen Stunden treu und sorglich bewahren und oft mehr an ihnen hängen, als an allen anderen Gütern."

Aus vielen Gegenden Deutschlands und angrenzenden Ländern sind diese einmalig starken Geweihe zusammengetragen, so aus Franken, Schwaben, Spessart, Odenwald und Tirol. Eins der wohl edelsten Geweihe, und zugleich mit 15,25 kg Gewicht das schwerste, ist ein ungerader 24-Ender. Er stammt aus Franken (1690?) und ist in der Regelmäßigkeit der Form und der imponierenden Wucht das Prachtstück der Sammlung. Seine Maße: Stangenlänge rechts: 129 cm, links 126,5 cm; die größte Auslage beträgt 148 cm, der Rosenumfang 30 cm. Stangenumfang unter den Mittelsprossen 24 cm. Dabei ist das Geweih keineswegs ohne Konkurrenz. Ein 20-Ender aus Tirol mit 12,5 kg Gewicht und 31 cm Rosenumfang, ein 28-Ender aus Schwaben mit 13,5 kg Gewicht und ein 28-Ender aus Tirol mit 14,75 kg Gewicht seien hier genannt. Jede weitere Beschreibung dieser Geweihe mit Worten könnte nur unvollkommen sein. Erbach muß der Rotwildjäger gesehen haben!

Doch kehren wir nach dieser Abschweifung zur Bewertung der Trophäe zurück. Wir sahen schon, daß der Wunsch, das stärkste Geweih zu ermitteln, solange nicht voll erfüllbar sein konnte, wie der allgemeine optische Eindruck, die Schätzung, allein bestimmend blieb. Was lag also näher, als zu versuchen, mit Gewichten und Maßen vergleichsfähige, kontrollierbare Einstufungen vorzunehmen. Die *Bewertungsformel* entstand! Lange Zeit sah es fast so aus, als ob diejenigen Jäger, die sich mit ihrer Festlegung so viel Mühe gegeben haben, der Jagd einen schlechten Dienst erwiesen hätten. Das darf nicht verschwiegen werden. Die berüchtigte „Trophäensucht" konnte sich nun in Zahlen ausdrücken, konnte Rekorde suchen und ermitteln, so daß nicht viel zu tun mehr übrigblieb, um den Wert der Trophäe als Erinnerungsstück fast in Vergessenheit geraten zu lassen. Das ist jetzt wohl überwunden, und man wendet die Bewertungsformel auf den Pflichttrophäenschauen in erster Linie an, um in einem Rotwildgebiet die Geweihentwicklung hinsichtlich der Auswirkung unserer Maßnahmen zu kontrollieren. Dazu genügt es natürlich nicht, nur die Spitzengeweihe zu bewerten, wie das auf großen nationalen oder internationalen „Siegerfeiern" der Fall ist. Hier vergleicht der Jäger gern die Stärke des einen Geweihes mit der des anderen, und das wird ihm gewiß durch die Anwendung der wägenden und messenden Bewertung erst richtig ermöglicht. Werden auf Ausstellungen Preise oder sonstige Auszeichnungen vergeben, so gestattet eine solche Methode selbstverständlich eine wesentlich weniger anfechtbare, in Zahlen auszudrückende Bewertung, als die freie Beurteilung. Auch gibt sie den Jägern, die eine starke Trophäe nicht ausstellen wollen, und das sind nicht wenige, die Möglichkeit des Vergleichs mit anderen, als Spitzenleistungen bewerteten Geweihen. Die formelgemäße Bewertung der Trophäe hat also, das kann nicht bestritten werden, eine vielseitige Bedeutung und ist deshalb auch nicht mehr aus dem jagdlichen Ausstellungswesen wegzudenken, zumal für alle Wildarten entsprechende Formeln entwickelt wurden.

Wer in der Trophäenbewertung nur eine „kultische Handlung" zu sehen vermag, verkennt den wirklichen Inhalt. Wie einfacher könnten wir über Zeiträume hinweg vergleichende Bilanz ziehen über Erfolg oder Mißerfolg, nachdem wir wissen, daß die Stärke des Geweihes auch Ausdruck der Gesundheit seines Trägers ist?

Nadlerformel

Die Versuche zu einem solchen Vorgehen sind wesentlich älter, als wir im allgemeinen anzunehmen pflegen. Meines Wissens wurden erstmalig Bewertungsformeln bereits im Jahre 1894 gelegentlich der Steiermärkischen Jagdausstellung in Graz zur Anwendung gebracht. Längen- und Umfangmessungen, letztere an der stärksten Stelle der Stange, und „Pointes" für das „Exterieur" ergaben in ihrer Summe die *Punktzahl* für die Bewertung. Diese vom Graf MERAN in Vorschlag gebrachte Art der Bewertung bildet wohl die Grundlage für die weitere Entwicklung, die mit der nach H. NADLER, Budapest, benannten *Nadlerformel* in ein Stadium kam, das besser vielleicht nicht mehr hätte überschritten werden sollen. Sie ist nach meiner Ansicht die klarste und in ihrer Anwendung auch einfachste und war von 1927 bis 1936 auch allein üblich.

Als Standardformel bringe ich sie hier an erster Stelle.

Nadlerformel

Messungen:

1. *Stangenlänge,* StL:
   Länge der linken Stange in cm . . . .
   Länge der rechten Stange in cm . . . .   Durchschnitt in cm × 0,5 = . . . Punkte

2. *Augsprossenlänge,* AL:
   Länge der linken Augsprosse in cm . . . . .
   Länge der rechten Augsprosse in cm . . . . .   Durchschnitt in cm × 0,25 = . . . „

3. *Rosenumfang,* RU:
   Umfang der linken Rose in cm . . . .
   Umfang der rechten Rose in cm . . . .   Durchschnitt in cm × 1 = . . . „

4. *Unterer Stangenumfang* zwischen Augsprosse und Mittelsprosse, St.U.u.		Punkte
Umfang der linken Stange in cm	= . . .	»
Umfang der rechten Stange in cm	= . . .	»
5. *Oberer Stangenumfang* zwischen Mittelsprosse und Krone (Gabel), St.U.o.		
Umfang der linken Stange in cm	= . . .	»
Umfang der rechten Stange in cm	= . . .	»
6. *Geweihgewicht:*		
Geweihgewicht trocken in kg × 2	= . . .	»
7. *Auslage*, A:		
Unter 60 % der durchschnittlichen Stangenlänge	= 0	»
von 60–70 % der durchschnittlichen Stangenlänge	= 1	»
über 70–80 % der durchschnittlichen Stangenlänge	= 2	»
über 80 % der durchschnittlichen Stangenlänge	= 3	»
8. *Enden:*		
1 Ende = 1 Punkt	= . . .	»
9. *Schönheitspunkte*		
Farbe: Hellgelb, gelb oder künstlich gefärbt	= 0	»
mittelbraun	= 1	»
dunkelbraun, schwarz	= 2	»
Perlung: Glatt:	= 0	»
Schwach geperlt	= 1	»
Gut geperlt	= 2	»
Spitzen der Enden:		
Stumpf oder dunkel	= 0	»
Weiß poliert	= 1	»
Krone:		
Fehlende Krone	= 0	»
Schwache Krone	= 1	»
Gute Krone	= 2	»
Starke Krone	= 3	»
Kapitale Krone	= 4	»
	Summe	Punkte
10. *Fehlerabzüge:* Von der Gesamtpunktzahl können für Ebenmäßigkeitsfehler, Deformationen, und übermäßige und ganz geringe Auslage insgesamt 1–3 Punkte in Abzug gebracht werden.		
	Fehlerabzug	Punkte
		. . . Punkte

Internationale Rothirschformel

Nachdem auf den großen internationalen Jagdausstellungen Geweihe aus den verschiedenen Rotwildgebieten Europas zusammenkamen und in Vergleich und Prämiierung gebracht werden mußten, wurde immer häufiger die Meinung vertreten, die Nadlerformel bewerte wuchtige, aber endenarme Geweihe zu hoch und vernachlässige edle Form und Endenreichtum. So nahm sich der Internationale Jagdrat (CIC) 1937 in Prag und Berlin einer generellen Formulierung der Bewertung an, und es entstand die *Internationale Rothirschformel*. Sie erhöhte gegenüber der erweiterten Nadlerformel die Punkte für die Krone auf 10 und bewertete die Eissprosse mit 0 bis 2 Punkten sowie die Mittelsprosse in einer Messung auf der Oberseite des Endes. Hiernach wurde auf der „Internationalen Jagdausstellung, Berlin, 1937“ vermessen und bewertet (Prager Formel).

1952 ergab eine Entschließung des CIC in Madrid eine geringfügige Änderung insofern, als nun für die Mittelsprosse die Messung an der Unterseite des Endes eingeführt wurde (Madrider Formel). Sie galt für die „Internationale Ausstellung Jagd und Sportfischerei, Düsseldorf, 1954". 1955 wurde sie vom CIC in Kopenhagen bestätigt, aber empfohlen, daß in Zukunft auf internationalen Ausstellungen daneben die Wertziffer nach der Nadlerformel festgestellt und auf der Bewertungskarte vermerkt werden soll.

In seiner Generalversammlung in Paris 1975 hat der CIC beschlossen, die Formeln für das Rotwild unverändert zu lassen. In dem Buch „Die Bewertung der europäischen Jagdtrophäen (Verlag Paul Parey, 6. Auflage 1977) endet die Einleitung des Autors, Prof. F. Nüsslein: „Es ist zu hoffen, daß nunmehr eine Stabilität eintritt und daß man sich künftig erst dann zu einer Änderung der nach mühevollen Verhandlungen zustande gekommenen Formeln entschließt, wenn damit eine wirklich notwendige und unzweideutige Verbesserung verbunden ist."

Von Wildbiologen wird bemängelt, daß die Formeln Merkmale herausheben, deren biologische Bedeutung keineswegs dem Bewertungs-Koeffizienten entspräche. Das mag durchaus der Fall sein, doch will es mir scheinen, als ob Stangenlänge, Stangenstärke, Augsprossen- und Mittelsprossenlänge sowie Geweihgewicht von der biologischen Funktion her bevorzugt zu bewerten sind.

Ihre Werte geben aber in der Regel bereits etwa zwei Drittel der Wertziffer. Es wäre übertrieben zu befürchten, daß die Bewertungsformeln und ihre Anwendung etwa wegen Überbewertung des einen oder anderen Merkmals, der Krone z. B., biologische Nachteile bewirken könnten. Keinesfalls sollte man aus diesem Grunde die Formeln ändern, so unvollkommen sie in biometrischer Hinsicht auch sein mögen.

Internationale Rothirschformel

I. Messungen

1. *Stangenlänge*, StL:		
Länge der linken Stange in cm .... Länge der rechten Stange in cm	Durchschnitt in cm × 0,5	= ... Punkte
2. *Augsprossenlänge*, AL:		
Länge der linken Augsprosse in cm ..... Länge der rechten Augsprosse in cm	Durchschnitt in cm × 0,25	= ... »
3. *Mittelsprossenlänge*, ML:		
Länge der linken Mittelsprosse in cm .... Länge der rechten Mittelsprosse in cm	Durchschnitt in cm × 0,25	= ... »
4. *Rosenumfang*, RU:		
Umfang der linken Rose in cm .... Umfang der rechten Rose in cm	Durchschnitt in cm × 1	= ... »
5. *Unterer Stangenumfang*, zwischen Aug- und Mittelsprosse, StU.u.		
Umfang der linken Stange in cm × 1		= ... »
Umfang der rechten Stange in cm × 1		= ... »
6. *Oberer Stangenumfang*, zwischen Mittelsprosse und Krone (Gabel), StU.o.		
Umfang der linken Stange in cm × 1		= ... »
Umfang der rechten Stange in cm × 1		= ... »
7. *Geweihgewicht:*		
Gewicht trocken in kg × 2		= ... »
8. *Auslage*	von 0– 3	= ... »
9. *Enden*	1 Ende = 1 Punkt	= ... »

II. Zuschläge (Schönheitspunkte)*			
a. Farbe	von 0– 2	= . . .	»
b. Perlung	von 0– 2	= . . .	»
c. Spitzen der Enden	von 0– 2	= . . .	»
d. Eissprossen	von 0– 2	= . . .	»
e. Krone	von 0–10	= . . .	»
	Summe I. 1–9 und II. a–e	= . . .	»
III. Abzüge (Fehler)*	von 0– 3	= . . .	»
	Endgültige Summe	______	

* Es können auch halbe Punkte gegeben werden.

Beispiel:

Messung		Maße	Summe	Mittel	Funktion	Punkte
Stangenlänge	l.	104 cm	206 cm	103 cm	0,5	51,5
	r.	102 cm				
Augsprossenlänge	l.	40 cm	78 cm	39 cm	0,25	9,6
	r.	38 cm				
Mittelsprossenlänge	l.	43 cm	85 cm	42,5 cm	0,25	10,6
	r.	42 cm				
Rosenumfang	l.	24 cm	47,4 cm	23,7 cm	1	23,7
	r.	23,4 cm				
U. Stangenumfang	l.	14 cm			1	14
	r.	14,3 cm			1	14,3
O. Stangenumfang	l.	13,1 cm			1	13,1
	r.	12,3 cm			1	12,3
Geweihgewicht		6,4 kg	Abzug: 0,1 kg 6,3 kg		2	12,6
Auslage		85 cm	$\frac{85}{103} \cdot 100 = 82\,\%$		0–3	3
Endenzahl	l.	6 = 13			1	13
	r.	7				
Zuschläge: Farbe					0–2	1
Perlung					0–2	2
Endenspitzen					0–2	1,5
Eissprossen					0–2	–
Krone					0–10	3
Summe						185,2
Abzüge					0–3	–
					Wertziffer	185,2

Anweisung für die Anwendung (nach BIEGER-NÜSSLEIN)[1]

I. 1. Stangenlänge: Messung entlang des äußeren Bogens vom unteren Rosenrand bis zur Spitze des Kronenendes, das den höchsten Längenmeßwert ergibt. Das Bandmaß wird nicht in den Winkel zwischen Rose und Stange eingedrückt.

2. Länge der Augsprosse: Messung vom oberen Rosenrand bis zur Spitze der Sprosse.

3. Länge der Mittelsprosse: Messung vom unteren Ansatzpunkt, der aus der Halbierung des Winkels zwischen Stangen- und Endenachse gebildet wird, bis zur Spitze der Sprosse.

4. Rosenumfang: Messung mit fest angedrücktem Bandmaß unter Überspannung etwaiger Einbuchtungen

5. u. 6. Stangenumfang: Messung an der schwächsten Stelle. Sprossen über der Mittelsprosse werden zur Krone gerechnet.
7. Geweihgewicht: Das Geweihgewicht (mindestens 3 Monate nach der Erlegung festgestellt) ist im Regelfalle um 0,5 bis 0,7 kg herabzusetzen entsprechend der Größe des Schädelabschnittes und dem Vorhandensein des Oberkiefers.
8. Auslage: Weniger als 60 % der durchschn. Stangenlänge = 0 Punkt
   60–70 % der durchschn. Stangenlänge = 1 Punkt
   70–80 % der durchschn. Stangenlänge = 2 Punkte
   über 80 % der durchschn. Stangenlänge = 3 Punkte
9. Als Enden werden Erhebungen von 2 cm und mehr über der Stangenoberfläche gerechnet.[2]

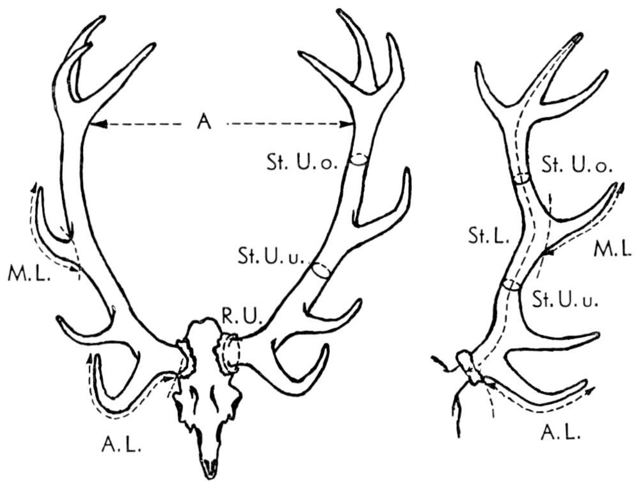

Meßanleitung für die Geweihbewertung

II. Zuschläge:

a. Farbe: Für die Beurteilung der Farbe gilt das Schema:

hellgrau, gelblich oder künstlich gefärbt	0 Punkt
grau bis mittelbraun	1 Punkt
dunkelbraun bis schwarz	2 Punkte

d. Eissprosse: Für die Beurteilung der Eissprosse gilt das Schema:

			Punkte
kurz	2–10 cm lang	einseitig	0
		beiderseitig	0,5
mittel	10,1–15 cm lang	einseitig	0,5
		beiderseitig	1,0
lang	über 15 cm lang	einseitig	1,0
		beiderseitig	2,0

e. Krone[3]:

α. Für die Beurteilung der Kronenenden gilt das Schema:

kurz	2–10 cm lang
mittel	10,1–15 cm lang
lang	über 15 cm lang

β. Für die Wertung der Kronenenden gilt das Schema:

Gesamte Endenzahl beider Kronen	Punkte
5–7 kurz	1– 2

[1] Bei Messungen auf cm ist eine Genauigkeit von 0,1 cm, bei Gewichtsfeststellungen eine solche von 0,01 kg (10 g) erforderlich.
[2] Abgekämfte Enden über 2 cm rechnen voll, völlig abgebrochene oder künstlich aufgesetzte Enden werden nicht gezählt.
[3] Zur Krone werden alle über der Mittelsprosse angesetzten Enden (auch sogen. Wolfssprossen) gerechnet.

	Punkte
5–7 mittel	3– 4
5–7 lang	4– 5
8–9 kurz	4– 5
8–9 mittel	5– 6
8–9 lang	6– 7
10 und mehr kurz	6– 7
10 und mehr mittel	7– 8
10 und mehr lang	9–10

γ. Bei unterschiedlichen Endenlängen in der Krone ist eine dem Bewertungsschema (β) entsprechende Verrechnung vorzunehmen.

δ. Gegabelte Enden sind dabei nur einmal in ihrer ganzen Länge zu erfassen.

III. Abzüge: Als Fehler gelten unter anderem ungleichmäßige Stellung der Stangen, deutlich ungleiche Stangenlänge, ausgesprochene Asymmetrie des Geweihes und Unregelmäßigkeiten der Aug-, Eis- und Mittelsprosse, sofern diese nicht über die Wertung der Länge der jeweiligen Sprosse bereits erfaßt sind.

Noch ein kurzes Wort zur Prämiierung der Geweihe. Da innerhalb des Gesamtverbreitungsgebietes des Rotwildes recht erhebliche Unterschiede der Geweihstärke einheitliche Abgrenzungen für die Stärkeklassen nur schlecht zulassen, wurde die Möglichkeit geschaffen, Bewertungsgebiete auszuscheiden. Hiervon wird gelegentlich auf großen internationalen Ausstellungen Gebrauch gemacht, und zwar kann danach gesondert prämiiert werden:

1. östliches Europa
2. westliches Europa
3. Hochgebirge
4. Schottland

Für das Rotwild unserer engeren Heimat waren folgende Gebiete üblich:

1. östlich der Weichsel
2. zwischen Weichsel und Elbe
3. westlich der Elbe
4. Hochgebirge

Die Deutsche Jagdausstellung München 1963 setzte folgende Wertziffergrenzen:

I. Goldmedaille ab 190 Punkte,
II. Silbermedaille 170–189,9 Punkte,
III. Bronzemedaille 160–169,9 Punkte.

(Bei den Hirschen aus den zum Hochgebirge mit seinen Vorbergen gehörenden Jagdrevieren in Oberbayern und Schwaben lag die Prämiierungsgrenze jeweils 10 Punkte niedriger.)

Internationale Bewertung:

	Berlin 1937 (Prager Formel)	Düsseldorf 1954 und Novi Sad 1967 (Madrider Formel)	
I. Goldmedaille	über 210 Punkte	I. Preis	ab 210 Punkte
II. Silbermedaille	200,1–210 Punkte	II. Preis	190–209,9 Punkte
III. Bronzemedaille	190,1–200 Punkte	III. Preis	170–189,9 Punkte

Budapest 1971
(Allgemeine Bewertung)

I. Preis	ab 210 Punkte
II. Preis	190–209,9 Punkte
III. Preis	170–189,9 Punkte

Ranglisten

Es ist sehr erfreulich, daß nunmehr eine gewisse Stabilität und Beharrlichkeit in das System von Bewertung und Prämiierung gekommen und damit die Hauptaufgabe der Bewertung sichergestellt ist: Die Möglichkeit des Vergleichs der Geweihe untereinander auch über längere Zeiträume. Das war nur unvollkommen möglich und machte demjenigen Kummer, der Freude daran hat, „Rekordlisten“ auszustellen. Vergleicht man solche Listen miteinander, so finden sich dennoch je nach angewandter Formel andere Reihenfolgen.

Ungarn (Lenti) *1970*

Rominten 1942

Auch meine nachstehende Aufstellung erhebt keineswegs Anspruch darauf, eine amtlich festgelegte Reihenfolge darzustellen.

Sie zeigt aber doch etwa die zehn stärksten vermessenen Rothirschgeweihe aus neuerer Zeit auf. Bemerkenswert ist es, daß der beste deutsche Hirsch (Rominten 1942, s. ob. Abb.) sich unter diesen „Besten“ befindet.

Wenn ich noch einige Bewertungslisten bringe, so auch deswegen: Die Auswirkungen des zweiten Weltkrieges haben nicht nur zum Verlust und zur Vernichtung mancher Rotwildgebiete geführt, in denen stärkste Trophäen erbeutet wurden, sondern auch eine große

Zahl starker Geweihe, die einst auf Jagdausstellungen zu sehen waren, ist den Wirren des Krieges unwiederbringlich zum Opfer gefallen. Es scheint mir hier der rechte Ort, diese Trophäen zumindest in ihrer Bewertung vor dem Dunkel der Vergessenheit zu bewahren. Die Anwendung von drei verschiedenen Formeln zwingt zu einer entsprechenden Darstellung, wobei es sich nicht vermeiden läßt, einige Geweihe wiederholt zu nennen.

Lfd. Nr.	Intern. Punkte	Erlegungsort bzw. Aufbewahrungsort	Erleger	Jahr
1	251,83	Lenti Ungarn[1]	M. Schuster	1970
2	249,37	Gamás Ungarn	E. Schausberger	1968
3	248,5	Belje (Kazuk) Jugoslawien	D. Stefanovic	1946
4	247,1	Szentegát Ungarn	F. Ohlig	1963
5	243,9	Szalka, Ungarn (Montenuovo-Hirsch)	gewildert	1891
6	243,5	Stanislawce Polen	K. Schleinzer	1966
7	243,2	Rominten Deutschland[2]	H. Göring	1942
8	243,1	Manastirea Rumänien	R. Stanescu	1940
9	243,0	Belje Jugoslawien	B. Tićak	1961
10	242,5	Etropole Bulgarien	J. Georgijew	1965

[1] Abb. S. 235 – [2] Abb. S. 235

Aus L. Heck, Der Rothirsch (Verlag Paul Parey 1956) übernehme ich zunächst noch einmal eine seinerzeit von O. Sartorius zusammengestellte Liste der 100 stärksten, nach der Nadlerformel bewerteten Geweihe. Sie bedeutet nicht mehr als einen historischen Rückblick.

Lfd. Nr.	Nadler-Punkte	Enden-zahl	Gewicht kg	Land	Erlegungsort	Erleger	Jahr
1.	229,00	14	12,50	D	Bückeburg (Gatter)	Wilhelm II.	1889
2.	228,92	20	11,40	Ung	Szálka	Wilddieb (Montenuovo-Hirsch)	1891
3.	226,52	20	11,02	Ju	Kazuk	Dragoslav Stefanovic	1946
4.	222,42	21	10,85	D	Rominten (Ostpr.)	H. Göring	1942
5.	220,66	21	10,50	Ru	Kelemen-Gebirge	Dr. Kosch	1929
6.	220,65	22	11,30	Ung	Gyertyanliget	Graf Ivan Draskovich	1911
7.	218,42	15	10,80	D	Lippe (Gatter)	A. Fürst zu Schaumburg-Lippe	1913
8.	217,90	21	9,40	Ju	Kupusina	Samorjai Bela	1943
9.	217,75	20	—	Ju	Slavonien	Graf Ivan Draskovich	1933
10.	216,40	14	10,90	Ung	Sellye (Gatter)	Graf Ivan Draskovich	1911
11.	216,29	18	10,50	Ju	Backi Breg	Trskié Bena	1939
12.	216,15	15	10,40	Ung	Kemece	Graf Géza Andrassy	1894

Lfd. Nr.	Nadler-Punkte	Enden-zahl	Gewicht kg	Land	Erlegungsort	Erleger	Jahr
13.	215,37	16	12,00	Ung	Karapancsa	Wilhelm II.	1910
14.	215,10	16	—	Ru	Caliman-Gebirge	von Rothermann	1937
15.	214,40	15	10,60	Ung	Tolna	Baron Ivan Rubido Zichy	1929
16.	213,75	25	10,10	Ung	Zale	Bes. Fürst Esterhazy	1910
17.	213,30	12	9,90	Ung	Körcsönye	J. Német	1952
18.	213,10	16	9,90	Ru	Sovata (Karpaten)	C. Sautermeister	1932
19.	213,07	19	9,60	Ung	Ungvar	Gr. Széchenyi Fid.	1885
20.	212,90	19	—	Pol	Polanica	Dworzak, Emil	1907
21.	212,50	14	9,90	Ru	Siebenbürgen	Ferd. von Alvensleben	1932
22.	212,37	14	8,95	Ju	Cadjaviki Lug.	Radosavljevic Tanasiji	1952
23.	212,00	20	—	Ung	Gödöllö	—	1812
24.	211,95	14	10,90	Ung	Vitorág	Graf Kristof Festetis	1928
25.	211,90	11	—	Ung	Szentkiraly	von Schmidt	1836
26.	211,70	13	—	Ju	Musko Ostrovo	Dr. Brüning	1936
27.	211,45	19	10,20	Ung	Lenti	Paul Rimler	1928
28.	210,00	15	9,70	Ru	Gurghiu (Karpaten)	Joan B. Popescu	1932
29.	210,00	17	—	Ru	Harghita	Schmutzler	1937
30.	209,88	24	9,35	Ung	Gemenc	Horvath Andor	1953
31.	209,80	17	8,50	Ru	Karpaten	Croituro Gravila	1923
32.	209,80	16	—	Tsch.-Slow.	Mosovce	Förster A. Schindler	1928
33.	209,75	12	10,40	Ung	Szinvér	Johann Ziller	1884
34.	209,40	17	—	D	Sypnievo (Westpr.)	Revierförster Kahler	1916
35.	209,35	18	9,85	D	Glatzer Schneebg.	Forstmeister Homburg	1908
36.	209,24	13	10,85	Ju	Belje	Rankovié Aleksandar	1950
37.	208,90	13	10,80	Ung	Siroka	Gr. R. Zichy	1882
38.	208,80	13	—	Ju	Sid. Jamena	M. Baling	1910
39.	208,80	12	9,00	Ung	Betlér	Graf Paul Palffy	1916
40.	208,60	19	—	Ju	Jugoslawien	Forstbez. Vinkovci	1917
41.	208,50	15	—	Ung	Leanyfalu	Herzog von Ratibor	1889
42.	208,37	18	9,00	D	Pleß (Oberschlesien)	Wilhelm II.	1916
43.	208,27	17	9,30	Ung	Mike	Graf Emmerich Somssich	1870
44.	208,19	20	8,60	Ru	Lapusnea (Karpaten)	Friedrich Fürst zu Hohenzollern	1931
45.	208,15	19	9,50	Ung	Marmaros	Gr. Fr. Nudasdy	1884
46.	208,04	17	9,34	D	Rominten (Ostpr.)	Prof. Dr. Gohrbandt	1942
47.	208,00	18	8,00	Ru	Gurghiu (Karpaten)	König Ferdinand von Rumänien	1923
48.	207,90	15	—	Ru	Rastolita Mures	Baron Kémenyi	1936
49.	207,75	18	8,70	Ung	Kismaton	Fürst Lichnowsky	1862
50.	207,71	18	10,00	Ju	Kazuk	Dr. Velebit	1949
51.	207,69	13	9,45	Ju	Smogva	Mr. Ph. Pap Bosnic	1947
52.	207,68	16	9,30	Ru	Caliman-Gebirge	Graf von Strachwitz	1934
53.	207,60	14	8,70	Ung	Karapancsa	Erzherzog Albrecht	1923
54.	207,20	16	—	Pol	Solotwina	General Fabrycy	1937
55.	207,20	20	—	Ru	Rastolita Mures	Baron Banffy	1933
56.	207,00	16	10,50	D	Hartigswalde (Ostpr.)	Oberförster Schleiff	1902
57.	206,93	19	9,40	Ju	Belje	Ing. Muzinic Mirko	1952
58.	206,90	14	—	Ru	Rodna-Gebirge	Dr. von Thurn-Rumbach	1927
59.	206,65	14	8,43	Ru	Rastolita	Münster, Edmund	1931
60.	205,90	12	9,80	Arg	Collunco	B. Relling	1942
61.	205,76	21	9,40	Arg	Collunco	H. H. Böcker	1952
62.	205,85	14	9,20	Ung	Alsó Lendva	Mano Suza	1895
63.	205,85	27	9,60	D	Rominten (Ostpr.)	v. Brauchitsch	1941
64.	205,83	26	10,50	D	Nassawen-Rominten	H. Göring	1934
65.	205,53	20	8,91	Ru	Rastolita	A. Freiherr v. Boeselager	1934
66.	205,23	18	9,80	Ju	Cadjavica	Bucanac Misko	1946
67.	205,22	15	8,35	Ju	Karapancsa	Stojkov Bosco	1939

Lfd. Nr.	Nadler-Punkte	Enden-zahl	Gewicht kg	Land	Erlegungsort	Erleger	Jahr
68.	205,19	19	9,55	Ju	Spacva	Sum. Gosp. Spacva	1936
69.	205,12	18	8,80	Ung	Satorhely	Erzherzog Friedrich	1929
70.	205,10	16	—	Ju	Slatina	Graf Ivan Draskovich	1918
71.	205,10	27	9,23	D	Rominten (Ostpr.)	H. Wallmann	1932
72.	205,10	28	9,00	D	Rominten (Ostpr.)	Wilhelm II.	1904
73.	204,80	18	8,00	D	Neukrakow (H.-Pom.)	Fm. von Rosenstiel	1918
74.	204,80	14	10,28	Ung	Gemec	Rajsanyi, Josef	1953
75.	204,63	13	9,70	Ju	Strbac	Petrovic Milivoy	1919
76.	204,40	14	—	Ung	Kincscifa	Joh. Kardos	1934
77.	203,70	18	—	Ung	Petres	Prinz Hohenlohe	1906
78.	203,68	21	9,00	Ju	Spisic Bukovica	Dr. Iwan Jurevic	1938
79.	203,39	16	9,70	D	Lippe (Gatter)	Fürst zu Schaumburg-Lippe	1909
80.	203,20	20	8,90	Ung	Izabellaföld	Erzherzog Friedrich	1933
81.	202,78	22	10,45	Ju	Bilogora	Prof. Dr. Ferdo Grospic	1941
82.	202,62	18	9,00	D	Warnen-Rominten	Wilhelm II.	1909
83.	202,32	17	8,10	D	Konitz, Posen	Forstrat Baehr	1912
84.	202,00	15	8,20	Ru	Sirol-Gurghiu (Karp.)	Joan B. Popescu	1928
85.	201,83	14	9,30	Arg	Collunco	B. Relling	1939
86.	201,67	12	9,43	Ung	Felsösegesd	Graf Bertalan Széchenyi	1931
87.	201,40	16	8,90	D	Oberpfalz	Fürst Albrecht v. Thurn u. Taxis	1908
88.	201,39	16	9,30	Arg	Collunco	B. Relling	1941
89.	201,20	15	9,23	D	Rominten (Ostpr.)	Forstmeister Pauckstadt	1927
90.	201,01	13	8,60	Arg	Collunco	D. G. Lahusen	1950
91.	200,88	22	10,00	D	Mecklenburg	Frhr. v. Thiele-Winckler	1911
92.	200,87	14	10,00	Ung	Karapancsa	Wilhelm II.	1910
93.	200,82	14	9,00	Ung	Jsaszeg	Nikolaus von Horthy	1930
94.	200,80	16	7,70	D	Bockel-Lauenburg	J. Heesch	1943
95.	200,65	18	8,20	Ung	Szenta	Fürst Hohenlohe-Oehringen	1930
96.	200,60	20	8,56	D	Johannisburg.-Hd.	Revierförster Schwarz	1932
97.	200,44	16	—	D	Rauden	Herzog Viktor von Ratibor	1902
98.	200,41	12	9,82	Ung	Somogyzob	Fürst Aug. Hohenlohe-Oehringen	1932
99.	200,12	20	7,00	D	Rominten (Ostpr.)	Wilhelm II.	1896
100.	200,09	15	9,75	Ung	Szenta	Fürst Aug. Hohenlohe-Oehringen	1934

Aus der amtlichen Bewertungsliste (Internationale Rothirschformel, Prag) bringe ich die 100 stärksten und die 100 stärksten deutschen Geweihe der Internationalen Jagdausstellung, Berlin, 1937 (Waidwerk der Welt, Verlag Parey, 1938).

Die 100 stärksten Rothirschgeweihe der Internationalen Jagdausstellung Berlin 1937 (Freie Wildbahn)

Lfd. Nr.	Jahr	Land	Erlegungsort	Erleger bzw. Besitzer	Wertziffer
1.	1730	Tsche	Krumau	Fürst Schwarzenberg	246,4
2.	1891	Ung	Szalka	Montenuovo-Hirsch	243,9
3.	1911	Ung	Marmaros	Graf I. Draskovich	235,1
4.	1929	Ru	Toplita Mures	Dr. C. Kosch	230,1
5.	1812	Ung	Gödöllö	—	229,3
6.	1937	Ru	Caliman	Rothermann	229,1
7.	1910	Ung	Lenti (Zala)	—	228,5
8.	1937	Ru	Harghita	Schmutzler	228,0
9.	1907	Pol	Polanica	E. Dworzak	227,9
10.	1929	Ung	Högyesz (Tolna)	Graf J. Zichy	227,4
11.	1933	Ju	Vicovituca	Graf I. Draskovich	227,1
12.	1810	D	Mecklenburg	Erbgroßherzog Friedr. v. Mecklenbg.	226,4
13.	1885	Ung	Com. Ungarn	—	225,9
14.	1928	Ung	Viotorag (Somogy)	Graf K. Festetis	225,5
15.	1916	D	Sypniewo (W.-Pr.)	Kahler	225,4
16.	1936	Ru	Rastolita Mures	Baron I. Kemenyi	225,4
17.	1894	Ung	Kemence (Zemplén)	Graf G. Andrássy jr.	225,2
18.	1922	Tsche	Mosovce	A. Schindler	224,8
19.	1936	Ju	Musko Ostrowo	Dr. Brüning	224,7
20.	1928	Ung	Lenti (Zala)	P. Rimler	223,8
21.	1937	Pol	Solotwina	Fabrycy	223,2
22.	1932	Ru	Gurghiu Mures	I. B. Popescu	223,2
23.	1933	Ru	Rastolita Mures	Baron Banffy	223,2
24.	1836	Ung	Szentkiruly	v. Schmidt	222,9
25.	1910	Ju	Sid.-Jamena	M. Baling	222,8
26.	1926	Ru	Ciuman Ciuc	L. Miess	222,6
27.	1937	Ung	Füzérradvány	Gräfin St. Karolyi	222,5
28.	1932	Ru	Valea Uzului Bacau	v. Alvensleben	222,0
29.	1913	Ung	Daraszer Ried	Erzherzog Friedrich	221,7
30.	1917	Ju	St. Mikenovci	Forstdirektion Vinkovci	221,6
31.	1870	Ung	Mike (Somogy)	E. v. Somssich	221,5
32.	1918	D	Neukrakow (H.-Pom.)	v. Rosenstiel	221,3
33.	1884	Ung	Szineverpojama	I. Ziller	221,1
34.	1918	Ju	Slatina	Graf I. Draskovich	221,1
35.	1889	Ung	Leanyfalu (Pest)	Herzog v. Ratibor	221,0
36.	1934	Ung	Kincscifa (Somogy)	J. Kardos	220,9
37.	1937	Ru	Gheorgheni Mures	v. Wackerbarth	220,8
38.	1923	Ru	Lunca Bradului Mures	C. Gravila	220,8
39.	1827	Ung	Isascey (Pest)	Fridel	220,8
40.	1932	Ru	Sovata Mures	C. Sautermeister	220,7
41.	1906	Ung	Petres (Baranya)	Prinz Chr. Hohenlohe	220,7
42.	1908	Ung	Verpolje (Baranya)	Erzherzog Friedrich	220,3
43.	1919	Ju	Darda	Milivoj Petrovic	219,9
44.	1917	Ung	Baranya	Erzherzogin Isabella	219,9
45.	1923	Ru	Gurghiu	Ferdinand I.	219,5
46.	1923	Ung	Karapancsa	Erzherzog Albrecht	219,2
47.	1884	Ung	Darda	Fürst A. G. zu Schaumburg-Lippe	219,2
48.	1879	Pol	Stanislawow	Museum Dzieduszyekich	218,9
49.	1934	Ru	Gurghiu	Prinz F. von Hohenzollern	218,9
50.	1935	Ru	Rastolita	Graf Haller	218,7
51.	1934	Ru	Rastolita	A. v. Boeselager	218,6
52.	1908	Ru	Pojorata	F. Bittner	218,6
53.	1934	Ru	Rodna	Graf Thurn Rumbach	218,6

Lfd. Nr.	Jahr	Land	Erlegungsort	Erleger bzw. Besitzer	Wertziffer
54.	1863	Ung	Szék	Graf P. Esterhazy	218,5
55.	1905	Ung	Szöllös	Herzog A. v. Bayern	218,2
56.	1937	Ung	Vémend	F. v. Keresztes-Fischer	218,0
57.	1926	Ung	Balatato	Prinz H. Hohenlohe-Oe.	217,8
58.	1935	Ung	Rastolita	Baron Banffy	217,7
59.	1901	D	Hartigswalde	Schleiff	217,6
60.	1903	Ung	Létrás	Graf E. Almassy	217,6
61.	1920	Ju	Slatina	Graf I. Draskovich	217,4
62.	1911	Pol	Stanislawow	Frhr. v. Groedelsche Güterdirektion	217,4
63.	1910	Ung	Baranya	Erzherzog Friedrich	217,3
64.	1860	Ung	Bakony	Graf P. Esterhazy	217,2
65.	1885	Ung	Darda	Fürst A. G. zu Schaumburg-Lippe	217,2
66.	1936	Pol	Stanislawow	I. Malcolmson	217,1
67.	1908	Pol	Stanislawow	Frhr. v. Groedelsche Güterdirektion	217,1
68.	1931	Ru	Deda Mures	E. Münster	217,0
69.	1916	Ung	Betlér	Graf P. Palffy	216,9
70.	1901	Ung	Baranya	Erzherzog Friedrich	216,9
71.	1874	Ung	Berzence	Fürst T. Festetics	216,9
72.	1913	Ung	Darda	Fürst August zu Schaumburg-Lippe	216,9
73.	1928	Ung	Szentkiraly	N. v. Horthy	216,9
74.	1909	Ung	Daraszer Ried	Erzherzog Friedrich	216,8
75.	1899	Ju	Opeka	Graf J. Bombelles	216,6
76.	1928	Ung	Szenta	Prinz A. Hohenlohe-Oe.	216,6
77.	1840	Ju	Kocevje	A. Rudež	216,5
78.	1937	D	Nikolaiken	Frey	216,4
79.	1934	Pol	Stanislawow	Fürst A. Czartoryski	216,4
80.	1933	Ung	Bodony	G. Galambos	216,4
81.	1900	Ung	Parszombati	G. Pohl	216,3
82.	1934	Ru	Caliman	Graf v. Strachwitz	216,3
83.	1936	Ru	Toplita Mures	I. Wrbitski	216,2
84.	1907	Ung	Szántód	F. von Heinrich	216,1
85.	1916	Ju	Drenovbo	St. Lajer	216,0
86.	1901	Ju	Vinkovci	Graf I. Bombelles	216,0
87.	1936	Ru	Comanesti	C. N. Malaxa	216,0
88.	1929	Ung	Baranya	Erzherzog Friedrich	216,0
89.	1927	Ung	Ugod	Graf Th. Esterhazy	215,7
90.	1933	Ung	Baranya	Erzherzog Friedrich	215,6
91.	1936	Tsche	Babra-Gora-Orava	F. Vaclena	215,5
92.	1907	Ung	Zajda	Fürst A. Esterhazy	215,4
93.	1935	Ru	Toplita Mures	I. Witting	215,3
94.	1921	Ru	Sft. Gheorghe	G. Pröhle	215,2
95.	1934	D	Rominten	H. Göring	215,1
96.	1933	Ung	Tolna	P. Fried	215,1
97.	1902	Ung	Baranya	Erzherzog Friedrich	215,0
98.	1936	Ju	Erdelj	Dusan Ros	214,9
99.	1937	D	Rominten	H. Göring	214,9
100.	1895	Ung	Lendva	E. Susa	214,6

Die 100 stärksten Rothirschgeweihe Deutschlands der Internationalen Jagdausstellung Berlin 1937 (Freie Wildbahn)

Lfd. Nr.	Jahr	Erlegungsort	Erleger bzw. Besitzer	Wertziffer
1.	1916	Sypniewo/Westpr.	Kahler	225,4
2.	1918	Neukrakow/HP.	v. Rosenstiel	221,3
3.	1901	Hartigswalde/Ostpr.	Schleiff	217,6
4.	1937	Nikolaiken/Ostpr.	Frey	216,4
5.	1934	Rominten/Ostpr.	H. Göring	215,1
6.	1937	Rominten/Ostpr.	H. Göring	214,9
7.	1935	Roponatschen/Ostpr.	Kontny	213,4
8.	1927	Schittkehmen/Ostpr.	Pauckstadt	213,0
9.	1937	Marienhöhe/Ostpr.	Knorr	212,5
10.	1928	Schittkehmen/Ostpr.	Kausch	211,9
11.	1881	Schuenhagen/VP.	v. Ulrici	211,9
12.	1932	Rudczanny/Ostpr.	Schwarz	211,5
13.	1936	Schuiken/Ostpr.	H. Göring	211,4
14.	1936	Bischofsburg/Ostpr.	v. Hennig	210,5
15.	1912	Konitz/Westpr.	Baehr	210,4
16.	1936	Rominten/Ostpr.	H. Göring	210,3
17.	1928	Rominten/Ostpr.	Lange	210,3
18.	1932	Warnen/Ostpr.	Bosch	208,7
19.	1932	Rominten/Ostpr.	Adomat	208,6
20.	1931	Warnen/Ostpr.	Titel	208,2
21.	1916	Orlau/Ostpr.	v. Mirbach	207,4
22.	1902	Simsforst/Schles.	Herzog v. Ratibor	207,3
23.	1937	Rominten/Ostpr.	verendet gefunden	205,8
24.	1936	Purden/Ostpr.	Wegner	205,7
25.	1883	Klausdorf/Km.	v. Klitzing	205,4
26.	1937	Rominten/Ostpr.	H. Göring	204,9
27.	1927	Sorquitten/Ostpr.	v. Paleske	204,9
28.	1935	Lupow/HP.	v. Puttkammer	204,3
29.	1935	Budweitschen/Ostpr.	H. Göring	203,1
30.	1928	Alt-Sternberg	Geissel	203,1
31.	1935	Bludhsen/Ostpr.	H. Göring	202,9
32.	1937	Neusternberg/Ostpr.	H. Göring	202,4
33.	1933	Wilkendorfshoff/Ostpr.	Lemke	202,0
34.	—	Schittkehmen/Ostpr.	Pauckstadt	201,9
35.	1917	Gr. Massow/HP.	v. Rotteck	200,6
36.	1935	Jasnitz/M.	H. Göring	200,5
37.	1918	Skaticken/Ostpr.	v. Wangelin	200,3
38.	1913	Wabel	Großherzog von Mecklenburg	199,7
39.	1933	Johannisburg/Ostpr.	Trinné	199,3
40.	1838	Langenfelde/VP.	v. Hagenow	199,0
41.	1936	Lotzin	H. Göring	199,0
42.	1820	Lehre/Brschwg.	gewildert	199,0
43.	1936	Crutinnen/Ostpr.	Böhm	199,0
44.	1908	Podamin/Pos.	Boldt	198,7
45.	1937	Rominten/Ostpr.	H. Göring	198,7
46.	1922	Sorquitten/Ostpr.	v. Paleske	198,4
47.	1909	Zechow-M.	Großh. Ad. Frdr. v. Mecklenb.	198,4
48.	1907	Altenau/Harz	Wolff	198,2
49.	1932	Pfeilswalde/Ostpr.	Engels	198,1
50.	1925	Pfeilswalde/Ostpr.	Engels	198,1
51.	1923	Bartenhof/Ostpr.	Meyer	198,1
52.	1911	Arnsdorf/Schles.	Graf Matuschka	197,8
53.	1933	Obscherningken/Ostpr.	Schmidt	197,6

Lfd. Nr.	Jahr	Erlegungsort	Erleger bzw. Besitzer	Wertziffer
54.	1904	Nachbarsheide/M.	Großh. Ad. Frdr. v. Mecklenb.	197,4
55.	1936	Scharfenberg/Ostpr.	v. Moltke	196,9
56.	1907	Nachbarsheide/M.	Großh. Ad. Frdr. v. Mecklenb.	196,6
57.	1931	Nassawen/Ostpr.	Rögler	196,6
58.	1890	Benz/M.	v. Treuenfels	196,4
59.	1937	Jasnitz/M.	H. Göring	196,1
60.	1936	Rominten/Ostpr.	H. Göring	196,1
61.	1915	Colmnitz/LSa.	Zimmermann	195,9
62.	1915	Malzkow/HP.	v. Puttkammer	195,6
63.	1935	Rominten/Ostpr.	v. Ribbentrop	194,9
64.	1927	Sorquitten/Ostpr.	v. Langen	194,9
65.	1894	Horst/VP.	Kühne	194,8
66.	1936	Pellkawen/Ostpr.	Körner	194,4
67.	1933	Rominten/Ostpr.	H. Göring	194,1
68.	1937	Hinrichshagen/M.	Draeger	194,0
69.	1905	Möllenbeck/M.	Mayer	193,7
70.	1913	Alt-Eiche/Ostpr.	Heinrich XXVII., Fürst Reuß	193,7
71.	—	Alt-Christburg/Ostpr.	Schleiff	193,4
72.	1934	Kl. Gansen/HP.	v. Zitzewitz	193,3
73.	1920	Dumröse/HP.	v. Zitzewitz	193,0
74.	1890	Benz/M.	v. Treuenfels	192,7
75.	1936	Döhlau/Ostpr.	Dr. Kramer	192,6
76.	1923	Roddan/Km.	Müxfeld	192,5
77.	1919	Wabel/M	Berlin	192,4
78.	1920	Schlemmin/VP.	Graf Solms	192,2
79.	1930	Zehdenick/Km.	Senff	192,2
80.	1936	Lümzow/HP.	v. Rohr	192,1
81.	1936	Spandau/Ostpr.	v. Kühnheim	192,1
82.	1936	Rudczanny/Ostpr.	Alpers	192,1
83.	1916	Nassau/LSa.	König v. Sachsen	191,5
84.	1933	Manow/HP	Meiners	191,5
85.	1910	Leussow/M.	Graf Hardenberg	191,4
86.	1921	Neukrakow/HP.	Wohlnick	191,3
87.	1936	Gr. Dübsow/HP.	v. Zitzewitz	191,3
88.	1931	Tabarz/Th.	Herzog K. v. S. Cobg.-Gotha	191,3
89.	1936	Gaynen/Ostpr.	Neubacher	191,2
90.	1911	Peberow/HP.	v. Puttkammer	190,9
91.	1919	Raschau/Erzgeb.	gewildert	190,8
92.	1919	Nassau/LSa.	Proß	190,8
93.	1900	Bannenbrück/M.	Großh. Ad. Frdr. v. Mecklenb.	190,7
94.	1935	Theerbude/Ostpr.	H. Göring	190,5
95.	1937	Schorfheide/Km.	H. Göring	190,5
96.	1886	Pritzerbe/Km.	Bölke	190,4
97.	1918	Wabel/M.	Großh. Ad. Frdr. v. Mecklenb.	190,1
98.	1932	Platzkehmen/Ostpr.	H. Jankowski	190,0
99.	—	Cölpin/M.	Dr. v. Dewitz	189,8
100.	1896	Oberwiesenthal/LSa.	Hofmann	189,8

Weiter seien aus der Bewertungsliste der Internationalen Jagdausstellung Düsseldorf 1954 die 100 stärksten Rothirschgeweihe (Internationale Rothirschformel, Madrid) gebracht, wobei die gemessenen Werte der Geweihe aufgeführt werden, die in erster Linie über Wucht und Stärke Aufschluß geben (ohne Schönheitspunkte). Daran anschließend bringe ich aus den Bewertungslisten der Internationalen Jagdausstellung Düsseldorf 1954 und der Deutschen Jagdausstellung München 1963 die deutschen Rothirsche mit 180 I. P. und mehr, wobei ebenfalls die wichtigsten gemessenen Werte aufgeführt werden.

Die 100 stärksten Rothirschgeweihe der Intern. Jagdausstellung Düsseldorf 1954
(Internationale Rothirschformel, Madrid)

Lfd. Nr.	Erlegungs-Jahr	Land	Ort	Erleger bzw. Besitzer	Maße in cm								Geweih-gewicht brutto kg	Enden	Wert-ziffer
					Stangenlänge		Rosenumfang		Stangenumfang						
					r.	l.	r.	l.	u. r.	u. l.	o. r.	o. l.			
1.	1946	Ju	Kazuk	D. Stefanovič	126	128,8	28,6	28	19,7	18,5	17,2	16,4	10,9	u. 20	248,5
2.	1942	D	Rominten	H. Göring	118	113,2	28	27,2	20,9	17,8	17,6	16,9	10,5	u. 22	243,2
3.	1939	Ju	Bački Breg	B. Tiskič	114	115,2	27,8	27,2	17,9	18,1	16	17,2	10,4	u. 18	235,4
4.	1929	Ru	Kelemen-Gebirge	Dr. Kosch	113,2	108	26,8	27	18,2	18,2	19,1	18,6	9,9	u. 22	234,3
5.	1943	Ju	Kupusina	B. Samerjai	118,4	121,6	26	26,4	19,3	19	17,5	17,1	9,4	u. 22	233,2
6.	1913	D	Schaumb. Wald (Gatter)	Fürst zu Schaumb.-Lippe	110	109,6	29,6	29,6	22,3	21	19,3	18,1	10,8	u. 16	232,4
7.	1780	D	Reinhardswald	H. Lanz	108	111,6	27,2	26,8	17,9	17,9	16,3	16,3	10,5	20	231,7
8.	1953	Ung	Tolna-Gemenc	H. Andor	115,6	117,2	27,4	27	17,4	16,6	15,9	15,4	10	u. 26	229,9
9.	1952	Ju	Belje	M. Mucinič	104	108,4	27,2	28,8	18,2	18	16,4	15,7	9,4	u. 22	228,4
10.	1908	D	Glatz. Schneeberg	Homburg	115,6	116,8	27,8	27,4	17,5	17,5	16,1	16,2	9,6	18	228,3
11.	1942	D	Rominten	Dr. Gohrbandt	105,6	114	27,6	27,6	18,7	18,8	15,7	16,3	9,3	u. 18	228
12.	1952	Arg	Collunco	H. Böker	105,6	113,6	27,8	27,2	15,9	16,3	17,1	17,3	9,4	u. 22	226,8
13.	1952	Ung	Baranya	J. Német	118	121,6	29,8	30,6	17,7	17,9	16,8	18,5	9,9	12	226,5
14.	1941	D	Rominten	v. Brauchitsch	104	105,6	23,8	24	17,1	15,7	14,4	14,2	9,4	u. 28	226,5
15.	1946	Ju	Čadjavice	M. Bučanac	104,4	107,6	29,4	29,8	16	16,2	15,2	15,1	9,7	18	225,2
16.	1932	Ru	Gurghiu	C. Sautermeister	120,4	118,4	29,2	28,2	17,2	16,1	16,6	18	9,8	u. 18	225,1
17.	1952	Ju	Čadjavicki-Lug	T. Radosavljevič	116,8	122	29,2	30,4	17,9	18,8	18,2	17,5	8,8	14	224,9
18.	1950	Ju	Belje	A. Rankovič	128,4	124,8	26	25,6	17,9	16,4	15,7	16,5	10,8	14	224,1
19.	1936	Ju	Špačva	Šum. Gosp. Špačva	115,6	112	25,8	26,6	16,5	17,1	16,3	15,5	9,4	u. 20	223,6
20.	1949	Ju	Kazuk	Dr. V. Velebit	114	117,6	28,4	27,4	16,5	15,9	16,4	16,2	9,9	u. 20	222,8
21.	1934	Ru	Siebenbürgen	Frhr. v. Boeselager	112,4	113,2	24,6	24,4	17,5	17,4	16,7	16,7	9,3	20	222,6
22.	1919	Ju	Štrbac	M. Petrovič	112	107,2	28	27,4	17,7	17,6	16,1	16,5	9,6	u. 14	222,3
23.	1939	Ju	Karapandža	B. Stoikov	116	118,8	30	30	17,4	17,2	15,3	15,3	8,3	u. 16	221,7
24.	1942	Arg	Collunco	B. Relling	110,8	112,4	28,8	28,2	18,8	18,4	18,2	18	10,1	12	221,6
25.	1938	Ju	Špisič Bucovica	Dr. Jurjevič	114,4	106,4	29,4	28,4	16,5	17,3	15,5	15,4	8,9	u. 22	221,5
26.	1947	Ju	Smoga	P. Ph. Bosnič	117,2	115,2	30,4	30,2	20,3	18,5	17,2	16,7	9,3	u. 14	221,4
27.	1941	Ju	Bilogoca	Dr. Grospič	117,2	111,2	27	26,4	15,6	15,3	15,3	15,1	10,4	22	220,5
28.	1931	**Ru**	Gurghiu	v. Hohenzollern	120,4	107,2	25,8	26	17	17,6	16	16,4	8,5	20	220,5
29.	1939	D	Rominten	H. Göring	99,6	96,4	23,8	23,8	17,6	17	15,5	15,8	9,1	22	220,1
30.	1932	D	Rominten	H. Wallmann	109,6	107,6	25,4	25,2	16	15,1	14,6	14,7	9,5	u. 24	220,1

Lfd. Nr.	Erlegungs-jahr	Land	Ort	Erleger bzw. Besitzer	Maße in cm: Stangenlänge r.	l.	Rosenumfang r.	l.	Stangenumfang u. r.	u. l.	o. r.	o. l.	Geweih-gewicht brutto kg	Enden	Wert-ziffer
31.	1946	Ju	Brezovica	M. Cetkovič	112,4	110	25,8	26,4	20,5	20,1	18,8	17,8	9,4	u. 12	219,7
32.	1943	Ung	Karpaten	L. Preleuthner	109,6	115,2	29	28,8	17,5	17,9	15,6	16,4	10,3	14	219,6
33.	1953	Ung	Tolna-Gemenc	J. Rajcanyi	93,6	101,6	31	31	18,8	18,1	17,2	17,3	10,9	14	218,5
34.	1923	D	Rominten	Pauckstadt	113,6	113,2	26,4	26	17	17,9	16,7	17	9,7	u. 16	217,9
35.	1944	D	Rominten	W. Frevert	91,6	91,6	28	27,2	16,9	16,7	16,8	16,3	10	u. 22	217,9
36.	1917	Ju	Belje	Drz. Dobrokušutnjak	108,4	117,2	26,8	26,6	16	17,4	15,9	15,3	8,7	u. 20	217,4
37.	1949	Ju	Karapandža	S. Tomič	116	110	29,2	28,2	15,3	15,8	14,7	15,4	8,8	u. 20	217,1
38.	1953	Ju	Apatinski Rit	J. Broz-Tito	112,8	116,4	28,2	28,6	17,3	18	15,9	15,4	8,3	u. 16	216,4
39.	1912	D	Konitz	Baehr	106	111,2	28,6	29	17,9	17,4	19	16,2	8	u. 18	216,2
40.	1953	Ju	Semenca	Dr. B. Lavrič	112,8	112	25,8	25	16,4	15,4	15,1	15,3	8,1	u. 18	216
41.	1952	Ju	Karapandža	M. Pijade	116	114	27,2	27,4	16,6	16,1	16,4	16,4	8,4	u. 14	215,6
42.	1939	Arg	Collunco	B. Relling	120	119,6	27	26,8	16,8	16,7	16	15,9	9,3	14	215,3
43.	1943	D	Bockel	J. Heesch	115,2	117,6	27,2	27,4	17,8	17,9	16,3	15,7	7,7	16	215,2
44.	—	Ung	Tolna-Gemenc	A. Horvath	111,6	114	27,4	27	17,5	17,4	15,9	15,7	7,5	u. 16	215
45.	1946	Ju	Popovica	Dr. V. Velebit	121,2	117,6	27,2	27,2	17,1	16,4	14,2	12,9	7,5	18	215
46.	1918	Ju	Bilogoca	Kjesinsky	114,4	119,6	27,2	27,2	15,7	15,9	15	15,7	9,3	16	214,9
47.	1935	Oe	Niederösterreich	Buchinger	102,8	109,2	25,6	25,4	17	16,8	15,9	15,4	8,9	14	214,2
48.	1936	Ru	Kelemen-Geb.	J. Kloppenburg	130,4	127,2	25	25	15,2	15,4	15,4	15,5	7,9	14	213,8
49.	1941	D	Greifswald	A. Kamlah	101,2	102,4	27	25,8	17,8	15,7	16,1	16,4	9,8	u. 16	213,8
50.	1950	Arg	Collunco	G. Lahusen	122,4	124,4	27	27	16,7	15,7	16,1	16,4	—	u. 14	213,5
51.	1952	Ju	Belje	S. Stefanovič	122,8	121,6	26,6	25,8	17,3	17,2	15,6	14,5	8,7	u. 14	213,3
52.	1950	Ju	Karapandža	S. Penezič	108,4	106,4	28,6	27,8	15,8	16,7	14,3	14,1	8,2	18	213,2
53.	1950	Ju	Apatinski Rit	Dr. Bogdanovič	108	108,4	26,4	26,6	19,5	19,4	15,4	15,4	8	14	212,9
54.	1918	Ju	Spačva	J. Igalffy	111,6	111,6	28	27,6	16,9	16,5	15,1	15,1	9,1	12	212,9
55.	1950	Arg	Lolog	Dr. Francke	126	118	27,8	27,8	15,5	15,8	14,8	14,9	10,5	12	212,8
56.	1943	D	Rominten	Frhr. v. Richthofen	101,6	96,4	27,4	27,4	17,1	16,3	17,1	16,9	8,9	u. 18	212,2
57.	1953	Oe	Kohfidisch-Bg.	Fallwild	109,6	119,2	26,2	26	16,6	15,9	14,5	15,6	8,1	u. 18	211,6
58.	1941	Arg	Collunco	B. Relling	114,0	118,4	25,8	27	15,7	16,3	16,2	16,1	9,6	16	211,6
59.	1937	D	Pleß O.S.	Dr. Lindgens	106,8	108,4	24,2	24,8	16,7	15,0	15,6	16,6	8,6	u. 18	211,3
60.	1938	Arg	Collunco	B. Relling	105,6	102,8	28,4	29,2	16,7	17,6	16,6	17,5	9,2	u. 16	211,3
61.	1933	Ung	Tolna-Gemenc	J. Rajcsányi	114,4	112,4	25	25,2	17	17,8	14,4	14,6	9,7	u. 16	211
62.	1928	Ju	Adica	J. Merei	103,2	108	27,2	27,6	17	16,6	15,3	15,9	7,7	u. 16	211

63.	1917	Ju	Bački Breg	J. Išpanovič	113,2	113,2	26,4	26,2	18,2	16,6	18,8	16,2	7,6	u. 18	210,9
64.	1909	Ju	Smogva	Savez Lov. Društava	111,2	114	27	27,4	18,7	19,7	16,9	17,7	7,2	u. 12	210,9
65.	1937	Kurl	Piltene	J. v. Geldern	105,2	105,2	32,2	31,2	17,9	17,1	14,8	14,5	7,2	u. 16	210,8
66.	1942	D	Rominten	U. Scherping	116,4	118	26	25,6	16,3	16,3	14,6	14,2	8,2	u. 18	210,7
67.	1948	Ju	Belje	E. Smit	115,2	116	28,4	27,4	17,6	18,9	14,9	16,1	7,4	14	210,4
68.	1947	Ju	Bukovec	J. Krašovec	110,8	106,4	23	23	17,4	17,2	17	17,4	7,2	18	210.4
69.	1951	Ju	Našice	J. Horvat	106,8	108	26,4	26,6	20,5	17,3	16,2	15,5	7,6	u. 18	210,3
70.	1952	Ju	Apatinski Rit	B. Vukoje	108	106,8	24,6	24,8	17,7	17,5	17,6	16,6	7,8	u. 16	210,1
71.	1909	D	Schbg.-Lippe (Gatter)	Fürst zu Schbg.-Lippe	100,8	95,6	28,6	31,2	19,7	18,4	16,1	15,8	7,6	16	209,6
72.	1952	Ung	Tolna-Gemenc	Desco Kovacs	114,4	107,6	26,2	26	18,9	18,1	17	16,1	9,2	12	209,5
73.	1953	Ung	Tolna-Gemenc	Horvath Andor	111,2	117,2	24,2	23,8	15,4	15	14,3	13,9	8,9	u. 18	208,4
74.	1950	Ju	Psunj	A. Peseč	108	110	24,4	24,4	15,3	15,9	14,6	14,5	8,8	16	207,4
75.	1934	Ru	Rastolita	H. Rodenkirchen	120,8	123,6	27,2	27,6	16,8	14,2	16,8	14,5	8,3	10	207,4
76.	1941	D	Wildshausen	H. J. Cosack	104	104,4	25	25,2	16,7	17,9	15,5	15,8	6,6	u. 20	207,4
77.	1943	D	Garz	v. Wedemeyer	101,2	101,6	28	27	15,5	16,7	16,6	16,7	8,9	u. 20	207,3
78.	1941	D	Feudingen	W. Bald	118,4	119,2	26,2	25,8	16,6	16,9	15,4	15,3	7,2	12	207,1
79.	1953	Ju	Plavna	M. Pijade	108,4	108	26,8	27,6	17,5	17,1	15,3	13,9	8,8	12	206,9
80.	1919	D	Schaumburg-Lippe	Fürst zu Schbg.-Lippe	105,6	110,4	26,4	26,6	16,5	16,3	14,6	14,3	8,8	u. 16	206,7
81.	1950	Ju	Belje	J. Brosip-Tito	109	111,2	26,2	26,2	16,7	16,3	13,7	13,2	7,5	u. 16	206,6
82.	1942	D	Havelberg	R. Poensgen	95,6	96,4	29	29,4	18,6	17,5	15,6	16,4	8,7	u. 16	206,4
83.	1953	Ju	Belje	J. Gošnjak	112,8	113,6	30	30,2	13,4	14,5	16,5	15	8,1	16	206,4
84.	1953	Ju	Belje	J. Brosip-Tito	112,4	116,4	22	22,4	16,5	16,2	15,5	15,1	7,8	u. 16	206,3
85.	1953	Ju	Apatinski Rit	J. Brosip-Tito	100,8	100,4	25,4	24,6	18	16,9	15,7	15,5	5,8	u. 20	206,2
86.	1953	Ju	Petreš	M. Zeželj	113,2	111,6	24,8	24,8	15	14,8	14,2	14	8	u. 16	206,1
87.	1947	Ju	Darda	M. Božičić	108	106,4	26	26,6	13,3	16,8	17	16	7,7	12	206
88.	1953	Ju	Kazuk	V. Lecovič	102	107,2	25,6	27	17,5	17,2	14,8	14,5	7,5	14	205,9
89.	1952	Ju	Podravlje	K. Mrazovič	107,2	108	29,8	28,6	17,6	19,1	14,6	15,3	7,4	u. 14	205,8
90.	1944	Oe	Fürstenfeld	A. Trousil	101,2	101,2	26,4	27,2	17	16,8	15,6	15,6	8,5	12	205,8
91.	1939	D	Peetsch	Holtz	111,2	113,6	28	27,8	15,7	16,1	14,2	14,4	8,4	14	205,4
92.	1940	Ju	Karapandza	D. Lalevič	107,6	105,6	27,6	26,8	15,3	16,1	14,8	13,6	7,8	u. 16	205,3
93.	1940	D	Rominten	W. Frevert	90	95,6	27,2	27	17,5	16,4	16,3	15,4	7,6	u. 22	205,2
94.	1934	Arg	Collunco	D. G. Lahusen	112,8	127,2	28	28,4	15,7	15,8	15,5	15,2	9,1	u. 12	204,9
95.	1953	Oe	Petronell	C. Apensberg	98,4	100,8	27	27,2	15	14,7	14,8	13,9	7,5	18	204,9
96.	1952	Ju	Snežnik	F. Skrbec	103,6	106,4	27,8	27	15,3	14,6	17,7	15,4	7	u. 18	204,5
97.	1952	Ju	Plavanski-Rit	D. Jovanovič	112	104,8	24	24,4	17	18,6	14,7	14,8	6,6	u. 16	204,5
98.	1942	D	Braunsberg	Hölscher	98	100,8	26,6	26	16,9	18,2	17,5	17,4	7,2	u. 18	204,4
99.	1950	Ju	Apatin	Dr. F. Grospič	109,2	108	27,2	27,4	15,8	15	17,3	14,5	8	14	204,1
100.	1950	Ung	Tolna-Gemenc	J. Rajcesányi	118,4	117,2	25	25,6	16,7	16,9	14,2	14,6	8,4	u. 14	204,1

Die deutschen Rothirschgeweihe der Internationalen Jagdausstellung Düsseldorf 1954 und der Deutschen Jagdausstellung München 1963 mit 180 Punkten und mehr (Internationale Rothirschformel, Madrid)

Lfd. Nr.	Erlegungs-jahr	Ort	Erleger bzw. Besitzer	Maße in cm: Stangenlänge r.	Stangenlänge l.	Rosenumfang r.	Rosenumfang l.	Stangenumfang u. r.	u. l.	o. r.	o. l.	Geweih-gewicht brutto kg	Enden	Wert-ziffer
1.	1942	Rominten, Ostpr.	H. Göring	118	113,2	28	27,2	20,9	17,8	17,6	16,9	10,5	21	243,2
2.	1913	Schaumbg. Wald (Gatt)	Fürst zu Schaumburg-Lippe	110	109,6	29,6	29,6	22,3	21	19,3	18,1	10,8	15	232,4
3.	1780	Reinhardswald/Hessen	H. Lanz	108	111,6	27,2	26,8	17,9	17,9	16,3	16,3	10,5	20	231,7
4.	1908	Glatz, Schneeberg	Homburg	115,6	116,8	27,8	27,4	17,5	17,5	16,1	16,2	9,6	18	228,3
5.	1942	Rominten, Ostpr.	Dr. Gohrbandt	105,6	114	27,6	27,6	18,7	18,8	15,7	16,3	9,3	17	228
6.	1941	Rominten, Ostpr.	v. Brauchitsch	104	105,6	23,8	24	17,1	15,7	14,4	14,2	9,4	27	226,5
7.	1959	Lüneburger Heide	Junack	102,4	98,9	34,3	33,3	16,8	18,5	15,6	15,9	8,8	16	223,2
8.	1939	Rominten, Ostpr.	H. Göring	99,6	96,4	23,8	23,8	17,6	17	15,5	15,8	9,1	22	220,1
9.	1932	Rominten, Ostpr.	H. Wallmann	109,6	107,6	25,4	25,2	16	15,1	14,6	14,7	9,5	23	220,1
10.	1923	Rominten, Ostpr.	Pauckstadt	113,6	113,2	26,4	26	17	17,9	16,7	17	9,7	15	217,9
11.	1944	Rominten, Ostpr.	W. Frevert	91,6	91,6	28	27,2	16,9	16,7	16,8	16,3	10	19	217,9
12.	1912	Konitz, P.Wpr.	Baehr	106	111,2	28,6	29	17,9	17,4	19	16,2	8	17	216,2
13.	1943	Bokel, Schl.-Holst.	J. Heesch	115,2	117,6	27,2	27,4	17,8	17,9	16,3	15,7	7,7	16	215,2
14.	1941	Greifswald, Pommern	A. Kamlah	101,2	102,4	27	25,8	17,8	15,7	16,1	16,4	9,8	15	213,8
15.	1943	Rominten, Ostpr.	Frhr. v. Richthofen	101,6	96,4	27,4	27,4	17,1	16,3	17,1	16,9	8,9	17	212,2
16.	1937	Pleß, OS	Dr. Lindgens	106,8	108,4	24,2	24,8	16,7	15	15,6	16,6	8,6	17	211,3
17.	1942	Rominten, Ostpr.	U. Scherping	116,4	118	26	25,6	16,3	16,3	14,6	14,2	8,2	16	210,7
18.	1909	Schaumbg.-Lippe (Gatt)	Fürst zu Schaumburg-Lippe	100,8	95,6	28,6	31,2	19,7	18,4	16,1	15,8	7,6	16	209,6
19.	1962	Sauerland	Wittgenstein-Berleburg Rentkammer	99,8	99,6	26,9	26,5	16,8	16,2	15,6	15,2	7,6	17	208,6
20.	1941	Wildshausen, Westf.	H. J. Cosack	104	104,4	25	25,2	16,7	17,9	15,5	15,8	6,6	18	207,4
21.	1943	Garz, Pommern	v. Wedemeyer	101,2	101,6	28	27	15,5	16,7	16,6	16,7	8,9	18	207,3
22.	1941	Feudingen, Westf.	W. Bald	118,4	119,2	26,2	25,8	16,6	16,9	15,4	15,3	7,2	12	207,1
23.	1919	Schaumbg.-Lippe (Gatt)	Fürst zu Schaumburg-Lippe	105,6	110,4	26,4	26,6	16,5	16,3	14,6	14,3	8,8	15	206,7
24.	1942	Havelberg, Brdbg.	R. Poensgen	95,6	96,4	29	29,4	18,6	17,5	15,6	16,4	8,7	15	206,4
25.	1939	Peetsch, Mecklenbg.	Holtz	111,2	113,6	28	27,8	15,7	16,1	14,2	14,4	8,4	14	205,4
26.	1940	Rominten, Ostpr.	W. Frevert	90	95,6	27,2	27	17,5	16,4	16,3	15,4	7,6	20	205,2
27.	1942	Braunsberg, Ostpr.	Hölscher	98	100,8	26,6	26	16,9	18,2	17,5	17,4	7,2	15	204,4
28.	1944	Bettenfeld/Wittl., Rh.-Pf.	H. Bauer	109,2	103,2	25	25	16,3	16,4	14,4	15	7,3	15	203,7
29.	1944	Sobbowitz/Danzig	E. Nicolai	95,6	99,2	27,8	27,8	16,9	16,9	15,5	14,7	7,6	14	203,3

30.	—	Ostpreußen	Pauckstadt	91,6	97,2	25	24,2	15,6	14,3	16,9	17,4	7,7	15	203,2
31.	1959	Elm	A. Waack	90,4	92,6	24,8	24,5	16,8	17,3	15,8	15,7	6,7	20	202,8
32.	1941	Deutsch-Krone, WPr.	W. Günther	99,2	100,8	25,6	25	16,1	16,8	16,2	16,3	8,9	14	202,7
33.	1923	Bartenhof, Ostpr.	F. Meyer	100,4	100,8	27	27,2	16,8	16	16	15,1	6,7	16	202,5
34.	1962	Hrzgt. Lauenburg	v. Bülow	100,7	98,3	25,8	26,5	14,8	15,7	14,5	15,3	6,7	17	202,2
35.	1919	Schaumbg.-Lippe (Gatt)	Fürst zu Schaumburg-Lippe	99,6	98,8	27,4	27,8	15,5	14,9	14,5	14,7	8,2	18	200,7
36.	1939	Rominten, Ostpr.	W. Frevert	102,8	100,4	24,6	24,2	17,7	16,5	14,1	14,3	8,1	15	200,4
37.	1942	Schreitlaugken, Ostpr.	v. Dressler	111,6	109,2	22,8	22,2	16,6	15,8	15,8	15,9	7,9	14	199,5
38.	1960	Eifel	K. Königsheim	99,4	104,8	24	24,3	15,0	15,2	14,3	14,7	6,3	14	199,4
39.	1960	Steinburg, Schl.-Holst.	O. Nagel	108,8	109,5	25,3	25,5	16,4	16,8	15,2	15,1	6,7	13	199,3
40.	1962	Berchtesgadener Land	L. Steinherr	112,6	106,2	21,7	21,7	15,6	15,3	14,1	16,4	6,2	16	199,2
41.	1945	Brilon, Westf.	Hogrebe	92	93,2	24,4	24	15,5	15,9	15,4	14,7	7,9	16	199,1
42.	1944	Muldenburg, Sa.	K. Koch	112,4	112,8	22	22,4	15,3	15,9	13,8	14,4	7	16	198,7
43.	1941	Seiwerath, Rh.-Pf.	O. Franke	99,6	103,6	24,2	23,8	15,6	16	14,2	14	7,3	15	198,2
44.	1960	Eifel	P. Harke	88,3	96	24,5	24	18	17,6	15,9	15,3	6	16	198,1
45.	1957	Rendsburg	Mentz	99,8	101,2	25,8	26,8	15,1	15,5	14,1	14,3	7,1	16	197,3
46.	—	Rominten, Ostpr.	Remanowsky	104,8	107,2	23,8	24,4	17,2	18,7	14,3	14,6	6,9	16	196,8
47.	1962	Harz	Tägtmeyer	99,0	99,6	22,3	22,6	15,3	16,2	14,5	16,4	5,4	16	196,8
48.	1941	Nennhausen, Brdbg.	E. Graf v. Westerholt	109,6	110,8	23,8	23,6	15,3	16,1	14,9	15,4	7,4	15	196,7
49.	1940	Schmuckenthin, Pomm.	T. v. Wentzel	96,8	101,6	25,4	25,6	15,9	16	15,8	16,2	7,3	13	196,6
50.	1944	Insterburg, Ostpr.	K. Krell	77,2	80	24,6	25	19,8	20,5	19,4	17,4	7,3	15	196,6
51.	1961	Eifel	W. Kronenberg	101,2	93,1	27	26,6	15,6	15,6	14,7	15	7,5	12	196,5
52.	1941	Dubberow, Pomm.	T. v. Wentzel	103,6	104,8	24,8	25,4	15	15,3	14,9	14,8	7,7	15	196
53.	1946	Hoppfelde, Hessen	G. Noback	103,2	101,2	23,6	23,4	16	15	14,6	14,2	6,6	16	196
54.	1937	Papuschinen, Ostpr.	Graumann	91,6	92,8	22,6	22,8	15,6	16,7	14,6	14,8	6,4	19	195,5
55.	1938	Pritzerbe, Brdbg.	K. Gerard	94,4	95,6	24,8	25,2	16	16,2	15,9	15,7	6,5	16	195,1
56.	1941	Metzebach, Hessen	M. Salzmann	103,6	100,4	26	26,2	16,5	15,9	14,5	15,3	6,7	11	194,7
57.	1941	Eifel, NRW	K. Adolff	96,8	96,4	27,2	27,2	16,1	15,7	14,6	14,6	6,9	14	194,7
58.	1960	Sauerland	H. Behncke	101,2	104,4	24,2	24,6	15,1	15,2	14,6	14,5	5,9	12	194,5
59.	1942	Vorpommern	Frhr. v. Hammerstein	110	108,8	25,4	26,8	15,1	15,6	14,2	13,7	8	13	194,4
60.	1941	Poberow, Pommern	L. Schürholz	106	98,4	25,4	24,8	14,8	13,9	13,6	13,4	6,8	17	194,1
61.	1956	Hrzgt. Lauenburg	v. Bülow	92,2	95,1	25	25,2	15,6	14,5	14	14,2	7	16	194,1
62.	1941	Drefahl, Mecklenburg	W. Schulz-Bauernkuhl	90,4	90,4	26,6	25,8	14	15,8	15,9	13,5	7,9	17	193,6
63.	1940	Klessen, Brdbg.	C. Spaas	89,6	88,4	24,4	24	16,8	16,5	17,4	15,8	6,3	15	193,5
64.	1957	Lüneburger Heide	Mann	104,2	98,3	27,5	27,4	15,5	15,4	15,4	15	6,4	14	193,4
65.	1962	Hrzgt. Lauenburg	v. Bülow	93,5	100,7	23,5	23,3	14,8	15,4	14,1	14	6,6	18	193,4
66.	1943	Mönkloh, Schl.-Holst.	H. Kruse	97,2	98,4	26,2	27,4	16,1	16,9	13,8	14,3	5,9	13	192,8

Lfd. Nr.	Erlegungsjahr	Ort	Erleger bzw. Besitzer	Maße in cm: Stangenlänge r.	Stangenlänge l.	Rosenumfang r.	Rosenumfang l.	Stangenumfang u. r.	u. l.	o. r.	o. l.	Geweihgewicht brutto kg	Enden	Wertziffer
67.	1941	Erndtebrück, NRW	G. Pr. z. Sayn-Wittgenstein	95,2	90,4	24,6	24,8	14	14,1	14,3	14,9	6,8	17	192,7
68.	1944	Rosenberg, Westpr.	Frhr. v. Overbeck	110,4	104,4	24,6	24	14,2	15,8	13,8	13,4	5,7	13	192,5
69.	1942	Manow, Pommern	Fürst v. Hohenzollern	93,6	95,6	23,6	23,8	17	15,4	15,5	16	6,5	15	192,5
70.	1958	Hrzgt. Lauenburg	v. Bülow	97,1	101,4	21	20,8	14,2	14,1	14,6	14,3	5,9	18	192,5
71.	1944	Crampe, Pommern	Dr. Beckmann	111,6	108	22	21,8	14,7	14,6	13,6	13,2	6,5	16	192,3
72.	1941	Stralsund, Pommern	Dr. Hey	101,6	99,2	27	27,6	15,9	15,4	15	15	7,6	13	192,2
73.	1931	Sorquitten, Ostpr.	Schönherr	102,4	101,6	25,4	24,8	15,9	15,2	14,9	14,3	6,8	12	192,2
74.	1962	Hrzgt. Lauenburg	Dr. W. Uter	97,7	101,7	24,5	24,7	15,2	15,1	16,2	15	6,1	15	192,1
75.	1948	Grambeck, Schl.-Holst.	M. Bach	100,4	100	22,8	22,4	15,3	15,4	16,4	15,9	6,7	14	191,8
76.	1962	Sauerland	Prinz Botho zu Sayn-Wittgenstein	93,6	92,2	24,2	24,4	16,3	16	15	14,8	6,7	14	191,8
77.	1944	Riebrau, NSa	E. Voges	99,2	102,8	25	25	15,8	15,7	14,9	15	6	13	191,6
78.	1960	Bayer. Allgäu	F. Beck	95,6	98,1	24,4	24	15,9	14,7	13,3	13,4	5,2	17	191,4
79.	1938	Tarzow, Mecklenbg.	Dr. Hahn	94,8	90,8	26	26	15,2	16	13,1	13,6	7,9	15	191,2
80.	1931	Rominten, Ostpr.	R. Wenskeit	94,8	95,6	21,2	21,8	14,7	14,7	12,8	12,3	5,1	19	191
81.	1941	Crampe, Pommern	Dr. Beckmann	100,8	108,4	25,8	26,2	15,8	14,8	14,5	14,3	7,1	11	190,6
82.	1943	Sonthofen, Bayern	T. Merz	94,4	102,4	23,6	24,6	16,2	17,2	16	16,8	6,5	12	190,6
83.	1953	Winnefeld, NSa	O. Steinhoff	97,6	97,2	25,6	24,6	15,1	15,3	12,8	12,9	5,8	17	190,5
84.	1930	Ostpreußen	Bingmann	98	100,4	27,4	27,4	14,7	15	15,3	16,8	8	12	190,5
85.	1943	Küstelberg, NRW	F. Ewers	96,8	102,8	23	23,6	15	14,9	14,4	14,3	7	14	190,3
86.	1959	Hrzgt. Lauenburg	G. v. Treuenfels	101,2	102	24,1	23,6	15,3	16,2	14,5	14,3	5,8	15	190,1
87.	1953	Mahlberg, NRW	Dr. Helstriek	98,8	98	24,6	23,2	16,7	15,3	15,6	14,3	6,5	12	189,5
88.	1961	Steinburg, Schl.-Holst.	A. Bergner	97,1	96,3	23,4	23,4	16,1	14,8	13,4	14,1	7	13	189,5
89.	1944	Templin, Brdg.	Frhr. v. Buchholz	92,8	95,6	25,2	25,2	16,4	15,9	15,2	14,9	7,3	13	189,4
90.	1960	Lüneburger Heide	Dr. Imkamp	81,8	83,8	25,5	27,5	16,2	18,9	16,2	15	5	14	189,4
91.	1947	Lauterbach, Hessen	Stähling	98,8	92,8	25,4	25,4	16,3	15,6	14,7	15,2	7,5	13	189,3
92.	—	Rominten, Ostpr.	Remanowsky	103,2	103,6	25	25	14,1	14,5	12,9	13,4	5,9	15	189,3
93.	1942	Neuhaus, NRW	B. Rosenthal	90,4	85,6	22,4	22,2	15	15,2	13,5	14	6,5	16	189,3
94.	1943	Saleske, Pommern	E. Michaelis-Braun	100,8	90,4	26,2	25,4	15,2	15	13,6	13,7	7	14	188,9
95.	1943	Neubartelsdorf, Ostpr.	E. Goerke	94	92,4	24,6	25	17	17	18,2	17,8	7,4	11	188,9
96.	1955	Kaufunger Wald	H. Denzer	97,1	102,4	24	23,6	13,9	14,1	13,6	13,4	6	16	188,8
97.	1942	Weidenhausen, NRW	H. Höse	95,6	95,2	23,4	22	15,4	15,5	14,8	13,6	6,2	14	188,6

98.	1941	Stolp, Pommern	W. Pfeiffer	98,4	93,6	24,8	25,2	17,3	16	15,5	15,5	8,1	10	188,4
99.	1950	Rittershausen, Hessen	Dr. Kollmeier	103,2	107,6	24,6	24,4	13,9	13,8	13	13,4	7	13	188,2
100.	1953	Baden-Baden	E. Hermes	88	89,6	25,2	26	15,4	16,3	12,9	13,8	5,5	17	188,2
101.	1942	Manow, Pommern	Fürst v. Hohenzollern	100	100	24,4	25	18,2	15,8	15	14,5	6,2	13	188,1
102.	1940	Gudow, Schl.-Holst.	H. D. v. Bülow	99,6	96	24,4	24,6	15,3	16,1	15,5	16,7	6,7	14	188,1
103.	1957	Rendsburg	O. Thyen	99,6	97,8	24,1	24,1	17	16,7	14,3	13,7	5,9	13	188,1
104.	1942	Behlendorf, Schl.-Holst.	Augustin	96,8	93,2	25,6	25,8	13,8	14,2	14,2	13,4	6,7	14	187,9
105.	1940	Dhronecken, Rh.-Pf.	Reusch	107,6	100	23,6	23,8	14,1	14,2	14,3	14,2	7,5	14	187,8
106.	1961	Fichtelgebirge	W. Seifert	101,6	105,3	23,2	23,6	13,3	14,1	13,1	13,1	6,1	15	187,6
107.	1962	Werdenfelser Land	Oberforstdir. München	103,1	96,8	24,4	24,2	15,3	15,3	14,6	14,7	6,7	11	187,5
108.	—	Kempfeld, Rh.-Pf.	Offergelt	92,8	97,6	24,6	24,4	14,9	14,5	13,3	14,4	6,2	17	187,4
109.	1940	Gudow, Schl.-Holst.	F. W. v. Bülow	99,9	94	22	22,2	15,6	14,6	14,4	14,2	6,8	14	187,3
110.	1956	Rendsburg	A. Liebetrau	98,1	104,1	25	25,5	15,7	15,1	12,7	13,1	5,5	13	187,3
111.	1955	Eifel	K. Königsheim	93	89,8	22,7	24,9	14	16,1	14,4	14,2	5,9	15	187,1
112.	1915	Altenlotheim, Hessen	Hoog-Klimmer	87,6	92	23,2	23,2	19,5	18,3	14,6	14,4	6	12	187
113.	1941	Boldewitz, Pommern	Dr. Seifert	108,4	104	24,6	25,2	16,5	16,6	13,9	13,9	6,6	8	187
114.	1943	Boldewitz, Pommern	Dr. Seifert	102	98,8	23,2	24,2	17,1	19,7	13,5	14,5	5,9	11	186,9
115.	1943	Griesel, Brdbg.	Fürst v. Hohenzollern	94,4	94	23,8	24,4	16,3	14,2	16	15,3	5,1	14	186,6
116.	1961	Eifel	Dr. Reusch	90,4	83,8	24	24,5	14,7	15,9	13,5	14,3	5,7	19	186,6
117.	—	Eifel	Dr. J. Seibel	90,7	89,8	20,9	21,2	14,1	14,6	14,4	14,8	5,3	18	186,5
118.	1940	Sternberg, Brdbg.	Fürst v. Hohenzollern	106,4	102,8	24,4	24,6	15,1	14,8	14,4	14,4	6,7	15	186,4
119.	1959	Hrzgt. Lauenburg	Frhr. v. Ruffin	100,8	100,3	26,9	27	16,4	15,8	13,9	14,1	5,9	10	186,4
120.	1943	Auerbach, Sa	K. Koch	93,2	94,4	21	22	15,1	16,1	14,7	15,4	5,4	15	186,2
121.	1937	Gahrenberg, Hessen	Stoltenberg	98,4	95,6	23,4	22,6	15,1	14,7	13,6	13,1	5,2	14	186,1
122.	1957	Mangfallgebirge	A. Eberhard	94,3	96,5	26	25,2	15,9	16,5	14	14,1	5,3	11	186,1
123.	1944	Laasphe, NRW	Schade	107,2	105,6	21,2	20,8	15,5	15,9	13,9	14,4	5,7	12	186
124.	1941	Manow, Pommern	Fürst v. Hohenzollern	95,6	94,4	22,6	22,8	14,1	14,3	14	13,9	6,2	14	185,9
125.	1956	Hrzgt. Lauenburg	F. Bach	103,6	104,2	25,9	25,5	14,3	15,1	13	13,8	6,2	12	185,9
126.	1944	Osterode/Harz, NSa	Horn	91,6	99,2	22,4	22,4	13,5	13,8	13,4	13,2	6,2	16	185,5
127.	1962	Solling	Forstamt Neuhaus	94,6	94,6	27,5	26,7	14,3	13,8	13,2	13,1	5,7	15	185,4
128.	1955	Sauerland	H. Behncke	95,2	95,5	22,5	22,4	14,7	14,9	13,3	13,9	5,5	14	185,1
129.	1939	Brotzen, Pommern	K. Merklinghaus	99,6	96	22,8	23,2	16,7	15,9	13,4	13,4	5,8	14	185
130.	1954	Isarwinkel	G. Lüttich	87	87,4	23,2	23,4	14,8	14,5	14,2	14	6	13	185
131.	1961	Hunsrück	Demmer	97,2	92,1	26,4	25,5	14,3	14,9	14	14,6	5,8	13	184,9
132.	1946	Willebadessen, NRW	J. Frhr. v. Wrede	86,8	87,2	24,6	23,8	15,2	15,2	14,7	15,3	6	14	184,7
133.	1961	Odenwald (Gatter)	Fr. Graf zu Erbach-Erbach	101,3	102,4	23,9	22,7	13,5	13,7	14,2	13,3	5,7	13	184,7
134.	**1962**	**Eifel**	H. Zickler	**88,3**	**89,2**	**25,5**	**26,5**	14,6	14,9	13,4	13,5	6,2	13	184,6

Lfd. Nr.	Erlegungs-jahr	Ort	Erleger bzw. Besitzer	Maße in cm: Stangenlänge r.	Stangenlänge l.	Rosenumfang r.	Rosenumfang l.	Stangenumfang u. r.	Stangenumfang u. l.	Stangenumfang o. r.	Stangenumfang o. l.	Geweih-gewicht brutto kg	Enden	Wert-ziffer
135.	1940	Prüm, Rh.-Pf.	Lücke	95,2	98	22,8	21,6	14,8	14,5	14,7	13,3	6,4	15	184,5
136.	1941	Crampe, Pommern	Dr. H. Beckmann	90	94,8	22,2	22	13,5	13,4	14	14,5	5,6	18	184,5
137.	1957	Hrzgt. Lauenburg	Fürst Bismarck	106	109,1	23,6	23,4	16	16,2	14,8	14,9	5,7	10	184,2
138.	1939	Prüm, Rh.-Pf.	F. Rath	101,6	99,2	23	24	15,6	16,5	14,6	14,7	5,8	13	184,1
139.	1943	Sandow, Brdbd.	Dr. H. Niebuhr	92	88	24,2	24	15,3	14,3	14,8	13,7	6,1	15	184
140.	1943	Morbach, Rh.-Pf.	Gaßmann	100,4	101,6	24,6	23,6	12,5	14,3	12,4	12,9	7	16	183,9
141.	1962	Harz	Stafforst	89,2	89,1	26,1	26,3	16	17,1	13,9	14,3	5,3	10	183,9
142.	1944	Kempfeld, Rh.-Pf.	Offergelt	90	89,2	24,6	24,8	13,4	14,4	12,7	14,6	5,4	16	183,7
143.	1957	Eifel	Dr. Reusch	95,8	95,3	24,2	23,7	13,9	12,8	12,5	11,8	5,7	14	183,6
144.	1958	Rendsburg	H. Voß	96,6	95	24,7	24,2	14,4	14	14,2	13,8	5,1	13	183,6
145.	1959	Deister	H. Graf.v. Reichenbach	91,1	91,3	23,7	23,8	15,5	16	15	15,2	6,1	12	183,4
146.	1942	Hubertusburg, Rh.-Pf.	F. Hagen	91,2	94	25,6	25,8	15,7	15,9	12,9	13,4	6,6	13	183,4
147.	1961	Harz	Barge	100	103,4	25	24,3	14,6	14,8	12,5	13,1	5,7	12	183,3
148.	1961	Harz	G. Stalmann	95	94,8	21,7	21,5	15,7	15	13,3	12,8	5,1	13	183
149.	1960	Sauerland	Wittgenstein-Berleburg Rentkammer	104,7	107	26	26,2	14,4	14,8	12,6	12,8	5,4	13	183
150.	1944	Berleburg, NRW	Behncke	97,6	95,6	20,8	20,6	13,4	12,8	14,7	15,9	5,9	15	182,9
151.	1960	Lüneburger Heide	K. Schaum	94,5	109,2	21,9	22,2	13,7	14	12,9	12,3	6,2	14	182,7
152.	1956	Harz	Forstamt Bad Grund	97,1	93	24,5	24,9	16,2	16,3	13,8	13,7	4,7	12	182,7
153.	1943	Klusweide, NRW	Havestadt	98	96,8	23,4	23,6	13,9	13,4	14,5	13,9	7,1	15	182,6
154.	1937	Bützow, Mecklenbg.	G. Graul	94,4	98,4	24,6	24	15,1	15,1	13,8	14,2	7,4	12	182,5
155.	1962	Eifel	M. Bisenius	85,6	86,3	28	28	15,3	15,1	12,9	13,3	5,6	17	182,5
156.	1955	Nordhessen	Schmieder	99,7	97,3	23	23,1	14,4	14,4	12,8	12,8	5,2	14	182,3
157.	1916	Altmorschen, Hessen	v. d. Recke	94,8	94,8	22,6	22,4	14,4	15,8	13,7	14,5	5,6	14	182,3
158.	1939	Rauden, Pommern	Dr. Berckemeyer	96,8	97,6	23,6	23,6	14	15	12,9	13,5	5,9	14	182,2
159.	1962	Meißner	E. Hoffmann	101,2	97,8	24,5	21,9	14,5	15,2	13,5	13,6	5,6	14	182,2
160.	1957	Eifel	T. Michels	81,4	81,1	22,6	21,9	14,3	14,4	13,9	13,7	6,5	15	182,2
161.	1939	Brilon, NRW	Graf v. Spee	99,2	100	24,2	24,4	15,2	16,5	12,7	13,7	6,8	10	182,1
162.	1942	Crampe, Pommern	Dr. H. Beckmann	89,6	100,4	24	23,2	14,9	14,5	15,3	14,7	5,6	13	182,1
163.	1945	Brilon, NRW	F. Kerckhoff	98,4	92,4	23,6	24,6	13,3	14,2	12,7	13,6	5,1	15	182
164.	1962	Fichtelgebirge	E. Glässel	95,4	98,2	22,2	22,7	13,8	13,8	14,1	13,7	5,7	13	182
165.	1962	Harz	Zuehlsdorff	98,7	101	23,1	22,8	14,4	14,7	12,8	13,0	5,6	12	182

166.	1960	Sauerland	Prinz Botho zu Sayn-Wittgenstein	90,2	93,6	23,2	23,3	15,2	17	14,3	14,5	5,1	11	181,9
167.	1917	Heygendorf, Th.	H. Rauch	93,2	92,4	21,2	21,4	14,5	15,1	13,6	13,4	6	17	181,9
168.	1959	Hrzgt. Lauenburg	Augustin	94,5	98,2	25,9	26,2	13,7	14,4	13,7	13,5	5,9	11	181,8
169.	1946	Antfeld, NRW	E. v. Papen	82,4	81,6	25,2	25,4	16	16,4	13,5	13,8	5,4	15	181,7
170.	1941	Antfeld, NRW	E. v. Papen	96,4	95,6	23,2	23	15	15,3	13,3	13,1	5,8	12	181,6
171.	1952	Derenthal, NSa	Großgebauer	96	95,6	22,2	23	15,3	16,5	14,5	14,4	5	13	181,5
172.	1962	Lüneburger Heide	E. Hahne	90,4	95,3	22,8	22,4	14,8	13,9	14,4	13,8	6,1	15	181,5
173.	1959	Hunsrück	W. Müller	98	98,2	23,4	23,4	14,1	13,5	12,9	12,7	5,6	14	181,5
174.	1962	Bayer. Wald	L. Widenmayer	94,1	99	21,3	21,7	14,9	14,5	14	13,5	5,7	13	181,4
175.	1961	Solling	Lichtenberg	91	92,5	23,9	23,6	14,9	15,2	13,2	13,5	4,5	16	181,3
176.	1938	Sonthofen, Bay.	Waibel	93,2	93,6	24	24,4	14,5	13,9	13	12,6	5,4	16	181,3
177.	1938	Rittershausen, Hessen	E. Hilke	106	104,4	25,4	24,6	14,1	14,3	12,2	12,6	6,1	12	181,2
178.	1959	Vogelsberg	Graf zu Solms-Laubach	91,2	91,5	22,1	22,3	14,5	15,9	14,5	14,9	5,4	12	181,2
179.	1962	Steinburg, Schl.-Holst.	Dr. A. Gloy	91,3	95,4	24,6	25,2	14,5	14,4	13,4	13,1	6,4	13	181,2
180.	1958	Eifel	Dr. E. Gerstenmaier	96,2	96,3	22,5	22,3	15	15,7	13,5	13,9	5,2	12	181,1
181.	1960	Rendsburg	K. Sieh	89,4	89,8	24,2	24,1	14,6	14,5	13,5	13,3	5,6	14	181,1
182.	1941	Kurtscheid, Rh.-Pf.	O. Braun	100	94,8	23	23	14,5	14,6	14,1	14,1	6,2	12	181
183.	1939	Rantzau, Schl.-Holst.	Hollander	91,6	95,2	23,6	24	17,9	14,5	13,4	13,1	5,4	13	180,7
184.	1943	Neuhäusel, Rh.-Pf.	Wagner	103,2	103,6	26	26	15,3	16,4	14,7	14,4	5,8	10	180,7
185.	1943	Winnefeld, NSa	Steinhoff	100	98,8	23,2	24,8	13,8	14,3	13,7	13,8	5,8	12	180,6
186.	1940	Auermühle, NSa	Dr. Beindorf	97,2	92,8	22	22,8	14,8	15,9	13,5	15	5,3	11	180,5
187.	1961	Sauerland	Graf d'Otrante	98,3	98,3	24,4	24,6	13,8	13,9	12,7	12,5	5,4	12	180,5
188.	1942	Zabelsberg, Pommern	Dr. E. Kußmann	98,4	96,4	23,6	23,4	13,8	13,8	15,3	13,9	6	12	180,5
189.	1962	Eifel	F. Walther	86,5	81,1	23,5	22,4	14	13,4	13,9	13,7	5,6	15	180,4
190.	1955	Hrzgt. Lauenburg	H. E. Schlubach	84	79,5	25,8	25,8	16,2	15,4	14,9	16,7	6,4	11	180,3
191.	1951	Lichtenau, Hessen	H. Reinhardt	92,8	96,4	20,6	21,8	13,8	14,5	15,6	14,5	7	14	180,3
192.	1959	Sauerland	H. Behncke	90,2	90,5	26	25,6	14,9	13,7	16	14,2	5,3	14	180,2
193.	1957	Eifel	P. Harke	92,4	93,5	24,4	24,4	13,2	13,4	12,8	12,9	4,9	16	180,1
194.	1956	Hrzgt. Lauenburg	K. Quinckhardt	96,8	96,7	25,1	24,5	14,6	14,9	14,6	14,6	6,1	11	180,1
195.	1949	Boffzen, NSa	Lindenberg	87,2	87,6	24,8	24,8	17,2	15,4	13,4	12,1	5	13	180,1
196.	1953	Schaumbg. Wald, NRW	Erbprinz zu Schaumburg-Lippe	98,8	99,6	22,8	22,2	13,3	13,5	13,2	13,5	6,7	13	180
197.	1960	Harz	Pieper	86,5	96,5	21,6	21,2	14,5	14,3	13,9	14,6	5	16	180

Nachstehende Rangliste bringt die 50 stärksten Rothirschgeweihe der Internationalen Jagdausstellung Novi Sad (Jugoslawien) 1967.

Die 50 stärksten Rothirschgeweihe der Internationalen Jagdausstellung Novi Sad 1967

Lfd. Nr.	Jahr	Land	Erlegungsort	Erleger	Wertziffer
1.	1946	Ju	Belje	D. Stefanovic	248,55
2.	1963	Ung	Szentegát	F. Ohlig	247,14
3.	1960	Pol	Stanislawce	K. Schleinzer	243,52
4.	1940	Ru	Manastirea	R. Stanescu	243,17
5.	1961	Ju	Belje	B. Tićak	243,00
6.	1965	Bul	Etropole	J. Georgijev	242,58
7.	1960	Pol	Stuposiany	T. Zbigniew	242,05
8.	1967	Ju	Belje	Prinz Pahlevi	241,83
9.	1964	Bul	Tutrakan	P. Jordanov	241,82
10.	1966	SSSR	Krasnodarski	V. Mackevic	240,93
11.	1961	CSSR	Hrochot	J. Höher	240,65
12.	1919	Ru	Brectu	G. d. Vinatoare	239,87
13.	1960	Bul	Dolni Ciftik	J. Simoneonov	239,77
14.	1967	Ju	Belje	H. Horten	238,09
15.	1964	Ju	Belje	H. Horten	238,00
16.	1963	Ung	U-God	J. Nagy	237,54
17.	1958	Ju	Merolino	A. Birschler	237,40
18.	1962	Ru	Tusnad Bai	A. Serban	237,01
19.	1960	Pol	Cisna	Museum Warschau	236,94
20.	1955	Ju	Belje	V. Munkacevic	236,71
21.	1961	Ju	Belje	Josip Broz Tito	236,10
22.	1957	Ung	Tamási	J. Kádár	235,57
23.	1960	Ju	Migalovei	K. Mrazovic	235,53
24.	1966	Ru	Calaslau	G. Feneser	235,44
25.	1939	Ju	Belje	B. Trskic	235,43
26.	1961	Ju	Kozara	L. Borovnik	235,00
27.	1955	Ung	Bakocza	I. Tömpe	234,60
28.	1961	Ru	Intorsura	Intorsura Buzau	233,52
29.	1966	Ung	Vajszlo	W. Moderson	233,27
30.	1943	Ju	Belje	B. Samorjai	233,20
31.	1959	Ju	Belje	Josip Broz Tito	232,52
32.	1957	Ju	Belje	Josip Broz Tito	231,87
33.	1960	Ru	Oituzu	G. Talpa	231,66
34.	1965	Ru	Seaca-Lapusna	N. Ceausescu	231,47
35.	1954	Ju	Belje	B. Ljubic	231,42
36.	1966	Ru	Suha Mare	C. Avadanei	231,24
37.	1958	Ung	Körcsönye	J. Schulte-Wrede	231,20
38.	1966	Ju	Belje	H. Horten	230,80
39.	1964	SSSR	Litovskaja	J. Masjulis	230,34
40.	1961	Ju	Novska	D. Divic	230,24
41.	1967	Ju	Belje	H. Horten	230,07
42.	1966	Ung	Lábod	A. Schmitz	229,99
43.	1965	Ung	Béda	F. Ohlig	229,61
44.	1957	Pol	Gorowo	J. Rogoz	229,21
45.	1960	Pol	Strzalowo	M. Czarnecki	229,16
46.	1951	Ung	Gemenc	M. Horvath	228,63
47.	1937	Ru	Harghita Ciuc	R. Schmutzler	228,55
48.	1952	Ju	Belje	M. Muzinic	228,49
49.	1946	DDR	Stralsund	St. FWB Stralsund	228,09
50.	1960	Ju	Belje	E. Kalajdzic	228,09

Die Weltjagdausstellung Budapest 1971 brachte für die 50 stärksten Rothirschgeweihe folgende Rangliste:

Lfd. Nr.	Jahr	Land	Erlegungsort	Erleger	Wertziffer
1.	1970	Ung	Lenti	M. Schuster	251,83
2.	1968	Ung	Gamás	E. I. Schausberger	249,37
3.	1946	Ju	Belje	D. Stefanovic	248,55
4.	1969	SSSR	Ukraine	I. W. Pechno	247,56
5.	1963	Ung	Szentegát	F. Ohlig	247,14
6.	1968	SSSR	Lett. SSR	W. A. Seja	246,22
7.	1967	Ung	Labod	H. v. Aulock	246,13
8.	1969	SSSR	Orosz	W. Federov	244,50
9.	1891	Ung	Szálka	J. Reinspach	243,90
10.	1960	Pol	Stanislawcz	K. Schleinzer	243,52
11.	1940	Ru	Manasteria Casin	R. Stanescu	243,17
12.	1961	Ju	Belje	B. Ticak	243,00
13.	1965	Bul	Etropole	J. Georgiev	242,58
14.	1967	Pol	Krepna	K. Stasiak	242,50
15.	1968	Bul	Rossitza	W. Daskalov	242,41
16.	1960	Pol	Stuposiany	Z. Tym	242,05
17.	1967	Ju	Belje	Prinz Pahlevi	241,83
18.	1964	Bul	Tutrakan	P. Jordanov	241,82
19.	1966	SSSR	Orosz	V. Mackevics	241,57
20.	1970	Ung	Gyarmatpuszta	A. Papp	241,36
21.	1969	Ju	Belje	J. Jszakovics	241,09
22.	1969	Ung	Sellye	J. Stenske	240,65
23.	1961	CSSR	Krivan	J. Höher	240,65
24.	1968	Bul	Kotel	H. Russkov	239,93
25.	1919	Ru	Brectu	AJVPS Sf, Gheorghe	239,87
26.	1960	Bul	Doles Tschiflik	J. Simeonov	239,77
27.	1967	Ung	Ivánc	L. Zisler	238,93
28.	1894	Slaw	Crnac Slaw	G. Koltze	238,76
29.	1967	Ju	Belje	H. Horten	238,09
30.	1964	Ju	Belje	H. Horten	238,00
31.	1968	Ju	Belje	J. Blazevic	237,97
32.	1967	Ung	Zalaszentmihály	A. Kiss	237,86
33.	1963	Ung	Ugod	J. Nagy	237,54
34.	1970	Ung	Zalaszentmihály	E. Lang	237,50
35.	1967	Ung	Pandúr	Staatl. Forstverw.	237,40
36.	1958	Ju	Merolino	A. Birschler	237,40
37.	1969	Ung	Karapancsa	A. Pfrimmer	237,10
38.	1962	Ru	Tusnad Bai	A. Serban	237,01
39.	1960	Pol	Cisna	Museum Warschau	236,94
40.	1955	Ju	Belje	V. Munkacevic	236,71
41.	1970	SSSR	Ukrán	N. Zavodov	236,16
42.	1961	Ju	Belje	Jos. Broz Tito	236,10
43.	1969	Pol	Cisna	W. Nosofsky	235,82
44.	1966	Ung	Márkó	W. Heinzel	235,73
45.	1957	Ung	Tamásci	Staatl. Forstverw.	235,57
46.	1960	Ju	Migalovci	K. Mrazovic	235,53
47.	1968	Ung	Sellye	J. Schulte-Wrede	235,50
48.	1970	Ung	Nagykanizsa	N. Franco	235,48
49.	1966	Ru	Calaslau	G. Feneser	235,44
50.	1939	Ju	Belje	B. Trskic	235,43

Die in Budapest 1971 gezeigten Geweihe brachten für die europäischen Länder folgende Spitzenbewertungen:

Land	Jahr	Ort	Erleger	Wertz.
Österreich	1970	Eisenerz	Alpine Montan	223,61
Belgien	1965	Wellin	Mm. Janssen	211,75
Bulgarien	1963	Etropole	J. Georgiev	242,58
Tschechoslowakei	1961	Krivan	J. Höher	240,65
Frankreich	?	?	Dumont	204,71
Jugoslawien	1966	Belje	D. Stefanovic	248,55
Polen	1967	Krepna	K. Stasiak	242,50
Ungarn	1970	Lenti	M. Schuster	251,83
Großbritannien	1959	Norfolk	H. Heitz	201,03
DDR	1946	Stralsund	Forstverw.	228,09
BRD	1959	Gartow	H. Junack	225,90
Rumänien	1940	Manasteria Casin	R. Stanescu	243,17
Spanien	1959	Bahamonde	F. Cacorla	210,13
Schweiz	1953	Ebnat-Kappe	H. Kaufmann	189,05
Sowjetunion	1969	Ukraine	I. W. Pechno	247,56

Man kann annehmen, daß für die Mehrzahl der Fälle mit Stand 1971 auch die Spitzenhirsche der Länder gezeigt worden sind, ein Stand, der heute in einigen Ländern bereits wieder überholt sein wird. Das wird sich auf der nächsten nationalen oder internationalen Ausstellung zeigen, deren Bewertung für offiziell erklärt wird.

Abschließend werden noch die in Budapest bewerteten Geweihe aus Deutschland aufgeführt. Für die BRD sind sie vorwiegend Stücke von Hegeschauen, da die Einzelausstellung sehr scharf begrenzt worden war. Es ist dies also keine Rangliste, Stand 1971, die heute auch bei weitem überholt wäre. Die Aufstellung für die DDR entspricht vermutlich eher einer solchen Rangliste, die ebenfalls überholt sein wird.

Es zeigt sich aber, wie die deutschen Geweihe beginnen, an die internationale Spitzenklasse heranzurücken!

Bundesrepublik Deutschland

Jahr	Ort	Erleger	Wertz.
1959	Lüneburger Heide	H. Junack	225,90
1970	Eifel	J. Blessinger	213,25
1943	Schleswig-Holstein	J. Heesch	212,91
1967	Duv. Brook	Hamburg	212,57
1963	Schleswig-Holstein	F. Schmieder	209,16
1966	Schleswig-Holstein	A. Erlhoff	205,67
1970	Harz	F. Momberg	203,46
1970	Sauerland	R. Stammschröer	199,34
1967	Siegen	H. Groos	201,06
1970	Sauerland	W. Stammschröer	199,34
1969	Schleswig-Holstein	K. Klingenberg	199,13
1969	Schleswig-Holstein	W. Harten	198,60
1970	Harz	H. Deichmann	196,48
1968	Sauerland	D. Stammschröer	195,74
1967	Solling	K. Neuwinger	195,72
1965	Schleswig-Holstein	K. H. Gloy	195,51
1962	Harz	H. Tägtmeyer	194,85
1969	Hessen	Pz. Sayn-Wittgenstein	190,33

Deutsche Demokratische Republik

Jahr	Ort	Erleger	Wertz.
1946	Stralsund	Forstverwaltung	228,09
1969	Noss. Heide	Grüneberg	225,85
1971	Beeskow	Müllrose	222,42
1954	Muskau	Kreisel	219,48
1961	Trent	Uckert	219,23
1962	Neuhaus	Fischer	216,55
1954	Friedrichswalde	Casper	215,30
1958	Rühlsdorf	Wartenberg	214,96
1968	Kobrow	Ortmund	214,03
1958	Bergholz	Dahlbock	211,61
1966	Melzow	Fundusch	209,27
1960	Rumphagen	Wilke	208,77
1955	Pelzkuhl	Trenkmann	208,25
1956	Gelbensande	Schmidt	208,00
1963	Zachow	Schadow	207,83
1970	Loitz	Gohlke	207,78
1968	Mechow	Lehmann	207,71
1969	Alt-Daber	Michel	207,00
1968	Rabenhorst	Ewald	206,43
1968	Babke	Witt	206,10
	Hohlenstein	Rieger	205,03
1970	Weißwasser	Jurk	204,85
1967	Heinrichswalde	Mielke	204,63
1970	Neuhaus	Greve	204,37
1968	Ückermünde	Hoffmann	204,27
1970	Eibenstock	Brückner	203,56
1964	Hirseburg	Puttlitz	201,80
1968	Noss. Heide	Grüneberg	200,64
1969	Sandhof	Zorn	198,01

Jagdliches Brauchtum

Das Gesamtwerk kann nicht abgeschlossen werden, ohne sich noch dem *jagdlichen Brauchtum* zu widmen. Fast undenkbar ist es, die Jagd auf das Rotwild zu behandeln und dabei nicht an das Tun der alten hirschgerechten Jäger angeknüpft zu haben, deren Titel wir zu verdienen uns bemühen sollten. Gewiß: Tradition verblaßt! Heute im Zeitalter der Technik, des Lärmens, Hastens und der Überheblichkeit mehr denn je. Um so größer ist aber die Verpflichtung des Rotwildjägers, sich der traditionsgebundenen Bräuche anzunehmen, sie an die nach uns kommenden Jäger weiterzugeben, so wie sie Generationen vor uns ihren jagdlichen Nachfahren übergaben. Wer heute den Hirsch nur „totschießt", bei einer zeitgemäßen Jagdausrüstung kaum des Rühmens wert, wer ihn nicht waidmännisch streckt und im Denken und Fühlen nicht von dem Erleben so gefangen ist, um es auch in Handlungen zum Ausdruck zu bringen, dem allerdings kommt die Bezeichnung „Hirschgerechter" nicht zu.

Bedenklich weit war jagdlicher Brauch schon in Vergessenheit geraten und fand eine Pflegestätte in schwersten Jahren des Zusammenbruchs nach zwei verlorenen Weltkriegen bevorzugt noch in den Reihen des „Verein Hirschmann". Bei den Männern, die den roten Hund führen und damit schon ein gut Teil jagdlichen Brauchtums erhielten. Es ist das Verdienst von F. K. Lippert und W. Frevert, die alten Bräuche der Jägerzunft wieder zum Allgemeingut der Jägerei gemacht zu haben, indem sie das, was in früheren Zeiten durch mündliche Überlieferung und Vorbild vom Vater auf den Sohn, vom Lehrherrn auf den Jägerlehrling überging, als es zu verblassen drohte, in Wort und Schrift wieder lebendig zu machen verstanden.

FREVERT sagt: „Das Wesentliche des Brauchtums ist das Gemeinschaftliche." Für keinen Brauch gilt das mehr als für die *Jägersprache.* Sie pflegen, heißt starke innere Bindungen zwischen den Jägern schaffen und sein Gefühl der Zusammengehörigkeit entstehen lassen, das selbst die stärksten sozialen Unterschiede zu überbrücken vermag. Beherrscht der Jäger die Sprache seiner Zunft, so bedeutet das mehr als eine bloße Übung. Er gibt sich dadurch als Jäger zu erkennen, und jede unwaidmännische Ausdrucksweise kann in der Regel auch als Merkmal fehlenden jagdlichen Könnens gewertet werden. Gewiß ist derjenige nicht immer von vornherein im tiefsten Herzen Jäger, der es versteht, mit der Jägersprache firm umzugehen. Dadurch sollte man sich nicht täuschen lassen. Aber zum Waidmann gehört ihre einwandfreie Anwendung als unerläßliche Voraussetzung. So habe ich im Anhang eine wesentlich erweiterte Zusammenstellung der wichtigsten, bei der Jagd auf Rotwild gebräuchlichen waidmännischen Ausdrücke gebracht, mich dabei allerdings auf dieses Gebiet beschränken müssen.

Hauptbruch, armlang, befegt – Leitbruch, halbarmlang, befegt
(Aus Frevert, Das jagdliche Brauchtum, 9. Auflage)

Während die Jägersprache im allgemeinen als Brauch lebendig und in Anwendung geblieben war, sind die *Bruchzeichen* mehr oder weniger in Vergessenheit geraten, vermutlichen Zweckmäßigkeiten geopfert, und so war ihre Kenntnis verlorengegangen. Die Auflösung der Jägerhöfe, die besondere Pflegestätten jagdlicher Tradition gewesen sind, die völlige Änderung der Jagdgerechtsame und der mit ihr verbundene zahlenmäßige Rückgang des Standes der „Berufsjäger" ließen diesen Schwund jagdlichen Brauchtums vollkommen werden. Das ist um so unverständlicher und bedauerlicher, als gerade einem Teil der alten Bruchzeichen noch heute neben der symbolhaften noch durchaus eine praktische Bedeutung zukommt, und zwar als Mittel der Verständigung im Revier. Sollen sie als solches vollen Wert behalten, so ist es erforderlich, sie auch „gerecht" zu verwenden, wodurch kenntlich wird, daß sie vom Jäger gelegt wurden.

Die Brüche werden, wie ihr Name sagt, zunächst gebrochen und nicht mit dem Waidmesser abgeschnitten. Jede nachherige Bearbeitung des Bruches mit dem Messer gibt eine besondere Bedeutung.

Als *gerechte Holzarten* gelten ausschließlich: *Eiche, Kiefer* bzw. *Latsche* und *Zirbelkiefer, Fichte, Weißtanne* und *Erle.*

An wichtigen Bruchzeichen kennen wir:

Hauptbruch, Leitbruch, Anschußbruch, Fährtenbruch, Standplatzbruch, Wartebruch, Inbesitznahmebruch und Schützenbruch.

Der *Hauptbruch* wird armlang gebrochen und seine Rinde mit dem Waidmesser auf der Oberseite abgeschabt, er wird *befegt,* um ihn von anderen, herumliegenden Zweigen unterscheidbar zu machen. Er soll an auffallender Stelle liegen oder in gleicher Weise am Baume gut sichtbar hängen und hat die Aufgabe, die Aufmerksamkeit des Jägers zu erwecken, der angesprochen werden soll. Diesem bedeutet er, daß nun auf weitere Bruchzeichen zu achten ist.

In der Regel wird es der *Leitbruch* sein, auf den hingewiesen wird. Er ist nur von halber Armlänge und ebenfalls *befegt.* Durch ihn wird der Jäger zu einer bestimmten Stelle geleitet, sei es zu einem Anschuß oder zu einem gestreckten Stück Wild. Stets verlangt der Leitbruch, daß man ihm folgt, und zwar in der Richtung, in die er gewachsen ist, d. h. in die seine gewachsene Spitze zeigt. Verläuft die Folge auf einem Weg oder einer Schneise, so liegt der nächste Leitbruch dort, wo abgebogen werden muß. Geht die Folge durch einen Bestand, so soll auf Sichtweite gelegt werden.

Anschußbruch mit Fährtenbruch, Hirsch nach links geflüchtet
(Aus Frevert, Das jagdliche Brauchtum, 9. Auflage)

Mit dem *Anschußbruch* wird die Stelle kenntlich gemacht, an der das beschossene Stück bei Abgabe des Schusses stand, wenn eine Nachsuche erforderlich wird. Er ist von halber Armlänge, *nicht befegt,* und wird am Anschuß mit dem gebrochenen Ende so fest aufrecht in den Boden gesteckt, daß er vom Winde nicht verweht und auch nach Schneefall noch gefunden werden kann.

abgenommenen Hut oder dem gezogenen Waidblatt mit dem Gruß „Waidmannsheil". Nach erfolgreicher Nachsuche mit dem Schweißhund bricht der Erleger einen Teil des ihm überreichten Bruches ab, um ihn dem Schweißhundführer als Anerkennung zu geben. Dieser steckt auch dem Hund einen kleinen Bruch in den Wirbelring der Halsung.

Soviel über die Bruchzeichen. Weitere Bräuche beachtet der Jäger beim Aufbrechen des Wildes. Es ist verpönt, den Fuß auf das erlegte Wild zu setzen oder gar über das Stück, „über die Strecke zu treten". Ebenso verstößt es gegen die Regeln des Brauchtums, beim Aufbrechen Hut und Rock abzulegen oder die Rockärmel aufzukrempeln. Wer wirklich aufbrechen kann, erledigt das in der Regel ohne sich dabei die Ärmel oder Manschetten zu beschmutzen. Ein kleiner Kunstgriff hilft hierbei sehr. Man bleibe beim Herausnehmen von Gescheide und Geräusch immer in Tuchfühlung mit der äußeren Bauchdecke und rolle diese beim Hineinfassen in die Bauchhöhle mit ein. Natürlich gibt es auch Schußwirkungen, bei denen auch diese Vorsichtsmaßnahme nichts nützt. Das sind aber Ausnahmen. Selbstverständlich bricht der Erleger, zumindest nach Anstand oder Pürsch, das von ihm erlegte Stück selbst auf. Es wurde schon beschrieben, wie das Aufbrechen vor sich geht. Brauchtumsmäßig ist dabei zu beachten, daß man beim Hirsch Brunftkugeln und Brunftrute, sobald sie herausgeschärft sind, nach links, das Gescheide in jedem Falle rechts herauslegt. Am wirklich sauberen und gerechten Aufbrechen läßt sich der zünftige Jäger besonders gut erkennen.

Ist das erlegte Stück versorgt und in der schon beschriebenen Weise auch gestreckt, so entspricht es dem Brauch, in einer Weile des Besinnens *Totenwacht* zu halten. In erster Linie gönnt man sich diese Zeit nach dem Erlegen eines reifen Hirsches, um alle Einzelheiten der Pürsch, des vielleicht wochenlangen Mühens noch einmal in Gedanken an sich vorüberziehen zu lassen. Auch das bedeutet: „Den Schöpfer im Geschöpf ehren."

Auch beim *Transport* des erlegten Wildes sollte das Brauchtum nicht vergessen werden. Das Stück wird stets mit dem *Haupt nach vorn* gezogen und gefahren, nicht nur weil das zweckmäßig ist. Und wer es fertigbringt, den starken Hirsch, dessen Erlegung höchste Waidmannslust bedeutet, völlig poesielos mit dem Kraftfahrzeug aus dem Walde fahren zu lassen, nun, der weiß nicht viel vom jagdlichen Brauchtum und denkt wohl schon zu „zeitgemäß", um innerlich angesprochen zu werden, wenn der Hirsch, der König des Waldes, sein Reich für immer verlassen muß. Auf dem *Wildkarren,* mit grünen Brüchen als Unterlage, sollte der Hirsch seine erste und letzte Fahrt im Geleit des Jägers antreten.

Nun noch ein Wort über den Gebrauch des *Jagdhornes.* Wie kaum bei einer anderen Gelegenheit lassen sich bei seiner Anwendung Poesie und Zweckmäßigkeit verbinden. So ist das Horn ein selbstverständliches Ausrüstungsstück des hirschgerechten Jägers. Fast so alt wie die Jagd selbst ist der Gebrauch von Jagdsignalen, sei es in Form vom alten „Waidgeschrey" oder unter Einsatz des Hornes. Auch heute hat letzteres seine Bedeutung keineswegs verloren, selbst wenn wir nur nach der Zweckmäßigkeit fragen. Das Anblasen einer Drückjagd, das Abblasen der Treiben, der Hegerruf des nach dem Schützen suchenden Hundeführers bei der Nachsuche, für alle Notwendigkeiten, sich über Entfernungen zu verständigen, haben wir Hornsignale, die Hilfsmittel bei der Jagdausübung darstellen und gleichzeitig davon künden, daß alter Brauch und gute Sitte nicht verlorengegangen sind. Für nichts gilt das mehr, als für das *Verblasen des gestreckten Wildes.*

Es war bisher wenig Gelegenheit und Veranlassung, Begriff und Bedeutung deutscher Waidgerechtigkeit zu behandeln. An dieser Stelle darf aber ein das Gesamtwerk abschließender Hinweis nicht unterlassen werden.

Wenn sich auch die Auffassungen über das, was waidgerecht ist, seit Bestehen dieser Bezeichnung für unser Handeln ständig gewandelt haben, ja haben wandeln müssen, so gilt doch dies: Waidgerecht sein heißt, die Jagd als eine Sache des Gewissens und der Verantwortung betreiben. Als eine Sache des eigenen Gewissens und der Verantwortung gegenüber unserem Auftraggeber, der Allgemeinheit. Waidgerecht jagen heißt aber auch mit Passion jagen. Mit einer ernsten Leidenschaft, die nicht nur dem Erfüllen der Aufgabe dient, sondern auch aus der erregenden Spannung erwächst, die zwischen Jäger und Gejagtem entsteht.

Auf dem Wildkarren

Waidgerecht fühlen bedeutet, nichts tun oder zulassen, was gegen Recht, Sitte und Moral verstößt.

Und waidgerecht handeln erfordert daher nicht zuletzt die Pflege jagdlichen Brauchtums als Ausdruck innerer Verbundenheit mit dem Wilde, das wir hegen und pflegen wollen, aber doch töten müssen.

Solange also noch das Signal „Hirsch tot“ im Walde ertönt, solange wird waidgerechte Jagdausübung dafür sorgen, daß die Erhaltung unserer edelsten Wildart, des Rotwildes, jetzt und für die Zukunft gesichert ist.

Sinn und Inhalt der vorliegenden Arbeit, vor mehr als 80 Jahren vom großen Waidwerksmeister von RAESFELD begonnen, von mir in gern übernommener Verantwortung fortgeführt, war und ist es, das Rüstzeug für diese Aufgabe bereitzustellen, damit wir zum Ziel kommen. Wie es im alten Jagdspruch heißt:

„Ein hohes Ziel soll hirschgerechten Jäger leiten,
ein Ziel, so alt wie das Gebäu' der Welt:
Wo Mensch und Tier um Existenz sich streiten,
ist er als Mittler hingestellt."

Gerecht gestreckter Hirsch

ANHANG

Waidmännische Ausdrücke

A

Aalstrich: Dunkler Haarstreifen an Nacken und Rücken des Wildes.
abäsen: Abbeißen von Pflanzen.
Abbiß: Stelle der Pflanze, die vom Wild abgebissen wurde.
abblasen: Hornruf für die Schützen zum Verlassen des Standes.
abbrunften: Das Wild hat abgebrunftet, wenn die Brunft zu Ende ist. Der Hirsch ist abgebrunftet, wenn er durch die Brunft körperlich stark abgenommen hat.
abdocken: Den Schweißriemen kunstgerecht abwickeln.
abfährten: Das Bestätigen des Wildes nach den Fährten.
abfallen: Der Hirsch fällt ab, wenn er nach dem Beschlag vom Tier steigt.
abfangen: Das Töten kranken Wildes mit der blanken Waffe.
abführen: Den Jagdhund abrichten.
abgehen: Das Wild geht ab, wenn es flüchtig wird.
abhalsen: Dem Hund die Halsung abnehmen.
abkämpfen: Der stärkere Hirsch kämpft den schwächeren ab, schlägt ihn in die Flucht.
ablegen: Das Liegenlassen des Hundes im Revier, während der Jäger weiterpürscht.
abschlagen: Der stärkere Hirsch schlägt den schwächeren ab, wenn er ihn vertreibt.
Der Jäger schlägt das Geweih beim erlegten Hirsch ab.
absprengen: Der Hirsch treibt ein Stück vom Rudel ab, er sprengt es ab.
abstellen: Ein Treiben mit Schützen umstellen. Einen Wechsel abstellen, d. h. einen Schützen dorthin stellen.
abtragen: Den Schweißhund von der Fährte tragen.
Abtritt: Zeichen der Rotwildfährte. Das Stück tritt Grashalme usw. ab.
abtrollen: Flüchtig werden im Troll, d. h. im Trab.
abtun: Das kranke Stück tut sich ab, d. h. es verläßt das Rudel.
abwerfen: Das Abwerfen der Geweihstangen.
Abwurf: Die Abwurfstangen (beide) eines Hirsches.
abziehen: Das Wegziehen des Schweißhundes von einer Fährte.
Afterklaue: Über dem Fesselgelenk nach hinten stehende Klaue, auch Geäfter oder Oberrücken genannt.
Alttier: Weibliches Stück, das schon ein Kalb gesetzt hat.
anblasen: Hornsignal zum Beginn des Treibens.
anbringen: Den Hund an die Fährte legen, zur Fährte bringen.
Den Schuß anbringen.
anbrüchig: Das verendete Wild wird anbrüchig, wenn es in Fäulnis übergeht.
anfallen: Der Hund fällt die Fährte an, d. h. er arbeitet sie und zieht auf ihr fort.
anfliehen: Das Stück prallt gegen einen Baum, ein Gatter usw.
angehen: Der Jäger geht den Hirsch an, wenn er ihn anpürscht.
Das verendete Stück geht an, wenn es anbrüchig wird.
angehend: Der Hirsch ist angehend jagdbar, wenn er annähernd jagdbar ist.
anhalsen: Den Hund an die Leine nehmen, dem Schweißhund die Halsung anlegen.
anhetzen: Den Hund zur Hetze anfeuern.
Anlauf: Der Jäger hat Anlauf, wenn ihm Wild bei der Drückjagd kommt. Er hat guten Anlauf, wenn er erfolgreich bei der Jagd ist.
anlaufen lassen: Ein Stück auf sich zukommen lassen.
annehmen: Der Hirsch nimmt an, wenn er Jäger oder Hund angreift.
Der Hund wird angenommen, wenn er angeleint wird.
Die Fütterung wird angenommen, wenn sie vom Wild besucht wird.
Der Wechsel wird angenommen, wenn das Stück auf ihm zieht.

anpürschen: Das vorsichtige Herangehen an das Wild.
anregen: Das Wild wird angeregt, wenn es gestört wird; es wird rege gemacht.
anrühren: Soviel wie anregen.
anrufen: Der Hirsch wird vom Jäger mit dem Hirschruf angerufen.
ansagen: Den Sitz der Kugel angeben.
anschießen: Das Wild durch einen Schuß verwunden, so daß es noch flüchtig wird. Die Waffe einschießen.
anschneiden: Zerreißen und Fressen von verendetem Wild durch Hund und Raubwild.
anschreien: Den Hirsch anschreien. Die Hirsche schreien sich gegenseitig an.
Anschuß: Stelle, an der sich das Wild befindet, wenn es beschossen wurde.
anschweißen: Anschießen.
ansetzen: Der Jäger setzt sich an, wenn er das Wild erwartet.
ansprechen: Nach der Fährte oder nach äußeren Merkmalen das Stück feststellen bzw. beurteilen.
anstellen: Den Schützen auf seinen Stand bringen. Der Jäger stellt sich an, wenn er den Stand bezieht.
antragen: Dem Wild den Schuß antragen, d. h. beibringen.
anzeigen: Der Hund markiert durch sein Benehmen Wild oder die Fährte. Er zeigt an.
arbeiten: Einen Hund abrichten, ihn arbeiten.
äsen: Die Nahrungsaufnahme des Wildes. Das Wild äst oder es äst sich.
Äser: Das Geäse, Maul des Wildes.
Äsung: Nahrung des Wildes.
aufbrechen: Das verendete Stück aufschärfen und Gescheide und Geräusch herausnehmen.
Aufbruch: Die beim Aufbrechen herausgenommenen inneren Organe, Gescheide und Geräusch.
aufdocken: Den Schweißriemen kunstgerecht aufwickeln.
aufhaben: Der Hirsch hat ein Geweih auf, er hat gut auf, wenn er ein starkes Geweih trägt.
Er hat nicht mehr auf oder noch auf, wenn er abgeworfen bzw. noch nicht abgeworfen hat.
aufmüden: Das kranke Stück wieder rege machen.
aufnehmen: Der Hund nimmt die Fährte auf, wenn er darauf arbeitet.
Das Wild nimmt die Äsung auf, das gereichte Futter wird aufgenommen.
aufsetzen: Der Hirsch setzt auf, wenn er das Geweih bildet. Er hat gut aufgesetzt.
aufsitzen: Der Hirsch sitzt auf, wenn er das Tier beschlägt.
aufstehen: Das Erheben des sitzenden Wildes.
aufwerfen: Das Stück wirft auf, wenn es plötzlich aufmerksam wird und das Haupt hebt.
äugen: Sehen, hinschauen bei Hund und Wild.
Augsprosse: Unterstes Ende des Geweihes.
ausbrechen: Das Wild bricht aus, wenn es auf der Flanke des Treibens herausflüchtet oder beim Stellen durch den Hund wieder flüchtig wird.
Auslage: Stangenstellung beim Geweih. Es ist gut ausgelegt, hat eine gute Auslage.
auslösen: Die Haken, Grandeln werden ausgelöst.
ausmachen: Den Ort feststellen, wo das Wild steht.
ausrecken: Der Hirsch hat ausgereckt, wenn das Kolbengeweih fertig ist.
Ausriß: Eingriff, Bodenverwundung, die beim Zeichnen des Wildes durch den Schalenabdruck entsteht.
Ausschuß: Stelle, an der das Geschoß den Wildkörper verlassen hat.
Das Stück hat einen oder keinen Ausschuß.
ausspringen: Das Wild verläßt ein Gatter, indem es über dieses hinwegspringt.
austreten: Das Wild tritt aus, wenn es die Dickung oder Deckung verläßt.
auswechseln: Das Wild verläßt das Revier oder das Treiben. Es ist ausgewechselt.

B

Ballen: Erhöhter Teil der Schalen. Zeichen der Fährte.
Band: Teil des Haarschaftes unterhalb der Haarspitze.
Bast: Kurz behaarte Haut des Kolbengeweihes.
Behang: Ohr des Hundes, auch Altersbezeichnung beim Hunde. Er steht im 1., 2. usw. Behang, d. h. er ist 1, 2 usw. Jahre alt.
Behängezeit: Zeit, in der mit dem Schweißhund auf kalter, gesunder Fährte gearbeitet wird.
Beihirsch: Schwächerer Hirsch, der in der Feistzeit mit stärkerem zusammensteht und in der Brunft beim Rudel steht, ohne Platzhirsch zu sein.
Beitritt: Fährtenzeichen. Tritte des Hinterlaufes stehen neben denen des Vorderlaufes.
beschicken: Die Fütterung wird beschickt, d. h. eine Fütterung versorgt.
Beschlag: Deckakt des Hirsches. Das Stück ist beschlagen, d. h. befruchtet.
bestätigen: Den Stand des Wildes feststellen, ausmachen. Der Hirsch ist bestätigt, d. h. sein Stand und Wechsel sind genau erkundet.
Bett: Platz, an dem das Stück sich niedergetan hat.

Bezoar: Hellbraune Masse in den Tränengruben des Hirsches.
Birsche: Siehe Pürsche.
Blatt: Schulterblatt des Wildes.
Klinge des Waidmessers.
blenden: Der Hirsch tritt mit dem Hinterlauf nicht voll in den Tritt des Vorderlaufes und vergrößert diesen hierdurch.
Brand: Die schwarze Stelle am Bauch des Hirsches vor der Mündung der Brunftrute während und nach der Brunft.
Brandadern: Darmbeinvenen in der Nähe des Schlosses.
brechen: Geräusch, das vom Wilde beim Ziehen oder Flüchten durch die Dickung verursacht wird. Man hört das flüchtige Wild wegbrechen.
Bruch: Der abgebrochene, grüne Zweig, mit dem
1. bestimmte Markierungen vorgenommen werden, z. B. Anschußbruch, man verbricht den Anschuß.
2. der Erleger eines Hirsches oder Stückes seinen Hut schmückt, Schützenbruch.
Brunft: Begattungszeit des Rotwildes.
Das Tier ist brunftig, wenn es zum Beschlag bereit ist.
Brunftfleck: Siehe Brand.
Brunftgeruch: Besonders starker Geruch des Hirsches zur Brunftzeit.
Brunfthirsch: Der Hirsch, der in der Brunft steht.
Brunftkugeln: Hoden des Hirsches.
Brunftplatz: Der Ort, an dem das Rotwild sich zur Brunftzeit versammelt.
Brunftrute: Das männliche Glied.
Brunftschrei: Der Schrei des Brunfthirsches.
Büchsenlicht: Schußlicht, Tageshelle vor und nach der Dämmerung, die zum sicheren Abkommen beim Schuß ausreicht.
Burgstall: Altes Zeichen der Hirschfährte. Erhöhung im Tritt des Hirsches.
Auch das Grimmen.

D

daher: Zuruf für Jäger und Hund, d. h. rechts, nach rechts.
dahin: Zuruf für Jäger und Hund, d. h. links, nach links.
Decke: Die Haut.
docken: s. aufdocken, abdocken.
Doppelkopf: Abnorme Geweihbildung, bei der nicht abgeworfen und trotzdem neu geschoben wird.
Drossel: Luftröhre.
Drosselknopf: Kehlkopf.
drücken: Das stille Durchgehen der Dickungen und Stangenhölzer mit einem oder einigen Treibern.
Dünnung: Auch Flämen oder Wammen. Die Bauchdecke.
durchbrechen: Das Wild bricht durch, wenn es durch die Treiber flüchtig zurückgeht.
durchrinnen: Durchschwimmen.

E

edel: Edelhirsch, Rothirsch. Waidmännischer Ausdruck für gut und schön. Ein edles Geweih z. B.
eingehen: Natürlicher Tod, oder an einer Krankheit bzw. Verwundung langsam sterben.
Beim Rotwild gebräuchlicher: fallen.
Eingriff: Durch die Schalen hervorgebrachte Eindrücke im Boden: Besonders beim flüchtenden Wild oder am Anschuß.
Einschlag: Die Spitzen von Gras oder Blättchen, die dem Hirsch zwischen den Schalen hängen bleiben und später herausfallen.
Altes Zeichen der Hirschfährte.
Einschuß: Stelle, an der das Geschoß in den Wildkörper eingedrungen ist.
Einsprung: Vorrichtung im Wildgatter, die das Einwechseln des Wildes ermöglicht.
Einstand: Bevorzugter Aufenthalt des Wildes bei Tage.
Einwechseln: Stelle, an der das Wild in die Dickung eingewechselt ist.
einziehen: Das Wild zieht in die Dickung ein, d. h. es wechselt ein.
Eisbein: Die Beckenknochen, die im Schloß zusammengewachsen sind.
Eissproß: Eisende. Zwischen Augsprosse und Mittelsprosse sitzendes Ende am Geweih.
Ende: Sprosse am Geweih.
ereilen: Wenn der Hirsch mit dem Hinterlauf voll den Tritt des Vorderlaufes ausfüllt. Etwa wie Blenden. Altes Zeichen der Hirschfährte.
erlegen: Das Wild durch eine jagdliche Handlung töten.

F

Fädchen: Fädlein. Fadenähnliche Erhöhung zwischen den Schalen im Tritt des Wildes. Altes Zeichen der Hirschfährte.
Fährte: Die aneinandergereihten Abdrücke der Schalen im Boden oder im Schnee.
fährten: Abfährten. Das Feststellen der Fährten.
fährtenlaut: Lautes Jagen des Hundes auf der Fährte, ohne des Stückes ansichtig zu sein.
Der Hund jagt fährtenlaut.
Fährtenzeichen: Merkmale der Fährten und Tritte.

fallen: Das Sterben des Wildes infolge Alters, Krankheit oder Verwundung.
Fallwild: Infolge Alters, Krankheit oder Verwundung zugrunde gegangenes Wild.
Fang: Der Jäger gibt dem kranken Wild den Fang, d. h. er tötet es mit der blanken Waffe.
Fangschuß: Schuß, mit dem das kranke Wild getötet wird.
färben: Das Wild wechselt das Haarkleid, es verfärbt sich.
Färbezeit: Die Zeit, in der das Wild sich verfärbt.
Fasch: Faisch. Im Hochgebirge gebräuchlicher Ausdruck für Schweiß.
Federn: Die Dornfortsätze an den Rückenwirbeln. Beim zerlegten Wild die Rippen mit Bauchlappen.
federn: Ein Stück durch die Dornfortsätze schießen (Krellschuß oder Federschuß).
fegen: Das Abschlagen des Bastes nach Beendigung des Geweihwachstums.
Feist, feist: Fett, fett.
Feisthirsch: Der Hirsch in der Feistzeit, d. h. im Hochsommer.
Feuchtblatt: Das weibliche Glied.
feuchten: Das Nässen des Wildes.
Flähmen: Flämmen, Flämen, Dünnung. Bauchdecken zwischen Rippen und Keulen.
Flucht: Satz, Sprung. Der Hirsch macht einige Fluchten, d. h. Sprünge.
flüchten: Das Wild bewegt sich in schneller Gangart fort, es wird oder ist flüchtig.
Folge: Richtung, in der die Schützen nach Abblasen des Treibens zu gehen – zu folgen – haben.
forkeln: Das Verletzen eines Artgenossen oder des Hundes durch den Hirsch mit dem Geweih.
frisch: Eine Fährte ist frisch, wenn sie warm (s. d.) ist.
führen: Der Jäger führt den Hund, führt ihn ab, wenn er ihn abrichtet, er führt das Gewehr, er führt auch den Gast im Revier.
Das Alttier führt ein Kalb. Das Leittier führt das Rudel.

G

Gabel: Die obersten beiden Enden am Achter- oder Eissprossenzehnergeweih.
Geäfter: s. Afterklauen.
Geäse: Äser, Maul, aber auch Äsung des Wildes.
Gefege: Der abgefegte Bast.
gelt: Unfruchtbar.
Gelttier: Weibliches Stück, das wegen Unfruchtbarkeit kein Kalb führt.
Gelünge: s. Geräusch.
genossen machen: Dem Hund vom Schweiß oder Aufbruch zu fressen geben.
geperlt: s. Perlen.
gerade: Bei gleicher Endenzahl auf beiden Stangen spricht man z. B. von einem geraden Achter, im Gegensatz zu einem ungeraden Achter.
Geräusch: Herz, Lunge, Leber und Nieren.
gerecht: Den Regeln des Waidwerks entsprechend.
gering: Schwach, klein.
Gesäuge: Euter, auch Spinne genannt.
Gescheide: Eingeweide. Das große Gescheide ist der Magen (Pansen), das kleine Gescheide sind die Gedärme.
Geschläge: abgefegter Bast.
geschlossen: Als geschlossen wird der Tritt des Hirsches bezeichnet, dessen Schalenspitzen dicht beieinanderstehen. Altes Zeichen der Hirschfährte.
gesund: Das gefehlte Stück ist gesund. Der Hund arbeitet auf gesunder Fährte, wenn es sich um ein unverletztes Stück handelt.
Geweih: Hauptschmuck des Hirsches.
Grandeln: Haken, Eckzähne, im Oberkiefer des Rotwildes.
Graser: Lecker, Zunge.
Grashirsch: Hirsch im Vorsommer, der nur Gras und noch kein Getreide geäst hat.
Grind: Haupt, Kopf.
gut: Ausdruck für stark oder günstig.
Ein guter Hirsch, guter Wind usw.

H

Haar: Haar des Wildes.
Haken: Grandeln, Eckzähne im Oberkiefer.
Hals: Hals des Wildes, Stimme des Hundes.
Halsung: Halsband des Hundes.
halten: Das Wild hält den Wechsel, wenn es auf ihm zieht.
Der Hund hält die Fährte, wenn er sie arbeitet, ohne davon abzukommen.
Hängeseil: Leine, an der früher der Leithund geführt wurde. Heut noch gebräuchlich für Seil, das anstelle des Schweißriemens benutzt wird.
Haupt: Kopf.
Haupthirsch: Ein besonders starker, alter Hirsch.
Hauptbrunft: Höhepunkt der Brunftzeit.
Heesen: Die starken Sehnen am Hinterlauf.
Hege: Alle Maßnahmen, die der Erhaltung und pfleglichen Behandlung des Wildes dienen.
Hegezeit: Schonzeit.
Himmelsspur: Bezeichnung der Fege- und Schlagstellen.

Himmelszeichen: Das Wenden, Abbrechen von Zweigen mit dem Geweih beim Ziehen. Altes, gerechtes Zeichen.

Hinfährte: Früher allgemein die Fährte vom Holz zum Feld. Auch gebräuchlich für die Fährte in der Richtung, wohin das Wild gezogen ist.

hinterlassen: Wenn der Hirsch den Tritt des Hinterlaufs hinter den des Vorderlaufes setzt. S. a. zurückbleiben. Altes Zeichen der Hirschfährte.

Hirsch: Das männliche Stück beim Rotwild.

Hirschfieber: Jagdfieber, Aufregung des Jägers beim Anblick des Wildes, besonders vor dem Schuß.

hirschgerecht: Der mit der Lebensweise und dem Verhalten des Wildes, mit der Fährtenkunde, mit der Hege und der Jagd vollkommen vertraute Jäger ist hirschgercht.

Hirschkalb: Männliches Kalb.

Hirsch tot! Hornsignal am gestreckten Hirsch.

hochbeschlagen: Kurz vor dem Setzen stehend.

Hochsitz: s. Kanzel.

hochwerden: Aufstehen des Wildes.

Hochwild: Zur hohen Jagd gehörendes Wild, im engeren Sinne Rotwild.

zu Holze schießen: Ein Stück so anschießen, daß es nicht zur Strecke gebracht wird, aber später fällt.

Horn: s. Jagdhorn.

Hornfessel: Riemen oder Schnur, an der das Jagdhorn getragen wird.

Horrido!: Jagdruf. Aus Ho-Rüd-ho, dem Hetzruf des Rüdemeisters früherer Zeit zusammengezogen.

I

Insiegel: Die an der Sohle der Schalen haftende Erde, die beim Ziehen verloren wird und in der Fährte liegt. Altes Zeichen der Hirschfährte.

J

jagdbar: 1. Tiere, die den Bestimmungen des Jagdgesetzes unterliegen, sind jagdbar. 2. Jagdbar ist der Hirsch, der sich dem Höhepunkt seiner Geweihentwicklung nähert. Ihm steht gegenüber der geringe Hirsch, die Grenze bestimmt sich durch das Geweihgewicht.

Jagdhorn: Pleß'sches Jagdhorn und andere Formen. Signalhorn zum Gebrauch bei der Jagd.

Jagdsignale: Hornsignale zur Verständigung der Jäger und zum Verblasen gestreckten Wildes.

Jagdzeit: Schußzeit, im Gegensatz zur Schonzeit.

Jägerrecht: Teile des erlegten Wildes, die dem Berufsjäger zustehen.
Früher: Das große Jägerrecht, das aus Kopf, Hals und Vorschlag sowie Feist und Aufbruch bestand. Heute noch üblich: Das kleine Jägerrecht, das aus Trophäe und Aufbruch des selbsterlegten Wildes besteht.

Jägersprache: Waidmannssprache, ein Teil des jagdlichen Brauchtums.

K

Kahlwild: Das weibliche Rotwild und die Kälber beiderlei Geschlechts.

Kalb: Das Jungwild während des ersten Lebensjahres.

Kälbertier: Kälberstück. Das ein Kalb führende Stück Rotwild.

kalt: Eine Fährte ist nach wenigstens zwei Stunden kalt.

Kammer: Ausdruck für die Brusthöhle.

kämpfen: Das Streiten der Hirsche.

Kanzel: Hochsitz, Hochstand, Leiter. Ansitz, meist aus Holz gebaut, in einiger Höhe über dem Erdboden.

kapital: Ganz außergewöhnlich stark.

Kehlbraten: Wildpret am Halse.

Keule: Schlegel. Hinterschenkel des Wildes.

Kirchgang: Das vertraute Zurückwechseln der Hirsche in der Frühe vom Äsungsplatz zu Holze.

kirren: Ankirren. Darbieten von Futter, um das Wild anzulocken.

klagen: Schreien des Wildes in Angst und bei Schmerzen.

knören: Leises Schreien des Hirsches in der Brunft.

Kolben: Geweih des Hirsches im Bast.

Kolbenhirsch: Hirsch, der ein Bastgeweih trägt.

kommen: Das Wild kommt dem Jäger, wenn es auf ihn zuwechselt. Er kommt zu Schuß.

Kopf: Altersbezeichnung beim Hirsch z. B. vom 1. Kopf, d. h. er trägt das erste Geweih.

Kopftier: Leittier. Das ein Rudel anführende Tier.

Kragen: Langes Haar am Hals des Hirsches.

krank: Das angeschweißte Stück ist krank, seine Fährte ist eine kranke Fährte. Der Jäger läßt das Stück nach dem Schuß krank werden, wenn er die Nachsuche nicht sofort aufnimmt.

Kranz: Scharfe Schalenabdrücke auf hartem Boden. Altes Zeichen der Hirschfährte.

krellen: Krellschuß. Schuß durch die Dornfortsätze der Rumpfwirbel.
Kreuztritt: Das Stück setzt den Hinterlauf seitlich halb in den Tritt des Vorderlaufes. Altes Fährtenzeichen.
Krone: Oberer Teil des Geweihes, wenn es 3 Enden und mehr über der Mittelsprosse trägt.
kümmern: Wegen Not, Krankheit oder Verletzung kränkeln.
Kümmerer: Ein kränkelnder, in der Entwicklung zurückgebliebener Hirsch.
Kurzwildpret: Die Hoden oder auch die gesamten männlichen Geschlechtsteile.
küseln: Der Wind küselt, d. h. er ist unbeständig oder zieht im Kreise.

L

lancieren: Das Vorbringen des Hirsches durch Ausarbeiten der Fährte mit dem Hund am Riemen.
Lappen: Lange Leinen, an denen bunte Tücher oder Federn hängen, die zum Abwehren des Wildes gezogen werden.
Lauf: Hinterlauf, Vorderlauf. Das Bein des Wildes.
lauflahm: Das Stück ist lauflahm, wenn es einen Lauf wegen Verletzung nicht mehr voll gebrauchen kann.
Laufschuß: Schuß an den Lauf, Vorderlauf- oder Hinterlaufschuß.
Lauscher: Luser, Loser. Die Ohren des Wildes.
Laut: Das Bellen des Hundes. Er gibt Laut.
Lecker: Zunge.
Leib: Der Hirsch ist gut bei Leibe, wenn er feist ist.
Leittier: s. Kopftier.
Licht: Auge.
Losung: Kot des Wildes.
lüften: Vorläufige Versorgung des gestreckten Wildes durch Aufschärfen der Bauchdecke.

M

mahnen: Lautäußerung des Tieres.
Mähne: Langes Haar am Hals des Brunfthirsches.
Mehrbraten: Möhrbraten, Mürbebraten. Wildpret in der Nierengegend unter dem Rückgrat.
melden: Das Schreien des Hirsches. Er meldet sich, meldet gut bzw. schlecht.
Mittelsproß: Ende am Geweih über der Aug- bzw. Eissprosse.
Mönch: Hirsch, der dauernd kein Geweih trägt.
Mutterwild: Bezeichnung für weibliches Wild.

N

nachhängen: Mit dem Hund am Riemen eine Fährte arbeiten.
Nachsuche: Die Suche nach dem beschossenen Stück.
Näpfchen: Vertiefung an den einzelnen Teilen der Hirschlosung.
Näslein: Erdstreifen zwischen den Schalenabdrücken im Tritt. Beginn des Fädleins. Altes Zeichen der Hirschfährte.
nässen: Harn lassen.
Netz: Die das Gescheide umspannende, dünne Haut.
Neue: Frischgefallener Schnee, in dem man fährten kann.
niedertun: Das Wild tut sich nieder, wenn es sich hinlegt.
niederziehen: Das Zubodenreißen des Wildes durch den Hund.
niedrig: Der Hirsch geht niedrig, wenn er abgeworfen hat.

O

Oberrücken: s. Afterklaue.
orgeln: Schreien des Hirsches.

P

Pansen: Waidsack. Magen des Wildes.
Perlen: Die kleinen rundlichen Erhebungen am Geweih. Ein Geweih ist gut bzw. schlecht geperlt.
Perücke: Wucherung des Geweihes. Perückenhirsch.
Pirsch: s. Pürsch.
Plattkopf: s. Mönch.
plätzen: Wegschlagen des Schnees oder der Bodendecke mit dem Vorderlauf.
Platzhirsch: Hirsch, der sich in der Brunft ein Rudel erkämpft hat und seinen Platz behauptet.
Psalter: Teil des Magens, Blättermagen.
Pürsch: Das vorsichtige Gehen im Revier, um an Wild heranzukommen. Auch Pürsche, Pirsche, Pirsch, Birsche, Birsch.
Pürschsteig: Pürschweg. Ein von Gras und dürren Ästen freigehaltener Steig, auf dem man sich leise fortbewegen kann.
Pürschzeichen: Merkmale, die man nach Abgabe eines Schusses auf Wild an diesem beobachtet oder auf dem Anschuß oder auf der Fährte findet, und aus denen man auf den Sitz der Kugel schließen kann.

Q

quittieren: Das Wild quittiert die Kugel, wenn es zeichnet.

R

rege: Das Wild ist rege, wenn es unruhig ist.
reif: Der Hirsch ist reif, wenn er auf der Höhe der Geweihentwicklung steht, also mit etwa 12 Jahren.
Riefen: Rillen. Furchen am Geweih.
Riegel: Wechsel im Hochgebirge.
riegeln: Drücken im Hochgebirge.
rinnen: Schwimmen.
roglich: Soviel wie rege.
röhren: Schreien des Hirsches.
Rose: Ringförmige Verdickung am unteren Ende der Geweihstange.
Rosenstock: Stirnzapfen.
Rotfährte: s. Schweißfährte.
Rückfährte: Die Fährte in der Richtung, aus der das Wild gekommen ist.
Rudel: Größere und geringere Anzahl von Wild, das dauernd oder vorübergehend zusammensteht.
rudeln: Sich rudeln, d. h. sich zu einem Rudel formieren.

S

Salzlecke: Sulze. Ein Gemenge von Lehm und Salz, in einen Rahmen geschlagen oder auch Salz allein dem Wild dargeboten.
Schadhirsch: Mörder. Hirsch mit einem für seine Artgenossen besonders gefährlichen Geweih. Also ein älterer Spießer, Gabler oder Sechser.
Schalen: Hufe des Wildes.
schärfen: Schneiden mit dem Waidmesser.
scherzen: Spielen, spielerische Kämpfe geringer Hirsche.
schieben: Der Hirsch schiebt ein Geweih.
Schlag: Hirschschlag. Stelle, an der ein Hirsch geschlagen oder gefegt hat.
schlagen: Das Zerschlagen von jungen Bäumen und Sträuchern durch den Hirsch mit schon gefegtem Geweih.
schlecht: Soviel wie schwach und gering.
Schlegel: Keule.
Schloß: Verbindungsnaht der Beckenknochen.
Schloßtritt: Tritt des Hinterlaufes im Bett des Hirsches. Altes Zeichen der Hirschfährte.
Schluß: Setzt das Wild beim Ziehen den Hinterlauf genau in den Tritt des Vorderlaufes, so macht es den Schluß. Altes Zeichen der Hirschfährte.
Schmaltier: Weibliches Stück nach Beendigung des ersten Lebensjahres bis zum 1. Setzen bzw. bis zum Ende des zweiten Lebensjahres.
Schmalspießer: Hirsch vom 1. Kopf.
schnallen: Den Hund zur Hetze von Riemen lösen.
Schneider: Ausdruck für geringen Hirsch.
schnellen: Schlagen mit den Läufen beim zusammengebrochenen Stück.
schnippen: Schnippschuß. Das Wild mit dem Schuß gerade noch streifen.
Schnitthaar: Von der Kugel abgeschossenes Haar am Anschuß.
Schonzeit: Zeit, in der das Wild nach dem Gesetz nicht bejagt werden darf.
schöpfen: Trinken, tränken.
Schrank: Abweichung der Tritte in der Fährte des Wildes von der Körpermittellinie.
schränken: Im obigen Sinne abweichen.
schrecken: Lautäußerung des Wildes bei Beunruhigung.
schreien: Brunftlaut des Hirsches.
Schritt: Entfernung der Tritte voneinander Schrittweite. Altes Zeichen der Hirschfährte.
Schußzeichen: s. Pürschzeichen.
Schußzeit: Jagdzeit. Im Gegensatz zu Schonzeit.
schwach: Gering.
Schweiß: Blut, sobald es aus dem Körper tritt.
Schweißarbeit: Die Arbeit mit dem Hund auf der Wundfährte.
schweißen: Bluten.
Schweißhund: Hunderasse, die besonders zur Arbeit auf der Wundfährte bestimmt ist. Hannoverscher Schweißhund. Bayerischer Gebirgsschweißhund.
Schweißriemen: Riemen, 7–10 m lang, an dem der Hund auf der Fährte arbeitet.
setzen: Gebären.
Setzzeit: Zeit, in der das Wild setzt.
sichern: Das Wild sichert, wenn es aufmerksam das Gelände beobachtet und den Wind prüft.
sitzen: Das Wild sitzt im Bett, wenn es sich gelegt, niedergetan hat.
Spiegel: Der hell gefärbte Fleck um das Waidloch an den Keulen.
Spinne: Gesäuge.
spitz: Das Wild steht spitz, wenn es direkt von vorn oder von hinten zu sehen ist.
Sproß: Sprosse. Ende am Geweih.
spüren: Fährten. Alles Schalenwild hat eine Fährte, das übrige Wild macht eine Spur. Doch ist der Ausdruck spüren auch beim Rotwild nicht ungebräuchlich.
Standlaut: Der tiefe Laut des Hundes, wenn er Wild stellt.
Standwild: Wild, das sich regelmäßig im Revier aufhält.

Stange: Eine Seite des Geweihes. Die linke Stange ist die Stange, die der Hirsch links trägt.
stark: Ausdruck für Geweihstärke.
steil: Ein steiles, d. h. wenig ausgelegtes Geweih.
steineln: Das Lostreten von Steinen und Geröll durch ziehendes Wild.
stellen: Flüchtendes Wild durch den Hund zum Stehen bringen.
Stich: Der vordere Teil der Brust unter dem Hals.
still: Die Brunft ist still, wenn die Hirsche wenig schreien.
Strecke: Alles gelegentlich einer Jagd erlegtes Wild.
Strecke legen: Das erlegte Wild nach altem Brauch zur Strecke, d. h. in bestimmter Reihenfolge legen.
strecken: Erlegen. Das Wild wird zur Strecke gebracht.
Stück: Stück. Bezeichnung für weibliches Rotwild.
Stümpfe: Rundung der Schalen. Zeichen der Hirschfährte.
stürzen: Zusammenbrechen.
Suhle: Schlammiges Wasserloch, in dem das Wild sich wälzt. Auch Sandsuhle.

T

Talg: Hirschtalg, Feist, Fett.
Tauschlag: Die im taunassen Grase sichtbare Fährte des Wildes.
Tier: Weibliches Stück nach dem ersten Lebensjahr.
Schmaltier, Kälbertier, Muttertier, Gelttier.
tot: Nur gebräuchlich in den Ausdrücken: totverbellen, totverweisen, Hirsch tot.
totverbellen: Das Verbellen des verendeten Stückes durch den Hund.
totverweisen: Der geschnallte Hund verweist tot, wenn er, nachdem er das Stück gefunden hat, zum Jäger zurückkehrt und ihn zum Stück führt.
Tracht. Gebärmutter, auch für die Frucht gebräuchlich.
trächtig: Tragend.
Träger: Hals des Wildes.
Tränengrube: Unterhalb der Lichter liegende, innen unbehaarte Vertiefung, die ein Drüsensekret ausscheidet, die sog. Hirschträne.
tragen: Der Hirsch trägt ein Geweih.
Tragesack: Tracht.
Treiben: Trieb (süddeutsch). Begrenzter Einstand, der getrieben oder gedrückt wird.
treiben: Das Wild bei der Jagd treiben. Der Hirsch treibt in der Brunft das Tier, wenn er es beschlagen will.
trensen: Trenzen, Trenzer. Kurze Schreie des Hirsches beim Treiben des brunftigen Stückes oder Vertreiben des Beihirsches.
Tritt: Abdruck des einzelnen Laufes.
trollen: Sich im Trabe bewegen.

U

übereilen: Der Hirsch übereilt, wenn er den Hinterlauf vor den Tritt des Vorderlaufes setzt.
Altes Zeichen der Hirschfährte.
überfallen: Überfliehen, ein Hindernis überspringen.
übergehen: Das Schmaltier geht über, wird Übergehendtier, wenn es nicht im zweiten Lebensjahr beschlagen wird.
Auch übergangenes Schmaltier.
umschlagen: Eine Dickung ringsherum abfährten.
umstellen: Einen Einstand, der gedrückt oder in dem nachgesucht werden soll. mit Schützen umstellen.
Unschlitt: Feist, Talg.

V

verbeißen: Das Abbeißen von jungen Trieben oder Pflanzen.
verbellen: Der Hund verbellt das gestellte oder verendete Stück, indem er anhaltend Laut gibt.
verblasen: Das gestreckte Wild wird mit einem bestimmten Hornsignal verblasen.
verblenden: Das gestreckte Stück wird mit Zweigen bedeckt, verblendet.
Der Schirm oder Hochsitz wird mit Zweigen besteckt, verblendet.
Der Wechsel wird verblendet, indem man auf ihm Papier oder andere auffällige Gegenstände aufhängt.
verbrechen: Gestrecktes Wild oder einen Ort (Anschuß, Stand) mit Brüchen kennzeichnen.
verecken: Das Geweih ist vereckt, wenn es fertig geschoben ist.
verenden: Das vom Jäger beschossene Stück verendet, wenn es stirbt.
verfärben: Während des Haarwechsels verfärbt das Wild.
vergrämen: Das Wild so beunruhigen, daß es für die Zukunft vorsichtig wird.
verhoffen: In der Flucht innehalten, um sich zu orientieren.

verhören: In der Brunft nach dem Schreien den Hirsch bestätigen.
verkämpfen: Verfangen. Die Hirsche verkämpfen sich, wenn sich ihre Geweihe so ineinander verfangen, daß sie sich nicht mehr lösen.
verludern: Wild, das verendet oder eingeht, ohne rechtzeitig vor dem Verderben gefunden zu werden, verludert.
verpassen: Ein Stück, das schußgerecht kommt, und das man schießen will, wegen Unaufmerksamkeit unbeschossen vorbeilassen.
verpürschen: Das Wild beim Pürschen so beunruhigen, daß man es vergrämt.
verschweigen: Der Hirsch verschweigt, wenn er aufhört zu schreien.
versetzen: Tote oder nicht lebensfähige Junge zur Welt bringen.
verstellen: Den Wechsel verstellen, abstellen, indem man einen Schützen dort anstellt.
vertraut: Das Wild ist vertraut, wenn es wenig vorsichtig und nicht scheu ist.
verweisen: Der Hund verweist Schweiß, wenn er ihn zeigt.
verwittern: Durch stark riechende Mittel Platz oder Wechsel dem Wilde verleiden. Auch Forst- und andere Kulturpflanzen werden gegen Verbiß verwittert.
Vierballenzeichen: Wenn der Hirsch den Hinterlauf soweit in den Tritt des Vorderlaufes setzt, daß die vier Ballen hintereinander stehen. Altes Zeichen der Hirschfährte.
Vorbrunft: Die Tage zu Beginn der Bruft.
Vorderziemer. Vorderer Teil des Rückenwildprets.
vorgreifen: Bringt der Hund die Fährte nicht weiter, so geht man vor, um sie wieder zu suchen.
Vorschlag: Vorderteil des Rumpfes, die Blätter und die ersten drei Rippen umfassend.
Vorsuche: Die Suche mit dem Hund am Riemen, um ein Stück zu bestätigen.

W

wahrnehmen: Das Wild nimmt wahr, wenn es etwas sieht oder hört.
waidgerecht: Den Regeln der Jagdethik und des jagdlichen Brauchtums entsprechend.
Waiddarm: Mastdarm.
Waidloch: After.
waidwund: Ein durch die Eingeweide geschossenes Stück.
Wanst: Pansen.
warm: Eine Fährte ist warm, wenn sie weniger als zwei Stunden alt ist.
Wechsel: Wildpfad.
wechseln: Das Wild wechselt, wenn es sich fortbewegt.
Wechselwild: Wild, das nur vorübergehend seinen Stand im Revier hat.
Wedel: Schwanz.
Wenden: s. Himmelszeichen.
Widergang: Das Zurückwechseln des Wildes auf der eigenen Hinfährte.
Widersprung: Der Schweißhund wurde früher auf den Widersprung gearbeitet, d. h. er zeigte durch kurzes Verfolgen der Rückfährte an, daß es sich um eine Hirschfährte handelte.
Wildpret: Wildbret, Fleisch des Wildes.
Wildkalb: Weibliches Kalb, auch Tierkalb.
Wildstand: Zahlenmäßiger Bestand an Wild im Revier.
Wimpelschlagen: Auseinanderwerfen eines Ameisenhaufens mit dem Geweih.
winden: Sich mit dem Geruchssinn orientieren.
Windfang: Nase.
Wind holen: Das Wild macht einen Umweg, um in günstigem Wind zum Ziehen zu kommen.
Wolfssproß: Zwischen Mittelsproß und Krone sitzendes Ende, das nicht zur Krone gehört.
Wundbett: Bett, in dem sich ein krankes Wild niedertut.

Z

Zäpfchen: Spitzes Ende der Hirschlosung.
Zeichen: Merkmale für die Unterscheidung von Fährten.
Merkmale am Anschuß (Pürschzeichen).
Zeichnen: Das Markieren der erhaltenen Kugel durch entsprechende Bewegung oder Benehmen.
Der Hirsch hat gut gezeichnet.
zeigen: Das Verweisen von Pürschzeichen durch den Hund.
zerlegen: Ein Stück Wild in verwendungsfähige Stücke teilen.
zerwirken: Das Stück aus der Decke schlagen. Auch für zerlegen gebräuchlich.
ziehen: Die Bewegung des Wildes im Schritt.
Ziemer: Zimmer. Rückenbraten.
zurücksetzen: In der Geweihentwicklung nachlassen bzw. zurückgehen.
zusammenbrechen: Zur Erde stürzen.
Zwang: Der Hirsch drückt die Schalen zusammen.
Altes Zeichen der Hirschfährte.
Zwangswechsel: Wegen bestimmter Geländeverhältnisse allein möglicher Wechsel.

SACHREGISTER

LITERATUR

ABEL, O.: Lebensbilder aus der Tierwelt der Vorzeit. Jena 1922.
ALTUM, B.: Die Geweihbildung bei Rothirsch, Rehbock, Damhirsch. Berlin 1874.
ARDREY, R.: Adam und sein Revier. München 1968.
BACKHAUS, D.: Experimentelle Untersuchungen über die Sehschärfe und Farbsehen einiger Huftiere. Ztschr. f. Tierpsychologie, Band 16, Heft 4 (1959).
BENINDE, J.: Zur Naturgeschichte des Rothirsches, Leipzig 1937. Die Fremdblutkreuzung beim Rotwild. Berlin 1940.
BIEGER, W.: Anleitung zur Altersschätzung des Wildes. Berlin 1935.
BIEGER und NÜSSLEIN, F.: Die Bewertung der europäischen Jagdtrophäen. 6. Aufl. Hamburg und Berlin 1977.
BLEY, F.: Vom edelen Hirsche. Leipzig 1923.
BÖLSCHE, W.: Der Hirsch und seine Geschichte. Berlin 1911.
BOTEZAT, E.: Der Land- und Berghirsch der Karpaten. Ztschr. f. Jagdk. 1944.
BRAUNSCHWEIG, Dr. A. v.: Wildkrankheiten, Hannover, 1976.
BUBENÍK, A.: Das Geweih. Hamburg u. Berlin 1966.
BUBENÍK, A.: Grundlagen der Wildernährung. Berlin 1959.
BUBENÍK, A., und LOCHMANN, J.: Futterverbrauch und Tagesrhythmus der Futteraufnahme bei Reh- und Rotwild. Z. Jagdwiss. 1956.
BUBENÍK und PAVLANSKY, R., und RERABEK, J.: Trophik der Geweihbildung. Z. Jagdwiss. 1956.
BÜTZLER, W.: Rotwild, München 1972. Ders.: Kampf- und Paarungsverhalten beim Rothirsch, Hamburg 1974.
CRAMER-KLETT, L. B. FRHR. v.: Spiel der Lichter und Schatten. Hamburg u. Berlin 1966.
DARLINGTON, C. D.: Die Gesetze des Lebens. München 1962.
DAUSTER, K.-H.: Das Wildpretgewicht nordwestdeutscher Rotwildstämme. Ztschr. f. Jagdk. 1940.
DRECHSLER, H.: Harzer Rotwildmarkierung. Nieders. Jäger 1977.
DOMBROWSKI, R. v.: Allgemeine Encyklopädie der gesamten Forst- und Jagdwissenschaften. Leipzig 1894. Das Edelwild. Wien 1878.
DRASKOVICH, J. Graf: Rotwildhege. Wien 1951.
EIDMANN, H.: Alterserscheinungen am Gebiß des Rothirsches. Mittlg. a. Forstwirtsch. und Forstwissensch. 2/1932. Campylognathie bei Cerviden. Berlin 1938. Untersuchungen am Gebiß des Rothirsches. Hannover 1939.
FRANCKE, C., und TÄGER, F.: Der Lebensraum des Rotwildes im Fichtenwald. Ztschr. f. Jagdk. 1942.
FREVERT, W.: Die Fütterung des Rotwildes. Hamburg 1956. Wörterbuch der Jägerei. 4. Aufl. Hamburg u. Berlin 1975. Die gerechte Führung des Hannoverschen Schweißhundes. 2. Aufl. Hamburg u. Berlin 1952. Das jagdliche Brauchtum. 10. Aufl. Hamburg u. Berlin 1969.
FRITSCHI, A.: Kleines Jagdlexikon. Neudamm 1937.
HAGLUND CLAESSON: Die Jagdwaffe und der Schuß. 3. Aufl. Hamburg u. Berlin 1967.
HARTIG, G. L.: Lexikon für Jäger und Jagdfreunde. Berlin 1861.
HATLAPA, H. H.: Zur biologischen Bedeutung des Präorbitalorgans beim Rotwild. Berl. Münch. Tierärztliche Wschr. 90, 100–104, 1977.
HECK, L.: Der Rothirsch. Hamburg u. Berlin 1956.
HECK, LUTZ JR.: Das Betäubungsgewehr im Dienste jagdlicher Forschung, Wild u. Hund 19/1965.
HOFFMANN, C.: Zur Morphologie der Geweihe der recenten Hirsche. Köthen 1901. Die Behandlung eines Rotwildbestandes. Berlin 1909.

Hoffmann, H.: Über die Zusammensetzung der Rotwildbestände und deren graphische Darstellung. Wild und Hund, Nr. 16, 17, 18/1928.
Kellner-Becker: Grundzüge der Fütterungslehre. 15. Aufl. Hamburg u. Berlin 1970.
Kiessling, W.: Der Rothirsch und seine Jagd. Neudamm 1925.
Kiss von Nemeskér, G.: Unterm alten Jägerhut. Hamburg u. Berlin 1960.
Kosmos, Lexikon der Naturwissenschaften. Stuttgart 1953.
Kleymann, M.: Beiträge zur Kenntnis der Infrastruktur beim Rotwild. Z. Jagdwiss. 1976.
Krembs, J.: Die Krankheiten des Wildes und ihre Bekämpfung. München 1939.
Kröning, F.: Erbkunde für den Waidmann. Berlin 1938. Jagdtierkunde im Handbuch der Deutschen Jagd. Berlin 1941.
Kröning, F., und Vorreyer, F.: Das Körpergewicht und die Vermehrungsrate beim weiblichen Rotwild. Z. Jagdwiss. 1957.
Krumbiegel, J.: Biologie der Säugetiere. Krefeld 1955.
Lindner, K.: Die Lehre von den Zeichen des Hirsches. Berlin 1956.
Linke, W.: Der Rothirsch. Wittenberg 1954.
Lippert, F. K.: Vom Schuß an. Hannover 1933.
MacArthur, R., u. Connell, H.: Biologie der Populationen. München 1970.
Nusshag, W.: Lehrbuch der Anatomie und Physiologie der Haustiere. Leipzig 1952.
Olberg, A.: Betrachtungen über die Altersgliederung und das Geschlechterverhältnis beim Rotwild. Ztschr. f. Forst- und Jagdwesen 1938.
Raesfeld, F. v.: Das Deutsche Waidwerk. 12. Aufl. Hamburg u. Berlin 1970.
Rhumbler, L.: Der Arterienverlauf auf der Zehnerkolbenstange von Cervus elaphus L. und sein Einfluß auf die Geweihform. Leipzig 1916.
Thiele, R.: Die Zeichen der Hirschfährte. Merseburg 1931.
Türcke, F.: Mittel gegen Wildschäden und ihre Anwendung. München 1953.
Schumacher v. Marienfried, S.: Jagd und Biologie. Berlin 1939.
Schwerdtfeger, F.: Demökologie. Hamburg u. Berlin 1968.
Silva-Taroucà, Graf: Kein Heger, kein Jäger. Berlin 1927.
Speidel, G.: Grundlagen u. Methoden zur Bestimmung der wirtschaftlich tragbaren Wilddichte beim Schalenwild, Manuskript Freiburg 1975.
Steinwedel, M.: Histologische und histogenetische Studien über das Geweih. Berlin 1929.
Ueckermann, E.: Untersuchungen über die Ursache des Schälens des Rotwildes. Z. Jagdwiss. 1956. Ein Erklärungsversuch der beim Rotwild in Westdeutschland anzutreffenden Unterschiede im Körpergewicht. Z. Jagdwiss. 1955.
Ueckermann, E., u. Scholz, H.: Vergleich zur Ersatzdentinbildung im 1. Schneidezahn und der Zementzonenbildung im 1. Molar mit dem Abnutzungsgrad der Backenzähne im Unterkiefer beim Rothirsch. Z. Jagdwiss. 1976.
Vogt, F.: Neue Wege der Hege. Neudamm 1936. Das Rotwild. Wien 1947.
Vorreyer, F.: Das Ansprechen des Rotwildes. Hamburg u. Berlin 1976.
Vorreyer, F., u. Drechsler, H.: 10 Jahre Rotwildmarkierung im Harz. Wild und Hund 16/17 1975.
Wetzel, R. / Rieck, W.: Krankheiten des Wildes. Hamburg u. Berlin 1962.
Wiens, H.: Über Färbungsanomalien beim Rotwild. Z. Jagdwiss. 1962.
Winans, W.: Hirschzucht und Veredelung des Rotwildes. Berlin 1913.
Wölfel, H.: Zum Jugendverhalten des Rothirsches. Nieders. Jäger 11/76.